中华农业文明研究院文库·中国农业遗产研究丛书

中国农业文化遗产保护研究

王思明　沈志忠　主编

中国农业科学技术出版社

**图书在版编目（CIP）数据**

中国农业文化遗产保护研究／王思明，沈志忠主编．—北京：中国农业科学技术出版社，2012.12
ISBN 978 -7 -5116 -1146 -8

Ⅰ．①中…　Ⅱ．①王…②沈…　Ⅲ．①农业 - 文化遗产 - 保护 - 研究 - 中国　Ⅳ．①S

中国版本图书馆 CIP 数据核字（2012）第 277018 号

| | |
|---|---|
| **责任编辑** | 朱　绯 |
| **责任校对** | 贾晓红 |

| | |
|---|---|
| **出 版 者** | 中国农业科学技术出版社 |
| | 北京市中关村南大街 12 号　邮编：100081 |
| **电　　话** | （010）82106626（编辑室）（010）82109702（发行部） |
| | （010）82109709（读者服务部） |
| **传　　真** | （010）82109707 |
| **网　　址** | http://www.castp.cn |
| **经 销 者** | 新华书店北京发行所 |
| **印 刷 者** | 北京富泰印刷有限责任公司 |
| **开　　本** | 787 mm×1 092 mm　1/16 |
| **印　　张** | 20.25 |
| **字　　数** | 716 千字 |
| **版　　次** | 2012 年 12 月第 1 版　2013 年 8 月第 2 次印刷 |
| **定　　价** | 80.00 元 |

江苏省高校哲学社会科学重点研究基地重大项目支持

中央高校基本科研业务费自主创新重点项目资助

# 关于《中华农业文明研究院文库》

中国有上万年农业发展的历史，但对农业历史进行有组织的整理和研究的时间却不长，大致始于 20 世纪 20 年代。1920 年，金陵大学建立农业图书研究部，启动中国古代农业资料的收集、整理和研究工程。同年，中国农史事业的开拓者之一——万国鼎（1897—1963年）先生从金陵大学毕业留校工作，发表了第一篇农史学术论文"中国蚕业史"。1924 年，万国鼎先生就任金陵大学农业图书研究部主任，亲自主持《先农集成》等农业历史资料的整理与研究工作。1932 年，金陵大学改农业图书研究部为金陵大学农经系农业历史组，农史工作从单纯地资料整理和研究向科学普及和人才培养拓展，万国鼎先生亲自主讲《中国农业史》和《中国田制史》等课程，农业历史的研究受到了更为广泛的关注。1955 年，在周恩来总理的亲自关心和支持下，农业部批准建立由中国农业科学院和南京农学院双重领导的中国农业遗产研究室，万国鼎先生被任命为主任。在万先生的带领下，南京农业大学中国农业历史的研究工作发展迅速，硕果累累，成为国内公认、享誉国际的中国农业历史研究中心。2001 年，南京农业大学在对相关学科力量进一步整合的基础上组建了中华农业文明研究院。中华农业文明研究院承继了自金陵大学农业图书研究部创建以来的学术资源和学术传统，这就是研究院将 1920 年作为院庆起点的重要原因。

80 余年风雨征程，80 春秋耕耘不辍，中华农业文明研究院在几代学人的辛勤努力下取得了令人瞩目的成就，发展成为一个特色鲜明、实力雄厚的以农业历史文化为优势的文科研究机构。研究院目前拥有科学技术史一级学科博士后流动站、科学技术史一级学科博士学位授权点，科学技术史、科学技术哲学、专门史、社会学、经济法学、旅游管理等 7 个硕士学位授权点。除此之外，中华农业文明研究院还编辑出版国家核心期刊、中国农业历史学会会刊《中国农史》；创建了中国高校第一个中华农业文明博物馆；先后投入 300 多万元开展中国农业遗产数字化的研究工作，建成了"中国农业遗产信息平台"和"中华农业文明网"；承担着中国科学技术史学会农学史专业委员会、江苏省农史研究会、中国农业历史学会畜牧兽医史专业委员会等学术机构的组织和管理工作；形成了农业历史科学研究、人才培养、学术交流、信息收集和传播展示"五位一体"的发展格局。万国鼎先生毕生倡导和为之奋斗的事业正在进一步发扬光大。

中华农业文明研究院有着整理和编辑学术著作的优良传统。早在金陵大学时期，农业历史研究组就搜集和整理了《先农集成》456 册。1956—1959 年，在万国鼎先生的组织领导下，遗产室派专人分赴全国 40 多个大中城市、100 多个文史单位，收集了 1 500 多万字的资料，整理成《中国农史资料续编》157 册，共计 4 000 多万字。20 世纪 60 年代初，又组织人力，从全国各有关单位收藏的 8 000 多部地方志中摘抄了 3 600 多万字的农史资料，分辑成《地方志综合资料》、《地方志分类资料》及《地方志物产》共 689 册。在这些宝贵资料的基础上，遗产室陆续出版了《中国农学遗产选集》稻、麦、粮食作物、棉、麻、豆类、油料作物、柑橘等八大专辑，《农业遗产研究集刊》、《农史研究集刊》等，撰写了《中国农学史》等重要学术著作，为学术研究工作提供了极大的便利，受到国内外农史学人的广泛赞誉。

为了进一步提升科学研究工作的水平，加强农史专门人才的培养，2005 年 85 周年院庆之际，研究院启动了《中华农业文明研究院文库》（以下简称《文库》）。《文库》推出的第一本书即《万国鼎文集》，以缅怀中国农史事业的主要开拓者和奠基人万国鼎先生的丰功伟绩。《文库》主要以中华农业文明研究院科学研究工作为依托，以学术专著为主，也包括部分经过整理的、有重要参考价值的学术资料。《文库》启动初期，主要著述将集中在三个方面，形成三个系列，即《中国近现代农业史丛书》、《中国农业遗产研究丛书》和《中国作物史研究丛书》。这也是今后相当长一段时间内，研究院科学研究工作的主要方向。我们希望研究院同仁的工作对前辈的工作既有所继承，又有所发展。希望他们更多地关注经济与社会发展，而不是就历史而谈历史，就技术而言技术。万国鼎先生就倡导我们，做学术研究时要将"学理之研究、现实之调查、历史之探讨"结合起来。研究农业历史，眼光不能仅仅局限于农业内部，还要关注农业发展与社会变迁的关系、农业发展与经济变迁的关系、农业发展与环境变迁的关系、农业发展与文化变迁的关系，为今天中国农业与农村的健康发展提供历史借鉴。

王思明

2007 年 11 月 18 日

# 《中国农业遗产研究丛书》序

农业虽有上万年的历史，但在社会经济以农业为主导，社会文明以农耕为特色的农业社会，农业是主流生产和生活方式，农业不可能作为文化遗产来被关注。农业作为文化遗产受到关注始于社会经济和技术发生历史性转变之际——工业社会取代农业社会、工业文明取代农业文明、现代农业取代传统农业的背景之下。

正因为如此，50 多年前，中国农业科学院·南京农学院创建农业历史专门研究机构时，将之命名为"中国农业遗产研究室"，西北农学院将之命名为"古农学研究室"。

很长一段时间，中国农业遗产的研究侧重于农业历史，尤其是古代农业文献的研究。农业历史与农业遗产在研究内容上有广泛的交集，但并不完全一致。因为历史是一个时间概念，其内涵更加宽泛，绝大多数农业遗产都属农业历史的研究对象，但许多农业历史的内容却谈不上是农业遗产。这是由遗产的性质和特征所决定的。

在遗产保护方面，人们最早关注的是自然遗产和有形文化遗产。20 世纪末，国际社会开始关注口传和非物质文化遗产。在这种背景下，农业文化遗产的保护工作逐渐进入人们的视野。2002 年，联合国粮农组织（FAO）启动"全球重要农业遗产"项目（GIAHS）。

但 FAO 关于农业遗产的定义是为项目选择而设定的（农村与其所处环境长期协同进化和动态适应下所形成的独特的土地利用系统和农业景观，它要具有丰富的生物，而且可以满足当地社会经济与文化发展的需要，有利于促进区域可持续发展）。而实际上，农业文化遗产的内涵比这丰富得多。《世界遗产名录》分为"文化遗产"、"自然遗产"、"文化与自然双重遗产"、"文化景观遗产"和"口传与非物质文化遗产"5 个类别。如果依据这个标准判断，农业遗产实际包含除单纯"自然遗产"外所有其他文化遗产门类。

农业遗产是人类文化遗产的重要组成部分，它是历史时期，与人类农事活动密切相关、有留存价值和意义的物质（tangible）与非物质（intangilble）遗存的综合体系。它包括农业遗址、农业物种、农业工程、农业景观、农业聚落、农业工具、农业技术、农业文献、农业特产和农业民俗 10 个方面的文化遗产。

中国的农业遗产研究始于 20 世纪初期，大体经历了 4 个发展阶段：

## 1. 20 世纪初至 1954 年

1920 年，金陵大学建立农业图书部，1932 年又创建农史研究室，在万国鼎先生的倡导下开始系统搜集和整理中国农业遗产。他们历时十年，从浩如烟海的农业古籍资料中，搜集整理了 3 700 多万字的农史资料，分类辑成《中国农史资料》456 册。

### 2. 1954 年至 1965 年

新中国成立后，1954 年 4 月，农业部在北京召开"整理祖国农业遗产座谈会"。不久，在国务院农林办公室和农业部的支持下，在原金陵大学农业遗产整理工作的基础上成立中国农业科学院·南京农学院中国农业遗产研究室，万国鼎被任命为主任。与此同时，西北农学院成立古农学研究室，北京农学院、华南农学院也相继建立了研究机构，逐渐形成了以"东万（万国鼎）、西石（石声汉）、南梁（梁家勉）、北王（王毓瑚）"为代表的中国农业遗产研究的 4 个基地。

### 3. 1966 年至 1977 年

由于"文化大革命"的缘故，本时期农业遗产研究专门机构被撤并，研究工作大多陷于停顿。

### 4. 1978 年至今

改革开放以后，科研工作逐步恢复正常。不仅"文化大革命"前建立的农业遗产研究机构陆续恢复，一些新的农史研究机构也陆续建立，如中国农业博物馆研究所、农业部农村经济研究中心当代农史研究室、江西省农业考古研究中心，等等。1984 年，中国农业历史学会在郑州宣告成立，广东、河南、陕西、江苏等省还组建了省级农业史研究会。农业史专门研究刊物也陆续面世，如《中国农史》、《农业考古》、《古今农业》等。

在农业遗产专门人才培养方面，1981 年，南京农学院、西北农学院、华南农学院、北京农业大学等被国务院批准有农业史硕士学位授予权，1986 年，南京农业大学被批准有博士学位授予权，1992 年，被授权为农业史博士后流动站。西北农林科技大学在农业经济管理学科设有农业史博士专业；华南农业大学在作物学专业设有农业史博士方向。具有农业史硕士学位授予权的高校还有：中国农业大学、云南农业大学等。

过去几十年，中国农业遗产的研究在工作重心上发生过几次重要的变化：

### 1. 从致力于古农书校注和技术史研究向农业史综合研究和农业生态环境史研究转变

农业古籍是先人留给我们的宝贵的遗产。经过万国鼎、王毓瑚、石声汉等前辈们的艰辛努力，摸清了中国农业遗产的"家底"，相继整理出版了《中国农学史》（上）、《中国农学书录》、《氾胜之书》、《齐民要术校释》、《四民月令辑释》、《四时纂要校释》和《农桑经校注》等专著，为后来研究的开展奠定了坚实的基础。

改革开放以后，农业遗产的研究重心出现了新的变化，逐渐由古农书的校注解读向农业科技史、农业经济史和农业生态环境史转变。本时期农业遗产研究有两项大的工程：(1)《中国农业科学技术史稿》（国家科技进步三等奖）；(2)《中国农业通史》（10 卷，目前已出 5 卷）。

### 2. 从单纯依托纸质历史文献研究向结合实物的考古学和民族学研究拓展

20 世纪 70 年代，裴李岗、磁山、河姆渡等遗址陆续发掘，随之出土了大量农具、作物、牲畜骨骸等农业遗存，农业遗产学者开始有意识的把考古发现运用到农业起源的研究中。

游修龄、李根蟠、陈文华等先生很早就注重这方面的研究，发表了不少相关研究报告和论文，考古学者涉足农史研究者则更多。1978 年，陈文华在江西省博物馆组织举办了"中国古代农业科技成就展览"，后来又创办了《农业考古》杂志，对该学科方向的发展起到了积极的推动作用。

**3. 从单纯依赖历史文献学研究方法向借鉴多学科研究方法，特别是信息科技研究手段的变化**

一方面，中国现存农业资料和历史文献浩如烟海，而且古籍在翻阅或利用过程中不可避免的发生损坏或丢失现象，不利于其本身的保护。另一方面，很多农业古籍被各家图书馆及科研单位视若珍宝，一般不能借阅，其传播和查询、阅览也受到很多限制，影响了农业遗产研究的进一步深入和发展。

有鉴于此，近年来，国内农业遗产研究机构在将农遗资料与信息技术结合方面陆续进行了一些有益的尝试。2005 年，在国家科技部专项资助下，中华农业文明研究院启动了中国农业古籍数字化的工作，并制作完成了一批中国农业古籍学术光盘，17 种 800 多卷。2006—2008 年，中华农业文明研究院又陆续建设了"中国传统农业科技数据库"、"中国近代农业数据库"、"农史研究论文全文数据库"等农业遗产数据库，并创建了"中国农业遗产信息平台"。《中华大典·农业典》开始尝试开发和利用古籍电子资源进行编纂，相关数据库和应用软件基本研制成功；中华农业文明研究院也充分利用自己开发的各种数据库用于科学研究工作，尤其是《清史·农业志·清代农业经济与科技资料长编》6 卷的编纂工作。一些以农业遗产为主题的文化网站也相继创立，如南京农业大学中华农业文明研究院创办的"中华农业文明网"、中国科学院自然科学史研究所曾雄生创办的"中国农业历史与文化"、中国社会科学院经济研究所李根蟠先生创办的国学网"中国经济史论坛"，等等。

**4. 从原来静止不变的农业遗产资料的研究向活体、原生态农业遗产研究和保护的转变**

活体、原生态农业也是农业遗产的一个重要组成部分。中国是一个农业大国，拥有悠久的农业历史和灿烂的农业文化。在漫长的发展过程中，中国农民积累了丰富的农业生产知识和经验，创造了许许多多具有民族特色、区域特色并且与生态环境和谐发展的传统农业系统：如桑基鱼塘系统、果基鱼塘系统、稻作梯田系统、稻鱼共生系统、稻鸭共生系统、旱地农业灌溉系统、粮草互养系统，等等。这些珍贵的文化遗产具有很高的科学价值和现实意义。

早在 2000 年，皖南乡村民居和四川都江堰水利枢纽工程就被联合国教科文组织列入《世界文化遗产名录》。近年来，在联合国粮农组织的倡导下，尤其在中国科学院自然与文化遗产研究中心的积极推动下，这方面已经取得了长足的进展。2005 年，浙江青田"稻鱼共生系统"被FAO列为首批全球重要农业文化遗产试点；2010年，云南红河"哈尼稻作梯田系统"和江西万年"稻作文化系统"也被列入试点。2011年6月10日，贵州从江"侗乡稻鱼鸭系统"成为中国第四处全球重要农业文化遗产保护试点。

注重动静相宜、科普与科研相结合的各种农业博物馆也相继成立，中国的农业遗产研究开始走出象牙塔，迈向社会。

1983年，在农牧渔业部的支持下，中国农业博物馆建立，开始大规模征集与古代和近代农业相关的文物，并成为全国科普教育基地。2004年，南京农业大学创办了中国高校第一个集教学、科研和科普为一体的中华农业文明博物馆。目前也是国家科普教育基地。2006年，西北农林科技大学博览园建成，一共设有5个馆，其中就有农业历史博物馆。各地关于农具、茶叶、蚕桑等专题博物馆则多达几十家。

应该说，截至目前，除了古农书的整理与研究外，中国农业遗产的很多其他工作都仅仅是刚刚起步，例如，全国农业文化遗产的类型、数量、分布及保护情况，农业文化遗产保护相关理论、方法与途径等。哪些亟待保护？如何保护？如何实现社会、经济、文化和生态价值的平衡？所有这些问题都需要认真研究和探讨，需要多学科的协作和多方面的共同努力。2010年和2011年，中国农业科学院、中国农业历史学会和南京农业大学中华农业文明研究院在南京陆续举办了两届"中国农业文化遗产保护论坛"，集合政府、学术界和遗产保护地多方面的经验和智慧，探讨中国农业文化遗产保护中亟待解决的理论和实际问题。也是出于这些考虑，中华农业文明研究院决定继承原来编纂《中国农业遗产选集》的传统，启动《中国农业遗产研究丛书》，积极推进中国农业文化遗产研究工作的开展。

生态发展上，人们关注生物多样性的重要性；社会发展上，人们关注社会多元化的重要性；但在人类发展上，我们却常常忽视民族多样性和文化多样化的重要性。一个民族的文化遗产是这个民族的文化记忆。保护文化多样性就是保护人类文化的基因。它既是文化认同的依据，也是文化创新的重要资源。因此，保护农业文化遗产是保护人类文化多样性的一项非常有意义的工作。

中华农业文明研究院院长

王思明

2011年6月16日

# 序

## 一

2010年10月，在南京举办了首届"中国农业文化遗产保护论坛"，来自全国各地以及日本、韩国的近百位专家学者出席会议。会议的成功举办大大推进了我国农业文化遗产保护研究和实践工作的开展。会议结束后，商定于次年10月召开第二届"中国农业文化遗产保护论坛"。

2011年10月23~25日，中国农业历史学会第五届会员代表大会暨第二届中国农业文化遗产保护论坛在南京农业大学学术交流中心隆重举行。本次会议由中国农业历史学会、中国科学技术史学会农学史专业委员会、江苏省农史研究会、中国农业科学院中国农业遗产研究所和南京农业大学中华农业文明研究院共同主办。来自中国社会科学院、中国艺术研究院、中国农业博物馆、南京大学、复旦大学、中国农业大学、西北农林科技大学、日本北海道大学等50多家研究机构的近200位代表参加了会议。

10月23日上午，举行开幕式。开幕式由中国农业博物馆党委书记沈镇昭同志主持。中央纪委中组部副部级巡视专员滕久明、中国农业历史学会第四届理事会理事长宋树友同志、中国科协学术部副部长朱雪芬同志、南京农业大学校长周光宏教授、南京农业大学党委副书记盛邦跃教授等出席开幕式。原全国人大副委员长、中国农业历史学会名誉理事长姜春云同志在会议召开前夕，专门听取了会议准备和学会的换届工作汇报，并为本次会议写来贺信。南京农业大学校长周光宏教授致欢迎辞，他向与会代表表示欢迎，并就南京农业大学近年来的建设发展成就、未来发展方向以及中华农业文明研究院工作成果进行了介绍，并预祝会议取得圆满成功。中国科协学术部副部长朱雪芬同志代表中国科协向大会致辞。

10月23日下午，举行中国农业历史学会第五届会员代表大会。第四届理事会宋树友理事长作第四届常务理事会工作报告，曹幸穗副理事长作学会章程修改报告及第四届理事会财务报告，樊志民副理事长作关于第五届理事会理事建议名单的说明。大会审议通过了理事会工作报告、章程修改报告和财务报告，并进行了中国农业历史学会换届选举工作。会议选举出中国农业历史学会第五届理事会成员、常务理事和学会领导，会议选举姜春云同志担任学会名誉理事长，滕久明同志任新一届学会理事长，沈镇昭同志任常务副理事长。最后，由滕久明理事长代表中国农业历史学会第五届理事会作大会报告。

第二届中国农业文化遗产保护论坛共设置了两场大会主题报告，分别安排在10月24日上午和25日下午，中国工程院院士任继周先生、日本北海道大学牛山敬二教授、中国社会科学院经济史研究所李根蟠研究员、南京大学国家文化产业研究中心顾江教授、中国艺术研究院苑利研究员、江西省社会科学院陈文华研究员和施由明研究员先后应邀作大会主题报告。论坛还设置了两个分会场，共组织了 8 场分组研讨会，分别安排在 10 月 24 日下午和 25 日上午，共有 40 多位专家学者应邀在分组研讨会上作了专题发言。

10 月 25 日下午，大会举行闭幕式。闭幕式由西北农林科技大学农业历史文化研究所所长樊志民教授主持，中国农业历史学会副理事长曹幸穗研究员作会议总结报告。

会议结束后，会务组决定搜集、优选参会论文结集刊印。这批论文按主题可以分为农业文化遗产保护的理论探索、农业文化遗产分类保护研究、农业文化遗产保护的实践探索和个案研究、其他相关研究 4 个方面。

我们相信，随着会议的成功召开和论文集的编辑出版，中国农业文化遗产保护和研究必将掀起新的高潮。

是为序。

王思明

2012 年 10 月 30 日

# 目　录

# 第四部分 其他相关研究

# 第一部分

# 农业文化遗产保护理论探索

# 农业遗产学学科建设所
# 面临的三个基本理论问题

苑　利　顾　军　徐　晓

（中国艺术研究院；北京联合大学历史系）

**摘　要**：农业遗产学在学科建设过程中可能会面对很多问题，但其中有三个核心问题是无论如何都无法绕过的。这三个问题分别是：什么是农业遗产、为什么保护农业遗产以及怎么保护农业遗产。如果说第一个层面解决的是农业遗产本体论的问题的话，那么，第二个、第三个层面解决的主要是农业遗产价值论以及农业遗产保护方法论的问题。

**关键词**：农业遗产；学科；建设；基本理论

作为一门新学，农业遗产学可能会面对很多问题，但其中有三大问题是无论如何都无法绕过的。这三个问题分别是：什么是农业遗产、为什么保护农业遗产、怎么保护农业遗产。它们分别涉及了农业遗产本体论、价值论以及方法论这样三个层面的问题。

## 一、什么是农业遗产

什么是农业遗产？这是近年来很多人都在热议的一个话题。有人认为，农业遗产可分为广义农业遗产与狭义农业遗产两个概念。广义农业遗产，是指祖先留给我们的、与传统农业息息相关的各种物质财富与精神财富。如各种农业工程类遗产、农业工具类遗产、农业物种类遗产、农业景观类遗产、农业技术类遗产、农业民俗类遗产以及农业文献类遗产、农业品牌类遗产等[①]。也有人认为上述遗址类、文物类农业遗产等已经"作古"，并已经受到文物部门的精心保护，农业文献类遗产已经成为文物，同样受到图书馆等有关部门的精心保护，所以，我们今天启动的"农业遗产保护工程"所要保护的"农业遗产"，既不应包括已经成为"文物"或"遗址地"的文物遗址类农业遗产，也不应包括图书文献类农业遗产。所以，我们所说的农业遗产，是指那些人类在历史上创造，并以活态形式原汁原味传承至今的各种优秀的农业生产知识和农业生产技能。

从该定义不难看出，我们对农业遗产的界定，至少包括了以下几方面内容：（1）从传承时限上看，我们所说的农业遗产一定是历史上产生的。时间不足百年者，不能申报为农业遗产。（2）从传承状态上看，我们所说的农业遗产是指那些存活在当下的、以活态形式传承至今的农业生产知识与农业生产技能。包括农业遗址、农业典籍在内的已经作古了的"文物"，由于已经有专业部门保护，故不在农业遗产保护工程的保护范围之列。（3）从传承的原生程度上看，我们所说的农业遗产，必须是原汁原味传承至今的。那些已经受到现代农业严重冲击（如因过度使用农药、化肥，致使土地严重板结，有毒物质严重超标）或是已经受到现代化大工业的严重冲击，从而导致土壤、水系、空气严重污染的地区是没有资格申报农业遗产的。（4）从品质上看，作为农业遗产的准入门槛至少应包括以下六大要素：①应保留有丰富、独特而有效的传统农业生产知识与经验。②应保留有使用传统农业生产工具，特别是使用以风能、水能为基本能源之传统农业生产工具的人文传统。③应保留有传统的农业生产制度，如传统的沟渠用水制度（为维护浇水秩序，避免水利纠纷，各地都会制定出严格的用水分配原则，如有抢浇、偷浇，都会受到严

---

[①]　此分类源于徐旺生、闵庆文先生的农业遗产三分法，但略作改动。详见徐旺生、闵庆文编著《农业文化遗产与"三农"》，中国环境科学出版社，2008年版，第5页

厉制裁)、卜种制度（西藏很多地区的播种时间都是由寺庙的喇嘛占卜决定的）、护苗制度（播种后如有人畜踏苗，将会受到严厉制裁）等，且这些传统农耕制度迄今仍发挥重要作用。④应保留有传统农耕仪式以及与之相关的传统表演艺术等。同时，这些传统在协调人际关系以及人与自然之关系的过程中，仍然发挥重要作用。⑤应保留有一定数量的传统农作物品种，并被当地视为传统农作物品种的基因库。⑥仍保留有一份山清水秀、没有或少有污染的自然环境与人文环境。

考虑到日后保护工作的可操作性，申报时尽管我们也会强调该项目的独特性与不可取代性，但作为项目，它的所指已经不再是某种独特的农耕技术或农业品种，也不是某种独特的农耕制度或农耕信仰，而是指那些各种传统农耕技术、农耕经验、农耕制度、农耕信仰、农作物品种等均比较健全、比较完备，且这些传统又非常符合可持续发展理念的传统农耕文明发祥地或是传统农耕文明集散地。如已经列入全球重要农业遗产的贵州从江县"侗乡稻鱼鸭系统"、浙江青田"稻鱼共生系统"、云南红河"哈尼稻作梯田系统"和江西万年"稻作文化系统"，基本上都是这样一些以地域为申报单位的农业遗产项目。可以说，理论探索中的农业遗产保护工程在保护理念与申报方式上，与非物质文化遗产保护工程小有区别，但与文化部现在正在进行的"文化生态保护区"建设却有着惊人的相同。

# 二、为什么保护农业遗产

在农耕文明已经进入机械化大生产的时代，为什么以保障各国人民温饱与生活水准、提高所有粮农品种生产效率与分配效率、改善农村人口生活状况、促进农村经济发展并最终消除饥饿与贫困为宗旨的联合国粮农组织，会在成立66年之后提出农业遗产保护问题？保护农业遗产对于全人类来说，究竟具有着怎样的意义？

### 1. 保护农业遗产是人类认识自身农耕文明的需要

从传承时段看，我们所说的农业遗产，尽管仍以活态形式传承至今，但就其本质而言，都是历史的产物，富含有丰富的历史信息，是研究、认识本国农业文明的一条重要途径。众所周知，无论中国，还是世界，人类对于自身农耕文明的认识，都是从农业典籍开始的。对于中国这样一个农耕文明历史悠久，农业典籍相对丰富的农业大国来说，通过典籍研究本国农耕文明显然有它的优势。这些典籍记载了大量农耕文明的智慧是我们了解远古农耕文明的一个重要窗口。如《齐民要术》谈及晒秋粮时所谓"必须日曝令干，及热埋之"（太阳曝晒之后趁热收藏）之法，种瓜时"有蚁者，以牛羊骨带髓者，置瓜科左右，待蚁附，将弃之"的除蚁之法等，无不闪烁着民间智慧的光芒。近年来，一些地方通过采用上述"趁热收藏法"以及"骨髓吸蚁法"等方法，基本上解决了小麦保管中的虫害问题和令瓜农烦恼不已的瓜地蚁害，同时也避免了化学除虫给粮菜蔬果带来的二次污染。但农业典籍在记载农耕经验的过程中也有它的问题。例如，由于记载简单，有时对某些农业生产知识很难做到精准复原。如《齐民要术》在谈及种柘法时，只讲到柘可为扶老杖、马鞭、胡床、锥、刀把、犊车、鞍桥、快弓等，但为什么用它来做上述器物，制作这些器物又需要哪些独特工序，且效果如何，典籍均语焉不详。

进入20世纪70年代后，随着考古学的发展，特别是随着浙江余姚河姆渡、河北武安磁山、湖南醴县彭头山、湖南道县玉蟾岩、江西万年仙人洞等农业文明遗址的成功发掘，文物考古又为中国农业历史学家研究中国远古农耕文明，开启了一扇非常重要的窗口，从而为我们认识本国农耕文明开启了第二条途径。与典籍相比，考古资料在帮助人们认识农耕文明的过程中，有着典籍无法比拟的优势，它更具体、也更直观。一个地方历史上出产什么农业品种，使用什么生产工具，且各时代都有过怎样的演变更替，我们几乎都可以通过现场的发掘而一目了然。当然，作为认识本国农耕文明的一条重要途径，考古学同样存在问题。其中最大的问题，就是很难通过考古发掘的形式，将历史上曾经出现过的传统农耕技术、传统节日、传统仪式以及祭神娱神表演艺术等，惟妙惟肖地呈现出来。这对于我们全面了解、继承中华民族的远古农耕文明，显然是件非常遗憾的事。

近年来，随着对非物质文化遗产研究的不断深入，我们又发现了人类认识自身农耕文明的第三条途径，这便是通过保存至今的活态农业遗产，来了解人类历史上创造出来的远古农耕文明。通过保存至今的农业遗产来认识本民族的农耕历史，不但可以使我们通过农业遗产地保留下来的物质遗存，去了解那些历史上创造出来的以物质形态出现的人类农耕文明——如历史上使用的传统农业生产工具、历史上开垦出来的梯田山地以及历史上打造出来的农田水利系统等，同时，通过传承至今的活态农业遗产，还可以帮助我们了解包括远古农耕祭祀、传统节日、传统仪式、传统表演艺术以及与传统农耕文明息息相关的各种以非物质文化遗产形式出现的传统农耕文明。而这一切是农业典籍、农业考古很难提供给我们的。可以说，这第三条路径的开通，可以使我们对本国农业遗产的了解更加深刻、更加全面，也更加深入。但这必须以该遗产地农业遗产以原汁原味的形式保存或传承至今为前提。如果已经发生大的改变——无论是在农耕技术上已经采用了现代化大机械生产，还是在农业品种上已经改种了基因稻，则该地区都会因"不再具有历史认识价值"而被排斥在农业遗产之外。

**2. 保护农业遗产是确保中国农业可持续发展的需要**

人类社会的发展是个不断持续的过程。而要想做到这一点，就必须以与自然和谐共处——不破坏原有的生态环境为前提。中国是个具有近万年农业史的文明古国。在这近万年的发展过程中，由于我们使用了轮种套种技术、保墒防旱技术、稻田养鱼技术、生物灭虫技术、架田代田技术等传统农耕技术，使我们的农田即使使用了近万年，迄今仍能实现有效利用。但是，随着近代工业文明的闯入，特别是随着化肥、农药、除草剂等西方工业文明的闯入，我们的土地仅在这短短的50多年中，就已经出现了土地板结、硬化、地力下降、酸碱度失衡、有毒物质超标等一系列问题。在号称产菜大县的东部某地，甚至已经出现了到外地买土种田的尴尬局面。我们并非排斥工业文明的介入，但现实告诉我们，我们真的有必要对现代工业文明给当代农业带来的上述后果予以必要的反思。否则，当下的中国农业很可能就会像一个吸食了毒品的瘾君子，表面看上去精神抖擞，但实际上已经病入膏肓，已经失去了可持续发展的能力。

今天我们之所以要保护、发掘农业遗产，目的就是想通过这样一个工程来重新审视、发掘、弘扬、传承我们的传统农业文明，并为今后人类农业文明的可持续发展找到更多的途径。

**3. 保护农业遗产，是保护物种多样性、粮食品种多样性以及人类文化多样性的需要**

以转基因、杂交稻为标志的现代农业，确实为解决人类的粮食危机带来巨大转机，同时我们也相信在确保食品安全的前提下，这种现代农业技术的发展还会有更大的提升空间。但是，这种现代农业所能解决的至多只能是让全国人民"吃饱饭"这样一个最低档次的需求。因为它所能解决的只是产量的问题，它永远解决不了品种单一、口味单一的问题，解决不了随着人类社会生活水平的提高而对粮食品种、食品口味的多样性需求。如果我们仅仅为解决眼前的温饱而忘却了对传统农业品种的保护，忘却了对农业品种品质上的需求，我们很可能就会因小失大，葬送了未来中国农业的发展之本。其实，这种因目光短浅而丧失长远利益的例子在中国历史上并不少见。许多非常美味的农作物品种的消失，几乎都与产量有关。特别是在中国社会尚未完全解决温饱而高产技术又日新月异的今天，人们很容易在短期利益的驱使下，将那些品质非常不错但产量并不算高的农作物品种淘汰殆尽。

为了避免类似情况的发生，近年来世界各国都在以各种各样的手段保护本土农作物品种资源。通常，一般国家对粮食品种的保护多半是从良种基因库的建设开始的。但这种保护模式有它的问题。首先，基因库的搜集量毕竟是有限的，它不可能将全国各地的农作物品种统统搜集上来；其次，它所能搜集的只是农作物品种，但与之相关的种植技术并没有系统而全面地搜集上来。所以，这种方法说到底只是对农作物品种的固态保存，而不是对农作物品种以及与之相关的农业生产技术的活态传承。相关农业生产技术一旦失传，基因库中的农作物品种，就会变成只会"发芽"的文物，这与我们所要求的活态传承，显然还有相当大的差距。这就要求我们想出更好的办法，以确保农作物品种与农耕文化的活态传承。而通过对农业遗产的保护，将各地非常有特色的农作物品种以"种植"这种最传统的方式，一代接一代地传承下去，很可能就是一个非常实用的保护手段。因为这种活态保护模式不但保护了农作物品种，同时也保护了与之相关的农业生产技术，从而实现了人类社会对农业遗产的有效保护。

通过对农作物良种的保护，农业遗产保护工程不仅保护了物种的多样性、粮食品种的多样性，同时也保护人类农耕文化的多样性。因为许多独具特色的农作物品种一旦消失，与之相关的传统耕作技艺、农耕节日、农耕仪式等——如稻田养鱼技术、桑基鱼塘技术以及与农业生产息息相关的苦扎扎节、开秧门仪式、鞭春牛仪式、薅草锣鼓等，都会随之消失。

### 4. 保护农业遗产是确保人类社会粮食安全、食品安全的需要

在农业遗产中，农作物品种占有重要一席。作为优秀农作物品种的地方物种，多半都是通过数代、数十代甚至数百代人的不懈努力培养出来的，是人类千百年来农业生产的智慧结晶，是农业文明的重要载体。人类社会的农业文明能否代代相传，能否保留下丰富的农作物品种是问题的关键。

在全球一体化的今天，随着转基因技术以及杂交技术的普及，农作物品种已呈现出明显的单一化倾向。从好的方面来说，转基因技术以及杂交技术的普及，客观上确实提高了农作物的单产，有效地解决了让全世界人民"吃得饱"的问题。但从不好的方面看，这些现代农业技术也给人类的农业生产甚至农业产品带来许多新的问题。如农作物品种的单一化，很容易为病虫害传播创造条件。随着农产品商品化的到来，出于管理与销售方便的需要，农业种植呈现出明显的区域化、工厂化和农作物品种的单一化倾向，而耕地复种指数的增加，特别是种植业"保护地"的增加，也加速了直接导致病菌致病性的变异和农作物品种抗病能力的丧失。与当地自留种子的传统做法相比，由特定种子商提供农作物种源的供种模式，也很容易因种子基地的绝收，而导致更大范围的绝种绝收。这种将所有"鸡蛋"都放在一个篮子里的做法，显然潜藏着很大的隐患，也严重引发了人们对于粮食安全的担忧。

除粮食安全外，对食品安全的担忧也无时无刻不触动着人们敏感的神经。而影响食品安全的第一个祸首，就是因农药、化肥无度使用而造成的土壤有毒物质的严重超标。有关统计表明，目前我国已经有3亿多人没法喝到干净的水，1.5亿亩耕地遭到严重污染。这些污染已经开始危及农民的生存权，并且引发一些疾病。许多地方因为污染问题已经极大降低了农民的收入，甚至让许多农民无法生活。社会主义新农村建设提出了"生产发展、生活富裕、生态良好"的目标，但是，如果不重视农村的环境问题，这一目标的实现很难得到保证①。出于对人类长远利益的考虑，我们应该尽早觉醒，通过对农业遗产的保护，从保护土壤、水源、空气的品质入手来确保我们的食品安全。

### 5. 保护农业遗产是确保人类社会高品质生活的需要

在人类尚未彻底解决温饱问题的今天，先解决"吃得饱"的问题是很容易理解的。从这个层面上说，我们并非不理解那些投身于基因米、杂交稻的专家学者。没有他们的努力，就不可能有人类社会的温饱，更不会有人类社会的安定。但是，作为一名学者，社会需要我们具有更加长远的眼光，在解决"吃得饱"的同时，也要为解决人类社会"吃得好"，做好资源与物种上的准备。否则，我们就很容易为解决"吃得饱"的这样一个短期利益，而失去"吃得好"的这样一个更加长远的利益。而正在酝酿中的中国农业遗产保护工程所要达成的目标，一是通过这样一个工程，将祖先在历史上历经千百年培育出来的各种各样、各具特色的农作物品种最大限度地保护起来，为人类未来的高品质生活，保留下更多的物种资源。二是通过对农业遗产的认证，将那些尚未受到化肥农药侵染过的、尚保留诸多传统农作物品种的农业遗产地保护起来，通过各种饱含非常优秀之传统农耕经验的恢复，来打造当代绿色可持续发展农业，为人类高品质生活的提升，做出自己的贡献。

# 三、怎样保护农业遗产

农业遗产学是一门学以致用的学问。保护农业遗产的方法，可以分为"形而上"与"形而下"两个层面。所谓"形而上"，就是指农业遗产的保护理念、保护原则，而所谓"形而下"，就是指保护农业遗产的具体手段与方法。本文因篇幅有限，将着重探讨一下农业遗产的保护理念与保护原则。我们之所以如此看重观念、如此看重原则，是因为如果我们的保护理念、保护原则出错，农业遗产就会因保护而被破坏，保护工作就会重蹈"大保护大破坏"的覆辙。农业遗产保护理念与保护原则可以很多，但以下几项基本原则尤为重要。

### 1. 就地保护原则

就地保护原则最初出现在物质文化遗产保护领域。1968 年，联合国教科文组织大会第十五届会议通

---

① 闵庆文，孙业红. 农业文化遗产保护：解决农村环境问题的新机遇. 世界环境，2008 年第 1 期

过的《关于保护受到公共或私人工程危害的文化财产的建议案》就指出："为保持历史的连续性和延续性，各成员国应对受到公共及私人工程危害的文化遗产实行'就地保护'原则，并给予优先考虑"。1990年，国际古迹遗址理事会全体大会通过的《考古遗产保护与管理宪章》（以下简称《宪章》）也强调了就地保护原则的重要性，认为在现有技术条件下，就地保护对文物可能更有好处。《宪章》认为："考古遗产管理的总体目标应该是古迹与遗址的就地保护，包括对一切相关记录与藏品的长期保管。将遗产的任何组成部分转移至新的地点的行为，都有悖就地保护原则"。"在某些情况下，把保护和管理古迹与遗址的责任委托给当地人民也许更为合适"。近年来，广为传播的生态博物馆理论所秉持的也是就地保护原则。它告诉我们，将文物搬进博物馆进行标本式展示固然可以沿用，但对传统民俗采取就地保护的方法更值得借鉴。目前，中国政府所进行的文化生态保护区建设所体现的也正是这样一条全新思路。在农业遗产保护方面，闵庆文首次提到对农业遗产实施就地保护的重要性，认为"农业遗产地不能在空间上发生大的迁移，农业遗产系统不能脱离其形成的原生自然环境和人文环境"[1]。

从某种角度来说，农业遗产是具有农业属性的物质文化遗产与非物质文化遗产的综合性遗存。作为物质文化遗产，与农业遗产相关的稻田、粮仓、打谷场以及各种农具等应该实施就地保护，而作为非物质文化遗产组成部分的农耕信仰与仪式、民间文学与表演艺术、传统农业生产知识与技术——如开秧门仪式、祭山神仪式、薅草锣鼓、稻田养鱼技术、葑田建造技术、桑基鱼塘技术等，也由于已经与这些物质文化遗产，特别是周边的自然环境与人文环境发生了无法割舍的联系，也无法脱离开其原有的生态环境而被人为地迁往他处或是被人为地"吊起来"。而要想对这些农业遗产实施有效保护，最简单的办法显然是对上述农业遗产实施就地保护。因为我们所说的"农业遗产"，已经不再是某一单一的农业生产技术，而是某个各种传统农业生产技术保持得都非常之好的特定"区域"。如已经被联合国粮农组织认定了的秘鲁安第斯山脉高原农业系统，智利智鲁群岛岛屿农业系统，中国浙江省丽水市青田县方山乡龙现村传统稻作农业生产技术系统，中国云南省红河哈尼族彝族自治州哈尼稻作梯田的农业生产技术，中国江西省上饶市万年县的贡稻生产技术，菲律宾伊富高稻作梯田农业生产技术，阿尔及利亚、突尼斯马格里布绿洲农业生产技术，肯尼亚、坦桑尼亚草原游牧及高地农业生产技术等全球重要农业遗产项目，它们的所指都已经不再是某一具体的农业生产技术（为说明其独特贡献，可能会重点强调其独特性），而是指上述农业遗产保护区内所有农业生产经验与技术的总和。其实，作为一项优秀的农业生产技术，它们的流传也许已经非常广远，甚至并非只有该遗产地所独有（如青田县龙现村的稻田养鱼技术，实际上在江南地区已普遍存在）。但要想对类似项目实施国家保护，最简单的办法只能是选取其中的一个或数个典型地区，对其实施封闭性保护。正因如此，我们在主持申报工作时，通常都会要求申报单位必须将作为农业遗产申报项目的某项农业生产技术与该项目的具体传承地挂钩，以强调我们所选择的农业遗产项目的唯一性。如将稻田养鱼技术与青田县龙现村挂钩的意思就是，尽管稻田养鱼技术在长江以南地区普遍存在，但我们认为青田县龙现村的稻田养鱼技术更加典型，保持得也是最好的。

传承地的选定通常包含以下几方面条件：

（1）农业遗产地应具有独特而有效的传统农业生产技术，且该技术必须蕴涵有低碳经济与可持续发展理念；

（2）农业遗产地应保留有诸多传统农作物品种；

（3）农业遗产地应该具有严密而高效的传统农业管理制度，并在当代农业发展过程中有效运行；

（4）农业遗产地应保留有传统农耕信仰以及与之相关的传统仪式、节日、民间文学与表演艺术，且上述传统仍能有效地支配当地民众的生产与生活。

我们强调农业遗产的就地保护，并不意味着这里的农耕技术与农业生产经验不能推广至其他地区。相反，我们保护农业遗产的最终目的，就是让更多的人从这里的农业遗产中获取更多的知识与经验、技能与技巧。但仅就农业遗产而言，坚持就地保护，显然更适合于农业遗产的传承规律与保护规律。事实将会证明，任何一种将农业遗产与其生存环境相隔离或是将遗产的某些部分转移至新的地点的想法和做法，都有悖就地保护原则。

就地保护的另一层含义，是将保护与传承农业遗产的责任交给当地农民，农民才是农业遗产的真正

---

① 李大庆．全球重要农业文化遗产如何保护．科技日报．2006 年 8 月 11 日

主人。

要想对农业遗产实施活态保护，明确各介入方的职责非常重要。这其中，作为农业遗产传承主体的庄稼把式，他们的任务是尽自己所能，将他们所知道的一切农业生产知识与经验、技术与技能，尽可能原汁原味地保存或传承下来。而当地的各级政府，则是从政策、制度以及资金等层面，为农业遗产的活态传承创造出一个良好的政策环境、制度环境与金融环境。也就是说，如果我们将活态传承着的农业遗产比作池中之鱼，那么，各级政府的工作就是为"鱼儿们"营造出一个更加适合于它们生长的客观环境，而不是指手划脚、随心所欲地改造它们，或是改造那些他们本已十分熟悉的原生环境。作为农业遗产保护的先知先觉者，学术界的工作就是将农业遗产传承人所传承的农业生产知识与经验，如实地记录下来，同时从理论的高度将其中的精华梳理出来。此外，在可能的情况下，地方政府还应与学术界一道，对当地的农业遗产进行一次比较深入而全面的普查，使每个地方官员对自身的家底做到心中有数。

**2. 活态保护原则**

所谓"活态保护原则"，就是指让农民继续采用当地传统农业生产方式，将传统农业生产技术与技能、知识与经验原汁原味传承下来，而不是将农民迁走，对农业遗产地实施博物馆式的空地保护。没有农民，没有了传统的农业生产，这些农业遗产无论如何都是无法传承下来的。

农业遗产传承的最基本模式，就是通过农业生产代代相传。将这些遗产如实地记录下来——像徐光启、贾思勰、王祯那样，将他们所知道的农业生产经验记录下来，或是将其中的某些部分做成标本放进博物馆进行长期展示固然重要，它们在认识以及传承农业文明的过程中也确实发挥着重要作用，但将这种固态保护作为保护农业遗产的法宝，并用于全部农业遗产的保护实践，显然会带来很大问题。如我们仅将农产品种子的形态记录下来或是将它们放进博物馆，尽管这些做法都有助于我们认识这些传统品种，但不可能通过这种方式将历史上培育出来的优秀品种保留下来，更不能造福当代。其实，不仅仅是农业品种，传统农耕技术——如桑基鱼塘技术、稻田养鱼技术同样存在这样的问题。此外，过分强调文本记录、过分强调固态保护或是用文本记录、固态保护等方式取代活态保护，这种做法不仅会影响农业遗产的有效传承、农业遗产的可持续共享，同时也会影响到人们在继承这份遗产后的技术创新。可见，将"活遗产"变成"死遗产"不应成为农业遗产保护工作的主要模式。

作为农业遗产项目的农业遗产保护区，虽然具有重要的历史认识价值，但它本身并不是一座僵死不变的"博物馆"，而是以活态的形式，通过传统农耕技术、农耕制度的传承，传统农具的使用，传统良种的沿用，为人类延续古老的农耕文明。从而为后人了解、借鉴本民族的农耕文明，保留下更多的物种资源与文化资源。

**3. 整体保护原则**

所谓"整体保护原则"，就是指在农业遗产保护过程中，要对农业遗产实施整体保护。它大致包括两方面含义：一是对农业遗产本身实施整体保护，二是对与农业遗产相关的整个周边环境实施整体保护。

对农业遗产的保护，包括多方面内容。其中既包括对传统农耕技术与经验的系统保护，也包括对传统农业生产工具的系统保护；既包括对传统农业生产制度的系统保护，也包括对传统农耕仪式与节日的系统保护；既包括对相关民间文学、表演艺术的系统保护，也包括对当地特有农作物品种的系统保护。也就是说，对于农业遗产的保护是个系统工程，我们要保护与传承的是一个完整的生态系统和文化系统，而不只是某个片段。

（1）对传统农耕技术、农耕经验实施有效保护

农业生产经验是广大农民特别是那些老庄稼把式们在其漫长的生产实践中总结出来的传统农业生产知识与农业生产经验。这些知识与经验大致可分为广义和狭义两个方面。广义的农业生产知识与经验包括春耕、播种、灌溉、抗旱、排涝、病虫害防治、收割、贮藏等各种与农业生产相关的农业生产知识与经验。狭义的农业生产知识与经验则特指那些非常具有地域特色，非常符合可持续发展理念，非常具有普世价值的，非常优秀的传统农业生产知识与经验。如桑基鱼塘、稻田养鱼、坎儿井旱地灌溉技术以及历史上广泛流行于两广、江东、淮东的葑田技术等，都可作为一地农业遗产的精华予以保护。此外，在民间广为流传的农谚、气象谚、节气歌等凝聚了人们千百年来积累起来的农业生产知识与农业生产经验，我们也要注意普查和收集，使之代代相传。应该说，这些农业生产经验既是我们发展21世纪新农业的重

要参考，也是我们根治现代农业痼疾的良方。

（2）对传统农业生产工具实施有效保护

传统农具是一个时代或是一个地域农业生产发展水平的重要标志。保护好传统农业生产工具，对于保护农业遗产而言，常常会起到事半功倍的作用。在工业文明到来之前，我们的祖先在传统农业生产工具的制作与应用方面已经取得了不俗的成绩，进行过很多成功的尝试。其中，成绩最为显著者，便是对风能与水利资源这两大"取之不尽，用之不竭"之天然资源的开发与利用。如以风能、水能为基本能源而研发出来的风车、水排、水车、水碾、水碓、水磨、水砻、水打罗、槽碓、筒车技术，便在我国传统农业生产的过程中，发挥过举足轻重的作用。这些传统农耕技术所使用的基本动力多来自自然，几乎可以做到"无本经营"。在满足农村加工业、灌溉业能量需求的同时，也有效避免了现代工业文明给传统农业带来的各种工业污染和巨大的能源消耗。这些巧借自然伟力的传统农耕技术，应该成为我们发展现代新农业的重要参考。

（3）对传统农业生产制度实施有效保护

传统农业生产制度是为限制农业行为主体利益及效用最大化而设置的各种民间制度。其作用主要表现在以下三个方面：其一，制定公平的社会分配方式，以保障社会财富与收入的合理分配；其二，制定各种有效的保护体制，以避免在资源匮乏的情况下出现无序竞争；其三，建立各种具有约束力的制度框架，以减少不必要的交易费用。

在农业生产中，农业生产制度的建立为人类维护农业生产秩序发挥了重要作用。譬如，在干旱少雨的西北地区，人工水渠在旱作农业生产过程中发挥了十分重要的作用。在这里，人们不但学会了如何修渠、造渠、而且还制定出了一套十分完善的保渠、用水制度。这些传统的用水制度不但使水利分配得到科学而合理的解决，而且还使那些在黄土高原很容易淤积的渠道可以使用上千年而不废弃，使既定的渠水流量发挥出最大效益。谁用水，什么时候用水，用多少水，都会根据各家田亩面积的大小，种植作物品种的不同，修渠时投入劳力、物力的差异而制定出严格的限定。一旦有人破坏规矩而偷水盗水，就会受到民间习惯法的严厉制裁。再加之这里历史上即已形成的良好的种树护渠传统，完善的保渠护水民间组织以及相关的乡规民约，从而在制度层面上确保了水利资源的合理运用。

人类上千年的农业经营文明史已经表明，只有农业技术，而缺乏一套完善而有效的农业生产制度，农业生产就不可能顺利进行。

（4）对传统农耕仪式以及与之相关的传统表演艺术等实施综合保护

农业信仰是农耕民族的心理支柱，与之相关的口头文学、表演艺术亦是中国传统农业文明的重要组成部分。忽视了这一点，也就忽视了传统农业文明与现代农业文明的差异，忽视了传统农业的特点。这不但不利于我们对传统农业文明的了解，同时也不利于我们对传统农业遗产的继承与保护。

传统农耕信仰是传统农耕文化的必然产物。因为在人类无法协调人与人之关系或是无法协调人与自然之关系时，总会根据自己的需要创造出各种各样的神灵。譬如人类要保护山林而又无力保护山林时，便会塑造出山神；为保护水源而又无力保护水源时，便塑造出水神。这些看似迷信的信仰，在维系传统农耕社会秩序和传统道德秩序，在保护自然环境与人文环境的过程中，都曾发挥过十分重要的作用。历史上，神山、神林、庙田、水源地等各种农业资源的保护，几乎都与农业信仰息息相关。在新的文明秩序尚未建立之前就急于消灭这些传统信仰，对农耕社会之社会秩序的建立，对于自然环境的保护，都将有百害而无一利。因此，在继承、保护农业遗产的过程中，我们要将"俗信"与"迷信"严格区分开来，只要利大于弊，我们都应予以尊重与宽容。中国自古便有娱神传统，因此，无论是传统仪式——如"鞭打春牛"、"开秧门节"，还是传统节日——如"尝新节"、"苦扎扎节"等，只要与神有关，都免不了娱神节目的表演。翻开一部中国演剧史我们就会看到，无论是祈雨用的雨戏，还是酬神用的神戏，几乎都与传统节日、传统仪式有关。作为农业遗产的重要组成部分，这些表演艺术理应受到遗产级的保护。如果我们仅仅因为这些表演艺术"根不红，苗不正"而拒绝继承，我们的农业遗产不但会因此而变得支离破碎、无法解读、无法传承，充满人文精神与可持续发展理念的传统农业遗产也会因此而变得索然无味。

（5）对当地特有农作物品种实施有效保护

优秀的农作物品种是人类历经千万年农业生产实践而培育出来的农业核心技术，是人类农业文明的重要载体。一个民族的农业文明能否代代相传，优良品种的传承是问题的关键。但在全球一体化的今天，随着新培育作物品种的普及，众多具有地域特色的传统农作物品种正面临迅速灭绝的危机。正如信息技术带来的全球文化的趋同一样，杂交技术、转基因技术的普及也造成了作物品种上的趋同和单一化。高科技研发的作物品种客观上确实提高了农作物的单位面积产量，但从另一方面看，农作物品种的单一化，也无时无刻不破坏着物种的多样性和文化的多样性，潜藏着巨大的物种危机和文化危机。

事实告诉我们，在经济高速发展的今天，人们很容易被眼前利益所诱惑，为了眼前的甚至是短期的增产增收，而造成许多优良农作物品种及家畜品种的灭绝和农畜产品品质的下降，实际上降低了人们生活的品质。这种只顾眼前利益而忽略人类长远利益的做法不值得提倡。

为避免类似情况发生，一方面可考虑通过建立国家物种基因库的方式保留各种珍稀物种，一方面也可让民间社会有意识地保留下更多的地方农作物品种，以便为日后农作物品种的更新，保留下更多的种源。

需要特别指出的是，我们强调对本土农作物品种的保护，并不是盲目拒绝外来文明，也不是盲目拒绝杂交技术和转基因技术。一部中国农业文明史已经证明，外来农业文明，特别是外来农作物品种的引进，已经为中国的农业文明做出了巨大贡献。这一点不但应该充分肯定，同时还应持之以恒地坚持下去。但作为确保农业安全、食品安全的一国政府必须清楚地意识到，包括杂交技术、转基因技术、农药化肥的所谓现代化农业所能解决的只能是让全国人民"吃得饱"的问题，但它们却无法解决让全国人民"吃得好"的问题。要想解决这个问题，就必须加强对于本国传统优良品种的保护，就必须向传统农业学习，从传统农业中汲取营养，而我们所推动的农业遗产保护工程所要达成的正是这样一个目标。

（6）对当地农耕文明环境实施有效保护

农业遗产是指与农耕文明息息相关的农业生产技术与农业生产经验。但将保护目光仅仅局限于农业遗产本身，还不足以保护好当地的农业文化遗产。除要保护好包括传统农具、传统农耕技术以及各种各样的传统农作物品种外，我们还应充分注意到对农业遗产赖以生存的人文环境和自然环境实施有效保护。实践将会证明，只有保护好包括森林植被、山川水系、空气土壤在内的自然环境与包括村落风貌、民居建筑、宗教信仰、风俗仪礼在内的人文环境，农业遗产才能得到真正的整体性保护。

**作者简介：**

苑利，男，1958年生，民俗学博士，中国艺术研究院研究员、博导，中国农业历史学会副理事长。主攻民俗学、非物质文化遗产学、稻作文化史。

顾军，女，1963年生，历史学硕士。现任北京联合大学应用文理学院教授，历史文博系主任，北京联合大学文化遗产研究所所长。主攻民俗学、文化遗产学。

徐晓，女，1986年生，中国艺术研究院研究生院硕士研究生，主攻非物质文化遗产学。

# 古今中外论农业文化遗产<sup>*</sup>

李根蟠

（中国社会科学院经济研究所；北京　100836）

农业遗产的研究方法是本次论坛的议题之一，论坛组织者让我讲一讲。这个问题我也是在学习和思考中。

在上一届论坛我曾经说过："指个人或家族的祖先遗留的财产"的"遗产"概念古已有之；"指社会世代积累和传承的物质财富或精神财富"的"文化遗产"概念则是近代才有的①。文化遗产和人类历史是两个密切相关而又有所区别的概念和领域。今日以前人类的一切活动都是"历史"，但人类活动的记录和创造物只有遗存至今的才能称为"遗产"。"遗产"可以表现为已经定格的"固态"物（文献、文物等），也可以表现为仍然在现实生活中生存发展的"活态"物（技艺、习俗等）。已逝无痕的历史不能成为"遗产"，但它也可能以人们无法觉察的形式融其"魂魄"于"遗产"之中。仍然活生生存在的"遗产"不能算作"历史"，但它与"历史"血肉相连，可以作为认识和研究历史的重要参照物，并且最终转化为历史。由于两者密切相关，它们的研究方法是相通或相续的。中国的农史学科，就是在"整理祖国农业遗产"的旗帜下形成和发展的，它的研究理路体现了"古今中外法"的精神。

下面仅就"古今中外法"与农业遗产研究的关系谈些粗浅的看法，供大家讨论参考。

## 一、什么是"古今中外法"

"古今中外法"是毛泽东同志在延安整风期间提出的一种研究历史的方法。1942年3月30日，毛泽东同志在中共中央学习组发表了《如何研究中共党史》的讲话，其中谈到：

> 如何研究党史呢？根本的方法马、恩、列、斯已经讲过了，就是全面的历史的方法。我们研究中国共产党的历史，当然也要遵照这个方法。我今天提出的只是这个方法的一个方面，通俗地讲，我想把它叫作"古今中外法"，就是弄清楚所研究的问题发生的一定的时间和一定的空间，把问题当作一定历史条件下的历史过程去研究。所谓"古今"就是历史的发展，所谓"中外"就是中国和外国，就是己方和彼方。
>
> 谈到中国的反帝斗争，就要讲到外国资本主义、帝国主义如何凶恶地侵略中国。讲到中国无产阶级，就要讲到世界无产阶级，讲到中国无产阶级政党——共产党的斗争，就要讲到马、恩、列、斯他们怎样领导国际无产阶级同资本主义和帝国主义作斗争。这就叫"中外法"。中国是"中"，外国是"外"。借用这个意思，也可以说，辛亥革命是"中"，清朝政府是"外"；五四运动是"中"，段祺瑞、曹汝霖是"外"；北伐是"中"，北洋军阀是"外"；内战时期，共产党是"中"，国民党是"外"。如果不把"外"弄清楚，对于"中"也就不容易弄清楚。世界上没有这方面，也就没有那方面。所以有一个"古今"，还有一个"中外"。辛亥革命以来，五四运动、大革命、内战、抗战，这是"古今"。中国的共产党、国民党，农民、地主，工人、资本家和世界上的无产阶级、资产阶级

---

\* 2011年9月，我在南京举行的"第二届农业文化遗产论坛"上作了"'古今中外法'与农业遗产研究"的报告，本文是在这次讲演的基础上整理而成的

① 《农史学科发展与"农业遗产"概念的演进》，载《中国农史》2011年第3期

等，这就是"中外"①。

这里的关键词是"古今中外"。这四个字看似简单，内涵却十分丰富，应作灵活的多层次的理解。

"古今"，第一层意思是时代意义上的"往古"和"当今"（也可以扩大一点理解为古代和近现代），要求立足当今研究往古。第二层意思是过程意义上的、以所研究事物的时点为坐标的"既往"（古）和"当前"（今）。两者均表现为时间上纵向的联系。由于过程是前后相续的，"古"中有"今"（今之源、今之胚），"今"中也有"古"（古之延，古之遗），参见图1。

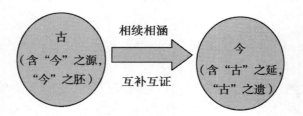

图1 "古"和"今"的关系

"中外"，第一层意思是地域意义上的"中国和外国"，要求立足中国放眼世界。第二层意思是事物相关性意义上的"己方和彼方"。"己方"是作为研究中心的事物或问题，故可称为"中"。"彼方"亦包含两种情况：或者是与"己方"构成对立统一体的另一方（即毛泽东说的，"世界上没有这方面，也就没有那方面"）；或者是与"己方"共居于某种系统中的相关事物。对于"己方"来说，两者均可称为"外"，均表现为空间上的横向联系，但联系的方式又各不相同。在第一种情况下，"彼方"是单一的，"己方"和"彼方"像太极图中的"阴阳鱼"一样相互依存。在第二种情况下，"彼方"不是单一的，"己方"和"彼方"的联系是辐射式的。由于事物的可分性和关联的普遍性，"中"中有"外"，"外"中也有"中"②，参看图2。

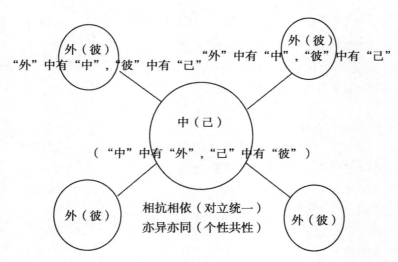

图2 共居于同一系统中的"己"和"彼"的关系

"中外"和"古今"相互结合，是不能分开的。因为任何事物或系统都表现为过程，而任何过程都是在事物或系统内部矛盾双方的相互联系相互斗争中以及在其与外部事物或系统的相互关联中向前发展的。

这是马克思主义的发展观、联系观、整体观以及对立统一规律在历史研究中的具体运用。这种方法把世界及其包含的万事万物视为前后相续的过程和普遍联系的系统，要求人们研究事物发展过程的来龙去脉，研究事物在普遍联系系统中内部和外部的关系。"古今中外法"深刻揭示了马克思主义史学的研究方法与认识路径，视野宏大、内容丰富、思想精湛，表述又那样的通俗简明，鲜明地体现了毛泽东思想

---

① 载《毛泽东文集》第二卷
② 参阅范文澜：《古今中外法浅释》，初刊1942年9月3日延安《解放日报》，收入《范文澜全集》第10卷

和语言的风格。它不但适用于党史研究，而且适用于一切历史研究，其基本精神也可以用以指导文化、科技、教育、外交等各项工作。

毛泽东同志不但提出了"古今中外法"，而且把"古今中外法"与文化遗产的研究联系起来。

毛泽东同志反对割断历史，反对民族虚无主义，反对"全盘西化"，他指导革命和建设的基本思路是把马克思主义的普遍真理与中国的具体实际相结合，这种实际包括现实的实际和历史的实际，因此，毛泽东同志十分重视对祖国文化遗产的整理和继承。早在1938年《中国共产党在民族战争中的地位》一文中，毛泽东就论述了用马克思主义的方法批判地总结和继承我国珍贵的历史遗产的重要性。1939年《中国革命与中国共产党》指出，中华民族是有"优秀的历史遗产的民族"①。1940年的《新民主主义论》，毛泽东又提出"清理古代文化发展过程"，以"发展民族新文化，提高民族自信心"的任务，并提出建立"民族的科学的大众的文化"的口号。这种思想与形形色色的西方中心论是对立的，也是"五四"以来历史经验的一种总结。

1942年5月，毛泽东同志在延安文艺座谈会上论及批判地吸收优秀文艺遗产时，再一次提到"古今中外法"，并别开生面地比喻为："屁股坐在中国的现在，一手伸向古代，一手伸向外国。"② 后来毛泽东把它概括的"古为今用，洋为中用"③ 的原则。"古为今用，洋为中用"包含了古今相通、中外相须的思想（不然的话，何以能够"为用"），同时更加突出了"古今中外法"运用中的基本立场和基本取向，表现了强烈的现实关怀，它要求我们从中国当今的实际需要出发，有批判、有选择地整理和吸收民族的传统文化和外国的进步文化。由此可见，"古今中外法"是研究历史的根本大法，也是整理和继承祖国文化遗产的根本大法④。

## 二、"整理祖国农业遗产"的提出和实践<br>体现了"古今中外法"的精神

"农业遗产"的概念⑤最早出现于何时，尚待进一步考证，但"整理祖国农业遗产"作为国家任务，早在1955年就被提到议事日程上来了。它的标志就是1955年4月的"整理祖国农业遗产"座谈会和随后成立的中国农业遗产研究室。作为与生产事业直接联系的文化遗产，农业遗产受到重视是相当早的⑥。那时，新中国成立不久，百废待兴，主持座谈会的是中央农业部，农业遗产研究室也设立在农业部系统。这表明党和国家领导者认为，发展新中国农业，实现农业现代化，离不开对中国农业传统经验的总结和继承。在那以后，尽管有不少波折和干扰，继承中国农业的优良传统的必要性一再不以人们的主观意志为转移地突显出来。将近半个世纪以后的2002年，联合国启动了"全球重要农业文化遗产保护"项目。所有这些表明，"整理祖国农业遗产"任务的提出是高瞻远瞩，很有战略眼光的。

"整理祖国农业遗产"座谈会的召开和中国农业遗产研究室的成立，得到周恩来总理的直接关怀和指导，实际上体现了毛泽东主席的思想和意图。

毛泽东出身农家，从小参加农业生产，在长沙第一师范求学时，做过《补农书》的课堂笔记⑦。在长期领导革命战争和社会主义建设过程中非常关心农业生产，注意总结农民的实践经验，有过不少论述。农业遗产座谈会以后，在农业合作化高潮已经掀起的形势下，毛泽东更多地关注农业发展的问题。1955

---

① 这里所讲的"历史遗产"与"文化遗产"是同义语，它指人类所创造并世代积累和传承的物质财富或精神财富，是相对于近人所称之"自然遗产"而言的

② 参阅孙国林：《〈在延安文艺座谈会上的讲话〉的版本》，《中华读书报》2002年5月15日

③ 毛泽东《关于〈对中央音乐学院的意见〉的批语》，载《建国以来毛泽东文稿》第11册

④ 参见拙文：《关于马克思主义史学研究方法与路径的思考——读毛泽东"古今中外法"札记》，《史学史研究》2011年第3期

⑤ 广义的"文化"包括人类创造的一切物质文明和精神文明，因此，"文化"也可以简单地称之为"人化"。"文化遗产"是与"自然遗产"相对待的概念。农业是文化的一种，农业遗产是文化遗产的一种。因此，"农业遗产"与人们通常讲的"农业文化遗产"内涵是一致的。严格来说，讲"农业遗产"就可以了，不必加上"文化"二字，当然，加上也无妨

⑥ 中国另一种与生产事业相联系的文化遗产——工业遗产，在这半个世纪以后才引起人们的关注。2006年4月，首届"中国工业遗产保护论坛"在无锡召开，距离"整理祖国农业遗产"座谈会的召开整整51年

⑦ 周邦君、邱若宏《毛主席与〈补农书〉及其相关问题》，《农业考古》2009年第4期

年下半年，他在和各地省委书记商议后，提出了"十七条"意见，它成为《全国农业发展纲要》（四十条）的基础。"十七条"把"推广先进经验"作为发展农业整体规划中的"增产的条件"突出地提出来，"四十条"又把它具体化了①。1956 年 8 月，毛泽东在《同音乐工作者的谈话》中指出："农民不能说没有文化，精耕细作……也是文化。"② 1957 年，在中共八届三中全会谈到《全国农业发展纲要》时表示："我看中国就是靠精耕细作吃饭。"③ 精耕细作正是对中国传统农业技术精华的概括。可见，"十七条"和"四十条"所讲的"先进经验"是指农民世代相传并在实践中有所发展和创新的技术经验，它与"整理祖国农业遗产"的任务是相辅相成的。毛泽东在重视总结农民实践经验的同时，提倡领导干部"摸农业技术的底"，包括学习外国先进的科学技术，他本人也率先垂范，例如，他研读威廉斯土壤学等科学著作，推崇他关于农林牧相互依存、平衡发展的理论。1958 年，毛泽东把农业增产的技术措施概括为"土、肥、水、种、密、保、管、工"的"八字宪法"④。正如刘瑞龙同志指出的：农业"八字宪法"是毛泽东同志把农业科学技术和群众经验结合起来概括而成的⑤，其中就包含了对我国农业遗产精华的总结⑥。

新中国的农史学科在半个多世纪的发展中，形成了自己的富有特色的、体现了"古今中外法"的研究理路。有两点是比较突出的。

一是坚持了"古为今用"的取向。整理祖国农业遗产的目的，是为新中国农业的发展提供经验和借鉴，因此，它"要同农业生产实际结合起来"⑦，这在老一辈农史工作者的心目中是十分明确的。中国农业遗产研究室根据刘瑞龙同志指示编写的《中国农学史》，明确规定"编写原则是古为今用"，总结农业技术发生发展的规律，表彰其优良传统，"为今天发展农业建设寻找历史的渊源"，"供从事农业实践者参考"，"纠正在农学上'言必称西洋，死不谈中国'的偏向"⑧。20 世纪 50 年代，有些农业科学工作者用科学实验的方法对某些传统技术（如溲种法、区种法、韭菜籽的新陈鉴别等）进行检验，这也是"古为今用"的一种方式。改革开放以后，农业现代化要走什么道路，传统农业与农业现代化是什么样的关系，引起社会和学界的关注。农史工作者积极参加这一讨论，他们通过中外古今农业发展的对比，指出西方石油农业的弊端和中国农业精耕细作传统的现代价值，论证了农业现代化必须与精耕细作的传统相结合。20 世纪晚期以来，全球性环境污染日益严重，经济与社会的可持续发展问题日益突显。不少农史工作者致力于发掘传统农业的生态意识以及可持续发展的理论和实践。新旧世纪之交对中国传统农业的生态意识和可持续发展思想实践的总结。最近，以可持续发展为核心的活态农业遗产的保护又成为农史界关注和研究的热点。凡此种种，表明农史学科发展的主流始终没有离开"古为今用"的原则。刘瑞龙同志在临终前的文稿中说："农史科学研究的总题目是如何使传统农业向现代农业转化，如何为中国式社会主义农业现代化服务。"这正是农史研究"古为今用"原则的具体化。"古为今用"不但是农史研究的一种价值取向，而且是农史学科发展的强大动力。

二是"固态"遗产研究和"活态"遗产研究并举和相互结合。在新中国的前 17 年，农业遗产的整理的重点是古农书整理校注和传统文献中农业史资料的搜集，但同时也重视仍然"活"在农民实践中的传

---

① "四十条"中的第九条规定："推广先进经验的办法，主要是：（1）由各省、市、自治区把当地合作社中的丰产典型收集起来，编成书，每年至少编一本，迅速传播，以利推广。（2）举办农业展览会。（3）各省（市、自治区）、专区（自治州）、县（自治县）、区、乡（民族乡），都应当定期召开农业劳动模范会议，奖励丰产模范。（4）组织参观和竞赛，交流经验。（5）组织技术传授，发动农民和干部积极地学习先进技术。"

② 载《毛泽东文集》第七卷

③ 《关于农业问题》，载《毛泽东文集》第七卷

④ 早在 1955 年，"十七条"谈到增产条件时，提出要"实行几项基本措施"，"四十条"把它具体化了。以后毛泽东从中抽取了最重要的几项内容，逐步形成"八字宪法"。从目前掌握的材料看，把这些增产提高到标以"八字宪法"，最早见于毛泽东同志在中共八届六中全会上的讲话纲要，载《建国以来毛泽东文稿》第七册。当时的次序是"水、肥、土、种、密、保、工、管"，后来才调整为"土、肥、水、种、密、保、管、工"。1964 年，毛泽东同志看到了竺可桢《论我国气候的几个特点及其与粮食生产的关系》一文，他赞同文章的观点，并向作者表示："八字宪法"似应加上光、气二字。

⑤ 《农业八字宪法浅说·编者的话》，农业出版社 1980 年

⑥ 毛泽东同志对中国农业发展道路进行了长时期的探索，提出了许多重要论断，如组织起来、靠精耕细作吃饭、农业的根本出路在于机械化、农林牧协调发展，等等。这些论断，抓住了中国农业发展的关键，是经得起历史考验的。这些探索，体现了从实际出发，古今中外融为一炉的精神

⑦ 王毓瑚：《关于整理祖国农业学术遗产问题的初步意见》，载北京农业大学学报 1955 年 10 月 1 卷 1 期。转自《王毓瑚论文集》第18 页，中国农业出版社 2005 年

⑧ 《中国农学史（初稿）上册》"序"，科学出版社 1959 年

统经验的调查总结。例如，万国鼎先生就讲过："我们现在整理祖国农业遗产，一方面固然必须充分掌握古农书和其他书籍上的有关资料（有时还须兼及考古学上的发现），同时必须广泛而深入地调查研究那些世代流传在农民实践中的经验和实践后获得的成就。"① 他们提倡"整理农业文献必须是同到农民中间进行采访配合起来进行，而且是应以后者为主"②。陈恒力、王达的《补农书研究》，就是整理农书与实地调查相结合的成果。20 世纪 50 年代启动了全国范围的农谚收集整理和出版工作。资料来源和研究领域空前拓展，重要的进展是考古学和民族学资料比较系统和比较广泛地进入了农史研究。20 世纪 90 年代，吕平同志在总结以往经验的基础上，又提出了"农业考现学"的概念，主张在农业史研究中系统地发掘和利用仍然在现实生活中传承和发展的"活"的遗产。这样，就形成了农业遗产研究中文献与文物、"固态"与"活态"相结合的格局。而这正是"古今中外法"所要求的。

# 三、逆向考察和以今证古是马克思主义史学研究路径的一大特点

"古今中外法"提纲挈领、以简御繁，是高度概括的。原理、原则就是那么几条，关键是运用。而"运用之妙，存乎一心"（岳飞语）。所以我觉得与其干巴巴地背书，不如通过一些实例谈谈切身的体会。

"古今中外法"的古今关系，上文用"相续相涵，互补互证"来概括它。既然古今"相续相涵"，我们研究事物或问题就不可胶着在某一时点或某一时段，而应该瞻前顾后、溯源辨流。中国传统史学重视对事物源流的考察，以至追求"通古代之变"的境界。这无须多说。

古今"互补互证"指历史研究中顺向考察、识古观今和逆向考察、以今证古的结合。我认为古今"互补互证"，尤其是逆向考察和以今证古，是马克思主义史学研究路径的一大特点，与农业遗产研究的关系也更为密切。对这个问题，我有一个认识过程。

我上大学的时候，教考古学的是梁钊韬先生，他主张综合运用考古学、民族学和历史文献的材料研究历史，对我们影响很大。改革开放以后，我和黄崇岳（是梁先生考古学的研究生，当时在人民大学工作）、卢勋（在中国社会科学院民族研究所工作）合作，按照这种思路研究原始经济和原始农业形态。三种材料各有优点和局限，结合起来，相互发明，就不是简单的 1 + 1 + 1 = 3。这里的关键是把民族学材料引入史的研究。它不但是当代活生生存在的事物，并往往有把文献记载（"文证"）、考古文物（"物证"）这些"死"材料变"活"的神奇功效，所以我把它称为"活证"。我从"文证"、"物证"和"活证"的相互参证中，颇得左右逢源、时有创获之乐。把各种材料杂糅在一起，似乎是东拉西扯，难怪有人说我是"杂家"。当时我还不知道毛泽东同志讲的古今中外法，但知道马克思关于"人体的解剖是猴体解剖的钥匙"的论断，知道恩格斯把民族学材料称为"社会化石"。我坚信只要处理好个性与共性的关系，民族学资料入史，"以今证古"，是历史研究的一条康庄大道③。我曾计划把这种方法拓展到对奴隶制、封建领主制及封建领主制向地主制过渡的研究。由于后来承担了《中国经济史研究》编辑工作和转入农业史研究，这个计划未能实现，至今引以为憾。应该承认，我的文献学、考古学和民族学的素养很不够，改革开放后急于追回耽误的时间，出了一些"急就章"，缺点和问题不少，但我认定这种"三结合"的研究理路是科学的、可行的，也是有成效的。正因为在学术研究上有这样一段经历，20 世纪 90 年代，吕平同志提出"考现学"时，引起我强烈的共鸣。也正因为这样，21 世纪初读到毛泽东同志关于"古今中外法"的讲话时，眼睛一亮，产生"似曾相识"的亲切感。这几年，用它来思考学科发展和个人研究，就有了一些新的感悟。

可以作为研究历史参证的"活"材料，不止是民族学材料，它包括在现实社会的生产和生活中与传

---

① 万国鼎：《祖国的丰富的农业遗产》，人民日报 1956 年 8 月 4 日。引文转自《万国鼎文集》第 316 页，中国农业科学技术出版社 2005 年

② 王毓瑚：《关于整理祖国农业学术遗产问题的初步意见》

③ 参见李根蟠、卢勋：《略论西周与西双版纳傣族封建经济制度的差异》，《民族研究》1980 年第 6 期。原稿文章的结尾是："……'以今证古'不但是可行的，而且是一条康庄大道。"发表时编辑改为："……'以今证古'不但是可行的，而且是十分有意义的。"

统有关的一切事物。现在不少农业历史界的同仁重视现实生活中的调查，在研究利用民族学、民俗学、社会学、文化人类学等资料和方法，做得比我好多了。研究历史不应与现实生活隔绝，我不赞成研究学术要躲进"象牙塔"去的提法。现实不但为我们提出需要研究的有意义的课题，而且可以为我们的研究提供资料、线索、思路和灵感。我曾经到滇西民族地区调查，对我的研究好处多多。当然，我的调查工作还很不够。现在年纪大了，难以进行这种调查，但多接触一点实际总是有好处的。我可以举出一个近期的例子。2003 年，无锡吴文化公园邀请我参加在该园举办的关于传统水车的学术研讨会，我原来不打算去，因为手头事多，对水车又没有专门研究，在游修龄先生的敦促下硬着头皮出席了。现在回过头看，收获颇多，我应该感谢吴文化公园和游修龄先生。因为这次会议不但增进了我对传统水车的了解和进一步研究的欲望，而且使我获得一些在书斋中难以获得的新鲜知识。如果不是参加了这次会议，我绝对写不出《水车的起源和发展丛谈》这篇长文。该文有些观点直接得自这次会议的启发。例如，会议复原了牛转翻车的车盘，使我对牛转翻车有了真切的了解。我注意到，会议复原的牛转翻车和南宋《柳荫云碓图》、明代《天工开物》的牛转翻车图像一致，王祯《农书》有关牛转翻车的图像和描述却与此不同，不由得对王祯《农书》此则记述的可靠性产生怀疑。又如我在会议上看到《吴地农具》，认为翻车是从戽斗戽水发展而来的，起初不以为然，后来从收集的材料中发现，古代称翻车为"戽车"、"车戽"相当普遍，观感为之一变，并从而对翻车起源提出不同于流行观点的构想。这些质疑和构想是否能够成立，有待检验，但它们提供了新的视角，对研究的深入很有好处。这只是参加了一次靠近基层的会议的结果，如果能够进行系统的考察调查，收获一定更多。总之，对于研究历史的人来说，现实生活中到处有宝藏，等待着有心人去发现和开采。

因此，我主张在农业遗产研究中文献文物、固态活态兼顾和结合。这不但是研究资料和研究领域的拓展，而且是一种具有普遍意义的研究方法。这个问题，我在《农史学科的发展和"农业遗产"概念的演进》一文中已有论述①。

目前，联合国粮农组织倡导的农业遗产保护，引起学界的重视。这是落足于可持续发展的动态的利用，与以往的农业遗产研究既是一脉相承，又具有不同于以往的新要求和新特点。这是摆在农史研究者面前的新课题、新机遇、新挑战。这些遗产要真正实现可持续发展，必须在总结和继承既往经验的基础上，适应新的历史条件有所创新。继承与创新结合，才能使这些遗产保持长久的活力，才真正符合古今融通、古为今用的精神。要完成这一任务，农史研究者孤军奋战是不行的，需要和现代农业科学研究者以及其他方面的工作者的通力合作。在这方面，20 世纪中叶一些农业科技工作者运用现代农业科技检验和总结传统技术的经验可资借鉴。我们知道，20 世纪 50 年代以来，基于古今结合的考虑，农业遗产研究室和其他农史研究单位都设置在农业科研或教学单位。当时，有不少研究现实问题的农业科技工作者，包括一些顶尖专家和领军人物，被吸引到农史研究中来或者对农史研究给予高度的关注。农史研究队伍和农业科技工作者是有着天然的联系的。今天，活态农业遗产的保护利用被提到重要的位置，在这种情势下，农史研究者和现代农业科学研究者的合作更显必要。这种合作的形成，除了研究者的自觉以外，往往需要政府部门的倡导和组织。我觉得，这是该项工作成败的关键之一。

# 四、系统中的"己彼"的相抗相依
## ——以"沟浍埋，水利作"为例

"古今中外法"的"中外"，包括地域意义上的中国外国和事物相关性意义上的己方彼方。地域意义上的中外关系，也可以有两种研究取向，一是比较研究，二是互动研究。前者关键是处理好个性与共性

---

① 2011 年 10 月，在以"传统"为主要话题的"首届中美学术高层论坛"上，有些发言与我们的论题有关，可资参考。例如，一位美国学者引述美国小说家威廉·福克纳的观点："过去从未死去。它甚至从未过去。"意思是过去作为传统已然延续到今天。这和我们主张的"今"中有"古"是一致的。他又指出：不仅是过去与现在融合在一起，现在也与过去融合并且改变着过去。黑暗时代之所以是黑暗时代是因为中世纪与文艺复兴的到来，仲夏夜之梦成为仲夏夜之梦是因为它在秋季结束。古今可以相通，但这里的表述有些问题。已经定格的过去不是"现在"所能改变的，但了解了"现在"，才能更好地"发现"过去、认识过去。参见 2011 年 11 月 22 日《中国社会科学报》

的关系。后者把它们置于同一系统中考察其相关性，与"己彼"关系有相类处。这种"中外"关系，其实也可以应用到不同地区和不同民族的比较研究和互动研究。中外比较研究很重要，但我所知甚少，不便置喙。这里只谈"己方"和"彼方"的关系。"己彼"关系是同一系统或同一对立统一体中相互制约和相互依存的关系。我试图用"相抗相依"来概括它，其实还未能完全反映其丰富多彩的内涵。

我上大学时，胡守为老师给我们讲苏东坡的"八面受敌"读书法。苏东坡主张读一本书不应囫囵吞枣地一次过，而要按照不同的主题多次深入地通读，每次集中精力探究一个方面的问题，这样多次读下来，"参伍错综"，对全书的理解就比较全面和透切，可以经得起各方面的考问，即使"八面受敌"，也能"沛然应之"①。毛泽东同志"伸其意而用之"。他在谈到分析与综合时说："苏东坡用'八面受敌'法研究历史，用'八面受敌'法研究宋朝，也是对的。今天我们研究中国社会，也要用个'四面受敌'法，把它分成政治的、经济的、文化的、军事的四个部分来研究，得出中国革命的结论。"这是把中国社会视为一个由政治、经济、文化、军事等方面构成的系统，先逐个分析，再综合研究。在这个系统中，每一个方面都不是孤立存在的，而是相互关联的。如果我们主要研究其中的某一方面，它和与之相关的其他方面就构成己方和彼方的关系。

科学史研究有所谓"内史"和"外史"之分。据说有些学者认为科学史主要研究科学自身的发展机制和演进逻辑，不必考虑社会因素的影响，另一些学者则强调社会因素对科学发展的影响，这就是所谓"内外史之争"。近年SSK学说（科学知识社会学）比较流行，又有人据此主张"消解""内史"、"外史"的区分。这个问题我看也可以用"古今中外法"中的己方、彼方的的关系来分析和理解。世间事物是普遍联系和相互制约的，认为科学技术可以不受社会环境因素的影响而孤立地自我发展，显然是不对的。20世纪80年代以后科学史研究发生从内史转为外史的倾向，表明多数研究者已经认识到科学技术的发展不可能独立于社会环境诸因素影响和制约之外。当然也不应否定科学史有其自身的发展机制和演进逻辑。在研究中，有人着重学科内容自身的发展，有人着重社会环境因素对学科的影响，并分别把它们称为"内史"和"外史"，这亦无不可，只是不要孤立地予以考察，更不要把两者对立起来。如果把这种"内史"、"外史"定位为己方和彼方的关系，也就不一定非要"消解"它们不可了。我对这个问题缺乏研究，在这里姑妄言之，诸位姑妄听之。

科学史界的"内外史之争"在农史界没有引起多大的波澜。因为农学史的发展比之天文学史、数学史等更加直接依赖于生产实践，而农业生产实践受自然和社会环境诸因素的制约是再明显不过的事实。

这次论坛的主题是水利问题，为了参加会议，我对战国秦汉水利的某些问题作了一些梳理和思考，发现水利并非脱离自然和社会孤立存在的，不能就水利而谈水利。

例如，古人说："井田废，沟浍堙，水利所以作也。本起于魏李悝。"②讲的是上古黄河流域水土整治演进的大势。我们现在说的"水利"，包括灌溉、治水和航运，但在古人的语境里，"水利"只是指农田灌溉，不包括防洪排涝，而黄河流域的农田灌溉大体上是战国时代才兴起的，在这以前，黄河流域水土整治的重点是防洪排涝。要说清楚这个问题，必须把"水利"的发展放在黄河流域自然环境与社会经济的的整体中进行考察。

原始社会后期，当黄河流域先民从高地迁移到低平地区发展时，面对的是遍地的沮洳和流潦，对农业生产最大的威胁是洪涝而不是干旱。为了把洼地改造成农田，需要修建农田沟洫，造成长垄式的畎亩农田。修建农田沟洫是当时水土整治工作的一个重要环节。传说中的大禹治水，既要疏通河道，"决九川距四海"，又要修建农田沟洫，"浚畎浍距川"③。当时的治水防洪体系，是由河川疏导、湖泽蓄泄、沟洫排涝等几个主要环节组成的。除此以外，河流两旁往往要留出足供洪水漫溢的广阔洼地，这些洼地往往是与湖泽连通的。修建农田沟洫体系要依靠集体的协作，承担这种公共职能的需要使得农村公社能够在

---

①　"八面受敌"法见于苏轼《答王庠书》："卑意欲少年为学者，每读书皆作数过尽之。书富如人海，百货皆有之，人之精力不能兼收尽取，但得其所欲求者耳。故愿学者每次作一意求之，如欲求古人兴亡治乱圣贤作用，但作此意求之，勿生余念，又别作一次求事迹故实、典章文物之类亦如之，他皆仿此。此虽迂钝，而他日学成，八面受敌，与涉猎者不可同日而语也。"（《苏东坡全集》卷76）另虞集《杜诗纂例》序载："尝有问于苏文忠曰：公之博洽可学乎？曰：可。吾尝读《汉书》矣，盖数过而始尽之，如治道、人物、地理、官制、兵法、货财之类，每一过专求一事，不待数过而事事精核矣。参伍错综，八面受敌，沛然应之，而莫御焉。"（《元文类》卷35）

②　宋高承《事物纪原》卷一"水利"引《沿革》

③　《尚书·益稷》。注；"距，至也。"《论语·泰伯章》也就禹治水时曾"尽力乎沟洫"

进入阶级社会后延续下来，这就是井田制。所谓井田制，从外观看，是被纵横交错的沟洫划分成"井"字形的农田；从内核看，是基于修建农田沟洫系统的公共职能的村社土地公有私耕制。所以农田沟洫系统又是与井田制联系在一起的。这一时期黄河流域的农业开发只能是星点式或斑块式的。耕地主要集中在各自孤立的城邑的周围，而且沟洫道路又占去了农田区中的大量土地。稍远一点就是可以充作牧场的荒野，未经垦辟的山林川泽尚多，包括一些洪涝漫溢的洼滩和盐碱化比较严重难以利用的沮洳沼泽。

春秋中期，尤其是战国以后，情况发生了很大的变化。一是铁器在黄河流域的逐步普及大大加强了人们开发农田、改造自然的力量。二是人口繁衍、需求增长使拓展农田、突破斑点式开发的格局成为必要和必然。三是经过长时期的整治，农田区中涝洼渍水的状态已经有了很大的改变，沟洫道路大量占地已不复合理。在这几个因素的综合作用下，一个规模空前的持续的垦荒热潮掀起来了。这个垦荒潮又和大规模堤防的修建分不开。阻遏洪水的堤防是保障垦荒顺利进行和新垦农田安全的重要前提，而铁器的推广又使修建大规模的堤防成为可能。在这个垦荒潮中，原来的沟洫道路被辟为农田和村落，史称"李悝以沟洫为墟，自谓过于周公"①，就是这种情况的反映。从此，低畦农田逐渐代替了畎亩农田，阡陌逐渐代替了原来与沟洫配套的道路。这样一来，不但沟洫纵横的井田外观改变了，而且井田制得以延续的基础——组织修建农田沟洫系统的公共职能亦不复存在，所以，农田沟洫的废弃也意味着井田制的瓦解。作为以宣导为主的治水体系之一环的农田沟洫体系的废弃，也标志着防洪治水由以疏导为主向以堤防为主转变。

与沟洫井田系统废弃同时发生的，是"水利"的兴起；这里的"水利"是指黄河流域大规模的渠灌工程②。"水利"的兴起与自然景观的变化有关。黄河流域本来就春旱多风，战国以前较多沮洳和农田沟洫造成的局部小生境在相当程度上使干旱获得缓解；农田沟洫废弃以后，这种作用随之消失，干旱日益成为农业生产的主要威胁，农田灌溉的必要性由此增加。不过，这种必要性是逐步显示出来的，"水利"兴起的最初推动力是扩大农田的需要，即利用渠灌把以前长期荒闲难以利用被称为"千古斥卤"的盐碱沼泽地以及某些易旱的高亢地改造成为高产良田。李令福先生曾撰文指出，郑国渠、漳水渠、河东渠、龙骨渠都是淤灌造田，而非通常讲的灌溉，很有价值和启发意义，虽然有些话说过头了③。战国秦汉的淤灌确实并不完全是通常理解的农田灌溉，而是当时垦荒造田运动的一部分。"水利"的兴起还须具备必要的条件：一是铁器的推广，二是要有集权式政府。以前的农田沟洫分散在各个贵族的领地，靠农村公社集体劳动就能修建起来。大型渠系工程跨越广大的区域，没有一个能够动员和集中巨大的人力、财力的政府，显然是修建不起来的。战国秦汉的大型渠系工程，毫无例外是集权式政府主持完成的。豪强地主参与水利事业，主要是西汉中后期中小型陂塘水利发展起来以后的事。

总之，战国黄河中下游地区农田沟洫的废弃、井田制的破坏、大规模渠灌工程的兴建、大规模河堤的修筑，治水防洪重点的转移，中央集权体制之代替贵族分权的体制等，是密切联系、互为条件的，而启动这些变化最基础的因素是铁器的使用和垦荒潮的出现。

上面对战国秦汉水利发展的分析只是一己之见，容有不够确切或不够全面之处，但不能就水利谈水利，而要考察与之相关的自然、社会因素，我认为是不可动摇的原则，研究其他问题亦然。

陈支平先生把只攻一点、不及其余的孤立式研究，称之为"老鼠打洞"④，这个比喻颇为生动，可为研究者戒。

---

① 《七国考》卷二《魏食货》引《水利拾遗》
② 农田灌溉始见于南方稻作区。北方小型的农田灌溉，西周就有，但大规模的渠灌工程是战国时代才出现的
③ 《论淤灌是中国农田水利发展史上的第一个重要阶段》，《中国农史》2006 年第 2 期。该文的基本观点是有价值的，但否定包括这些灌渠在内的西汉中期以前水利工程的灌溉作用，则有失偏颇
④ 陈支平、佳宏伟《史无定法：中国社会经济史研究理论与方法论问题》，《历史教学》2008 年第 6 期。"中国经济史论坛" 2011 年 8 月 24 日。http：//economy. guoxue. com/? p =3260

# 五、从农业生产中的"己彼"关系看自然生产力
## ——以战国秦汉的淤田为例

上文谈到，"己彼"关系中的"彼方"包括两种情况：一种是与"己方"共居于某种系统中的相关事物，已如上述；另一种是与"己方"构成对立统一体的另一方，现以农业生产为例谈我的认识。

我们知道，农业是建立在自然再生产基础上的社会再生产，是自然再生产和社会再生产的结合。社会再生产构成农业生产中的己方，则自然再生产就是农业生产中的彼方，两者相互依存、不可分离。农业生产力是社会生产力与自然生产力的结合，因此农业史不但要研究社会生产力，而且要研究自然生产力。对于后者，我们以前注意不够。近来我常常思考这个问题。我们说的自然生产力，不是指自然界自在形态的动植物生长繁育的能力，而是指进入社会生产领域，并与其他社会因素协同而产生积极成果的自然力。现以战国秦汉的淤灌为例作些分析。

通过大型渠系利用黄河水系富含有机物的浑水灌淤造田，这里面包含和体现了自然生产力。但淤灌有一个从利用自然填淤的荒地到人工导引浑水淤灌的发展过程。流经黄土高原的黄河和其他河流，河水中含有大量泥沙。那些原供洪水漫溢的洼泽荒滩，被洪水带来的大量富含有机质的泥沙长期淤垫成陆，人们在建造了防遏洪水的河堤以后，就可以把它们辟为耕地。对这些洪水淤垫的荒滩的利用，从目前掌握的材料看，可以追溯到春秋时代。大禹治水主要疏通了黄河中游的河道，下游难以把它约束在一条河道里，只好任其枝分漫流，所谓"播为九河"。"九河"经过千百年的流淌，许多地方已为泥沙淤塞。大概从春秋中期开始，人们在这基础上逐步把它们垦辟为农田或民居。这在汉代纬书和其他文献中有所反映。这些新垦的滩地，具有很高的天然肥力，这就是所谓"河淤诸侯，亩钟之国"①。其实，不止荒滩，原来排涝泄洪的沟洫日久也淤积许多泥沙，开发出来也是肥美的土地。对天然洪涝的水沙资源的利用甚至可以追溯到《夏小正》的"灌荼"和《月令》的"烧薙行水"。人们由此受到启发，认识到黄河泥沙也是一种可以利用的资源，并尝试扩大其利用范围。人工开渠引浑淤灌方式是在这样的情况下被创造出来的。它采取工程手段有计划进行，不同于对天然河淤地的利用，也不同于古埃及利用尼罗河定期泛滥来制造淤地。这种方法后世继续沿用。

无论天然淤垫的田或是人工淤灌的田，亩产均达一钟。一钟，据孟康的解释是六斛四斗，据《管子·海王》篇的推算是十石。比一般耕地的正常亩产高出三五倍之多。这可不是简单的数字。当时的高产淤田并非特例，而是具有相当的规模，它们可以比常田提供多得多的商品粮，这就不能不对整个社会经济发生重大的影响。我们古代的商品经济，春秋以前沉寂，战国秦汉突然兴盛起来，整个社会为之熙熙攘攘，令人眩目，而东汉以后又消沉下去，这种现象引发了长久的研讨。在我看来，战国秦汉商品经济的偾兴，既有以铁器牛耕为标志的社会生产力跃进提供的基础，也有特定时期、特定条件下自然生产力的作用，是两者协同作用所促成的。但是这种自然生产力的作用是有限度的。人工淤灌的田可以更新，其肥力相当程度上能够持续；天然淤垫的田不能更新，其肥力如果比作自然赐予的"红利"，若无有效的后续措施，则有耗尽的一天。东汉以后商品经济的消沉和收缩，是多种因素促成的，天然肥力"红利"的耗减是否因素之一，是值得研究的。

自然生产力首先是一种自然力，但自在形态的自然力，对于人类无所谓利和害，只有作用于人类社会时，它的利和害才显示出来了。作用于人类社会的自然力，可以是破坏力，也可是生产力，就看人类如何应对和利用它。黄河水系的河流含有大量泥沙，容易决溢，淹没农田民居，这是自然破坏力。人们利用这种水沙资源淤垫成肥田美畴，它就变为自然生产力。后者实现的条件，一要有经验的积累，二要有手段的进步。经过千百年泥沙垫积的天然淤田是自然界的"赐予"，但只是在铁器普及引发的垦荒潮中（还要有堤防的保障）才被广泛利用，由潜在的自然生产力转化为现实的自然生产力。人工淤田则是对河流泥沙这种自然资源的自觉利用；如果没有铁器的使用，大型渠道工程不可能修建，河流的泥沙资源也难以大规模利用。这样看来，自然生产力和社会生产力是密切联系在一起的，社会生产力的发展往往为

---

① 《管子·轻重乙》

自然生产力的开发利用开辟道路①。

自然破坏力可以转化为自然生产力，自然生产力如果利用不当，也可以转化为自然破坏力。早在战国时期，齐、魏、赵各在距黄河二十五里的两岸修筑大堤，堤内的滩地"填淤肥美"，一些老百姓在此垦种，逐渐形成聚落。由战国延及西汉，这种垦殖活动一直相当普遍，官府有时也把河滩地"赋民"耕种。2003 年，在河南内黄三杨庄发现了轰动学术界的汉代乡村聚落遗址。据文献所载的汉代聚落，应该农舍毗邻，聚居成里，农田在里落之外的，该聚落的农户庭院却是被农田隔开而各自独立，农田在庭院之外的，这使考古工作者感到惊奇。据考证，这正是老百姓在黄河堤内滩地上开垦逐步形成的聚落②。遗址内农户的庭院坐北向南，二进院，主房瓦顶，建筑讲究，布局合理，生活设施齐全，门前有供人畜活动的场地，周围有水沟（或池塘）、树木，再外面是宽阔的农田。看来河滩地的收获不菲，这里的农民过着比汉代一般农户富足的生活。这种富足，在相当程度上是拜"填淤肥美"的自然生产力之赐。但这种富足也隐藏着祸患。因为这是一种缺乏全局观点的盲目垦殖所换来的暂时富足。人们为了保障聚落和耕地的安全，纷纷筑起新的堤岸，使河道变得越来越狭窄，加上上中游地区过度开发，水土流失，泥沙淤塞，形成地上河，导致频繁的水灾，不但对这些新垦滩地聚落，而且对整个黄河下游地区人民的生命财产形成极大威胁。据考证，三杨庄聚落就是被新莽始建国三年的黄河决口所淹没的③。我们应该从中看到历史的警示。

以上讲的只是一个实例，涉及自然生产力很小的一个方面。据《吕氏春秋》，农业是天、地、稼、人诸因素构成的整体，其中，天、地、稼是自然的因素，它们进入农业生产领域以后，都可以形成自然生产力，它们的发展变化、相互关系以及在农业发展中的作用，还有很多值得深入研究的问题。

# 六、余　论

所谓"古今中外法"，并非要求我们古今中外历史一把抓，而是要求我们在研究中具有宏大的视野和宽阔的思路，避免"老鼠打洞"式的研究。历史是要对一桩一桩事物和过程进行研究的，有些人可以偏于做概括和综合的工作，仍然是要以大多数研究者一桩一桩的研究为基础的④。因此，毛泽东的"古今中外法"和《实践论》、《矛盾论》中所揭示的发现问题、分析问题、解决问题以及在广泛占有资料的基础上去粗取精、去伪存真、由此及彼、由表及里的研究方法是相辅相成的。

研究历史的，过去以治断代史为多，入门要读几部该断代的基本史籍。如治秦汉史，先读前四史。这些史籍中，有政治、有经济、有文化、有军事。读这些书，苏东坡的"八面受敌"读书法最为适用。认真读了这些书，对某段历史的断面就有一个比较全面的了解，研究具体课题时容易联想到相关的因素。历史研究者如果知识局限于一个断代，昧于其前代的源和后世的流，也容易产生"断代情结"，把该断代的某些事物夸大到不适当的程度。不过，有了断代的基础，往前和往后延伸并非难事。农业史是专门史，

---

① 与自然生产力相联系的还有劳动的自然生产率。劳动生产率包括劳动的社会生产率和劳动的自然生产率。无论自然生产率还是社会生产率，都表现为生产同样产品所需要投入的劳动量上，但它们对活劳动和物化劳动的影响各不相同。自然生产率主要影响活劳动的投入：自然条件优越，投入较少的活劳动可以生产出较多的产品，反之亦然；但过去劳动没有相应的变化。社会生产率则对活劳动和过去劳动都有影响：社会生产率提高，活劳动减少，过去劳动增加，活劳动的减少大于过去劳动的增加，反之亦然。优越的自然条件可以使劳动的自然生产率达到相当的高度，但自然生产率可以减少生产过程中活劳动的消耗，却不能增加生产过程中的物化劳动的积累，不能增强导致社会进步的物质基础。在劳动生产率中，占居主导地位、真正能够体现劳动生产率的本质，代表其发展方向并促进社会进步的是社会生产率而不是自然生产率。战国秦汉时代黄河流域的淤田，由于与铁器牛耕的推广相联系，在相当程度上推动了社会经济的发展。同时代的江南利用自然力的"火耕水耨"，劳动的自然生产率并不低，由于天然食品库的充裕，采集捕捞也能够达到相当高的劳动自然生产率，但由于铁器牛耕的推广远逊于黄河流域，又缺乏劳动力，这种颇高的自然劳动生产率反而助长了人们对自然的依赖，延缓了社会的发展。参看拙文《"中国传统经济再评价"讨论和我的思考》（载《中国史研究》2006 年增刊）

② 程有为：《内黄三杨庄水灾遗址与西汉黄河水患》，载《中州学刊》2008 年 04 期。该遗址位于黄河故道的范围内，遗址中又发现垄畦相间的农田，反映了这里的生态环境属于低洼滩涂地。作者的考证可以成立

③ 见上皆程有为文

④ 现在有所谓"大历史"，以整个世界（宇宙）和全部时间为研究对象。它不是基于档案材料的传统史学研究，而是试图对各个学科知识和成果的综合。有些人做这个工作对开拓人们的视野是有好处的。但他所采纳的各个学科知识和成果必须是可靠的，综合者又必须理解准确和组织得当。参看刘耀辉：《大历史与历史研究》，《史学理论研究》2011 年第 4 期

农史研究者无论学历史出身，还是学农学出身，未必有综合性的断代史基础，研究某一课题时比较容易忽略相关的社会和自然诸因素，这是需要警惕的。但农史研究者的知识结构也有其优势，他们一般都具备或多或少农学方面的知识，而且多数研究者的知识并不局限于某一断代，这正是一般断代史研究者的不足。例如农业遗产研究室培养的研究生，不但要研习农业科技史，而且有农学和史学的课程。改革开放以来，农遗室培养了不少人，由于各种原因，有些人转到别的单位，进入新的研究领域，干得相当出色。似乎在农遗室并不起眼，到了别的单位倒冒尖出彩了。有人称之为"农遗室现象"，而试图探究其"奥秘"。原因当然是多方面的，而且会是因人而异，但也带有某种共同的规律性。这恐怕与知识结构的更新和不同知识体系的交汇有关。这些学者在农遗室学习和研究期间已经打下较好的知识基础，尤其是文理兼修，掌握了一般历史研究者比较欠缺的农学和自然科学的知识，到了新单位，一般仍然从事历史研究，这种知识结构就会显示出它的某种优势。而为了适应新领域研究的需要，又要学习和掌握新的知识和技能，视野也开阔了。这样，新旧两种知识体系相互碰撞和融汇，就会发生"化学反应"，识见也就上了新的层次。这和吴于廑先生通过学术的"转弯"，扩大了知识面和视野，颇为相似[①]。当然，这并非一定要改变工作单位。我曾谈到全汉昇先生每出一次国，都跟外籍教授学一门新知识的故事。全汉昇先生并没有改换工作单位，学历史出身的他，经济史照样搞得很地道。所以，关键是自觉地扩大视野，更新知识，改善知识结构，发挥和扩大自己的优势。

还应该指出，"古今中外法"中的"己"和"彼"不是平列的关系，而是有"中"（中心）有"外"（外围），有主有次的。每项研究都有一个中心，努力学习和吸收与课题相关的知识，但不可迷失中心。一个学科也应是这样。农史学科是从研究农业科技、农业生产发展起来的，这是她的根基。改革开放以来，农史学科进入全面发展的新阶段，并衍生农业社会史、农业文化史、比较农业史等诸多分支学科，这对视野的开拓和研究的深入大有裨益，有些学者研究的中心可以转到农业史的社会、文化等层面，但作为学科的总体，中心还应该是科技史和生产史，因为这是她特点和优势所在。这也可以用"己彼"关系来理解和定位。诸位以为然否？

我加入农业史研究行列，屈指三十多年了。由于基础不够厚实，由于各种原因耽误了不少时间，深感知识面狭窄，不敷研究之需，又由于工作头绪较多和习惯性的发散式思维，精力不够集中，研究成果很不理想。但我没有停止探索和思考。上面讲的这些就是我探索和思考过程中的一些体会。算是抛砖引玉吧。这些体会是否有点道理，我对"古今中外法"的理解是否正确，欢迎大家批评指正。

---

① 　参见拙文《历史学习与研究方法漫谈》，《中国农史》2004 年第 2 期

# 农业文化遗产保护与发展面临的机遇与挑战

顾 江 刘 璐

（南京大学国家文化产业研究中心，南京 210000）

经济发展是根，文化发展是魂。一个城市乃至一个国家的内涵、品味以及生产力发展，归根到底要落实到文化的创造上。尤其是随着知识经济的发展，经济全球化、文化多样化已成为发展的主旋律，文化因素正逐步取代自然资源和物质资本，成为决定经济发展后劲的最重要因素。

作为农业领域的一个重要的文化资本要素，农业文化遗产旨在建立农村与其所处环境长期协同进化和动态适应下所形成的独特的土地利用系统和农业景观，这些系统与景观具有丰富的生物多样性，而且可以满足当地社会经济与文化发展的需要，有利于促进区域可持续发展[①]。在相关组织、学者和有识之士的共同努力下，我国各级政府加大了对农业文化遗产保护项目的申请力度，目前，已先后有4项入选了"全球重要农业文化遗产"保护项目试点，人们对于农业文化遗产发展的热情也日渐高涨。

为进一步有效推动农业文化遗产的保护，实现我国农业文化遗产可持续性发展，我们认为，有必要对当前农业文化遗产保护与发展所面临的机遇与挑战进行总结与思考，以便为今后工作中充分利用机遇、有效应对挑战奠定基础。

# 一、农业文化遗产保护与发展面临的机遇

## 1. 经济发展方式的转变要求为农业文化遗产保护与发展提供了制度保证

长久以来，以制造业为主的工业化生产是我国经济发展的重要命脉，"世界工厂"的产业国际分工有力地促进了我国将劳动力成本上的"比较优势"转化为产品在国际范围内的"竞争优势"，极大地提高了我国工业化进程速度，推动了我国经济社会的快速发展。但是这种粗放式发展带来的最严重后果是对于资源的高消耗、高污染，这与我们构建和谐社会、生态社会、实现经济社会可持续发展的意愿是相违背的。

与传统制造业粗放发展形成鲜明对比的是，作为中国传统农业发展过程中保存下来的历史瑰宝，农业文化遗产蕴涵了丰富的生物多样性与文化多样性，以它为基础构建起来的许多农业文化系统，例如，浙江青田的"稻鱼共生系统"、云南红河的"哈尼稻作梯田系统"都十分具有地方特色和合理的运作机制，综合利用了当地的自然、生态与人文优势，实现了经济、社会、生态的和谐发展。因此，大力保护与发展农业文化遗产，不仅能够维护乡村景观、传承传统农业文化、保护文化多样性，而且还能进一步促进区域经济向资源节约型、环境友好型的发展方式转变，这也是贯彻落实科学发展观的应有之义。

## 2. 文化产业的快速发展为农业文化遗产保护与发展提供了产业支持

2004—2009 年，我国文化产业增速平均保持在17%以上，远超 GDP 和第三产业增长速度。与其他产业相比，文化产业具有低能耗、低污染等特点，产业发展所依赖的文化资源在使用过程中能够实现不断积累和价值提升，因此，文化产业已成为"调结构、促和谐"的重要选择，《国民经济和社会发展第十二个五年规划纲要》当中，更是明确提出了"推动文化产业成为国民经济支柱性产业"。

作为文化产业优势产业之一的文化旅游业，近几年在全国范围内异军突起，逐步成为带动区域经济发展的主导产业。云南的丽江，传统的工业基础十分薄弱，但是却依靠丰富的自然文化遗产成功打造了极具地方特色的文化旅游业，并以此为依托，培育了一系列关联产业，形成了一个区域优势的产业集群，

---

① What does GIAHS stand for and what is GIAHS? [EB/OL]. http：//www. fao. org/nr/giahs/faq/zh/, 2011 - 9 - 14

成为当地经济社会发展新的增长点。

相类似的以文化旅游优势发展为代表的文化产业同样能够为农业文化遗产的保护与发展提供强大的产业支撑。以农业文化遗产自身特点为基准，通过培育内在关联、相互配套、协同发展的产业体系，能够有效解决困扰农业文化遗产保护与发展长久以来的"动力机制"问题。

### 3. 新农村建设为农业文化遗产保护与发展提供了技术支持

新农村建设是一个全方位的农村社会系统工程，尽管存在着对传统农业的改造，但是这种改造绝不能被片面地理解为毫无保留的摒弃我国农村和农业生产上千年传承下来的优秀农业文化遗产①。在新农村建设的要求与指导下，为了延续传统农业优秀的思想理念、生产技术、耕作技术，各级政府势必将充分发挥其主导作用，自觉地将农业文化遗产保护与发展纳入新农村建设的整体规划和布局之中，通过统筹安排，合理调配社会优势资源，帮助农业文化遗产保护与发展工作尽快步入系统化、科学化、规范化的道路。与此同时，相关规划政策的出台与落实，也将为农业文化遗产保护与发展提供资金、土地、税收、人才方面的技术支持。

### 4. 国际社会的重视和支持为农业文化遗产保护与发展提供了境外支持

近年来，农业文化遗产作为人类文化遗产的一个新领域，得到国际社会的极大的重视。联合国粮农组织（FAO）、联合国开发计划署（UN - DP）、全球环境基金（GEF）、联合国教科文组织（UNESCO）等国际组织在 2002 年启动了"全球重要农业文化遗产动态保护与适应性管理项目"，计划到 2013 年陆续建立 100～150 个农业文化遗产保护试点。国际组织对农业文化遗产的认定选择工作以及国际社会和学术界对农业遗产文化的认识和保护所进行的探索实践，有利于提高我国国内学术界、政府以及普通公众对农业文化遗产的关注和认识，促进我国农业文化遗产保护与发展工作的顺利开展。②

## 二、农业文化遗产保护与发展面临的挑战

### 1. 管理体制不健全成为农业文化遗产保护与发展的制度约束

农业文化遗产同时具有经济、生态、文化、艺术等多方面价值，要想同时兼顾各方面价值的维持和发展，必须协调好保护与开发工作。但当下国内相关管理体制不健全，给遗产管理带来严峻的挑战。从各地文化遗产管理体制看，中央政府将文化遗产的管理权和监督权委托给地方政府，地方政府在农业文化遗产的价值保护中同时扮演着保护者、建设者、监督者等角色，处于多重角色的冲突之中③。地方政府在缺乏第三方监督机构的有效监督下，如果出于利己的动机以及对收益回报的短视，过分追求经济效益，会给农业文化遗产保护和发展工作带来很大压力。农业文化遗产具有原真性、珍稀性、脆弱性等特点，过分的开发利用对其造成的伤害将是不可恢复的。因此，未来的管理体制还期待角色划分清晰，多方机构相互制衡的局面出现。

此外，目前我国尚未建立起农业文化遗产的统一管理体制，条块管理、多头领导的问题比较突出，部门之间的职能权限划分模糊，在一些方面甚至出现交叉、冲突以及部分职能的缺失，这些都阻碍了农业文化遗产管理工作高效有序的进行，对农业文化遗产的保护和发展形成较大制约④。

### 2. 社区居民流失减少了农业文化遗产保护与发展的传承者

农业文化遗产区别于其他类别遗产的重要特点是活态性，在发展的过程中必须要有住地居民的积极参与才能实现遗产地的"动态保护"。可以说，当地居民的参与是多方参与管理运行的基础。

然而农业文化遗产地却面临着传承者流失的尴尬境地。这种流失一方面表现为当地居民主动性选择

① 王红谊. 新农村建设要重视农业文化遗产保护利用［J］. 古今农业，2008，（2）95～103
② 王衍亮，安来顺. 国际化背景下农业文化遗产的认识和保护问题［J］. 中国博物馆，2006，（3）：29～36
③ 李明，王思明. 江苏农业文化遗产保护调查与实践探索［J］. 中国农史，2011，（1）：128～136
④ 李明，王思明. 江苏农业文化遗产保护调查与实践探索［J］. 中国农史，2011，（1）：128～136

离开遗产地，这主要受制于以下几个方面的原因：首先，是伴随着整个社会城市化进程，劳动力在城乡之间、城际之间大规模转移。传统遗产地的农民尤其是相当一部分青壮年会选择离开土地，转到城市务工。其次，遗产地传统农业文化受到现代化、商业化冲击后发生变化，居民开始选择认为更有意义的生活方式，从而选择进入都市等。最后，我国产权制度薄弱，尽管遗产地的居民作为农业文化遗产的见证者、保护者、传承者、遗产的真正主人，其原本应享有的文化多样性、传统成就等权益却可能由于管理工作的不到位而得不到充分的保障，当遗产地的保护和开发不仅不能改善居民的生活条件、生活质量，反而恶化了其生活状态时，当地居民自然会选择离开；另一方面，遗产地居民的流失还表现为一种被动的消极参与行为，这主要受制于基于农业文化遗产发展起来的旅游业，由于旅游收益分配制度存在不合理现象①，当地居民从中获得的切实利益相对较少，由此导致居民的参与热情不高。

### 3. 规模化生产破坏了农业文化遗产保护与发展的多样性

伴随着城市规模的扩大和人口数量的增长，地方各级政府日益强调对单一粮食供给量的过度追求，在以经济效益和产出率为单一考核指标情况下，我国农业生产越来越注重所谓的"技术创新"，逐步采用现代化经营的农业生产方式。但创新的本质是一种"创造性破坏"，是新技术、新制度对旧有技术、制度的部分甚至是完全替代。上述所谓的技术创新，尽管有助于完成粮食供给方面的硬性指标，但其恶果也是显然的。一方面造成了我国农作物物种单一（高产量作物的大面积推广）、土地质量下降、环境污染严重等；另一方面导致了传统的、低成本的生态农业生产结构直接被规模化经营的农业生产结构所代替，很多有价值的农业生产技术和农业系统衰落甚至消失，这其实是对文化多样性、生态多样性的一种严重破坏。

因此，如何找到有效的技术创新路径，在对传统农业生产技术和农业系统进行保护的同时，实现传统农业生产系统向现代化的生态农业转变，将是农业文化遗产发展面临的又一挑战。

### 4. 旅游开发对农业文化遗产保护与发展的威胁

发展乡村生态旅游业普遍被认为是当前对农业文化遗产实行"动态保护"最为有效、经济、可行的管理方式之一。发展旅游业带来的经济效益一方面可以支持农业文化遗产的可持续发展，另一方面可以一定程度增加遗产地农民的收入，提高其参与保护工作的积极性，从而实现对农业文化遗产的社区管理。

但随着旅游业的兴起，旅游开发对农业文化遗产管理的威胁也逐步凸显出来。首先，遗产地的环境保护问题。旅游业的发展会对当地环境造成很大压力，并且由于农业文化遗产本身具有珍稀性、脆弱性、原真性等特点，过度开发对其造成的伤害将是不可恢复的。这就要求在进行遗产地旅游开发设计时，要充分考虑到地区环境的承载力，资源的开发要在安全的环境负荷范围之内进行，当遗产地保护和开发发生冲突时，保护仍是第一原则②。其次，遗产地民俗文化的保持问题。遗产地的民俗文化是农业文化遗产的一个重要组成部分，随着遗产地的开放，各地游客竞相涌入，外部文化会对本地民俗文化造成一定冲击，由此导致遗产地居民的价值观发生变化，很多村民不愿意继续从事传统的农业生产，甚至不愿留在遗产地生活，这些都不利于遗产地的保护。最后，遗产地居民切身利益的保障问题。基于农业文化遗产的生态旅游业开发，将遗产地居民的生活状态也纳为旅游观光的组成部分，这会极大的改变当地居民的生活方式和生活状态。遗产地居民才是当地农业文化遗产的真正主人，旅游开发应当充分考虑到当地农民的意愿和对其各方面切身利益的保障，旅游开发应该在充分尊重遗产地村民意愿的条件下开展，并且结果是能够改善当地村民的生活条件，提高其生活质量，才能保证旅游开发可持续的进行。然而，由于我国农业文化遗产旅游的管理经验还不成熟，遗产地居民对遗产享有的收益权等没能够被充分保障。

### 5. 投融资困难成为农业文化遗产保护与发展的瓶颈

现阶段，农业文化遗产保护与发展的资金投入主要来自于国家下拨的扶助资金与各级政府设立的专项资金，资金来源十分单一，资金数量严重短缺，严重制约了我国农业文化遗产保护与发展工作的长足进展。投融资困难主要表现在以下两个方面：一是资金来源十分单一。现阶段，农业文化遗产保护与发展主要由政府"一手操办"，资金投入主要来自于国家下拨的扶持资金与各级政府设立的专项资金，由于

---

① 孙业红等. 农业文化遗产旅游资源开发与区域社会经济关系研究 [J]. 资源科学, 2006, 28, （4）: 138~144
② 闵庆文, 孙业红, 成升魁. 全球重要农业文化遗产的旅游资源特征与开发初步研究 [J]. 经济地理, 2007, （5）: 856~859

传统观念上的偏见以及对未来的投资收益并不看好，广大民间资金、社会资金的参与积极性很低。二是资金数量严重不足。对于区域经济欠发达地区来说，财政收入短缺极大限制了政府对农业文化遗产的投入力度，但就算对于区域经济发达地区而言，在现有政绩考核体系之下，相关领导人也极少会有兴趣将资金投入到农业文化遗产保护与发展中去。

# 三、对农业文化遗产进一步保护与发展的思考

### 1. 转变传统观念与研究思路

"遗产"一词代表某项资产的非经济价值，并且更进一步承认它是祖先遗赠的财产，这就包含了某种义务和责任。正是在这种潜意识影响下，多数研究者过于注重农业文化遗产的文化价值，将农业文化遗产看做是仅具社会效益的"文化公共物品"，对其研究也更多承担了某种义务和责任，忽视了农业文化遗产作为一种文化资本的经济价值。与此同时，相关农业文化遗产的保护与发展也更多的带上了"公共事业"的色彩，这其实并没有给当地遗产地的居民带去多少好处，相反，一定程度上甚至会影响他们日常活动。这种传统观念以及研究思路是不利于农业文化遗产可持续性发展的。

### 2. 研究领域需要进一步深化

现阶段，有关农业文化遗产的研究仍然显得比较单一。这主要表现在，一是研究切入点单一。现有多数研究主要侧重于农学、考古学、历史学、生态学等角度出发研究农业文化遗产问题，少有糅合经济学、管理学、社会学等学科研究成果来拓展研究思路。二是研究领域单一。现有多数研究主要集中在对农业文化遗产相关概念的辨析[1]、农业文化遗产项目研究、农业史的综合研究等，少有涉及农业文化遗产保护与科技创新、投融资创新、产业价值链培育、产业集聚等之间的交叉性研究。三是研究方法单一。现有多数研究仍然以定性分析为主，缺乏利用定量的、科学实证的研究方法。

### 3. 注重农业文化遗产品牌的打造

一般来讲，农业文化遗产都具有较高的地方特色，相互之间差异性较大，可以形成错位竞争，这种区域之间的异质性文化资源为打造特色品牌提供了极好的先天优势[2]。各地区在进行农业文化遗产保护与发展时，要注意合理调配各方优势资源，优先考虑打造本地区农业文化遗产品牌。在此基础上，逐步配套与遗产相关的横向关联产业和纵向延伸产业，形成相互衔接、发展良好的产业链体系，进一步扩大品牌影响力。

### 4. 考虑"代内公平"与"代际公平"

农业文化遗产保护与发展势必是一个可持续发展的过程。这种可持续性就涉及两个问题：一是"代内公平"问题。代内公平要求农业文化遗产的发展要充分考虑到、并且积极维护当前受农业文化遗产项目影响的利益相关者的权利，这些权利包括公平地拥有参与权、决策权和收益权等，一旦出现了不公平问题，就要及时地采取切实可行的措施予以补救。二是"代际公平"问题，这就要求当代人要考虑后代子孙同样拥有公平的享有农业文化遗产权益的权利。这个问题的有效解决，可能要求我们不仅仅将"代际公平"问题看做是一种"跨期消费"下的"效率问题"——如何实现文化遗产的净现值（包括文化价值和经济价值）最大化，而应该从更广阔的伦理角度或道德角度去做进一步思考[3]。

**作者简介：**

顾江，南京大学商学院教授、博士生导师，文化部国家文化产业研究中心常务副主任，江苏文化产业学会会长，研究方向：文化产业经济学、公司战略经济学。

① 韩燕平，刘建平. 关于农业遗产几个密切相关概念的辨析［J］. 古今农业，2007，（3）：111～115
② 梁君，顾江. 文化遗产的竞争优势、集聚功能与品牌效应［J］. 经济论坛，2009，（2）：117～118
③ 戴维·索罗斯比. 经济学与文化［M］. 北京：中国人民大学出版社，2011

# 草原文化基因传承浅论

任继周　侯扶江　胥　刚

（草地农业生态系统国家重点实验室　兰州大学草地农业科技学院

甘肃省草原生态研究所，兰州　730020）

**摘　要**：草原文化遗传基因的载体是包含人居、草地和畜群三者共生的放牧系统单元，亦即人居、草地、家畜三者共生的，三位一体基本元素。放牧系统单元包含两重结构。第一层是草地—草食动物（家畜）构成的牧食系统；第二层结构是在草畜系统之外，加入人为因子，扩大为人居—草地—家畜的共生体。放牧系统的驱动力是能量按照一定的"序"的运动模式，需要满足生存空间需求与营养源网络两方面条件。科学实验和生产实践证明，划区轮牧是保持放牧系统单元完整性的唯一途径，它把放牧的"序"覆盖全部草地面积和全部放牧持续时间，适用于不同的时空阈限。我国需克服对放牧的诸多认识误区，建立放牧系统单元的概念，采取保持放牧系统单元完整的划区轮牧是维系草原生态，传承草原文化的关键所在。

**关键词**：草原文化；放牧系统单元；划区轮牧

## 一、目前草原文化亟需关注

华夏文化历来由若干文化板块构成。而农耕文化与草原文化同属华夏农业文化或简称为华夏文化的两翼，所起的作用不容忽视。华夏文化如果失去草原文化这一翼，很难想象我们的华夏文明是什么状况[1]。

但是，在草原文化与农耕文化的交融撞击过程中，面临农耕文化的强大压力。历史规律，文化交融中，总是优势文化更具侵占性[2]。我国草原文化与农耕文化相比，几个方面处于劣势。一是农耕文化具有较大的生存基质，其所占据人口体量（文化传播者）远大于草原文化；二是农耕文化较草原文化晚出，以其后发优势汲取了草原文化的精华，往往比草原文化有更多科技内涵；三是农耕文化在特定的历史时期、一定地区内显示了更好的社会效益[3]。在我国这种文化发展的总趋势下，如果草原文化不被适当关注，有可能被逐步凌夷而退出历史舞台，这将与世界范围内草原文化的扩张趋势背道而驰。

在这里应着重指出，文化融合与凌夷的分野。所谓融合，是两种或两种以上文化板块交融后，衍生一种新的文化。任何文化现象都是以人的生存生态系统为基础衍发而成的。人群在一定的生存方式之下，产生相应的特有文化。两种或两种以上的生态系统经过系统耦合而产生新的、更高一级的生态系统，我们称为系统耦合而导致的系统进化[4]。当人群的生存基质，即生态系统，发生耦合时，将引发文化板块的耦合，即不同文化板块的全面融合[5]。在新的文化板块中，两种文化的结构和表现均得以升华，和谐共存。文化融合属于文化的系统进化过程，是历史发展的必然。

---

① 任继周. 草原文化是华夏文化的活泼元素 [J]. 草业学报, 2010, 19 (1)：1~5
② 任继愈. 任继愈谈文化 [M]. 北京：人民日报出版社, 2010
③ （美）斯塔夫里阿诺斯（Stavrianos, L. S.）著, 吴象婴等译. 全球通史：从史前史到21世纪（第7版）（修订版）[M]. 北京：北京大学出版社, 2006
④ 任继周. 系统耦合在大农业中的战略意义 [J]. 科学, 1999, 51 (6)：12~14
⑤ 任继周. 草原文化是华夏文化的活泼元素 [J]. 草业学报, 2010, 19 (1)：1~5
叶国兴. 文化融合与区域发展 [M]. 台北：国立政治大学国际关系研究中心, 1995
任继周. 河西走廊山地—绿洲—荒漠复合系统及其耦合 [M]. 北京：科学出版社, 2007

而文化凌夷则不然。它是发生文化板块 A 的生态系统被发生文化板块 B 的生态系统所吞噬。文化板块 A 随着其生存基质的丧失而文化内涵也逐步衰减，以至于最终被 B 文化板块全盘覆盖。因此，文化凌夷的根本原因是 A 文化与 B 文化所依存生态系统之间的系统相悖发展到极致①，而较为强大的 B 文化所依存的生态系统取代较为弱小的 A 文化所依存的生态系统的必然结果。文化 A 的构架被摧毁，尽管个别文化元素还时隐时现，但文化整体表现功能已经丧失。这是一种反系统进化的系统相悖过程。

目前草原文化的处境，未能正常参与文化的系统耦合而达到文化的系统进化，而是正在系统相悖的压力下，被较为强大的传统农耕文化所取代，属于日趋濒危的文化凌夷现象。一旦草原文化被凌夷而湮灭，将是我国文化遗产的重大损失，它将阻滞我国现代化、跻身世界强盛民族之林的进程，这是我们所不愿意看到的。

# 二、放牧是草原文化基因的载体

文化遗产可表现于众多方面。我们挂在口头上的所谓酒文化、茶文化、语言文化、服饰文化等，都是文化的表层映射。每一种文化必然有其赖以繁衍发展的核心。我们把这个核心称为文化的遗传基因。然则草原文化赖以延绵不断的遗传基因是什么？这种遗传基因依托何处？

放牧为草原文化的发生和发展提供了驱动力，是草原文化遗传基因的载体②。放牧的遗传基因就是包含人居、草地和畜群三者共生的放牧系统单元，亦即人居、草地、家畜三者共生的，三位一体基本元素。

笔者曾指出草原民族"在漫长的历史发展过程中，随着人类聚落的交融、兼并，较小的聚落发展为较大的部落或邦国组织，其包容的人口、家畜和草地也随之扩大，社会上层组织可能发生很大变化，甚至发生不同民族之间的政权更替，但其放牧系统单元必须保持稳定，其人居—草地—畜群的管理模式并无本质改变"③。在中国，从远古伏羲时代穴居野处，跟随畜群，逐水草而居的原始放牧，到秦汉时期突厥的帐居游牧，再到成吉思汗地跨欧亚大帝国的军旅畜牧业，直到近现代的游牧或半定居的草地畜牧业，其草地管理方式中人居、草地、畜群三位一体的基本内涵未变。在西方，特别是欧洲，游牧畜牧业发展过程不如在东方的典型而完备，但他们在工业革命的影响下，较早地将现代科学理念纳入草地放牧管理系统，找到了放牧系统单元的实质，纳入划区轮牧，定位于多种形式的划区轮牧模式。

放牧系统单元保证了放牧系统的生生不息。我们不妨作如下表述：草原文化的核心在放牧，而放牧的核心在放牧系统单元。因此可以认为放牧系统单元就是草原文化的遗传基因。

# 三、放牧系统单元的草原文化基因禀赋

放牧系统单元具有草原文化的遗传基因禀赋。放牧系统单元所诠释的是人居—草地—家畜之间的稳定格局。实际上这是人居、草地、家畜三者互为依托，缺一不可的三位一体的共生体。

放牧系统单元包含两重结构。第一层是草地—草食动物（家畜）构成的牧食系统。这一系统是草地与草食动物的自在存在。无论有无人的参与，它是自在地独立运行的。其中含有牧草与土地耦合构成的草地，进而包括由草地和草食动物构成的草畜系统。当无人干预时，通过其自组织过程来保持生态系统稳定。当人类活动加入草畜系统以后，形成第二层结构，即草畜系统之外，加入人为因子，扩大为人居—草地—家畜的共生体。这个共生体中，必须满足三者各自的特殊需要。任何生态系统的驱动力都是能量按照一定的"序"的运动模式④。放牧系统单元作为生态系统的子系统，其能流模式就是它存在的前

① 任继周，朱兴运. 中国河西走廊草地农业的基本格局和它的系统相悖——草原退化的机理初探［J］. 草业学报，1995，4（1）：69～80
② 任继周，侯扶江，胥刚. 草原文化的保持与传承［J］. 草业科学，2010，27（12）：5～10
③ 任继周，侯扶江，胥刚. 放牧管理的现代化转型［J］. 草业科学，2011，28（10）：1～10
④ 任继周. 草地农业生态系统通论［M］. 合肥：安徽教育出版社，2004

提。亦即满足三者共生能流的时空需求。

首先，是放牧系统单元生存空间需求，即人居、草地和家畜系统运行空间的满足，它们彼此之间有足够的、连续运行的草地资源。例如足够的放牧地和饲料补充场地，亦即对人居和家畜都需要的经济而有效的生存场所。

其次，必须包含营养源网络——有机及无机营养物质在时空演替中，保持营养流通路的高效而畅通。例如，饲料和饮水等，应适应人居和划区轮牧的需求，而不是互相障隔不畅；牧草和补充饲料与家畜的时序耦合必须保持正常，而不是忽多忽少，时有时无。

在以上两项满足的前提下，即可通过合理经营管理，形成有"序"的人居、草地、家畜三者的耦合系统。在"序"的构建中，其中的"序参量"决定其生态系统的特性①。而放牧系统单元就是决定这个系统特性的"序参量"。在自然状态下，人、草食动物和草地，共存于相同的放牧系统单元，是通过生态系统的自组织过程形成的。假若问，人类在漫长的草地放牧历史中为我们留下什么重要遗产？那就是放牧系统单元。这是放牧系统赖以绵延生存的遗传基因。当前草地资源在人类社会因素的强烈干扰下，如何保持放牧系统单元这一遗传基因的完整无损，是一重大科学命题。

经过历时以百年计的长期、反复的科学实验和生产实践证明，现阶段划区轮牧是保持放牧系统单元完整性的唯一途径。

# 四、划区轮牧是草原文化基因传承的基本形态

划区轮牧怎样传承草原文化基因——放牧系统单元？

如前所述，放牧系统单元的内涵是人居、草地和家畜三者共生体，这是草地放牧系统的基本元件。我们的历史责任就是将三者纳入一个共生系统。对人来说，从中得到生产、生活资料和生存空间；对草地来说，得到健康发展而不受损害；对家畜来说，就是全时段地满足所需的牧草营养源、水源和憩息场所。

划区轮牧的设计原则就是在完整保持放牧系统单元的前提下，不伤害三者的任何一方，把放牧的"序"覆盖全部草地面积和全部放牧持续时间。由小到大，划区轮牧包含如下结构层次②：

将大约可供给畜群一周所需牧草产量的草地作为一个轮牧小区；

将 4~8 个轮牧小区组成一个轮牧单元，以满足一个轮牧周期所需的小区数量；

将一个或几个轮牧单元构成一个季节轮牧区，以供给某一季节内的划区轮牧的草地；

将几个季节轮牧区可构成全年草地轮牧地段，以供给全年不同季节的划区轮牧草地。若干不同类型的季节轮牧区可以组建年际的或年代际的草地轮换机制。

因此，我们不难理解，划区轮牧可以满足从几天到几个月，到几个季节，再到全年、几年，甚至几十年的放牧安排。其中包含了正常放牧、延迟放牧和一定期限的休牧，而不是禁牧。只有在 3 公顷以上才能养活一只羊的、营养源极其稀薄的土地上才实行禁牧。划区轮牧的安排随着人类需要和社会进步加以调整、改进，可以与其他农业系统相链接耦合，但是放牧系统单元是草地健康管理的灵魂。

如图 1 所示，划区轮牧像一本大书，可以层层打开，适用于不同的时空阈限。划区轮牧是在草地管理历史长河中凝练而成的，草地放牧管理的现代化形态。它以多种组合形式，满足不同时空的放牧要求，从而保持草原文化的遗传基因——放牧系统单元的完整性。它保证了营养源网络完善，人居、家畜、草地三者的和谐发展，使草原放牧历久而常新，成为草原文化持续发展的依托。

① 任继周，万长贵. 系统耦合与荒漠——绿洲草地农业系统——以祁连山—临泽剖面为例 [J]. 草业学报，1994，3（3）：1~8

② 任继周. 任继周文集（第一卷）[M]. 北京：中国农业出版社，2004：166~171，184~204，367~375，421~423，500~506

任继周. 任继周文集（第二卷）[M]. 北京：中国农业出版社，2005：166~167，314

任继周. 任继周文集（第五卷）[M]. 北京：中国农业出版社，2009：168~223

可供给一定畜群一周左右所需牧草产量的草地

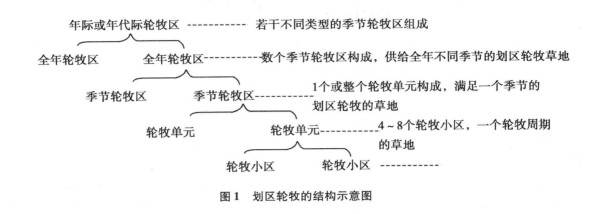

**图1　划区轮牧的结构示意图**

# 五、结　语

草原文化的遗传基因就是放牧系统单元。无论经过多么重大的社会变革，放牧系统经过多少次历史变迁，只要保留放牧系统单元完好无损，草地的放牧管理就不会中断，草原文化的遗传基因就不会丧失，草原文化就能绵延发展。反之，一旦放牧系统单元遭受破坏，草原文化的载体不复存在，草原文化遗传基因必将相偕湮没。目前草原文化基因正在受到多方面的误解而被伤害。

首先，把草原放牧误认为原始、落后的生产方式，必欲除之而后快。放牧一旦被废除，草原文化的基因将无所依附。殊不知草原与草食家畜是协同进化的双方，一荣俱荣，一败俱败。草地失去了草食动物，将不再是我们希望的草地。草原放牧，随着社会文明的进展，不断吸纳新科技，经历了不同的历史阶段，发展为现代划区轮牧，保持了健康的放牧系统单元，已经成为现代农业不可分割的一部分。美国、英国、荷兰、新西兰、澳大利亚等草地畜牧业发达国家，无不依托放牧这一基本生产方式，取得与农业现代化同步发展。草原的放牧管理，从原始游牧到现代划区轮牧，蕴涵了从数十倍到数百倍生产潜势①。它潜力很大，绝非落后。

目前在草原牧区，农耕思想正在逐渐支配草原管理，典型代表是不适当地施行的草原承包到户政策，对草原文化造成的另一伤害。把农耕区土改的经验搬到草原牧区，将草原分割承包到户，放牧系统单元被彻底割裂。草原文化从而失去了存在的土壤，放牧和源于放牧的草原文化基因必然随之丧失。请听内蒙古呼伦贝尔盟新巴尔虎右旗苏伊拉的呼声。他说："我们这儿是1996年分的草场。我家只分了不到5000亩，养了10多只牛，400只羊。要说分草场对人是好的，安稳了舒服了，但是对牲畜就不大好，因为再也没法走场了。……家里只有两个劳动力，400只羊，……以前光靠自然放牧就行了，很少喂草，最多也就是给老弱畜补充一点，可现在不行了，喂得越来越多，时间越来越长。去年入冬以前，喂草从12月开始，一直喂到第二年3月。可是喂着喂着，眼看着羊还是越来越不行，……到接羔的时候，已经损失了将近40只母羊。本来应该接300只羔子的，也只接到了100只。"② 这样的事例不止一处。这显然是将草原随意分割到户，放牧系统单元被失落的后果。为此，我写过一首小诗为草原免被凌迟而呼号：

①　任继周．任继周文集（第一卷）［M］．北京：中国农业出版社，2004：166～171，184～204，367～375，421～423，500～506

任继周．任继周文集（第二卷）［M］．北京：中国农业出版社，2005：166～167，314

任继周．任继周文集（第五卷）［M］．北京：中国农业出版社，2009：168～223

②　韩念勇．草原的逻辑——探寻另类市场制度（第三辑）［M］．北京：北京科学技术出版社，2010：1～29

无边大野牧人家，牛羊宅安御风沙。

草原不是无情物，忍看操刀如剖瓜。

对草原建设的封闭概念是另一严重伤害。众所周知，任何文化都是依附一定的生态系统而存在的。而任何生态系统总是与其他生态系统有所联系，不能孤立生存。草原文化所依附的草地农业系统，也必须与相关社会生态系统相联系，利用生态系统固有的开放性，实现不同系统之间的系统耦合，以维持其生命力。而我们对草原生产的系统耦合理解不足，往往把草原封闭起来，就草原说草原，如实施"以草定畜"，有多少草就养多少家畜。从局地的、狭隘的"草畜平衡"来看，无可指责。但如果打开眼界，以系统耦合的思路，充分发挥草地农业系统的开放功能，将草地畜牧业的经营与周边社会生态系统连带考虑，家畜、牧草、饲料、管理技术以及货币金融、文教卫生等联系起来，使不同系统之间物畅其流，实现系统耦合，其生态效益和经济效益将成倍增加。如"草原兴发"的老总就说："我是以畜定草"。根据市场的需求养畜，草不够，去生产，去订购。前面提到的北美、澳洲、西欧等地的草地畜牧业，就是在世界经济一体化的大背景下，通过系统耦合来保持其旺盛生命力的。

我们应牢牢抓紧放牧系统单元这个核心，发挥草原生态系统的开放功能，逐步完成草原管理的现代化转型，实现划区轮牧。在划区轮牧的基础上，建立一个中国化的现代草地放牧管理体制，培育草原文化遗传基因的生存土壤。只要这个文化遗传基因的载体长久健康，草原文化必将传承发展，生生不息。

# 国外乡村旅游发展与农业文化遗产保护研究

王 莉

（南京农业大学人文社会与科学学院）

**摘 要**：欧美国家乡村旅游自 19 世纪 30 年代起源于欧洲，经历了 20 世纪 60 年代的发展，80 年代的快速发展至 90 年代的成熟发展阶段。目前国外乡村旅游兴旺得益于宁静优美的生态环境，天然的自然景观以及淳朴的乡村生活方式和民族文化等，其主要形式表现为休闲观光型、务农参与型、都市科技型和综合型。某种意义上而言，乡村旅游一方面是保护原始生态环境和传统文化的最佳方式，另一方面促进了农业文化遗产保护意识的培养与增强。

**关键词**：乡村旅游；农业文化保护；生态农业旅游

乡村旅游是现代旅游文化中的一项新事物，欧美国家乡村旅游的发展大多数是从 20 世纪 60 年代开始，到 80 年代，进入快速发展时期，到 90 年代，进入成熟发展时期。而到 20 世纪与 21 世纪之交，其乡村旅游更呈现出持续发展的强劲势头。欧美国家乡村旅游呈现出许多基本特征，显示出极强的生命力和越来越大的发展潜力，这对于促进世界农业文化遗产保护有重要的推动意义。

## 一、乡村旅游的产生与概念

农业旅游在欧洲被称为"乡村旅游"。乡村旅游于 19 世纪 30 年代起源于欧洲，最早起源于德国的山区和法国的沿海地区，起初有浓厚的贵族色彩。现代乡村旅游则起源于 19 世纪中后期英国，乡村旅游发生了显著变化。第二次世界大战以后，随着发达国家工业化与城市化进程的不断加快，乡村旅游因现代人逃避工业城市污染和快节奏生活方式的需求而发展起来。铁路等交通设施的发展，改善了乡村的通达状况，使欧洲阿尔卑斯山区和美国、加拿大洛基山区成为世界上早期的乡村旅游地区。目前，在德国、奥地利、英国、法国、西班牙等欧洲国家，乡村旅游已具有相当规模，并且已走上规范发展的轨道。20 世纪 70 年代后，乡村旅游在美国和加拿大也得到了蓬勃发展。[①]

由于各国对"乡村"的理解不同，对"乡村旅游"的含义和范围的理解也常常不同。根据西方学者 Lane B 的理解，"乡村旅游"（rural tourism）含义的基本要点可以总结为：①发生于乡村的广阔空间，旅游者可与大自然、历史人文遗迹和乡间传统型的社会相接触；②时间较为充裕，与当地人有面对面接触的机会，可参与当地人的活动，体会当地的人文传统和生活方式；③景区内的居民点、建筑物和服务提供者是分散的、小规模的村庄、农舍和家庭型企业，因此旅游活动需要有多层面上的组织与协调；④旅游项目种类繁多，代表不同类型的乡村环境、经济、历史和地理位置；⑤旅游收入的主要受益者是当地农村的集体或个人[②]。

所谓"乡村旅游"（亦称"农业旅游"）是"在乡村地域内，利用乡村自然环境、田园景观、农村牧渔业生产、农耕文化、民俗文化、古镇村落、农家生活等资源，通过科学规划、开发与设计，为城市居民提供观光、休闲、度假、体验、娱乐、健身的一种新的旅游经营活动，它既包括乡村农业观光旅游，又包括乡村民俗文化旅游、休闲度假旅游、民俗旅游、自然生态旅游等方面，是一项区别于城市旅游，

---

① 史琨. 乡村旅游. 晋商文化与社会主义新农村建设 [J]. 安徽农业科学，2010（27）：97~98
② Lane B. What is Rural Tourism [J]. Journal of Sustainable Tourism，1994（2）：7~21

具有地域性、乡土性和综合性的新型旅游业"①。因此，乡村旅游为促进世界农业文化遗产保护有不可低估的意义。

# 二、国外乡村旅游的发展与趋势

近年来欧美国家农业旅游发展突出，法国推出的"农庄旅游"，全国有 1.6 万户农家建设了家庭旅馆开展旅游业；意大利开展"绿色农业旅游"的农庄已有 6 500 家，日本供大城市休闲的农园有 4 590 个，巴西有 5 000 家农场旅馆；美国纽约有 1 500 家开展农业旅游的农场，而夏威夷州更多达 5 500 个农场。

## 1. 国外乡村旅游发展的主要形式和特点

目前国外乡村旅游正以集观光、娱乐、休闲、参与、知识、保健等为一体的综合发展为目标，在旅游产品设计中，加强活动与主题的整合与配合，形成了多样丰富的乡村旅游产品（表1），提高了旅游者的参与性。②

表1 乡村旅游的活动项目

| 序　号 | 类　型 | 具体项目 |
| --- | --- | --- |
| 1 | 旅行 | 徒步、骑马（驴）、大篷车、自驾车、自行车、滑雪等 |
| 2 | 水上运动 | 垂钓、游泳、泛舟、漂流、冲浪、快艇、航行、湿地等 |
| 3 | 空中运动 | 轻型飞机、滑翔、热气球等 |
| 4 | 体育运动 | 洞穴探险、攀岩、网球、高尔夫、高山滑雪、狩猎等 |
| 5 | 文化活动 | 考古、访历史文化遗迹；民俗文化节日；学习民间传承、手工艺；欣赏乡村民谣，参加乡村音乐会；寻找美食来源、品尝地方风味；参观工业农业、手工业企业、博物馆和民间艺术工作室；英语教学培训、园艺培训、厨艺培训、舞蹈培训等 |
| 6 | 健身活动 | 健身训练、温泉疗养 |
| 7 | 休闲活动 | 乡间度假、观鸟、观察野生动植物、写生、摄影、赏景、教堂祷告、酒吧休闲等 |
| 8 | 务农活动 | 播种、收割、放牧、挤奶、捕捞、果园采摘、酿酒、农产品加工等 |
| 9 | 主题性农事活动 | 各种主题性农事活动，如国际葡萄酒节、苹果节、草莓节、田野节、农夫生活之旅等 |
| 10 | 童玩活动 | 自制玩具、宠物饲养、放风筝等 |
| 11 | 特别活动 | 乡村体育竞技、农产品展示 |

纵观目前国外农业旅游的发展情况，根据农业旅游的性质、定位、经营等方面的特点，农业旅游发展模式主要可分为四类。

（1）休闲观光型

爱尔兰乡村旅游环境幽雅：大片的绿地、成群的牛羊、稀稀拉拉的农舍，一副生机勃勃、恬静自由的欧式风光。其中最具特色的乡村风光是湖泊、绿地、蓝天、牛羊、牧场、教堂、酒吧。爱尔兰乡村旅游推出"家庭餐馆"，一些家庭餐馆是老式房屋改建，房屋里有厨房、客厅、电脑、电话，设施齐全；另外主人还根据顾客需要提供一些温馨服务：如舞蹈培训、厨艺培训、摄影、绘画、英语教学服务等。乡村旅游设施有牧场、马场、乡村酒吧、乡村教堂、乡村音乐会，家族企业进行传统的手工作坊，如纺织。乡村旅游活动项目丰富：品尝美味、观赏田园风光、骑马、放牧、培训、摄影、钓鱼等。主人热情好客，而且有修养，政府也给予足够的重视。在这里可以体验到恬静幽雅的乡村生活，还融观光、娱乐、知识、康体为一体③。

---

① 史琨. 乡村旅游. 晋商文化与社会主义新农村建设 [J]. 安徽农业科学，2010（27）：97～98
② 史琨. 乡村旅游. 晋商文化与社会主义新农村建设 [J]. 安徽农业科学，2010（27）：97～98
③ 王瑞花，张兵，尹弘. 国外乡村旅游开发模式初探 [J]. 云南地理环境研究，2005（02）：73～76

以高度城市化著称的英国，开发乡村旅游始于20世纪50年代，到20世纪90年代至今不断研究和改进，已日趋成熟。农业和畜牧业类旅游景点与手工艺品中心、休闲类景点、主题公园、文化遗产中心、工厂景点齐名。1992年英国官方统计以人造景点为主的旅游景点全英国有5 552个，其中有农场景点186个、葡萄园81个、乡村公园209个，三者合计476个，直接和间接属于农业的旅游景点几乎占到了英国人造景点的1/10。据英格兰旅游委员会统计调查表明，1995年农场景点、主题公园、工业旅游景点是英国最受欢迎的三大类景点，据初步统计全英国有近1/4的农场直接开展旅游业或与旅游业的发展密切相关，可见英国农业旅游发展普及的形势。① 英国乡村旅游中，农场一般设有农业展览馆并配导游和解说词介绍农业工作情况，备有农场特产的手工艺品，大多数农业旅游景点一般都与农业生产紧密结合。

近年来在韩国大城市周边的农渔村，出现了许多"观光农园"和"周末农场"。这种农园集休闲、体验、收获为一体。城市居民小住几日，既可以欣赏田园风光，放松身心，又可以参与农户劳作，收获瓜果等新鲜蔬菜；此外还可以学做农家饭、酿酒等。韩国在观光农园的选址上非常重视道路交通和自然环境。效益好的农园一般选在自然风光优美，有湖泊、游泳沙滩、温泉的郊区，或有历史名胜遗迹的风景区。对于观光农园的规模也有一定的限制。

（2）务农参与型

美国农场、牧场旅游属于务农型。如西部的牧场务农旅游，旅游者放牧可以拿到牛仔一样的工资，以资助旅游费用。不仅解决了农场劳动力缺乏的问题，而且可以就近推销产品。还有农场学校在教授农业知识的同时，也让游客对他们的农产品有了一定的认可，起到就地宣传促销的作用，并且游客还要交纳一定的学费。另外还开展农产品采摘、乡村音乐会、垂钓比赛、果品展览、宠物饲养、自制玩具、微型高尔夫等。这种兼有娱乐和教育培训意义的参与式的乡村旅游形式，满足了游客体验乡村生活的愿望。

日本的农业旅游是开展较早的。日本各地观光农业经营者们成立了协会。各地农场结合生产独辟蹊径，用富有诗情画意的田园风光和各种具有特色的服务设施，吸引了大批国内外游客。旅行社开发了丰富多彩的农业旅游产品，组织旅游者春天插秧，秋天收割，捕鱼捞虾，草原放牧，牛棚挤奶，参加者有农牧学研究人员、学生、银行职员、公司白领等。日本岩水县小井农场是一个具有百余年悠久历史的民间综合性大农场，自1962年起，农场主结合生产经营项目，先后开辟了观光农园，设有动物农场：可以观赏到各种家畜在自然怀抱中的憨态，又能增加动物学的知识；牧场馆：每天定时挤牛奶表演和定时看奶油的加工过程，观赏之余可以购买到各种包装精美而新鲜的奶制品；别具一格的农具展览馆：陈设有各式各样新奇古怪的农用机械，有现在使用的，还有已被淘汰的，人们可以藉此了解农业发展历史和农机具知识；农场旁边是由废机车改装成的列车旅馆，深受怀古思旧和青年人的欢迎②。去沿海地区的旅游团还可以参加捕捞虹鳟鱼和采集及加工海带等活动。

意大利1865年就成立了"农业与旅游全国协会"，专门介绍城市居民到农村去体味农业野趣，与农民同吃、同住、同劳作。各级旅游部门利用本国本地区丰富的文化遗产和得天独厚的自然条件，吸引了大批欧美和亚洲及其他国家的旅游者。在意大利旅游业中，农业旅游也称作"绿色假期"。截至1996年初，意大利全国20个行政大区，已全部开展农业旅游活动，尤以托斯卡那大区更为突出，每年接待的国内外农业旅游者达20万人次。

在波兰，乡村旅游与生态旅游紧密结合，他们在开展的活动内容上与其他国家一样，然而参与接待的农户均是生态农业专业户，一切活动在特定的生态农业旅游区内进行。到1996年年底，波兰全国已有由450家生态农业专业户组成的总面积超过4 000公顷的生态农业旅游区。匈牙利乡村旅游在20世纪30年代就曾闻名于世。它将乡村旅游与文化旅游紧密结合起来，使游人不仅能够领略风景如画的田园风光，还能体味几千年历史淀积下来的民族文化。

（3）都市科技型

在人多地少的新加坡，为了对有限的土地进行综合开发和高效利用，有关部门将高科技引入农业并与旅游业相结合。现在全国已兴建了10个农业科技公园。

新加坡的农业旅游是建立在农业园区综合开发基础上的复合型产业。从20世纪80年代起，新加坡政

① 吴相利. 英国农业旅游发展的基本特征与经验启示［J］. 社会科学家，2006（06）：115～117
② 尹衍波. 略谈国外农业旅游的发展［J］. 世界农业，2005（08）：14～17

府设立了十大高新科技农业开发区。在这些农业园区内，建有 50 个兼具旅游特点和提供鲜活农产品的农业旅游生态走廊，有水栽培蔬菜园、花卉园、热作园、鳄鱼场、海洋养殖场等，供市民观光。农业公园内应用最新技术管理，各种设施造型艺术化，如养鱼池由纵横交错的圆形或椭圆形"水道"形成，并配有循环处理系统；菜园由一些新颖别致的栽培池组成，里面种上各种蔬菜，由计算机控制养分。不仅为新加坡人提供了农业旅游场所，每年还吸引 500 万~600 万国外旅游者。经过多年的建设，新加坡农业园区已建成为高附加值农产品生产与购买、农业景观观赏、园区休闲和出口创汇等功能的科技园区，成为与农业生产紧密融合的、别具特色的综合性农业公园①。

（4）综合型

当然国外大部分国家乡村旅游项目的开展是综合型的，既有休闲观光，又有农事参与，适合不同旅游消费人群的需求。在加拿大，乡村旅游项目非常丰富，包括：乡村美味、乡村农业文化、乡村农产品展览、乡村传统节庆活动、主题农业之旅（如国际啤酒节、田野节、主题农夫之旅、秋收节等）、在农场或牧场住宿或参加骑牛比赛等，如加拿大农业大省萨斯喀彻温省的秋收节、纽芬兰省的草莓节、魁北克省"农夫生活之旅"等。

20 世纪 70 年代，法国兴起了城市居民兴建"第二住宅"（开辟人工菜园的活动），各地农民适应这一需求，纷纷推出农庄旅游，并组建了全国性的联合经营组织。法国国内有 33% 的居民选择乡村旅游，乡村旅游收入占旅游总收入的 1/4。节假日，父母亲带孩子到远离闹市的乡村，参观挤奶，制作奶酪、酿酒，还可以吃到乡村大餐。作为休闲农场的发展策略之一，1988 年法国农会常设大会设计研发"欢迎莅临农场"之系列网络，它将法国农场划分为 9 个类型：农场客栈、点心农场、农产品农场、骑马农场、教学农场、探索农场、狩猎农场、民宿农场和露营农场。每种农场都有一定的职能规范与遵守条例，而且加入该网络要经过申请和大会审核②。

马来西亚早在 1985 年就在位于吉隆坡至巴生高速公路区段，距吉隆坡 35 千米处建立了一处农林旅游区，作为科技示范和生态保护的样板，并以此发展农林业旅游观光。该园区内设有鱼池、果园、菇房、稻田、花园、植物园、禽场、畜场、野餐区、灌木林区和雨林区等，兼具公园和迪斯尼等名园的部分特点，突出自然属性，如稻田一年四季都能看到从秧苗到收获的各个生长阶段，并有插秧船和收割机供参观者亲自动手。四季馆有温控四季农业景观，其中冬景馆对生长在热带的参观者吸引力最大。1990 年国家农业节特选址在这里举行活动。马来西亚围绕农业旅游的建设，重视并发展了花卉旅游业。从 1992 年起，将 7 月 2~9 日定为一年一度的"花卉节"，在花卉节期间举行各种花展、花竞赛、花车游行，各购物中心、酒店也以花为主题，生动形象地宣传花卉，让花为众人所识，使全社会形成养花、爱花的新习俗。大量游客的到来，观花、赏花、购花大大活跃了花卉市场。马来西亚在 1995 年成功地举办了国际花卉展销会，成为东南亚地区具有权威的国际花卉展③。

**2. 国外乡村旅游业的趋势**

目前国外乡村旅游正向集观光、娱乐、休闲、参与、知识、保健等为一体综合发展；游客以散客、短途旅游为主。乡村旅游发展模式趋向生态农业乡村旅游。例如，德国乡村旅游推出"森林轻舟活动"，在大大小小的湖泊、沼泽、岛屿中，游人乘舟泛行期间，其乐无穷。日本绿色旅游提出到"著名野鸟栖息地"观察鸟类生活。

另外，近年来国外农业旅游又向深层次发展，旅游者不仅"看"，而且"干"，由过去欣赏结果变为参与过程，真正体验进行有机农业的整个劳作过程。如一些旅行社利用假期组织城市游客到农村和农民共同生活，学习插秧和采茶，体验耕种和收获，分享农家乐的"插秧割稻旅行"或"采茶旅行"。在收获的季节，旅行社会选出一小包稻米或茶叶给游客寄去，让大家亲口尝一下自己的劳动果实。目前在一些国家或地区（如日本、瑞士、中国台湾省等）出现了更高级的农业旅游形式：租地自种。城市人在乡下租一块"自由地"，假日里携妻带子，呼朋唤友到乡下的"自家地里"，翻土耕种，施肥浇水，平时则由农场主负责照看农园。这种浅尝辄止的劳作和藕断丝连的乡村情怀，为忙碌和枯燥的城市生活平添了许

---

① 刘文敏，俞美莲. 国外农业旅游发展状况及对上海的启示［J］. 上海农村经济，2007（09）：39~41
② 王瑞花，张兵，尹弘. 国外乡村旅游开发模式初探［J］. 云南地理环境研究，2005（02）：73~76
③ 尹衍波. 略谈国外农业旅游的发展［J］. 世界农业，2005（08）：14~17

多雅趣①。

# 三、国外乡村旅游的发展与世界农业文化遗产保护

欧美国家乡村旅游从产生到现在已有 50 多年的发展历史，经历了从起步、发展到相对成熟的一个较为完整的过程。由于农业文化遗产是世界文化遗产的重要部分，乡村旅游利用了农业旅游文化资源，所以乡村旅游是保护原始生态环境和传统文化的最佳方式。乡村旅游者参观农业展览馆和博物馆以及参与农业劳作追求的精神享受也在一定程度上对培养和增强农业文化遗产保护意识有促进作用。

**1. 乡村旅游是保护原始生态环境和传统文化的最佳方式**

乡村旅游首先是保护原始生态环境和传统文化的最佳方式。工业革命在给人类带来丰富的物质享受的同时，也使城市失去人类不可缺少的自然环境；信息革命在使世界经济飞速发展并进入一体化的同时，也造成世界城市趋于文化一体化的恶果；世界旅游业的发展在很多旅游度假地和风景名胜地扼杀了当地的传统文化。乡村旅游，正是在人们意识到环境的恶化将使人类失去栖息地，文化一体化将是人类最大的悲剧之后，成为城里人青睐、追求的新方向。外来人的重视、崇拜与追求使乡下人在被歧视、嘲笑下所形成的自惭形秽的心态得到彻底地改变，这种心理的变化是传统文化得以保护的基础。目前，传统文化的保护主要采取两种方式：一种是将民族聚居地建成民族文化村；一种是异地集中保护，即在旅游地集中重建。从目前两种保护方式的发展趋势来看，前者的生命力要强于后者。乡村旅游正是第一种保护方式的体现②。

**2. 乡村旅游促进农业文化遗产保护意识的培养与增强**

乡村旅游活用和保育了自然文化资源，维持了乡土特色，目前的趋势是生态农业乡村旅游。从法国历年的统计资料中反映出来的现象，可以看出乡村旅游已成为稳定性较强的主要旅游方式之一，最稳定的客源是受教育水平较高、经济条件富裕的群体。1998 年，2/3 的法国人选择了国内度假，其中 33% 的游人选择了乡村度假，仅次于海滨度假的比例（44%）。近几年，法国乡村每年接待的 200 万（其中 1/4 是外国游客）国内外游客中，50% 是中高级雇员或自由职业者。他们选择乡村度假，不是为了收费低廉，而是在寻找曾经失落了的净化空间和尚存的淳厚的传统文化氛围。他们参与农业劳动追求的是精神享受而不是物质享受。另外，在英国和日本等国家的农业博物馆和展览馆的介绍讲解，使得旅游者了解农业发展历史和农机具知识，对农业文化有一定的认识，这样乡村旅游在一定程度上对于培养和增强农业文化遗产保护意识有促进作用。

# 四、结　　论

乡村旅游包括乡村农业观光旅游，乡村民俗文化旅游等，使旅游者在接触农村牧渔业生产中体验农耕文化、民俗文化和农家生活。从国外乡村旅游活动项目到四种主要形式，可以看出与农村生活密切相关的农业文化活动占据了一定的地位。例如，参观历史文化遗迹；民俗文化节日；学习民间传承、手工艺；欣赏乡村民谣，品尝地方风味；参观农业、手工业企业、博物馆和民间艺术工作室；进行园艺培训、厨艺培训等。某种意义上而言，乡村旅游是保护原始生态环境和传统文化的最佳方式。乡村旅游伴随的精神享受在一定程度上培养和增强了旅游者保护传统农业文化的意识。

---

① 尹衍波. 略谈国外农业旅游的发展 [J]. 世界农业, 2005 (08): 14～17
② 王兵. 从中外乡村旅游的现状对比看我国乡村旅游的未来 [J]. 旅游学刊, 双月刊, 1999 (02): 38～42

# 基于农业遗产资源的农业旅游发展探索

应　舒

（东南大学人文学院旅游管理）

**摘　要：** 农业遗产旅游因受到地理空间的限制存在发展的局限性，而农业旅游却以其普遍大众性在全国遍地开花。本文旨在探讨更广泛定义上的农业遗产资源，合理化的将其融入农业旅游发展规划中，满足人们对于"遗产"的好奇与接触，且在体验过程中主动担任农业遗产文化的传播者。从旅游六要素出发，对农业遗产资源进行分类解析，以物质和非物质的多样形式在农业旅游开发中展示农业遗产文化，加深农业旅游者对自身文化的认同和自豪感，提升农业旅游体验层次。

**关键词：** 农业遗产；农业旅游；遗产活化；农书

农业旅游作为一种新型旅游形式，近几年来在国内遍地开花，发展速度快、数量多、形式雷同成为其主要特点。而农业遗产在广受关注的同时，它的保护和发展方向也成为学界研究的重点。闵庆文和孙业红在"中国科学院地理科学与资源研究所自然与文化遗产保护论坛"中就已提出，发展旅游是促进（农业文化）遗产地保护的有效途径。在有关于农业遗产旅游的相关研究中，主要关注点几乎都是将农业遗产与其所在地的旅游发展相联系，即在一个固定地理区域内探讨农业遗产与旅游的关系。如唐晓云、闵庆文《农业遗产旅游地的文化保护与传承——以广西龙胜龙脊平安寨梯田为例》一文，李永乐《世界农业遗产生态博物馆保护模式探讨——以青田"传统稻鱼共生系统"为例》以及闵庆文的《哈尼梯田的农业文化遗产特征及其保护》，都是从案例地的分析出发来试图解决遗产旅游问题。而本文的创新点就在于试图突破地理空间的限制，将农业遗产资源中可展现的部分实物化，即对农业遗产进行遗产活化，让更多的旅游者体验到我国丰富的农业遗产文化。在明确农业旅游是推广农业遗产唯一最为大众化的方式后，笔者的最终目的在于探索如何向更多的人传达和促使他们关注农业遗产，加深对自身文化的认同和自豪感。

# 一、农业旅游与农业遗产旅游

## 1. 我国农业旅游发展现状

我国是一个古老的农业国，悠久的农业历史孕育了浓厚的农耕文化，而地域广阔的优势使各地的农业资源、景观差异大，具备了发展农业旅游的充足条件。我国农业旅游产生于改革开放后，特别是近几年，农业旅游正逐渐处于蓬勃发展时期。随着城市的密集建设和发展，城市人越来越渴望从固有的、嘈杂的环境中暂时解脱，去自然环境更为优越的乡间寻找压力的释放和休闲的体验。正是由于农业旅游的迅速发展和大受欢迎，学术界对其的关注也渐成热点。

在城市近郊发展起来的农业旅游是一种拓展旅游思路，满足广大旅游者不同需求和偏好而开发出来的新型旅游项目。由于它独特的魅力和深厚的内涵，自产生以来就一直引起人们的广泛注意和浓厚兴趣。目前我国各地的农业旅游开发均朝着融观光、考察、学习、参与、康体、休闲、度假、娱乐于一体的综合型方向发展①。1994 年我国"双休日"休假制度的改革以及政府提倡的调整农村产业结构和增加农民

---

① 魏旭江. 对"农家乐"旅游可持续发展的思考［J］. 甘肃农业，2008（12）：56～57

收入这一政策也促进了农业旅游的发展。自 1998 年国家旅游局把该年的旅游主题定为"华夏城乡游"，在全国就兴起了农业旅游的风潮，后来逐渐形成在北方以北京为中心，长江中下游以上海为中心，东南沿海以珠江三角洲为中心，西南地区以成都为中心的建设格局（表 1）。

在《休闲农业与乡村旅游发展工作手册》中，将目前国内的农业旅游发展模式分为七种类型①，笔者将其整理成表 1。从中可见，目前农业旅游发展模式基本以观光为主，与遗产或者文化相关的只有农家乐旅游、民俗风情旅游和村落乡镇旅游，强调农耕文化和乡土特色，但是仅仅停留在文化表层，没有深入探讨和展现农业旅游背后的文化内涵。这也正是本文需要重点探讨的问题。

**表 1　农业旅游发展模式与分类**

| 模　式 | 类　型 | 特　点 | 典型举例 |
| --- | --- | --- | --- |
| 田园农业旅游 | 田园农业游、园林观光游、农业科技游、参与体验游 | 农村田园景观、农业生产活动和特色农产品为旅游吸引物 | 上海孙桥现代农业观光园、四川桂圆林 |
| 科普教育旅游 | 农业科技教育基地、观光休闲教育农业园、少儿教育农业基地、农业博览园 | 利用农业观光园、科技生态园、博物馆等提供农业历史、技术和知识等 | 山东寿光生态农业博览园、北京小汤山现代农业科技园 |
| 农家乐旅游 | 农业观光农家乐、民俗文化农家乐、民居型农家乐、休闲娱乐农家乐、食宿接待农家乐、农事参与农家乐 | 农民利用自家庭院、农产品及田园风光等吸引旅游者前来 | 四川成都红砂村农家乐、浙江安吉大竹海农家乐 |
| 民俗风情旅游 | 农耕文化游、民俗文化游、乡土文化游、民族文化游 | 充分突出农耕文化、乡土文化和民俗文化特色 | 新疆吐鲁番坎儿井民俗园、日照任家台民俗村 |
| 村落乡镇旅游 | 古名居和古宅院落、民族村寨游、古镇建筑游、新村风貌游 | 古村镇宅院建筑和新农村建设格局为旅游吸引物 | 福建闽南土楼、山西平遥、江苏华西村 |
| 休闲度假旅游 | 休闲度假村、休闲农庄、乡村酒店 | 依托乡野风景、清新气候等兴建的休闲娱乐设施 | 广东梅州雁南飞茶田度假村、郫县农科村乡村酒店 |
| 回归自然旅游 | 水上乐园、露宿营地等 | 观光赏景、登山、森林浴、滑雪、划水等 | 桃源溪森林浴景区 |

## 2. 农业遗产（旅游）界定及发展现状

与其他遗产类型相似，农业遗产在保护和发展过程中同样面临旅游开发的问题，农业遗产旅游类型因此产生。农业（文化）遗产旅游的核心是"遗产"，是旅游者前往农业文化遗产地进行体验、学习和了解农业文化遗产的旅游活动，属于文化旅游的范畴，其重要功能是确立遗产地的文化身份②。但是在全国范围内来看，农业遗产旅游的推广度和普遍性并没有很高，只有少部分求知类型的旅游者会选择仅有的几个农业遗产旅游点作为旅游目的地。因此，相对于农业旅游来说，农业遗产旅游更加强调文化遗产的宣传和传播，市场需求有限，市场推广存在一定的难度。如青田的桑基鱼塘、新疆坎儿井，都江堰水利工程等，都以真实展现中国农业遗产文化为主要游览内容，旅游者体验程度并不高。而笔者尝试的是将中国农业遗产进行活化，以多样化、合理化的方式展现在农业旅游区域，以此拓宽农业遗产旅游的覆盖面，且提升农业旅游发展过程中的深度性。

目前农业遗产旅游表现方式除了都江堰水利工程、哈尼梯田等就地开发的旅游景点外，还有一些博物馆类型的展览馆，用于集中展示全国或者当地农业相关的遗产资源和历史痕迹。如中国农业博物馆，由中华农业文明陈列馆、青少年农业科普馆、中国土壤标本陈列馆、中国传统农具陈列馆、彩陶中的远古农业陈列馆和室外展园六个部分组成，主要通过现今最流行的立体方式对农具、水利工程、养殖业、纺织技术等加以真实展示，通过动手操作真实体验插秧等农业劳作。但是存在的问题是全国展馆大同小异，无非常鲜明的特色。这也是本文尝试极力避免的一个问题。

---

① 郭焕成，吕明秀等．休闲农业与乡村旅游发展工作手册［M］．北京：中国建筑工业出版社，2008.9
② 邹统钎．乡村旅游发展的围城效应与对策［J］．旅游学刊，2006，（03）：8～9

# 二、我国农业遗产资源

## 1. 本文界定

根据联合国粮食及农业组织的定义，全球重要农业文化遗产是"农村与其所处环境长期协同进化和动态适应下所形成的独特的土地利用系统和农业景观，这种系统与景观具有丰富的生物多样性，而且可以满足当地社会经济与文化发展的需要，有利于促进区域可持续发展"。就全国范围来看，数千年的农耕文化和历史，加上不同地区自然与人文的巨大差异，形成农业文化遗产系统，如都江堰水利工程、坎儿井、砂石田、间作套种、淤地坝、桑基鱼塘、梯田耕作、农林复合、稻田养鱼等[①]。但是，此定义强调的是农业生产过程中产生的系统和相互依存的景观，如果按此严格定义对我国的农业遗产进行研究，必将会忽视和遗漏很多农业文化传承的遗产资源，如我国许多农书中对于农业发展的记载，北魏贾思勰的《齐民要术》、元代王祯的《农书》、元代初年大司农司编纂的《农桑辑要》、明代徐光启的《农政全书》以及各个朝代作者不详的《野菜谱》、《相牛经》、《相马经》、《茶经》、《蟹录》、《竹史》、《酒史》、《梅史》、《菊史》等[②]。在笔者看来，这些不仅是农业遗产信息传递的媒介，其本身也是一种重要的农业遗产资源。石声汉先生对于农业遗产的定义就包括具体实物和技术方法两大部门，古农具、古农书、古农谚等都属于该范畴[③]。

因此，笔者认为只要是有助于推动各个时期农业发展与经济文化交流的农业技术、景观、统计、记载等，都可以且应该作为农业遗产加以保护和发展。这也是本文主要研究的对象，即将官方的农业遗产定义范围扩大化，以提高农业遗产与农业旅游结合的可能性与实际操作性。农业遗产旅游开发的目标之一，就是要积极传播高效的传统农业文明，使之在得到很好保护的同时得到推广，以求最大限度地实现活态遗产的多元发展目标，获得生态多样性、食品安全、文化多样性和景观价值[④]。正是农业遗产（本文定义）对于地域性的要求不高，在发展旅游过程中才可以将其活化并融入其中，让旅游者从求知、体验、欣赏、观看等各个角度加以感受。

## 2. 我国农业遗产旅游资源（旅游六要素角度）

本文强调将我国农业遗产资源在农业旅游的背景下进行活化，但是鉴于农业遗产的区域特征明显，因此不适合将所有资源以标准化的模式应用到各地的农业旅游发展过程中。如果说农业观光旅游是初级体验形式，那么农业遗产旅游因为与文化的紧密联系而成为高级体验形式。旅游六要素是构成任何一种旅游形式最基本成分，农业旅游也不例外。笔者的目的就在于将农业遗产资源像六要素一般，融入旅游者活动中，确保旅游者在进行农业旅游时全方位、真正体验到农业遗产的魅力。

（1）吃（食物）

农业旅游中的饮食以农家乐餐饮为主打产品，包括部分购物过程中的农家产品以及最近较为流行的生态餐厅的设置。但是就笔者在苏南和江浙地区走访的农业旅游景点来说，对于农家餐饮文化的体现是远远不足的。

在我国农业遗产资源中，与食物有关的极其丰富。民以食为天，食物从最初的填饱肚子的基本功能到追求味美、色美、形美到如今强调文化内涵，一直经历着人们对其的考验。在我国有关于农业的文献著作中，对于食物的记载相对来说并不是很多，主要有蔬菜类的，如北宋僧人赞宁的《笋谱》、南宋陈仁玉的《菌谱》、明黄省曾的《芋经》（又名《种芋法》）等。野菜类的主要有明代的《救荒本草》、王磐的《野菜谱》、鲍山的《野菜博录》、《野菜笺》等。还有与饮用相关的，如茶。中国茶文化源远流长，与茶

---

① 闵庆文. 农业文化遗产及其动态保护前沿话题 [M]. 北京：中国环境科学出版社，2010，5
② 王毓瑚. 中国农学书录 [M]. 农业出版社，1964.9
③ 石声汉. 中国农学遗产要略 [M]. 北京：农业出版社，1981
④ 唐晓云，闵庆文. 农业遗产旅游地的文化保护与传承——以广西龙胜龙脊平安寨梯田为例 [J]. 广西师范大学学报：哲学社会科学版，2010，7（46）：121～124

有关的专著相应的也较多，如最具代表性的唐朝陆羽的《茶经》；宋代黄儒的《品茶要录》，细究茶叶采制得失对品质的影响，提出对茶叶欣赏鉴别的标准，对审评茶叶仍有一定参考价值。宋代吕惠卿的《建安茶记》。宋代皇帝赵佶的《大观茶论》，其中"点茶"一篇，见解精辟，论述深刻。点茶讲究力道的大小，力道和工具运用的和谐。它对手指、腕力的描述尤为精彩，整个过程点茶的乐趣、生活的情趣跃然而出[①]。另有与竹（竹笋）相关的，如很多宋、明时期的《竹谱》都已失传，保存下来的有晋的戴凯之和陈鼎的《竹谱》。这些除了可以融入农业饮食中，还可以各种方式体现在建筑、游玩设施等。

（2）住（建筑）

随着旅游者对于远距离旅游的需求增加，住宿在旅游活动中的地位越来越重要，但这其实与"农业"无直接相关。住宿是满足人类基本需求的设施，而不是农业活动衍生物。因此，农业旅游中的住宿并不一定要和中国古代建筑相联系，只要与整体环境氛围相契合，毕竟旅游者在住宿方面最期望的仍然是干净舒适。如浙江安吉的农家乐住宿，除了为部分有需求的旅游者提供竹屋、木屋等，大部分还是干净整洁的现代农家住宿。在住宿方面主要是以提供相关知识为体现，如太子所居为什么叫"东宫"，主人为什么称"东家"，上厕所为什么婉称"登东"等。

（3）行（交通）

对于一个发展规模不大的农业旅游景点来说，景区内基本不存在交通设施的问题，主要是靠步行来完成整个游览过程。但对于目前较为成型、较具规模的农业旅游景区或者是以村为单位的农业旅游区（如江苏蒋巷村），就需要借助相关交通工具为辅助，主要是陆路和水路。从苏南地区的农业旅游园区来看，目前主要还是采用游览车、自行车、游船等效率较高的现代交通工具。浙北地区有较少农业园区采用牛车等古老交通工具。

相关农书中有关于记载交通工具的著作及其稀少，可以与农业旅游相结合的就是牛、马等最原始的动物代步，而农书中对于此类动物的著述基本都是与养殖方法相关，无关于交通。这也是将其与农业旅游相结合的难点之一。如宋、清朝代等，但作者多为不详的《相马经》，唐、宋时期的《相牛经》，《四库全书》中收录的《水牛经》。

（4）游（游玩设施）

农业旅游中的游玩设施以体验为主，除了观光农业等初级体验之外，以采摘类、素拓、亲子活动等中级体验为主，这也是农业旅游者最为关注的体验类型，而真正深度体验不多。中国农书中可以与游玩设施相联系的就是相关蔬果和农具的介绍，前者在"食物"板块中体现，这里主要讨论的是农具部分。《耒耜经》是中国有史以来独一无二的一本古农具专志，是唐朝著名诗人陆龟蒙撰写的专门论述农具的古农书经典著作。《耒耜经》共记述农具五种，其中对被誉为我国犁耕史上里程碑的唐代曲辕犁记述得最准确最详细，是研究古代耕犁最基本最可靠的文献，历来受到国内外有关人士的重视。清朝陈玉璸《农具记》将六十五种旱地、水田用的农具，以事和器为名，按照它们的用途分为十类，各附简短的说明。将此类遗产进行活化后不作为博物馆展品，而是作为核心体验项目提供给旅游者，以区别于农业博物馆。

除此之外，农业谚语作为中国农业发展过程中与语言文化相结合的产物，是我国农民在长期从事农业生产活动中积累起来的生产实践经验。因其字句简练、音调自然、通俗易懂、容易记忆等特点而被农民接受和流传，其中蕴含着的农业文化内涵值得传播。如生物反应与天气相关的农谚：青蛙叫，大雨到；黑蜻蜓乱飞，天气要旱；蜜蜂归巢迟，来日好天气。这些对于不同的农业旅游者来说都具有不同的体验感受。

（5）购物（农业产品）

购物在旅游活动中往往被曲解化，原因之一就是部分旅游企业将购物单纯作为一种"暴利"手段来进行操作，而没有去关注旅游商品可以为企业带来的可持续利益。对于农业旅游中的购物来说，我们需要关注的是将农业遗产文化融入其中进行出售。因此，笔者认为所有被活化的农业遗产都可以作为农业旅游商品进行出售，甚至包括农书，只要符合市场需求和旅游商品的标准。

---

① 王毓瑚. 中国农学书录［M］. 农业出版社，1964.9

# 三、农业遗产资源活化

徐嵩龄认为：遗产的共同价值特征是其广义的文化价值，并对这种文化价值进行了七个方面划分；从旅游资源复合系统的角度出发，将世界遗产资源的价值划分为有形（显性）价值和无形（隐性）价值两大类，旅游价值、科考价值、文化价值和环境价值四个亚类，具体可参见图1。

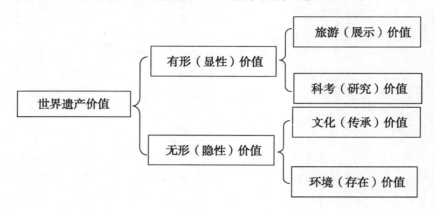

**图1　世界遗产价值的构成图①**

将其引申到对于农业遗产价值的探讨，进一步的细分后可见，四种价值在农业遗产中的体现都较为典型，如通过农业（遗产）旅游的形式向旅游者展示过去、现在和未来的农业发展；通过研究古代农业与现代农业，体现农业遗产对于科学研究的作用，如青田稻鱼共生系统对今天生态农业发展的现实意义；农业不仅仅是以一种基础生产方式存在着，在历史发展过程中已形成一种独有的文化现象，人人相传，如农谚的流传；农业的特殊性在其对于自然条件的绝对依赖（现代农业的非依赖性不在研究范围内），并与周围环境融为一体，成为独特的景观，这也是农业遗产旅游（如广西龙胜梯田等）的表现形式之一。

从以上分析可知，农业遗产的价值体现已然超越了本身的生产功能，笔者认为其旅游和文化传承价值在目前是最具发展潜力的。鉴于以上对于我国农业遗产旅游资源的整理分析，结合旅游六要素和农业遗产活化，从而与农业旅游相互促进发展。

## 1. 饮食文化——农业遗产旅游之保障

在所有的农书记载中，对于饮食的描述为最多。而饮食在农业旅游者的整个行程中也是重要体验过程，直接表现就是国内众多农家乐的兴起。大多数饮食仅仅是提供农家特色菜为主或者是以环境取胜的生态餐厅，但二者都没有对农家饮食背后的文化内涵加以挖掘，如每一道农家菜的来源，作为主要食材的野菜的食用价值，茶文化的典故流传等，而这些在农书中都有或详或概的记载。对于此类农业遗产活化的重点在于"寓意于形"，即将较为艰涩难懂的文化内涵转化为旅游者容易接受的图文、实物等形式。旅游经营者往往忽视这种最简单和最基本的展现方式，殊不知这些是旅游者最容易真正接受并且吸收的方式，也是游览过程中最容易关注到的细节。如南京泉水农庄生态餐厅内，所有栽种植物都配有图片和说明，其实这个工作很简单，但是带给旅游者的却是认知植物后的成就感。再如对于餐饮用具的设计，可以采用农家碗筷；包厢内或者菜单上可以对菜品的来源加以简单介绍，如江浙地区清明时节的青团子是与"三过家门而不入"的大禹相关。中国饮食文化源远流长，农家菜的文化体系也有一定的历史，江苏震泽连续几年举办的"中国太湖农家菜美食节"暨"中国农家菜发展论坛"就提出了今后农家菜研究参考课题，即农家菜吃什么，怎么吃，吃的效果，吃的观念，吃的情趣，吃的礼仪。

## 2. 建筑文化——农业遗产旅游之保障

在旅游六要素中建筑文化的表现就是"住"，而这与农业遗产相联系的并不多，如何将二者结合也成

---

① 徐嵩龄. 中国文化与自然遗产的管理体制改革 ［J］. 管理世界，2003，（6）：63～73

为本研究的难点之一。我们需要区别的是"古建筑"与"农业遗产建筑"，并不是够"古"、够"旧"的建筑就是本文中提到的农业遗产。作为旅游业来开发的农业遗产活动，不能单纯的靠复制古代建筑来表现农业遗产文化或建筑文化，而是要让旅游者在体验的过程中感受到农业文化和农业劳动从事者所生活的环境。笔者不赞成某些农业园区为了配合农业主题而将住宿设施设计偏重于"农院"，可适当参考，但重点是符合旅游者需求与整体环境氛围。

### 3. 交通文化——农业遗产旅游之辅助

古代的农业文化传播与交通状况是不可分割的，没有丝绸之路的开辟，葡萄、胡萝卜就无法来到中原；没有哥伦布发现新大陆，玉米、马铃薯就不能成为欧亚大陆的食品。但是如果将农业遗产旅游与之相结合，我们并不能寻找到更多的结合点。因此，笔者认为对于交通文化的活化应该重点在于改革目前农业园区内现代化的代步工具，如游览车、自助自行车、游船等，将传统代步工具引入农业旅游中。如对于牛车、马车等农业交通用具的活化与实际应用。当然，笔者在此不提倡全盘否定现代交通工具在农业旅游活动中的使用，因为随着农业旅游发展规模的扩大以及部分特殊旅游者特质的考虑（如老年旅游者、会议旅游者等），必须通过更为高效的交通方式完成自己的目的地之行。活化后的交通方式只是作为一个鼓励性的体验项目作为代步选择。同时，对于相关农书中提到的与农业交通相关的事物，如《相马经》、《相牛经》等，以通俗易懂的图片文字或者视频形式展现于交通设施附近，在潜移默化中影响旅游者的体验层次。同时，通过介绍目前已不作为交通工具使用的相关动物，普及农业发展过程知识。

### 4. 农具、农谚文化——农业遗产旅游之核心

旅游六要素中的核心部分就是"游"，也是旅游者体验最为充分的地方。较之其他类型的旅游活动，农业旅游更加强调体验性，即旅游者自身的参与度。笔者认为应该将中国农具文化活化（参考各类农书），并利用其特性转化为可参与性的活动内容，而不是仅仅以教育识别农具为目的，从而区别于农业类博物馆。如我国台湾宜兰香格里拉休闲农场举办的"稻草艺术节"，除了静态展览部分利用稻草制作的农作品外，还有迭草垺、搓草绳、稻田拔河、幼儿推稻草球、稻草人装饰等农村趣味竞技活动。非物质遗产的表现形式主要依靠农业谚语的活化和传播，通过平面和立体等各种形式表现，增加农业旅游者接触此类资源的机会。

同时，笔者认为可以借鉴郑州绿博园或者世博会的形式，在符合条件的前提下，将国内农业遗产地浓缩精华在各地农业园区展示，以满足旅游者对于其他大型农业遗产地的求知需求。

### 5. 农业产品文化——农业遗产旅游之延伸

旅游市场上的旅游购物目前存在的主要问题就是旅游产品趋于雷同化，云南艺术品出现在江浙的风景区，俄罗斯商品出现在南京的夫子庙，地方特色严重削弱化。农业旅游中也面临着同样的问题，而将农业遗产进行活化后可在一定程度上改善现状。以农业遗产主题类旅游为例，将农业文化实物化后的产物以纪念品或者当下体验品的形式提供给旅游者选择，作为回忆和深度体验的延伸而存在。农业遗产旅游商品相对于其他旅游商品特色在于部分旅游者对于农业商品带有回忆情绪，如曾经从事过农事活动的旅游者，对于熟悉的记忆产物总是会尽量带走或是自己留作纪念或是成为与孩子分享回忆的媒介。这可以成为农业遗产旅游产品的主要宣传点。因此，农业旅游中的农业遗产旅游产品开发应该紧扣文化和回忆，满足旅游者的真实需求。

# 四、小　结

在整个研究过程中需要加以区别的两个概念是，将古代资源融入农业旅游中，还是农业资源的活化。如果仅仅通过整理我国古代可利用的旅游资源，那么国内正在开发和建设的农业博物馆就是成果，这个研究也是没有意义的。所以需要真正关注的是将这些可活化的农业遗产资源整合为可体验的项目，以提供给旅游者不同体验层次接触的机会。

　　崔峰在《农业文化遗产保护性旅游开发研究》一文中对世界著名农业文化遗产进行整理分析①，从中可见，第一，已列入世界遗产名录的与农业文化有关的遗产项目中，没有中国的遗产项目。作为一个遗产大国和农业大国，这是需要我们首先需要思考的问题。第二，国外农业文化遗产项目主要以景观为主，如奥地利瓦豪文化景观、瑞典奥兰南部农业景观、古巴咖啡种植园考古景观等；酒文化相关较多，如葡萄牙皮克岛酒庄文化景观、墨西哥龙舌兰景观及古代龙舌兰产业设施。这些遗产项目的旅游开发值得我们借鉴运用与农业遗产旅游开发。第三，已列入全球重要农业文化遗产系统的遗产项目主要以农业生产系统为主，地理特征明显；专业应用性较强，没有与旅游相结合的迹象。相比较而言，已列入世界遗产名录的与农业文化有关的遗产项目在旅游开发方面占有较大的优势，无论是景观类的还是生产类（酒庄等）的遗产项目，都能较好的利用自身资源来开发旅游，让更多的人走近遗产。这也是我国农业旅游未来发展需要关注的问题，也是本文进一步做以研究的方向。

**作者简介：**

应舒，女，1987 年 2 月，在读硕士，东南大学人文学院旅游管理，研究方向：旅游文化与旅游规划。

---

　　① 孙克勤．遗产保护与开发［M］．北京：旅游教育出版社，2008.1；闵庆文，孙业红．全球重要农业文化遗产保护需要建立多方参与机制——"稻鱼共生系统多方参与机制研讨会"综述［J］．古今农业，2006，（3）：116～119；闵庆文．全球重要农业文化遗产——一种新的世界遗产类型［J］．资源科学，2006，28（4）：206～208

# 第二部分

# 农业文化遗产分类保护研究

# 论高家堰的修筑及其影响

彭安玉

（江苏省行政学院，南京　210004）

**摘　要：** 在我国五大淡水湖之一的洪泽湖东侧，巍然屹立的高家堰是历史上著名的水利工程。高家堰的修筑历史悠久，但主要集中在明清时期。修筑高家堰主要是为了治理黄、淮、运，而高家堰的不断加筑、抬高，又产生了一系列的深远影响。

**关键词：** 高家堰；洪泽湖大坝；洪泽湖；清口；潘季驯

高家堰，今谓之洪泽湖大坝，位于今江苏省淮安市境内，北起张福口南至蒋坝，总长 67.25 千米，其中从蒋坝到高良涧的 26 千米近湖顶浪最为险要，这段有 25.1 千米长的石工墙。作为名副其实的"水上长城"，高家堰屹立于波涛汹涌的洪泽湖东畔，其牢固与否，历史上曾经关乎黄淮治理、漕运通畅、淮扬七府之安危，可谓牵一发而动全身。高家堰的修筑经历了一个漫长的历史过程，其在历史上的影响不可小觑。直到今天，高家堰仍然拱卫着广阔的苏北大平原。在大兴水利之今日，探讨高家堰的修筑及其影响，不无历史的启迪意义。

## 一、高家堰的修筑

在明清时期，黄、淮、运交汇之处的清口尤为河臣关注，而清口之通塞又与高家堰（即洪泽湖大坝）安危息息相关。清人郭起元对此有深切的理解，他说："洪泽湖，汉为富陵……自元以来，淮流胥汇于是，并阜陵、泥墩、万家诸湖而为一，统名洪泽湖、盖当黄、运之冲，而承全淮之委者也。淮合诸水汇潴于湖，出清口以会黄。清口以上为运口，湖又分流入运河以通槽。向东三分济运，七分御黄。而黄挟万里奔腾之势，其力足以遏淮。淮水少弱，浊流即内灌入运。必淮常储其有余，而后畅出清口，御黄有力，斯无倒灌之虞。故病淮并以病运者莫如黄，而御黄即以利运者莫如淮。淮、黄、运尤以治淮为先也。"① 黄河"力足遏淮"，"淮水少弱，浊流即内灌"，其直接危害是淤垫清口。清口的淤垫不畅又带来一系列连锁反应：一是病运。大量黄河浊水涌入运河，堵塞运口，使漕舟难行。二是淹及淮河中游沿岸地区。淮河下游不畅，河水壅积，"凤阳、寿、泗亦成巨浸矣"②。三是危及淮扬。洪泽湖出口被堵，洪水势必在低洼处的东部溃泛，从而祸及上下河地区。四是清不敌黄，加剧黄河之灾。蓄清刷黄是明清时期治理黄河下游水害的最佳选择之一，明之潘季驯、清之靳辅均为主蓄清敌黄，两人治水亦都卓有绩效。清口一淤，不仅洪泽湖内清水不能通过清口冲刷滚滚黄流浊沙，相反，黄流浊沙却"挟万里奔腾之势"倒灌。因此，确保清口通畅成为化解上述诸多矛盾的关键。

怎样才能确保清口通畅无阻呢？那就是在洪泽湖东北岸修筑高家堰大坝以抬高洪泽湖水位，"束水攻沙"。高家堰之安危关乎治水全局，关乎淮河中下游数千万人民的生命财产安全，关乎明清王朝的生命线漕运是否通畅。对其战略地位，时人多有论述，所谓"高堰为淮扬门户，束淮敌黄，刷沙归海，卫高宝兴盐七州邑之庐舍田畴，黄运之关键也"③；"堰为两河关键……淮扬门户，堤防不可不严修，守不可不预

---

① 郭起元.洪泽湖说［A］.介石堂水鉴：卷二［Z］
② 江南通志·河渠志·淮河［Z］
③ 河渠纪闻：卷十九［Z］

内"①。高家堰临湖全为条石工程，"每石长一丈，高、宽俱一尺二寸，累石平堤，因地势之高低，十层至二十三四层不等，堤上有子堰，高四、五、六尺不等"②。条石之间以糯米汁拌石灰作为黏结剂，迎湖巨石还有铸铁锭紧扣，堤基则用密集的木桩加固。如此牢固的大坝，是历史时期主要是明清时期逐渐加筑形成的。

高家堰始筑于东汉建安五年（公元200年）。《治河方略》卷二记载："汉末，广陵守陈登首建高家堰，竟在障其东石泛滥的淮水，后世治水者皆守旧不变。……明初再修于平江伯陈瑄。"

明永乐初，陈瑄加筑高家堰，据潘季驯《两河经略疏》："至永乐年间，平江伯陈瑄始堤管家诸湖，通淮河为运道，然虑淮水涨溢，东侵淮郡也，故筑高家堰堤以捍之，起武家墩，经小大涧至阜宁湖，而淮水无东侵之患矣。"③ 陈瑄所筑高家堰，北起武家墩，南至阜宁湖，是为今高家堰北段。

隆庆以后，随着来水来沙的增加，灾情有趋重之势。《万历淮安府志》卷三云："山阳旧有高家堰，围郡城西南门十里许，而圮废久矣，其最关水利害者则大涧口也。先是堰屡决屡筑，但工皆不巨，迩者决盖甚，工益巨，当事者难之矣。"尤其是隆庆四年（1570年），淮水东，河蹑其后，水去沙留，清口淤塞，严重影响漕运。隆庆六年（1572年）九月至万历元年春，漕抚王宗沐会同郡守陈文烛招募淮民筑堰"于（淮安）府西南筑高家堰堤，北自武家墩，经大小涧，至阜宁湖，计三十余里以捍淮之东侵。"④ 此次筑堰，"堤面广五丈，底广三之，而其高则沿地形高下，大都俱不下一丈许"⑤。此时的高家堰，最高不过3~4米（相对高度），长约34里，为现代洪泽湖大堤总长的1/4。此次花费帑金六千有奇，是潘季驯大筑高家堰以前规模较大的一次修筑工程。

由于清口门限沙的扩展，壅水的增加，万历三年（1575年）夏，河淮大涨，淮"决高家堰而东，徐、邳、淮南北漂没千里"，"自此桃、清上下河道淤塞，漕艘梗阻者数年，淮扬多水患矣"⑥。万历五年（1577年），"河决崔镇，黄水北流，清河口淤淀，全淮南徙，高堰湖堤大坏，淮、扬、高邮、宝应间皆为巨浸"⑦。高堰大坏，漕艘梗阻，淮扬水患，朝廷为之震动。值此危急时刻，朝廷第三次起用潘季驯主持治河。走马上任后，他栉风沐雨，南朔淮扬，西穷凤泗，北抵清桃，东抵海口，又以自己前两次督办河漕的经验，提出了对后世也具有深远影响的"束水攻沙"的治河方略和"塞决口以挽正河之水"、"筑堤防以杜溃决之虞"、"复闸坝以防外河之冲"、"创建滚水坝以固堤岸"、"止浚海工程以免糜费"、"暂寝老黄河之议以仍利涉"的"治河六议"⑧（即著名的治河六原则）。万历六年（1578年），潘季驯大筑高家堰，"堤六十里，计长一万八百七十丈，俱根阔十五丈至八、六丈不等，顶阔六丈至二丈，高一丈二三尺不等……俱用椿板厢护坚固。"⑨ 此外，曾目睹筑堰全过程的已致礼部尚书李春芳为此专门著文，形象记述了当时的动人情景："高堰其初，波涛浩淼，绝不睹堰址。（潘季驯）则命万艘载土实之。久之，堰隐隐起水中。公乃栖泊堰上，凌风触雪。坚冰在须，颜鬑发皜，几于胼胝无肤，劳苦甚矣。"⑩ 又云："冬至，徭夫手足皲瘃，裹创而作。潘公亦冒风雪，暴露堰上，与徭夫同辛苦。至春，大风雨，潘公则又与百执事，往来泥淖中。飞涛扑面，矻矻不少休。盖潘公急于王事，不特以身示劝也。"⑪ 高家堰筑成后，"屹然如城，坚固足恃。今淮水涓滴尽趋清口，会黄入海，清口日深，上流口涸，故不特堰内之地可耕，而堰外坡，渐成赤地。盖堰外原系民田，田之外为湖，湖之外为淮，向皆混为一壑，而今始复其本体矣。其高宝一带因上流俱已筑塞，湖水不至涨满，且宝应石堤，新砌坚致，故虽秋间霖潦浃旬，堤俱如故……不特高宝田地得以耕艺，而上自虹泗盱眙，下及山阳兴盐等处，皆成沃址。此淮水复其故道之效

① 江南通志·河渠志·淮河［Z］
② 江苏水利全书：卷五［Z］
③ 河防一览：卷七［Z］
④ 读史方舆纪要：卷二十二［Z］
⑤ 江苏水利全书：卷五［Z］
⑥ 明史·河渠志二［Z］
⑦ 明史·潘季驯传［Z］
⑧ 两河经略疏［A］. 河防一览：卷七［Z］
⑨ 潘季驯. 淮南工程［A］. 河防一览：卷八［Z］
⑩ 李春芳. 平成瑞应诗册序［A］. 明经世文编：卷二八一［Z］
⑪ 李春芳. 重筑高家堰记［A］. 明经世文编：卷二八一［Z］

也。"① 显然，作为"两河"工程之关键，高家堰的成功抢筑取得了预期的成效。高堰筑成后，潘季驯又采纳给事中尹瑾的建议，经皇帝批准，在塞大涧等 33 处决口的基础上，"于堰中段大小涧口一带，筑万工长三千丈，"即在原土地的临水面包砌石工墙，还"于旧堤以南接筑土堤，通长几及百里"②，从而大大增强了大坝抵御洪水风浪的能力。

万历二十四年（1596 年），总河杨一魁在高家堰上"建武家墩、高良涧、周家桥三闸，以泄一时暴流，稍平即闭。"③

明末清初，淮、黄水灾复趋严重。如明崇祯四年（1631 年）、五年（1632 年）连续二年黄河在淮安建议、安东东门等处崩决，灾情惨不忍闻。清顺治十六年（1659 年），河决归仁堤，水入洪泽湖，在高家堰之古沟、翟坝等处冲成九大涧，逾过漕堤，淮扬地区，河患极重。康熙十六年（1677 年）靳辅上任之时，河工已糜坏至极，临湖一带堤岸"无不残缺单薄，危险堪虞"，"石英工之倾圮亦不可胜数"④。于是，靳辅仍以堵筑高家堰为工程重点，"修筑高堰旧堤，又向南接筑堤工至翟坝，又向北增筑烂泥浅堤，全堤长亘百里，堤外筑坦坡"⑤，且"埋石工于内，更为坚稳"⑥。康熙十七年（1678 年），"创筑周桥、翟坝堤工二十五里"⑦。周桥至翟坝一带，地势高应，明代潘季驯将其留作天然减水坝，这一带比高家堰石工低二尺许。康熙十九年（1680 年），又建成武家墩、高良涧、周桥、古沟东西及唐埂减水坝 6 座⑧。靳辅此次加筑高堰，堰顶高程 13.04 米，所创坦坡护堤，"堤一尺，坦坡五尺"⑨。经过整治，高堰更加牢固，水患以宁。

靳辅以后，加筑高家堰的工程不时兴办。如康熙三十九年（1700 年），总河张鹏翮大修高家堰，"计高堰石工之长度已占全堤十分之八九，洪湖局势侔于金汤矣"⑩；四十年（1701 年），张鹏翮又加帮武家墩至运口一带堤工，与高堰堤工一律相平；康熙六十年（1721 年），加修自山、清交界武家墩西堤至土地庙大堤头拦河坝临湖一面堤工，长 766 丈；雍正四年（1726 年），修高堰石工；雍正九年（1731 年），复大修石工 6 300 丈；乾隆中，高斌大修高堰土堤，帮宽以十丈为率，又大修石工，"高堰临湖一面竟无土工"；嘉庆十三年（1808 年），"筑高堰碎石坦坡"⑪；道光二年（1822 年），再次"增修高堰石工"⑫。

从上面的历史回顾中可以看到两个基本事实，即筑堰的时间间隔越来越短；堰坝的牢固度越来越高。在间隔时间上，从东汉建安五年（公元 200 年）陈登始筑到明永乐初年陈瑄再葺，中间凡 1 200 多年；从陈瑄再筑到王宗沐三筑于 1572 年，隔了近 170 年；从王宗沐三筑到万历六年（1578 年）潘季驯大筑，隔了 6 年；清代靳辅加筑之后，几乎每朝都不止一次兴工，小的修补更是年年有之。在堰坝的牢固度上，初则为土堤，潘季驯始在大小涧口险段筑不工三千丈；亦"埋石工于内"，至康熙三十九年（1700 年），高堰石工长度已占全堤十分之八九，时有固若金汤说；雍正时大修石工 6 300 丈；乾隆中，"高堰临湖一面竟无土工"。堰的长度、高度、底宽亦持续增加：陈瑄、王宗沐先后所筑均为武家墩至阜宁湖一段，全长不过 34 里，最高不过 3 ~ 4 米，底宽 15 丈；潘季驯筑堤 60 里，后又在旧堤以南接筑土堤，通长几及百里，高一丈二三尺不等，底宽十五丈；靳辅筑堰长亘百里，又创筑周桥、翟坝堤工 25 里，堰高增至 13.04 米；嘉庆时，"堰圩砖石土迭次加高，子堰亦加至五尺以上"，至民国高堰高四至六尺！⑬如果与里下河地区相比较，高堰更是屹然耸立，雍正时，"高堰去宝应高一丈八尺"⑭！

---

① 潘季驯. 河工告成疏［A］. 河防一览：卷八［Z］
② 江苏水利全书：卷五［Z］
③ 江苏水利全书：卷五［Z］
④ 清史稿·河渠志三［Z］
⑤ 江苏水利全书：卷五［Z］
⑥ 清史稿·河渠三［Z］
⑦ 江苏水利全书：卷五［Z］
⑧ 傅泽洪. 行水金鉴：卷六五［Z］
⑨ 清史稿·靳辅传［Z］
⑩ 江苏水利全书：卷五
⑪ 清史稿·河渠一［Z］
⑫ 清史稿·河渠三［Z］
⑬ 江苏水利全书：卷五［Z］
⑭ 江南通志·河渠志·淮河［Z］

# 二、高家堰的影响

高家堰的形成，对黄淮水灾的治理、苏北自然环境的演变、淮河中下游人民生命财产的安全产生了广泛而复杂的影响。

## 1. 形成著名的洪泽湖水利枢纽

洪泽湖水利枢纽的形成是潘季驯"束水攻沙"理论在实践方面的创造性成果。

明万历三年（1575年），河决崔镇而北，淮决高堰而东，黄、淮、运交汇处的清口一片淤沙，清口以下黄河入海尾闾严重淤积，仅剩一沟之水。万历五年（1577年），"河复决崔镇，清口淤垫，全淮南徙，弥漫山阳、高、宝间……老黄河复塞"[1]。万历六年（1578年），潘季驯第三次出任"总河"，经实地勘查，提出除了堵崔镇决口，筑黄河大堤，挽河漕之外，还应在清口上游堵塞高家堰决口，修筑高家堰大坝，把淮河来水拦蓄在洪泽湖中，逼使淮河清水层出清口，流入黄河，以冲刷清口和黄河入海尾闾。这实际上是一种特殊的"束水"，它通过堤防，把黄、淮二河约束于一槽，以达到"攻沙"目的。

潘季驯的"蓄淮刷黄，以清释浑"是符合现代河流动力学理论的。因为引洪泽湖清水入黄河，增大了整个河床的流量，加大了流速，从而提高了水流挟沙的能力；同时，由于加大了清水流，整个河流的含沙量相对减少，也提高了对河床的冲刷能力。对此，潘季驯心领神会。他说："尽令黄淮全河之力，涓滴悉趋于海，则力强且专，下流之积沙尽去。下流既顺，上流之淤垫自通，海不浚而辟，河不挑而深矣。"[2] 又说："须合全淮之水尽由此（清口）出，则力能敌黄，不为沙垫。"[3] 因为水合则势猛，势猛则沙刷，沙刷则河深，水与则势缓，势缓则沙停。

在"束水攻沙"以及"蓄淮刷黄，以清释浑"理论指导下，潘季驯在洪泽湖东大筑高家堰大堤，自湖北端的新庄运口至南部的越城，凡60余里，又筑矮堤自越城至翟坝，以为特大洪水时的溢洪洪道。其中，大堤中段的大、小涧口一带，修筑石堤20里，后又计划将大堤全部改为石工。大堤筑成后，淮河来水蓄于洪泽湖中，由清口注入黄河；特大洪水时，则由减水坝向东宣泄部分洪水，以确保高家堰大堤的安全。至此，洪泽湖水利枢纽已经形成。它包括了近代人工水库的主要组成部分：库区（洪泽湖）、挡水建筑（高家堰大堤）、取水口（清口）、溢洪道（洪泽湖东岸最南端的周桥减水坝和周桥以南的天然减水坝）。

## 2. 导致洪泽湖的扩张

"洪泽"之得名源于隋朝。明成化《中都志》卷二："洪泽浦在（盱眙）县北三十里，旧名破釜涧，隋炀帝幸江都，时久旱，遇水泛，遂更今名。"后来，由洪泽浦又衍生出洪泽馆、洪泽镇、洪泽屯等地名。《续行水金鉴》卷五十一引《山阳县志》云："洪泽镇，自淮阴达濠泗之官道路旁，有洪泽馆，士大夫停骖之驿舍也；有洪泽村、洪泽桥，市廛商旅所辐辏也。东北通富陵湖……南通白水塘。"明代初年，开始出现"洪泽湖"名称。潘季驯称："（高家）堰西为阜陵、泥墩、范家诸湖，西南为洪泽湖。"[4] 此时的洪泽湖仅限于洪泽湖区的南部。清初，开始以洪泽湖统一命名今洪泽湖区。《明史·地理志·淮安府》："（清河）县治滨黄河……南有洪泽湖，有洪泽湖巡检司。"《明史》始修于康熙十八年（1679年），《明史》此处已不见该区有其他诸湖的记载。此后，洪泽湖的名称始名副其实。

在洪泽湖形成和扩展的过程中，高家堰的修筑是决定性因素之一。在明中叶以前，洪泽湖地区一直是湖涧并存。此后，这种状况开始改变。而高家堰的修筑是从湖涧并存走向河湖交融的首要条件。隆庆年间，王宗沐、陈文烛修筑高家堰30余里；万历六年（1578年）潘季驯又大筑高家堰60里。随着高家堰的修筑，洪泽湖开始汇合周围小湖，渐成巨浸。与洪泽镇相连的阜陵湖，阔二十里，长四十里，隆庆

---

① 河渠纪闻：卷十 ［Z］
② 潘季驯. 两淮经略疏 ［A］. 河防一览：卷七 ［Z］
③ 潘季驯. 申明修守事宜疏 ［A］. 河防一览：卷一〇 ［Z］
④ 潘季驯. 河议辨惑 ［A］. 河防一览：卷二 ［Z］

以后，"淮水贯其中"①，与洪泽合而为一。万历初年，流经洪泽湖地区的淮河，前有清口门限沙之阻拦，东有高家堰之屏障，水流首先在地势偏低的淮河东岸潴积，并逐渐与其东部诸湖汇为一体。时"淮常注湖，黄合淮亦注湖，三势相合，驾风而恣，东冲琅邪，西逾色山，浸桃源，北汇清口，南刷衡阳，周回四百里，茫然无际"②《光绪盱眙县志稿·山川》亦称："明筑高家堰而洪泽之水愈大，遂旁合万家、泥墩、富陵诸湖而为一。"成书于万历二十二年（1594 年）的《河防一览》图，反映的正是这种状态。黄河的南泛是从湖涧并存走向河湖交融的又一个重要条件，正如《江苏水利全书》卷五《淮一》所说："黄河由涡、颍夺淮。麦收之后，洪泽浩淼，渐成巨浸。"此后，洪泽湖的湖面即随着东部高家堰的变动以及湖盆来水来沙条件的变化而变化。

清朝康熙时期，洪泽湖湖面不断向西扩展。史籍记载，康熙时洪泽湖在泗州东北，"湖之在泗者有五十二，不胜悉载，州西、北、东三面皆湖"，诸如陡湖、龟山湖、万岁湖、十八里湖、塔影湖等，"南石为淮"，"每遇夏潦秋霖，大水汇注，害禾稼，浸城市，为泗民患"。③

这一时期湖面西扩的直接后果就是溧河洼、安河洼和成子洼在清初顺治、康熙年间沦入洪泽湖，这是洪泽湖扩展过程中的大事。湖西地区冈阜和洼地相间，俗称"三洼四岗"。由南而北分别是西南岗、溧河洼、滩汴冈、安河洼、安东冈、成子洼、冈陇。古代溧河、安河及成子河分别经三洼向东流注入淮。三洼之中，溧河洼记载最早。明成化《中都志》卷二《山川志》：溧河，在泗洲城北七十里，水通塔影湖。明曾惟诚撰《帝乡景略》卷三《舆地志》：塔影湖，长五六十里，阔四五十里，西北连溧河，东连汴河，由高家沟入淮……此州境之最大者。康熙《泗州志》卷四《山川》：溧河，源自虹县，下流通影塔湖（即塔影湖）。影塔湖，长六十里，阔五十里，北连溧河，东达洪泽湖。从上述历史文献记载的排列中可以清楚地看到：《中都志》讲溧河注塔影湖；《帝乡景略》讲塔影湖入淮，但不是通淮；康熙《泗州志》讲安河入塔影湖，塔影湖东达洪泽湖。在这里，溧河洼的成湖过程已经被清晰地展示出来。乾隆时，塔影湖已经沦入洪泽湖，成为洪泽湖的一部分。安河洼在明清时期受黄泛的影响最大。《帝乡景略》卷三《舆地志》：安湖，长四十里，阔二十里，东抵湖泊冈，西连塔影湖，东南由高家沟入淮，前志名安河，《金史》亦称安河，然以形论之，则湖也，今乡民亦名为湖。安湖系淮水壅遏安河而成，在明代即已形成。进入清代，安湖也逐渐成为洪泽湖的一部分。成子洼在三洼之中，目前地势最低，湖区面积也最大。溧河洼、安河洼及成子洼在清朝顺治、康熙年间沦入洪泽湖，是洪泽湖扩张过程中的大事。三洼成湖，原因固然是多方面的，但高家堰的加固、抬高，却是不能忽视的一大因素。

洪泽湖面的扩张，还导致了一些古村落的永远消失。康熙初，洪泽湖中仍有洪泽村，民居数十家，浮沉于洪波之上。靳辅《治河奏绩书》云："洪泽湖在山阳西南九十里，自东北而西南，迤逦滂湃于山、清、桃、泗、天长、高、宝之间。考之往代三之二皆民田，自黄河溃决，全淮壅清，不得畅流入海，漫衍四及，遂为淮凤间一巨浸。其中犹有洪泽村寥之民居数十，浮沉于洪涛之中尔。其广袤数百里。"④康熙十五年（1676 年），洪泽湖异涨，洪泽村民散去。至乾隆初，洪泽村已不复存在。《乾隆淮安府志》卷八《水利》亦称："洪泽湖、北萍湖、富陵湖、万家湖、刁秋湖，以上五湖俱在（清河县）治东南……地近淮河，各自为湖，涨溢则与淮通。逮万历时，淮河淤淀底高，遂与淮汇为一湖，即今洪泽湖，一名南湖，地连三郡，广袤九十里，渔船所集，鱼盐商贩趋之。近时堰高水深，渔船散去，居民较贫。"《乾隆泗州志》卷三则说："沿湖而居者，城儿头、田家集以及半城、古浪数十堡，虽云尔宅尔田，常恐为鱼为沼。"田家集当时是沿湖聚落，而今则距离洪泽湖有 15 里之遥。原在陆地上的明祖陵亦浮沉于波涛之中。

### 3. 淹没泗州古城

泗州城的淹没是明中叶以后洪泽湖扩张最典型的例证。

泗州始置唐朝。《旧唐书·地理一》："武德四年（621 年），置泗州，领宿预、徐城、淮阳三县……开元二十三年（735 年），自宿预移治所于临淮。"泗州治所临淮在盱眙县城对岸，古城地势洼下，南临淮河，东有龟山横截河中，淮河挟众多支流汹涌至此，常常壅遏致灾。潘季驯对此有形象描写："故至泗

---

① 光绪淮安府志：卷六［Z］
② 江苏水利全书：卷五［Z］
③ 行水金鉴：卷七十［Z］
④ 靳辅. 治河奏绩书：卷一［Z］.《四库全书》本

则涌，譬之咽喉之间，汤饮骤下，吞吐不及，一时扼塞，其势然也。"① 所以，泗州水患唐已有之。《新唐书·五行志》记载，唐德宗贞元八年（792 年）夏六月，淮水溢涌，平地七尺，没泗州城。《宋史·五行志》：宋开宝七年（974 年）夏四月，"淮水自夏秋暴涨，环浸泗州城。"《河防一览》卷二记载，元大德十一年（1307 年）夏五月，淮水泛涨，漂没乡村庐舍，南门水深七尺，止有二寸未抵圈砖顶，城中居民惊惧。然而，一直到明隆庆以前，泗州虽不时为洪水所围，但通过筑堤御水均有惊无险。以隆庆、万历大筑高家堰为界，泗州城内积水终年不消，以致"隍水内灌，终年不得泄。前街后市，处处沮洳，官署民庐，在在破坏。故下则架阁水面，而上则栖止城头。近则奔避盱山，而远则散处乡井"，"水深则为之操舟乘筏以通往来，水浅则为之褰裳濡足以便出入"② 明知州王升填城记云：自万历来，河高城低，关门之闭不敢启者，必十余年。以故壅溢成患，而廛市沮洳，廨宇荡柝，可为寒心。为此，御史周盘奏请截留漕米二万石，发州填城。据王升填城记，共填过大小街基二十一道，军民署房基土方一万四千有奇。一直到明末，填城仍在进行，只可惜填城赶不上湖涨，"街道逐年铺高，而水势不见其减也"③，淮水仍不时溢入城内。清顺治六年（1649 年）夏五月，雨带久久徘徊于淮河流域上空，暴雨一场接着一场，苏北全境水灾奇重，沂、沭、淮、江大溢，海啸，运堤崩溃，里下河一片汪洋，无分湖海，淮河上中游的息县、颍上、霍丘、五河、泗州俱大水。《淮系年表十一》称："淮水溢……泗城水逾丈，平地一望如海。"《行水金鉴》卷七十记载："六月间，淮大溢，东南堤决，水灌州城，深丈余，居民卒无所备，溺死甚众。至十月，水渐退，官廨民房，十圮四五，乡鄙田畴，一望浩森，今犹积水盈城。长淮拍浪，安土之居，终无日矣！"康熙十九年（1680 年）夏秋，淮河流域淫雨七十日，"黄淮并涨，有滔天之势"，淮水壅阻于洪泽湖，倒灌洪泽湖上游地区，"冲泗州城"④。泗州城被淹后，"城倾堤圮，漂荡原野，依堤而居者寥寥数舍，徙转他乡十居八九"⑤。据莫之瀚修《泗州志》图，时泗州城受困于一片汪洋之中。泗州城涨水不见消退，只得寄治盱眙。

### 4. 加剧苏北里下河地区的酷烈水灾

在历史上，江淮之间的运河曾称里运河，又称里河，而大体与范公堤平行、位于范公堤东侧的串场河则被称为"下河"，介于里河与下河之间的地区，被称为"里下河"，面积超过 1.3 万平方千米，耕地近 1 000 万亩。里下河地区是有名的洼地，海拔多为 2～2.5 米，最低者不到 1.5 米，而四周海拔则一般在 3～5 米。登高而望，内若釜底，而溱潼、兴化、建湖二地更是洼中之洼，四周高，中间低的地形使里下河成了名副其实的"洪水走廊"。而对里下河地区构成最大威胁的则是洪泽湖。历史上洪泽湖曾强到达过的最高洪水位为 16.9 米，比兴化的塔尖还高，比里下河洼地分别高出 10 余米。一遇洪水，外来水、高地水即迅速向洼地汇集，形成"诸水投塘"，逼高水位后，再过回 100 多千米，经射阳河、新泽港、斗龙港等缓慢入海。

明清时期里下河水灾愈演愈烈，与高家堰的崩决或人为地频繁开启高家堰减水坝有直接关系。高家堰如高耸的长墙突立于洪泽湖与里下河之间，每至夏秋汛期，黄淮洪水暴发，以数千里奔捍之水，攻一线孤高之堤，值西风鼓浪，高堰即有崩坍之虞。高堰一旦崩决，饱涨的洪泽湖水以高屋建瓴之势狂泻里下河。于是里下河地区水浪滔天，墙倒屋坍，鸡飞狗跳，惟见树冠挣扎于洪波之上，浮尸翻流于激浪之中。据《清史稿·河渠二》资料，从顺治四年（1647 年）至同治五年（1866 年），共决运堤 14 次，平均 15.6 年一决；又据《淮系年表》统计，1831 年至 1926 年，共启运河大坝 27 次，平均 3.5 年一启，无论是启是决，里下河均惨遭其害。"倒了高家堰，淮扬二府不见面"以及"一夜飞符开五坝，朝来屋顶已行舟"的苏北民谚，形象地描绘了堰、堤决启对里下河的巨大危害。

汹涌的洪水裹着惊人的泥沙泻入里下河地区后，由于出口不畅，长期萦回地表，于是泥沙逐渐沉淀下来，落淤于河床湖底，淤浅了河道，淤缩了湖泊。河湖的淤淀使洪水排泄更为不畅，反过来又进一步加速河湖的淤垫，如此恶性循环，极大地改变了里下河地区的原始地貌，同时亦极大地加重了里下河地

---

① 河防一览：卷二［Z］
② 顾炎武. 天下郡国利病书：凤宁徽［Z］
③ 顾炎武. 天下郡国利病书：凤宁徽［Z］
④ 河渠纪闻：卷十四［Z］
⑤ 康熙泗州志·序［Z］. 康熙二十七年刊

区的洪涝灾害。

**作者简介：**

彭安玉，男，1962 年生，复旦大学硕士研究生，江苏省行政学院教授，《唯实》杂志副主编，主要研究中国历史地理及农史。

# 鄂东广济江堤修防史略论

尹玲玲　何晨成

（上海师范大学人文与传播学院）

**摘　要：**本文对鄂东地区广济县境内的一段江堤这一水利工程进行探讨。论文首先分别从河湖水系与行政区划这两个方面分析了广济县境内的区域地缘关系，继而指出广济江堤的江防地位以及磬塘堤段在广济江堤中的重要性，然后详细叙述了明清时代广济江堤的历次修防史。

**关键词：**广济地区；长江堤防；水利工程

河道整治与堤防修守是水利社会的重要组成部分之一，也一直是学术界关注的重点对象之一。以往关于历史时期的河道与堤防的研究已有不少，如张修桂、鲁西奇等针对长江、汉江流域的相关研究。

正如鲁西奇先生所言，堤防兴起的直接原因是河道不稳定及洪水泛滥而对人民的生命财产形成威胁，它是人类同自然作斗争的历史见证，堤防兴起与发展的过程充分体现了经济开发过程中地理环境与人类活动之间的复杂关系。探讨堤防建设与河道变迁之间的关系，是考察社会经济发展与自然环境演变之间关系的一个很好的着眼点，也是理解区域开发过程中人地关系的形成与演进、探索其特点的一个重要切入点。

黄州地处鄂东，长江从江汉平原经此流向鄱阳湖平原。这一段干流的上游江汉冲积平原和下游的鄱阳湖平原都地势低洼开阔，惟鄂东这一块地域属于低山丘陵地区，干流江面较上游和下游狭窄，水势较急，有着不同于上下游区域的水文特征。黄州地处长江北岸，东北与安徽、河南相邻，三省交界地区为大别山山脉，地势东北高西南低，故河湖水系亦大致从东北流向西南，自黄冈始，陆续有举水、巴水、兰溪等较大河流注入长江之中。

长江流入广济之后，沿江两岸地势趋于低平，江水容易在洪水泛滥期间冲出江身。广济作为江防重地，坚筑堤防十分必要。江堤除涉广济一地之外，也关乎广济沿江以下数邑之安全。江堤修防工程规模浩大，需筹措巨额资金，工程的组织与管理都有赖官府统筹实施。本文拟对历史时期的广济江堤修防工程进行探讨。

# 一、河湖水系与政区沿革

黄州府下辖各县，其行政区划地理参差、旋复分合，互相之间犬牙交错，且各县河湖相连、山水相接，部分长江中的沙洲亦分属两县，广济亦如是。在论述广济江堤修防史前，有必要先对其区域内部的地缘关系进行探讨，即分别从自然与人文两方面对广济地区的河湖水系分布与行政区划沿革等进行梳理。

## 1. 河湖水系

广济与黄梅地形地势上连接紧密，两县地域较上游县份地势低平，黄梅尤甚，广济西面和背面地势较高，黄梅在广济之东，受地势影响，广济有众多河流流入黄梅或汇成湖，或在黄梅注入长江之中（表1）。

**表1 广济县河流概况**

| 河湖名 | 发源地 | 沿途流经地 | 汇注地 |
|---|---|---|---|
| 梅川 | 源自县北二十四里之横冈山 | 汇诸溪谷水合而成川，为双河口，西南流，经叶家畈，又五里经县治北，又南经春风桥、巫山之浮渡石，诸水入焉，又北折，而西经仁寿桥，绕迥川觜，历县治，右迳四高楼北，为沧浪桥，始折而南，清流港之水入焉，经刘公闸，十里，经潘家垱，又十五里，经东冈，又二十里，经陶家塘，历紫石头，汇午山湖 | 由连城港入于赤矶湖 |
| 斤竹河 | 在县治东北，源东冲山 | 至明水，悬崖千仞，飞泉直下，喷沫如雷，有龙潭在焉，深不可测，西迳黄牛院，又西十里，经五峰山侧，与梅水冲之水会焉，其白土岭之荆竹铺诸水，亦由车防河，历圣龙潭，与斤竹河会，数里，经猫山口，为团头河分而为二，至六石里畈，复合为一，经廖陆溪，入于赤矶湖，有龙湫之水，经株岭汇十八叠，历花关桥，经屈家河，绕太平山 | 侧入于赤矶湖，汇黄梅之太白湖 |
| 大金河 | 县东南，源白茅冲 | 诸水汇而南经鲤鱼沟右、大金庙东，又十余里，经黄花港，历纤头岔，又北迳凤凰山，狮子山诸水汇焉，赤矶、连城二湖入于黄梅县之太白湖 | 由急水沟入于江 |

资料来源：光绪《黄州府志》卷二《疆域志·山川》，《中国方志丛书》，第114~115页

广济地处长江中游北岸，鄂东边缘，与安徽、江西相接，地扼吴头楚尾，三省通衢之所。西部为低山丘陵，中部地势低洼，湖泊交错，沟渠纵横，历来为洪水汇纳之地。广济黄梅两地同属江北冲积平原，地势平缓，土质疏松，便于开通人工河。事实上，这里确曾开有人工河以沟通两县，此河存在一定年限后湮没，明正统年间复开通（表2）。

**表2 广济县湖泊概况**

| 湖泊 | 位置 |
|---|---|
| 连城湖 | 在连城山下，东为廖家口，有古沟通黄梅，久湮，正统中复开之，以通两县舟楫 |
| 青林湖 | 县东南青林山下 |
| 武山湖 | 即午山湖，在县南四十里，与黄泥湖通 |
| 马口湖 | 县西南六十里 |
| 刊水 | 即武穴聚也，《水经注》云：对马头山 |
| 云瀑潭 | 县南十五里 |
| 白龙潭 | 县西南五十里，苏家山下 |
| 善潭 | 县西五里，有南北二泉，其涌溢大小有候 |
| 白鹤龙王潭 | 在层峰山阴，龙王庙居其上，潭上常有白鹤见，故名，旱祈则应 |

资料来源：光绪《黄州府志》卷二《疆域志·山川》，《中国方志丛书》，第115~116页

### 2. 行政区划

广济县境"在府东二百五十里，广一百里，袤一百二十里，东至本府黄梅县界七十里，西至本府蕲州界三十里，南至江西瑞昌县界七十里，北至本府蕲州界五十里，东南至本府黄梅县界七十里，西南至本府蕲州界七十里，东北至本府黄梅县界，西北至本府蕲州界二十里"。广济县域的几何形状大致呈紧凑的圆形，有利于县治中心对周边地区的辐射。

清代广济所辖乡团列于表3：

**表3 广济县下辖乡团**

| 乡名 | 概况 |
|---|---|
| 灵东乡 | 辖图四 |
| 灵西乡 | 辖图六 |
| 永东乡 | 辖图四 |
| 永西乡 | 辖图四 |
| 太东乡 | 辖图三 |

（续表）

| 乡　名 | 概　况 |
| --- | --- |
| 太西乡 | 辖图三 |
| 安乐乡 | 辖图六 |
| 合　计 | 30 |

资料来源：光绪《黄州府志》卷七《乡镇·广济》，中国方志丛书，第262页

对比参照黄冈、蕲水下辖乡里，黄冈、蕲水一乡所辖里数两三倍于广济，"黄冈县广一百九十五里，袤一百四十里"，"蕲水县广一百七十里，袤一百二十五里"，面积比广济县略大，但是相差不是很悬殊，而黄冈县所辖里数为90里，蕲水辖60里，广济才30团，可以推断，团所辖面积要广于里里所辖，广济的人口密集程度约略小于黄冈县和蕲水县。

广济形势"积布临江，叠石森立，横冈峙北，山势嵯峨，武穴、龙坪虽商贾走集之通途，实临江戍守之要地"。广济地势同蕲州类似，多丘陵低山，长江在广济境内的干流亦受山势所迫，江流湍急。长江在进入广济之前，两岸都是低山丘陵，江面狭窄，江流急促，进入广济后不久，地势开始低洼，一旦水涨，水流容易以此为突破口，漫溢开来。广济辖下的滨江武穴、龙坪两镇乃交通往来之要道，也是长江沿岸重要的物资集散港口，其军事地位也十分显著，乃江防要地。

广济一带既为江防要地，迫切需要兴筑大江干堤，广济江堤历史时期经多次修建形成目前状况，其保护范围大致在鄂皖相接的长江北岸一带。明清时期江堤的修防建设均由地方政府组织，地方士绅和乡民参与其中。

# 二、广济江堤的江防地位

长江进入广济境内后，两岸均为冲积平原，地势低洼，江防意义十分重要。如若在汛期，洪水冲破广济所属江堤，所威胁的地域将远不只广济一地，下游数县均要囊括在洪水泛滥区域内。

## 1. 广济：江防之要地

广济位于长江中下游平原，地势低洼，河网纵横，湖沼众多，水体面积广袤。"广济里三十、乡七。高原，七之二；低隰，七之五。五乡之地，内连武湖，外濒长江，最为汙下"。广济划为七乡，其中五乡均是低洼之地，占去广济面积的大部。武湖约略在张修桂先生图绘之九江分流区内，湖面较宽阔，湖水浅，为平原地区的水滩，笔者认为是九江分流区的残留水体。张修桂先生认为，"当时（全新世），长江出武穴之后，摆脱两岸山地约束，形成了一个以武穴为顶点，北至黄梅城关，南至九江市的巨大冲积扇"。长江自进入广济后，江水失去两岸丘陵的束缚，水道的可变动性增大。广济及其下游，包括鄂皖数县，均在此冲积扇内，一旦夏秋之际，洪水来临，极易以广济为突破口，泛滥下游数县。

江堤"绵亘九十余里，独武穴最为险要。外江内湖共害，不惟广济当之。黄梅、宿松、望江、怀宁势居下流，广济之堤一溃，则漭湃之势直至，五县皆受水害"。当汛期来临，不光江水威胁江堤，北岸江堤内各湖泊的水位也上升，威胁江堤安全。"广济居楚之黄梅，皖之宿松、望江、怀宁上游，磐塘复踞广济江堤上。其地一决，五邑皆成巨浸"。

广济现治所所在地武穴乃江防要冲。"广济县治原在梅川镇，1953年3月迁驻长江航线的水运港口武穴镇"。"岸阻江山者，即今武穴也，……，而武穴独当其冲。闻之河之来也高高，则势悍而善噬，故治河宜多予之地。江之来也远远，则势柔而善入，故治江宜坚为之防。武穴之要害如此"。长江自西北流入广济，在武穴附近向东偏北方向流去，长江干流围绕武穴附近地域形成一个钝角河湾，武穴就在此湾顶部，阻滞江水的流动，故"武穴独当其冲"，长江水流大体上较黄河水流较缓，宜坚筑堤防，以束缚水流，而武穴即为江防要害。

湖北中部的九曲荆江号称"地上河"，盖因长江冲出三峡后，进入荆汉平原，河流失去束缚，而所流

经地域地势低洼，湖沼众多，水流平缓，有水体积滞，一旦进入汛期，则极易引发水灾，故江堤建设较坚固，堤身甚至要高出所保护的两岸田地。广济江堤也有类似的情况，"广济、黄梅在荆楚下流，江身既高，百姓如在釜底。数百里赤子，系命惟堤"。广济江堤直接庇佑着沿江万千百姓的安危，不光指广济一地，广济附近及下游区域都是广济江堤的保护范围。关于这一点，江堤修防主持者有着清醒的认识："邑于大江之滨，所恃保障滨江生灵者，类皆倚堤以为固。而堤之在一邑，有关一邑利害者，有关数邑利害者"。黄梅是广济的邻县，在湖北省的最东端，再往东就是安徽省的安庆府望江、宿松、怀宁等地，黄梅所对的长江南岸为江西九江府所辖地区。"至黄州所属水灾，九县同受，而筑堤惟济独苦"。由此可知，不光鄂皖之交的黄梅、宿松、望江、怀宁加上广济本地五地之外，广济江堤之保护范围广涉更大的相关地域。其大致保护范围为鄂东皖西相接的长江北岸沿江地区。

**2. 磐塘：广济江堤之要害**

磐塘在广济县西，玉屏山东南，"磐塘市，在县西南九十里"。长江从西北进入广济，江面在过磐塘附近后变宽，长江从一片低山丘陵中蜿蜒流出。磐塘大致是低山丘陵和冲积平原的分界点，江水易在此漫出水道，威胁北岸人民的生产生活。

磐塘是广济江堤要害，堤防在汛期易在此处决口。"磐塘复踞广济江堤上，其地一决，五邑皆成巨浸，始知是堤为地之至要"。磐塘是江堤的一个重要环节，冲向下游黄梅、宿松、望江、怀宁等地的洪水就是冲破磐塘江堤后，汹涌而来的。"未至磐塘，数里遥望，银涛雪练，怒号击撞。而堤痕如一线横系，几欲为长江捲之去。至则浪花喷薄，湿人襟裾。堤若缢蠡欲绝者，无虑数十处"，磐塘濒临江水，江水冲刷堤坝，声势浩大，而堤坝在江水的冲刷下，堤身上出现孔洞，堤坝出现数十处隐患，岌岌可危，磐塘的江防形势十分严峻。磐塘所对的江面较狭窄，水流较急，对堤坝的冲击力度大。"询之土人，云：磐塘与兴国州之董龙洲隔江相望，夏秋涨发，水为南岸洲壅，直注北岸冲突。堤屡为啮"。从当地乡民的口中，得知磐塘与兴国州（今阳新）所属的董龙洲相对，隔江相望。沙洲属于南岸的兴国州，因此推断此洲靠近南岸，江水主泓靠近北岸，受此洲影响，江流对北岸的冲刷更加严重，江面相对变窄，水流更急迫，易于冲破磐塘江堤。当夏秋之季，洪水来临，江水冲刷北岸，一旦堤溃，则灾被数县。故此堤保障下游黄梅、宿松、望江、怀宁等县不受水害，可见其在广济江堤中的重要地位。

两湖地区在南宋时期开始发展起来，在南方湖泊江滩等地域，出现各种形式的垸田，因地而异。元代末年，因战乱等原因，人口损耗严重，滨江低洼地带一片斥卤，芦苇丛生，这种情况通过口耳相传在清人中仍留有深刻记忆，且看文献中的相关记述："犹记先王父为余言，元之季世，红巾骚动，沿江一带，居民鲜少。斥卤沮洳，芦苇蓊翳。"明初大定之后，两湖地区以其良好的农业基础条件，聚拢居民，排干湖滩，开垦土地。广济亦不例外，"洪武初，诸贼殄灭，蜇鸿渐集，次就垦辟"。明中后期，开始流传有"湖广熟，天下足"的谚语，两湖地区代替两浙，成为中国粮食生产基地，为产业多样化、商业化的长三角地区、京畿及其他地区供应粮食。

# 三、广济江堤明代修防概况

江堤的建造，可谓历史悠久。"夫筑堤捍水，自汉唐至今，久矣"。"广济县境内的黄广大堤（长江干堤），自唐代贞观时起，即建有分散堤垸、民堤，小汛可保护田园农舍，大汛则外逃谋生，（俗称上水山），汛期过后逐渐返回故里，重建家园"。民间自发的堤垸建设，其历史悠久，规模较小，只为保护小范围内的田园庐舍，当大汛来临时，这些民间自筑的小型堤垸不能起到抵御洪水的作用，当地居民只能逃离家园，躲避水患。进入明清时期，广济江堤的修筑主要由官方主持，耗资巨大，工程组织难度高，民间已经无法承担。以下详细叙述明清时期广济江堤的修防史，首先介绍明代时期的修防情况。

**1. 永乐二年（1404年）创筑**

明永乐二年（1404年），大规模的战争停歇下来，百废待兴，朝廷派员主持江堤的修筑。"永乐二年（1404年）部臣监筑之堤，上起磐塘，下讫新开口。绵亘九十余里"。磐塘在今武穴西偏北方向的江滨，现今的堤坝亦从磐塘开始。新开口在黄梅境内，今天的新开镇位于黄梅县西南部，距县城约四十千米，位于长江黄广大堤中段。"新开口镇：县西南一百里，屡塌于江内"。"（永乐）四年（1406 年），……，筑湖广广济、武家穴等江岸"。此次黄广大堤的兴筑耗时达两年以上，规模大。然"永乐二年百废肇举，堤工虽兴，形埒□嵝"。其工程效益并不佳。当时政治环境才刚稳定下来，地方当局无力组织修建堤坝，而朝廷不可能投入过多资金于广济这一小块地域，广济江堤的质量无法得到保证。随着时间的推移，江堤堤身上的缝隙在江水的冲刷下，不断显露出来，终致堤决。

### 2. 隆庆五年（1571 年）改筑

国内形势刚稳定，对堤防建设的投入不足，堤身存在隐患，其后频繁在此堤段内出现事故。"隆庆五年（1571 年）六月二十二日夜，堤决。县丞朱公邦华弃其决处，于杜家林南三百步更筑。乃今之堤址也，武穴真君殿碑碣可考"。意即放弃旧堤，另筑新堤。此次溃堤，"破堤八十余丈"，新筑之堤"共计夫役七千"。修堤由广济县丞朱邦华主持，可见地方官员在水利工程修防事宜上扮演日益重要作用。这在某种程度上说明，经过明初几十年的修养生息，湖北沿江冲积平原地域逐渐发展兴旺起来，当地县域有能力并开始尝试修筑长江干堤堤防。

新堤位置有所变更，虽仍起于磐塘，止于新开口，但于溃堤处发生偏移，在杜家林南新筑堤坝，是此江堤形成一个凹面，而把杜家林囊括在江堤北侧。按照现广济一带的地名特点，杜家林这一名称应能反映当地的植被状况，约略为亚热带阔叶林或灌丛。今之江防林建设，亦俱在江河边，有涵养水分、保持水土的功能。故将堤移至杜家林之南，应有防水固堤之功。

### 3. 万历三十六年（1608 年）补筑

万历三十六年（1608 年），春汛来临。江堤本身就已存在许多质量问题，随着时间推移，问题越加明显，终在洪水来临之时，堤溃。"万历三十六年（1608 年）三月至五月，淫雨不止，江堤大圮，五乡俱没，遗民流离无依。邑侯周公良弼具文请赈。……邑令周公良弼乃量赋征力，以三千人筑之。不果成"。广济七乡中地势低洼的五乡均被洪水淹没，当地居民状况十分凄惨。县令申请朝廷赈济金，未果。不得已，组织地方绵薄之力修堤，以望减轻水患，然广济县小，且屡遭水患，能够征集的人力物力有限，堤坝没能建成。

周良弼主持修堤未成后，"明年庚戌，巡抚张公、巡按史公捐金六百二十两，守道陈公、巡道陈公、防道韩公，属黄梅萧丞董之。讫五月，告成"。高层级、多层次的官员参与并捐资支持堤坝的修建，由广济下游黄梅的萧姓县丞主持修筑。说明此次江堤的修筑，不仅得到高出县一级官员的资金捐助，与广济并列的邻县黄梅的支持，涉及面比前一年的修筑要广，资金人力要充实些。此次筑堤前后历时长达五个月，可见工程规模浩大，质量应也有较大保障。

### 4. 万历四十一年（1613 年）小修

之后不过五年，黄广大堤再次发生决口，"（万历）四十一年癸丑（1613 年），大水，堤决"。"是岁秋，大筑堤，邑侯刘公允昌、属丞樊公守纯督之"。可知，当年秋，洪水退后，县令刘允昌、县丞樊守纯即主持督造堤防。由于前次修筑得较牢固，此次破堤范围也较小，"堤决不过寻丈"，修筑较易完成。工程历时"凡两月，增堤高至尺十有五，广至尺十有三。穿窿隐轸，竹苞石磐"。工期耗时两个月，增高增阔堤坝，规模宏大，气势压人。

# 四、广济江堤清代修防概况

由于广济一带的地形低洼，洪水易于泛滥，"厥后屡有增修"。而由于资金和技术等方面的原因，每次堤坝修成后，其能捍御洪水的时间并不长久，故堤防重修与维护十分频繁。有清一代，雍正、同治、光绪年间均有修筑记载。

### 1. 雍正年间至乾隆初年的筑堤

据记载，雍正年间至少有过三次修筑。第一次在"雍正五年（1727 年），发帑修筑"，即由朝廷下拨资金，修建堤坝。可就在此次堤成之后的第二年，即因其中的一些堤段发生险情而再修。"雍正六年

（1728年），知县高人杰因中庙危险，案秋粮派费，筑月堤一道，一百五十二丈。"中庙乃广济所属"十三棚"堤段中的一段，所谓"十三棚"，意即广济、黄梅滨江共计七十里之堤的分段。"案广济黄梅滨江皆有堤，计七十里，在县灵东、永东、太东三乡，分为十三棚，有茅林觜、急水觜、狗儿塘、龙塘、窝陂塘、穴下塘、青林觜、汪家觜、中庙、五里、黄花、李林、保赛，各名"。中庙的堤坝由于年久失修，在江水冲刷下，堤身脆弱。县令高人杰按照该堤段人户各自应缴秋粮的赋税负担比例派征堤费，加筑月堤一道以固防。雍正"九年（1731年），人杰恐新堤不固，复在堤外砌石岸一道，长与月堤等。"也就是说，在月堤筑好之后的第三年，在月堤之外又加砌了一道与月堤等长的石岸，以抵御江水的冲刷，护卫江堤。

此后四年，意即"乾隆二年（1735年），知县肇梅复加修补，又于上下砌石岸各十丈"。可知时任知县的肇梅不仅又对中庙段月堤外石岸加以修补，并延伸了护堤石岸的长度，在原有石岸的头尾两端各加长十丈，以更好地防护江堤。

### 2. 同治元年（1862年）的筑堤

清后期，堤防的修筑主要由地方政府主持。此时清廷中央自身财政拮据，无余裕应对各地的自然灾害，地方水利建设难以仰赖中央的财政拨款。"同治元年（1862年），知县方大湜捐俸于磐塘倡修石堤三百二十余丈，余皆加高培厚，并建修防所于武穴镇。刊列条例以备岁修"。1862年，广济县令方大湜捐俸并主持石堤的修建，并加厚其余部分。此次筑堤的重要创新是，创立修防所，并制定堤坝修筑条例，使得堤坝的修筑制度化、规范化、常例化。

此次江堤修筑，主持者依然是县令，而当地的士绅广泛参与。"乃亲履沮洳，率生员蔡锦治，监生游映奎、郭在岐、陈维敬、张翼，千总衔胡锡哲等"。县令带领数名监生和一名生员及一名武官，还有大批属役，抵达工地前沿，提升民众工作热情。"自趾至堤之半，固以巨石，崇五尺，修三百二十四余丈。植之欲其平，垩之欲其凝，鳞次之，欲其无间可乘。外此三百余丈，命持畚捐物土方，增之使高，培之使厚，鸠工壬戌岁二月，竣事四月。计费，所筹资外，出橐中奉缗三百余，始获成"。从堤脚到堤腰，用五尺长的巨石加固，用泥浆填平缝隙，使其凝固平整。工程耗时二个月，耗资除所筹集资金外，另加上县令的薪俸三百余缗。堤成后，"居民额手庆曰：江干洪涛，震荡石壁。千寻终古，屹立如故"。

### 3. 光绪二年（1876年）的补修

在方大湜任广济县令期间，虽对江堤进行了修筑，但部分堤段并没有修缮完成，后即由于方大湜调任他处，致使堤坝修筑中断。"磐塘之用石工也，前任方公大湜记之矣。磐塘横堤之必须石工也，方公之记未之及"，"盖磐塘堤成，公方筹费继修横堤。忽有襄阳之役，堤未修"。方大湜之原修堤设想除用石材加固堤坝外，本欲继续筹措资金另修横堤，然未及实施，就调往襄阳。调任原因可由相关文献查出蛛丝蚂迹，咸丰十一年（1861年）"大湜被吏议，革职留任，调署襄阳"。

这一段只完成主体工程的堤坝又到十几年后才获得新的资金来源，最终才得以全部修筑完成。"光绪二年（1876年），直隶题补道盛君取煤于磐塘之官山，费两千三百金以修之也"，"堤长二百八十丈，自趾至堤之半，用巨石与直堤同，而崇或过之，其植之、垩之、鳞次之，亦与直隄同"。由此可知，筑堤目的已非纯出于防洪，而因堤成便于取磐塘官山煤也。现将明清时期历次筑堤之概况列于表4。

表4　历次筑堤略表

| 时　间 | 公元年 | 地　点 | 规模及工期 | 主持修建者 |
| --- | --- | --- | --- | --- |
| 永乐二年 | 1404 | 上起磐塘，下讫新开口 | 绵亘九十余里，耗时两年 | 部臣 |
| 隆庆五年 | 1571 | 杜家林南三百步 | 民夫七千 | 县丞朱邦华 |
| 万历三十六年 | 1608 | 同上 | 不果成 | 邑侯周良弼 |
| 万历三十七年 | 1609 | 同上 | 耗时五月 | 黄梅萧丞 |
| 万历四十一年 | 1613 | 同上 | 凡两月 | 邑侯刘允昌、县丞樊守纯 |
| 雍正五年 | 1727 | 同上 | | |
| 咸丰乙酉 | 1855 | | 请帑兴筑 | |
| 同治壬午 | 1862 | 同上 | 耗时四月，六百余丈 | 邑令方大湜 |
| 光绪二年 | 1876 | 同上 | 巨石建造，费两千三百金 | 直隶题补道盛君 |

# 五、结　论

探讨堤防建设与河道变迁之间的关系，是考察社会经济发展与自然环境演变之间关系的一个很好的着眼点，也是理解区域开发过程中人地关系的形成与演进、探索其特点的一个重要切入点。鄂东地属于低山丘陵地区，干流江面较上游和下游狭窄，水势较急，有着不同于上下游区域的水文特征。长江流入广济之后，沿江两岸地势趋于低平，江水容易在洪水泛滥期间冲出江身。黄州府下辖各县，其行政区划地理参差、旋复分合，互相之间犬牙交错，且各县河湖相连、山水相接，部分长江中的沙洲亦分属两县，广济亦如是。鄂东广济以下在宏观行政区划上则为湖北、安徽、江西三省交界的敏感区域，地理位置十分特殊。

广济作为江防重地，坚筑堤防十分必要。江堤除涉广济一地之外，也关乎广济沿江以下黄梅、宿松、望江、怀宁数县之安全。故广济江堤可谓江防要地，而磐塘堤段又为广济江堤中的要害。广济江堤明清时期的修防史大略如下：明永乐二年（1404 年）由中央财政拨款创筑，隆庆五年（1571 年）于杜家林一小段改址另筑，此后又于万历三十六年（1608 年）、四十一年（1613 年）分别进行补筑和小修。有清一代，广济江堤也进行过多次修培，雍正年间曾有过三次修筑，期间在危险的中庙地段筑月堤，并于月堤外砌石岸以护堤，同治元年于磐塘堤段筑加高培厚之石堤，光绪二年（1876 年）又将磐塘横堤改筑成石堤。

# 试论清代治河专家对黄运减水闸坝利害的认识及其下河治理方案

曹志敏

（天津师范大学历史文化学院，天津　300387）

　　**摘　要：** 为了避免黄淮运河溃决，清代黄河下游、洪泽湖东堤高家堰以及高宝运河修筑了一系列减水闸坝。治河专家对其双重利害影响有着清醒的意识，他们认为减水闸坝涵洞是河防体系不可或缺的重要组成部分，即使会造成某些人为水患，但比起黄淮运决堤泛滥所造成的田庐漂没，危害要小得多。此外，闸坝所泄减水还可以灌溉肥田，淤高洼地，淡化土壤盐碱等。但这些减水闸坝修筑不合理，亦为朝野共识：减水闸坝以苏北里下河地区为壑，使之成为"洪水走廊"，造成了严重的人为自然灾害。围绕里下河地区的治理问题，清代治水专家提出修筑长堤使减水直达于海、开通减水入江之路、增强里下河地区排洪能力等治理方案。

　　**关键词：** 黄淮运；减水闸坝；利害影响；里下河；治理方案

　　自古以来，黄河的泛滥决溢威胁着中华民族的生存，因此领导民众治理黄河水患是中国历代王朝的任务之一。至明清时期，由于黄河夺淮入海、治理运河、转输漕粮等因素，使黄河、淮河、运河的治理情形更为复杂。黄河多沙，治黄的关键在于治沙。明清时期，治水专家潘季驯、靳辅等人提出"以堤束水、以水攻沙"的治河方略，即在黄河下游修筑千里堤防，不使黄河之水肆意泛滥，同时为了提高流水携沙能力而缩窄河床断面，增大主槽流速，此即"以水治水、以水攻沙"的治黄战略。但"束水攻沙"容易造成堤防溃决，为此河督综合运用各种治河方案，如建立多重堤防，以缕堤束水攻沙，之外再建遥堤，以拦洪防溃，同时为了宣泄异常盛涨的洪水，遥堤上还修筑减水闸坝。

　　清代在黄河下游、洪泽湖东堤高家堰以及高宝运河东堤修筑了一系列减水闸坝，它是清代河工修防体系的重要组成部分，可以迅速宣泄夏汛、秋汛盛涨的洪水，避免黄、淮、运决口所造成的巨大危害。但是由于这些减水闸坝的修筑并非以海为壑而是以苏北里下河地区为壑，给苏北里下河地区造成了严重的人为自然灾害，破坏了当地生态环境与农业生产。对于减水闸坝的双重利害影响，清代治河专家有着清醒的认识，并提出一系列关于里下河地区的治理方案，本论文对这一问题进行了初步探讨。

## 一、清代治河专家对减水闸坝设置必然性的认识

　　明清两代定都北京，远离东南财赋之区，因此保持大运河畅通，以使南方财赋源源不断流向中央，就成为动关国计的大事。而横亘东西的黄河夺淮入海，与运河交汇于苏北，则以其"善淤、善决、善徙"而成为运河的死敌。明清时期黄河、淮河决溢频仍，这不仅事关民生，而且使作为帝国经济生命线的运河面临冲毁、淤垫的威胁。明清两代为此建立了非常完备的河工制度，耗费大量人力、财力、物力，来修治黄河、淮河与运河，引起了朝廷、官僚、士大夫的注意。

　　黄河水性湍悍，泥沙含量较大，治黄的关键就在于治沙。清代治河专家意识到，只有加大水流速度，提高流水携沙能力，泥沙自然就会随水而去。为此，清代治黄一方面筑堤束水，不使黄河之水肆意泛滥，使河槽相对固定。另一方面缩窄河床断面，增大主槽流速，提高水流携沙能力，此即"束水攻沙"的治黄战略。此外，黄河泥沙需凭借淮河清水冲刷，使河床更为深通，这就需要将淮水储蓄于洪泽湖，此即"蓄清敌黄"。而要真正做到这一点，只有多蓄清水，这样洪泽湖东的高家堰大坝，就显得格外重要，因为高堰坚固高耸，就可以提高洪泽湖的水位。

但蓄水过多又会导致堤堰溃决，为了解决"束水攻沙、蓄清敌黄"与河堤溃决的矛盾，清代河臣的策略主要是加固高堰大堤，以扩大洪泽湖调蓄洪水的能力，同时修筑一系列减水闸坝以宣泄异常盛涨的洪水。清代河工中往往闸坝与堤防并重，"常年修守，则赖堤防束水以刷沙；如遇汛涨非常，则赖闸坝减水以保险。二者互用兼资，不可偏废。"①也就是以大堤束水归海，如果洪水盛涨，为避免河堤溃决则开放减水闸坝泄洪。当蓄水达到一定高度危及堤堰安全时，就开放减水坝泄洪。康熙二十三年（1684年）上谕说："宿迁、桃源、清河上下，旧设减水诸坝，盖欲分泄涨溢，一使堤岸免于冲决，可以束水归槽；一使下流疏泄，可无淮弱黄强清口喷沙之患。"②康熙年间靳辅治河，在黄河两岸上自丰汛、砀山，下至清江，节节建立减水闸坝不下十余处，平日闭闸束流，遇有盛涨则启闸分泄，以保障黄河大堤的安全。为了确保高堰的安全，则有仁、义、礼、智、信五坝的相继设立。而高宝运河东堤则设有车逻、南关、五里中、南关新坝、中坝等五坝，以便在淮水盛涨时，将运河之水由此减泄归海。这些归海减水坝因为与归江的减水坝有所区别，就被人们俗称为"归海坝"，这就是历史上著名的"归海五坝"。减水坝的启放分泄有定制，每当河水涨至规定之数时，就由该管厅汛分别按次序启放。

明代万历年间，河臣潘季驯信奉"束水攻沙、蓄清敌黄"的治河方略，在黄河下游修建了河堤与减水闸坝等河防体系。当时就有人对减水坝提出质疑，认为既然建立了缕堤、遥堤、格堤、月堤以拦蓄洪水，进行"重门御暴"，又何必靡费国帑建减水坝，这不是事先预留决口吗？潘季驯对此解释说："防之不可不周，虑之不可不深，异常暴涨之水，则任其宣泄，少杀河伯之怒，则堤可保也，决口虚沙水冲则深，故挈全河之水，以夺河坝面有石，水不能汕，故止减盈溢之水，水落则河身如故也。"③在潘氏看来，河防体系不得不考虑周全久远，以减水坝宣泄暴涨之水，由于坝面为石材，减泄洪水之后河流水位恢复正常，即可以人力加以堵闭。可见闸坝启闭由人力来控制，可以避免堤防体系的全面溃决。

康熙年间靳辅治河通运，曾对运河致患的原因进行分析，认为黄河夺淮入海，裹沙东下，以致河身日益淤垫增高，最终倒灌运河，冲毁运堤。因此解决黄河泥沙问题至为关键。靳辅亦主张以淮河清水冲刷黄河浊流，即"蓄清敌黄"，但黄强淮弱，淮不敌黄，在这种情况下，"惟有杀黄以济淮，而杀黄济淮之策无如闸坝。"④由于徐州地段的黄河最为狭窄，最宽之处也不过百丈，在靳辅看来是最适合修建减水闸的地方。因此在黄河南岸砀山毛城铺，徐州王家山、十八里屯，睢宁峰山、龙虎山等处设立减水闸九座，这些闸坝大多是因山根地势而凿为天然闸，既可以消杀黄河水势，而且所减之水各随地势流经数百里之后，泥沙沉积变为清水，再汇入洪泽湖而达到增大淮河水势的目的，这样就可以实现"蓄清敌黄"的治河方略。

在高堰以及高邮运河运堤上，靳辅同样大修减水坝，在洪水盛涨之时，则开放高堰减水坝，将洪水泄入高宝诸湖，再由高宝诸湖灌入运河，运河不能承受，惟有开放高邮运河东岸的减水坝，将洪水泄入里下河地区，这样必然造成这一地区的人为水患，这一点靳辅心知肚明，但仍旧为减水坝设置的必要性进行辩护，他说："夫束水莫如堤，然堤有常，水之消长无常也，故堤以束之，又以闸坝涵洞以减之，而后堤可保也。……夫闸坝高卑，各有规画，原以泄异涨，非所以泄平槽之水。且以堤御河，以闸坝保堤，诚使河不他溃，则河底日深；河底日深，则河水亦日低，行且置闸坝于不用矣。即黄河土松而水悍，不无损伤修葺之费，然较之堤工涨溃，普面漫溢，败坏城郭，漂荡室庐，溺人民而淹田亩，塞决挑淤，经年累月，为费不赀，其利害之大小何如乎？故既有堤堰，必不可无闸坝涵洞也。"⑤在靳辅看来，闸坝涵洞是河防体系的必要组成部分，不可或缺，而且以减水闸坝减黄助清，以淮河清水冲刷黄河泥沙，会使河底日益深通，而减水闸坝亦越加无水可减。即使减水闸会造成一定程度的水患，但比起黄河泛滥决溢造成的田庐漂没，危害要小得多。

靳辅修筑减水坝，受到朝野上下普遍的质疑，人们大多认为遥堤的减水坝不应设置，当河水安流顺轨之时，就认为减水闸坝为虚设，白白靡费钱粮，当洪水盛涨时通过减水闸坝泄洪时，人们就议论减水

① 黎世序.《建虎山腰减坝疏》，贺长龄、魏源辑：《皇朝经世文编》卷一百，《魏源全集》第18册，长沙：岳麓书社，2004年，第393页

② 《圣祖实录》卷一百十七，康熙二十三年冬十月，北京：中华书局，1986

③ 潘季驯.《河议辨惑》，《河防一览》卷二，四库全书第576册，上海：上海古籍出版社，1987

④ 靳辅：《治河余论》，贺长龄、魏源辑：《皇朝经世文编》卷九十八，《魏源全集》第18册，第331页

⑤ 靳辅：《治河余论》，贺长龄、魏源辑：《皇朝经世文编》卷九十八，《魏源全集》第18册，第339页

闸坝"厉民害民"，大有以邻国为壑之意。对于这些论调，作为靳辅幕僚的治河专家陈潢进行了辩驳，认为这是局外之人的论调，他们不懂得全河事宜，就好比兵可百年不用，不可一日不备，减水闸坝的设置亦是如此，减水害民与黄河大堤溃决、漂没田园庐舍无算相比，不知胜强多少倍。其次，减水闸坝泄洪是有节制的，他说："夫减坝有天然之制，必在异涨之时，方有减下之水，若涨稍退，减即止矣。此出于万不获已，为保固异涨之计，何得等之曲防以病邻也。"①此外，遥堤之外附近有运粮小河，减水可以通过运粮河宣泄，这与大禹疏导九河之意略同。即便是真的淹及民田，不过是偶逢洪水异涨才会如此，也只有地势低洼的民田才会淹及。

# 二、清代对减水闸坝双重利害影响的认识

中国古代灌溉事业起源于黄河流域，而灌溉水源一个最大的特点是含沙量较大，经过长期的生产经验，劳动人民逐渐意识到灌溉不仅是水分浸润，而且可以淤泥肥田。据《汉书·沟洫志》记载，关中因为修建了郑国渠、白渠，八百里秦川变为沃野，可谓"举臿为云，决渠为雨，泾水一石，其泥数斗，且溉且粪，长我禾黍，衣食京师，亿万之口。"郑国渠所引水源为泥沙含量极高的泾水，"泾水一石，其泥数斗"，它既能灌溉，又能淤肥土地，使灌区土地更加肥沃，盐碱地亦成为良田。清代在黄淮运地区修筑的减水闸坝，如果措置得当，所减之水也能达到淤灌肥田的目的。

身为河督的靳辅，对于淤灌肥田应是较为了解的，当时人们指责减水坝危害民生，他即指出减水肥田之用，他说："不惟是也，耕种之区，资减水而得灌溉，洼下之地，借减黄而得以淤高，久之而硗瘠沮洳，且悉变而为沃壤，一事而数利兴。"②此外减下之水还可以灌溉、肥田。总之，即便减水闸造成周边地区的人为水患，这种牺牲也是值得的。特别是低田一经黄水淤灌，水退之后就会淤垫增高，由于淤土比较肥沃，第二年必然会亩收加倍，对淹浸的损失也是一种补偿。陈潢总结说："要之，设减坝则遥堤可保无虞，保遥堤则全河可冀永定，减坝与堤防又相为维持者也。虽有暂时之害，而实收久安之利，安得谓之厉民哉？"③由此可见，减水闸坝只要设置得当，对于减水处理适宜、保全运堤安全、改良土壤具有重要意义，甚至达到"既粪且溉"的沟洫作用。

对于黄运减水肥田淤灌、淡化盐碱土壤的作用，经世思想家魏源亦有过精辟的论述，他说："殊不知西水之于下河，能为害亦能为利，如使终年西水不入下河，亦非民田之福也。不但东台、盐城、阜宁海卤地咸，全恃西水泡淡，始便种植，即高邮、泰州、兴化、宝应、甘泉等县，亦赖西水肥田，始得膏沃而省粪本。凡西水所过之地，次年必亩收加倍，如年年全不开坝，则下河田日瘠，收日歉。"④在魏源看来，减坝泄下的西水可以使沿海州县的盐碱地淡化，而泥沙淤垫也可以使土地变得肥沃，增加收成，关键在于泄洪应在农民秋收以后，此论非常中肯。

但是，减水闸坝的设置确实具有危害民生的一面，对此清代水利专家亦有清醒的认识，特别是其位置设置不合理、启闭时节不得当之时。在清代，由于运河受黄河倒灌的影响，往往决溢成灾，加上黄河夺淮入海，其所携带的巨量泥沙往往淤积河床，造成黄河、淮河连年决口，为了避免黄河、淮河决口而造成作为南北交通大动脉的大运河中断，清代在洪泽湖东堤的高家堰、高邮以南运河东堤设立一系列减水闸坝，当洪泽湖盛涨时，高堰五坝次第开放，洪水下注高宝湖，再灌入运河，运河不能支撑，即开放高邮东堤"归海"五坝，而这些减水闸坝距离入海口数百里甚至千里之遥，再加上缺乏相应的引河蓄洪，于是苏北里下河地区七州县即高邮、宝应、江都、甘泉、泰州、兴化、盐城一片汪洋，尽成泽国，给当地人民造成周期性的人为灾害，大有以邻为壑之意。

虽然陈潢曾经对减水闸坝的危害进行辩护，但是当初靳辅建立毛城铺、周桥减水坝时，陈潢仍然不赞同，认为那样对民生危害太大。他作诗说："东去只宜疏海口，西来切莫放周桥，若非盛德仁人力，百

---

① 张霭生：《河防述言·堤防第六》，贺长龄、魏源辑：《皇朝经世文编》卷九十八，《魏源全集》第18册，第30~300页
② 靳辅：《治河余论》，贺长龄、魏源辑：《皇朝经世文编》卷九十八，《魏源全集》第18册，第339~340页
③ 张霭生：《河防述言·堤防第六》，贺长龄、魏源辑：《皇朝经世文编》卷九十八，《魏源全集》第18册，第331页
④ 魏源：《再上陆制府论下河水利书》，《魏源全集》第12册，第363页

万生灵葬巨涛。"① 在陈潢看来，治理黄、淮最根本的是疏通海口，让黄、淮之水顺利入海，在周桥等地建减水坝，漂没田庐在所难免，如果朝廷没有仁人盛德，吏治腐败、河工弊坏更会使淮扬一带百万生灵，面临洪水的巨大威胁。

关于减水闸坝的危害，清廷及其河臣都看得一清二楚。由于里下河地区频年遭受水患，兴化、泰州等州县田亩被淹，民生十分困苦，这引起了康熙帝的重视，因此康熙三十六年（1697 年）十月行文总河、总漕，谕令他们亲自查勘，设法将下河积水疏消归海，涸出民田。十一月，总漕桑格上奏，分析里下河形势说："下河为泄水入海之区，自淮安以至邵伯，计运河东岸共有涵洞三十处，闸十座，滚水坝八座，此皆运河及高邮、邵伯湖之水，由诸涵洞闸坝等口，归入射阳、广洋等湖，至白驹、冈门等口入海。总由下河受水之处甚多，而泄水入海之口犹少，是以水势汪洋，易于淳蓄。及遇淫雨，诸河泛滥，以致水势汹涌，通流不及。而下河之高邮、宝应、泰州、兴化、盐城、庙湾等处，地皆洼下，均受其灾；兴化地方尤甚，积水更甚。"② 由此可见，由于里下河形如釜底的地势，纵横交错的河湖分布，再加上减水闸坝的常年泄洪，使里下河地区频年受灾，积水难以疏消。甚至出现了进退维谷的两难境地，康熙三十八年（1699 年）九月，身为总河的于成龙说："前河臣靳辅于高邮南北建设大小减水坝五座，题明开放定例，频年以来，依期开放，虽堤岸保固无虞，而下河诸邑，皆受其害。……总缘高邮河身与山阳、宝应河身相等，骤受高、宝诸湖滔天之水，开闸则有害于民田，闭闸则有伤于堤岸，欲两相保护，难已。"③ 由此可知，当年陈潢的忧虑并非多余，有清一代里下河地区成为名符其实的"洪水走廊"，给当地人民造成深重的人为灾难。

至乾隆四年（1739 年），大理寺卿王溁上奏，要求将减水坝坝基全行平毁，以消除里下河地区的人为水患。他说："以淮、扬运河东岸堤工，实为数州县之保障，向因设有泄水大坝，以下河被淹，民罹水患。所最甚者，高邮南关、五里、车逻三坝；其次邵伯之昭关坝，宝应之子婴坝，一经开放，则泰州、兴、盐等属，尽被淹没。今年将洪泽湖之天然坝坚闭不开，高、宝东堤等坝，俱加谨不许开放，所以水患顿除，请将坝基全行平撤，俾东堤一律相平，拟于子婴、五里中坝、车逻三处坝下有河渠之路，各建泄水闸一座。"④ 在王溁看来，高堰五坝以及高邮运河东岸的减水闸，是造成下河地区人为水患的根源，而乾隆四年，洪泽湖东的高堰五坝以及高宝运河东堤减水坝坚闭不开，则里下河水患顿时消除，因此要求将减水坝坝基全部平毁，在有引河的子婴、五里中坝、车逻三处各建泄水闸一座，以宣泄洪水盛涨。乾隆帝将王溁的上奏交大学士九卿议奏，结果朝臣认为减水坝宁可闭而不开，但是不能平毁，因为要防患于未然，并责令河道加意防护，并准予在子婴坝等三处添建泄水闸。

雄才大略的乾隆帝，对于减水坝的有害民生，认识得清清楚楚。特别是十六年（1751 年）夏四月乾隆帝首次下江南，他乘船沿大运河南下，巡游了大运河两岸的城市如济宁、无锡、扬州、苏州、杭州、镇江、南京等，并亲临高堰，沿着大堤向南而行，经过三个滚水坝，到达蒋家闸，经过周览形势，才知道天然坝危害民生，断不可开。他说："夫设堤以卫民也，堤设而民仍被其灾，设之何用？若第为掣流缓涨，自保上游抢险各工，而邻国为壑，田庐淹没，勿复顾惜。此岂国家建立石堤，保护生灵本意耶？为河臣者，固不当如此存心也。天然坝当立石永禁开放，以杜绝妄见。"⑤ 但为了"国计"漕运，乾隆帝并无意废止减水坝，只不过要将天然坝改为石滚坝，同时筹定洪泽湖高堰五坝水志，做到宣节有度而已。他说："上年滚坝过水三尺五寸，天然坝仍未开放，应即以是为准。俾五坝石面高下维均，以仁、义、礼、智、信为之次，仁、义、礼三坝，一如其旧；智、信二坝，则于石面之上加封浮土，必仁、义、礼三坝已过水三尺五寸，犹不足以减盛涨，则启智坝之土；仍不减，乃次及于信。斯为节宣有度，较之开天然坝之一往莫御者悬殊矣。"⑥ 再者，为了使高堰石堤"永为淮扬利赖"，乾隆帝指示新建信坝北雁翅以北一律改建石工，南雁翅以南至蒋家闸则采用石基砖礮，这样才会使大堤固若金汤。

但乾隆后期以来，由于河务废弛，常年来每遇有河水盛涨，河臣不思积极防御，反而将启放减水闸

① 包世臣：《郭君传》，《中衢一勺》卷第二，丛书集成新编七十八，（台北）新文丰出版股份有限公司，1985
② 朱偰：《中国运河史料选辑》，中华书局，1962，第 154 页
③ 朱偰：《中国运河史料选辑》，中华书局，1962，第 155 页
④ 朱偰：《中国运河史料选辑》，中华书局，1962，第 158 页
⑤ 《高宗实录》卷三百八十六，乾隆十六年夏四月，中华书局，1986
⑥ 《高宗实录》卷三百八十六，乾隆十六年夏四月，中华书局，1986 年

坝泄洪视为捷径。特别是嘉道年间，清廷为了漕运安全和运河堤防，甚至以开放减水堤坝、漂没田庐与牺牲民命为代价。河臣大多以邻为壑，将沿岸特别是下河地区当做天然的泄洪区，使里下河一带成为名副其实的"洪水走廊"。而且开坝多在六月至九月庄稼未收之际，这使洪水所过之处，往往颗粒无收。对于沿岸州县人民生命财产、田园房舍的漂没，朝廷则以"妥为抚恤"、"不使一夫失所"作为粉饰。

事实上，在是否开放高堰五坝、高宝运堤上的减水坝问题上，清代自雍正、乾隆以后，存在两派意见，一派代表淮扬一带受灾人民的利益，主张永远将减水坝加以关闭，甚至主张根本加以拆除，以杜绝下河地区人为的水灾；但是朝廷的当权派为了动关国计的漕运，则主张对减水坝加以保留，至多改建滚水坝，以保护运堤安全，而朝廷上下争论的结果，往往当权派得胜。终清一代滚水坝也没有废除，里下河地区仍不免经常遭受人为的水患。

# 三、清代士人对里下河治理方案的探讨

以下河州县的地理环境而言，正如康熙帝而言："下河居运河之下，运河又居淮、湖之下，洪泽堤岸不固，则七十二山河之水，建瓴东注而运堤坏。运堤坏，而江、兴、泰、高、宝、山、盐七州县滨海之民，如鱼游釜底，其势然也。"[①] 事实上，有清一代下河地区成为淮河、运河的天然泄洪区，造成了诸多人为的自然灾害，导致这一地区的民生极为困苦，对此时人曾经指出："今山、清、桃、宿、高、宝、兴、泰诸区，乐土化为巨浸，众水视为尾闾，室庐淹没，土庶漂流，其哀号伶俜于道路者，特死亡之余也。"[②] 由此可见，减水闸坝给下河地区造成了深重的灾难，这引起了淮扬籍以及为官江淮的官僚士大夫们的注意，他们纷纷提出有关里下河地区的治理方案，下面我们对这一问题进行探讨。

**1. 在下河修筑长堤以障减坝之水，使之直达于海**

这是当年靳辅治河的主张。靳辅认为，黄河云梯关海口之所以高仰淤塞，原因在于关外属于坪厂漫滩，致使出关之水随地漫流涣散，水流刷沙无力造成泥沙淤积所致。如果在云梯关外两岸修筑长堤，将出关散涣之水逼束其中，黄河、淮河水流湍急，自然刷沙有力，这样海口的壅积就会不浚自辟。再者，自云梯关至海口还有百里之遥，如果不筑堤加以挑浚，则大水势必四处漫溢，表面上是关外黄淮漫溢，与运道民生无关，但是这样造成的正河流缓沙停、海口高仰必然影响到黄淮入海，最终影响上游河道甚至是运道的畅通。同时，各减坝泄下之水也可以直达于海，以免在下河地区滞留成灾。因此靳辅力请在下河至云梯关外筑堤束水，以保全民生运道。按靳辅的规划，要在下河至海口筑堤长160里，宽150丈，需要夫役2 470余万人，总计需银近99万两，用时达200日，这样每天需要夫役达123 700余名。[③]

这样大规模的夫役征发对于淮扬人民来讲，是一个非常沉重的负担，而巨额白银对当时朝廷财政而言，也是一个非常沉重的负担。靳辅的奏疏在朝廷上下引起了巨大的震荡。许多反对派议论嚣然，认为在地面之上筑堤，是架水而行，而并非水由地中行走之意。再者，由于泥沙淤积河底淤高，则田园庐舍反而处于河堤之下，被淹之田与潴留于坡上的积水，又怎么能归于堤内，而泄入海口呢？特别是七州县民众，不管兴工成败，都将面临着巨大的灾难，当时身为翰林侍讲学士的宝应人乔莱曾分析说："以七州县言之，……未成之害，曰筑堤，曰派夫；既成之害，曰卖田，曰决河。筑堤先定基址，甲之田在南，取其贿可移而北；乙之墓在北，取其贿可移而南，在一百五十丈以内者，固付之波涛矣，在外者，亦将恐以虚声收其实赂，贪吏之诛求，猾胥之扰害，三百里中有漏网者乎？……今三工并兴，每邑须派夫万余人，又久至三年，是每邑岁费银二十余万，富者贫，贫者逃，不待三年，无孑遗矣。"[④] 要修筑宽150丈的长堤，选择基址要占用民间田亩、墓地，刁民可以通过贿赂得到补偿，而胥吏上下其手扰害乡里，方圆三百里将无一人幸免，而抓丁派夫则将使下河百姓面临走死逃亡的惨境。特别是长堤筑成之后，"引洪泽湖万顷之水，注于一百五十丈之河中，……独恃一线烂泥之堤以为固，何必伏秋狂风暴雨而后决哉？

① 张鹏翮：《论治下河一》，贺长龄、魏源：《皇朝经世文编》卷一百十二，《魏源全集》第19册，第229页
② 周篆：《浚隋河故道通漕议》，贺长龄、魏源：《皇朝经世文编》卷一百四，《魏源全集》第18册，第564页
③ 靳辅：《经理河工第一疏》，《靳文襄奏疏》卷一，四库全书本
④ 潘耒：《翰林侍读乔君墓志》，贺长龄、魏源辑：《皇朝经世文编》卷一百十二，《魏源全集》第19册，第279页

城郭且为蛟宫，何有村落？何有庐墓？"① 如果长堤失于修守，七州县面临更为严重的灭顶之灾。乔莱此论颇能代表朝廷上下靳辅反对派们的意见。

某些人带着种种疑惑，来向身为靳辅幕僚的陈潢请教。陈潢认为，下河高、宝、兴、泰七州县被淹于运河溢出之水，而运河溢出之水由高堰减泄而来，白马、氾光诸湖以及运河不能容纳，则源源不断地注入下河地区，如果没有一河渠堤防使之归海，则下河七州县田亩永远没有干涸之时。再者，七州县地势形如釜底，西部接近运河之处地势西高东下，而东部接近海滨之处又东高西下，为屏障海潮倒灌，又有范公堤的修筑，如果能够在淮郡之南、高邮之北，凿渠筑堤以通于海，这样减坝泄下之水，将源源不断由朦朦港以归于大海。最后，陈潢总结说："田中所潴，皆属无源，不难日就涸竭也。彼谓田水反下不能入渠为疑，试问开下河为泄田中之水乎？抑为泄减坝之水乎？若为泄减坝之水而开渠也，又何疑田水之难泄耶？"② 但是靳辅的开海口、筑长堤的建议没有为朝廷采纳。直到嘉庆年间马港口河决之后，嘉庆帝为保全漕运民生，才在海口接筑长堤，使云梯关内外河身逐渐跌深刷通，海口排泄能力大为增强。

### 2. 开通减水入江之路，以疏消下河积水

下河地区本来河网湖泊密布，是典型的水乡泽国，同时还要承受高堰五坝以及高宝运河减下之水，可谓洪水来源颇为旺盛，而下河地势形如釜底，因此五坝如果开启泄洪，则下游地方岁岁遭受水患。如果五坝关闭，则上游高家堰、运河大堤无法抵御滔天洪水的冲击，运河浅狭亦很难迅速宣泄湖水，在这种情况下，上游堤岸倾颓漫溢，而下河州县依然面临被水冲淹的灾难。要疏消下河积水，除了开海口使之东流入海之外，还可以将汇入长江的道路大加开挑，以便随势宣泄盛涨。

从某种程度上而言，高堰减下之水以及高宝诸湖之水，东流经下河入海，不仅路途遥远迂曲，而且形如釜底的地形也不利于泄洪。有时高邮开坝一月之久，减水还没有流到范公堤，更何况范公堤外至海口还有二百里。如果能从邵伯以下，经金湾三闸以及凤凰、壁虎、桥湾头闸各路分流宣泄，由芒稻河汇入长江，路途只有三四十里之遥，比入海之路更为径直近捷。而且减坝泄下之水高于长江江面，水流速度较快，宣泄更为通顺流畅，即使入江之路需要疏浚，也较为省时省力。总之，邵伯以南之水汇入长江最为便捷，而昭关坝以上之水则应该东流入海。

三十八年（1699 年）康熙帝南巡，亲眼目睹下河州县多成巨浸的惨状，指示河臣将减水由芒稻河、人字河汇入长江，并将淤浅之处进行挑挖。乾隆年间河臣高斌根据乾隆帝的指示，会同大学士陈世倌等议奏入江之路。高斌声称在邵伯迤南的金湾滚水坝之下，再添建滚水坝二座，自下游开挑河道，引水流入盐运河内，由石羊沟入长江归海，此外，将芒道、沙尾进行开挑疏浚，使减下之水畅流归江；在高邮三堤及昭关上下等处添建石闸七座，以加强水势的宣泄。

乾隆八年（1743 年），宗室奉恩将军都隆额认为，在入江之路尚且缺少滚水坝，致使离河甚近的地方也不能减泄各湖盛涨之水。因此建议在邵伯之上高邮之下，再添建二座滚水坝，并于坝下开挑引河，将湖水分引归入盐运河之内。而在盐运河对岸的秦唐河附近之处，开挑引河，使减水归入长江。这样，高邮、宝应各湖之水就可以宣泄畅流。倘若减水归江之路畅通，则遇到水势盛涨之年，将洪泽湖天然坝开启，下游各湖时泄时收，也没有下河被灾的忧虑。

### 3. 加强下河地区本身的洪水排泄能力

下河地区处于黄河、淮河、运河交汇泄洪之处，水患频年发生。乾嘉年间，身为宝应人的著名学者刘台斗，对于乡梓的水灾有着切肤之痛，因此，他收集众人有关下河水利之说，著成《下河水利集说》一卷。为解决下河水患，刘台斗提出了建堤束水、疏通海口、分泄入江、湖河递减、治河先治淮的观点③。

在刘台斗看来，山盱五坝减出而归入下河之水，以高邮各坝为口，以坝下引河为喉，以兴、盐各路湖荡为腹，以串场河各闸为尾闾，以范公堤外各港口为归墟。必须节节疏通，使减水中途不停蓄，加上层层屏障关锁，使减水不能旁溢，方能导引归海，保护田庐。接着刘抬斗分析了下河各邑受灾的原因。

---

① 潘耒：《翰林侍读乔君墓志》，贺长龄、魏源辑：《皇朝经世文编》卷一百十二，《魏源全集》第 19 册，第 280 页
② 张霭生：《河防述言》，贺长龄、魏源辑：《皇朝经世文编》卷九十八，《魏源全集》第 18 册，第 312 页
③ 刘台斗：《黄河南趋议上铁制军》，贺长龄、魏源辑：《皇朝经世文编》卷九十七，《魏源全集》第 18 册，第 276 ~ 278 页

认为数年以来下河各邑受淹，是由于坝下引河浅窄，十余里之外即无河势堤形，因此减下之水无法下注，只能四溢旁流，此为高邮受灾的缘由。坝水注入兴、盐湖荡，湖荡虽然能容蓄减水，但下无去路不能疏消，当减水源源流进之后，仍然会四出泛溢。而在湖荡之上者则误认湖荡是归墟，在湖荡之下者则只知曲防壅邻，唯恐减水游波威胁自己，壅极必溃、同归于尽，这是兴、盐各邑被水的缘由。场河浅涸使上游减水不能骤然宣泄，海口高仰使场河之水不能骤然流出，这样减水来源多而去路少，宣泄不得畅流，此为范堤内外被水的缘由。

因此，刘台斗指出，如果大力开挑减坝之下的引河，使之深阔过丈，再坚筑堤防，引减水归于湖荡，则高邮之田可保无虞；在湖荡之旁圈筑围圩，拦截减水，给其留出去路，使之导入场河，这样减水有下注之路而无旁溢之门，则兴、盐一带之田可保无虞；对于场河则要挑深挖通，再于范公堤上增添闸座，以增强泄洪能力，同时挑通闸外港口，则范公堤内外之民人、灶户可保无虞。此外，场河以外形如釜边，场河以内形如釜底，若要以釜底之水泄入釜边，必须抬高水面，方能形成建瓴之势。如果能以挑河之土坚筑两岸之堤，则地势虽然内低外仰，而水面仍能内高外下，顺利宣泄。

**作者简介：**

曹志敏，女，1971 年生，河北滦县人，历史学博士，天津师范大学历史文化学院讲师，南京大学历史学系访问学者。研究方向：为清代水利社会史及思想文化史。

# 民国后期和田河流域洛浦垦区垦荒、摺荒地的景观格局及其荒漠化成因探析[*]

谢 丽 周 晴

（华南农业大学人文学院）

**摘 要**：本研究借鉴景观格局与土地利用/土地覆被变化（LUCC）研究方法，以现存民国时期和田地区洛浦地方地图为基础，通过考辨垦荒、摺荒等历史资料，尝试重建民国后期洛浦垦区垦荒地、摺荒地的空间格局及其时间序列。研究表明：民国前洛浦绿洲西南及腹地土地利用已较充分，民国时期的垦荒活动主要为绿洲空间外延式开发，垦荒规模大，新增耕地面积多，随之出现灌溉水不足、水利设施不当等问题，并引发新增耕地大面积摺荒现象。此时期耕地荒漠化的动因表现在多方面，主要因素应是人类生产力水平低下，水资源有效利用不足所致。垦区周边植被稀少和风沙侵袭是诱发绿洲荒漠化的重要自然因子。另外，战乱等人为因素也是造成绿洲荒漠化发生的可能原因之一。

**关键词**：民国后期；洛浦垦区；垦荒；摺荒；景观格局；荒漠化

# 一、引 言

塔里木盆地南缘和田河流域是塔里木河流域国家级生态功能保护区的重要组成部分，近十几年 GIS（地理信息系统）及航、卫遥感影像等现代科学技术的迅速发展，使得景观格局与土地利用/土地覆被变化（LUCC）模型分析方法在和田河流域生态环境研究与保护活动中也被逐渐重视和运用。不过这些现代技术手段，主要还是适用于近 30 多年的时空对象，对于此前历史时期的区域土地覆被景观格局变化研究，则因受到时空变迁及史料缺失等因素的制约而难以有效开展。

以往一些学者在探讨历史时期和田河流域绿洲荒漠化成因时，也曾依据考古成果及航卫影像，力求从河道变迁、人类聚落遗址的空间分布格局中寻找规律，以此提出"绿洲漂移说"、"河流退缩说"以及"人类不合理用水说"等观点，但由于立论依据多缺乏较短尺度的人类活动信息支持，因而疏于求证具体的人类动因时空分异，从而影响到论证的客观性。近些年随着塔里木盆地南缘现代环境科学研究的深入，目前多数研究者普遍认可绿洲荒漠化是自然因子与人类活动复合作用的结果，但对历史时期乃至现代人类活动动力机制及其具体行为方式仍然缺乏充分的客观实证研究分析，因而相关研究成果的实践意义仍显欠缺。

塔里木盆地南缘自历史时期以来即是绿洲荒漠化现象频发区，因此在可能的条件下重建历史时期的景观格局，并研究人类不同生产力水平下的土地利用/土地覆被变化状况，可为现代环境科学研究提供重要的对比分析依据。而历史时期人类活动机制的信息则主要记载于各类史料文献中，利用史料文献实证分析，尽可能重建历史时期绿洲景观格局与土地利用/土地覆被变化状况，对于提高绿洲荒漠化成因研究的时空分辨率，为现代生态环境应对提供具体参照，同样是十分有意义的。

本研究借鉴现代景观格局与土地利用/土地覆被变化（LUCC）分析方法，主要考证民国时期和田河流域洛浦垦区档案资料，尝试重建民国后期洛浦垦荒地、摺荒地在垦区分布的空间格局示意图及其时间序列，并具体分析耕地荒漠化类型及其人类动因机制，以此为研究传统生产方式下和田绿洲荒漠化成因

---

* 基金项目：教育部人文社会科学规划基金项目 05JAZH017 "和田地区民国时期绿洲农业开发与生态环境演变档案搜集整理"部分成果之一

提供一些实证案例。

# 二、研究区概况及研究资料

## 1. 地理概况

洛浦县位于塔里木盆地南缘，昆仑山北麓，和田河源流之玉龙喀什河东岸，地处 79°59′ ~ 81°83′E，36°30′ ~ 39°29′N。辖区地形南高北低，依次分布为海拔 3 300 米以上的中山带；海拔约 1 500 ~ 3 300 米低山起伏带；海拔 1 200 ~ 1 500 米山前冲、洪积扇；海拔约 1 300 米以下沙漠区 4 个地貌单元。现代县域南北长为 337.5 千米，东西宽为 24.9 ~ 67.5 千米，总面积 14 287 平方千米，其中山地占 10.2%，平原绿洲 5.8%，沙漠占 84%①。

民国时期，洛浦垦区绿洲斑块主要聚集为两部分，其一为主体区，大体相当于当代除东部拜什托格拉克乡之外的洛浦县绿洲区，处于县境内山前冲、洪积扇细土平原区，西面隔玉龙喀什河与和田县垦区毗邻；北、东被沙漠所围；南面为冲、洪积扇砾漠戈壁区，其上沿河流谷地散布有小块农牧区。其二为主体区以北数十千米，玉龙喀什河东岸沙漠腹地中的塔瓦克绿洲区，即今和田县塔瓦库勒乡。

洛浦县属极干旱大陆性气候，全年多沙暴浮尘，现代年均降水量 35.2 毫米，蒸发量 2 226.2 毫米，因此垦区为灌溉农业，水源以融雪性地表径流为主，辅以部分泉水。全县 6 条河流均发源于南部昆仑山区，其中玉龙喀什河、阿其克河水被利用于灌溉，其余径流无农业意义。民国洛浦县多个地图共描绘有 4 条河流，与现代名称相符的有玉龙喀什河、阿其克河；另有勿土黑河、上勿土黑河②，疑分别为和田地区水利局《和田地区三十六条河流径流特征统计表》所载"勿土里河"与"怕黑得拉克河"。该县辖区地表垫面以沙漠、砾漠为主，植被稀少，塔克拉玛干沙漠西风风沙作用明显，因而绿洲生态环境十分脆弱，局部景观极易受人类活动干扰而在短时尺度内发生变化。

依据民国档案资料分析，民国时期洛浦农业灌溉主要引用玉龙喀什河水，另有苏塘、伊拉克等少量泉水被利用，其余径流未见利用记载③。玉龙喀什河春季径流量为 16 立方米/秒，夏季山洪暴发，径流量达 200 立方米/秒（民国三十四年）④，与当代统计玉龙喀什河春季平均流量 16.48 立方米/秒，夏季平均流量 232.3 立方米/秒相近⑤。民国时沿河东岸先后有 10 条引水干渠，呈西南—东北向构成灌溉渠网，最多时灌溉垦区 433 316 亩耕地（民国三十三年）⑥。

## 2. 研究资料

本研究主要依据洛浦县民国时期多种相关档案资料，并参照当代洛浦县及和田地区有关资料进行考证分析，大体分为：

（1）地图

民国时期地图包括无题洛浦县地图（图 1）、《洛浦县图》（图 2），分别显示了民国后期以汉语和维语命名时期的行政区划以及河流、渠道及其他一般景观等信息；《洛浦县境河渠支流略图》（图 3）、《洛浦县水利略图》和多份《洛浦县新挖渠图》等，反映出垦区灌溉渠网分布及主要渠道名称、水利垦荒工程示意等信息。上述地图均为手绘，多数方位精确度偏差较大，但仍能表现出政区的基本区位格局。

当代地图主要参考《新疆和田地区洛浦县卫星地图》（图 4）和 2006 年《和田地区土地利用现状图》、《和田地区土地利用分区图》，其中卫星地图较清晰地显示了洛浦辖境的景观异质性格局，是纠正、分析民国时期地图方位差和土地覆被变化自然因子的基本依据。

---

① 和田兴农网，http：//www.xjhtnw.com/htgk/gk-02sx-5.htm，2011 年 9 月
② 民国无题洛浦县地图，和田地区档案馆馆藏卷 325
③ 《洛浦县境河渠支流略图》、《洛浦县水利略图》，和田地区档案馆馆藏卷 900（2-2）、卷 325
④ 和田县 34 年度水利灌溉调查表，和田地区档案馆藏卷 906（3-1）
⑤ 《和田地区三十六条河流径流特征统计表》，和田地区水利局 1999 年
⑥ 新疆省规定第七行政区 35 年度扩展耕地增产粮食及春耕贷款数目表，和阗地区档案馆卷 850（2-2）

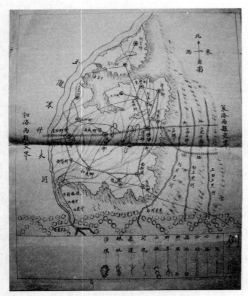

图1　无题洛浦县地图（汉语命名）①

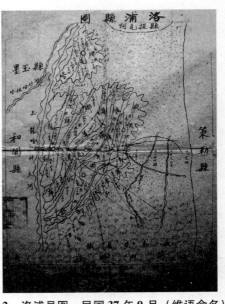

图2　洛浦县图，民国37年9月（维语命名）②

图3　洛浦县境河渠支流略图③

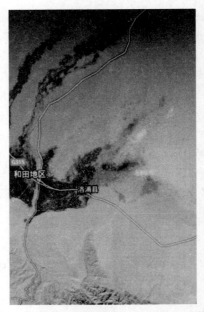

图4　洛浦县卫星地图，2011年9月（截图）

（2）生产、政务等文本资料

民国后期和田各垦区普遍经历了一个从大规模垦荒，到耕地大面积撂荒的土地利用/土地覆被变化过程，而反映这一过程的具体信息散见于当地政府日常的各类作物生产报表，垦荒、撂荒、减免田赋、水利纠纷、灾害报告等呈文，以及水利工程、社会资源调查表等档案资料中。这些资料数量较多，可基本呈现自民国二十七年至三十八年（1938—1949年）的连续时间序列，以及追溯此前至清光绪期间的一些土地开发和撂荒事件，并大多能反映事件发生地的具体区、乡、镇、村等地名，因此，通过对各类资料的互见分析研究，结合现代地图辅助于民国地图定位，即可为客观重建洛浦垦区民国时期大体景观格局与土地利用/土地覆被变化状况，并进一步分析耕地荒漠化的人类动因机制提供较充分的信息支持。

---

① 民国无题洛浦县地图，和田地区档案馆馆藏卷325
② 《洛浦县图》，和田地区档案馆馆藏卷332
③ 《洛浦县境河渠支流略图》，和田地区档案馆馆藏卷900（2-2）

# 三、研究方法

本研究以洛浦县民国各类地图为地理空间背景，参照现代地图对民国地图做一些必要的图形纠正。通过考辨分析各类文本史料，逐次厘清民国时期洛浦垦区的乡镇名称及其区位变化以及垦荒、撂荒地点、时间等状况，在此基础上绘制民国时期洛浦垦区土地利用/土地覆被变化景观格局示意图；研究垦荒活动的人类动力机制，结合景观格局与土地利用/土地覆被变化示意图，综合分析撂荒现象的自然因子、人类活动的时空分异，提高绿洲荒漠化的成因分辨率。

## 1. 民国洛浦县行政名称及其区位沿革变化的建立

由于民国时期新疆有四个执政阶段先后更替，本文研究的时段大体为民国后期盛世才统治时期（1933 年 4 月至 1944 年 9 月）和国民政府直接统治时期（1944 年 9 月至 1949 年 9 月），档案资料显示，此时期行政区划有过多次变化。尽管现有档案资料未见明确的行政区划变更政令文件，但分析民国地图及其他各类文件基本可以确定，仅在民国后期短短的 12 年内，新疆省第七区行政督察专员公署（今和田地区）所辖行政区划至少经历过 1 次县级调整（叶城县划出），而县属政区先是实施区、村制，洛浦全县分为 6 区。自民国三十年（1941 年）夏季改行"八区制"[①]，直至民国三十三年（1944 年）九月。此后国民政府统治时期，各县先后施行汉名乡，维名村制度，期间也有以数字序列化乡镇，以维语冠名乡镇；或于民国三十七年四月（1948 年）左右改乡级汉名为维吾尔语名称（如洛浦县）的现象，各县情况存在差异，另外乡镇数量、区位划分亦有变动。由于现存地图档案远不能反映这些政区变化情况及垦荒撂荒发生地区位，因此要依据文本史料重建此时期的土地覆被变化空间格局，首先就必须厘清这些行政区划的变更沿革。

关于洛浦县区、乡、镇行政区划变更，国民政府统治时期的情况基本能在现存档案中得到反映，但盛世才时期施行的八区制，其区位分布无直观的地图资料，因此，笔者以文本档案中出现的相关村庄名称为线索考辨地理区位，大体重建了洛浦县属政区变化略表，并对照已有民国地图，绘制各时段的洛浦县行政区位示形图，为进一步定位洛浦垦区垦荒、撂荒地点建立基础。基本情况如下（图 5 至图 7、表 1）：

**表 1　民国二十七年（1938 年）至三十八年（1949 年）九月洛浦县属政区变化略表**

| 民国二十二年四月至三十年夏秋 | 民国三十年夏秋至三十三年九月 | 民国三十三年十月至三十七年四月 | 民国三十七年四月至三十八年九月 |
|---|---|---|---|
| 第一区 | 第一区 | 农丰乡、信义乡、华民乡 | 华汉镇 |
| | 第二区 | 济公乡、东艺乡 | 多鲁乡 |
| 第二区 | 第三区 | 南新镇、顺和乡、忠诚乡 | 三普镇 |
| | | | 直属保 |
| 第三区 | 第五区 | 民丰乡 | 恰瓦乡 |
| | 第六区 | 仁义乡 | 那瓦乡 |
| 第四区 | 第五区 | 北和乡、西盛乡 | 巷沟镇 |
| | 第七区 | 工农乡、绥和乡、农勤乡、玉龙镇、繁兴乡、新发乡 | 玉龙镇 |
| 第五区 | 第四区 | 复兴镇 | 布牙乡 |
| 第六区 | 第八区 | 新育乡 | 塔瓦乡 |
| | | 富民乡 塔瓦克乡 | |

资料来源：② 等

---

① 参加《墨玉县政府三十年秋季份工作报告》，和田地区档案馆卷 227
② 民国无题洛浦县地图，《洛浦县图》，和阗县视察洛浦县水利渠道调查表，洛浦县政府造赍二十九年一月起至五月底止水利垦荒委员会工作报告表，洛浦县垦荒水利调查表，和田地区档案馆藏卷 325、卷 332、卷 872（2－1）、卷 897

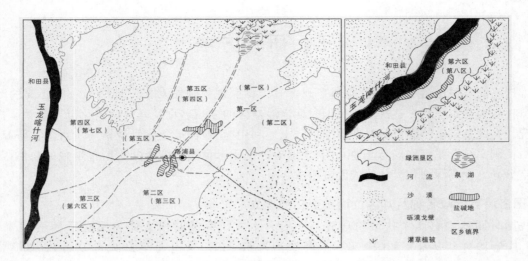

图 5　民国二十二年至三十三年洛浦县乡镇区划图

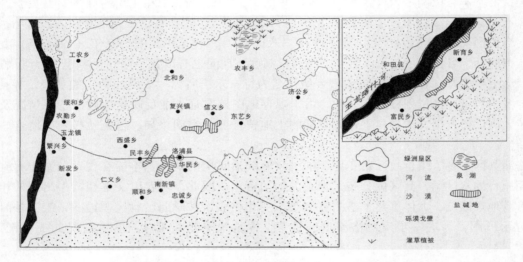

图 6　民国三十三年至三十七年洛浦县乡镇区划图

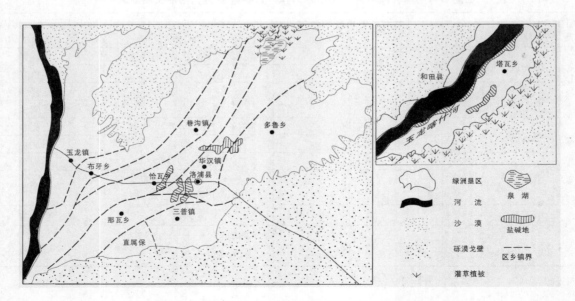

图 7　民国三十七年至三十八年洛浦县乡镇区划图

另据民国三十三年（1944 年）十一月《洛浦县造赍地方自治概况报告书》记载，其时洛浦县区划分为四镇十九乡，共计二十三个乡镇，[①] 其中文化镇、和平乡区位不详。

**2. 垦荒发生地空间区位考辩**

能够反映民国洛浦县垦荒活动发生地及其规模的信息，主要散见于政府工作报告、垦荒报告、水利工程呈文和附图以及百姓水利纠纷、减免赋税呈文及政府有关批文等档案资料里。这些文件对垦荒活动等事件的记载，一般都具备了时间、地点、事件缘由、过程、垦荒规模等基本要件。而事件发生地点多数具体到乡镇、村庄，或灌渠、地名等。在地图资料方面，现存民国《洛浦县图》标注有主要村庄方位；《洛浦县境河渠支流略图》、《洛浦县水利略图》较完整地绘出全县农田干渠、支渠流向；多份《洛浦县新挖渠图》，则标出了具体垦荒水利工程及面积等信息。因此，利用各类资料分析，可重建出洛浦县民国时期垦荒、撂荒土地村级分布的空间基本格局。

不过在具体利用档案资料时发现，因档案基本为汉文文本，文中对人名、地名音译时多不规范，有些同一对象异字记述，因此需要遵从多文互见原则考辩主体归属，以此保证史料应用的严谨性，并根据上述档案资料绘制见于记载的民国七年至三十八年（1918—1949 年）洛浦县垦荒时、空表及空间格局分布图如表 2 所示：

**表 2　民国时期和田地区洛浦县垦荒时、空略表**

| 垦荒地名 | | | 垦荒时间（民国） | 垦荒面积 |
|---|---|---|---|---|
| 区乡镇村名称 | 地点及代号 | | | |
| 下吉牙庄 | 老渠接挖新渠 | 1 | 七年 | 11 100 亩 |
| 南乡（三普镇） | 引栏杆（尹良干、英兰干） | 2 | 十五年 | 20 000 亩 |
| | | | 二十八年 | 20 000 亩复垦 |
| 吉牙庄 | 老渠接挖新渠 | 3 | 二十七年 | 不详，用工 6 000 |
| （上、下）巷沟牙庄 | （下）巷沟牙 | 4 | 二十七年 | 11 421 亩 |
| | 下游苏塘麻扎 | 5 | 二十八年 | 计划 2 万~3 万亩 |
| | 老垦渠 | 6 | 二十九年 | 7 500 亩 |
| | 东渠下游 | 7 | 二十九年 | 3 040 亩 |
| | 阿其马渠（阿衣马、阿衣马克）下游 | 8 | 二十九年 | 1 950 亩 |
| | 下游开渠三道 | 9 | 三十年 | 2 500 亩 |
| 第一区 | 伊拉克泉水地 | 10 | 二十八至三十年间，具体年份不详 | 24 394 亩 |
| 第五区 | 苏塘麻扎山泉水 | 11 | 二十八至三十年间，具体年份不详 | 18 400 亩 |
| | 苏塘麻扎 | 12 | 二十九年 | 4 300 亩 |
| | | 13 | 三十年 | 1 200 亩 |
| 第四区 | | 14 | 二十八至三十年间，具体年份不详 | 47 175 亩 |
| 第六区 | | 15 | 二十八至三十年间，具体年份不详 | 4 708 亩 |
| 塔瓦克庄 | | 16 | 二十九年 | 不详 |
| 第一区　多鲁庄 | 他哈其庄 | 17 | 二十九年 | 8 150 亩 |
| | 西奈庄 | 18 | 二十九年 | 1 726 亩 |
| | 哈浪古托拉克庄今：喀让古托格拉克？ | 19 | 二十九年 | 2 060 亩 |

---

① 洛浦县造赍地方自治概况报告书，和田地区档案馆卷 332

（续表）

| 垦荒地名 | | | 垦荒时间（民国） | 垦荒面积 |
|---|---|---|---|---|
| 区乡镇村名称 | 地点及代号 | | | |
| 第一区 多鲁庄 | 哈拉托拉克 | 20 | 二十九年 | 1 868 亩 |
| | 汗托拉克 | 21 | 二十九年 | 8 293 亩 |
| | 布牙困 | 22 | 二十九年 | 200 亩 |
| 多尔（多鲁）渠 | 开支渠 5 道 | 23 | 二十九至三十年 | 4 500 亩 |
| 热合满卜庄 | | 24 | 二十九年 | 8 565 亩 |
| 玉龙喀什密黑力庄 | | 25 | 二十九年 | 4 717 亩 5 分 |
| | | 26 | 三十年 | 1 000 亩 |
| 塔瓦克 | 土山拉（吐查拉）村 | 27 | 二十九年 | 348 亩 4 分 |
| | 新垦渠下游 | 28 | 二十九年 | 122 亩 4 分 |
| | 土山拉庄、黄庄 | 29 | 三十年 | 600 亩 |
| | 尹也尔村<br>今：英也尔村？ | 30 | 二十九至三十七年 | 12 000 亩 |
| | 英爱叶尔（尹也尔村）<br>雅满保克烟<br>清列游木提克塔力 | 31 | 三十七年 | 实施挖渠开垦 |

资料来源：①

　　另据档案资料显示，洛浦县民国二十八年（1939 年）有耕地 214 617 亩；民国三十年（1941 年）耕地为 334 498 亩；民国三十三年耕地 433 316 亩[②]。另有无题档案记载，全县共有耕地 46 万亩，10 万亩均系下地草湖荒滩，不能耕种[③]。民国三十一年后的垦荒活动（约 13 万亩）大多不见记载，这可能是因为民国二十八年至三十年（1939—1941 年）是这场大规模垦荒活动的组织计划、丈量分地及实施初期阶段，如民国二十九年（1930 年）洛浦县将"多鲁庄民霸占公荒地一万亩，拟丈给无地种人民领垦"；[④] 同年，另有政府计划在苏塘麻扎开垦三万亩，当年仅开垦 50 亩等情况[⑤]。因此，垦荒报告多出于实施初期阶段，其后至民国末应为垦荒持续完成阶段，垦荒活动地点应大致不出以上统计范围（图 8）。

　　**3. 撂荒耕地空间区位考辩**

　　反映民国洛浦县耕地撂荒情况的信息，主要散见于普通民众要求减免田赋、水利纠纷、灾情等报告呈辞，以及各级政府批文之中，现存地图基本没有反映撂荒情况的。但以上述民国地图为基础，仍可根据相关撂荒档案资料互见辨析，建立起民国后期洛浦县耕地撂荒的时空序列图表（表 3、图 9）。

表 3　民国时期和田地区洛浦县撂荒（报告）时、空略表

| 撂荒地点及代号 | | 撂荒时间（民国） | 撂荒面积 | 撂荒类型及动因 |
|---|---|---|---|---|
| 下吉牙庄 | 1 | 二十七年 | 11 100 亩 | 飞沙掩埋 |
| 南乡引栏杆（三普镇尹良干、英兰干） | 2 | 二十八年 | 20 000 亩 | 渠道土掩填平 |

---

　　① 呈复查明吉牙庄渠道地亩荒废及地势情形由，为呈报挑挖南乡引栏杆戈壁旧渠情形由，洛浦县呈复验勘吉牙庄渠道地形暨以原开新渠计划约需小工六千名，中华民国二十七年七月洛浦县开垦计划图，为呈报开发水利并垦荒情形由，为呈报县属巷沟牙庄民众恳请在该庄下游苏塘麻扎开挖新渠一道俾资垦荒情形由，（于、墨、洛县各区垦荒地亩开渠等情况），为呈请开垦塔瓦克渠情形由，洛浦县政府造赍二十九年一月起至五月底止水利垦荒委员会工作报告表，洛浦县新挖渠图，洛浦县垦荒水利调查表，为呈报在二十八二十九三十年度水利垦荒工作情形一案祈备查由，洛浦县图，洛浦县水利略图，洛浦县境河渠支流略图，和田地区档案馆卷 898（2－1）、卷 900（2－2）、卷 900（2－1）、卷 845、卷 897、卷 897（2－2）、卷 902（2－1），卷 332
　　② 新疆省规定第七行政区 35 年度扩展耕地增产粮食及春耕贷款数目表，和田地区档案馆卷 850（2－2）
　　③ 洛浦县关于征收田赋呈文，和阗地区档案馆卷 715（3－2）
　　④ 为讯明多鲁庄民肉子阿吉霸占公荒地一万亩丈给无地种人民领垦准予照办由，和阗地区档案馆卷 1693
　　⑤ 呈复遵令查明洛浦县组织无业游民垦殖队四十三人在县属五区垦荒一案，和田地区档案馆卷 845

（续表）

| 撂荒地点及代号 | | 撂荒时间（民国） | 撂荒面积 | 撂荒类型及动因 |
|---|---|---|---|---|
| 第四区黄古牙（苍沟牙）村下游 | 3 | 三十一年 | 不详，"甚多" | 缺水 |
| 巷古牙（巷沟牙）村 | 4 | 三十二年 | 700 亩 | 不详 |
| 荒古牙（巷沟牙）庄 | 5 | 三十三年 | 100 亩 | 不详 |
| 二区 | 6 | 三十三年 | 201 亩 | 盐碱化 |
| 热合满卜村 | 7 | 三十二年 | 660 亩 | 盐碱化 |
| 第一区热满蒲村（热合满卜）村 | 8 | 三十三年 | 465.3 亩 | 盐碱化 |
| 热合满卜村 | 9 | 三十四年 | 252 亩 | 不详 |
| 第七区吉牙村 | 10 | 三十三年 | 不详 | 水毁渠道 |
| 米衣黑拉村（疑为：密黑力村） | 11 | 三十三年 | 700 余亩 | 缺水 |
| 信义乡 | 12 | 三十三年 | 45 亩 | 缺水 |
| 富民乡帕尔藏（布尔藏）等村 | 13 | 三十三年 | 不详 | 水灾毁田、缺水 |
| 塔瓦克区银冶（尹也尔） | 14 | 三十三年 | 不详 | 水毁渠道、缺水 |
| 村塔瓦克乡引也（尹也尔）村 | 15 | 三十四年 | 不详，所有地 | 水毁渠道、缺水 |
| 塔瓦克尹也尔 | 16 | 三十七年 | 12 000 亩 | 水毁渠道、缺水 |
| 太瓦沟庄 | 17 | 三十七年 | 不详 | 上游堵水 |
| 他瓦克（塔瓦克）庄 | 18 | 三十七年 | 500 户耕地 | 河水毁田 |

资料来源：①

　　以上统计中，有具体撂荒数据报告的共计 46 323.3 亩。综合多个数据分析，民国后期垦荒活动之初，洛浦县基底耕地为 214 617 亩②，耕地最多时达到 46 万亩，新增地约 24 万多亩，达 114.3%，但约有 10 万亩地撂荒③，实际可耕植地约为 36 万亩。也就是说，约有 5.5 万亩（55%）的撂荒地未见具体数量报告，但有多份亩数"不详"的报告含有地点信息，结合现代洛浦县卫星地图显示的荒漠化景观空间分布情况分析，与重建的民国撂荒地空间分布规律基本一致，因此应该可以作为此时期洛浦垦区土地利用/土地覆被变化及景观格局相关性分析的基础。

# 四、结果分析

　　由于本研究信息来源于历史手绘地图及文字文本，无法获得历史景观的影像资料，难以提高所建垦荒、撂荒空间格局图表的精确度，因此仅就垦区土地利用/土地覆被空间格局变化做相关性分析。但垦荒报告等文字文本对事件细节的具体描述，却为了解耕地荒漠化类型及其演变动因提供了有利的支持。

---

　　① 呈复查明吉牙庄渠道地亩荒废及地势情形由，为呈报挑挖南乡引栏杆戈壁旧渠情形由，为据洛浦县属四区黄古牙村农民买买提热依等十三名联名禀称因新垦地亩甚多水量缺乏以至不能耕种请饬令调查解决困难由，为令据该县民土送托合大等七人禀称民等有荒地共七百亩每年额粮甚重不能担负一案仰该县查明核办具复由，为据该县民土送阿吉等禀称民等地变成碱滩不能耕种予豁免额粮一案仰该县查明核办由，为据该县二区户民恰阿阿吉二人禀称荒地二百零一亩均已潮碱不能耕种请饬查明减轻应纳额粮由，为据该县热满蒲村土送阿吉禀称有下地四百六十五亩已经变成碱滩不能耕种请饬查明减轻额粮一案仰该县查复由，为本年因渠道被水冲坏未能种小麦拟将田赋饬收代金由，为据洛浦县属信义乡民买买尼牙孜等禀称有下地四十五亩无水成碱滩不能开垦情愿归公送结交县仍发粮票由，为呈请派员勘查塔瓦克河水忽涨冲去民间地亩并无水成碱地亩额请拟豁免祈核示由，为据该县塔瓦克区银冶村民买亥买提等禀为该村渠道被玉龙河水冲去地亩荒芜请饬减免田赋由，洛浦县塔瓦克乡引也村民地亩荒芜呈状，为据该县民土送阿吉禀称荒地二百五十二亩已经请准免粮具结在案现在仍发粮票要粮等情仰核办由，洛浦县政府拟具恢复两村庄渠道工作计划，为据该县太瓦沟庄民托合大买买提等禀控被阿不拉密拉甫等堵去水利使民等耕地荒废一案准令该县派员查勘解决由，为据洛浦县属他瓦克庄民买然木洪阿吉等五百户民众请求开垦由，洛浦县图，洛浦县水利略图，洛浦县境河渠支流略图，和田地区档案馆卷898（2-1），卷900（2-2），卷902（2-2），卷698（3-1），卷880，卷715（3-2），卷714（3-2），卷633（3-1），卷908（3-1），卷1683，卷332

　　② 新疆省规定第七行政区35年度扩展耕地增产粮食及春耕贷款数目表，和田地区档案卷850（2-2）

　　③ 洛浦县关于征收田赋呈文，和阗地区档案馆卷715（3-2）

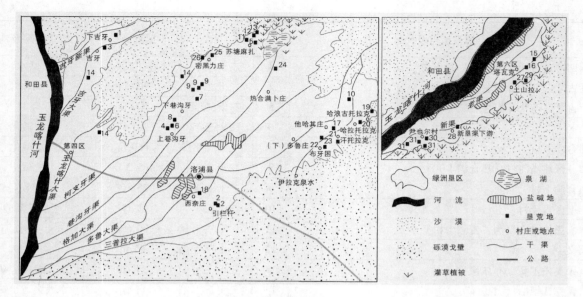

**图8　民国时期洛浦县垦荒空间格局图**

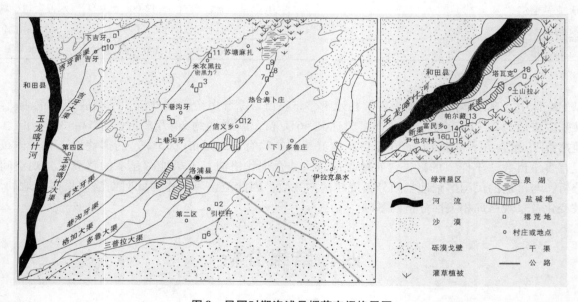

**图9　民国时期洛浦县撂荒空间格局图**

### 1. 垦荒、撂荒地空间格局相关性分析

重建民国后期洛浦垦区垦荒、撂荒地空间格局分布图形显示，在这场规模浩大的垦荒活动中，其垦荒及撂荒发生地总体表现为随机分布，但具有较强的空间聚集性和叠加性，说明两者之间有较高的空间正自相关性。

洛浦绿洲主体垦区为不规则图形斑块，现代卫星地图显示北面中部凹陷进大面积沙漠区，形成西北、东北两个垦区突出部，这与民国手绘地形图特征相吻合，只是民国地图南楔沙漠面积相对较小。在主体区全局空间上，大多数垦荒、撂荒地斑块呈随机非连续性，半环绕于绿洲西北、东北、东南绿洲/沙漠交界带排列，但局部空间聚集性较明显，主要分布于西北突出部北部；东北突出部的西侧；东面突出部，以及绿洲东南角一带。在塔瓦克绿洲则主要聚集于东南、东北绿洲/沙漠交界带一侧，而垦区西沿玉龙喀什河一线及南面少见分布。此外，多数垦荒、撂荒地斑块亦呈现出聚集于灌溉渠道下游、中下游的特征。

上述重建景观格局图显示，民国后期洛浦绿洲垦区的农业垦荒为空间外延式开发，此前靠近河流、远离沙漠区的绿洲西南部及腹地土地农业利用应该已较充分。而垦荒及耕植依赖于相对较好的水土条件，由此形成了民国垦荒地主要集聚于灌渠下游、垦区边缘一些较适宜的绿洲/沙漠交界带灌草荒野区。

另一方面，垦荒、撂荒地斑块叠加特征较明显。除了绿洲东部伊拉克泉水渠一线外，撂荒地分布与垦荒地空间格局规律基本一致，只是密度较小，两类斑块叠加的相对密度则又比较一致，说明在局部空间，垦荒与撂荒具有较强的正自相关性，垦荒面积越大，发生撂荒的几率越高。但在一些垦荒地密度较大地区，撂荒地却少见，关联度不高，说明整体空间格局中，垦荒撂荒的相关性还受其他因素的影响。

### 2. 撂荒地类型及空间相关性分析

根据档案资料分析，民国洛浦垦区撂荒地主要分为干旱化和盐碱化两种类型，以干旱化撂荒为主，但从景观格局分析，两类都与水资源利用有很强的相关性。

从民国手绘地图显示的景观异质性斑块空间格局上看，报告耕地盐碱化的土地主要集中于热合满卜下游泉湖周边地带，这表明低洼地势排碱不利应是影响盐碱化的主要诱因，水资源丰度关联性应该不是主要矛盾。结合地图基底盐碱地斑块多处于绿洲腹地的情况分析，表明盐碱化撂荒在空间方位上总体呈随机分布，与其他异质性景观斑块自相关性不明显，应该与地形地势及土壤生化指数关系密切。

干旱化撂荒地则多处于灌渠下游，且垦荒密度较大的区域。下游灌溉易受上游干扰，耕地面积若超过可利用水量承载力，极易发生干旱灾情，说明水资源缺乏是造成干旱化撂荒的主要原因。但也有如多鲁乡伊拉克泉水渠一线垦荒密度大却未见撂荒地报告的情况，这应得益于泉水供给较为稳定的缘故，说明干旱化撂荒与可利用水资源状况有较强的负相关性。另外，干旱化撂荒地大都处于垦区西侧绿洲/沙漠交界地带，植被景观稀少，西风风沙及植被丰度与干旱化撂荒应该亦有一定的正相关性关联。

### 3. 荒漠化动因相关性分析

从洛浦县民国撂荒报告反映的情况分析，水利状况无疑与耕地撂荒有密切的相关性，尤其是灌溉水缺乏与干旱化撂荒的正自相关性表现明显，但造成灌溉水缺乏的动因却是多方面的，而在短时尺度内与垦区主要地表径流量（玉龙喀什河）变化关联程度并不显著。

依据民国洛浦县档案资料统计，引起灌溉水不足的直接动因主要有耕地面积增长过多；上游灌区截流；洪水损毁水利设施、耕地以及风沙填埋农田设施等原因，如：民国三十一年（1942年）十月洛浦县属四区黄古牙村民报告"本区下游新垦地亩甚多，现因水量缺乏，以至不能耕种，甚感困难，为此无法，恳请行政长恩准饬令确实调查解决困难"[1]。再如民国三十七年（1948年）十二月，太瓦沟庄民呈报上游村民"在上游堵去水利，不准下流，至使民等耕田荒废，受累不堪"[2]。这类报告虽反映了撂荒直接动因是灌溉水不足的客观情况，但仍属于灌区范围内水资源配置格局的问题，并不足以说明流域水资源，或地表径流总量不足，因此有可能存在水资源利用水平低下等其他因素影响的情况。

此外，民国三十七年（1948年）洛浦县政府呈报："塔瓦克尹也尔地方有新垦地一万两千亩，水渠一道，均系庄子农田，土质甚佳。又该地树木成项荫蔽。该地居民百余家种地，受获利益过厚。近有八九年之久，该地渠口被玉龙大河大水冲坏，水不能上，以至不能引水浇田，屡修屡冲，无法修理，将该地变成荒地，树木亦干枯。所居人民将地抛弃，迁往他处居住"[3]。这种灌溉水缺乏情况的直接动因显然是由于人类生产力水平低下，不能有效利用河水所造成的，而且应与径流量大小有负相关性。在现存民国洛浦的12份确定干旱化撂荒报告中，因水毁农田水利设施而缺水的就有6份，占到总数的50%，这说明在民国期间，洛浦绿洲水资源总流量不是垦区局部干旱化的关键因素。

至于确定因风沙填埋农田设施引发干旱化撂荒的案例，见于民国二十七年（1938年）七月洛浦县政府《呈复查明吉牙庄渠道地亩荒废及地势情形由》，以及民国二十八年（1939年）十一月《为呈报挑挖南乡引栏杆戈壁旧渠情形由》[4]两份报告中。

吉牙庄11 000亩撂荒地于民国七年（1918年）开垦，撂荒的直接原因为"沟渠土淤盈满，水不能

---

① 为据洛浦县属四区黄古牙村农民买买提热依等十三名联名禀称因新垦地亩甚多水量缺乏以至不能耕种请饬令调查解决困难由，和田地区档案馆卷902（2-2）

② 为据该县太瓦沟庄民托合大买买提等禀控被阿不拉密拉甫等堵去水利使民等耕田荒废一案准令该县派员查勘解决由，和阗地区档案馆卷1683

③ 洛浦县政府拟具恢复两村庄渠道工作计划，和田地区档案馆卷908（3-1）

④ 为呈报挑挖南乡引栏杆戈壁旧渠情形由，和田地区档案馆卷900（2-2）

流……，渠道被飞沙填满，以至于不能开辟"①。查考吉牙庄地处垦区西北突出部，北临沙漠，民国地图无植被景观显示，现代调查亦无荒漠过度带，因此，其荒漠化的根本动因应是垦区沿边缺乏植被保护而受西风风沙填埋所致。

而南乡引栏杆 20 000亩撂荒地垦于民国十五年（1926 年），地处垦区东南绿洲/荒漠交界部，应受风沙影响较小，因此其干旱化撂荒的直接动因如报告所称：灌区渠网"在未变乱以前，已有数年未经挖过，及至马逆盘踞此间，民等更无暇顾及挑挖此渠，以至于年久被土掩填平坦，不能引水浇地，所以已垦之地，及两旁所植之树十万余株，尽被荒弃干枯。"即因战乱影响。

可见，地表径流变化对洛浦垦区乃至和田地区绿洲土地利用/土地覆被变化的影响是十分密切的，但在局部空间和短时尺度内，影响绿洲荒漠化的动因又需要做具体的分析。

# 五、结　论

民国前洛浦绿洲西南及腹地土地利用已较充分，民国时期的垦荒活动主要为绿洲空间外延式开发，主要半环绕北、东、东南绿洲/荒漠交界部展开，垦荒规模大，新增耕地面积多，随之出现灌溉水不足、水利设施不当等问题，由此引发新增耕地大面积干旱化、盐碱化撂荒现象。灌溉水不足的动因是多方面的，主要矛盾应该属于人类生产力水平低下，水资源有效利用不足所致。垦区周边植被稀少，难以抵御风沙侵袭的自然因子作用也是诱发绿洲荒漠化的重要因素。另外，战乱等人为因素也是造成耕地撂荒以致引起绿洲荒漠化发生的可能原因之一。

**作者简介：**

谢丽，女，1961 年生。理学博士（南京农业大学科学技术史专业），现为华南农业大学人文学院教授，博士生导师；主要研究方向：农业科技史、农业生态史。

周晴，女，湖南人，1984 年生。历史学博士（复旦大学中国历史地理研究所），现为华南农业大学作物学史博士点博士后，研究方向：生态环境史。

---

① 呈复查明吉牙庄渠道地亩荒废及地势情形由，和田地区档案馆卷 898（2－1）

# 南海九江的桑基鱼塘及其变迁[①]

周　晴　谢　丽

（华南农业大学人文学院）

**摘　要**：南海九江是珠三角地区桑基鱼塘经营历史传统最悠久的地区。桑基鱼塘是积水和内涝环境下的独特农业开发模式，清代以来九江地区成片桑基鱼塘的形成也使这一带的水网更加破碎化。九江的鱼苗养殖业发达，池塘的类型多样，池塘的营建与维护有许多独特的技术。桑基鱼塘循环农业经济运行的关键在于植桑与养鱼两大部分的经营，传统精细的植桑技术和养鱼技术是桑基鱼塘生态农业的重要组成部分，20 世纪中叶以后，南海九江传统的桑基鱼塘结构和景观被改造。

**关键词**：南海九江；桑基鱼塘；农业生态

明清时期在珠江三角洲地区产生的桑基鱼塘是世界著名的低洼地生态农业经营模式，也是中国农业历史文化遗产的一部分。成片的桑基鱼塘集中在南海、顺德辖境，珠三角蚕桑经济的鼎盛时期，今广珠公路以西、佛山以南、江门以北的平原区都曾有桑基鱼塘的分布。农史专家彭世奖对桑基鱼塘在珠三角地区大规模兴起的水利背景进行了分析，他认为南海、顺德一带形成大规模的桑基鱼塘群与桑园围的修建有着密切的联系[②]，吴建新分析了南海、顺德一带连片基塘区产生的大致过程，认为基塘系统是人们在西、北江三角洲低洼平原内应对涝灾的技术选择，桑基鱼塘是具有灌溉、排水、航运综合功能的庞大水利系统[③]。钟功甫及广州地理研究所的研究团队成员则对现代珠三角地区桑基鱼塘进行了研究，20 世纪80 年代开始，联合国的相关研究机构也与广州地理所合作，对珠三角地区基塘系统的物质流、能量流及运行的情况进行了量化分析[④]，日本国立民族学博物馆的 Kenneth Ruddle 也与广州地理研究所的研究人员合作，对珠三角地区的桑基鱼塘进行了一次人类学的考察[⑤]。这些研究在科学层面上呈现了现代桑基鱼塘运行的基本规律，也揭示了桑基鱼塘结构上的一些细部特点，但考察的中心地点都在顺德。从较长历史时段来看，珠三洲地区桑基鱼塘的发展是从南海九江一带逐渐扩展到顺德一带，鸦片战争以前珠三角地区的蚕丝业中心仍在南海县九江、西樵、大同等地[⑥]。九江的桑基鱼塘经营在珠三角地区历史最为悠久，雏形在清初屈大均的《广东新语》中已经出现，桑基鱼塘的经营在南海九江也有着很好的传承，这里一直是珠三角地区的淡水鱼养殖中心。本文拟在上述研究基础上，以南海九江的桑基鱼塘作为个案，利用九江地区相对丰富的历史文献，复原自 17 世纪以来珠三角地区桑基鱼塘系统的一些结构和景观特点，探讨其在 20 世纪中叶以后的变迁，为这一农业文化遗产的保护提供参考借鉴。

①　本研究为华南农业大学校长基金项目"华南地区农业起源、发展与区域农业生态化趋向研究"的部分成果

②　彭世奖：《珠江三角洲池塘养鱼史研究》，《古今农业》1993 年，第 1 期

③　吴建新：《1980—1899 年珠江三角洲的环境与农业工程》，待刊稿；《明清民国顺德的基塘农业与经济转型》，《古今农业》2011 年第 1 期；《明清广东山区灰粪与平原泥肥应用的历史演变》，《中国农史》2008 年第 3 期

④　钟功甫等：《珠江三角洲基塘系统研究》，科学出版社，1987 年；钟功甫等：《基塘系统的水陆相互作用》，科学出版社，1993 年

⑤　Kenneth Ruddle and Gongfu Zhong, Integrated Agriculture – aquaculture in South China The dike – pond system of the Zhujiang Delta, Cambridge University Press, 1987

⑥　钟功甫：《珠江三角洲的"桑基鱼塘"与"蔗基鱼塘"》，《地理学报》1958 年第 3 期

# 一、河网与桑基鱼塘的小型水利

九江位于南海县西南，大部分地区是海拔5米以下的平原，西江下游主干流经此地，"九江为西江孔道"①，九江处于西江出马口峡到甘竹的河段，这一河段在筑堤束流之前，应是西江下游汛期的分散漫流区，人们沿着平原中西樵山、象岗山等海拔较低的山丘筑堤围防御西江洪水，宋元时期在珠三角的核心地带筑成了一个大围，即桑园围。桑园围是江防工程，九江位于桑园围下部，汛期围堤可拦挡西江洪水袭击，宋代以来筑堤，西江主流就被控制在堤外，西江主流携带大量泥沙在出海口门淤积，新淤涨的沿海沙坦地区地势高于南海、顺德一带的平原区，随着这些沿海沙田区的开发，汛期西江水流出海不畅，南、顺平原地区水患越来越严重，"水患由于壅遏下流，下流壅遏，由于江海河湖沙涨坦亩肆行圈筑，自元明以来，弊出一辙。"② 从今天的卫星图上观察，九江一带仍存在着大面积棋盘方格状或蜂窝状的池塘。因濒临西江，地势低洼，在长期受积水和内涝影响的环境背景下，基塘农业是九江地区最适宜的开发模式。

自明中叶以来，以南海九江为中心的地区因具有环境与技术方面的优势，池塘养殖业成为当地的主要产业，"九江挹西北江下流，地洼，鱼塘十之八，田十之二，故其人力农无几，终岁多殚力鱼苗。"③ 每年洪水季节，南海九江一带的西江河段中有大量随西江水流而下的鱼苗，九江一带的设立有众多"鱼埠"，捕捉鱼苗并将其在本地的池塘中进行培育、分类，养至两三寸大再转贩给各地的鱼塘。《广东新语》记载："九江乡滨海，粒食为艰，多以池沼养鱼为业。弘治间各水蛋户流亡所遗，课米数千石，总制刘夏上疏，将西江两岸河阜，上自封川，下至都舍，召九江乡民承为鱼阜。"自明弘治年间开始，南海九江一带的渔民因熟悉鱼苗捕捉与饲养的技术，政府甚至召募九江人专业经营西江沿岸的鱼苗捕捞业，清初九江地区桑基鱼塘已经成为较普遍的开发模式："地狭小而鱼占其半，池塘以养鱼，堤以树桑。"④

九江一带的河网伴随着大片桑基鱼塘的出现而发育。《九江儒林乡志》中将河流按照水面宽广度划分级别，第一级称为"海"，"九江村心至磨熨基汛称里海，自铁窖以下或称东海"，第二级称"涌"（音冲），第三级称"滘"⑤。清代九江出现了许多小围，如玉带围，"内护桑地鱼塘四十六顷，居民四千三百余户。"⑥ 围外即河涌，围内是成片的桑基鱼塘，围堤上一般设有闸，可以满足一个桑基鱼塘片区排灌的需要，"我乡田少塘多，塘外掘有堑，堑外开涌，各埠涌口每设闸，以时启闭，平时塘水浅则引水以入塘，塘水满则导水以出涌，一交春夏潦发，则下闸板以防之，外贴竹梗使之牢密，不致淹浸鱼塘。"⑦"堑"是桑基鱼塘区内的小水道，这种小水道是随桑基鱼塘不断加挖的过程中形成。桑基鱼塘区大量人工造成的小河道"堑"是九江河网的末端水系，堑与河冲水流是相通的，可以引河水到鱼塘，进行自动排灌。九江一带桑基鱼塘不断增多的同时，围内原有的宽广水域面积被池塘分割，一些主干河道的水面积也被桑基鱼塘逐渐侵占而缩狭。清代以前，九江在桑园围有一条大的河流，因水流宽深，被称为"里海"，清代以来水面积已经大大缩小，乡民改称里海为大涌，到清末，当地人在修方志书时甚至不能考证出里海曾经所流经的具体位置了，"里海之地乃与龙山相近，桑园围甲寅通修记注，尚未得其详。"⑧

每个桑基鱼塘实际上都是一个小型独立的水利工程。按基塘所处的不同水利环境桑基鱼塘又分几个等次，一般靠近河涌、易于排灌水的池塘为上等塘，可以从邻近池塘过水的是二等塘，有水源而无出水口的为望天塘，有出水口却没有设闸窦的为野塘。一般的桑基鱼塘都装置有闸窦："鱼塘系当涌近海，易出水者，谓之头筒塘，如该塘之前先有塘阻挡出水，必待彼塘先行干底捉鱼上坭后，始可借其塘出水，

① （清）冯栻宗纂：《九江儒林乡志》卷一，舆地略，光绪九年刻本，《中国地方志集成·乡镇志专辑》31册，第337页
② 道光十五年修，同治十五年重修《南海县志》卷首，同治刻本
③ （清）屈大均：《广东新语》卷二二，鱼饷，中华书局，2010年，第566页
④ （清）屈大均：《广东新语》卷二二，鱼花，中华书局，2010年，第556~558页
⑤ （清）冯栻宗纂：《九江儒林乡志》卷一，舆地略，光绪九年刻本，《中国地方志集成·乡镇志专辑》31册，第338页
⑥ （清）冯栻宗纂：《九江儒林乡志》卷四，建置略，光绪九年刻本，《中国地方志集成·乡镇志专辑》31册，第424页
⑦ （清）冯栻宗纂：《九江儒林乡志》卷四，建置略，光绪九年刻本，《中国地方志集成·乡镇志专辑》31册，第425页
⑧ （清）冯栻宗纂：《九江儒林乡志》卷一，舆地略，光绪九年刻本，《中国地方志集成·乡镇志专辑》31册，第338页

谓之二筒塘，如无出水者，谓之望天塘。有出水而未安窦塞口者，为野塘。野塘止可种茭、菇、菱、藕之属，其坭最瘦。若鱼塘，则以头筒塘为利便，租钱必略贵，二筒者窒碍，租价必须减。"桑基鱼塘需设置两个水窦与外部水流沟通，"在塘腰者为上窦，在塘底者为底窦也。"① 利用两个窦可以调节池塘水位，其中底窦只有在放水时开，一般没有闸，平时"用桑枝及老草塞固"，位于塘腰的上窦有闸，可以灵活根据塘水的状况来启闭，"如塘水太肥而碱，水面必起绿皮，即当开上窦，放去碱水数寸，换入生水为妥。或是塘水浅亦宜照法添放生水入内，以放足为度。若塘水太满，又宜放出也。总以深浅得中为度。"② 没有水窦设施的池塘，即使靠近出水河涌，也只能成为种植水生作物的野塘。

桑基鱼塘通过闸窦能有效地利用潮水来进行灌排，"每年冬令或交下年春间，必干塘一次。其法先跟水节，开底窦以放去塘水，约一尺或数寸不等。再于塘内近窦处，掘坑较车车之。车水之法，车头向上，车尾斜拖在水面，用三四人上架踏车。"这里提到池塘灌排水时要跟水节，因珠三角地区冬春枯水季节的水文状况以潮流作用为主，涨落潮量大，"潮以朔日长，至初四而消，以望日长，至十八日而消，谓之水头，以初四消，至十四以十八消，至廿九三十谓之水尾，春夏水头盛于昼，秋冬胜于夜，春夏水头大，秋冬小。"③ 冬春时节利用落潮时的低水位时能较顺利排水，地势过于低洼池塘，冬季在落潮时也不能完全将池塘水排干，剩下难以自流排出的那部分塘水则需要通过踏水车排出。

# 二、鱼苗养殖与不同类型的池塘

养鱼是九江最主要的产业，"九江以鱼桑为业，或谓鱼重于桑。"④ 清初时珠三角地区以池塘养殖为主要经营模式的基塘系统只存在于九江地区，这一带的池塘经营长期以来有着垄断的地位与较丰厚的利润，屈大均提到当时珠三角地区的基塘农业才具备雏形，其他地区的基塘系统还在施行稻鱼轮作，而九江一带的基塘早已形成了专门化的池塘养殖产业："广州诸大县村落中，往往弃肥田以为基，以树果木。荔枝最多，茶、桑次之，柑、橙次之。龙眼多树宅旁，亦树于基。基下为池以蓄鱼，岁暮涸之，至春以播稻秧，大者至数十亩，其筑海为池者，辄以顷计，九江乡以养鱼苗。"⑤

南海九江一带的鱼苗养殖采取的是分批饲养及轮养的方式，这种养殖方式需要利用各种形态的池塘。南海九江一带的池塘一般分两种类别，饲养鱼花与饲养大鱼。两种池塘的水质不同，"池塘之水，养鱼花者，十之七，养大鱼者，十之三，养鱼花水浊，养大鱼水清，视其水色则知所养为何等鱼也。"⑥ 养鱼花的池塘称为鱼花塘，为九江一带所特有，明清时期专门养殖鱼苗的池塘首先出现在九江地区，"鱼苗之池，惟九江有之，他处率养大鱼"，⑦ 九江地区的居民长期以来还垄断了分辨鱼苗的技术，鱼花分类俗称"撇花"，撇花时需要利用特定的鱼塘，撇花的鱼塘靠近鱼花江边，一般面积 4～10 亩，水深 0.7～2.3 米，水质瘦瘠，阳光充足。这些鱼塘每年二月初开始清理，为了便于操作和适应鱼花对水质的要求，先在离塘边 1 米开外的塘底铺上 5 厘米厚的沙子和碎石，面积约 12 平方米，作为撇花的操作基地。撇花的池塘塘水要静，为防止塘水较大波动，所以一般池塘边都种较大的树木⑧。对鱼花其进行分类育苗也需利用特定的池塘，《广东新语》中称这种池塘为"鱼花塘"，鱼苗先在鱼花塘中进行初步的肥育，之后再转入其他池塘中饲养："鱼苗之生，每年三四月或七八月由肇庆峡口至甘竹滩，渔户用麻布网在下流截取大如小花针，渔师拣选种类分下水塘，其塘以草料沤水，水色以纯滑为佳，约六七天，鲩鱼长二寸有奇，若小笔管，然大头鱼、扁鱼比鲩鱼略大，土鲮鱼亦长一寸有奇以上，遂施以小网移养于鱼花塘，凡三阅月，鲩鱼各重二两，大头鱼各重四两，土鲮鱼则九阅月各重半两，此时互相买卖，复改养于别塘，而鱼

① （清）卢燮宸撰：《粤中蚕桑刍言》养鱼事宜条例，续修四库全书第 978 卷
② 道光十五年修，同治十五年重修《南海县志》卷七，舆地略三，同治刻本
③ 道光十五年修，同治十五年重修《南海县志》卷七，舆地略三，同治刻本
④ （清）冯栻宗纂：《九江儒林乡志》卷三，舆地略，光绪九年刻本，《中国地方志集成·乡镇志专辑》31 册，第 371 页
⑤ （清）屈大均：《广东新语》卷二二，养鱼种，中华书局，2010 年，第 564 页
⑥ （清）屈大均：《广东新语》卷二二，鱼花，中华书局，2010 年，第 558 页
⑦ （清）屈大均：《广东新语》卷二二，养鱼种，中华书局，2010 年，第 564 页
⑧ 广东省水产厅编著：《广东池塘养鱼》，广东省人民出版社，第 43 页

之利薄。"① 各种鱼花对水质的要求有所不同，九江人将从西江捕捞来的各种鱼苗分别养殖在不同类别的池塘中，这样还可以为不同鱼苗合理分配饲料，以提高鱼苗成活率。

饲养较大鱼又称塘鱼，塘鱼饲养在具有灌排水条件的池塘中进行，塘底要无砖瓦、石块、杂草和淤泥，接近水涌，容易进行排水、灌水，九江一带的池塘养鱼业的地位如同种稻，"我乡无田可耕，居人大都种鱼、耕桑、饲蚕为业。"② 这里一年中可以养成数批成鱼。塘鱼一般是混养，每种鱼只放养一种规格，经一至数月的饲养，达一定规格之后，将此批种鱼全部捕出，再放一批鱼种，进行多级轮养。即将鱼的整个饲养过程中需分成不同阶段，于不同的池塘内饲养。因此首先需要将池塘分级，根据鱼体的大小，按次把鱼转入相应的池塘，这一过程当地称为"过塘"，过塘时还要气温和鱼的生理状况而定，"其放鱼多少，总因塘面之宽窄，以为加减。所放之大鱼，约重四两一个者，鲮鱼约十口，共为一斤者，便合。凡天寒、手脚冷刺之时，不可放鲮鱼，即平时亦要待其饿透，方可过塘放养，否则养之难大。其余如鲤鱼、扁鱼、斑鬃、塘虱以及鳝鱼各等，随意放些，不宜过多，防其搀夺肥料也。"③

传统时代九江地区营建的桑基鱼塘在外形和结构上都有一些特点，并有着特定的功能。传统时代的池塘没有增氧设备，夏秋季鱼塘因缺氧死鱼的情况时常发生，"暴雨骤至，雨止则鱼游水面以吸空气，宜灌入清水以凉之，倘照管不及，逾时辄毙。"④ 人们多将鱼塘设计成东西向的长方形或"日"字形，这样的形状一方面利于接受阳光，减少北风侵袭，最重要的是方便鱼塘随时调节水位来给池塘增氧。长方形的池塘有利于注水，通过频繁注水可使水面产生波浪，增加池塘溶氧⑤。但经常产生的水波加强了对塘基的侵蚀作用，池塘因为经常灌排水，水位经常发生变化，塘基土壤干湿交替频繁，塘基易崩坏，因此，传统的基塘一般都要在塘基与水面过度的地方用木棍增筑椿杷以保护桑基，九江下东尾仅存的几口传统基塘中仍有这种椿杷⑥。珠三角地区多台风暴雨，基塘区要采取很多措施防止桑基土壤的淋洗流失，多年的高基因长期受雨水冲刷，边缘逐渐崩塌，基面不断缩小，以致成为不利于保土、保肥、保水的'瓦筒基'。"⑦ 桑基过窄时要对整个基塘系统进行改造，"桑基渐高，而鱼塘渐深，十年之后，桑基过高，由须平基，将泥土填塘，复在基之旧位成塘，塘之旧位成基，并种桑苗焉。"⑧ 一个桑基鱼塘的经营周期大约是十年，说明侵蚀是比较严重的，近河涌和堑的桑基尤其需要培厚，这个过程称为"镶礅"："如基地两边或接近涌、近海、近塘、近堑，其基脚壁企处谓之礅，基面既培泥，则基脚仍需用泥礅之，方免倾卸之虞。其法较之基面培泥，略熨厚些，但要一律平匀为妥。"这里说要将桑基的地面尽可能培平，也是为了防桑基土壤流失。

# 三、植桑与养鱼

桑基鱼塘经济效益的发挥取决于农家对于植桑与养鱼两大组件部分经营的状况。首先来看植桑。南海九江一带的桑树种植有着悠久的历史，这里栽植的桑树属于广东荆桑类型，邻近九江的南海大同、西樵一带是广东的桑苗集中产区，在这里大量培育出适宜于珠三角桑基鱼塘区种植的桑苗，广东桑的再生机能强，农家冬季都对桑树进行根刈，桑基上只留七八寸的短茬，来年又长出细直而长的枝条。桑基鱼塘的桑地都是堆叠土，栽植的桑苗无主根，大量须根生长于新堆叠的土层中，且多根瘤，这种桑苗尤其适合在低湿地区栽种："大同种苗无主根，其散根在土壤间散开，故多根须，附有根瘤，生长迅速，但性不耐旱。"⑨ 珠三角蚕桑区的一般每年至少养蚕六造，需要从桑树上收获大量的桑叶，因此桑园的栽植密

① 罗振玉问，陈敬彭答：《南海县西樵塘鱼调查问答》，《农学丛书》第六册
② （清）冯栻宗纂：《九江儒林乡志》卷四，建置略，光绪九年刻本，《中国地方志集成·乡镇志专辑》31 册，第 399 页
③ （清）卢燮宸撰：《粤中蚕桑刍言》养鱼事宜条例，续修四库全书 978 卷
④ 罗振玉问，陈敬彭答：《南海县西樵塘鱼调查问答》，《农学丛书》第六册
⑤ 钟功甫：《珠江三角洲的"桑基鱼塘"与"蔗基鱼塘"》，《地理学报》1958 年第 3 期
⑥ 周晴：《九江采访笔记》，手稿，2011 年 10 月 20 日
⑦ 中国农业科学院蚕业研究所主编：《中国桑树栽培学》，上海科学技术出版社，1985 年，第 150～151 页
⑧ （美）考活布士维著，黄泽普译：《南中国丝业调查报告书》，《广州岭南农科大学布告第十三号》，第 50 页
⑨ 《顺德县蚕丝业之现状》，《经济月报》1943 年第 1 卷第 3 期

度都很大。南海是珠三角地区桑基鱼塘的集中分布区，这里的桑园管理、耕作技术精细，并不是通过一味的密植来获得高产，"南海人横每行相距一尺八寸或一尺六寸，直每株八寸，都计顺德人每亩植桑六千株，南海人每亩植桑四千八百株，然得叶之多寡，不在植桑之疏密，因桑行过密，少通风脚，叶易黄，顺德人因懒于芸草，故利用密行耳。"① 南海地区的桑园中耕除草工作做得好，桑园密度低一些，因此桑叶质量也相对较好。

南海、顺德桑基鱼塘区的桑园大都为专业化桑园，这些桑园一般不间作其他作物，"桑边若种粮蔬，肥料则被粮蔬夺去，粮之丰收所得，不敌桑之大歉所损"；② 耕作方面，冬耕最为重要，"冬至后将桑根之土锄松翻晒，勿伤蠢，至大寒初将干钩下，从下向上，斜口向南。只留根头，离地约高寸许，随下足肥，将泥钩回，挑塘泥培盖，明年冬至后又钩如前，以后年年钩之。"③ 刘枝也与冬耕肥培一起进行，冬至前后桑地需松土一锄头深，让太阳晒 7 ~ 10 日，这样既可以使土壤疏松，又容易保水，还可以干死杂草④；珠三角地处南亚热带，桑树的病虫害种类多，对于除虫工作一般也与施肥、冬耕的技术环节配合着进行，冬季深耕与施肥同时也可以防除部分虫害，如戽泥花时把泥戽到桑枝上，这样可以同时打落金毛虫，将其埋杀于泥下，冬期戽泥干后在基面覆盖一层水仙花可以防春旱，也可减少白背病，春期新芽萌发时往往有土狗为害，土狗吃水仙花，所以盖水仙花可以减少其对新梢的危害⑤。

九江一带池塘养鱼的饲料主要来源于乡间各种杂草沤制的绿肥，"杂草其类繁赜，土人刈以饲鱼。"⑥ 这种特殊的养鱼方法被称为大草养鱼法，即将割来的各种草捆成小把，堆放在池塘的一角，让其慢慢腐烂发酵，培养浮游生物，再将之投入池塘⑦。《九江儒林乡志》中记载了大草养鱼法："乡以畜鱼为业，鱼之需草切于马牛，鲢鳙则以大草饲之，鲩则以小草饲之，鲮吸草液，尤嗜草泥，刈草之家日常数百。"⑧ 大草饲养是一种鱼、饵分养法，池塘只作为鱼的生存环境，不以增殖饵料为目标投养，这样才能保证池塘水质清洁新鲜，池塘才能容纳多种鱼类的生长。尤其是草鱼的生长，对水质有一定的要求，直接投入太多的蚕砂、粪便等，在发酵的过程中消耗过多的氧气，并产生大量有害细菌和不利于鱼类生长的有毒的物质和气体，因而大草饲育法是比较科学的做法，传统时代在桑基鱼塘桑基的角落设有沤草的小池。沤水用的投草量根据鱼塘的面积、鱼花的种类和草料的质量而定，养鲮、鲩、青、鲤花的塘一般每亩用大草五六担，鳙、鲢花的池塘一般每亩用大草七八担⑨。

九江的塘鱼养殖以鲮鱼为主，混养鳊鱼、大头鱼、草鱼，"塘鱼以鳊、大头、鲩、鲮为重，畜之易长，不伤其类。"⑩ 鲮鱼生活在池塘水的下层，而其他的鱼类则按照各自生理习性分布于池塘的各个水层，各种鱼类占据池塘水域的不同生态为，在屈大均的《广东新语》中已有提及："其浮而在盆上者，鲮也，在中者为鳙，在下者为鳙，最下则鲮也。"⑪ 鲮鱼能食各种腐屑残渣，养殖也可以起到保持池塘水质的作用。两广地区河流中也出产大量的鲮鱼鱼苗，饲养鲮鱼的成本相对较低，池塘中鲮鱼放养的比重都较大。鲮鱼成长慢，一般三年才能养成成鱼，而其他鱼一般饲养几个月就可以提取，因此收获其他鱼时一般不捕捉鲮鱼，捕鱼时采用"刮鱼"的方式，鲮鱼是最底层的鱼类，拉网捕鱼时一般留剩其在塘底："自放鱼下塘计经三个月之久，其鱼种略大者，此时便可刮取。若每个重不够三斤者，则未可刮也。刮鱼之法，先向鱼船买家议定价值，约期到刮，视塘之宽窄，以定罾幅之多少。抛罾下塘，从塘头刮向塘尾，则所有大鱼俱难走漏矣。惟鲮鱼则不在所刮之列，刮去后按照前数再放鱼种养之，复隔三个月又可刮也。然此止为塘肥兼鱼种大者言之，否则每年止刮取一次耳。"⑫

① 姚绍：《南海蚕丝业调查报告》，《农学丛书》第六册
② （清）赖凤韶：《岭南蚕桑要则》，种桑要则，沈阳蚕桑义学刻本
③ （清）蒋斧：《粤东饲八蚕法》，钩干第九，《农学丛书》
④ 顺德蚕桑推广站：《顺德县桂洲区黎芸珍创造每亩产桑 6113 斤的新纪录》，载《广东农业通讯》1956 年第 2、3 期合订本
⑤ 广东省桑树栽培调查小组：《广东省珠江三角洲与北江新蚕区桑树栽培调查报告》，载《广东农业通讯》1956 年第 5 期
⑥ （清）冯栻宗纂：《九江儒林乡志》卷三，舆地略，光绪九年刻本，《中国地方志集成·乡镇志专辑》31 册，第 388 页
⑦ 上海水产学院水产养殖系 1959 级学生编：《池塘养鱼学讲义》，高等教育出版社，1961 年
⑧ （清）冯栻宗纂：《九江儒林乡志》卷三，舆地略，光绪九年刻本，《中国地方志集成·乡镇志专辑》31 册，第 388 页
⑨ 广东省水产厅编著：《广东池塘养鱼》，广东省人民出版社，第 57 页
⑩ （清）冯栻宗纂：《九江儒林乡志》卷三，舆地略，光绪九年刻本，《中国地方志集成·乡镇志专辑》31 册，第 390 页
⑪ （清）屈大均：《广东新语》卷二二，鱼花，中华书局，2010 年，第 557 页
⑫ （清）卢燮宸撰：《粤中蚕桑刍言》养鱼事宜条例，续修四库全书第 978 卷

桑基鱼塘是典型的循环农业，养鱼与植桑之间有着密切的联系。经养鱼的循环之后沉积池塘底部的底泥是桑基的主要肥料，施于桑基的肥料主要来自池塘的塘泥，"每年冬令弊落桑枝后，其地系近海近涌者，即向坦边挖取新坭，培上基面。"① 顺德、南海一带的农民冬季用小艇在塘中把泥挖起置于艇内，然后用长柄木勺把艇内的塘泥舁上池塘周围的桑基，当地群众称之为"挞坎"，挞坎时也要对桑地进行补植。《粤中蚕桑刍言》中详细地描述了"挞坎"的细节："如该基因培坭日久，积渐填高，则雨泽易泻而不能沾渍，必须用锄盘低，使之平整如旧。其旧桑根则挖去不要，另植新桑栽可也。至所盘出之坭，就近倒于基内磡边，固可省便，而基面并可镶阔也。"② 实际上桑基的主要肥料来源就是塘泥，20世纪50年代苏大道、赵鸿基等在珠三角调查时发现一些丰产户冬期利用塘泥和涌泥作为基本肥料，此后即使施肥分量也很少。他们通过询问桑基鱼塘区的老农，得知在蚕桑经济的鼎盛时期对桑地施肥工作要更加重视，当时桑地管理的一些主要措施都与施塘泥联系：冬季一般在松土晒冬，撒枝后舁塘泥或涌泥约五六分（干）；春期待新梢长一尺左右即用塘泥和人屎尿或猪屎尿等沤水施追肥一次；下三造气温比较高，雨量少，旱象容易发生，桑树生长旺盛，人们在晴天桑芽肥大时舁泥花③。

桑基鱼塘的水土交互作用频繁，在植桑养蚕所得的利润大大超过养鱼的蚕桑经济繁盛时期，人们会将更多的精力投入在培桑基上，扩大植桑规模。人们根据经营的效益分析已经得出了这样的结论："基塘以十亩计之，六亩为桑基，四亩为塘面，名四水六基，自基而至塘底，深约九尺，自水面至塘底约五尺有奇，匀计十亩之塘为多，因一夫之力可适用，而最大则十七八亩，小亦四五亩不等。"④ 南海陈启沅发现珠三角低洼区发展基塘，都会形成四基六水的比例，"广州各属所种之桑，多因田土地陷，锹高作基塘。以其水浸不能插禾，即有外围，亦被水所浸。故改作鱼塘，四便高基，得以种桑耳。约得四分水，六分基。"⑤ 桑基鱼塘的面积与外形上虽然各异，但珠三角大部分地区桑基鱼塘的经营中，多以四水六基为主，池塘与桑基之间四六比是一个经典比值，据钟功甫分析以四六开比例经营的桑基鱼塘确实可获得最高的经济效益。⑥ 基塘之间的比例还受制于肥料的供应，如20世纪80年代以来的精养鱼塘青、精饲料供应充足，塘的比例就扩大。

# 四、20世纪中叶以来的变迁

九江地区成片的桑基鱼塘景观在清初已经形成。据屈大均的描述："九江之地如棋称，周迴三十余里，其黑派者，堤也，方罫者，池塘也。"⑦ 清初九江一带西部是西江大堤，在大堤内侧的低洼地中，已经形成棋格状的连片桑基鱼塘。到清末，几乎所有的低洼地都被开挖成桑基鱼塘，九江西部原有许多野塘区，没有闸窦水利设置，以种藕为主，但这些地区在光绪年间皆被改为鱼塘："乡内多藕塘，西方低田所产与大同坑田无异，道光季年尚存，夏日松荫荷乡四徹，惟税重利薄，近已改业种鱼，无复曩时风景矣。"⑧ 九江一带具有传统排水结构的桑基鱼塘与河网20世纪50年代末期以后被改造。集体化时代的小塘并大塘，大量的堘和河涌被填成桑基或被挖成池塘，这个过程中许多远离河冲的池塘因不能及时利用潮水排灌成为死水塘；20世纪80年代之后，大量的城镇用地侵占了原来的基塘，剩下的基塘区随着现代化养鱼技术的推广，水泥基普遍出现。

基塘区原有的河网20世纪中叶以来也被大幅整改，人工拉直河道，修建大闸，联围并围，珠三角原有的网河水系强干弱枝的发展愈来愈严重，原有的成千上万个小围被今天数个大包围圈所取代。清顺治以来时期的九江堡境内河涌增筑有水闸数十座，分别抗御从九江涌、九曲涌等流入的西北江洪水，通过

---

① （清）卢燮宸撰：《粤中蚕桑刍言》种桑事宜条例，续修四库全书第978卷
② （清）卢燮宸撰：《粤中蚕桑刍言》种桑事宜条例，续修四库全书第978卷
③ 苏大道等：《广东省各蚕区桑树栽培调查报告》，载《华南农业科学》1957年第2期
④ 罗振玉问，陈敬彭答：《南海县西樵塘鱼调查问答》，《农学丛书》第六册
⑤ 广东省南海市政协文史资料委员会编印：《蚕桑谱专辑》栽种桑宜忌篇，1994年，第23~24页
⑥ 钟功甫等：《珠江三角洲基塘系统研究》，科学出版社，1987年，第131页
⑦ （清）屈大均：《广东新语》卷二二，鱼花，中华书局，2010年，第558页
⑧ （清）冯栻宗纂：《九江儒林乡志》卷三，舆地略，光绪九年刻本，《中国地方志集成·乡镇志专辑》31册，第378页

闸可调节各小围的内涌水位，20 世纪 50 年代以来，桑园围大堤主体设施抗洪能力提高，加上普遍实行机电排灌，排涝能力提高，旧的水闸大部分被逐渐废弃，许多桑基鱼塘区利用潮水排灌的水利模式已成为历史。

桑基鱼塘的生态循环经济 20 世纪中叶以后也被改变。20 世纪六七十年代，九江地区的桑基在上半年追施化肥，下半年才以塘泥为主，只挦 1～2 次塘泥花。每造采摘桑叶后，除追施人粪尿、猪尿粪、垃圾之外，还大量施化肥，化肥每年每亩施 50 千克；九江地区的桑树栽植面积 1978 年开始急剧下降，1988 年以后桑树就只有零星的种植，20 世纪 90 年代，九江地区退出蚕桑业，不再栽植桑树，养蚕业也同时退出。传统时代几乎所有的杂草都要用来沤制做绿肥养鱼，但 20 世纪 80 年代开始九江地区引进 "克无踪" 除草剂，价廉省工，在当地颇受欢迎①。20 世纪 90 年代以来，珠三角掀起大规模城镇化的浪潮，大批的乡镇企业在这片地区兴起，成片的城镇群取代了原有的连片的桑基鱼塘景观，目前顺德一带大部分地区的桑基鱼塘已变成中国最大的家具出口基地，工厂、城镇覆盖了大部分的农业用地，原有的连片的桑基鱼塘景观已经逐渐消失。

# 五、小　结

珠三角桑基鱼塘循环生态农业经济经营模式在九江具有悠久的历史，这一地区清初以来就已经形成连片桑基鱼塘。在特殊的历史自然地理背景下，桑基鱼塘成为南海九江地区最适宜的开发模式，桑基鱼塘是一种小型的水利工程，随着桑基鱼塘的增多，也促使形成桑园围内部的水系高度破碎化，珠三角内部网河水系的发育与桑基鱼塘的开发同步；南海九江因是淡水鱼种养殖中心，这一地区的池塘养鱼技术十分先进，池塘类型也多样；南海九江地区的农民通过桑园精细管理、大草养鱼、挦泥挞坎等技术使植桑与养鱼两大部分之间很好地配合，在池塘养鱼与植桑之间维持着巧妙的平衡与比例。九江地区传统精细的植桑技术和养鱼技术是桑基鱼塘生态农业经济最重要的组成部分，桑基鱼塘循环农业模式的正常运行依赖于农家在各种技术环节持续投入大量的劳动力来进行管理与维护，九江长期以来也是珠三角地区优质蚕丝、种鱼的产地，珠三角其他地区桑基鱼塘中养殖的塘鱼大部分是经九江的池塘育成。其他地区如顺德一带的桑基鱼塘直到清末才真正兴起，而此时南海九江地区的桑基鱼塘模式已经十分成熟。桑基鱼塘区的生态经济环境孕育了珠三角的近代文明，清代九江地区也是岭南的文化中心，近代岭南地区许多重要的文人学者多诞生在九江，南海九江的桑基鱼塘具有珠江三角洲特有生态农业模式与悠久地域文化的深厚内涵。

**作者简介：**

周晴，女，湖南人，1984 年生。历史学博士（复旦大学中国历史地理研究所），现为华南农业大学作物学史博士点博士后，研究方向：生态环境史。

谢丽，女，1961 年生。理学博士（南京农业大学科学技术史专业），现为华南农业大学人文学院教授，博士生导师；主要研究方向：农业科技史、农业生态史。

---

① 佛山市南海区九江镇地方志编纂委员会编：《南海市九江镇志》，广东经济出版社，2009 年，第 249～252 页

# 试论小麦移栽技术的产生及传承

陈　超

（南京农业大学人文社会科学学院，南京　210095）

　　**摘　要：**小麦移栽技术是为适应浙江北部地区特殊的环境和生产条件而产生的一项技术。自它产生以后便一直被世人传承。特别是在现代科技介入后，该项技术在深度和广度上都有提升。作为农业传统技术以及农业遗产的组成部分，小麦移栽技术的传承和发展历程中诸如加强科技投入、需要国家政权重视等经验对传统农业技术的现代化转变以及农业遗产保护等工作都具有启示和借鉴作用。

　　**关键词：**小麦移栽技术；传统农业技术；农业遗产

## 一、小麦移栽技术的产生

　　小麦移栽技术在文献中的记载始见于明万历三十九年（1611年）的浙江《崇德县志》①。据该书《丛谈》篇记载："凡接德清、归安之壤者，田势低下弗殖，今农急近利毕作无旷田。春雨多则耗，梅潦盛则乌有。插秧②宜早而反缓……今塘右遍种小麦以面食、浆、酱食用最切，或移秧或下种，俱不妨田。"③

　　成书于明末④的《沈氏农书·运田地法》则是第一部介绍小麦移栽技术的农书。书中提到："若八月初先下麦⑤种，候冬垦田移种⑥，每颗十五六根，照式浇两次，又撒牛壅，锹沟盖之，则秆壮麦粗，倍获厚收。"⑦。紧接着在清代初年⑧，张履祥在《补农书》中再次详细介绍了小麦移栽技术⑨。

　　从这些记载小麦移栽技术的早期资料来看，小麦移栽技术并非空穴来风，它有其特有的地域性和生成条件。

　　从地域上看，万历《崇德县志》所说的"德清、归安"在明代都隶属于浙江北部的湖州府。《沈氏农书》的作者沈氏系明末的浙江湖州府归安县涟川人⑩。由于沈氏长期生活在这里，所以由他写著的《沈氏农书》中的农业内容也反映的是明末湖州地区的情况。而《补农书》也是反映了该书作者张履祥的家乡——浙江嘉兴地区的农业情况。所以基本可以认为：小麦移栽技术产生并发展于浙江北部地区。

　　从内容上看，万历《崇德县志》、《沈氏农书》以及《补农书》所介绍的小麦移栽技术，基本都运用

---

① 曾雄生：《中国农学史》，福州：福建人民出版社，2008年，第584页

② 这里所指的"插秧"应该是插水稻秧

③ 万历《崇德县志·丛谈》

④ 学术界认为《沈氏农书》约成书于1640年或稍前。见：董恺忱，范楚玉：《中国科学技术史（农学史）》，北京：科学出版社，2000年，第644页

⑤ 特别说明，《沈氏农书》和《补农书》所指的麦移栽技术基本是指小麦的移栽而非大麦。见：陈恒力：《补农书校释（增订本）》，北京：农业出版社，1983年，第42、108页

⑥ 这里的"垦田"是指翻耕前茬的稻田，"移种"是指移栽麦秧。见：陈恒力：《补农书校释（增订本）》，北京：农业出版社，1983年，第40页

⑦ 陈恒力：《补农书校释（增订本）》，北京：农业出版社，1983年，第39~40页

⑧ 学术界认为《补农书》成书于1658年。见：董恺忱，范楚玉：《中国科学技术史（农学史）》，北京：科学出版社，2000年，第656页

⑨ "谷雨浸（水稻）种，立夏前下谷，稍备春气，至插青之日，秧老而苗易长，且耐风日，所谓'秧好半年田'也。中秋前下麦子於高地，获稻毕，移（麦）秧於田，使备秋气，虽遇霖雨妨场功，过小雪以种无伤也。"陈恒力：《补农书校释（增订本）》，北京：农业出版社，1983年，第105~106页

⑩ 陈恒力：《补农书校释（增订本）》，北京：农业出版社，1983年，第1页

在稻麦两熟复种制生产中，说明它是为满足稻麦两熟制生产需要而产生的一门新技术①。

对于小麦移栽技术为何产生在明末清初浙江北部地区的稻麦两熟制生产中，则有其深层次原因。

浙北地区，南濒杭州湾，东接上海，西靠天目、莫干等山脉。该地区地势平坦，由南向北，地面坡度相差不到2°。土壤主要由含有丰富有机质的青紫泥和黄斑隔土组成，相当肥沃。但是该区域地势低洼，地面高度平均只有海拔3米上下，属于太湖南部的低田地带②。土壤质地黏重，易受涝渍危害，肥效不易发挥，通透性不良，耕性也差③。

由于小麦产量受水分影响很大④，所以浙北地区的这种地理、土壤环境很容易让小麦根系长期处于缺氧状态，根系活力衰退，影响麦株正常吸收水分和养分。而且由于小麦的前茬作物——水稻需要长期泡水，收获又迟，让土壤更加黏重，也越发不利于小麦生长。⑤

针对土壤低湿的问题，早在宋元两代，《陈旉农书》和《王祯农书》就分别提出了"耕治晒曝，加粪壅培"⑥以及"开沟作疄"⑦这两种办法。但到明末清初，浙北嘉湖地区的土壤仍不适宜种植小麦。所以张履祥在《补农书》中也提到："垦麦棱，惟干田最好。如烂田，须垦过几日，待棱背干燥，方可沈种。倘时候已迟，先浸种发芽，以候棱干。切不可带湿踏实，菜麦不能行根，春天必萎死，即不死亦永不长旺"。

并且不管这些方法效果如何，都需要在两茬作物间花费大量时间来整治土地，这样就造成一个严重问题——季节矛盾，加之当时的种植结构、品种选择以及气候等因素影响，使明末清初的季节矛盾异常突出。所以张履祥在《补农书》中说："农叟有言：'禾历三时，故秆三节，麦历四时，故秆四节。'种稻必使'三时'气足，种麦必使'四时'气足，则收成厚。吾乡种田，多在夏至后，秋尽而收，所历二时而已；种麦多在立冬后，至夏至而收，所历三时而已。欲禾历三时，麦历四时，胡可得焉？"⑧。说明在清初，张履祥家乡的季节矛盾已经严重影响了稻麦两熟制的产量。而他在这段文字后面紧接着将小麦移栽技术作为解决季节矛盾的方法，则说明小麦移栽技术正是在这种特定历史条件下产生并发挥作用的。

# 二、小麦移栽技术的传承情况

由于解决季节矛盾的效果较为明显，所以自产生以后，小麦移栽技术便一直被世人传承。如在清道光时期成书，记载湖州南浔地区农业技术的《农事幼闻》中所提到的"刈稻之后，垦田为高棱，旁界小沟，……栽麦苗。"，就是指该技术。而在光绪《嘉兴县志》⑨、光绪《桐乡县志》⑩等地方志中也都有对张履祥关于小麦育秧移栽的原文引述。说明一直到清代后期，浙北地区的官府和民众对小麦移栽技术仍然很重视。

到20世纪30年代，日本人市原道启、小野田正利、镰田吉一等人，已开始用现代科学方法对小麦移栽技术进行研究⑪。在40年代，由于日本侵略者已经占据了浙江省产米最多的杭嘉湖地区，为提满足抗战粮食需求，浙江省未占领地区掀起了一场轰轰烈烈的"扩种冬耕运动"。在这种背景下，蔡保绩首先在浙江省宁绍一带进行小麦移栽试验，试验得出了较为准确的耕作时间以及其他具体指标，并认为通过小

---

① 过去学界就曾认为："浙西的小麦移植和江南稻麦两熟制有关系。"见：中国农业遗产研究室：《中国农学史（初稿）（下册）》，北京：科学出版社，1984年，第137页
② 李伯重：《江南农业的发展1620—1850》，上海：上海古籍出版社，2007年，第67页
③ 中国农业科学院、南京农业大学中国农业遗产研究室太湖地区农业史研究课题组：《太湖地区农业史稿》，北京：农业出版社，1990年，第6页
④ 气候变化与作物产量编写组：《气候变化与作物产量》，北京：中国农业科技出版社，1992年，第157、208页
⑤ 南京农学院、江苏农学院：《作物栽培学（南方本）（上册）》，上海：上海科学技术出版社，1981年，第219~221页
⑥ 《陈旉农书》："旱田获刈才毕，随即耕治晒曝，加粪壅培，而可种豆、麦、蔬茹。"
⑦ 《王祯农书·垦耕篇》："南方……高田早熟，八月燥耕而晒之，以种二麦。其法：起坡为疄，两疄之间自成一畎，一段耕毕，以锄横截其疄，泄利其水，谓之腰沟。二麦既收，然后平沟畎，蓄水深耕，俗谓之'再熟田'也。"
⑧ 陈恒力：《补农书校释（增订本）》，北京：农业出版社，1983年，第105~106页
⑨ 吴受福，石中玉纂，赵惟崳修：光绪《嘉兴县志》卷15《农桑》七至八
⑩ 严辰：光绪《桐乡县志》卷7《食货志下》《农桑》十一
⑪ 杨玉芬，黄月吐，韩仁霖，等：《小麦移栽对经济性状的影响》，《河北农业大学学报》1959年

麦移栽技术可以将冬小麦与双季稻一起构成"麦—稻—稻"一年三熟制①。在1945年，封开勋也进行了小麦移栽试验，他采用苗床育苗，待幼苗分蘖后再移植于大田的方法，结果产量提高，成熟期也提前。在1947—1948年，前浙江大学农学院用矮立多品种在杭州进行小麦育秧移栽试验，获得了最佳育苗期、移栽期等成果。这些事例说明，至迟从20世纪开始，现代科学已开始被应用于小麦移栽技术的发展、创新中。带有传统技术烙印的小麦移栽技术正开始向现代农业技术的方向转变。

新中国成立以来，小麦移栽技术不但在一些地区继续流传②，更有突飞猛进的发展。1958年，河北农业大学就开始通过试验证明移栽技术对小麦经济性状的影响情况③。60年代，嘉兴专区农业科学研究所、桐乡县农业局等研究机构又在浙江省的嘉兴、温州等地对小麦移栽技术以及移栽麦的优越性、品种选择、育苗技术、移栽技术等进行调查、试验，获得了一些成果，并且再次认为小麦移栽技术可以应用在"麦—稻—稻"三熟制生产当中④。

进入20世纪70年代，随着"农业学大寨"运动气氛高涨，各地区进一步加强了对小麦移栽技术的研究和试验。北京市农科院、湖南省气象局观象台等机构通过对移栽麦增产的气象条件研究，认为移栽麦的秧苗质量和移栽期都与气象条件关系密切，得出了相应的冬前积温指标等数据，并提出了应对措施⑤。国内科研机构也开始学习国外的相关经验⑥。此外，小麦移栽技术也被探索性地应用在除稻麦轮作之外的其他轮作复种制度中。如山西省闻喜县就将小麦移栽技术应用到当地"麦—棉"轮作制中，并获得成功⑦；陕西省延安市则将其运用在"糜谷—麦"的复种制中，并获得晚麦变早麦、产量提高等成果⑧。为解决长期以来移栽麦对劳动力需求大、劳动效率低等问题，各机构又研制了诸如"BM－1000型小麦拔秧机"、"机械分秧四行小麦移栽机"等机具，让小麦移栽工作部分转入机械化成为可能⑨。在当时，小麦移栽机也得到了政府相关部门的重视，河北、天津两地区相关部门就分别召开了小麦移栽机的交流活动⑩。另外，在小麦移栽技术本身的技术扩展方面，科研工作者也有收获。如原辽宁省新金县莲山公社农科站将移栽麦改原来的旱栽为水栽，让本田整地、施肥的要求和水稻本田一样，结果比旱栽速度快，成活率高，省种省工，并获得了亩产比一般旱栽增产39.95千克的成绩⑪。原辽宁省东沟县农科所在水栽麦的基础上，还增加了越冬覆盖措施，提高小麦的越冬率，还通过试验得出北京15号、农大139等品种在北方移栽麦种植中的适用性⑫。总之，在高涨的运动背景下，宁夏、河北、辽宁、河南、陕西、江

① 蔡保绩：《宁绍一带之小麦移栽问题》，《浙江农业》1940年第17、第18、第19合刊

② 王世之，方成梁，赵微平：《小麦移栽》，北京：北京人民出版社，1975年，第4页；嘉兴专区农业科学研究所，桐乡县农业局，桐乡县屠甸公社农业技术推广站：《嘉兴地区移植小麦栽培经验的调查》，《浙江农业科学》，1960年第5期

③ 杨玉芬，黄月吐，韩仁霖，等：《小麦移栽对经济性状的影响》，《河北农业大学学报》1959年

④ 嘉兴专区农业科学研究所，桐乡县农业局，桐乡县屠甸公社农业技术推广站：《嘉兴地区移植小麦栽培经验的调查》，《浙江农业科学》1960年第5期；温州市农业生产资料公司：《小麦移栽取得丰产的一些经验》，《浙江农业科学》1964年第11期

⑤ 北京市农科院气象室一组：《移栽小麦增产的气象条件》，《气象》1976年第9期；湖南省气象局观象台：《对三熟制小麦高产农业气象条件的分析》，《气象》1977年第8期

⑥ 中国农业科学院陕西分院粮作组编译：《日本小麦移栽技术》，《福建农业科技》1973年第8期

⑦ 张良忠：《麦棉轮栽是个好办法》，《农业科技通讯》1978年第2期

⑧ 延安市枣园大队科研站，等：《冬小麦栽培技术的三项改革》，《陕西农业科学》1977年第9期

⑨ 河北省赵县农其研究所：《BM—1000型小麦拔秧机》，《粮油加工》1976年第6期；邢台地区农机研究所，宁晋县农具研究所，华北农机学院：《机械分秧式小麦移栽机试验研究》，《粮油加工与食品机械》1976年第12期；河北省景县农机具研究所：《机械分秧四行小麦移栽机》，《粮油加工》1976年第6期；苗圃机械组：《国内外移栽机械发展的一些情况》，《林业机械与木工设备》1976年第3期

⑩ 天津市农机管理局：《天津市农机局召开小麦移栽机握验交流会》，《粮油加工与食品机械》1975年第4期；一机部机械所农机所：《小麦移栽机具座谈交流活动》，《粮油加工与食品机械》1975年第12期

⑪ 新金县莲山公社农科站：《冬麦水栽办法好》，《新农业》，1976年第18期

⑫ 东沟县示范农场，东沟县农科所：《稻田水栽麦一季过"长江"》，《新农业》1976年第18期

苏、内蒙古、江西、浙江、山西、湖南、广西等省区都开展了不同规模的小麦移栽试验工作①。而由王世之等人编撰的《小麦移栽》②一书则可以说是 20 世纪 70 年代对小麦移栽研究和试验经验的总结。书中对移栽小麦的育苗、移栽、麦田管理以及高产途径都有论述，是学习这项技术要领的重要读本。70 年代的研究尽管也存在不实的内容，但不可否认的是，当时国内对小麦移栽技术的研究在广度和深度上都有很大提升。可以说 70 年代是小麦移栽技术迅猛发展的阶段。

70 年代以后，有关小麦移栽技术的研究有所降温，但研究工作并未停止，依然有研究成果不断涌现。如在 80 年代末至 90 年代初，湖北郧阳地区就进行了特晚播小麦地膜冬育春栽技术试验，试验表明移栽麦具有明显的综合抗灾增产功能；小麦育苗移栽，实际上也是一项有效的节水农业新途径；该试验的成功还让当地山区运用小麦移栽技术成为可能；研究者还建议将该技术运用到当地"红薯—麦"的轮作当中，也让小麦移栽的内容更加丰富③。

进入 21 世纪，相关研究依然继续。对移栽麦的各项技术指标、移栽方法，以及栽后主要管理技术等内容都有总结和论述④。可以说，现在对小麦移栽技术的研究已经进入了平稳发展的阶段。

# 三、启　示

"农业遗产是人类文化遗产的不可分割之重要组成部分，是历史时期与人类农事活动密切相关的重要物质与非物质遗存的综合体系。它大致包括农业遗址、农业物种、农业工程、农业景观、农业聚落、农业技术、农业工具、农业文献、农业特产、农业民俗文化 10 个方面。"⑤所以，传统农业技术应属于农业遗产的范畴。

"中国传统农业技术系指春秋战国以来，中国农业进入传统发展阶段后，产生并发展起来的一整套农业生产经验、手段及其相应的物质设备"⑥。所以，小麦移栽技术也应属于传统农业技术，更应被包含进农业遗产的范畴。传承和发展小麦移栽技术同样也应是对我国农业遗产保护的重要贡献。

特别是当前农业发展所造成的高投入、高成本、低品质、强污染等问题严重影响着农业甚至整个人类社会的发展，亟待需要更为合理的发展模式。著名经济学家舒尔茨曾说过："传统农业技术不是与落后的生产相对应，而是与精耕细作相对应，与资源的充分利用相对应，与生产要素的有效配置相对应。"⑦。确实如他所说，传统农业技术由于具有集约的土地利用方式；精耕细作的技术体系；因地制宜、农牧或农林结合；以谷物种植业为主，多种经营；以"三才"理论为核心的农学思想⑧；以及生物措施，因物致用，用养结合、久种不衰⑨等特征而受到重视。所以，人们也早已经开始考虑利用传统农业技术来解决上

①　东沟县示范农场，东沟县农科所：《稻田水栽麦一季过"长江"》，《新农业》1976 年第 18 期；延安市枣园大队科研站等：《冬小麦栽培技术的三项改革》，《陕西农业科学》1977 年第 9 期；宝鸡县宁王公社联合大队革委会等：《小麦育苗移栽试验报告》，《陕西农业科学》1972 年第 10 期；石家庄市郊区槐底大队：《科学种田闯新路 小麦移栽夺高产》，《河北农业科技》1974 年第 1 期；河北省农作物研究所栽培组：《小麦移栽能增产》，《河北农业科技》1973 第 9 期；汝南县城关镇革委会：《科学种田开新路 小麦移栽夺高产》，《河南农业科学》1975 年第 6 期；太康县独塘公社独塘大队：《小麦移栽办法好 晚茬变早产量高》，《河南农业科学》1975 年第 7 期；北京市小麦协作组：《小麦移栽经验总结》，《农业新技术》1975 年第 4 期；江苏省如东县沿南公社"五七"农大、农科站：《我们是怎样种好管好移栽小麦的？》，《农业科技通讯》1977 年第 9 期；泗阳县棉花原种场：《小麦搞移栽 亩产超千斤》，《江苏农业科学》1976 年第 5 期；旅大市甘井子区农业科学实验站：《小麦移栽大有可为》，《辽宁农业科学》1976 年第 Z2 期；隆林县农业局：《小麦移栽获高产》，《广西农业科学》1976 年第 9 期；杭州市农科所栽培组：《小麦移栽是解决麦子早熟高产的重要途径》，《今日科技》1976 年第 17 期；兴平县建坊大队：《小麦移栽技术简介》，《宁夏农林科技》1972 年第 8 期；呼和浩特市郊区巧报公社：《小麦移栽》，《内蒙古农业科技》1975 年第 6 期；湖南省桃沅县枫树公社庄家桥大队农科队：《李光庆劳模小麦移栽高产经验》，《江西农业科技》1977 年第 9 期；江苏省农科院粮食作物研究所：《移栽小麦的生育特性和高产途径》，《江苏农业科学》，1979 年第 1 期
②　王世之，方成梁，赵微平：《小麦移栽》，北京：北京人民出版社，1975 年
③　沈康荣，汪晓春，尉光俊，等：《小麦抗灾丰产栽培新途径——地膜覆盖冬育春栽》，《湖北农业科学》1992 年第 10 期
④　陈金莉，薛超锋：《小麦育苗移栽技术及方法》，《安徽农学通报》2010 年第 16 卷第 6 期
⑤　王思明，卢勇：《中国的农业遗产研究：进展与变化》，《中国农史》2010 年第 1 期
⑥　郑炎成：《论中国传统农业技术及其向现代技术跃迁》，《农业考古》1989 年第 1 期
⑦　西奥多·W. 舒尔茨，梁小民译：《改造传统农业》，北京：商务印书馆，1987 年，第 4 页
⑧　郑林：《试论中国传统农业的基本特征》，《古今农业》2002 年第 4 期
⑨　彭世奖：《试述我国传统农业的特点和优点》，《古今农业》1990 年第 1 期

述问题。

但是，"传统农业技术毕竟是传统农业时代的产物"[1]，是"从历史上沿袭下来的耕作方法和农业技术"[2]，也有其局限性和不足。这表现在："传统农业技术长期以来是建立在直接经验基础上的，缺乏现代自然科学的精确数据和实验手段，更多注重对农作物和农业生态系统的外部特征及相互关系的观察和利用，而忽视对其内部结构的深入剖析。"[3] 对此，舒尔茨曾说过："发展中国家的经济成长，有赖于农业的迅速稳定增长，而传统农业不具备迅速稳定增长的能力，出路在于把传统农业改造为现代农业，即实现农业现代化"[4]。日本学者饭沼二郎也曾说："否定传统农业的现代化，将会导致农业的衰退。只有尊重农业传统的现代化，才会使农业迅速发展。"[5] 所以，将传统农业技术向现代农业技术方向转变就成为解决当前农业所造成的一系列问题以及让农业更好地发展的关键。

有学者认为："传统农业技术向现代农业技术的转变应该是一个全面继承、改造和提升的过程。"，"继承是传统农业技术向现代农业技术转变的基础"，"改造是传统农业技术向现代农业技术转变的关键"[6]。另有学者认为："农业科技技术是不同地区、不同民族人们根据不同的自然条件和社会文化在世世代代继承中创造出来的，它包含了当地的自然条件和社会条件，具有明显的地方特点和民族特点。因此，传承是传统农业向现代农业技术转变的基本方法"[7]。所以，"用现代科技改造传统农业技术，因地制宜、因时制宜引进新的生产要素，不失时机地进行技术创新，促进传统农业技术的标准化运用，提高其生产效率，增进其投资收益，是我国改造传统农业，发展现代农业的根本出路。"[8]。

而小麦移栽技术从产生到现在，其发展历程，难道不能说正是沿着由传统农业技术向现代农业技术转变的道路前进吗？尽管仍处在由传统向现代的过渡阶段，但它的发展经验却是我们需要借鉴的。

小麦移栽技术是在一定条件下产生和发展起来的。正如前面所说，小麦移栽技术产生的"一定条件"就是由明末清初浙北地区地势低洼、土质黏重、种植结构、品种选择等因素，以及由这些因素共同作用造成的异常突出的季节矛盾。从明末清初到清代后期，该项技术并未有太大变化。而进入20世纪以后，现代科学被引入研究后，现代科技开始了对这项传统技术的改造工作。经过不断改造，这项技术的适用范围越发广泛。而根据各地区具体情况，小麦移栽技术的内容在量上和质上也都发生了变化。适合各地区情况的育秧期、移栽期、冬前积温指标等数据通过试验被相继得出，这项技术也因此逐渐向标准化迈进。旱栽改水栽、越冬覆盖、地膜冬育春栽技术等新的生产要素被相继引进，让其更适应各地区实际需要；小麦拔秧机、小麦移栽机等生产工具的引进更提高了其生产效率。而小麦移栽技术由原来被单纯地运用在稻麦两熟复种制生产，开始逐步被引进到"麦—稻—稻"、"糜谷—麦"、"红薯—麦"、"麦—棉"等轮作复种制中，也为今后由该项技术所带动的各项经济效益的发展奠定了坚实基础。

正如学者所说的："技术总是在一定条件下产生和发展起来的，一旦条件发生了变化，技术就会发生相应的变化。"[9]。而在其转变过程中，除了需要科技支持，需要经济保障外，还有一个重要因素就是国家政权的重视。从清末地方志引述《补农书》中的小麦移栽技术所体现的当时地方政府对该技术的重视情况；到民国时期，浙江地方政府为满足抗战粮食需求提倡"扩种冬耕运动"从而导致的小麦移栽技术研究再度升温；再到新中国成立后，为响应中央"农业学大寨"号召，而于20世纪70年代掀起的各地广泛试验冬小麦移栽技术活动。无不体现了国家政权在农业技术传承和发展过程中所起的重要作用。难怪有学者就说："在中国传统农业的发展过程中，国家政权对农业技术的发展往往有着更为直接、更为强烈的影响。"[10]。

"研究和总结传统农业科技，决不是单纯地颂扬过去，更重要的是为了未来，为了更好地建设中国式

---

① 郑炎成：《论中国传统农业技术及其向现代技术跃迁》，《农业考古》1989年第1期

② 陈道主编：《经济大辞典（农业经济卷）》，上海：上海辞书出版社，1983年

③ 苏黎：《中国传统农业技术演化特征及成因分析》，东北大学，2008年

④ 西奥多·W.舒尔茨，梁小民译：《改造传统农业》，北京：商务印书馆，1987年

⑤ 饭沼二郎：《恢复传统经营方式重建日本现代农业》，《世界农业》1981年第4期

⑥ 李向东等：《传统农业技术向现代农业技术的转变——继承、改造和提升》，《中国农学通报》第23卷第10期

⑦ 刘佳丰，邢念城：《浅谈传统的农业技术向现代的农业技术的转变》，《科技传播》2011年第6期（上）

⑧ 梁惠清，王征兵，欧钊：《传统农业技术在现代区域农业发展中的作用》，湖南农业大学学报（社会科学版）2008年第9卷第5期

⑨ 郑炎成：《论中国传统农业技术及其向现代技术跃迁》，《农业考古》1989年第1期

⑩ 苏黎，陈凡：《中国传统农业技术演化特征分析》，《中国农学通报》2008年第24卷第4期

的现代化农业。"①。在全球气候变暖、农业生态恶化等新形势下，适合我国特定条件的小麦移栽技术等传统农业技术亟待需要被我们努力保护和传承，也需要通过投入将它们改造成为适应现代需求的农业技术，以便让它们为未来农业发展贡献力量。

**作者简介：**
陈超（1984—），男，南京农业大学人文社会科学学院博士研究生。

---

① 彭世奖：《试述我国传统农业的特点和优点》，《古今农业》1990 年第 1 期

# 略论《桑园围志》的价值与续修

吴建新

（华南农业大学农史研究室）

**摘　要：**叙述了《桑园围志》的撰修缘起，在各时期的《桑园围志》中，甲寅志开修围之例，而同治《桑园围志》则将桑园围治水体系形成期的最重要的志书囊括其中而显得重要。《桑园围志》是该围治水体系发展到一定阶段的产物，是适应清代中期桑园围合围通修需要而产生的。修围公所的士绅担当了围众与政府之间的关键性中介，《桑园围志》在调整三者的关系中起了重要的作用。《桑园围志》记载了桑园围治水体系形成过程中的，与水利建设有关的精神观念文化、水利法规制度文化、水利民俗与信仰文化等非物质的形态，这些都是桑园围治水体系的另一个组成部分。本文提出农业文化遗产水利工程类目的申报标准。应该续修《桑园围志》，为启动这个千年古围的申遗行动做准备。

**关键词：**桑园围；《桑园围志》；农业文化遗产水利工程类目

水利工程志书具有重要的价值。它记载水利工程的建筑历史和技术、水利的管理法规制度、水利组织与水利习俗的形成，是水利工程文化的载体，其历史价值不言而喻，且具有重要的文化价值和社会价值。

桑园围是珠江三角洲最大的堤围，横跨南海、顺德两县，位于西北江三角洲的下游，是南、顺平原抵御西北江洪水的主要堤围，分为东、西基，全长 68.85 千米，围内面积 133.75 平方千米，捍卫良田 1 500公顷，它建于北宋徽宗年间（1101—1252 年），经过明、清、民国至当代的建设，至今仍在发挥抵御洪水的作用。桑园围在珠江三角洲的水利工程技术史上具有特殊的地位，它最初的建设吸收了来自岭北的水工技术，利用堤围所在地的地理环境，建成堤围向下游开口的形式；经过明清民国以及当代的发展，堤围技术不断演变，当地人民根据水环境的变化，将它最终变成一个闭口围，不断加高增厚，抵御洪水和内涝的能力不断增强。在治水过程中，围内地方社会经过不同时代的整合，形成与当地经济社会结合的治水体系。桑园围还有不间断的文献载体——《桑园围志》。所以桑园围是具有重大保护意义的水利工程类农业文化遗产。

现藏于广东省立中山图书馆的《桑园围志》，有四种刻本。其一是清代乾、嘉时人温汝适所纂乾隆甲寅本，十七卷。其二是《重修桑园围志》十四卷，清卢维球辑，同治九年（1870 年）庚午刻本。其三是清代何如铨纂修的光绪《桑园围志》，十七卷，光绪己丑年（1879 年）刻本。其四是《续桑园围志》十六卷，民国何炳坤纂，九江宜昌印务局民国 21 年（1932 年）刻本。在中山大学图书馆又有《桑园围总志》十四卷，题清代明之刚纂修，清同治九年（1870 年）刊本。近年《四库未收书辑刊》第九辑第六册收入《桑园围总志》十四卷，所据版本是清同治九年（1870 年）羊城西湖街富文斋刻本，作者署名也是清明之刚纂修。《四库未收书辑刊》版本的《桑园围总志》与中大图书馆的《桑园围总志》是同一书，至于中山图书馆藏的辑者为卢维球的十四卷本《桑园围志》，著录于同治《南海县志》卷十《艺文略》，附录明之刚序言，与《四库未收书辑刊》本的序言一样，末云：同治年围绅清查《桑园围志》的档册并准备翻刻，"诸君子恐旧版无存，围志湮没，谋再付劂，以甲寅志版最豁，目各志之大小参差者，悉照甲寅志翻刻，重者删之，缺者增之，合而为总志。适卢名经夔石襄理邑志局务，且图例晓畅，爰请其手校编定，卷首特标列总目，庶易于查览焉。"从这段序言看，同治《桑园围总志》先是经过明之刚按照甲寅志的体例，将历次修围之后编纂的围志经过删削和增补，然后请在南海县志修志局工作的卢维球再将桑园围各志校对，按照其年代顺序编排，在卷首编列总目。将此序言与《四库未收书辑刊》本的明之刚序言对照，绝大部分文字相同，所以同治《桑园围总志》的编纂实际上是明、卢二人共同完成。

在上述各种年代编纂的《桑园围志》中，以同治《桑园围总志》较为重要。这可以从该书的目录中看出。该书目录为：卷一和卷二，乾隆五十九年（1794 年）甲寅通修志；卷三，嘉庆二十二年（1817年）丁丑续修志；卷四，嘉庆二十四年（1819 年）己卯岁修志；卷五、卷六，嘉庆二十五年（1820 年）庚辰捐修志；卷七、卷八、卷九，道光十三年（1823 年）癸巳岁修志，卷八有《道光九年（1829 年）己丑伍绅捐修呈稿收支总册附》；卷十，卷十一，道光二十四年（1844 年）甲辰岁修志；卷十二，道光二十九年（1849 年）己酉岁修志；卷十三，咸丰三年（1853 年）癸丑岁修志，（同治四年乙丑禀拆杨滘长坝事附）；卷十四，同治六年（1867 年）丁卯岁修志。同治《桑园围总志》实际上将始创的甲寅志到同治年的《桑园围志》尽数囊括其中，将从清代桑园围开始"合围通修"最重要阶段的历史文献保留下来了。

以往对桑园围的研究，集中在桑园围治水技术、管理方式等方面，忽略了对《桑园围志》内在价值的探讨①。其实，《桑园围志》是桑园围治水过程发展到一定阶段的产物，而且是桑园围治水体系的一个组成部分，它所记载的桑园围的水利文化，对于研究桑园围水利史具有其他文献所不能替代的价值。

# 一、《桑园围志》的编纂是桑园围合围通修的产物

《桑园围志》的编纂，是随着堤围修筑的需要而进行的。水利志书一般由士绅群体主持或由主持修围的士绅直接参与，或在士绅群体的主持下请人编纂。明之刚对历次桑园围的修筑和围志的编纂有简略的回顾："桑园围堤建于北宋。逮明洪武季年，陈东山叟修筑全堤，亦未纂辑围志纪事。厥后分修基段，遇圮决按基址筑复，记载阙如也。昔人论河渠，谓缮完旧堤，增卑培薄为下策。若桑园围则不然。东、西基遵海岸捍筑，偶决依旧加修，不与水争地。围东南隅倒流港、龙江滘两水口不设闸，陡水听其自为宣泄，受水利不受水害，亦地势使然，至今称便利。乾隆甲寅围缺，温箕坡少司马倡议筹款阖围通修，不分畛域，工程最巨，围志爰是创始。厥后丁丑志继之，己卯志、庚辰志又继之。嘉庆丁丑冬，温少司马复在籍，请奏准借帑生息，为本围岁修专款。己卯之役，实为领岁修之嚆矢。历届岁修皆有志，实奏拨之摺，请领之呈报销之册，莫不详载以备考，而围志遂为岁修必不可缺。是岁经卢伍二绅捐银十万两改建石堤，岁修银拨归筹备堤岸款项。从此岁修暂歇。已详庚辰志。内至道光癸巳，邓鉴堂观察、潘思园封翁，……复旧癸巳一志，衷前志而集大成，分类纂辑，体例最善，即己丑……摺册亦备载癸巳志中。嗣是而甲辰志、己酉志俱仿此。迄咸丰癸丑岁修甫竣，未及纪事，遽遭兵燹，志板遂毁。同治丁卯，历十五年，东、西基多坍卸，遇潦涨，溃决可惧……旋于丁卯、己巳，频年请领岁修，前后皆俯准发给应急，纪以志，并查癸丑档册补之。"下文内容记述的就是上面所言明之刚与卢维球共同对同治《桑园围总志》编纂和校订过程②。

上文提到桑园围建设过程中的两个重要人物，第一个是南海九江乡人陈博文，在明代洪武二十九年（1396 年）领导桑园围范围内人民筑塞倒流港，使桑园围开始从开口围向闭口围过渡，这是桑园围自北宋建设以来的重大事件，但是当时并没有留下详细的文字记载，更没有围志的编纂。关于陈博文事迹的流传主要是靠口头传说，由方志记载下来。桑园围内南海县基段占多数，而顺德只有龙山、龙江、甘竹三堡在围内。陈博文筑塞倒流港之后，当顺德在明景泰二年（1451 年）从南海分出，便留下"南围南修，顺围顺修"的俗例，且堤围缺口处多由当处居民自筑，桑园围并没有整围的概念，水潦一来，堤围决则成灾，在坝决抢险时才由顺德、南海各自集合境内的村堡修围。

桑园围另一个重要人物是乾隆年曾在朝廷当官的顺德人温汝适。温汝适，字步容，号箕坡，顺德龙山乡人，乾隆甲辰进士，官至兵部右侍郎，"居官勤慎，朝中号正人，每入对辄有所陈，皆切中民瘼。……以母老乞终养。濒行，叠蒙温谕。抵家，会西潦为灾。顺德、南海村落多，恃桑园围捍障而围基适在南地则南围南修。汝适以顺民故在围中，广劝同县输赀协济。言于当事，奏借帑金八万生息，为岁修

---

① 中国水利学会水利史研究会《桑园围暨珠江三角洲水利史研讨会论文集》，广州：广东科技出版社，1992 年
② 同治《桑园围总志》明之刚序

资。两县田庐咸利赖焉。……祀乡贤。"① 温汝适对桑园围的重要贡献在于，一是在乾隆五十九年（1794年）回到顺德之后，始倡打破"南围南修，顺围顺修"的俗例，向两县士绅宣传"不分畛域"，动员桑园围内两县人民建立桑园围合围通修的制度。二是在嘉庆二十年（1815年）力倡建立桑园围的岁修制度，利用自己在官场的人脉资源，向粤当局申请借公帑生息，作为桑园围岁修费用，打破民围民修民捐的惯例，使桑园围每年的整修纳入广东当局的管理，桑园围从此有专款专修的经费来源，以维持桑园围的岁修制度。三是首次将合围通修与围志的编纂结合起来，编纂了第一部《桑园围志》，从此，桑园围"历届岁修皆有志"，并且成为固定的制度。

同治《桑园围总志》的编纂者明之刚也是一个热心水利的地方士绅。明之刚，南海九江人，道光举人，咸丰进士，曾任知县。后"绝意仕进，而乡间利害兴除必力任焉。癸丑西潦大涨，桑园围堤岸几决，抢救者以逾丈，长桩柱之，桩屡拔，工人束手，绅民俱散之。之纲多方设策，露立风雨中督促之，竭三昼夜堵筑，堤复完固，前后联呈请发岁修官帑息银六次，自道光甲辰以来六十余年，围堤未尝溃决，之纲修筑之力为多。"② 明之刚对《桑园围志》的贡献是将从乾隆五十九年以来的历次围志加以整理，请卢维球精心校订，再重新翻刻，为后来光绪志、民国志的编纂奠定了文献基础。

## 二、《桑园围志》是桑园围治水体系的组成部分

治水体系是水环境和社会环境互动的过程，其中的因素十分复杂。乾隆五十九年以后桑园围历次主建者之所以十分重视围志的编纂，就是由于桑园围是由各小围和基段整合而成，需要将合围通修之后的新制度记载下来，以便日后修围公所主导桑园围治水工程。在治水行动中，有围众、士绅、官府三者之间的博弈和互动。其中修围公所的士绅担当了围众与政府之间的关键性中介。《桑园围志》在调整三者的关系中起了重要的作用。

首先，《桑园围志》记录了合围通修过程中围众的修围责任，以防止围民机会主义的行为。堤围类工程不是水权的分割，而是基段捍护的受益田亩和基段维护责任的对应。桑园围修围费用的一个主要来源是按受益田亩摊派。会有围民为了逃避修围责任而制造种种理由，以避免修围经费的分摊。围志将有关个案的处理方式记录下来，以确定围众的责任。如道光十五年（1835年），桑园围内太平沙第十甲业户，称其田在围外，乾隆甲寅及嘉庆二十三年（1818年）起科已蒙免派，道光年的岁修应该循例，该业户在给县令的申告中称："居住沙头，潦水当冲，连年坍卸，虚粮赔纳，屋宇倒塌，苦不胜言，兹绅士不照向例。"南海县令令桑园围首事查明如沙在围外，按旧例办。绅士给县令的复函中反对免派，并举九江、沙头堡中不少业户的田地也在围外，"孤悬海外"，也征收修围费用。太平沙这种例子很多，士绅恐此例一开，"各堡纷纷效尤"，"各堡均有外税，一免则必尽免。不特一万四千两之数有名无实，且恐各堡纷纷效尤"。指控求免税的李畅然等，"太平沙虽孤悬海外，要之祖祠坟墓均在围中，乃该乡积习，民性刁顽，其在外经营者则包揽词讼，在家耕作者则啸聚萑苻。前经文武员弁围捕，毁拆窝棚十数家，而东窜西窝，不越一舟之外"。道光二十三年（1843年）七月，县令下达《着太平沙外税一律科派示》，指责太平沙业户"屡行遑刁抗派，瞒渎不休"，从绅士议，实行征费。太平沙李畅然等仍不甘心，再求免派，禀告县令，并出示嘉庆丁丑（1817年）及二十三年（1818年）免派的证据，以及当时基局查勘的证据。道光二十五年（1845年）首事冯日初称其证据乃伪造，并以其祠祖墓园在围内为辞，不准免。县令维持首事的决定，不准免派③。

而有人为了获得合围通修的便利，就将自己的围段说成是桑园围的一部分。如三水波子角基围的围民力图说明自己所在围段是属于桑园围的范围，请求桑园围给予资助修围。桑园围首事反对此事，指出其基段不在桑园围内，并认为此例一开，"势必混赖指称……不思各管各围"④。

① 咸丰《顺德县志》卷二十七，《列传·本传》
② 宣统《南海县志》，卷十四，《列传·本传》
③ （清）明之刚纂《（同治）桑园围通修志》卷之十，《道光二十四年甲辰岁修志》
④ （清）明之刚纂《（同治）桑园围通修志》卷之九，《道光十三年癸巳岁修志》

《桑园围志》将上述个案的处理方式和处理结果记录下来，便于岁修主持者日后援引这些个案，对类似的纠纷进行处理，便于分清围众的修围责任，也利于修围经费的征收。对这些个案的处理方式，也将桑园围首事的权力确定下来，有利于巩固桑园围的治水体系。

其次，《桑园围志》记录了岁修资金的初始来源，这是桑园围士绅与当局围绕岁修资金进行博弈的重要依据。桑园围规模大，围堤长，每年修围耗费资金不少。合围通修以前，按照桑园围传统做法，围内基段由各附堤基主业户负责。据光绪《重辑桑园围志》卷八记载，"桑园围向无公款，遇有坍决，多由基主修筑"，即按照基段的受益田亩摊派。无论出工、出钱、出粮的民间筹资方式，来源有限，只能应付基围小修。雍正五年（1727年）总督孔毓珣"动支鱼苗、多（竹头）埠、鸭埠租银修筑"。乾隆元年（1736年）总督鄂弥达上奏朝廷，将广州、肇庆二府重要堤围从土堤改为石堤，资金来源是"将盐运司存贮递年盐羡等项银两借商生息，以为各属每岁官修围基之用"。桑园围因此得于乾隆七年将重要堤段及顶冲险要处改用石工。但同年朝廷以堤围官修负担太重，遂改为民修，以民力不支时，才由政府另外拨款资助民间修围。因此桑园围大修基金不能落实。嘉庆二十二年（1817年），"温少司马复在籍，请奏准借帑生息，为本围岁修专款。己卯之役，实为领岁修之嚆矢"①。具体情形是，广东当局将专款放给商人生息，息项部分给桑园围作岁修，部分还款。这项制度在阮元任两广总督时正式奏准朝廷而正式确定下来，官府拨出官银八万两，交南海、顺德商人生息，每月一分，以利息五千两还本金，以四千六百两作修围费用，待本金还清，还存商户，利息即全作修围经费。道光年间，南海商人捐资十万两将桑园围改建石坝后，岁修暂歇。在咸丰、同治年间，广东当局因为财政吃紧，将此专款挪作他用，桑园围岁修资金就没有了来源。于是，桑园围士绅向官府力争岁修资金，《桑园围志》中的记载就是重要依据。所以，明之刚们进行桑园围的岁修，头等大事就是使当局重新将挪用的专款拨还。

最后，《桑园围志》记载了修围资金的使用明细，是官府监督资金使用的重要依据。在嘉庆二十二年（1817年）的岁修中，桑园围士绅联呈修围条议，其中之一是"联请帑务求实效"，而且对经费的使用和分配制度作了详细的规定："递年息银有四千多金，非得公正殷实之人，恐有浮开滥费情弊。今议合十四堡公举端方殷实者四人为之总理，于每年年底冬晴水涸之时，联呈赴县请领银到日时，同各堡绅士，将围基顶险、次险、先后缓急分段勘估，倘需费过多息，银不敷应，总计需银若干以息折派，如有不应修而故为争执应修者，许总理首事公同禀究。"围志记载当年"筑复三丫基及通修全围收支总略"，总共支34 683两②。此后的岁修，领过专款，开支完毕，岁修志必将收支明细开列在围志之后，士绅以此表明"清者自清"，接受官府的监督。如官员认为收支数目有不符之处，会命令桑园围首事复核。因此，《桑园围志》对修围资金的记载，是桑园围"官督民修"制度的重要组成部分。

# 三、《桑园围志》所记载的水利文化的价值

水利文化，是指与水利建设有关的精神观念文化、水利法规制度文化、水利民俗与信仰文化等。这些非物质形态的文化遗产，与水利工程的治理体系密切相关。《桑园围志》记载了桑园围建设过程中的这些文化现象，是桑园围治水体系的另一个组成部分。

首先，《桑园围志》宣传了热心乡梓事务、致力合围通修的水利意识。首倡合围通修的顺德龙山人温汝适纂甲寅《桑园围志》时，就将明末人写的《陈博文谷食祠记》放在卷首："（南海）前代虽有堤防，寻起寻伏，不过踵白圭之余法耳。洪武季年九江东山叟博文陈君乃相度原隰，谓夏潦之涌势，莫雄于倒流港窒之，必杀其流。于是度以寻尺，约其规矩，简易如指掌，乃入京师……众属博民董其役，由甘竹滩筑堤越天河抵横冈，络绎亘数十里。经始丙子秋，告成丁丑夏。是岁大稔。"③ 这是崇祯十年新会文人黎贞为纪念陈博文的庙宇所写的碑记。

顺德龙山温氏另一族人温汝能在编修嘉庆《龙山乡志》时继续阐发了温汝适的思想："博民一布衣

---

① （清）明之刚纂《（同治）桑园围通修志》明之刚序
② （清）明之刚纂《（同治）桑园围通修志》卷之三《嘉庆二十二年丁丑续修志》
③ 崇祯十年立石，明代新会黎贞（秣坡）记，（清）明之刚纂《（同治）桑园围通修志》卷之一《乾隆五十九年甲寅通修志》

耳。乃急于民事，见义若是其勇。故其后之人思粒食安居之由，莫不曰：此陈氏子赐也。爰相率鸠材建祠以祀焉。事详郡志谷食祠记。龙山、龙江悉属鼎安，迨顺德而县始分，县分则堤为南堤矣。虽然水涨同其灾，堤固同其利。吾乡之人追思其德亦莫不曰：'此陈氏子之赐也'。其岁设位于大墟祀之以报功。自后历数百年，堤久圮屡，筑修亦屡。乾隆甲寅之秋，溃决尤甚。及冬，众堡合议通修，凡围内皆与捐派，议如聚讼，苟非官为督责，事几不成。详修堤各记。夫修者因之而已。其难若是，而况昔乎！故是役也，身董其事者虽备极勤劳，犹不若此陈氏子之赐也！"①

上文说"爰相率鸠材建祠以祀焉"，桑园围内南海、顺德民间普遍自发祭祀陈博文，仅仅是出于报恩，故曰"思粒食安居之由"。但是温汝能在下文加了一通议论，大力颂扬身为布衣的陈博文"急于民事"，提倡热心为乡梓办事的精神和行为。然后他很隐晦地批评了"南堤南修，顺围顺修"的俗例，提出"水涨同其灾，堤固同其利"的看法，又叙述在甲寅年"众堡合议通修，凡围内皆与捐派，议如聚讼，苟非官为督责，事几不成"，实际上间接批评了围内各堡士绅在通修时仍固守俗例时不顾乡梓利益而缺乏"合围"的观念；指出在合围通修过程中"身董其事者虽备极勤劳，犹不若此陈氏子之赐也"，意即主持通修者比不上陈博文。温汝能对在龙山镇大墟上的祭祀陈博文的庙宇大加赞扬，也是向两龙士绅宣扬热心乡梓事务的观念。因为在桑园围合围通修的过程中，也有众多的两龙士绅表现出对分摊修围经费有极大的不情愿。

所以，在甲寅《桑园围志》中，温汝适将明人祭祀陈博文的文章放置于卷首，实际上是有意识地向桑园围士绅宣传热心乡梓事务的精神和致力于合围通修的观念。这一观念对桑园围士绅的影响至为深远。嘉庆十四年（1809 年），主持围务的潘澄江记载，当年围内"诸乡先生集议，夙曾景仰温箕坡先生'不分畛域'之论，同围之内如属一家……予随诸君子后承办基务……庶凡葳事，每有兴作，必偕同事石崖何世执谒见温六先生请示机宜。"② 所以，经过温汝适、温汝能等温氏族人的大力倡导，为桑园围岁修、通修尽一分力，逐步成为桑园围内南海、顺德两县士绅的共识。而官府也将此观念要求士绅。如嘉庆二十四年（1819 年）的岁修中，温汝适以士绅何某、潘某"朴诚可任"推荐给官府，何某、潘某借词推托，南海县令责以"竟将保护地方之要务视为无关吃紧，"令其速接此任，十日内集齐乡内士绅选举首事③。

其次，《桑园围志》记载了桑园围境内各基段的水利契约向全围的水利法规过渡的情况。水利契约与水利法规不同。前者是桑园围各基段的围民自愿签订的一般性的关于修某一基段的协议，签订契约的双方地位平等，达成契约时不存在来自第三方的压力。而桑园围的章程是有官府参与制订或批准的全围的公共契约，是具有强制性质的地方性规约。

基段的修围契约内容很简单，只是注明各基段范围内受益田亩的业户的修围责任，而缺乏对堤围保护的细则。这些契约的内容可以从《水南乡细围基碑记》中看出。水南乡细围基在南海县沙头镇内，属于桑园围内的小围。这个碑记实际上是该乡乡民关于基段修筑的契约。该围创始于万历四十一年（1613 年），在乾隆四十七年（1782 年）重修，立下碑记，只是重申了基段的界线和闸窦，最险要处，将"递年基总轮充"的制度确定下来，规定围内有田亩的各业户的修围责任。而没有任何关于堤围保护的细则④。

可见，在没有全围性的护堤章程之前，各基段基主对基段的保护极不重视。故围民在自己的基段上种植作物者有之，挖穴为坟者有之，堤坡上放牧者亦有之，占基段建筑房屋者有之，堤段旁就近挖塘养鱼者有之。这说明，在没有合围通修之前，尚缺乏各基段的维护措施。

《桑园围志》记载了合围通修后出现的地方性水利法规。从这些法规，可以清晰地看出从基段业户的基民之间签订的平等的水利契约，向带有强制性的地方性水利法规过渡的痕迹。甲寅年第一次合围通修时，只是有关于全围通修时建设的"公议章程"、"基工章程"，⑤ 尚缺乏通修之后关于基段维护的具体措

---

① 嘉庆《龙山乡志》卷十三，《杂志》
② 己巳潘澄江谨跋，（清）明之刚纂《（同治）桑园围通修志》，卷之三《嘉庆二十二年丁丑续修志》
③ （清）明之刚纂《（同治）桑园围通修志》卷之四，《嘉庆二十四年己卯岁修志》
④ 乾隆 47 年《水南乡细围基碑记》，宣统《南海县志》卷十三《金石略二》
⑤ （清）明之刚纂《（同治）桑园围通修志》卷之一《乾隆五十九年甲寅通修志》

施。而关于桑园围各基段的保护，是从官府的告示开始的。嘉庆二年（1797 年），广州知府朱珏发布告，命令桑园围内：基身毋得添埋棺木、岁修工程邻堡加结、禁私建窦穴、基脚内外让耕二尺、基上种龙眼荔枝、基身两坦禁刈草、禁纵放牲畜于堤上、禁盗基身石块①。嘉庆二十二年（1817 年）阮元的禁令，重申了嘉庆二年（1797 年）广州知府的命令②。这表明当局急于用法令的形式改变民间的不良生产习惯，减少桑园围遭受溃决的危险。但这些相沿已久的习惯不是仅仅一纸布告就能改变的，这需要依靠围内士绅阶层的配合。在道光十四年（1844 年），由绅士、基围公所总理、首事等拟定的《核定章程》才将关于基段维护的各种细则确定下来③。这标志着桑园围基段的一般水利契约完全被强制性的水利法规所代替。

最后，《桑园围志》记载了关于桑园围的水利信仰民俗。甲寅年开始的合围通修，就注重对神灵的崇拜。在最险要的李村段修筑完毕，"择地于李村新堤之旁创建庙宇以迓神庥，庙成觞吉，呈请藩宪率同郡伯、分府、南、顺、三水各邑侯在意诣庙拈香，随沿堤履勘，谓三丫基等处最为顶冲，应需培石方可无患。"官与绅商议再倡捐 9 000 两筑复④。这是一次有关水利民俗的活动，也是一次官与绅联合勘察水利的过程。水利民俗在桑园围的抢险活动中有组织民众的特殊作用。庙宇建设在险要的基段附近，提示人们在堤围维护中特别注意。关于桑园围水利的惯行与民俗的重要性，已经有学者论述过，不赘⑤。

# 四、续修《桑园围志》的意义

在农业文化遗产中，具有悠久历史的，现在仍在发挥作用的水利工程是很值得保护的类目。优先纳入农业文化遗产保护类目的水利工程类遗产，笔者认为应该有以下标准：一是兴建时间长久；二是水利工程与其所在地的经济社会至今仍有密切关系，且仍在发挥作用；三是在水利工程建筑历史上具有特殊地位；四是具有丰富文献内容的水利志书。如果按照以上标准，在岭南这类水利工程，有广西的灵渠；在广东，堤围类的水利工程则只有桑园围、罗格围、景福围等，陂塘类暂时没有发现。景福围位于西江的肇庆，罗格围在南海县，都只有一种志书。但这些堤围的重要性和水利文化的内涵都远远比不上桑园围。

从 1932 年的民国《续桑园围志》之后，桑园围已经有近 80 年没有续修围志了。它经历过民国时期的续修，特别是新中国成立六十年来的建设，今天的桑园围与传统时代的堤围已经大不相同。在 1925 年，南海县长李宝祥、顺德县长邓雄（各为当地人），极力主张下桑园围（即龙江段）联围，于是筑西基狮颔口闸，东基龙江新闸和歌滘闸，将桑园围联成整体⑥。桑园围在民国才变成一个真正的闭口围，民国末年还组织了围董会⑦。在很长的一段历史时期里，桑园围内大部分还是桑基鱼塘，桑园围的维护与农田水利建设还有密切关系。20 世纪 80 年代以来，由于蚕桑业的衰落，养殖业的比较利益大于基面的种植业，于是池塘面积不断地侵蚀基面。因此桑园围与基塘农业的关系发生了很大的变化。又由于城镇化的发展，工业用地的扩张，鱼塘不断地被填平。尽管如此，桑园围仍然在防洪方面发挥了作用，与当地的农业、工业、人民生活仍然密不可分，它是一具有悠久历史的水利类农业文化遗产。

续写当代的《桑园围志》具有重要的意义。首先，通过续修围志，深入挖掘围内残存的民间文献，将以往的《桑园围志》没有引用的民间文献中的水利史料加以整理，可以进一步丰富桑园围的历史与水利文化。其次，记载桑园围将近八十年代的水利技术变迁，如将它变成闭口围之后的水利维护技术记载下来，特别是将围内电动排灌设施建立之后，人们应对涝灾的措施的变化以及修堤、护堤的技术变化，

---

① 光绪《重修桑园围志》卷十三《章程》
② 光绪《重修桑园围志》卷十三《章程》
③ 光绪《重修桑园围志》卷十三《章程》
④ 明之纲《（同治）桑园围通修志》卷之一《乾隆五十九年甲寅通修志》
⑤ 陈忠烈等.《清代珠江三角洲农田水利的若干习惯与农村社会》. 倪根金编.《古今农业论丛》. 327～341 页. 广州：广东经济出版社. 2003
⑥ 梁锡秋.《顺德水利志》，44 页，顺德水利志编纂组，1990 年 6 月
⑦ 广东省南海县水电局.《南海县水利志》1990.1 南海县地方志丛书

可使桑园围的水利技术史更为完整。最后，将新中国成立后的水利管理制度记载下来，可以完整这千年古围治水体系的历史变迁。在国家农业文化遗产的申报制度确立之后，可以考虑将历代《桑园围志》与桑园围水利工程捆绑在一起，推动这一工程申报水利工程类农业文化遗产。

**作者简介：**

吴建新（1954—），男，华南农业大学农史研究室教授，主要研究方向：中国农业科技史、华南农业史。发表关于广东农业史的论文 40 余篇，专著有《民国广东的农业与环境》、《南国丝都—顺德蚕桑丝绸业发展史研究》。

# 论传统乡规民约的内涵及其理论渊源

党晓虹

（青岛农业大学人文社科学院）

**摘　要：** 历史时期乡规民约是传统文化的重要组成部分，它对于维护古代乡村社会秩序、维系国家与乡村社会的良性互动关系，进而保持整个国家范围内社会结构的稳定，起到了不可低估的重要作用；也是当代乡村治理和新农村建设的重要文化资源。其基本内涵可概括为地域性、自主性、非制度形式、权威性、公共性和传播载体的多样性等。在其漫长的发展演变的进程中，儒家思想、宋明理学思想以及西方宪政思想，都为传统乡规民约提供了丰厚的思想文化养分。其中，儒家思想是传统乡规民约的精神内核，宋明理学成为传统乡规民约的思想基石，而近代以来西方宪政思想的引入，则催生了传统乡规民约的现代转型。

**关键词：** 乡规民约；现代转型

## 一、问题的提出

当前，我国正处于建设"社会主义新农村"的关键时期。村规民约，作为乡村治理的重要手段，受到了越来越多的关注和重视，村规民约建设也正在有序的进行当中。然而，大量的实践证明，当代村规民约建设中仍然存在着明显的缺陷和不足，如刚性有余、弹性不足；形式化、统一化、模式化、一刀切；以经济处罚代替道德规劝；过多强调村民义务、忽略了对村民权利的保护等，并因此引发了农村人情淡漠、道德标准模糊甚至扭曲等一系列社会问题的产生。这些都影响了我国乡村治理的成效，阻碍了我国农村社会的进步和社会的整体全面发展。因此，对当代村规民约进行适时的变通和改革，就成为建设社会主义新农村、创建和谐社会的重要路径选择。同时，作为当代村规民约的源头和母体，传统乡规民约在国家行政权力长期缺位的情况下，对古代乡村社会经济生产的稳定、社会风气的净化、社会秩序的维护、生态环境的保护等方面均发挥了重要的积极作用，因此，对我国传统乡规民约进行全面的梳理和分析，挖掘传统乡规民约中的价值，吸收其中的精髓，对于完善当代村规民约制度，促进社会主义新农村建设，都有着重要的现实意义和历史借鉴作用。

传统乡规民约的学术研究开始于 20 世纪 30 年代，当时，随着会社、乡约、宗族等乡村基层组织研究的兴起，杨开道、王兰荫、吕著清、王宗培、吕思勉、林耀华等人分别对乡约类乡规民约、会社类乡规民约、宗族类乡规民约做了一些拓荒性的简单介绍。与此同时，海外的汉学家也开始将目光投向中国传统乡规民约的研究，一批与此相关的乡村社会调查报告相继问世。新中国成立后的 30 年里，传统乡规民约被认为是封建思想残余而遭废止，相关研究在中国也基本停止。与国内相反，海外在这一时期却掀起了传统乡规民约的研究高潮，一批较高质量的文章和书籍相继发表，并出现了专门性的学术论著。20 世纪 80 年代，随着村民自治制度在中国的建立，传统乡规民约研究再次受到中国学术界的普遍关注，学者们纷纷从考古学、档案学、文学、人类学、社会学、历史学、法学、民族学、政治学、民俗学等多个视角对传统乡规民约的属性、功能、与国家法律之间的关系等多个方面进行了广泛而深入的研究，取得了颇丰的成绩。但遗憾的是，对于传统乡规民约的概念和内涵界定却一直以来存在着较大的分歧，这极大的影响了对传统乡规民约的全面认识，限制了传统乡规民约研究进一步的深入发展。本文在比较分析前人学术观点的基础上，提出了传统乡规民约的科学概念和内涵，开创性的提出了传统乡规民约的理论渊源，以期能对我国当代新型村规民约的理论构建提供有益的历史借鉴。

# 二、传统乡规民约的概念以及内涵

在东汉许慎的《说文解字》一书中，"规"被解释为"有法度也，从夫，从见"，"约"被解释为"缠束也"。1995年的《汉语大字典》（缩印本）将"规约"一词解释为"制订一些行为规范，对人们的行为进行有效的约束"。在"规"、"约"两字前分别限制性缀以"乡"、"民"二字，则一方面说明了这些行为规范的适用范围是在乡村社会，同时也表明了这些行为规范的制定主体为乡民。

目前围绕着传统乡规民约概念和内涵的界定，学术界主要有以下两种观点：1.卞利先生在研究了明清时期徽州地区的民间规约时认为，"乡规民约是指在某一特定乡村地域范围内，由一定组织、人群共同商议制定的某一地域组织或人群在一定时间内共同遵守的自我管理、自我服务、自我约束的共同规则。它包括族规家法、行政和自然村落乡规民约、会社规约、禁约、议事合同、和息文约等多种类型。"2.段友文先生在研究明清时期黄河中下游地区的民间规约形式时认为，"乡规民约是指非官方的、非政令的、由乡村民俗群体制定的用来维持乡村社会生活秩序的一种民俗控制力量，其内容涉及修桥铺路、打井浇灌、栽树护林、迎神赛会、禁赌防盗等乡村生活的诸多方面。"

应该说，上述两位学者对乡规民约概念的界定都有一定道理。但同时，它们又或多或少的存在着一些不足。卞利虽然指出了乡规民约具有时效性、地域性和群体自发性的特点，但在类型划分时，却将包括私人契约在内的乡村社会出现的所有民间规则类型纳入乡规民约的范畴之内，不免有些扩大化的嫌疑。段友文虽然明确指出乡规民约的公共行为规范属性，但却将所有带有"官方"痕迹的乡村社会规约类型排除在乡规民约的范畴之外，不免显得有些狭隘。

综合上述两种观点，本文认为：乡规民约是指由某一特定乡村地域范围内的组织或人群共同商议制定的、以书面文字或口头约定为主要传载方式的、用来维持乡村社会生产生活秩序的、具有一定权威性的内部公共行为规范。在传统中国乡村社会，因为并存着乡里组织、乡约组织、宗族组织以及大量以维持农业生产和日常生活为主要目的的会社组织，因此，这些组织所订立的规约应该都属于宽泛意义上的传统乡规民约的范畴，既包括建立在血缘关系基础上的宗规族约，也包括建立在地缘基础上的自然村落规约、乡约以及部分建立在维护乡村社会生产生活秩序目的基础上的会社规约。需要特别指出的是，宗族规约中虽然包含了大量"守孝悌"、"重修为"、"重名节"等约束族内成员个人行为的规范，但因为这些行为对组织内部乃至整个乡村社会风气的影响是重大而深远的，因此，我们将这部分内容也纳入了乡规民约的研究范畴。

# 三、传统乡规民约的思想理论渊源

中国传统乡规民约历史悠久，源远流长。在其发展演变的进程中，先秦儒家思想、宋明理学思想以及西方宪政思想，都为传统乡规民约提供了丰厚的思想文化养分。

**1. 先秦儒家思想：传统乡规民约的精神内核**

从原始社会进入阶级社会以后，中国上古的人类便逐渐建立起森严的等级制度。为了维护这种等级制度，当时的贵族统治者在朝觐、盟会、锡命、军旅、巡猎、聘问、射御、宾客、祭祀、婚嫁、丧葬等许多方面制定了详细的礼节。当时，这些礼节主要是在统治阶级内部严格执行，其目的在于贯彻其政治意图，维护其建立在等级制度基础上的社会秩序。这些名目繁多的礼节除了一些是从氏族社会时期沿袭下来的礼俗演变而来的之外，更多的是由包括周公在内的周朝历代执政者定制的，因此又被称之为"周礼"。

到了春秋时期，由于周王朝的衰落，全国上下出现了诸侯力政、战乱频发的局面，并因此导致了百姓靡安、礼仪废坏、人伦不理等社会问题的出现，于此同时，随着生产力的发展，新的阶级力量也开始崛起，在上述因素的影响和作用下，旧的等级制度和等级关系开始动摇，而维护旧的等级关系的"周礼"，自然也就遭到了破坏。面对严重的社会危机，以孔子为代表的先秦儒家学派，坚持用道德原则来矫正混乱的社会秩序和颠倒的人伦关系。他们继承了"周礼"中的传统道德观念，并吸取了春秋时期新的道德观念，又在此基础上进行了新的思考，建立了以"仁"为最高原则，以"孝悌"为基本规范的伦理体系，即先秦儒家思想。经过先秦儒家思想家的大力倡导，以"周礼"为理论渊源的先秦儒家思想逐渐深入到乡村社会，并逐步内化为乡民的价值取向，在各个方面约束规范着乡民的行为。

查阅大量的传统乡规民约，笔者发现，尽管其内容包罗万象，几乎涉及了乡村社会生活的各个方面，但其所倡导的"德业相劝、礼俗相交、过失相规、患难相恤"的理念却和先秦儒家思想所提倡的"孝、恕、礼、仁、天道"等思想是基本吻合的。主要体现在以下几个方面。

（1）孝悌思想被广为推崇

作为人类的最高伦理规范和封建社会的基本道德准则，孝悌思想得到了先秦儒家思想的认可和大力推崇。先秦儒家思想认为，"君子务本，本立而道生，孝悌也者，其为仁之本与！"而事亲"有三道焉，生则养，没则丧，毕则祭。养则观其顺也，丧则观其哀也，祭则观其敬而时也。尽此三道也，孝子之行也。"即只有做到生前奉养、顺从，死后服丧、祭祀，才算是真正做到了孝。这种孝悌思想也得到了民间基层组织尤其是宗族组织的认可，几乎所有的宗族类乡规民约中均强调了对孝悌思想的推崇和倡导。绩溪县华阳邵氏宗族《家规》孝亲条明确记载说："孝为百行之原，人子所当自尽者，大而扬名显亲，小而承颜顺志，皆孝也。"歙县《金山洪氏家谱》卷一《家训》敦伦纪条云："孝为百行之先，孝悌乃仁之本。故人能立身行道，显亲扬名，此固孝之大者；即不然，服劳奉养，昏定晨省，以无忝所生，亦不失为人子。"对于不孝顺父母的宗族子弟，各地乡规民约也纷纷作出了"重苔逐出，永不入祠"、"投纸入祠，即行黜革"、"众鸣于公，以正典刑"等严厉的处罚。

除了强调对父母生前应该尽心赡养之外，先秦儒家孝悌思想还主张在父母离世之后，应该为其举办体面、隆重的丧葬仪式，这种厚葬思想在传统乡规民约中也有所体现。然而，不同于生前行孝的个人行为，这种厚葬离世父母所需的人力、物力、财力，往往并不能由其子女单独来承担，它更多的需要依靠邻人"相资互助"的方式来完成。因此，传统乡村社会普遍存在带有结社葬亲性质的民间互助组织，并就丧葬互助的具体事宜制定了详尽的规约。如唐五代宋初敦煌地区的社邑规约S6537背社条即规定："诸家若有凶祸，皆须偈佣向之，要车齐心成车，要举须递举。色物赠例，勒载分明。奉帖如行，不令见少，荣凶食饭，众意商量，不许专擅改移，一切从头勒定。"

（2）敬老、睦族等爱众思想备受提倡

作为孝悌思想的延伸和发扬，敬老、睦邻等爱众思想也受到了先秦儒家思想的大力倡导，孟子就曾发出了"老吾老以及人之老，幼吾幼以及人之幼"的呼喊和倡议。这种爱众思想也在传统乡规民约中有所体现。如衢州孔氏就敬老即作出了专门的规定，"族中有高年者，必须进揖退让，礼以优之，若以年迈并兼贫贱，决不介意，其尊尊之道何，此所当知。……"黟县环山余氏宗族要求族众在处理邻里关系时，"贵尚和睦，不可恃挟沿气，以启衅端。如或事尚辩疑，务宜撰之以理，曲果在己，即便谢过；如果彼曲，亦当以理谕之。彼或强肆不服，事在得已，亦当容忍；其不得已，听判于官，毋得辄逞血气，怒詈斗殴，以伤和气。违者议罚。"对于那些"不守本分，恃强凌弱，饰智欺愚，一味横行，扰乱乡里"的不孝子孙，湘阴狄氏宗族更是做出了"带祠立予重罚"的规定。

除了要求族众做到言语上尊敬、行为上谦让之外，对老弱族众在物质领域的救济和救助，也是传统乡规民约强调的一个重要内容。唐五代敦煌社条绪言部分就写有"结义相和，脤（赈）济急难，用防凶变"；"遇危则相扶，难则相救"；"凡论邑义，济苦救贫"等字样。元代的《龙祠乡社义约》开篇即言："……救灾恤难，厚本抑末，周济贫乏，忧悯茕独。"为了保证弱势族众的基本生活需要，一些传统乡规民约还就救济标准做了专门的规定，如江夏《义庄规条》"赈恤"条中规定："天行无常，间有水旱，如遇大灾之年，或连年被灾，虽素丰之家亦不免饥寒。族中如有因灾贫乏、不能自为存活者，十五岁以上男妇（日）给米一升，十五岁以下日给米三合，未三岁者不给。"对于大多数民间组织来讲，由于其缺乏固定而充足的资金来源，因此，像上述这样对族人的直接救济和救助，往往显得心有余而力不足。所以，他们更多的是动员有财力的族人慷慨捐输，从而对族内鳏寡孤独者实行必要的救济。如雍正休宁茗洲吴氏宗族在其《茗洲吴氏家典·家规》中即曰："族内贫穷孤寡，实堪怜悯，而祠贮绵薄，不能周恤，……或贾有余财，或禄有余资，尚祈量力多寡输入，俾族众尽沾嘉惠，以成钜典。"

（3）生态伦理思想的渗入

除了"仁"、"礼"思想之外，先秦儒家思想还非常重视人与自然的和谐相处，处处强调"仁民爱物"，要求节制人类的欲望，按照大自然的节奏、万物生长的节律来安排人类行为。《孟子·梁惠王上》中曾记载过孟子对梁惠王说的一段话，"不违农时，谷不可胜食也；数罟不入洿池，鱼鳖不可胜食也；斧斤以时入山林，材木不可胜用也；谷与鱼鳖不可胜食，材木不可胜用，是使民养生丧死无憾也；养生丧死无憾，王道之始也"。可见，先秦儒家思想认为自然界是互相联系、互相作用的有机整体，因此，作为有机整体中的重要一分子，人类的行为应该遵循自然规律，"以时禁发"，唯有如此，方能达到"天人合一"的理想境界。先秦儒家的这种生态伦理思想也广泛的存在于传统乡规民约中。如祁门县彭龙乡环砂村《清嘉庆二年（1797年）正月祁门环砂村告示及十一月永禁碑》中即规定："该山挖桩及私砍树木纵火等情，概依合文例禁。倘敢故违，许业主人等协合地保查明，赴县具禀，以凭拿究，决不姑宽。该业主亦不得藉端滋诉，各宜凛遵母违。……准七月议期一日采取；……准八月议期一日采取，……除坟山庇荫及二尺围成材之料不砍，仍准按期节取。"祁门县闪里镇文堂大仓原祠堂所立清道光六年（1826年）《合约演戏严禁碑》中亦明确规定，"一、禁茶叶迭年立夏前后，公议日期，鸣锣开七，毋许乱摘，各管各业；二、禁苞芦、桐子，如过十一月初一日，听凭收拾。"祁门县滩下村《道光十八年（1838年）永禁碑》中也规定，"禁茶叶递年准摘两季，以六月初一为率，不得过期。倘故违偷窃，定行罚钱壹仟文演戏，断不徇情。"

## 2. 宋明理学：传统乡规民约的思想基石

理学思想是经历了宋明两代长达数百年的时间，由周敦颐、邵雍、张载、程颢、程颐、朱熹、陆九渊以及王守仁等众多的理学家逐步发展成熟起来的，是先秦儒学发展的一个新阶段，在很多方面发展了以往的儒学。一方面，它提出了"礼"即"理"的思想（这里所谓的"理"，既指自然规律，又指社会规范），并从哲学的高度证明了"理"最大，由此证明了以礼建构国家与社会秩序的合法性。这就将"礼"由形而下之器，提升为形而上之道，把礼升华到本体论的高度，即将"礼"从乡村生活尤其是家族生活中的常行礼仪扩大为治理国家和社会的道理。另一方面，理学思想认为，"人之一心，天理存，则人欲亡；人欲胜，则天理灭，未有天理人欲夹杂者。"因此，"学者须是革尽人欲，复尽天理，方始为学"，继而提出了"立天理"、"灭人欲"的伦理标准。在宋明理学思想的影响下，宋代以后的乡规民约无论是在目的、宗旨、还是在具体内容上都发生了一些显著的变化。

（1）"效忠"思想的广泛渗透

宋明理学特别强调对封建政府的"效忠"思想，并将这一主张通过一系列严格的礼仪行为规范要求向乡村社会民间组织内部渗透，使传统乡规民约成为教化民众、"效忠"国家的工具。这种"效忠"思想主要体现在以下两个方面：首先，对于"入仕"的组织成员来说，要力求做到"尽职尽责"、"恪尽职守"。譬如，婺源武口王氏宗族要求入仕的宗族子弟，"事君，则以忠，当无二无他以乃心王室，当有为有守当忘我家身；为大臣，当思舟揖霖雨之才；为小臣，当思奔走后先之用；为文臣，当展华国之漠；为武臣，当副干城之望"。其次，对于普通的组织成员来讲，必须做到按时完粮纳税。如温州盘古高氏要求，"践土食毛，富有纳税之义务。凡吾子姓，不分贵贱，须知国课之早完，非独免追呼之扰，亦为下不倍之道，当然也。"从上述规条中，我们可以看到，这里对"忠"的要求和先秦儒家思想所宣扬的"忠"是有所区别的。孟子曾曰："君之视臣如手足，则臣视君如腹心；君之视臣如犬马，则臣视君如国人；君之视臣如土芥，则臣视君如寇仇。"孔子亦云，"君使臣以礼"，可见，在先秦儒家看来，"忠君"是建立在"君使臣以礼，臣事君以忠。"的前提之上的，失去了这个前提，臣可不忠于君。而这一时期的理学思想则宣扬"君叫臣死，臣不敢不死"的臆说谬论，臣对君的独立人格丧失殆尽，"忠君"已经完全表现为一种"愚忠"。

（2）封建伦理纲常思想的强力宣扬

由于受到宋明理学封建伦理纲常思想的影响，宋代以后的传统乡规民约，十分注意用封建伦理纲常来改造当地风俗，纠正乡间社会习俗中违背封建礼仪的行为，尤其注重对"男女有别"观念的强调和妇女行为的约束。如婺源县武口王氏宗族《王氏家范十条》别男女条记载说："《易》之家人卦曰，'男正位乎外，女正位乎内，男女正，天地之大义也。"黟县环山余氏宗族则要求族内女性成员不得"往外观会、看戏、游山、谒庙、出堂言及间外之事"歙县潭渡黄氏宗族则对族内妇女的行为做出了更加具体而严格的规定："风化肇自闺门，各堂子姓当以四德三从之道训其妇，使之安详恭敬，俭约操持。奉舅姑以孝，事丈夫以礼，待娣姒以和，抚子女以慈，内职宜勤，女红勿怠，服饰勿事华靡，饮食莫思警臀，毋搬斗是非，毋凌厉脾妾，并不得出村游戏，如观剧玩灯，朝山看花之类，倘不率教，罚及其夫。"正是这些片面的、歧视性的道德准则，强化了妇女在社会、家庭中的不平等地位。

在宋明理学"无欲"、"少欲"思想理念的影响之下，传统乡规民约大多提倡和宣扬"一女不事二夫"的封建伦理思想，以维护国家封建纲常在乡间社会的权威。如宣仁王氏宗族规定：妇女"不幸寡居，则应丹心铁石，白首冰霜"。对节妇、烈女，许多这一时期的乡规民约都作出了诸如"谱表立传"、"公举旌奖"、"为公呈请"等奖励措施。如《锡山邹氏家乘》规定："凡妇女有守节自誓者，为宗主当白诸有司，旌表其节，庶可以励薄俗。有司未行，即当备入于谱表立传，以载家乘外篇。"相反地，那些违背"一女不事二夫"封建伦理思想的妇女，则将受到"告祠除名"等极其严厉的处罚。在这样的层层进逼之下，妇女的各项权利被一一剥夺，并通过乡规民约等正统意识形态的灌输和熏陶，使女性在思想上、潜意识中将"男尊女卑、三从四德"作为天经地义的信条，将"为夫守贞"作为自己人格的主体，各地遗留下来的为数众多的贞节牌坊或许就是很好的证明，也正是从这时起，妇女的独立人格彻底丧失。

### 3. 西方宪政思想：促使传统乡规民约转型的外来元素

宪政在西方作为一种思想传播和制度实践，是经过漫长的历史时期的积淀与洗炼最终确立下来的。其核心观点包括主张追求个人的权利和自由；强调"以权力制约权力"；提出"有限政府模式"等。19世纪中叶，西方宪政思想传入中国。经过林则徐、魏源、冯桂芬、郑观应、王韬、康有为、梁启超、严复和谭嗣同等有识人士的努力推动和长期宣传，西方宪政思想在中国知识分子、封建官僚阶层中得到了很大程度上的认同和普遍推广。中华民国成立后，在中央政府的支持和推动下，地方自治受到重视，部分乡村士绅、知识分子包括地方官吏，转而将宪政思想引入到乡村社会的乡村自治中，并将其融入到对乡村社会的管理和秩序维护中，这一时期的乡规民约也因此发生了一些根本性的改变：

（1）强调和保护村民的选举权、被选举权以及参会权等各项政治权利，以凸显其所谓"民主、平等"思想

清末民初河北翟城村《村规民约》对村民的选举权做了明确规定："本村村治，由全村村民组织；全村村民公选村长一人，村佐二人；全村划为八个自治区，各区公举区长一人。"1927 年山西村政对村民的被选举权做了具体的详细说明，即"村民年在二十五岁以上，现未充当教员及在外别有职业备具下列资格者（一参与村民会议，一朴实公正村通文义），得选为村长副。"山东某村在 1930 年的村规民约中对村民的参会权做了专门的解释，即"任何年满 20 岁的村民都为村民会议的成员"，当然，那些有不良行为（诸如贩卖鸦片、赌博、偷窃等）、腐败行为和身体出现较大异常、无法控制自己行为和思想的村民是不被允许参加村民会议的。

（2）强调全民参与村务管理，主张建立村民会议制度，以实现由传统绅治向近代自治的转变

在河北翟城村，村规民约经过了清末民初的制定和 20 世纪 20 年代的修订这样两个阶段。在制定的最初阶段，参与村务管理的人员仅有米春明、米迪刚父子与村正、村副等少数人，但是，自从修订了新的村规民约以后，以各种名义参与村务的人员明显增多，从原来以米氏父子为核心的数人逐步扩展为整个乡村的十个大姓人士，计四十人之多。后来，在国家力量的推动下，他们又抛弃了原来的村会制度，建立了村民会议制度，规定年满 20 周岁、行为端正的村民均为村民会议的成员，他们享有对包括村长副在内的村行政人员的选举、监督及罢免权；享有县区政府交办的各种事项的议决权；享有议定和修改村禁约及村规的权力；享有由村长副、村监察委员会以及 20 人以上村民提交的事项的议决权。尽管真正的执行权力掌握在由乡村士绅阶层组成的村政会议及其执行委员会（村公所）手中，但从表面上看，村民会议制度无疑是增强了村民参与村务管理的能力，彰显了其所谓"全民政治"色彩。

（3）强调和提倡建立村务管理监督机制，以体现其所谓"民治主义"思想

受西方宪政思想的影响，近代以来的乡规民约大多要求实行村务监督机制，即建立村监察委员会，以监督执行机关及附属机关。像山西军阀阎锡山即认为村长副办理村务，仅凭官厅监察不行，必须给人民以监察之合法权利，并设监察机关使人民行使监察之职责。在阎锡山的倡议和推动之下，山西各地农

村社会首先设立了村监察委员会，专司清理村中公款有无浮滥，纠察执行村务人员能否尽职，负监督之职权。为了保证村监察委员会的监察能力，山西村政规约要求，"村监察委员会由村民会议于村民中选举五人或七人组成，其主要职责为清查村财政和举发执行村务人员之弊端行为；监察员任期一年，但不得连举连任。"

可以看出，近代乡规民约都不同程度的借鉴了西方宪政思想，包括封建知识分子、封建地方官僚以及其他社会精英在内的乡规民约的制定和执行者，期望通过"如此直接间接监察，横的竖的调剂"，从而达到"自然利兴弊除，根本修明"的目的，最终实现"任何政治，无不顺利"的目标。虽然，由于受到政治、经济、文化、社会等诸多因素的制约，清末民初的乡村自治运动大多归于失败，其所制定的一系列村规民约在实践中也多流于形式，但"民主"、"自由"、"平等"、"监督"等西方民权思想，已经深深印入了中国人的脑海中，并在以后的乡村地方自治中发挥了越来越重要的作用，这一点，从当代乡规民约浓厚的法律文化色彩中就能得到充分的证明。

# 卜凯文献挖掘整理的现状与思考

杨学新　任会来

（河北大学工商学院，保定　071002）

　　**摘　要**：卜凯，美国著名的中国农业经济学家，一生著述颇丰，成果达 78 部（篇），但是，他的成果文献大都是英文版和民国时期的，目前国内所挖掘到的数量非常有限。这主要是重视不够、视野不宽等方面原因造成的。为此，我们应坚持文字与实物资料、国内与国外挖掘整理并重，并做好实地考查和人员的走访工作，以推动卜凯问题的研究走向深入。

　　**关键词**：卜凯；文献；挖掘；整理；现状；思考

　　近年来，随着我国对"三农"问题的日益关注，对于卜凯的研究越来越受到学术界的重视。但是，从对卜凯已有的研究成果看，仍存在两方面的问题：一是在对于他一生研究时间段的划分上，都以 1944 年他回国的时间为限；二是在研究的内容上，多集中于 20 世纪二三十年代关于中国农家经济社会状况的调查，对于他同时期关于中国农村人口、物价、农具等方面的研究以及 1944 年回国后有关中国农业的论述涉及的不多。究其原因，对他的原始资料注意不够[1]，文献资料的不足无疑成为我们对卜凯关于中国农村社会调查及其农业经济理论研究深入的瓶颈。从目前的情况看，新中国成立后，大陆再没有出版过卜凯的著作，只有极少数图书馆还保存有很旧的民国版本，卜凯后期的著作还大都没有中文版本。这种状况导致"国内人们对卜凯的调查及其成果还缺乏全面、客观、公正的认识，其珍贵的历史价值未能得到应有的承认。"[2] 鉴于此，本文就卜凯教授文献挖掘整理的现状及存在的问题提出我们的几点建议，请批评指正。

# 一、基本状况

　　卜凯的一生著述颇丰。在国内，有关卜凯教授发表的关于中国农业经济方面的成果文献，我们可以在卜凯撰写、卢良俊翻译的回忆文章 "Development of Agricultural Economics at the University of Nanking"（金陵大学农业经济系之发展，《金陵大学农学院农业经济系建系 70 周年纪念册 1921—1991，1991 年，南京》），崔毓俊在金陵大学农学院农业经济系建系 70 周年时发表的"我系科研、推广工作简介"（《金陵大学农学院农业经济系建系 70 周年纪念册 1921—1991，1991 年，南京》）、《忆往拾遗》中的"金大农经系的科研和推广工作"（《忆往拾遗》，1993 年 10 月，未刊），张五常的《佃农理论——应用于亚洲的农业和台湾的土地改革》（商务印书馆，2001 年），张宪文主编的《金陵大学校史》（南京大学出版社，2002 年）第六章第二节"农学院的教学工作"等资料上查阅到。但是，这些介绍因为论述时间的先后和角度的不同而不全面、不系统；在国外，美国学者 Randalle E. Stross 撰写的 "The Stubborn Earth-American Agriculturalists on Chinese Soil，1987 – 1937"（僵硬的大地——在中国土地上的美国农学家，洛杉矶：加州大学伯克利分校出版，1986 年）第七部分 "Myopia – Lossing Buck and Agricultural Economics，1920—1930（缺乏远见——卜凯与 20、30 年代的农业经济）对卜凯关于中国农业方面的成果文献进行了论述，但将时间限定在 20 世纪二三十年代，对他 1944 年回国后的成果文献几乎没有涉及。卜凯一生的成果文献我们可以从他自己提供的 "a list of publication by John Lossing Buck"（卜凯的出版物，1962 年）中有全面详尽

---

　　[1]　张五常：《佃农理论—应用于亚洲的农业和台湾的土地改革》，北京：商务印书馆，2001 年，第 80 页
　　[2]　盛邦跃：《卜凯视野中的中国近代农业》，北京：社会科学文献出版社，2008 年，第 7 页

的了解①，后人所建的 JohnLossingBuck. org 网站上也可以浏览到。

## （一）文献篇目和数量

卜凯一生的成果文献概括起来主要包括：专著（书），专题研究论文，报告，演讲和手稿四大类，详情如下。

**1. 专著（书）4 部**

（1）中国农家经济

1930 年，从 7 个省的 17 个地区的 2 866 家农场收集的数据分析。中国，金陵大学和太平洋关系中国委员会，芝加哥大学出版社出版，1930 年 7 月 1 日。张履鸾译，上海：商务印书馆，1936 年。

（2）中国土地利用（文论、图集、统计三部分）1937 年，英文和中文

《中国土地利用》报告是由金陵大学出版的，也是由太平洋关系中国研究会和国家经济委员会以及中国中央银行赞助的太平洋研究会国际研究系列的报告之一。它们包含了 1929—1933 年的数据分析，这些数据从 168 个不同地域的 16 786 个农场和 22 个省份的 38 256 个农户家庭统计而来。分别由上海商务印书馆、芝加哥大学出版社和牛津大学出版社出版。

（3）中国农场管理学

与威廉·M. 柯蒂斯合著，1942 年，成都，金陵大学。1946 年 4 月 8 日由戈福鼎、汪荫元翻译成中文。

（4）共产主义中国的粮食和农业

与欧文·L·达森和吴元黎合著，英文。加利福尼亚：斯坦福大学胡佛战争、革命与和平研究所。纽约：Fredric A. Praeger 出版社，1966 年。主要论述了"共产主义政权之前和共产主义政权时期中国谷物食品"以及共产主义之前 1929—1937 年和共产主义期间 1449—1958 年粮食和农业发展的比较。

**2. 专题研究文章 62 篇**

（1）纽约市的供水，1909 年 12 月，波基普西，波基普西中学《波基普西人》。

（2）新汉普顿教养农场，《展望》，1914 年 8 月 8 日。

（3）农村社会调查表，有多个版本，第一版是在安徽南宿州，1915—1919 年卜凯与美国长老会的首次任务地点。第二版是 1921—1922 年，华伯雄译成中文，金陵大学出版。1931 年为第三个修订版，孙文郁翻译成中文。

（4）南宿州：农业工作，收录在《中国之窗——对江南传教差会一瞥》1917 年。

（5）安徽北部水利保护，上海：远东评论，1917 年 12 月。

（6）传教士开始在中国开展农业教育，《米勒氏评论》，上海，第 6 卷第 2 期，1918 年 9 月 14 日。

（7）安徽的南宿州，上海《中国报》，1918 年 11 月 21 日。一份卜凯关于庆祝盟军胜利的新闻栏目。

（8）中小学引入农业教育的可行性计划，《中国记录》，1919 年 5 月，1919 年在河南、山东教育协会上。

（9）4000 年后南宿州的农业状况，上海：《中国报》，1920 年 1 月 22 日，3 个报纸专栏。

（10）美国长老教会在中国安徽南宿州的农业工作，上海：《教务杂志》，1920 年 6 月。

（11）中国一个农村教会组织和项目建设，上海：《教务杂志》，1920 年 7 月。

（12）中国农业传教会的发展，中国继续委员会——教会调查手册，上海：国际农业教会委员会，Millards Review（十亿评论），1921 年 5 月 7 日。

（13）国际农业传教协会，上海：《密勒氏评论》，1921 年 5 月 7 日。

（14）中国的教堂和乡村生活，上海：《教务杂志》，1923 年 6 月。

（15）安徽芜湖近郊 102 户农家经济与社会调查，南京：金陵大学，第一部分，1923 年 12 月；第二部分，1924 年 7 月；徐澄翻译为中文，1925 年 3 月。

---

① 该资料原件现保存于康奈尔大学档案馆，复印件为卜凯教授的儿子 Paul 和现居住美国加州洛杉矶的崔毓俊先生之子崔肇春教授提供，This Memoir has been edited by Dr. Buck 未刊，1962 年

（16）中国的价格变化——灾荒的影响和最近价格上涨，《美国统计协会杂志》，1925 年 6 月。

（17）四万万人每天必须要吃饭——农家和人民，《成人圣经》（月刊）重印，1925 年 10 月，美国新教圣公会卫理公会教派国外传教会，纽约第五大道 150 号。

（18）中国一些农村的状况，卫理公会外国传道差会，纽约第五大道 150 号，《农场与人》，1925 年 10 月。

（19）中国直隶省盐山县 150 户农家经济与社会调查，南京：金陵大学，1926 年 6 月，康奈尔大学硕士学位论文，孙文郁翻译为中文。

（20）中国的农村问题，上海：中华基督教协会，1927 年。

（21）中国农场的所有权和租佃，中国基督教协进会，1927 年。

（22）东方的状况，1927 年 1 月 17 日纽约特洛伊《特洛伊记录》，基于卜凯写给特洛伊第二次基督教长老会集会的信关于南京事件的记录。

（23）声明——关于对南京暴行的愤慨，1927 年 3 月 24 日，应上海美联社的要求。

（24）南京事件，卜凯写的信，美国基督长老教会外国传教董事会转载和分发，1927 年 4 月 15 日。

（25）南京事变，给母亲的信，1927 年 5 月 13 日发表在纽约波基普西《波基普西鹰报》，也发表于金陵大学农林学院第 13 次年度报告。

（26）"大刀会"和"小刀会"的冲突，《中国每周评论》，1928 年。

（27）中国农村人口的组成及其生长，与乔启明合著，《中国经济》杂志，第 2 卷，第 3 期，1928 年 3 月，中国政府经济信息局，上海。

（28）中国农场管理调查，伊萨卡：康奈尔大学《农场经济学》第 67 期，1930 年。

（29）中国农村的差异，日本东京：国际统计协会会议，1930 年。

（30）中国农村经济，《农场经济》杂志，第十二卷，第 3 期，1930 年 7 月。

（31）农业与中国的未来，美国费城：《美国政治和社会科学研究院年报》，1930 年 11 月。

（32）农业经济学对中国农村改良的可能贡献，上海：《中国每周评论》，1931 年。

（33）改良农业的手段和方法：上海《中国每周评论》，还发表在《农业周刊》第一卷，第 14 期，1931 年。

（34）中日冲突引发上海近郊乡村损失的社会和经济调查，1932 年。这是一篇根据国民政府财政部长宋子文博士要求提交的未发表的秘密调研报告，因为有 7 个县的县长要求救济，调研结果显示在农村地区的损失较为有限，因此政府没有给予救济。

（35）农业推广方法，上海：《中国每周评论》，1932 年。

（36）中国土地问题（农场所有权和租佃：地主与佃农的关系），报刊专栏"卜凯博士的讲座，"平津时报"1932 年 3 月 7 日，星期一。

（37）1931 年的中国水灾地区经济调查，金陵大学与全国洪水灾救济委员会的合作，《金陵大学学报》第二卷第一期，1932 年 4 月。

（38）白银与中国的经济问题，《太平洋事务》杂志，1935 年 3 月。

（39）中国经济萧条和财政问题，上海：《中国报》双十增刊，1935 年 10 月 10 日。

（40）中国殖民化的可能性，上海：《中国论坛》第一卷，第 15 期，1938 年。

（41）增加农业生产的方法，成都，《农业推广通讯》第 3 卷，第 9 期和《农家组织领袖》（中文）1941 年。

（42）四川大米的价格及其决定性因素，《经济统计》第 15 期，1941 年，成都：金陵大学。

（43）价格行为，油印丛刊第 1 期，1941 年 5 月，成都：金陵大学。

（44）调查方法，统计初级读本（中文）周年纪念刊，1942 年，成都：统计局。

（45）是否存在日本在中国的扩张？《军事日报》（中文），1942 年，成都。

（46）中国四川省的农业调查，纽约：太平洋关系学会国际秘书处，1943 年，重庆：中国农民银行，1942 年。

（47）增加农业生产的方法，《经济统计》第 16 期，1943 年，成都：金陵大学。

（48）官方汇率和价格关系，《经济统计》第 23 期，1943 年，成都：金陵大学。

（49）通货紧缩——最大的战后问题，《经济统计》第 24 期，1943 年，成都：金陵大学。

（50）四川农民的经济地位，《经济统计》第 26 期，1943 年，成都：金陵大学。

（51）生产成本，《经济统计》第 32 期，1944 年，成都：金陵大学。

（52）中国农场租佃，《经济统计》，第 33 期和第 34 期，成都：金陵大学，1944 年。

（53）中国四川省华阳县的土地利用，《经济统计》，第 37 期和第 38 期，成都：金陵大学，1944 年。

（54）农民，重庆：《国家先驱报》，1944 年 5 月 16 日（1944 年 5 月 12 日在中国农业协会的演讲，重庆）。

（55）中国的农具和农业机械，《经济统计》第 50 期，1945 年，成都：金陵大学。还刊印在金陵大学农业经济系年度报告上。

（56）中国农业的一些基本问题，纽约：太平洋关系学会第 1 号秘书处文件，1947 年在英国 Stratford – on – Avon 的第十届大会上提交。

（57）第二次世界大战期间的中国农民及其战后的未来，纽约：太平洋关系学会，1947 年。出版时的标题可能是"农业基本问题"。

（58）中国土地的事实与理论，纽约：《外交事务》杂志，第 28 卷，第一期，1949 年 10 月。

（59）中国简单的保护应用和土地利用实践，《联合国资源的保护和利用科学会议年报》，1950 年 8 月 17 日至 9 月 6 日，第一卷，全体会议，联合国，经济事务部，纽约，成功湖。也发表在《土壤与水源保护》杂志第 4 卷第 4 期上，1949 年 10 月。《原子科学家学报》，1950 年 12 月重刊，第 6 卷，第 12 期，芝加哥核科学教育基金会。

（60）亚洲国家土地改革的进展，密尔沃基：马凯特大学出版社（1959 年 9 月 25 日，收入《土地使用权，工业化和社会稳定：亚洲的经验与展望》一书，1961 年。

（61）共产主义中国的粮食生产数据的可靠性，《当代场景》，第三卷，第 14 期，1965 年 3 月 1 日。

（62）金陵大学农业经济的发展，伊萨卡：纽约州立农学院（康奈尔大学），1973 年 9 月。

### 3. 报告 6 篇

（1）1920—1921 农林学院报告，《金陵集刊》，第 6 卷第 5 期，1921 年。

（2）国家水灾赈济委员会报告 1931 年至 1932 年，上海，1933 年。

（3）市场行情，华盛顿特区：中美农业使团报告中的一章，美国农业部，1947 年。

（4）中美农业使团报告，第二号报告书，华盛顿特区，农业部对外农业关系办公室，1947 年 5 月。卜凯为代表团成员，为"产销统计"一章准备材料。卜凯报告中的关于台湾和浙江省茶叶产业信息部分被整合在"中国茶叶"一章。

（5）经济与文化事务委员会报告，纽约：1953 年 11 月 23 日至 1956 年 12 月 31 日。

（6）卜凯职业生涯的口头报告，1962 年，康奈尔大学图书馆，纽约，伊萨卡。

### 4. 演讲和手稿 6 篇

（1）农业传教会，（调查卷），中国持续委员会，手稿，大约在 19 世纪 40 年代。

（2）农民，1944 年 5 月 12 日在重庆中国农业协会发表的演讲，重庆：《国家先驱报》1944 年 5 月 15 日。

（3）一份未发表的演讲，该演讲是在 Doylestown 的 Forhook 农场召开的中美园艺家会议上发表的，1945 年 12 月 27 ~ 29 日。

（4）现代东方的基本矛盾——中国土地发展问题，联合国粮农组织赞助的报告，1950 年 10 月。

（5）提高土地利用所需的训练和经验，联合国粮农组织土地中心，关于亚洲和远东的问题，曼谷，泰国，联合国粮农组织会议，1954 年。

（6）建立农业经济学系的作用，约 1958 年，手稿。

从上述卜凯自己列出的 78 篇成果文献情况分析，除 5 篇（部）外，73 篇（部）是有关中国农业经济和社会状况的，他不愧为"世界上关于中国农业经济最优秀、最权威的学者"[①]。成果中的 61 篇（部）是

---

① 陈意新：《美国学者对中国近代农业经济的研究》，《中国经济史研究》2001 年第 1 期，第 118 页

他 1944 年回美国以前发表的，大部分为英文，其中的部分成果由他金陵大学的同事或学生翻译为中文。

## （二）文献的挖掘与整理

文献资料是全面、系统研究卜凯教授关于中国农业经济理论的第一步，而挖掘是基础、整理是关键、应用是目的，没有准确、翔实的资料，就不可能得出科学的结论，也不可能将研究推向深入，因而文献的挖掘和整理至关重要。

### 1. 文献的挖掘

近年来，对卜凯国内外文献资料的挖掘工作越来越受到人们的重视和关注。挖掘渠道概括起来主要有两方面：一是卜凯及其同事、学生的后人。如，2008 年卜凯教授之子 Paul L. Buck 在南京农业大学和康奈尔大学联合主办的农林经济管理高层论坛暨"农村改革与发展：面对 21 世纪新挑战"国际学术研讨会上，做了"John Lussing Buck：Memories of my father – by Paul and Andrew Buck"的报告，该报告为我们提供了国内从未见过的关于卜凯在美国、中国、日本等地学习、工作和生活的一批珍贵照片。卜凯金陵大学农经系同事、学生崔毓俊的儿子崔肇春也在这次会上做了"Prof. Buck and My Family（卜凯教授与我们一家）的报告，为我们提供了卜凯与他父亲及其家庭多年交往的资料；卜凯前妻赛珍珠的同事邵蔚华之子、宿州学院的邵体忠老先生，2010 年 12 月在宿州学院举办的"赛珍珠—布克（卜凯）"国际学术研讨会上，提交了"卜凯先生在宿州的事迹与事业"纪念性的论文，弥补了以往卜凯在宿州的生活和工作期间文献资料存在的不足。二是他曾工作和生活过的宿州、南京等地的图书馆和档案馆，如，2009 年 5 月芜湖市档案馆发现《芜湖附近一百零二农家之经济及社会的调查》刊登在 1925 年第一号、第二号《安徽实业杂志》上的（二、三），有 47 页，约 2 万多字，金陵大学农业经济农场管理系教授卜凯著、徐澄译。该市档案馆发现的《芜湖附近一百零二农家之经济及社会的调查》（二、三）系残卷，比 1928 年 2 月刊印在金陵大学农林科《农林丛刊》第四十二号上的要早 3 年。同年，我们在北京国家图书馆挖掘到卜凯的"Three Essays on Chinese farm Economy，Garland publishing Inc，New York&London，1980（三篇关于中国农业经济的论文）：Farm Owenership and Tenancy in China（中国土地所有制和租佃），Agricultural Survey of Szechwan Province（四川省农业调查），Some Basic Agricultureal Problems of China（中国农业的一些基本问题）。

截至目前，我们收集到列入卜凯自己出版目录的有专著 4 部，其中 3 部为中文译本，"共产主义中国的粮食与农业"（Food and Agriculture in Communist China）一书为英文版，专题研究文章、报告、演讲和手稿 18 篇，只占卜凯所列研究成果文献总数的 24%。此外，我们还收集到了没有被卜凯列入自己研究成果目录的部分研究文献 8 篇，它们是：

（1）《欧洲农业改观》，1921 年 3 月 13 日卜凯在金陵大学农业经济系的学术报告，唐希贤根据报告记录整理翻译而成。

（2）《佃农纳租平议》卜凯、乔启明著，金陵大学农林科农林丛刊，第 46 号和第 47 号，1928 年 12 月刊印。

（3）《中国目前应有之几种农业政策》，1934 年卜凯教授在中央农业试验所改良农作物冬季讨论会上的演讲稿，孙文郁译。

（4）《中国乡村人口问题之研究》，卜凯著，黄席群译，发表于《现代读物》1937 年，第二卷第 27 期。

（5）《中国之农业》，卜凯著，方绩佩译，《农学月刊》1939 年，第 1 卷第 4 期上。

（6）《大农场与家庭农场》，卜凯著，章柏雨译，发表在《农业推广通讯》第 3 卷 11 期，1941 年 9 月 1 日，成都，金陵大学。

（7）《中国农民之经济状况》，卜凯与应廉耕合著，翁绍耳译，文章以孙文郁 1933—1934 年在豫鄂皖赣四省 582 农家经济状况为资料，发表在金陵大学农业经济系发行的《经济统计》第 35 期，1944 年 8 月号。

（8）《自给自足的教会》（The Self – supporting，J. Lossing Buck，University of Naking，National Christian Council of China 23 Yuen Ming Yuen Road，Shanghai Reprint from "The China Council Buttetin" No123）

卜凯，金陵大学，中国宗教委员会公报，第 123 期，上海，圆明园路 23 号。

其中《中国之农业》、《中国乡村人口问题研究》分别为卜凯主编的《中国土地利用》（文论）的第一章"中国农业概论"和第十三章"人口"部分。

### 2. 文献的整理

文献整理是一个去伪存真、分析辨别的过程，是研究工作必不可少的有机组成部分，是开发和应用成果的重要关口，来不得半点马虎。但是，由于历史的原因和时间的关系，卜凯农家经济和土地利用调查的原始数据大都遗失或被销毁，即使保留下来也都残缺不全，这为文献整理工作带来了很多的困难，但是国内学术界同仁还是尽其所能做了一定的工作，收到一定的成效，这主要体现在以下几个方面。

（1）原始数据的整理

关于卜凯调查原始数据的整理，起步最早的应为卜凯工作生活过的南京农业大学。2002 年 11 月，南京农业大学经济管理学院将卜凯尘封了 65 年的《中国土地利用》部分原始数据与日本东京国际大学经济学部进行了共同合作开发，对这些资料进行了抢救式的整理，并进行了计算机处理分析。经过五年的努力，2007 年，课题组发表了题目为"30 年代中国农家社会调查数据与当今中国农家的比较的最终研究报告"，内容包括：表格、数据、地图、照片、图片以及 8 篇研究论文，涉及 "卜凯调查数据的可靠性——谷物减产初步检验"、"卜凯调查数据的复原分析"、"30 年代中国农村农作物产量的数据特征和土地生产力的分配"、"30 年代以来中国农业经济的变化——基于卜凯调查的比较研究" 等。2008 年，在南京农业大学、康奈尔大学等联合举办的 "农村改革与发展：面对 21 世纪新挑战" 国际学术研讨会 "农户调查历史数据整理与利用" 分组报告会上，日本 Mikio Suga 教授做了 "The Structure and Potential Value of the remaining Buck's survey date"（卜凯调查数据的结构和潜在价值）的报告，全面介绍了整理的方式方法和进展的状况，可以说这是目前国内外对卜凯调查原始数据进行合作整理的一次有益尝试。

（2）成果文献的整理

在研究成果文献的整理方面。由于卜凯的成果文献大都用英文写成，因而他在西方国家特别是美国的影响要大大高于中国，他有关中国农村、农业和农民的调查研究成果成为西方学者研究中国当时社会状况的主要参考资料，如美国研究中国问题的知名学者费正清、黄宗智、马若孟等，但是大都引用为佐证的多，进行辨析的少。在国内，随着对卜凯问题研究的逐步深入，对他文献整理的工作也日益引起学术界的重视，如河北大学杨学新、任会来的 "卜凯与河北省盐山县 150 农家之经济与社会调查"（黄宗智主编《中国乡村研究》第八辑，福建教育出版社，2010 年）对卜凯在盐山 150 户农家社会及经济状况调查的时间和地点进行了论证和实地考察。宿州学院鄢化志对卜凯 1916 年拍摄的《宿州城墙、护城河与守望塔楼》照片的方位、季节、时间以及景物进行推断和辨识（《赛珍珠—布克国际学术研讨会论文汇编》中国，安徽，宿州，2010 年 12 月 10 日，内部资料）。但上述工作只是处于刚刚起步阶段，整理工作也是零星分散进行。

# 二、思　考

虽然国内学术界在挖掘和整理卜凯文献的工作中做出了很大的努力，也取得了阶段性的成果，但实际效果不容乐观。如对其所列文献的挖掘中，除仅 4 部专著（书）全部收集齐外，研究论文只挖掘了其中的 18 篇，而且大都是他 1944 年回美国前所发表成果的中文译本，回美国后的成果由于大都在国外且为英文本，收集到的数量很少，这表明我们在卜凯文献的挖掘和整理工作中仍有许多工作要做，这不得不引起我们的思考。

## （一）反　思

### 1. 重视不够

由于历史的原因，自新中国成立到 20 世纪 80 年代国内对卜凯的评价基本持否定态度，这无疑在卜凯问题的研究上形成了一个学术禁区，致使有关卜凯的文献资料遗失甚至被销毁。80 年代中期以后，特别是随着我国"三农"问题的提出，卜凯关于中国农业经济和农村社会状况论述的合理性和重要性逐渐被人们所接受，但相对于国内外关于赛珍珠文献的挖掘与整理工作来说，无疑是起步晚，进展缓慢。如，直到 2010 年 12 月，国内第一个卜凯研究所才在安徽宿州学院挂牌成立，这与国内目前"赛学"研究热潮无疑形成了鲜明的对比，对他文献的挖掘和整理更是处于各自为战的状态，缺乏多学科的协作和全面、系统的规划，没有形成合力，甚至因为资金的不足对他土地利用调查原始数据的整理不得不借助国外（日本）资金来进行。

**2. 视野不宽**

在以前有关卜凯问题的研究论述中，我们曾提到："研究卜凯不能只看到他关于中国农业、农业经济学、农业教育及改良的成果，还要意识到他的家庭及其性格特点对他一生的影响"[1]。然而，以往国内外学术界对其文献资料的引用多局限在其农家经济和土地利用调查的范围内，特别是对他与家人、同事和朋友之间来往的信件、生活或工作的照片和实物挖掘不够。卜凯的孙女埃里森·卜凯（Allision Buck）整理分析他来中国初期与家人之间的来往信件，在 2008 年 10 月镇江市政府举办的纪念赛珍珠诺贝尔奖 70 周年的学术研讨会上提交了"Letter from China：The Early life of Pearl S. and John Lossing Buck"（中国来信：约翰·洛辛·卜凯与赛珍珠的早期生活）的论文，这无疑给我们挖掘整理卜凯的文献提供了一个新思路。据作者所知，目前，美国斯坦福大学胡佛研究所就存有他 1944 年在中国财政部任职时的来往信件；南京中国第二历史档案馆也存有他在金陵大学农业经济系任教时国内外各种来往信件；著名经济学界张五常在他的《佃农理论》一书中也介绍说，芝加哥大学亚洲图书馆存有卜凯用英文发表的几本中国农业名著以及他多个手下研究员用中文发表的这方面成果；崔毓俊在他的回忆录中也提到，卜凯曾对他说过，他在盐山拍过许多照片，至今还珍藏着[2]；我们应该组织力量尽快去挖掘整理它。同时，应将赛珍珠与卜凯两人的文献资料有机联系起来进行研究分析，因为自 1917 他们结合在一起到 1935 年分手，他们共同生活、工作了 18 年的时间，赛珍珠诺贝尔奖文学奖的作品——《大地》、卜凯的《中国农家经济》和《中国土地利用》都是这一期间完成的，这一事实表明，十八年间他们虽然没有孕育一个健全的孩子，但却共同创造了震惊世界的文学作品和有关中国农业经济和农村社会的研究成果，这些是彼此相连不能截然分开的。正如有的专家所讲的那样：赛珍珠的文学作品《大地》"展现了卜凯对中国农村的认识"[3]。

## （二）设　想

根据上述存在的问题，我们认为，在卜凯文献资料挖掘和整理工作中要处理好长远和近期的关系，从长远看，挖掘、整理和研究三方面工作应并行不悖，近期则应将挖掘和整理工作放在第一位，因为只有全面、系统掌握卜凯的成果文献，才能改变目前国内学术界关于卜凯问题研究徘徊不前的状况。由于卜凯同时代的人都已作古，即使了解和熟悉卜凯一些情况的同事或学生的后人也都年事已高，因而，必须要积极行动起来，对卜凯的文献进行抢救式的挖掘和整理。

1. 梳理卜凯在宿州、南京和成都等地从事农业改良与推广以及教学、科研和管理期间的研究论著，与家人、同事和朋友的来往信件等文字材料以及他在中国生活和工作的照片及其他实物资料，改变目前挖掘整理过程中重文字、轻实物的现象，使文字材料和实物资料兼而有之，相得益彰。

2. 挖掘和整理卜凯 1915 年来中国之前在家乡和康奈尔大学生活和学习的资料以及他 1944 年回国后有关中国农业经济问题的演讲、报告或研究论文，将这些成果翻译为中文，将他青少年时期在美国生活学习的 25 年，在中国生活工作的 29 年，回国后 31 年三个阶段有机的联系起来，进行文献资料的比对分析，从整体上系统把握卜凯的生活、学习和工作经历，特别是他有关中国农业经济理论形成的基础、内涵及其发展变化状况。

3. 走访卜凯曾经工作生活过的地方和组织（如宿州、南京、成都、联合国粮农组织、美国农业部等）及其国内外同事、学生的后人，一方面挖掘他在这些地方工作期间有关中国问题的档案资料；另一方面对年事已高、与卜凯的熟知者或间接熟知者进行口述调查，做好口述史料的挖掘和整理工作，或帮助他

① 杨学新、任会来：《卜凯问题研究述评》，《中国农史》2009 年第 2 期，第 133 页
② 崔毓俊：《忆往》，未刊，1986 年 12 月，第 72 页
③ 陈意新：《美国学者对中国近代农业经济的研究》，《中国经济史研究》2001 年第 1 期，第 118 页

们整理资料撰写卜凯在中国生活和工作期间的回忆文章。

4. 设立出版基金。集中国内外农业经济、农业史、社会史和外语等学科领域对卜凯研究感兴趣的专家和学者，对他的文献进行全方位挖掘和整理，开展联合攻关。在挖掘和整理过程中要兼顾国内与国外、文字与实物，在此基础上编辑出版《卜凯文集》，文集包括专著、手稿、论文、演讲报告、来往信件、照片或遗物，以推动国内外学界对卜凯研究的深入开展。

**项目来源：**

本文系教育部人文社会科学研究规划项目"卜凯与20世纪的中国农业经济与教育"（项目批准号：09YJA770009）的阶段性成果。

**作者简介：**

杨学新，男，1963年生，河北海兴人，河北大学工商学院教授，博士生导师，主要从事区域社会史研究。

任会来，男，1979年生，河北满城人，河北大学工商学院讲师，主要从事中国近现代社会史研究。

# 农业文明与伏羲时代之食文化

徐日辉

（浙江工商大学，杭州　310035）

中国是传统的农业国家，农业文明在中华民族繁衍生息、壮大盛强的过程中起到了十分重要的作用。作为农业文明的代表正是传统文化中的三皇之首伏羲及其所在的时代。伏羲又作虙牺、宓羲、庖牺、包牺等，"虙之与伏，古来通字"①。司马迁说："虙牺、神农教而不诛，黄帝、尧、舜诛而不怒"②。神农，一般认为是炎帝，与轩辕氏黄帝并称为炎黄。笔者的考察表明："伏羲距今在 8 000 ~ 5 800 年，炎帝在距今 6 000 ~ 5 000 年，黄帝在距今 5 000 ~ 4 500 年，他们分属于各自不同的时代"③。因此上讲，中国的农业文明肇启于伏羲时代，发展于炎帝时代，完成于黄帝时代，与中华民族的发展步调同一。

一

中国是传统的农业国家，距今 8 000 ~ 5 800 年前我们祖先的农业生产与饮食文化，文献记载比较简略。如《易·系辞下》称伏羲："作结绳而为罔罟，以田以渔，盖取诸《离》"。"以田"者，就是教民种植粮食作物，发展农业生产以满足生活的需要，当是中国农业生产的开始。而"以渔"，就是继续传统的渔猎生产。所谓"作结绳而为网罟"，就是发明鱼网以捕获更多的鱼，较之于用石球、树叉捕鱼要先进的多。所以汉人王符说："结绳为网以渔"④。因此，《新论》载："宓羲之制杵舂，万民以济"。杵舂，是加工粮食的工具，可以印证的是在甘肃秦安大地湾、河南的裴李岗等发现了这一时期的杵、臼器等⑤（图1）。与文献记载的时代相吻合。而且直到现在中国的西北、西南一些地方还在使用。

图1　出土的杵

---

①　《颜氏家训》卷六

②　《史记·赵世家》

③　徐日辉：《伏羲文化研究》第 174 ~ 175 页，北京：中国教育文化出版社 2005 年版

④　《潜夫论》卷八

⑤　佟柱臣：《中国新石器研究》，成都：巴蜀书社 1998 年版

伏羲生活的时代，是新石器时代偏早期。伏羲之"伏"，《说文》称："从人，从犬。伏，司也。司者，事于外者也。司今之伺字，即伏伺也"。是说伏羲这个"伏"的本意就是服侍人，为他人服务。

"羲"，《说文》在"兮部"，称："羲，气也。谓气之吹嘘也"。"羲"有吹嘘行气，暗含交接之意，故伏羲又有"春皇"之称①，后为伏羲之专称，所以又成为古人生殖崇拜的"禖神"。我们从考古发现的葫芦分析，是有道理的。但是，并不全面。

我认为"羲"本意与西部的"羊"有关。《汉语大字典》将"羲"列入"羊"部是可取的，遗憾的是没有解释清楚。

"羲"当从"羊"，源于西羌。《说文》称："羌，西戎牧羊人也。从人，从羊，羊亦声。南方蛮闽从虫，北方狄从犬，东方貉从豸，西方羌从羊。"在汉代以前，西北影响最大的民族，分布广、人口多的就是羌人。羌人以家庭饲养羊作为主要肉食的来源，所以"羲"从"羊"。"羊"又是美味佳肴，如"羡""羹""美"等都与"羊"有关。有专家认为"古羌族分布在云、贵、川、藏、青、甘、陕、新疆、宁夏和内蒙一带，长期从事采集狩猎游牧生活，但在生态环境适宜农耕的条件下，即渐进入定居农牧经济生活。如古羌人在甘肃东部秦安大地湾天水一带早在距今七八千年就已过着相对定居的生活，并且在从事黍粟旱作农业生产"②。大地湾的考古发现这里正是旱作农业发源地之一，而作为旱作农业的发明者伏羲正是从这里开始了他的辉煌历程。

"犧"，"犧"为祭祀宗庙用的牺牲。郑玄注《周礼·宰夫》时说："牢礼之法，多少之差及其时也。三牲，牛、羊、豕具为一牢"。据知周礼祭祀用三牲者牛、羊、豕。究其内涵，所称"犧"者，本为取犧牲（包括其他动物）以供食用，当是原始社会时期先民们生活的真实反映。所以《汉书·律历志》称："作罔罟以田渔，取犧牲，故天下号曰炮犧氏"。孔颖达疏《礼记·月令》引《帝王世纪》称："取牺牲以供庖厨，食天下，故号曰庖犧氏"。《尸子·君治》称："宓羲（犧）氏之世，天下多兽，故教民以猎"。所以魏人张晏说："作罔罟田渔，以备犧牲"③。清人梁玉绳考证为："言圣德伏物，故教人取牺牲以供庖厨"④，说明伏羲时代已经进入到熟食阶段，否则怎么会有"庖厨"之说。

事实上"备"者，就是人工饲养家畜的表现，而所谓"庖厨"者则是伏羲由渔猎转入农耕时代的重要标志。这在伏羲故里大地湾、师赵村和西山坪等遗址中出土的象、鹿、麝、野猪、狍、黑熊、狸、竹鼠、鼠、鱼、龟、鼢鼠、蚌等动物遗骸和人工饲养的家猪、牛、马、羊、狗⑤，以及旱作谷物黍、油菜籽等⑥，充分证明了伏羲所代表的由渔猎转入农耕的时代特征，取得了巨大的成功。

伏羲是一名实实在在的劳动者、创造者和发明者，而且是一位无私的奉献者，他发明谷物为民生民计，领导饲养家畜，改善生活质量所以才尊称为"伏羲"。正如民俗学家宋兆麟先生所说："首先，伏羲是一个生产能手，发明家。其次，伏羲是一个氏族部落的首领"⑦。我非常赞同宋兆麟先生的观点。其活动范围正是以甘肃秦安大地湾为中心的渭水流域略阳川水一带，即古代之成纪⑧。可以佐证的是以距今8 200年前的大地湾一期文化。

大地湾文化共五期，其中大地湾第一期距今8 200～7 350年，又称作前仰韶文化。大地湾一期文化出现了我国最早的彩陶，我国最早的人工种植旱作粮食作物黍，我国最早的彩绘记事符号等⑨。大地湾二期文化又称仰韶文化早期，距今6 500～5 900年，出现了完整的原始村落和人头型器彩陶瓶⑩（图2）（说明：以下无注图，均出自甘肃省文物考古研究所：《秦安大地湾——新石器时代遗址发掘报告》一书）以

---

① 《路史·后记》
② 王在德、陈庆辉：《再论中国农业起源与传播》，载《农业考古》1995年3期
③ 颜师古注引《汉书·古今人表》
④ 梁玉绳：《人表考》卷一
⑤ 周本雄：《师赵村与西山坪遗址的动物遗存》，载《师赵村与西山坪》第335～336页，中国大百科全书出版社1999年版
⑥ 甘肃省博物馆、秦安县文化馆大地湾发掘组：《一九八〇年秦安大地湾一期文化遗存发掘简报》，载《考古与文物》1982年2期
⑦ 宋兆麟：《中国生育信仰》第65～69页，上海：上海文艺出版社1999年版
⑧ 徐日辉：《伏羲与伏羲文化概论》，载《甘肃高师学报》1996年创刊号
⑨ 甘肃省博物馆、秦安县文化馆大地湾发掘组：《一九八〇年秦安大地湾一期文化遗存发掘简报》，载《考古与文物》1982年2期
⑩ 甘肃省博物馆文物工作队：《甘肃秦安大地湾遗址1978年至1982年发掘的主要收获》，载《文物》1983年第11期及最近内部出版的《大地湾遗址简介》等

及众多的石刀、石铲、石斧、弹丸等，以及动物残骸和骨针，装饰用的穿孔兽牙、蚌壳、蚌环等。同时还发现了类似于生长植物的刻划符号①以及大量的鱼纹彩陶盆（图3）。植物造型的葫芦瓶等（图4），等等。所有这些都表明伏羲时代已经进入到早期农业文明阶段，同时也为我们考察伏羲生活时代的饮食提供了可靠的实物证据。

**图2 人头型器彩陶瓶**

**图3 鱼纹彩陶盆**

考古工作者在大地湾一期遗址 H398 底部发现了已经碳化的植物种子②，经鉴定为粮食作物黍和油菜籽③。这是"国内考古发现中的时代最早的标本"④。因为"以黄河为中心，西到新疆、东到黑龙江省的新石器遗址中，多处发现黍的遗迹。迄今为止，年代最早的是甘肃东部渭上游的秦安大地湾一期文化遗址发现少量的黍炭化种籽。……可以有把握地说，黍在中国栽培的历史至少已有七八千年了"⑤。大地湾"黍"的发现，不仅证明中国是黍的原产地，而且进一步明确了就发源于伏羲时代的甘肃东南部一带。推翻了国外学者提出黍原产于印度、埃及、阿拉伯地区、埃塞俄比亚及北非地区等说法而得出的科学结论。通过对大地湾黍的鉴定，证明黍原产生于中国，至少在目前是无法推翻的。黍的原始祖型是野生黍，在我国北方地区到处都有分布⑥。从野生黍驯化为栽培型作物，应有一个比较长的时间，如果把这个过程计算在内的话，则黍在中国栽培的历史至少以 8 200 年基点，可上溯至万年左右，改变了过去人们对中国农业文明起源的看法。"因此，大地湾遗址黍和粟的发现为研究我国乃至世界这两种主要粮食作物的起源及发展提供了重要依据"⑦，同样为我们认识中国饮食文化的起源提供了科学的依据。

黍是一种耐旱谷物，今天西北半干旱地区仍在普遍种植，称作糜子。黍，在甲骨文里写作：（ ）、（ ）、（ ）、（ ）。从释义看，黍为稼穑，从禾。禾在甲骨文里像一株长着一穗果实的谷子，黍则是一穗成熟后散开的黍（糜子）。另外，黍在甲骨文中也得到了证实。根据彭邦炯先生的研究，在商代主要粮食作物有黍、稷、麦、菽、稻等。其中甲骨文一期中就有"爱黍年"，"我爱黍年"、"今岁爱黍年"、"不其爱黍年"等⑧。在古代黍米要比粟米好吃，所以，郑玄在笺《诗·周颂·良耜》时称"丰年之时，虽贱者犹食黍"。孔颖达疏曰："贱者当食稷耳"，是以黍贵稷贱之故。据专家统计，一部《诗经》共出现黍 28 次、黍稷连称或同时出现 16 次⑨，可见黍在当时人们生活中之重要。不过"黍"从过去单纯的口粮，现在已经转变为调剂生活的经济性作物。

---

① 甘肃省博物馆、秦安县文化馆：《一九八〇年大地湾一期文化遗址发掘报告》，载《考古与文物》1982 年 2 期

② 甘肃省文物考古研究所：《秦安大地湾——新石器时代遗址发掘报告》第 60 页，北京：文物出版社 2006 年版

③ 甘肃省文物考古研究所：《秦安大地湾——新石器时代遗址发掘报告》第 914 页，北京：文物出版社 2006 年版

④ 甘肃省文物考古研究所：《秦安大地湾——新石器时代遗址发掘报告》第 704 页，北京：文物出版社 2006 年版

⑤ 魏仰浩：《试论黍的起源》，载《农业考古》1986 年 2 期

⑥ 王玉棠等主编，香港树仁学院编著：《农业的起源和发展》第 19 页，南京：南京大学出版社 1996 年版

⑦ 刘长江：《大地湾遗址植物遗存鉴定报告》，载甘肃省文物考古研究所：《秦安大地湾——新石器时代遗址发掘报告》第 915～916 页，北京：文物出版社 2006 年版

⑧ 彭邦炯：《甲骨文农业资料考辨与研究》，长春：吉林文史出版社 1997 年版

⑨ 刘毓琮：《诗经时代稷粟辩》，载《农史研究集刊》第二辑

以大地湾一期文化为代表的伏羲时代"已形成定居的村落",而且"农业经济相当发达"①。因此,在陕西省的绥德出土了一幅造型十分奇特的伏羲画像(图5)②。该画像所表现的是伏羲右手拿着一株谷物,正在向人们展示,或者说是向人们传授种植谷物的方法,这是伏羲时代农业经济的缩影,十分有意义。同时又说明,在漫长的历史积淀中,伏羲作为中国农耕文化的代表,其农业文明的形象起着跨越时代的特殊功能,并且延绵至今生生不息。

图4　葫芦陶瓶实物

图5　一幅伏羲画像

2002初,陕西考古所工作队和宝鸡考古队在渭水上游的河谷中段,今陕西省宝鸡市和甘肃省天水市之间的拓石关桃园(官道塬),为配合国家重点工程宝鸡—兰州铁路二线工程的修建,在进行抢救性发掘时,发现了距今7 000多年前的骨耜和窖藏粮食。笔者的好朋友——宝鸡考古队长刘明科先生称:"关桃园遗址这次发现的骨耜数量之多,时代之早是黄河流域史前考古中罕见的,这些骨耜均出在早期的灰坑中,H221中就出土了3件。与骨耜共出的多有石斧、石碾盘、刮削器、骨铲、骨锥等生产工具。这些骨耜形状基本相同,唯大小有别,均是用鹿或牛的肩胛骨制成。以标本H221∶10为例,其通长25厘米,刃宽12厘米(图6)③。上端以肩胛骨的自然曲颈形成握手,往刃部成三角形逐渐加大加宽,刃部有两齿,其加工使用痕迹明显。有的标本由于长期使用磨损之原因,齿刃部已经磨损去了相当一部分。从曲颈用以握手的情况说明,耒耜最初是先民们蹲下直接用手握曲颈用以挖坑翻土或栽培农作物的,并不是像后来人们所想象的是捆扎固定在木棒上使用的"④。关桃园遗址中的"骨耜"要略早于距今约7 000年的浙江余姚河姆渡出土的"骨耜"⑤(图7)。笔者曾经提出:渭水上游地区同样有着与长江流域相同或者说相似的农业耕作方式⑥,得到了考古学的支持。同时表明"农业是直接从采集经济发展而来的",是"以农业(种植业)为主的综合经济面貌"⑦。证实了伏羲时代的饮食基础是以传统的农业经济、畜牧经济为基础的生活方式。

① 王乃昂:《历史时期甘肃黄土高原的环境变迁》,载《历史地理》第八辑
② 李淞编著:《汉代人物雕刻艺术》第307页,长沙:湖南美术出版社2001年版
③ 陕西省考古研究院、宝鸡市考古工作队:《宝鸡关桃园》彩版一八,北京:文物出版社2007年版
④ 刘明科:《宝鸡关桃园遗址早期农业问题的蠡测——兼谈炎帝发明耒耜和农业与炎帝文化年代问题》,载《农业考古》2004年3期
⑤ 浙江省博物馆:《三十年来浙江文物考古工作》,载《文物考古工作三十年》,北京:文物出版社1979年版
⑥ 徐日辉:《关桃园出土骨耜与炎帝耜耕农业论》,载《炎帝·姜炎文化与民生》,西安:三秦出版社2010年版
⑦ 陈文华:《农业考古》第18页,北京:文物出版社2002年版

图 6　骨耜 1

图 7　骨耜 2

# 二

考察表明，从已经发现的考古资料分析，大地湾遗址发达的农业不仅仅表现在旱作植物"黍""稷"的耕作上，而且还表现在家畜的饲养业上。首先是家猪的饲养，在大地湾一期文化的 M15 和 M208 墓葬中就发现了殉葬的猪下颌骨①。而且在每一期文化中都有猪，还是随着文化发展的不同在饲养家畜所占的比重中也不尽相同。猪作为人类最早饲养的主要家畜之一，是农业文明的标志。所以何双全先生认为"当时家庭是以饲养猪为付食，而养猪是以农业为后盾的，所以从养猪业证明农业是比较发达的"②。这说明猪在当时已经成为人们日常饮食中重要的物质来源。

除了猪以外，还发现了一定数量的牛、羊、马、狗、鸡。特别值得一提的是西山坪大地湾一期文化遗存中家鸡的发现，距今已有 8 000 年左右③，这是迄今所知中国人工饲养家鸡最早的年代记录，对探讨家鸡的起源提供了重要的实物资料与年代依据。

从家庭饲养鸡的发展历史看，过去一直认为最早的是距今 5 000 多年前的西安半坡，张仲葛先生曾经提出："家鸡是由野生鸡种驯化而成的。早在公元前 5000 年的西安半坡遗址，即已发现了鸡骨，但因数量较少，尚难肯定是野禽还是家鸡。到了公元前 3000 年属于龙山文化的一些遗址中，均发现有鸡骨和出土陶鸡，说明我国最迟在公元前 3000 年，养鸡已较普遍了。我国的鸡种乃由栖息在西南疆界境内原有的野鸡种（又称原鸡）驯化而成，它们先在南方，而后扩展到北方"④。距今 8 200 年前西山坪大地湾一期文化的遗存中人工饲养家鸡的发现，使这一观点应该作必要的修正。

第一，家鸡的最早出现是在公元前的 6 200 年⑤，这是因为考古发现西山坪大地湾一期文化的年代要比河南裴李岗、河北磁山、陕西白家村、山东北辛等遗址所发现的家鸡都要早；

第二，就目前的考古发现看，家鸡的起源地就在西北区的渭水上游。

陈启荣先生针对达尔文《物种起源》中提出的中国的原鸡发源于中印度，由印度飞入中国的观点，经过长时期的研究，特别是通过考古发现和实地考察后，得出中国是原鸡的发源地之一，欧美的鸡种源自中国的结论⑥。鸡作为人类的加工美味佳肴的食材，早在 8200 年前的伏羲时代已经出现在人们餐桌上，这对于中国饮食文化的发展，特别是对世界饮食文的贡献其重要意义是不言而喻的。

另外，我们在宁夏中卫岩画中也发现了非常重要的饮食内容，如"岩羊、驯鹿、马鹿、大角鹿、长

---

①　张朋川、周广济：《试谈大地湾一期和其它类型文化的关系》，载《文物》1981 年 4 期

②　何双全：《甘肃先秦农业考古概述》，载《农业考古》1987 年 1 期

③　蔡连珍：《碳十四年代的树轮年代校正——介绍新校正表的使用》，载《考古》1985 年 3 期

④　张仲葛：《中国养鸡简史》，载《农业考古》1986 年 2 期

⑤　蔡连珍：《碳十四年代的树轮年代校正——介绍新校正表的使用》，载《考古》1985 年 3 期

⑥　陈启荣：《世界家鸡起源研究的新进展》，载《古今农业论丛》第 481～486 页，广州：广东经济出版社 2003 年版

颈鹿、虎、豹、牛、狼、狗、狐狸、熊、野猪、兔、马、驴、骆驼、鸵鸟、雕、鹰、雀、水鸭、鸡"等，据说"大部分在公元前一万年左右的中石器、新石器时代"①，但反映出的则是伏羲时代人们的经济活动和内容丰富多彩的饮食文化。

# 三

伏羲作为时代的杰出代表，首先是发展农业，"食"作为初民们生存的需要，本能地向大自然索取，在探索中发现，在生活中进步。英国著名人类学家弗雷泽指出："没有任何地方比澳大利亚中部的荒瘠地区更加系统的实地运用交感巫术的原理，以争取丰足的食物。在这里，各部落划分为许多图腾氏族，为了本氏族的共同幸福，每个氏族都有责任利用巫术仪式来增殖它的图腾生物。绝大多数图腾都是可食用的动物或植物，因而这些仪式通常都是为保证这个氏族的食物或其他生活必需品的供应而举行的"②。弗雷泽先生把"食"提到与生殖相同的高度并不为过。但只是认识到"食"与"生存"的关系，并未看到"食"既满足于"生存"，更是为了生存而服务于生殖。

伏羲时代的饮食文化，大体上是以禾本科黍及十字花科油菜为食物，再配以就地猎取的鱼及其他动物，并有家养猪等家畜为辅，构成原始的以农业为基础的饮食文化，从考古发现看伏羲时代的饮食生活已经呈现出丰富多彩的地方特色。

在发展农业为主的同时，继续保持了传统的渔猎经济。考古还发现"西山坪遗址出土的大地湾一期文化的动物遗骸中，保存了较多的野生动物遗骸，如马鹿、麝、黑熊、竹鼠和野猪等。表明当时先民的生产活动中狩猎经济占领较大比重"③。对于考古发现的农业遗迹与渔猎经济的比重问题，应该指出的是由于农作物和经济植物在食用过程中的彻底性和不容易保存等的因素，这就是我们今天看到的农业遗迹远远不及渔猎经济残存的遗迹丰富的原因所在。

农耕活动的发达还表现在形式多样、制作精良、功能各异的生活器皿上。如圜底钵、简形罐、圈足碗、鼓腹三足罐（图8）、深腹钵等，"从陶器器形来看，除一些生活上的实用器皿（如碗、盆、杯、鼎、钵、瓶等）外，还出现了一些大型器物，如缸、瓮、罐等。这样的大型器物并不适宜生活中的饮食器具或炊具，是专门为贮存粮食而制作的"④。我们从距今7 000年前的同一流域的关桃园遗址中发现的粮食储藏窖得到了证实。刘明科先生说："关桃园早期粮食储藏窖的发现，说明当时收割来的粮食除当时食用外，已有了剩余。H104就是用作储藏粮食的。这个窖坑口径1.4米，底径1.6米，深1.38米，呈口小底大，坑壁和地面平整光洁，并经过火烧烤处理，比较干燥、坚固，作用显然是用作储藏粮食的。从这个储藏窖的容积来看，当时的农作物栽培技术已经相当成熟，粮食产量已相当可观，种植面积已具备一定的规模。……这些已远远超出了今天人们对先民从采集经济生活方式进入收割农业，即农业产生初期的想象"⑤。（图9）从上述材料可以看出，石器和陶器的大量使用，使农业得到了迅速的发展，伏羲时代的先民们在创造了历史与文明同时为饮食文化的发展提供了丰裕的物质基础。特别是各种用途的陶器，作为当时人们普遍使用的饮食器具（图10）。

在人类发现火的功用以来，食物的烹饪方式一直是人们探寻的主要课题。旧石器时代人们习惯于对肉类施以直接烧烤，即"炙"法。通常人们把肉用泥巴包起来（有时要加上苻草）放在火里烧熟后，剥去泥巴来吃，称为"炰"；也有把肉直接放入火中去烧的，叫做"燔"；还有把生肉用器物串起来架在火上直接烧成熟肉的，也叫做"炙"。这三种方法烹制的肉都称为炙品⑥。因此有专家认为："陶器的出现与食物生产和食物储备有着不可分割的联系，所以随着食物生产经济的发展各种各样的容器便频频出现于考古记录中。陶器之重要性，在于它所具有的功能。……如果用这种以无机材料做成的容器储存食物，

---

① 周兴华编著：《中卫岩画》第33～34页，银川：宁夏人民出版社1991年版
② 詹姆斯·乔治·弗雷泽：《金枝》中译本上册第28页，北京：中国民间文艺出版社1987年版
③ 中国社会科学院考古研究所、谢端琚主编：《师赵村与西山坪》第318页，北京：中国大百科全书出版社1999年版
④ 王吉怀：《甘肃天水西山坪遗址的原始农业遗存》，载《农业考古》1991年3期
⑤ 刘明科：《宝鸡关桃园遗址早期农业问题的蠡测——兼谈炎帝发明耒耜和农业与炎帝文化年代问题》，载《农业考古》2004年3期
⑥ 林正同：《浅谈食器文明对中华烹饪技艺的影响》，载《农业考古》1999年1期

不仅能防止昆虫和鼠类的侵害，并且能长时间地保住液体。它也不像木、草、皮制品那样易受到到湿气影响而很快地毁坏。值得提及的陶器的另一个优点是，由于陶器的使用，烹饪范围有所扩大，使得以前不能食用的东西现在也能够食用，像带荚的豆类和籽实类，只要用陶器煮一煮便可以食用。从这个意义上说，由于陶器的发明，食物资源的扩大便容易得多了"[1]。从饮食文化的发展看，"陶器的发明，使人类真正告别了"污尊杯饮"的时代，进而为我国烹饪技术的发展提供了物质条件"[2]（图11）。

图9 深腹罐实物

图8 鼓腹三足罐

图10 烧煮过的陶鼎

图11 陶碗

随着生活的需要陶器的功用开始不断地区分，于是就有了钵、罐、碗、盆、杯、鼎、瓶等各种用途不同的陶器。

特别值得关注的是，大地湾发掘出土了 10 000 多件动植物标本，经专家鉴定，仅哺乳动物就有 7 目 15 科 28 个属种，其中有今天生长在热带、亚热带的苏门犀、苏门羚、猕猴等。同时在西山坪二期（距今 7 300 年左右）发现了一个猕猴头颅。猕猴现在主要分布在秦岭以南的华南和西南地区，华北及黄河流域均少见，渭水流域现已绝迹。猕猴的出现表明伏羲时代渭水上游有着茂密的森林和良好的植被，为野生的猕猴生栖提供了理想的场所。亚热带动物猕猴的出现，有力地证实了已故气象学家竺可桢先生关于 5 000 年前年气温高于今天 2℃的科学论断[3]，以及有关专家认为可能要比今天甘肃地区年平均气温高 2 ~ 3℃的结论[4]。毫无疑问，高于今天的气温，十分有利于农业生产的发展和蔬果的生长，包括家庭养殖业的繁荣，最终则反映在人们的日常生活与饮食文化。

考察农业文明的起源，地理环境起着十分重要的作用，越是生产力落后人类对地理环境的依赖性就越大，尤其在远古时期，先民们只能依靠大自然的恩赐来维持自己的生存，而且在相当的时间内选择地理环境，依靠自然资源是惟一的手段。正如黑格尔所说："在寒带和热带上，找不到世界历史民族的地盘"[5]。伏羲之所以兴起于优越的渭水流域，就是充分利用大自然所赐予的丰富资源，进行狩猎、捕鱼、采集植物和发展农业与畜牧业等，不断地繁衍生息发展壮大。应该是以黍、粟为主和家庭饲养动物与采

① Ph. E. L. 史密斯著，玉美、云翔译：《农业起源与人类历史》（续），载《农业考古》1989 年 2 期
② 林正同：《浅淡食器文明对中华烹饪技艺的影响》，载《农业考古》1999 年 1 期
③ 竺可桢：《中国近五千年来气候变迁的初步研究》，载《考古学报》1972 年第 1 期
④ 李栋梁、刘德祥编著：《甘肃气候》第 11、第 337 页，气象出版社 2000 年版
⑤ 黑格尔：《历史哲学·历史的地理基础》

集、渔猎互为补充的饮食模式。而大量出土的彩陶器上表现出来的犬纹、钩羽纹、鱼纹、鸟纹、蛙纹、植物纹等图案，以及葫芦器形瓶的的普遍使用，又说明以葫芦为代表的食用蔬菜在伏羲时代是客观存在的事实。

**作者简介：**

徐日辉，男，汉族，辽宁省海城人，现任浙江工商大学人文学院教授、中国旅游文献研究所所长，硕士生导师。

现任中国《史记》研究会副会长；中国古都学会常务理事；中华伏羲文化研究会常务理事；中国百越民族史研究会理事；中国农史研究会理事；黄河文化研究会特邀常务理事；江苏省项羽文化研究会副会长，浙江省历史学会理事等社会职务。

现已出版学术专著 13 部，主编、合编著作 10 部。先后在国内外、境内外发表学术论文 190 余篇。

# 过山瑶与畲新畲

黄世瑞　刘　芳

（华南师范大学公共管理学院，广州　510006）

　　瑶族是一个历史悠久，支系众多，迁徙频繁的民族。瑶族的悠久历史，可上溯到距今五六千年前瑶族的先民蚩尤集团[①]。"苗瑶世代相传，蚩尤是他们的远祖和英雄。现在广西布努瑶民间仍流传蚩尤故事，编有'蚩尤舞'来纪念这位远古的祖先和英雄。"[②] 瑶族的称谓，自称和他称，数量之多，不仅在我国民族称谓中罕见，就是在全世界民族称谓中也是罕见的。[③] 有学者认为，"过去瑶族有多达二十八种自称和三十多种他称"，[④] 而据黄钰、黄方平著《国际瑶族概述》一书记载，历史上瑶族自称的族名有96种，他称有456种。"其数量之多，内容之丰富，在中国其他民族中极为罕见"。[⑤] 尽管自称他称众多，但无论是蓝靛瑶、茶山瑶、盘瑶、背篓瑶、过山瑶……这个瑶那个瑶，大家一致认同都是同一个民族——瑶。也就是说，由于有共同的经历，共同的命运，形成了共同的文化心理结构，瑶这个族名就成了众多不同自称和他称的人所形成的民族共同体的称谓。笔者当然没有能耐去探究各种不同自称和他称的诸瑶，不揣冒昧不自量力地仅就其中的过山瑶试抛引玉之砖。之所以如此这般，并非仅对过山瑶情有独钟（对其他诸瑶，笔者同样充满崇敬之情），而是因为管见认为，历史上瑶族主要生活在山里，正如研究瑶族专家们所言："瑶族的生活多与大山分不开。可以说瑶族是山的民族，是山的子孙"[⑥]。历史上瑶人赖以生存的环境是深山老林。深山老林里赖以生存的生产方式是刀耕火种。刀耕火种一年或数年后，地力殆尽，就必须弃之，重新寻找合适的地方，进行新一轮的刀耕火种。因此也不能作长久之计定居下来，而要不断地进行迁徙，所谓"吃尽一山过一山"是也。"吃尽一山过一山"的瑶人，是谓"过山瑶"[⑦]。频繁地"耕过一山又耕一山"的耕作方式，是谓"游耕"（shifting cultivation）。窃以为，过山瑶和游耕，在诸瑶中很有代表性。请看历史文献的有关记载：

　　（宋）陆游《老学庵笔记》卷四："（瑶人）焚山而耕，所种粟豆而已"。刀耕火种，食尽一山，则移一山[⑧]。

　　（宋）周去非《岭外代答》卷三："瑶人耕山为生，以粟、豆、芋魁充粮，其稻田无几。"

　　（明）戴璟《广东通志初稿》卷三十五："各自远近为伍，刀耕火种，食尽一山，则移一山。"

　　（清）谢启昆《广西通志》卷二七八、（清）顾炎武《天下郡国利病书》卷一百："择土而耕，迁徙无定"，"伐木耕土，土薄则去"，"种山而食，来去无常"，"随山散处，刀耕火种，采实猎毛，食尽一山则他徙"。[⑨]

　　过山瑶又谓之山瑶或山子：

　　"山子无版籍定居……火耕耕一二年，视地力尽辄徙去，又谓之山瑶……山瑶穴居野处，编茅以庇风雨，转徙无定……数年此山，数年又别岭，无定居地。"[⑩]

---

①　玉时阶. 瑶族文化变迁［M］. 民族出版社，2005：4；邓群、盘福东. 瑶族文明发展历程［M］. 南宁：广西人民出版社，2008：13、440

②　王明生，王施力. 瑶族历史览要［M］. 北京：民族出版社，2005：19

③　胡起望. 瑶族研究五十年［M］. 北京：中央民族大学出版社，2009：37

④　乔健，谢剑，胡起望. 瑶族研究论文集［M］. 北京：民族出版社，1988：10

⑤　莫金山. 居山游耕：瑶族传统文化的基本特征［J］. 北京：广西民族研究，2005，（2）

⑥　王明生，王施力. 瑶族历史览要［M］. 北京：民族出版社，2005：9

⑦　李筱文. 过山瑶与《过山榜》［C］//李筱文，赵卫东. 过山瑶研究文集［M］. 北京：民族出版社，2008：37

⑧　王明生，王施力. 瑶族历史览要［M］. 北京：民族出版社，2005：162

⑨　以上未标号码诸条转引自玉时阶. 瑶族文化变迁［M］. 北京：民族出版社，2005：28

⑩　金鉷：《广西通志》卷九十二、九十三，《四库全书》本，史部323，上海：上海古籍出版社

"（山瑶）所居皆茅舍板屋，种禾、黍、芋、豆，杂以为粮，不足则迁徙谋食，飘忽无定所。往往耐饥。"①

"又有一种过山瑶，居无定冲，视山坡有腴地可垦，即率妻孥伙结茅住之……耕作之余，闲则结队游历寻得胜处，又徙宅从之矣，故曰过山瑶。"

"其在海丰者，来自别境，椎结跣足，刀耕火种，采实猎毛，食尽一山，复徙一山。"

"瑶人所居，惟依林积木，刀耕火种为生，以砂仁、红豆、楠漆、黄藤为利，无甚积蓄，食尽一方，则移居别境，去来无定。"②

由上引文献可知，过山瑶要经常迁徙搬家，故不可能建造坚固耐久的房屋，几乎全部编茅为棚，仅避风雨而已。宋人朱辅《溪蛮丛笑》说："山瑶穴居野处，虽有屋以庇风雨，不过剪茅叉木而已，名曰打寨"。这种简陋的寮棚，直到近现代仍可见到。③ 仅避风雨还算是好的，实际上很多是难避风雨的。20世纪30年代，当时年轻的费孝通"初访瑶山时，曾在冷冲住过他们的竹棚，晚上寒风透过墙缝寒气袭人，很多人家难得有一床完整的棉被，成人连衣裤都不全；吃的是苞米和野菜。"④ 生活十分艰辛。直到新中国建立初期，我国山居瑶族才结束频繁迁徙，刀耕火种的游耕生活。"而泰国、老挝等部分山居瑶族至今仍过着刀耕火种的游耕生活。"⑤

瑶人特别是其中过山瑶的这种频频迁徙的刀耕火种，即选好土质较丰腴的山地，砍倒草木，焚之成灰土，灰土中播种，待一年或数年后地力衰竭时，再重新觅得合适的山地，进行新一轮的砍倒、烧光、种植。这种耕作方式无疑是过山瑶耕作的特点，但管见认为这并非其他民族绝无而唯有瑶族独家才有的专利。例如，商周时期商人和周人也曾实行过与之相类似的耕作法，那就是儒家经典中所记载的菑、新、畬。请看被古文经学家称为天下第一经的《易经》，其"无妄"卦"六二"爻辞为"不耕获，不菑畬，则利有攸往。"

《诗·周颂·臣工》有："嗟嗟保介，维莫之春，亦又何求，如何新畬。"

《诗·小雅·采芑》有："薄言采芑，于彼新田，于此菑亩。"

《毛传》："田，一岁曰菑，二岁曰新田，三岁曰畬。"

《尔雅·释地》对菑、新、畬的解释与《毛传》完全相同。由于这种解释过于简略，后人（包括经学家、文字学家和其他学者）的理解就有多种。第一种意见认为，"菑"是开垦后第一年的田，"新"是开垦后的第二年的田，"畬"是开垦后的第三年的田。第二种意见认为，"菑"是不耕的田，即撂荒地（或曰抛荒地）。"新"是撂荒二年正在复壮的地，"畬"是经撂荒复壮准备重新垦耕的地。第三种意见认为，"菑、新、畬"是周人把耕地划分为三份，轮流撂荒、耕作，⑥ 有点类似于中世纪欧洲庄园时代的三圃制。不管哪种理解，都与撂荒（或曰抛荒、休耕）和耕种交替进行有关。具体来说就是将所选山地上的树木荒草砍倒烧光，以作肥料。《孟子·滕文公上》就明确说："舜使益掌火，益烈山泽而焚之，禽兽逃匿。"⑦ 焚后于灰烬中种植，一年或数年后地力减退作物减产厉害或竟无收时则弃之不种，让其草木丛生恢复地力，若干年后再进行新一轮的砍倒烧光。

除了儒家经典十三经中的记载外，我国其他经典古籍中对此亦多有记载，如《国语·鲁语上》："昔烈山氏之有天下也，其子曰柱，能殖百谷百蔬"。以烈山为氏，其子能殖谷殖蔬，即将以火烧山与农业联系起来了。甲骨文中的"农"字，从林（或从森）从辰，辰字作磐折形，应是石刀之类，⑧ 以石刀砍倒林木，会意为农。《管子·揆度》亦有"黄帝之王（引者按：王，此处应读去声，作动词）……烧山林，

① （清）陈徽言. 谭赤子校点. 南越游记 [M]. 广州：广东高等教育出版社，1990：201~202

② 以上无标序号者皆转引自赵家旺. 综谈八排瑶过山瑶之异同 [C] // 李筱文、赵卫东. 过山瑶研究文集 [M]. 北京：民族出版社，2008：183

③ 玉时阶. 瑶族文化变迁 [M]. 北京：民族出版社，2005：51

④ 费孝通. 瑶山调查五十年 [C] //载乔健、谢剑、胡起望. 瑶族研究论文集 [M]. 北京：民族出版社，1988：4

⑤ 王明生、王施力. 瑶族历史览要 [M]. 北京：民族出版社，2005：162

⑥ 中国农业百科全书·农业历史卷 [M]. 北京：农业出版社，1995：456；黄世瑞. 中国古代科学技术史纲·农学卷 [M]. 沈阳：辽宁教育出版社，1996：202~203

⑦ 朱熹. 四书集注 [M]. 长沙：岳麓书社，1987：371

⑧ 梁家勉. 中国农业科学技术史稿 [M]. 北京：农业出版社，1989：6

破增薮，焚沛泽，逐禽兽"。① 说的也是焚林开荒。

以上所引的古文献，内中所说的黄帝、虞舜、商周，都是华夏族，也即后来的汉族。其耕作方式也是焚林启荒，刀耕火种，然后抛荒，继而复壮等，与瑶族著名的游耕并无本质上的差异，只不过后者的游动性、迁徙性更强，延续的时期更长而已。

窃以为，这种耕作方式类似的事实，或许可以从另一方面证明瑶汉同源。中华民族多元一体，各民族同根同源，只不过后来在漫长的历史长河中分流了。

炎黄是汉族的祖先，蚩尤是苗瑶族的祖先。"考古文化学证明瑶先民蚩尤与炎黄踏着祖宗相传的同一块土地，瑶之祖先蚩尤的奋斗和华夏族祖先炎黄的奋斗是联系在一起的灿烂文明，他们共同缔造了中华文明。"② 正如阪泉之战炎帝败于黄帝一样，涿鹿之战蚩尤败于炎黄亦不过是兄弟阋墙，败亦无伤。众所周知的神话传说中，瑶族尊奉龙犬盘瓠为图腾为祖先。而盘瓠因功娶了高辛氏之女为妻。依司马迁之说，高辛氏即帝喾，名俊，是三皇五帝中的五帝之一，黄帝儿子玄嚣的后裔，尧的父亲。③ 又有人认为"瑶族原始居住地在黄河下游与淮河流域之间，可能是神农（炎帝）的后裔。"④ 本文则从耕作方式方面说明汉瑶应是同根同源的。

一得之虑，谨以求教于方家。

## 参考文献

[1]《过山榜》编辑组 . 瑶族 < 过山榜 > 选编［M］. 北京：民族出版社，2009.

[2] 李默 . 韶州瑶人［M］. 广州：中山大学出版社，2004.

[3] 李育中等 . 广东新语注［M］. 广州：广东人民出版社，1991.

[4] 周政华，盘剑波 . 略论瑶族的游耕［J］. 中南民族学院学报，1986，（3）.

[5] 张有隽 . 吃了一山过一山：过山瑶的游耕策略［J］. 广西民族学院学报，2003（3）.

[6] 黄方平 . 过山瑶宗谱及其学术价值初探［J］. 民族论坛，1991，（2）.

[7] 陈铭志 . 乐昌过山瑶及其迁徙考略［J］. 民族研究，2008，（4）.

[8] 赵玉玲 . 平地瑶文化研究［D］. 广西师范大学，2003.

[9] 李维信 . 试论瑶族《过山榜》［J］. 广西民族学院学报，1984，（3）.

[10] 徐仁瑶，胡起望 . 瑶族《过山榜》析［J］. 中央民族学院学报，1981，（2）.

[11] 韦丹芳 . 广西壮、汉、瑶族民间造纸技术的调查研究［J］. 广西民族学院学报，2004，（3）.

[12]（韩）安东濬，崔元萍译 . 韩国瑶族文化研究现状与课题［J］. 广西民族大学学报，2010，（6）.

[13] 邓文通 . 瑶族传统科技中的造纸术［J］. 广西民族学院学报，2001，（2）.

**作者简介：**

黄世瑞（1948—），男，华南师范大学公共管理学院教授、博士生导师。

刘芳（1984—），女，华南师范大学公共管理学院博士研究生，研究方向：科学技术史。

---

① 赵守正 . 管子通解［M］. 北京：北京经济学院出版社，1989：431

② 邓群、盘福东 . 瑶族文明发展历程［M］. 南宁：广西人民出版社，2008：22

③ 邓群、盘福东 . 瑶族文明发展历程［M］. 南宁：广西人民出版社，2008：57；王明生、王施力 . 瑶族历史览要［M］. 北京：民族出版社，2005：69

④ 王明生、王施力 . 瑶族历史览要［M］. 北京：民族出版社，2005：1

# 左宗棠与"左公柳"

张自和

（兰州大学草地农业科技学院，兰州大学老教授协会，兰州　730020）

**摘　要：** 在简要介绍左宗棠其人其事的基础上，着重阐述了左宗棠在就任陕甘总督期间，通过遍植杨柳、绿化边关驿道的史实，以及人们对古树名木"左公柳"的保护及其精神的赞许与传诵，作为一种历史和文化现象，祈望"左公柳"所表达的思想情操与精神境界更加发扬光大。

**关键词：** 左宗棠；左公柳；陕甘总督；古树名木

## 一、左宗棠其人

左宗棠（1812—1885 年），字季高，清大臣，湖南湘阴人。1832 年，20 岁的左宗棠与哥哥参加本省乡试同榜中举。后来曾到北京屡试不第，转而钻研农事，山川地理、用兵之道经世致用、治国安邦之学。"身无半亩，心忧天下；读破万卷，神交古人"是当时左宗棠境遇和心志的写照。

道光十七年（1837 年）左宗棠主讲醴陵渌江书院，咸丰十年（1860 年）经曾国藩保荐以四品京堂襄办皖南军务。

同治二年（1863 年）升闽浙总督，五年（1866 年）九月创设福州船政局。十月，调任陕甘总督，在西北设兰州机械织呢局等新式企业，引进西方先进设备与技术，督办陕甘军务，整治吏治，改变税则，发展经济，兴办教育，种树植木、整修驿道，改善西北困顿面貌，功绩卓著。

光绪元年（1875）左宗棠在垂暮之年临危授命，力排投降派众议，以钦差大臣督办新疆军务，"舁榇以行"，抬着棺材与侵略者拼命，先后从俄国侵略者等手中收复了新疆多处失地，捍卫了国家领土完整，振奋了民族精神。七年（1881 年）任清廷军机大臣、总理衙门大臣，次年调两江总督兼通商事务大臣。中法战争爆发后，左宗棠力主抗法，奉命入闽视师，1885 年 9 月病逝于福州，遗著辑为《左文襄公全集》[①]。

左宗棠作为晚清重臣，是著名的军事家、政治家、湘军将领、洋务派首领，虽有历史局限，但不同于腐败的朝廷，他力主革新，忧国务实，功勋卓然，本文主要就其任陕甘总督期间，为整治驿道、改变西部环境、遍植杨柳的史实以及后人对"左公柳"的保护、传诵及社会影响作以介绍。

## 二、关于"左公柳"的遗存与保护

人们所说的"左公柳"是指柳树中的旱柳，又名柳树，河柳、江柳。柳树（Salix）是杨柳科（Salicaceae）柳属植物的通称，全世界有 500 多种，主要分布在北半球温带地区，中国有 257 种，120 个变种和 33 个变型[②]。造林树种主要有旱柳（Salix matsudana）、垂柳（Salix babylonica）和白柳（Salix alba）。在中国各地多有分布，其中以黄河流域最多。

常言道"有意栽花花不红，无意插柳柳成荫"，充分反映了柳树顽强的生命力和广泛的适应性。它易栽易活，生命力旺盛。如在兰州，旱柳一般 3 月底 4 月初发芽生长，很快绿满枝头，到 11 月底树叶仍然

① 徐荣强，剑楠.2011. 历代名人全传. 长春：吉林大学出版社，389～390
② 任宪伟.1990. 中国大百科全书·农业. 北京·上海：中国大百科全书出版社，588

保持绿色，全年的绿色期有 8 个多月，比兰州市的市树——国槐长 1 个月左右，是兰州乃至西北绿化中最常用的树种之一。

19 世纪后期，左宗棠就任陕甘总督期间（1866－1881），种树植木、整治驿道、遍植杨柳是其重要功绩之一。据称从陕西潼关，经甘肃陇东、陇中、河西走廊，到新疆哈密、天山一线，在 3000 多里的驿道两侧，不畏艰辛，安营扎寨，遍植杨柳，后人称之为"左公柳"，到左宗棠离开陕甘时，左公杨柳已蔚然成林，形成了一条绿色长龙。仅甘肃河东泾川、固原、永登一线共栽种柳树 47.61 万株①。在甘肃和新疆所植杨、柳、榆树有一二百万株②。现各地遗存的"左公柳"，已作为"古树名木"加以保护。

马啸在《左宗棠在甘肃》一书中对"左公柳"有较详细的记载③。

1877 年冯峻光自上海前往新疆，在进入甘肃泾州地界时写道："自此以西，夹道植柳，绿荫蔽天"。到会宁附近又记到："过此则途径旷然，夹道杨柳荫庇行路。"这是最早对"左公柳"的记述。

1891 年陶保廉随父陶模（调任新疆巡抚）进京述职，返回新疆时，将沿途见闻写成书，其中也有"左公柳"的记载："出隆德西门折北行，两旁皆山……八里铺（即得胜铺），迤西道树成行。"

1903 年蒙古族人阔普通武，自西宁返回京都，10 月 29 日，"夜宿会宁……自入西境，官道两旁，杨柳稠密，十年树木，令人忆左文襄之遗爱"。

1905 年，裴景福在其《河海昆仑录》中对"左公柳"遭伐的情景感叹不已："仆人购薪引火，有枯枝干脆易燃，询之，乃盗伐官柳，闻而伤之。泾川以西达关外，夹道杨柳连荫三千里，左文襄公镇陇时所植也。"

1911 年袁大化赴任新疆巡抚，当行至肃州时写到："回望陇树秦云，苍茫无际，驿路一线……长杨夹道，垂柳拂堤，春光入玉门矣。"

1923 年，美国人兰登·华尔纳率团考察敦煌，进入甘肃时，看到这里的"左公柳""成行成排，夹道矗立"。在他所著的考察记《在中国漫长的古道上》还记录着："连绵不断的柳树和参天耸立的白杨齐齐整整排在道路两旁，这些树木穿过两山之间伸向远方的平地，翻山越谷，蜿蜒行进，构成了一幅壮观的奇景。"认为"左总督用申请来的巨款，使这条大西北的道路绿树成荫，作为对他的主子君王统治树立一座永久性的纪念碑，同时，也对这个国家的人民和为数不多的旅行者们带来恩惠。"

1932 年 12 月，林鹏侠女士奉母之命，从上海出发，历时半载，对西北各地进行考察，在从平凉城到六盘山时写道："途中荒凉满目，惟左公柳时或一现，但已零落晨星矣。……夹道浓绿，当时有万里康庄之目。惜年久无人管理，又值连年天人交祸，民不聊生，树皮根芽，均被灾民剥食垂尽。呜呼惨哉！左公遗迹，亦将湮没而空留嘉话之传留矣！自潼关至此，崇山峻岭，平原广川，一例牛山濯濯。气候干燥，雨量不调，盖荒旱频乃之因。不知以往司民牧者，何以不注意也。"

1934 年 3 月至 1935 年 5 月，上海《申报》记者陈赓雅前往边疆考察，对"左公柳"的保存及遭毁情景，作了较为详尽的描述。在行至天祝乌鞘岭时写到："左宗棠西征时，沿途所植榆柳，多已皮剥枯倒，至此尤了无一株，惟青草丰肥，差堪牧畜耳。"至静宁、隆德间，则"沿途杨柳，不绝于目——系左宗棠督陕甘时，令防营所植，俗称'左公柳'，颇有纪念意味。树粗一抱多，高二三丈，每株相间三四步，夹道成行。夏日枝叶交荫，征客受益不浅也！"还就"大佛寺与左公柳"详加记载："陕甘驿道，两旁所植'左公柳'，当其繁荣时期，东自潼关，西至嘉峪关，长凡三四千里，皆高枝蔽日，浓荫覆道。征客途行，仰荷荫庇，无不盛称左氏遗泽。盖提倡种树已不易，种树成林更不易，成林而有历史价值，国防交通意义，尤属难能可贵。惜柳线所经各县，官厅不知保护，坐令莠民任意摧残，或借医病为名，剥皮寻虫；或称风雨所折，窃伐作薪，以致断断续续，不复繁盛如昔。尤其昨今两日所过驿道，往往长行数十里，尚无一株，荒凉满目，诚有负前人多矣！"并指出"西北面积虽广，但多荒山旷野，一任荒废，利弃于地，既感生产缺乏，复酿水、旱各灾。徜能以之培植森林，则可立致富源。且西北气候，系大陆性而兼沙漠性，朔风一起，尘沙蔽天，沙漠有南迁之势，诚非无稽之谈。若不积极造林，前途殊堪危险！……至于植林间接效用，调和气候，涵养水源，防弭旱、涝，御蔽风沙，增进风景，裨益卫生，更不胜述。

---

① 张克复. 2007. 甘肃史话. 兰州：甘肃文化出版社，181
② 马啸. 2005. 左宗棠在甘肃. 兰州：甘肃人民出版社，257
③ 马啸. 2005. 左宗棠在甘肃. 兰州：甘肃人民出版社，251～274

法相阿尔脱尔勃尝谓'亡法国者，非敌国外患，乃在山林之荒废。'此言无异为我西北下针砭。今后广植新树，保护旧林，迅宜双管齐下，不容再缓矣！"论述深刻而有见地。

1935年印行的《重修隆德县志》对"左公柳"有这样的记载："由隆德城东行经十里铺……入静宁界，合计东西全长九十里，此系官道，坦途两边齐栽白杨绿柳，春夏青青，左公遗爱也。车辚马啸，络绎不绝。"

同年，赴西北考察的张扬明，在所著《到西北来》中记载，从清水至天水途中，"路旁有很多古柳，名左公柳，为左文襄公开发新疆时所植。闻说这种柳树，一直到天水、定西、皋兰一带，绵亘数千里，共约60万株；因左公当时来到此地，看见地形复杂，恐怕后面继续来的人迷路，植柳作为标识。"

1935年著名记者范长江西北考察集《中国的西北角》出版，其中记载了"左公柳"。1935年冬，行至永登途中，看到"庄浪河东西两岸的冲击平原上杨柳相望，水渠交通，……道旁尚间有左宗棠征新疆时所植杨柳，古老苍劲，令人对左氏之雄才大略，不胜企慕之思。"在后来出版的范长江另一通讯集《塞上行》里，也有对平凉途中"左公柳"的描述："下华家岭，至界石铺，又合昔日陕甘大车大道，左宗棠当年经营西北所植柳树，还有不少留于大路两旁"。"六盘山东西两面大路，还存在着不少的夹道杨柳，皆为左宗棠当日之遗留，以当时交通工具之简单，他的道路路面比现在国道路面为广，此公胸襟之远阔，实不同于当时凡俗之武夫。惟时至今日，左公柳已丧亡十九，长安至新疆之大道，仅若干初略存左柳，以引对前人辛苦经边之回想，其实用的价值，实已渺无可称述"。

1936年出版的邵元冲著《西北随轺记》中写到："自窑店以西，已入甘境，驿树夹道，迎风而舞，盖悉为左宗棠所植者也，号曰左公柳。按左相当年所植柳树，实起陕之潼关以达新疆哈密，然自潼关至西安道中，零落殆尽，西安至窑店，则以斩伐无余株也，亦可知人事之多变也。"

1936年出版的《西北揽胜》中对"左公柳"介绍曰："自陕西而经窑店即入甘肃境，自此西行，驿路两旁，时见柳树成行，大可拱围，高枝参天，均系左宗棠督陕甘时令防营所植者，故名左公柳。按当时所植柳，自陕之潼关直抵玉门关绵亘三千余里。嗣后历经兵燹旱涝，砍伐甚多。今则除泾川、平凉以及永登等县内，偶见成行外，余或三三两两，以示驿路之所在，或则连根拔除已一无所见矣。"

1939年印行的《重修古浪县志》里对"左公柳"特予说明："所谓人造林者为左公林、学校林。左公林由县南龙沟堡迤县北小桥堡，沿道节节有之，但皆稀疏，已枯死无多。"

1940年丁履进在所写《西兰之间》"忆左宗棠"一章里写到："左氏由潼关至迪化，运用兵工，开辟大道，夹道植树，保护路面，迄今陕甘公路两侧，老树峥嵘，所谓左公柳者是也。惜后人不加爱护，所伐殆尽，于今所见，依稀数株而已。"

1942年张其昀、任美锷在《甘肃人文地理志》中对"左公柳"的记载指出："将来甘肃中部造林，似宜以杨、柳、榆、侧柏等较为适宜，山坡土壤冲刷最烈，尤以首先植树，保护梯田之肥土。昔光绪初左宗棠总督甘、陕，尝于甘陕大道两旁栽植杨柳，东起西安，西迄酒泉，郁郁千里，官厅保护迄今已五十余年，有大至数围者，人定胜天，此其证明，惜自民国十五年以后，兵乱纷起，左公柳破坏甚多，惟就其所遗者观之，当代苦心犹昭然可见也。"

至1947年，安西县三道沟尚有老柳树10株，树上钉木牌楷书"左文襄公手植"。

在"左公柳"至今一百多年的时间里，由于天灾人祸，不断遭到砍伐与破坏。但同时也受到仁人志士的关心和有关地方政府与官员的保护。

据《酒泉史话》[①]称，清左宗棠自1866年任陕甘总督后的十余年间，功绩显赫，受到清廷尊宠。他为了军运之需和繁荣经济，开拓修筑了甘新驿运大道。在筑路的同时，命令筑路军队在道路两侧栽植杨、柳等树，并严加管护，使"道柳"延绵不断。相传左宗棠收复新疆返回酒泉时，看到四街所栽柳树多已死亡，有的树皮全被剥光，十分愤怒，对府县衙门官员严加切责。一天微服出巡，发现乡民骑驴进城，多将毛驴拴在树上，而毛驴悠然自得地啃起树皮，无人过问。左宗棠下令在鼓楼将驴斩首，并通令，以后"若再有驴毁坏林木，驴和驴主与此驴同罪，格杀勿论。"一时左宗棠斩驴护树传为佳话。以后，酒泉城内树木葱葱环境优雅，百十年来，酒泉人也养成了植树爱树的优良品格。

在清朝末期，一些有远见的地方官员看到左公柳被破坏，就曾在古道旁张榜告示："昆仑之阴，积雪

① 甘肃省酒泉地区《酒泉史话》编写组．酒泉史话．1984.73～75

皑皑，杯酒阳关，马嘶人泣，谁引春风？千里一碧，勿剪勿伐，左相所植。"

1932 年 11 月 26 日，甘肃省建设厅呈准省政府颁布《甘肃旧驿道两旁左公柳保护办法》，内容如下。

**第一条**　甘肃旧驿道两旁所有之左公柳，均依本办法保护之。

**第二条**　各县所有左公柳应由该县政府依照自治区分段，现责成各区长点数，具结负责保护。区长更调时，应特列专册移交，并由新任区长加结备案；县长更调时，亦应专案交收，呈报建设厅备案。

**第三条**　各县长、区长无论因何理由，不得砍伐或损坏，如有上项情事，一经察觉，县长记过，区长撤惩。

**第四条**　人民有偷伐或损坏情事，除依法罚办外，并责成补栽，每损坏一株，应补栽行道树百株，并责令保护成活。

**第五条**　本办法由建设厅呈准省政府公布实施。

1935 年甘肃省政府再次颁布了如下内容的《保护左公柳办法》。

一、本省境内现有左公柳，沿途各县政府应自县之东方起，依次逐株挂牌、编号（单号在北，双号在南），并将总数呈报省政府及民、建两厅备查。

二、沿途各县对境内左公柳，应分段责成附近乡、保、甲长负责保护，并由县随时派员视查。

三、现有左公柳如有枯死者，仍需保留，不得伐用其木材。

四、已被砍伐者，须由所在地县政府于其空缺之处，量定相当距离补栽齐全，并责令附近保、甲长监督当地住户，负责灌溉保护。

五、左公柳两旁地上土石、草皮、树根、草根，均禁止采掘，并不得在树旁有引火及拴牧牲畜行为。

六、凡砍伐或剥树皮者，处二十元以上百元以下罚金，或一月以上五月以下工役。

七、如该县长保护不力，应分别情节轻重予以处分。

到 1935 年甘肃省政府对当时的"左公柳"进行统计时，平凉境内尚有 7 978 株，隆德 5 203 株，静宁 1 386 株，固原 4 351 株，古浪 1 015 株，永昌 1 311 株，山丹 1 220 株，临泽 235 株。对这些"左公柳"，"均经编列号数，各悬木牌，高钉树身，以为标志"。这些统计到的合计也只有 2 万 2 千多株。

1998 年 8 月出版的《甘肃森林》记载本省境内尚有"左公柳 202 株，其中平凉柳湖公园内 187 株，兰州滨河东路 13 株，酒泉泉湖公园内仅存 2 株"。

20 世纪 80 年代，笔者在陇东的泾川、平凉、静宁公路沿线，仍见有大量"左公柳"，但在后来的公路改建中砍伐殆尽。近几年本人在平凉、兰州、酒泉和哈密等城市或公园中亲眼看到了零星遗存的一些"左公柳"，已十分珍稀。

2007 年笔者参加兰州市园林局组织的古树名木调查，表明兰州城关区现有百年以上古柳共 71 株，其中在南滨河东路城关区建设局大门西侧尚存 6 株（图 1）、五泉山公园及周遍 30 株中的部分当为"左公柳"。

**图 1　兰州南滨河东路"左公柳"**

2008 年 6 月 10～25 日，笔者参与中国工程院组织的关于"新疆可持续发展中有关水资源的战略研究"考察，于 15 日至 17 日住在哈密迎宾馆，在宾馆院内看到仍有"左公柳"的遗存，在院内两棵大柳树中间立一石碑，正面刻有"左公柳"三个大字，背面碑文"左公柳纪石"中写着：

"光绪六年（一八七五）五月，左宗棠任钦差大臣督办新疆军务，率张曜嵩武军十四营驻屯哈密，先后在哈密城郊官道及东西河坝广种榆柳，后人称之为'左公柳'。一八七九年杨昌浚西行诗颂曰：上相筹边未肯还，湖湘子弟满天山。新栽杨柳三千里，引得春风度玉关。

由东西河坝久涸柳枯，近年哈密地委行署实施引南增水，使得五百余棵左公柳再泛绿荫。此树为左宗棠所植。

哈密地区旅游局 文化局 辛巳年四月"

笔者还仔细查看了哈密迎宾馆院内、宾馆西侧河坝以及宾馆北边的军区家属院内等处尚有一些古柳生长，其中部分高大粗老的树上挂有"左公柳"保护碑（图 2、图 3、图 4）。表明"左公柳"及其精神在新疆至今仍为人们所传颂。

图 2　哈密迎宾馆院内两株左公柳及中间的"左公柳纪石"（正面）

图 3　"左公柳纪石"（背面）

2008 年 9 月 6 日笔者一行到著名的平凉"柳湖公园"去看"左公柳"，公园南北两大门楼牌上均有"柳湖"两个大字，突出醒目，苍劲有力，落款写着"左宗棠书"。南大门东侧的"柳湖公园简介"中写着："柳湖始建于宋神熙元年（1068），时任渭州知府的蔡挺在此引泉成湖，莳花植柳，建造避暑阁及柳湖亭，距今已有九百多年的历史。……同治十二年（1873），陕甘总督左宗棠驻兵平凉，再次修复，名为柳湖书院，并亲书"柳湖"匾额。写了《颂暖泉》即《重修平凉暖泉碑记》。"园内柳树森森，景色苍翠，一些高大古老的柳树上悬挂着"古树名木 旱柳"标牌（图 5、图 6）。

2011 年 11 月 13 日，笔者参加"甘肃祁连山国家级自然保护区调整考察"时，路过河西酒泉，到

图4　哈密迎宾馆西侧小河谷地中的大片柳树（部分挂牌"左公柳"）

图5　平凉柳湖公园

图6　平凉柳湖公园内的"左公柳"

"酒泉湖公园"（现名"西汉酒泉胜迹"）寻觅"左公柳"，看到3株，其中1株树下立石，刻有"左公柳"（图7）。

图7　西汉酒泉胜迹（酒泉湖公园）中的"左公柳"

# 三、关于"左公柳"的诗词

邓明（2005）在所著《兰州史话》中，对"'左公柳'诗与左宗棠的生态情结"作了详细考究，记述了左宗棠遍植杨柳的功绩。并称，自1887年（光绪七年）左宗棠移督两江后，有些无赖之徒开始盗伐"左公柳"。曾蒙左宗棠提携的杨昌浚继任陕甘总督后，饬令各地补植柳榆，严令兵勇加意巡守，"左公柳"一度得以繁盛。并赋"嘉峪关　七绝二首"以表达对左公的敬重和对"左公柳"的赞誉[①]。诗曰：

第一雄关枕肃州，也分中外此咽喉。碣来跃马城西望，落日荒山拥戍楼。

上相筹边未肯还，湖湘子弟满天山。新栽杨柳三千里，引得春风度玉关。

这首诗改变了唐朝诗人王之涣关于"羌笛何须怨杨柳，春风不度玉门关"这种对西部边关的理解和看法。而"新栽杨柳三千里，引得春风度玉关"的佳句成为河西面貌改观的绝唱。

马啸《左宗棠在甘肃》一书中，有关"左公柳"史料、诗词的内容较多，摘其部分，以供对"左公柳"及其精神的进一步了解。

清代诗人萧雄《西疆杂述诗》中有：

千尺乔松万里山，连云攒簇乱峰间。应同笛里边亭柳，齐唱春风度玉关。

兰山书院山长、吴可读《呈左爵相七律二首》中其二：

感恩知己更何人？六十余年戴德身。千水见河山见华，维嵩生甫岳生申。

从来诗律推元老，自古边防借重臣。遥想玉门关外路，万家杨柳一时新。

民国诗人侯鸿鉴《西北漫行记》中"自陕至甘有怀左文襄"七绝二首：

其一

自古西陲边患多，策勋自是壮山河。三千陇路万株柳，六十年来感想何？

其二

杨柳丝丝绿到西，辟榛伟绩孰能齐。即今开发边陲道，起舞应闻午夜鸡。

（诗中自注说："出潼关至玉门关，左文襄植柳数万株于道旁。"）

民国期间教育部长罗家伦考察新疆时曾写：

左公柳拂玉门晓，塞上春光好，天山融雪灌田畴，大漠飞沙旋落照。沙中水草堆，好似仙人岛。过瓜田，碧玉葱葱；望马群，白浪滔滔，想乘槎张骞，定远班超，汉唐先烈经营早。当年是匈奴右臂，将来便是欧亚孔道。经营趁早，经营趁早，没让碧眼儿射西域盘雕。

当代词人张伯驹在"杨柳枝"中：

---

① 邓明.2005.兰州史话.兰州：甘肃文化出版社，174～179

征西大将凯歌还，种树秦川连陇川。绿荫多于冢上草，春风一路到天山。

陇上诗人王沂暖在其《念奴娇·兰州》中写到：

左柳生春，霍泉漱玉，功在人间世，严关迎送，几多贵主西去！而今岁月峥嵘，舆图换稿，景色添新丽。

诗人谢宠有数首专咏"左公柳"的词。其中《杨柳枝》之一：

王母蟠桃去不还，左公杨柳老阳关。请君莫慕前朝柳，多育春苗绿北山。

左公柳前

老干依然出叶新，左公遗柳百回春。金城父老河边歇，犹说前朝种树人。

南歌子·敦煌古道见左公柳

挺干盘根固，抽枝出叶新。玉门关外障沙尘，仿佛龙城飞将抖精神。绿荫天山月，灵归瀚海春。风流早是百年身，犹自漂花吐絮逗行人。

赵幼诚《左公柳》云：

闹市蓝天已久违，沙场暴虐逞淫威。百年古柳谁曾见，隔纪重论是与非。

武正国《左公柳》云：

疆土岂容沙漠吞，广栽苗木扎根深。万千荫路双排柳，护送春风度玉门。

龙景国《左公柳》云：

杯酒阳关古畏途，筹边远略靖西隅。春风一碧三千里，合抱今能有几株！

陈乐道七律《春柳》云：

左公遗爱问谁怜？望里春云罩碧烟。千种离思萦别渚，万条吟绪托吹棉。

浓遮关塞停征马，翠拂楼台忆锦年。看取神州新画幅，河山染绿浩无边。

# 四、"左公柳"的启示

"左公柳"现在遗存的虽已凤毛麟角，但作为历史，作为一种文化现象，历时一百多年，能在传说、传记、史料、文献、诗文中有那样多的记述，在民间能有如此广泛的传颂，在政府的公文、告示中通令保护，足见人们对左公植柳这一事件的充分肯定和由衷的赞许。

不论从"政绩"还是从"民意"，在清廷走向腐败没落的当时，左宗棠难免有违史之处，但作为一代忧国忧民之臣，其功绩卓著，仅从"左公柳"的影响之深远，可知一斑。

历史上，西北的自然环境本来就比较恶劣，又有"羌笛何须怨杨柳，春风不度玉门关""过了嘉峪关两眼泪不干"这样一些伤感的诗谣传播。甚至到20世纪80年代至21世纪初，在学生毕业分配或就业时，曾有："宁到天南海北，不到新西兰"这样的传言，即要去天津、南京、上海、北京，不去新疆、西宁、兰州。在不少人的眼里，将西部视为畏途，又似乎无力改观。而在一百多年前，一代名臣左宗棠，却以大无畏的精神，遍植杨柳三千里，引得春风度玉关，表现了他的胆识与气魄，也反映了人们崇尚自然、改变面貌的决心，"左公柳"精神及其文化就是人们对这种精神的怀念与寄托。

在古老的中华文化中，植树掘井、搭桥铺路，历来都作为善举；"前人栽树后人乘凉"，即褒前人积德，又颂后人感恩，"左公柳"现象就是这种文化的宣扬与传承。

其实，人们对"左公柳"的传诵，远远不限于对"左公植柳"本身的赞许，更多的是对舍生忘死，以民族、国家利益为己任的一代名将的深深怀念与敬意。

在今天，我们多保存一株"左公柳"，就是多保存一份珍贵的历史文化遗产，就是多一份改变现状的精神食粮，多一份不忘前贤泽被后人的思想传承，也就多一份崇尚生态亲近自然的社会风尚，但愿"左公柳"昭示的精神，世代流传，发扬光大。

**作者简介：**

张自和（1944—），男，兰州大学草地农业科技学院教授、博士生导师，研究方向为草地农业、草坪学。

# 周人"祈农"民俗传统的延续与演绎
## ——陇东"二月二龙抬头"节俗的农业文化内涵管窥

隆 滟

（甘肃农业大学人文学院，兰州 730070）

**摘 要**："二月二龙抬头"节是西北民间重要的传统节日，也是一个与农业生产有密切关系的节日。本文主要以陇东地区民间"二月二龙抬头"节俗的民俗事项"祭龙、舞龙、画图拜蛇、打灰簸箕、打瞎瞎、洒灰、击房檐、社祭、担晨水、炒豆豆、吃搅团糊龙头、拍瓦片、理龙头、唱大戏、迎富、避龙忌"等蕴涵的文化内涵入手，以期管窥其对周人"祈农"民俗传统的延续与演绎，从而揭示其在当代社会的价值以及对其进行保护的意义。

**关键词**：二月二；龙抬头；祈农

"二月二龙抬头"节是西北民间重要的传统节日，也是一个与农业生产有密切关系的节日，又是一个主要与天时、物候的周期性转换相适应，在人们的社会生活中约定俗成的、具有一定的风俗活动内容的节日，它以年度为周期，循环往复，周而复始。民间传说，每逢农历二月初二，是天上主管云雨的龙王抬头的日子，从此以后，雨水会逐渐增多。因此，在北方，也叫"春龙节"或"春耕节"。

## 一、陇东"二月二龙抬头"节俗概述

在陇东地区①，龙抬头节的节日活动与禁忌，绝大多数都与崇龙、重农有关，有着丰富的农业文化内涵，这也是它之所以能得以传承不息的重要依托。在 21 世纪的今天，流行于陇东大地的"二月二龙抬头"节俗既有北方的祭龙习俗，又有南方的祭社习俗，南北兼而有之。但不论是祭龙、还是祭社，其中蕴含的"祈农"民俗事项依然带有我国农耕文化初创期的古朴、原始色彩，折射出周文化的古风和遗俗。二月二这天，陇东地区的人们进行祭龙、舞龙、画图拜蛇、打灰簸箕、打瞎瞎、撒灰、击房檐、社祭、担晨水、炒豆豆、吃搅团糊龙头、拍瓦片、理龙头、唱大戏、迎富、避龙忌等各种风俗活动，是为了祈求龙神赐福，保佑风调雨顺、五谷丰登，反映和体现了人们对龙的崇拜和对农业生产的重视，蕴涵着人们祈祷风调雨顺、五谷丰登、人畜太平的心理和人类与大自然抗争的生生不息的求生农业文化内涵。尽管许多现代人已不知道这一节俗的来历及原委，但每年一次的"龙抬头"，本质上讲就是对周先祖的一种纪念和对周人农耕文化的继承和发扬。

## 二、陇东的"二月二龙抬头"节俗的文化渊源

民俗，是独放于特定土壤上的花朵。民俗，既是一种现实文化的现象，更是一种历史文化现象。陇东的"二月二龙抬头"节俗来自陇东地区悠久的农业历史。

---

① 本文所探讨的陇东地区位于甘肃省东部，在行政区划上隶属今天的平凉市和庆阳市，包括今天的平凉、灵台、静宁、崇信、华亭、泾川、庄浪、西峰、庆阳、镇原、合水、华池、环县、宁县、正宁。在清代来说，大体包括平凉府及其所属平凉县、华亭县、静宁州、庄浪县、隆德县、海原县、西吉县；庆阳府及其所属宁州、安化县、合水县、正宁县、环县和泾州直隶州及其所属崇信县、镇原县、灵台县

## （一）陇东在农业史上的地位

1. 陇东地理位置：西北与宁夏接壤，东南与陕西毗邻，南接天水，西连定西，是甘肃的主要产粮区之一，历史上号称"陇东粮仓"的地方就指的这一带。

2. 考古学上发现：陇东是中国最早的旱作农作物标本发现地。考古学家经过数年挖掘、整理与研究，在和此地紧密相连的大地湾遗址发现了中国最早的旱作农作物标本。

3. 史书记载：无一不证明从新石器时代到周、秦、汉、唐四朝辉煌而灿烂的文明，都因背靠陇东而得以延伸和发展。

## （二）周文化是陇东文化的根

众所周知，陇东是先周农耕文明的发祥地。在这块古老而神奇的土地上，可感知许多远古时代周人的文化信息。如陇东宁县许多土气的方言，我们能在《诗经》中找到解释，如《大雅·生民》中"不坼（chè）不副（pì）"中的"坼"与"副"，其音义与方言一模一样，至今仍然挂在宁县人的口头上[①]；陇东许多至今还盛行的习俗，我们在《周礼》和《仪礼》中可找到源头。如陇东宁县的"打春"与周人的"迎春"、陇东正月初一的"出行"风俗与周人的元旦祈谷、社火中的"春官"与《春官宗伯》、陇东民间正月二十三的"燎疳"与周始祖燔柴祭天等都有着密切关系。陇东有"周旧邦"和"古豳国城"，庆城县自古就建有公刘庙，名曰周祖殿。陇东人不论张王李赵，都把周王尊为自己的远祖，把周老公庙盖在自家门前，总爱把"耕读之家"写在门楣上，追根溯源，因为"周道之兴自此始"（《史记·周本纪》载："夏后氏政衰，去稷不务，不窋以失其官，而奔戎狄之间……公刘虽在戎狄之间，复修后稷之业，务耕种，行地宜，自漆沮度渭取材用，行者有资，居者有蓄积，民赖其庆，百姓怀之，多徙而保归焉，周道之兴自此始……"）据《甘肃省通志》、《庆阳府志》等记载的资料证明，在3000多年前，周人先祖就在陇东泾河流域开创了中国最早的农业。"史诗绘就风俗图，周人遗迹遍陇东"，《诗经》中《大雅·生民》、《小雅·采薇》、《豳风·七月》就反映了当时泾河流域的农业盛况和周人在陇东劳动、生活的情景。《公刘》、《良耜》、《载芟》所涉及的地形、环境、居住、饮食、风俗、社交、祭祀、农作物、农耕技术等勾画出的不仅是陇东黄土高原的历史风俗图，也是当代的民族风情图。据书籍记载，周武王时，每年二月初二还要举行盛大仪式，号召文武百官都要亲耕。"[②] 因此可见，周祖在陇东创造的农耕文化是陇东文化的根。陇东源远流长的"龙抬头"节俗也理应与周人祈农习俗有着直接的联系。

## （三）周代有对"雨神形象——龙"的崇拜

"民以食为本"，而食之饱馁直接取决于农业的丰歉。周人向以农为立国之本。他们从后稷、公刘时代即"肇农桑树畜为养民之本，开女工蚕治作衣被之源"。西周后期，戎狄交侵，灾荒不断；东周时期，战争频繁，民生痛苦。人们对自己的命运难以掌握，在科学不发达的情况下，只能把摆脱苦难的希望，寄托在渺茫难知的自然及幻想出的神灵身上。幻想通过对这些神灵的祈祷，以得到农业丰收。因此，周人的祈农意识几乎渗透在所有的神灵崇拜中。而在所有的崇拜中，雨水崇拜是自然崇拜中最普遍、最重要的崇拜形式之一。以农为本的周人经过长期的观察，认识到雨水对谷物生长的重要性，即只有适当的雨水，才能使庄稼长得茂盛，结粒饱满。《诗经·小雅·信南山》载："既优既渥，既霑即足。生我百谷。"但是如果雨水过多，也会对农作物造成损伤。《尔雅·释天》称："久雨谓之淫"。因此，周人希冀下雨应时适量，故《尔雅·释天》也有"甘雨时将，万物以嘉"之说。然而，现实中，并不是每年都是风调雨顺，这就促使周人探索雨水的成因以及雨水的主宰者。但是在当时的科技条件下，他们无法弄清雨水的成因，一般下雨时先响雷，故误认为雷电主宰雨水，于是与雨水有关的雷、雷神形象——龙（因古人眼中雷电形象像龙）便成了主宰雨水的神灵。因此，龙是中国古代最主要的雨水神。[③] 而遇到天旱时，祈龙神就成为最普遍的祈雨仪式。《山海经·大荒东经》云："旱而为应龙之状，乃得大雨"；《三

---

① 于俊德．于祖培《先周历史文化新探》［M］，兰州：甘肃人民出版社，2005年11月，第276页

② 周简段．神州轶闻录［M］．第125页．北京：华文出版社，1992

③ 陈绍棣．中国风俗通史（两周卷）．上海：上海文艺出版社，2002年3月

坟》云："龙善变化，能致雷雨，为君物化"。因此，龙在先民的信仰中具有至高无上的地位，几乎就是中国古代文化中神圣威严极具权力的神物，也是主管人间晴雨旱涝之神。陇东农村，不管什么地方，十里八里之间，总会有一个或大或小的龙王庙。《左传·桓公五年》载："龙见而雾"，杜预注："龙见建巳之月（按：即夏历四月），苍龙宿之体昏见东方，万物始盛，待雨而大，故祭天远为百谷祈膏雨。"郑玄注《礼记·月令》曰："春事兴，故祀之以祈农。"所以，周人很早就有通过祭祀龙神以求农业丰收的祈农习俗。

我们知道，民俗，作为一个民族的共同文化现象，具有跨时代的传承性，它是一定历史阶段社会生活的产物，延续下来之后又作为一种无形的规范渗透在后世人民生产活动和生活习俗中，以文化传统的形式或多或少地存在在民族成员精神世界中。由于周代祭龙求雨与农业生产有着直接关系，虽然周王朝在历史进程中消亡了，但作为封建社会的经济基础，并未因王朝更替而根本改变，再加上陇东地理位置比较封闭，经济较落后，交通闭塞，受到外来文化的冲击相对较少，故一些习俗保留的较好。因此，陇东"二月二龙抬头"节俗应是周人祭龙祈农习俗的延续与演绎。

# 三、陇东"二月二龙抬头"节俗活动的主要内容及文化内涵

从科学角度看，农历二月初二，还是"惊蛰"前后，冰消雪化，气温开始回升，农民告别农闲，开始下地劳作了。农谚曰："二月二，龙抬头，天子耕地臣赶牛；正宫娘娘来送饭，当朝大臣把种丢。春耕夏耘率天下，五谷丰登太平秋。"而此时，农业对雨水的需求显得格外突出。因此，人们在二月二这天祭祀龙神，一个最主要的目的显然是祈求龙神兴云化雨，保佑一年农事兴旺，五谷丰登。而在易遭春旱的陇东，龙在人们的心目中地位更是至高无上的。所以，每年二月二，以农为本的陇东人差不多是怀着一种神圣感，把自己殷切的祈农愿望虔诚地演绎在这个节日习俗中，尽管节俗内容除祭祀龙神外，还保留了许多丰富多彩的民俗事项，虽然也有一些不科学的成分杂糅其中，但本质上，"二月二龙抬头"表达了人们祈盼农业丰收的美好愿望。

## （一）祈龙赐福、祈雨求丰收

农业的命脉在于水利，适度的雨水在农业生产中起着异常重要的作用。龙神，既然主宰着雨水的多寡，那么它的喜怒哀乐，也就是雨多雨少有雨无雨了。而与庄稼成败攸关的适量雨水便自然成为人们祈求的目标，为了实现这个目标，二月二这天，"龙"要抬头治水。陇东地区把磨盘叫"青龙"，这天要把磨盘的上扇卸下来，让"龙"抬头，于是就有了许多与龙有关的民俗事项。对龙的崇拜，折射出农民对"风调雨顺"的祈望。

### 1. 祭龙

即祭祀龙神。这是陇东"二月二龙抬头"节的一项主要内容。在静宁农村，家家户户在二月二凌晨卯时，由家中当事人主持，端一大盆清水供于院中央桌上，并献上各种祭品，点信香三叩九拜，称为"引龙到家"。然后以一村为单位，由德高望重的长者主持，在辰时全村男性老幼聚集在一起，在组织者的安排下，按辈份顺序、年龄大小、在场地中央十分虔诚地向悬挂有龙腾飞舞的图像三叩九拜，然后将十二大碗清水（代表12个月）按方位洒在地上，敲锣打鼓地进行祭祀，希望龙神适时降雨，庄稼获得丰收。

这天，农家人在祭龙后就开始"动农"，即开始动农活，亦称"动龙"。全家人牵上耕牛，找上耧、耱、锹等劳动工具，背上种子，端上香火纸包、酒茶来到地中心，首先架起耕牛，在地心耕一个大大的"田"字或者一个大圆，象征粮囤。然后全家跪在圆中心，烧香化表，奠酒泼茶，顶礼膜拜，祈祷龙神保佑，预祝当年五谷丰登，仓囤盈满。

### 2. 舞龙

又称耍龙灯，龙灯一般有竹子、木棍、布等扎成，龙身有数节（节一般是单数），每节内点燃蜡烛，由青壮年组成舞龙队，在锣鼓伴奏中，巨龙左右翻滚，起落腾飞，非常威武壮观。（在陇东静宁县民间二

月二舞龙有个传说，讲的是伏羲用玉皇大帝的龙头拐杖化作一条金龙，吞掉了妄图祸害人间的五瘟童儿，为人间带来太平的故事。因此，在静宁民间，龙又代表吉祥如意、驱邪赐福的形象。）在陇东，除二月二舞龙之外，许多节日如春节、元宵节等都有舞龙的活动。

### 3. 拜蛇

陇东民间的说法：龙是大龙，蛇是小龙，见蛇如见龙。这应该也是陇东人对龙崇拜留下的习俗。在二月二这天，画一蛇像，然后烧香奠酒，三叩九拜。并且民间有不成文的规定：不准打蛇、扰蛇。这种活动一方面表示当地人对龙的心理崇拜，另一方面是为祈福求吉利，是一种心理安慰。

### 4. 理龙头

陇东民间谚语说："二月二龙抬头，家家户户理龙头"。在二月二这天，华池、静宁等农村每一家男子都去理发，剪个"龙头"，一年四季头脑清醒，身体健康，寓意"龙抬头，人也抬头"。特别是家长为了希望孩子聪明伶俐，长大有出息，一定要等在这一天给小孩子理龙头。当然，大人小孩讲究在这天理发，也是陇东人对龙崇拜留下的习俗。希望自己和孩子在龙抬头时能扬眉吐气，并希望在新的一年开始之际，能焕然一新，以新的面貌投入到农业生产中去，同时也希望发须像农作物一样的旺盛生长，这样就能保持青春焕发。

### 5. 迎富

在陇东民间，与正月初五日的"送五穷"相对应，龙抬头节时举行又举行虔诚、隆重的迎富仪式。南宋诗人魏了翁有诗云："才过结柳送穷日，又见簪花迎富时。"说的就是正月初五"送五穷"与二月二日迎富仪式。迎富时，按照喜神、农神、财神合一的方位确定时刻，然后烧香酌酒、顶礼膜拜，以祈求平安幸福，农事兴旺。

## （二）驱虫求吉，避祸消灾，保护庄稼

《礼记·月令》云："仲春之月……雷乃发声始电，蛰虫咸动，启户始出。"即说农历二月，天气渐暖，各种昆虫开始活动了。陇东俗语言："二月二，龙抬头，蝎子、蜈蚣都露头。"这些昆虫中，有些对人的健康是有害的，有的对农作物是有害的，因此，古人认为龙为百虫之首，人们希望龙抬头能降伏百虫。所以"二月二"这一天，在陇东民间，为毋使昆虫为害，就形成了"二月二"龙抬头节诸多驱虫求吉的民俗事项。《周礼·秋官·司寇》载："赤发氏掌除墙屋，以蜃灰攻之，以灰洒毒之，凡隙屋，除其鲤虫。"可见，撒灰除虫的习俗在周代就已经十分流行了。

### 1. 打灰簸箕、洒灰、击房檐

陇东许多乡村在这天，流行打灰簸箕。这在陇东各地方志中多有记载。清康熙二年抄本《隆德县志》① 影印本记载："二月二日昧爽，男女持箕布灰，徇墙屋基，祀龙抬头辞。""二月二，古称中和节，相传为土地神生日。以惊蛰在此日前后，古俗称'龙抬头'。清晨，农家端一簸箕草木灰，打遍庭院四周，念诵'龙抬头，虎抬头，虻蚕壁虱都抬头，一棒打到灰里头。'"（《庄浪县志》）"女人们则清早拿上灰耙在炕头上边敲边唱'二月二，龙抬头，跳蚤臭虫不抬头，抬头打你一榾柮'"（见《泾川县志》）。在静宁，家庭主妇手端一簸箕灰，拿擀面杖一边敲击簸箕，一边撒向屋内、院里各个地方，并且边打边念叨："二月二，龙抬头，蛆蛆牛牛都抬头，蝎子毒虫也抬头，一棒打到灰里头"。把灰撒在门前，谓之"拦门辟灾"；将灰撒在墙角，意在"辟除百虫"；取避祸消灾之意；把灰撒在人群牲畜活动频繁的地方，如火炕、屋舍、灶头、牲口圈等地，以起到杀虫消毒的作用。另外，"二月二"这一天，还要用木棍或者竹竿敲击房檐，有的地方敲击炕沿，以惊动屋内房顶上虫子乱跑，便于清理消灭毒虫，毋使为害。

### 2. 点虫眼、圈臭虫、打瞎瞎

二月二大早，陇东家庭主妇还要给家里小孩和大人炒豆子吃，意思是"龙王进眼，五谷丰登"，人们炒食不仅为了祈求龙眼进开以降雨，另外还有禳灾之意，即被称为"点虫眼"，意指通过炒食豆类、谷

---

① 清. 常星景等纂辑《隆德县志》，中国方志丛书. 华北地方. 第 334 号

类，将粮食中的各类虫子炒死，以禳虫灾，开发农事；也有吃蚕豆使人从过年的舒适日子中警醒，准备农事之说。庄浪县炒食蚕豆、大豆及白面炒成的小方块吃。民国三十三年《平凉县志》云："二月二日，炒各种豆食之，曰'杀虫'"；《平凉市志》言："二月二，又称'豆豆节'。是日，家家炒豆豆以应时。或莜麦、豌豆、荏子等混炒在一起，或以荞面拌炒春籽成颗粒以食。相传'二月二龙抬头'炒豆豆以示干旱缺水，祈求龙王顺人心，降调雨"；灵台县早上各家普遍炒食豆子或棋子豆，据说是为了炸害虫；也有"使虫鸟鸣目不糟蹋庄稼"之说（见《灵台县志》）；《崇信县志》亦云："二月二，俗谚'龙抬头'，炒豆食，叫'咬虫'，使其不危害人类"；炒豆子时，有些家庭主妇口中会咒语般念叨："金豆开花，龙王升天，兴云布雨，五谷丰登。"这与其是咒语，不如说是祈祷，寄托了农人一种风调雨顺、五谷丰登的希望，祈农意识不言而喻。

在陇东，此日，除了"点虫眼"，华池县民间有的农户取南墙的黄土块在炕周围的墙壁上画圈圈，称之为"圈臭虫"。泾川、灵台等地的孩子们还提上木棒到田野打瞎瞎（当地对田鼠之称）拱起的土堆，向虫害示威，以示保护庄稼。这在当地地方志也多有记载。男人们扛上镢头，将"锥巴馍"用布包起来，夹在肘弯，走到田间，边吃"锥巴馍"边打地边或胡基，同时嘴里边唱："龙抬头，虎抬头，瞎瞎抬头一镢头"。尽管所有这些活动虽不是很科学，但在很长的时期内慰藉着无数老百姓的心灵，它根植于原始信仰和传统农业社会人们的心理基础以及思维能力，适合于人们驱除灾害的心理和愿望，渗透着农人驱虫求吉，期望丰收之意。

## （三）避龙忌，做殊食，以祈丰年

### 1. 担晨水

静宁、华池民间，二月二凌晨不允许从水井挑水，要在头一天就将自家的水瓮挑得满满当当，否则就触动了"龙头"。确需挑水，只有在祭龙活动结束后方可，挑水时须准备香案贡果在河边、井边、泉边拜祭后，然后在水中洒一些石灰或草木灰，方可挑水。据说，祭龙后挑水此举，可把田龙引回家。

### 2. 忌做针线、洗衣

此日，妇女不许动针线，不用扫地，恐伤"龙睛"；不洗衣服，恐伤龙皮。

### 3. 用桃柳插门、做饰品，驱鬼除邪

《华池县志》[①]云："二月初二日，以桃枝置门上，小孩佩带以桃、柳枝削成的小棒槌，以为避邪，吃油搅团"。

### 4. 吃殊食祈求五谷丰登

二月二这天，陇东民间除吃炒豆豆外，还有特殊的食俗。当地民谚曰："二月二，吃油炸，犁地不磨铧"。在泾川农村，早饭一定要吃"搓搓"（又叫"顶门棍"一种面食）；华池民间吃油搅团；崇信民间吃搅团，叫"糊（护）龙头"，意为为龙护甲。

## （四）祭土地神、娱神，以祈农业丰收

根据文献记载，春秋战国时期，敬奉社神即土地神，已成定制。《说文》曰："社，地主也。"《公羊传》注："社者，土地之主"也。《礼记·郊特牲》载："社，所以神之地道也。"《白虎通义·社援篇》载："人非土不立，非谷不食，土地广博，不可遍敬也；五谷之多，不可一一祭也。"因此，先民封土以为社，而祀之以报功也。在老百姓心目中，与他们现实生活及精神生活密切相关的几乎就是朝夕相处的土地神，因此，老百姓对"社神"给予很高的地位。陇东宁县，老百姓称土地神为"土天爷"，可见，其在陇东农人心中的份量。

### 1. 祭祀土地神

静宁南部乡村有些地方称二月二为土地爷生日，并把此项活动叫社祭。而且此项活动只许男性参加。

---

① 见《华池县志》，兰州：甘肃人民出版社，1984年2月

在土地庙酌酒烧香拜祭后，有四个青壮年男子抬起土地爷塑像的轿子，在村里游行，祈求土地爷保佑一方平安，农业增产丰收。合水民间，在这天，把早在年前做好的"枣山"（枣山，因由花团组成，又称枣花。俗语说："二十八，蒸枣花。"每到农历腊月二十八，合水民间，无论富家小户，都要塑做一对枣山，即用揉和好的麦面，塑捏成一个圆形头，口、眼、耳、鼻均用黑豆镶嵌。从脖子至腰部的上半身，均为团花组接而成，一般为十至十二个团花组合，每个团花内镶嵌一枚大枣。做十个团花的象征十全十美，做十一个团花的象征丰衣足食，而做十二个团花者，则象征一年十二个月，月月风调雨顺，五谷丰登。胳膊和腿均用粗圆面条塑做，两腿左右间距较大，和抓髻娃娃腿形相似。身高一尺五寸左右。全身塑成后，以便靠立，在背面垫衬两根筷子或两根高粱箭杆，放在锅里蒸熟即可。因枣山有枣，立起又象征一座山，故大名枣山①。）带到地头，先拜土地神，再献祭"枣山"，纸炮响罢，把枣山掐两三小块撒向地里，表示敬了土地神，其余分给他人和儿童吃。然后由户主套犁耕一段地，以合"龙抬头，大仓满，小仓流"的俗语。当地人说，这样可以保证一年之内耕收打碾不遭洪涝霜雹等自然灾害，也不会损坏农具，保证五谷丰登，粮堆如山。

**2. 唱庙会**

每年二月二，静宁南北部的乡村，都要唱大戏，民间称唱庙会。民间认为这天不仅是土地爷的生日，也是一些地方神的庙会日。许多地方（如静宁司坡南桥的白马大王庙会，李店镇的兴隆山庙会、崇信铜城丈八寺二月初二会）举行场面宏大、气氛热烈庙会活动（这在文献中已有记载。清，赵本植，《平凉府志》载"二月初二日，朝药王洞，远乡士女毕集"；《合水县志》（乾隆二十六年抄本）载："每逢二月二日，城南药王庙会，远乡士女毕集其庙。"）。以取悦地方神，保佑本地子民五谷丰登、人丁兴旺。

# 四、陇东"二月二龙抬头"节俗活动的特征及当代价值

陇东"二月二龙抬头"节俗源远流长，内容丰富多彩，蕴涵着丰富的农业文化内涵。其本质特征就是祈农，表达了人们盼望丰衣足食的美好愿望，也暗含着中华民族亘古不变的生生不息的与大自然搏斗的求生主题，也有鲜明的当代价值。

## （一）弘扬龙文化，增强民族凝聚力

从陇东龙抬头的习俗活动中我们不难看到，绝大部分活动和相关的禁忌习俗均与对龙的崇拜有着密切的联系，在其演变与传承的过程中，龙的信仰始终贯穿着整个主线。比如祭龙、舞龙、拜蛇、避龙忌等。而打灰簸箕、敲房梁、打瞎瞎、撒灰、拍瓦片等，表面上看似与龙崇拜无关，实际上也是一种古代崇龙仪式的变异形式。春季二月二左右，正是百虫复苏的时候，人们视龙为百虫之长能震慑百物，故而在龙抬头之日采取一系列措施祭祀龙神，以祈求龙神辟除百虫，从而祈得吉祥。总而言之，在这一天人们认为该做的和不该做的一些事情均与龙崇拜有着或隐或现的某种联系，各自有着一定的象征性意义，这些节俗比较集中的反映了人们对龙的信仰和崇拜，形象地再现和演绎着周人的祈农习俗。这在陇东许多美丽动人的神话中就可得到佐证。如《斩龙湾》就记载了周人在陇东开创农业文明的历史；《梦斩九龙》、《铁九火炮击龙王》等都有龙文化的遗存。因此，挖掘和保护这一节俗，对于我们当前弘扬中华民族龙文化，增强民族凝聚力有着重要的现实意义。

## （二）维系人际关系，促进农事交流

"协调一定范围内、一定文化区域内的人们之间的各种社会关系，维持和平衡一定范围内人们的生活、生产、社会等方面的秩序，这是民俗最重要和最根本的功能。"② 我国的传统节日都有着重亲情、贵人伦的特点，上千年来一直充当着维系我国社会人际关系的重要感情纽带。陇东二月二节俗中的种种活

---

① 高仲选. 合水面塑——枣山，《民俗研究》［J］，2002 年第 3 期
② 王晓丽.《从文化人类学角度论民俗》，载《中国社会科学院研究生学院学报》2005 年第 4 期

动，延袭了一些古老的习俗和民风，是一种群众性的大规模活动，一般是一村或者几个村庄联合起来开展活动，这对这对加快民俗文化发展，传播各类文化信息，促进农事交流等起到一定的推动作用。人们欢聚一堂，祭龙、舞龙、参加庙会活动、看大戏，有效地促进了乡间社会及家庭之间的亲和力，增强了邻里及整个社会的凝聚力。人们在祭祀仪式上供奉着共同的神灵，共同参与整个节俗活动，借助民间信仰的交感魔力，无形中促进了亲戚、朋友、乡里乡亲之间农业物事、人际关系和生产技术等信息的交流和整合。

## （三）暗含着人们对生活的美好愿望

陇东一年一度的二月二龙抬头节俗，虽然经过若干年的传承变化，在现代人眼中跟其他传统节日相比，微不足道。人们已不再相信二月二龙真的能抬头，但其蕴涵的农业文化内涵十分深厚，其整个活动都与人们祈福求祥、祛病禳灾有很大的关系，整个活动体现的是民众最为普遍、最为持久、也是最为重要的心理祈求。同时，它也是现代人进行文化寻根、体悟和享受历代劳动人们文化创造成果的宝藏，既是我们生活在自然与人文环境中的精神财富，也是引起我们的故园之思、民族之情的根脉所在。它作为一种精神愿望，它象征的是现代人们渴望新年新运、除去晦气重新开始美好生活的一年一度生生不息的"龙抬头"精神。

# 五、结　语

时至今日，随着我国社会由农业社会向现代社会的转型，不可否认，像二月二节这样的传统节日文化，近年来节日色彩渐渐淡化，二月二节俗祈求农桑的表层文化意蕴也在慢慢淡化。但总的来说，其间蕴涵的人类与大自然抗争的生生不息的主题是始终亘古不变的，其所包含的对美好生活的向往又无时无刻不契合着现代人的精神追求。它对陇东广大劳动人民的生产、生活、理想、信念、精神有着很大的促进作用，对陇东精神文明建设、构建小康文化和谐社会起到不可估量的作用。它是陇东民间农业民俗文化的集中体现，是对陇东古老先民生产生活的展示和重现，应加强发掘、抢救和保护。

陇东"二月二龙抬头"节俗的农业文化内涵及其价值是多方面的，作为传统文化的沉淀和累积，它与人民群众生产生活方式有着密切而广泛的联系，深刻地反映了陇东地区农民心理的深层结构，它们也从不同的角度，演绎和阐释着先民遗留下来的古风民俗，具有极大的研究价值，这有待于更多的学者进行更加深入的研究。

### 参考文献

[1] 陈文华. 中国农业通史 [M]. （夏商、西周、春秋卷）. 北京：中国农业出版社，2007 年 8 月.

[2] 丁世良，赵放. 中国地方志民俗资料汇编 [M]. 北京：北京图书馆出版社，1989.

[3] 于俊德，于祖培. 先周历史文化新探 [M]. 兰州：甘肃人民出版社，2005.

[4] 钟敬文. 中国民俗史（先秦卷）[M]. 北京：人民出版社，2005.

[5] 王华. 源远流长的龙抬头节——二月二 [J]. 甘肃文苑，2007（4）.

[6] 宁县志. 兰州：甘肃人民出版社，1988.

[7] 周礼·仪礼·礼记 [M]. 岳麓书社，1991.

**作者简介：**

隆滟，女，汉族，副教授，甘肃农业大学人文学院，研究方向：古代文学、农业民俗、先秦农史。

# 第三部分

# 农业文化遗产保护的实践探索和个案研究

# 通过韩半岛铁搭（쇠스랑）看明清时代江南的水田农业

*崔德卿*

（韩国　釜山大学校　历史系）

**摘　要**：铁搭是具有 2~4 个铁齿的耕地专用农具，多使用于江南地带的水田，是一种为江南水田的深耕起到决定性作用的代耕用具。本文论证铁搭在唐朝时期由韩半岛的济州岛传播到中国的过程。明清时代的铁搭可与江东犁媲美，它对于引领江南农业经济发展所起的实质性作用是功不可没的。而韩半岛南部则早在 1 世纪起就已出现铁搭，因为和汉魏王朝的交易活跃的原因，铁搭虽然有很早传来的可能性，但根据在北宋时期扬州的铁搭形态上猜测，比起三韩时代，三国时代（韩）即中国唐代之前传来的可能性更高。

**关键词**：耙；水田农业；江南地区；儋罗；铁搭；王祯农书；江东犁

铁搭，作为一种具有 2~4 齿的耕地专用农具，是多用于江南地带水田的手工农具。日本学者足立启二曾对铁搭评价为一种为江南水田的深耕起到决定性作用的代耕用具。笔者作为秦汉时代研究家，在学习明末清初时期的施肥法的过程中，了解到铁搭在江南水田中的重要性，尤其震撼地指出了铁搭是曾于唐朝时分由韩半岛的济州岛引进。由济州岛引进的铁搭最终竟成为明清时代农业中心地——江南的代表性农具，这一点引起了我的兴趣，也是撰写本稿的主要背景。

以往对铁搭的研究，大致由两个观点展开。其一，社会环境的变化导致了铁搭的出现。曾雄生是其代表性的研究家。他认为，随着南宋以后江南人口的增加和多熟制的推广，致使土地越来越减少，对耕牛的饲养也大幅减少。而到了明朝时代，这种现象变得更加严重，并由铁搭替代了牛耕。尤其，由于人口压力导致的土地欠缺，使得饲养耕牛及运用江东犁需要过多的费用，因此农业结构的变化是导致农具变化的主要因素。德国的 Wagner 也从人口与土地的关系进行说明，认为南方土地狭小，每户土地分散，很难使用畜力，因此便适用了锄头（铁搭），而且这种锄头在比较宽广的土地上也普遍使用。相反，在耕地面积较大且人力较少的地区，由畜力进行耕地的较多。

其二，铁搭所具备的优越性。李伯重表示，明清时代的铁搭可与江东犁媲美，它对于引领江南农业经济发展所起的实质性作用是功不可没的。明清时期的江南地带不像过去注重江东犁，主要是因为其由两头牛牵引且犁长可达 2.3 丈（6.9 米），而这种犁在面积狭小的江南水田是不太实用的。而且江南的水田，黏性较强，因此其结构也不适宜用牛犁深耕。最重要的是，铁搭的费用和修理费用较低，农民比较容易具备。对此，曾雄生表示，明清时代铁搭和江东犁的使用，并不是农具本身的问题，而是农民们的一种选择，因此，从理论上讲，铁搭的使用并不意味着江东犁的淘汰。

# 一、从文献上观察的铁搭特征

## （一）《王祯农书》中的铁搭

在中国农书中首次提及铁搭，应该是在 14 世纪初编写的《王祯农书》（1313 年）。下面详细解析其内容。

1. 铁搭的刃部由四齿或六齿形成，类似于耙，却并非耙。根据《王祯农书》中耙条文所述，耙具备小耙齿，有的形状尖锐，但不同于铁搭。从铁搭的形态上看，它明显不同于耙，是用于插进硬地方并进行翻地的农具。在史料中，也将铁搭描述为插入土地中进行翻地的工具，而由于该翻出来的地类似于叠放在铁齿上（重叠），故名为铁搭。

2. 其插入木柄的孔为圆形，柄长为4尺（120厘米）。如上所述，其形态雷同于杷，因此，估计其木柄和刃部的角度应该成90°左右。

3. 在不具备牛犁的南方，利用铁搭进行耕地，还可将翻出来的土块轻松打碎，因此它还兼备了杷和镐头的功效。

4. 早前看到由多户合作通过相互支援劳动力来一天开垦数亩地的情景。江南虽然地小、水分多，但劳动力甚多，因此类似于在北方山涧地区进行耕地的锄户。

以上内容详细说明了铁搭的形态和结构及其作用，并指出了该农具在不具备牛犁的江南地区着实替代了牛犁的作用。不过，铁搭的形态不同于杷，却起到了杷和镐头的功能，这一点多少引人注目。《王祯农书》中介绍了各种不同的杷。其包括大杷、谷杷、竹杷、耘杷。他们所具有的共同特点是在与木柄垂直的横木上均带有杷齿或呈尖锐形状。其用途为刮翻各畦之间的土壤或刮集庭院中零散的谷物，或在拨散谷物时使用。而耘杷主要用于除草，竹杷主要用于刮树叶。而利用这种杷刃是无法进行耕地的。书中写到其刃部的功能雷同于杷和镐头，可见其刃部应该较长而锐利，为了能够入土翻地，其接头部分还应该比较强韧。另外，据记录，铁搭还具有杷的功能，可见，它还可将翻出来的土块轻松打碎并整平。估计应该是利用铁搭的背面，进行松土后，通过拉拢和拨散土块来进行平整工作的。这表示，铁搭不仅可用来耕地，而且还可进行打碎土块和整平土质，是一种多目的性的手工农具。因此，在没有牛的北方山田的锄户们，相互支援劳动力的同时，利用铁搭进行耕地，而在所有土地甚少的江南小农家同样也利用铁搭进行耕地。

那么铁搭作为这种具有齿部的手工农具，是从什么时候开始使用的呢？首先，在《齐民要术》中与它具有类似功能的"铁齿金漏楱"出现四次、"铁齿杷"出现两次。虽然对其形态没有具体描述，但是从它们的功能上可描绘出大体形状。首先，"铁齿金漏楱"可在翻完地后播种前，用其进行杷地（耕田篇），或对雨后长在畦间的禾进行纵横杷开（种谷篇），还可在小豆展开本叶时，进行纵横杷开（小豆篇）等杷翻时使用（种苜蓿篇）。相反，《齐民要术》中的"铁齿杷"，在混匀土和熟粪并在田地上施肥后，利用它进行翻土，使土壤轻松混匀，并在去除老树根或松软土质时使用（种葵篇）。

可见，仅凭《齐民要术》中的记录，就能看出"铁齿金漏楱"的杷功能应该多于翻地的功能。也许是应为这个原因，在《王祯农书》中，也将用铸铁制造且具备铁齿的"人字杷"称之为"铁齿金漏楱"。而《齐民要术》中的"铁齿杷"主要用于去除老树根或翻地混匀肥料和土质的过程。这表示其在用途上与铁搭具有类似的功能。

## （二）通过华北出土资料看到的多齿镢

那么这些铁齿杷是什么时候出现的呢？下面来查找被发掘的出土资料。1973年在战国时代河北易县燕下都虚良冢遗址中发现了双齿、三齿及五齿的铁镢，其作为在春秋战国时代发明的一种新型农具，虽然类似于后来的多齿杷，但安装木柄的銎口位置有所差异。根据多齿镢的基本形态，其刃部比背部约宽两倍左右，刃部尖锐。如下表1中可以看出，从通长的长度观察，实际齿长应比这短。因此，应该不适宜深入土。另外，从当时的冶铁技术和形态推移，多齿镢应该都是铸铁制作。要用这种农具入土翻地，就要将木柄向前推，但是铸铁似乎并不适用。

但是多齿镢作为一般无齿镢效率的扩大体，可用于各种用途。虽然它不适合对硬质土壤进行耕地，但在软质土壤中进行耕地或对翻完的土地进行打碎和整平的工作是比较适合使用的，而且还适合用于刮翻禾苗间土地和除草。在河北易县燕下都出土的多齿镢，其形态上有一定部分处于磨损状态，这表示它实实在在用在了农耕上。

表1  战国中期河北易县燕下都遗址的多齿镢

| 区　分 | 齿形<br>（数量） | 时　代 | 两边齿距<br>（厘米） | 通长<br>（厘米） | 銎宽<br>（厘米） | 特　点 |
|---|---|---|---|---|---|---|
| 河北易县燕下都 | 二齿镢（1） | 战国 | 12 | 11.7 | 4.2 | 齿部向外凸出。头部凸出，具有方形的木柄安装銎。齿部的断面为椭圆形 |

（续表）

| 区　分 | 齿形（数量） | 时　代 | 两边齿距（厘米） | 通长（厘米） | 銎宽（厘米） | 特　点 |
|---|---|---|---|---|---|---|
| 河北易县燕下都 | 三齿镢（2） | 战国 | 12.3<br>13 | 13.2<br>16.5 | —<br>3.6 | 銎为长方形。齿部的断面为椭圆形，肩部为弧形 |
| | 五齿镢（1） | 战国 | 16.5 | 10.5 | 0.7（厚） | 出土时两边齿部毁损，肩部为半圆形，銎为长方形 |
| 河北满城前汉<br>中山靖王刘胜墓 | 双齿镢（1） | 前汉 | | 20.5 | | 两齿呈八字形，方孔，单范铸造 |
| | 三齿镢（1） | 前汉 | | | | 无齿。肩部呈弧形，头部凸出，方孔，单范铸造 |
| 山东枣庄市台儿庄镇张山子 | 三齿镢（1） | | | 14.7（齿长10） | 方形孔3.7×2.8 | 銎部周边突出 |
| 山东临朐王家圈 | 三齿镢（1） | 汉代 | 18 | 11.8 | | 左侧齿部毁损。长方形的銎部未凸出 |
| 福建崇安高胡南坪 | 五齿镢（1） | 汉代 | 16 | 11.2 | | 整个农具形态呈弧形。头中央具有长方形孔，銎部周边有突出<br>基本上与河北易县燕下都的五齿镢相同 |
| 吉林集安东台子高句丽遗址 | 三齿抓（1） | 汉代（高句丽） | 弯伸长4.5<br>爪间距2.5 | 爪长4.4 | 銎长8<br>直径2.8 | 三齿形同鹰爪，弯曲而尖锐 |

除了上表所提示外，还有战国时代的三齿镢出土于山东临淄和河北燕下都，而在汉代河北满城汉墓中还出土了三齿镢范，在中山靖王刘胜和其妻窦馆墓中还挖出一个双齿镢和一个三齿镢。另外，还在保定壁阳城、江苏徐州利国、山东枣庄市台儿庄镇张山子、辽阳三道壕出土了汉代三齿镢，并在集安东台子高句丽遗址中挖掘出小型的三齿器（三齿抓），在河南恐县铁生满挖出了双齿镢。这些表明，在汉代华北地区多用为多齿镢，其中主要以三齿镢为中心。这种多齿镢因其效用性得到了广泛的普及，但是一直到汉代这些农具仍为铸造。从这一点上看，在《齐民要术》阶段尚未存在《王祯农书》中所记录的铁搭。从而可知，在战国时代以后出现的多齿镢大致上替代了镢或锄头的功能。也因为这样，其名称也不同于铁搭，主要用杷、耙、镢等来表示，并无固定名称。这表示铁搭与这些农具有所不同，而且是在这些农具以后出现的新型农具。

值得我们在这里关注的记录出现在由明末清初编撰的《补农书》。根据明代徐献忠（1469—1545年）的《吴兴掌故集》卷二，之前中国一直利用牛犁来耕田，而这时江南却利用由东夷的儋罗国使用的铁齿杷进行耕田。这里值得我们关注的一点是，中国之前还不懂得这种使用方法，是从唐代以后开始采用的。

据《新唐书》之"东夷列传·儋罗"所记录，"儋罗"（耽罗国）位于新罗武州的南部岛屿，到了唐代派使者入朝，虽然产有五谷，但尚未普及牛耕，仅用铁齿杷来进行耕作。另外，在唐高宗龙朔（661—663年）初，儋罗直接派使者入朝，而在麟德（664—665年）年间，由酋长来朝随高宗来到太山（泰山），并在泰山封禅，当刘仁归与新罗、百济、儋罗、倭四国酋长共同来见天子，使天子大为高兴。从这里可以看出，当时唐朝与儋罗交流甚为活跃。根据该记录，当时儋罗虽然已经用铁齿杷替代了牛犁，但唐代还未使用此类农具，因此为铁搭由儋罗引进的主张提供了值得关注的价值。从这一角度看，铁搭并不同于战国时代使用的多齿镢、《齐民要术》中的"铁齿杷"。

李伯重表示，虽然在战国时代出现二齿镢、汉代出现了三齿镢，但是后来与铁搭拥有类似形式的工具还是北宋扬州一带的四齿镢。到了明代中期以后，铁搭普遍使用，其与锄一样由四齿构成，结构也变得更加简单，适合在黏性水田翻土，因此无论是深耕还是工作质量，均胜过牛耕。在这里，他从形态与用途上对古代的多齿镢或锄头与铁搭进行了区分。然而，明末清初的思想家顾炎武也表示，不具备牛犁的人们则进行刀耕，其制造出具有四齿的锄，并将此命名为铁搭。可见，都并不了解铁搭与多齿镢、锄之间的具体差别。

# 二、韩半岛铁搭的出土文物

## （一）济州道（儋罗）的铁搭

明中期徐献忠在《吴兴掌故集》中指出，铁搭的发源地是儋罗，即包括济州岛的韩半岛。但可惜的是，除了《新唐书》以外，再无近代之前有关济州道铁搭的文献资料，也无有关铁搭出土文物的报告。在岛上铁器的腐蚀较为严重，也不会生产铁器，废铁很可能通过重新冶炼进行再应用，因为这个原因，可能尚未发现文物。因此，通过残余的铁搭相关民俗资料，简单了解一下古代的铁搭。

通过调查报告的济州道铁搭，虽然其齿部有二齿或三齿，但几乎看不到二齿铁搭（表2）。这可能是因为，三齿的铁搭比二齿铁搭更大而坚固，所以比较适合提高工作效率吧。目前经过调查的34户中，至今保存铁搭的农家只有几户，但是截至20世纪60年代每家农户都100%保留着。铁搭的构造与齿数无关，其基本形态无论是在韩半岛还是其他地方均为一致。它大体上可分为铁质部和木柄部分。铁质部分又可分为刃部、肩部和銎部，其刃部尖锐而长度各异，但主要为17~20cm，而刃部的宽为11~20cm。肩部无角而圆润。铁质部分的最大特点在于，它与唐代之前的多齿镢不同，主要通过锻造来卷曲呈现圆筒形的銎部。木柄的长度为82~120cm，由坚牢的木材而制，并在嵌入时充分通过了銎部。刃部和木柄的角度成75°~80°，呈现略向内侧弯曲的形态。

**表2　济州道铁搭的形态与规格（cm）（《济州道的农机具》，pp. 101~102）**

| 收藏人 | 形　态 | 木柄长 | 铁搭全宽 | 铁搭刃宽 | 齿　宽 | 重量（kg） | 颈　长 | 木柄宽 |
|---|---|---|---|---|---|---|---|---|
| 济州道民俗博物馆所藏（no. 2712） | 3齿 | 82 | 12.5 | 9 | 3 | 0.3 | | |
| （no. 2637） | 3齿 | 110 | 11.5 | 17 | | 1 | | |
| 西归浦 吐坪洞 金锺健所有 | 2齿 | | 14 | 24.5 | 3.5 | | 13 | |
| 济州道民俗博物馆所藏 no. 3995 | 3齿 | 88 | 17 | 21 | | 1.5 | 3 | |
| 〃 no. 6884 | 3齿 | 82 | 17 | 20 | | 1.5 | 11.5 | |
| 〃 no. 4548 | 3齿 | 118 | 14 | 17 | | 2 | 13 | |
| 〃 no. 3994 | 2齿 | 98 | 12.5 | 21 | | 2 | 11 | |
| 济州大学 博物馆所藏 | 3齿 | 95.5 | 18 | 17.4 | | | | 3.8 |
| 〃 | 9齿 | 105 | 27.8 | 10.2 | | | | 2.2 |
| 西归浦 吐坪洞 金锺健所有 | 刀叉形（耙） | 106 | 18 | 31 | | 1 | | |

济州道铁搭在去除及搬运猪牛等家畜棚内副产物、开垦耕地时使用。另外，利用铁搭还可打碎牛犁翻过地的土块，或在田地散施肥料时使用。不仅如此，无法用牛犁耕地或也没有犁可用的老妇人在开垦小面积田地时，铁搭也能起到重要作用。此外，盖房子时混匀泥土时，也可用铁搭进行翻、移、装。

当然，近代的铁搭无法与古代的进行置换。为了了解近代以前济州道的铁搭，先让我们了解一下相互间交流甚密的韩半岛铁搭的实际情况。

## （二）韩半岛铁搭的出土现况

与济州道不同，韩半岛有着较多有关近代以前铁搭的资料（表3）。根据考古学出土资料，我们可通过公元前一世纪光州新昌洞遗址来了解韩半岛쇠스랑。此处曾出土二齿及三齿的木质铁搭各一枚，均为

木制作成,头部具有长方形孔,与柄部形成60°～70°结合角。

　　铁制铁搭首次出土于2～3世纪三韩时代蔚山下垈遗址中,为两幅三齿铁搭,并在3～4世纪三国时代浦项玉城里古坟群101号和108号分别出现一幅三齿铁搭,在4～5世纪庆州皇南大冢98号古坟中出现20副三齿铁搭,在同期庆州皇南里古坟(第三椁出土)出现一副三齿铁搭。之后,又在5～6世纪首尔九宜洞遗址发掘出两副高句丽时代的三齿铁搭,在7世纪庆州雁鸭池遗址发掘出一齿、二齿、三齿等各种铁搭各一副。

表3　韩半岛各时期各地区铁搭的出土现况

| 出土地带 | 时代 | 数量(个) | 铁搭刃部形态 | 铁搭规格 | | | | 铁的种类 | (卷曲的)銎部 | 特点 |
| --- | --- | --- | --- | --- | --- | --- | --- | --- | --- | --- |
| | | | | 长度(厘米) | 宽(厘米) | 銎径(厘米) | 重量(克) | | | |
| 光州新昌洞遗址 | 公元前1世纪 | 1 | 3齿 | 全长52 | | | | 木制 | 头部有长方形柄孔 | -由柞树制作<br>-木柄的结合角为60°～70°<br>-中间齿直立,左右对称凹陷,使中间略弯曲 |
| | | 1 | 2齿 | 全长57.7 | | | | 木制 | 头部有长方形柄孔 | 〃 |
| 务安良将里遗址 | 3～5世纪 | 3 | 3齿 | 全长约40(刃长20～29) | | | | 木制 | 头部有柄孔。刃部的腰部多少凹陷。类似于刀叉形铁搭 | 由麻栎树制作。留有使用过的痕迹。<br>-庆南梁山上出现平行连接柄部的刀叉形铁搭。<br>朴虎锡,"韩国的农器具",52页 |
| 蔚山下垈遗址 | 三韩2～3C | 1 | 3齿 | 13.4 | 14.5 | 3.8 | 90 | 锻造 | 刃尖向銎部弯曲成三角形,集中于銎部。 | 柄部和刃部呈"⌐"字形。刃尖下部尖锐 |
| | | 1 | 3齿 | 16 | 16.5 高8.3 | | 551 | 锻造 | 两脚在銎部上形成肩形 | 耙断面呈长方形,向端部逐渐变窄。刃面平平 |
| 浦项玉城里古坟群101号 | 3～4C | 1 | 3齿 | 16.6 | 17.2 | 銎内径:3.2 | 714.6 | 锻造 | 銎部断面呈椭圆形 | 附有接合部。耙断面呈长方形,向端部逐渐变窄 |
| 浦项玉城里古坟群108号 | 3～4C | 1 | 3齿 | 13.1 | 15 | 銎内径:3.0 | 465 | 锻造 | 銎部断面呈椭圆形,接合部裂开。 | 整体上锈多。耙断面呈长方形,向端部逐渐变窄 |

（续表）

| 出土地带 | 时 代 | 数量（个） | 铁搭刃部形态 | 铁搭规格 | | | | 铁的种类 | （卷曲的）鋬部 | 特 点 |
|---|---|---|---|---|---|---|---|---|---|---|
| | | | | 长度（厘米） | 宽（厘米） | 鋬径（厘米） | 重量（克） | | | |
| 庆州皇男大冢 98 号古坟 | 4C 末 ~ 5C 初 | 20 | 3 齿 | 12.5（高） | 12.2（两端宽） | 8.9（前后宽）3.7×3.0（鋬宽） | 364.5 | 锻造 | 卷曲的鋬部内留有木质，为嵌入木柄的痕迹 | 刃部上附有木质刃部断面呈长方形，越往下越薄 |
| | | | 3 齿 | 15.8（高） | 8.2（两端宽） | 8.7（前后宽）4.0×3.2（鋬宽） | 395.0 | 锻造 | 刃尖向鋬部弯曲成三角形 | 鋬部和刃部的内角小。刃尖呈无角形态 |
| | | | 3 齿 | 10.2（高） | 11.1（两端宽） | 8.7（前后宽）4.0×3.8（鋬宽） | 318.0 | 锻造 | 鋬部内留有木柄嵌入痕迹 | 刃部的前端缺失。刃部断面呈长方形，越往下越薄 |
| | | | 3 齿 | 16.3（高） | 13.9（两端宽） | 7.9（前后宽）4.5×5.5（鋬宽） | 392 | 锻造 | 鋬部内留有木柄嵌入痕迹 | 中央刃部缺失。刃部断面呈长方形，越往下越薄 |
| | | | 3 齿 | 17.2（高） | 5.1（两端宽） | 9.8（前后宽）4.2×3.9（鋬宽） | 332.0 | 锻造 | 鋬部内留有木柄嵌入痕迹 | 刃部中有一个腐蚀。刃部断面呈长方形，越往下越薄 |
| 庆州皇南里古坟（第三樟出土） | 5 ~ 6C 三国时代古坟期 | 1 | 3 齿 | | | | | 锻造 | 将鋬部的主干部分弯曲成圆筒形 | 用来嵌入木柄的鋬部与刃部形成直角弯曲。在第一樟中还挖掘出锤端 |
| 首尔九宜洞遗址 | 高句丽5 ~ 6C | 2 | 3 齿 | 12.1 | 13.0 | | | | 袋长为 6.4 袋部和刃部形成直角 | 可插入柄。朴虎锡，"韩国的农器具"，52 页 |
| 庆州雁鸭池 R20 区 | | 1 | 1 齿（足） | 13.2 | | | | 锻造 | 柄径为 3.3 | 先端部呈"⌐"形态。刃部尖锐。呈钩形 |
| 庆州雁鸭池 E21 区 | 7C | 1 | 2 齿（足） | | 13.3 | | | 锻造 | 鋬孔内留有木质腐蚀痕迹 柄径为 3.2 | 木柄断面为圆形。肩宽、刃窄，使人联想起牛角 |
| 庆州雁鸭池 R15，O22，Q22 | | 3 | 3 齿（足） | | 18.4 | | | 锻造 | 柄径为 4.8 | 鋬孔上留有木柄痕迹 |
| | | | | | 14 | | | 锻造 | 柄径为 4 | |

韩半岛的铁质铁搭的特征在于，其出现在二世纪，大部分呈三齿形态，并集中在韩半岛东南部地区。另外，更重要的是，到了二世纪以后，铁搭的基本形态几乎没有变化，均为锻造，将鋬部卷曲后制作成

可嵌入木柄的一个铁铤。尤其，除了庆州古坟以外，还在首尔九宜洞、阿且山城、二圣山城、淳昌大母山城、庆州雁鸭池、月城垓字等生活遗址中也挖掘出数十副铁搭，这体现了其普及程度，到了5世纪左右甚至还扩散到中部地区。

其在形态上也略有变化，二世纪下垡遗址的三齿铁搭中有一副肩窄、两端刃部向外裂开，类似等边三角形，但其他的却呈肩圆形。此后，这种形态也继续存在，其基本形态还持续保留到今日（表4）。这证明了农具中铁搭占据着相当比重。

**表4　14世纪和1969年农家铁搭的保留现况（金光彦，《韩国农器具考》，p. 23）**

| | 河纬地<br>（1387—1456） | 京畿化城郡<br>半月面<br>（平野地区） | 忠北堤川郡<br>凤阳面<br>（平野地区） | 庆南昌荣郡<br>灵山面<br>（平野地区） | 京畿雄镇郡<br>德积面<br>（岛屿） | 江源三陟郡<br>道溪邑<br>（山间地区） |
|---|---|---|---|---|---|---|
| 调查农家耕作面积<br>（1坪＝3.3m²，下同） | | 水田：4 000坪<br>旱田：2 000坪 | 水田：3 150坪<br>旱田：5 000坪 | 水田：1 950坪<br>旱田：2 250坪 | 水田：1 200坪<br>旱田：1 200坪 | 水田：2 500坪<br>旱田：11 500坪 |
| 犁 | 3 | 3 | 3 | 2 | 2（末1） | 1 |
| 镢（镈） | 6 | 2 | 2 | 1 | 3 | 8 |
| 铁搭 | 2 | 1 | — | 2 | 3 | 4 |
| 锄头 | 6 | 6 | 6 | 5 | 3 | 3 |
| 镰刀 | 1 | 6 | 3 | 8 | 3 | 5 |
| 铡刀 | 2 | 1 | — | 1 | — | — |
| 合计 | 20 | 19 | 14 | 19 | 14 | 21 |

韩半岛쇠스랑与中国铁搭最大的不同点在于嵌入木柄的銎部。《王祯农书》中的铁搭和最近在江苏省调查报告中出现的四齿铁搭均为同一类型。但这些均不是韩半岛使用的将一个铁铤卷曲成圆筒形的铁搭。《王祯农书》中的铁搭和江苏省出现的铁搭均呈两个铁铤焊接形态。也就是，利用一个铁铤将外侧的两个刃部弯曲形成"冂"字形，并在其上面焊接由弯曲成"∩"字形的另一铁铤，此时弯曲的空间向上凸出，从而可将木柄嵌入其内部。因此，用来嵌入木柄的銎部就是由两个铁铤交接的上顶部。

从这两者的结构上看，韩半岛쇠스랑与中国铁搭相比较，刃部对木柄起到的作用更具安全性，其生产性应该更高。而中国的铁搭，如果不在銎口嵌入木楔，就很难长期使用，而且在坡土过程中也容易断裂。事实上，根据"关于华北地区的农具调查"中描述的铁搭中可以看出，其在銎口的确嵌入着木楔。

那么首次出土铁搭的韩半岛东南部地区的经济情况又是如何呢？根据《后汉书》"东夷列传"，该地区"土地适合栽培禾稻，养蚕出名，因此还产有丝绸"。《三国志》"魏书东夷传"并辰条中还写道，该地"土地肥沃，适合栽培五谷和稻，人们骑着牛马"，可见，韩半岛的南韩不仅农业和手工业发达，而且家畜饲养也很普遍。相反，位于韩半岛南部岛屿的儋罗，在建立国家之前被称为州胡，根据《三国志》"魏书·东夷传"和《后汉书》"东夷传"对此地的描述，"身穿皮衣，不穿下裤，喜欢养猪、养牛，坐船来往韩，与其进行交易"。这表示当是济州道并没有以农业为主业。从这种情况推理，儋罗的铁搭很可能就是由州胡与韩或后来的新罗、百济进行交易时，为了作为他们所需的"养猪牛"工具而引进的。济州道除了岛屿及部分地区以外，其地质结构至今还无法种水田。即使具备灌溉设施，栽培情况也不是很好。从这一点上可以看出，古往今来济州的农业一直以旱田为中心，显然，铁搭就是用于旱田或畜牧业上。这样推理，传播到中国的铁搭也有可能是从三韩或百济、新罗传到儋罗或直接与韩半岛南部地区进行交易时所获之物。其主要依据为在济州市山地港施工时所挖掘的汉武帝时期的五铢钱、王莽时期制造的货泉、大泉五十、货布等以及在韩半岛南部海岸和内陆地区各地方所发掘的可证实与中国交易的文物。例如，在金海贝冢发掘出货泉、在马山城山贝冢发掘五铢钱、在固城东外洞贝冢发掘汉镜片等。另外，西晋武帝时代，马韩和辰韩还具有"献方物"相关的政治关系。这表示，至少在后汉初韩半岛南部地区与中国及济州道有着直接交易关系，而儋罗也不无与中国直接或间接进行交易的可能性。应该就是在这个过程中铁搭传到了中国。

### （三）朝鲜农书中的铁搭

在前面提到，到了唐代由"儋罗"即由济州岛引进了铁搭。那么，包括济州岛在内的韩半岛铁搭的出现时期和普及情况又是如何呢？

在韩半岛，由于朝鲜时代以前的记录较少，因此要证明铁搭的起源，并不容易。从铁搭（쇠스랑）的名称上看，朝鲜时代的农书可根据时代用俗语或用汉字音标记或者将中国的铁搭名称与俗语进行并记。例如，俗称"(쇠)쇼시랑"[《训蒙字会》（1527年）]、"쇠스랑"[《海东农书》（1776年）]、"쇼시랑"[《四声通解》（1517年）]、"광이"、"쇠스랑"，而将此俗语用汉字音标记为"手愁音"[《农事直说》（1429年）]、"小时郎"、"小屎郎"。到了后来，随着将俗语和汉文并记，就开始使用了"铁杷"、"铁齿擺"、"铁齿鈀"、"铁杷子"、"铁搭"、"脚铲"、"搭巴"、"锛杷"、"钂"、"欅"、"耙"等。

从铁搭（쇠스랑）的写法中可以看到的特点是，在中国《王祯农书》中称之为铁搭之前，将与其类似形态的农具称为多齿的钂、钁、锄、镐等，表现出与铁搭的形态和用法有所不同。然而，在韩半岛，从记录初期开始，就出现俗名为"쇠스랑"的单词，或将此用汉字音标记，或在其后引用中国式名称。不仅如此，与其同一名称下诸多俗称相比，中国的汉字标记似乎有很多种，但也无法正确指出与铁搭相符合的农具。相反，在韩半岛初期使用的俗称，到了现如今，虽然各地方的语感稍有不同，但在整个地区依然通用。这意味着在韩半岛早在中国之前就已经存在着与钂、锄不同的铁搭。

韩国最初的农书为十五世纪初的《农事直说》。该书在序文中表示，"不同风土应有不同的'树艺之法'。因此，不能与古书雷同。"，可见其推崇与中国截然不同的独家农书编撰。根据《农事直说》的内容模仿着与抄录由元代编撰的《农桑辑要》（1286年）和《农书辑要》（1415年）类似的编撰方式，可以看出其参考了中国农书的编撰体制。

下面通过《农事直说》中出现的铁搭来了解一下在十五世纪以前韩半岛铁搭的实际情况。

《农事直说》中共有四处提到铁搭。当时铁搭被称为铁齿【木＋罷】（擺），与俗称"手愁音"，即铁搭"쇠스랑"共同使用。那么《农桑辑要》中的铁齿［木＋罷］究竟是怎样的农具？我们来看一下该书中的标注。著名的农学家石声汉表示，"'【木＋罷】'与王祯的'农器图谱'中的'耙'为同意，王祯说过其与现在的'欅'通用。估计耙和欅应为同一字，只是写法不同而已。王祯在引用'种蒔直说'时，将陆龟蒙在'耒耜耕'中使用的'耙'改为'欅'"。而且缪启愉也表示，"铁齿【木＋罷】就是用家畜牵引的方形或人字耙。另外，清代杨屾（1687～1784年）的《知本提纲》耕稼篇中写道，除了"铁齿【木＋罷】"以外，还有"铁齿耙"，其分别作为"欅"和"耙"两种农具，主要是在陕西省兴平一带的名称，而前者为方耙形式，后者为手工工具的钉耙。从这些标注中可以看出，《农桑辑要》的"铁齿【木＋罷】"是与铁搭完全不同的形态。相反，《农事直说》将耙和铁搭分别说明。即"木斫（俗称所仡罗）及铁齿【木＋罷】（俗称手愁音）"，其中"木斫"，与中国的"耙"相同。将铁搭（쇠스랑）标记为铁齿【木＋罷】，只不过是在翻译过程中借用了当时最相似的中国农具而已。从这一点也不难看出，韩半岛早在中国之前就已经使用铁搭作为农具。

那么，在《农事直说》中提到的铁搭究竟有何用途？根据'种麻'条的记录，到了二月上旬，在播种之前，利用耙或铁搭来整治已经翻过的田地，使土壤平整。此时，耙主要用来进行纵横耕地及整平，而铁搭则主要用来打碎及整治土块。而且，在"种黍粟"条中，播完粟种后进行耕地，并在覆土的过程中会用到铁搭，使除草更为容易，从而提高出产。另外，在翻完地以及播完大小麦种子后，也可利用铁搭或耙（木斫背）来对种子进行覆土。

可见，在十五世纪的《农事直说》中出现的铁搭，具有坡土的开垦作用和耙土及打碎土块、覆土等综合性功能。这是由于铁搭具备较长的齿部，因此具有入土、坡土、在水田工作时分离水和土的功能，从而降低土质的压力，即而提高工作效率。而且，从《农事直说》中也可以看到，铁搭不仅可以用在麻、黍粟、大小麦等旱田作物上，还可用在水稻上，可见其还可用于水田。

# 三、江南地区的铁搭和水田农业

## （一）江东犁和铁搭

江东犁在唐末陆龟蒙的《耒耜耕》中首次被提及，但具体文物尚未发现。陆龟蒙原先在吴郡（苏州）从农时，对当地的江东犁了解甚多，因此书中对其进行了详细地描述。

通过复原的江东犁可以看出，其最大的特点是曲辕和长床。畜力犁基本上与手工农具相比较，耕地效率要高。而且江东犁由曲辕设计，因此犁的旋转轻松，还具备可调节耕地深度的犁评。另外，利用长床犁在水田翻地，就能做到一定深度的翻土，与此同时，床面对地底部的压迫较强，从而防止水渗入土层内。尽管江东犁具备以上优点，明末科学书籍——《天工开物》（1637 年）"乃立·稻工"中却写道，"苏州（吴郡）一带的农民'以锄代耜'，也就是用锄（铁搭）来代替犁，不再借用牛的力量"。潘曾沂的《潘丰豫庄本书》中也提及到"春天耕地，启蛰前，用铁搭耕一次地，具有万钱价值"，而此书为1834 年编撰，可见在苏州依然用铁搭耕地。

通常江南水田耕作基本由耕—耙—耖形成，而仅靠人力耕作时主要使用铁搭。例如，在吴江开弦弓村，首先用铁搭翻完地、耙两次后，再进行插秧；而平湖县则人力翻地后收割春花作物，并在水稻播种之前，用铁搭翻一次地，然后再用耙平整地面，并进行插秧。另外，在吴兴地区也实行人力整地，但冬天则无须翻地，通常在准备插秧时，用铁搭翻一次后，再用耧进行平整工作，从而无须依靠畜力，可直接利用铁搭完成耕种准备工作。当然，也可像明正德在《松江府志》"俗业"中所述，将牛犁和铁搭结合使用。

对于当时使用铁搭的理由，《天工开物》中表示，"贫穷的农家考虑到买牛和饲料的费用以及无法预知的牛被盗和病死等发生损失的可能性，认为只有人力才最可靠。假如使用牛可翻十亩地，而因为没有牛只能用铁搭耕作的勤劳农民也只能翻其一半。没有牛的人，就可省去秋收以后在田地栽培饲料或放牧的麻烦。因此，还可栽培豆、麦、麻和蔬菜等。这样通过两次收获，补偿剩余五亩的收益，也算没有损失"。如上所述，当时的人们选择铁搭的理由如下：（1）所有土地较少的农家；（2）考虑到牛饲料栽培和放牧的麻烦以及饲料购买产生的经济费用和无法预知的牛被盗等损失；（3）无牛犁使用时，可通过秋收后的第二次生产来弥补其损失。

实际上，明清时代的江南地区，由于突然出现的人口增加，每人土地占有面积也随之减少，很难获得耕作田地。结果，在江南太湖东侧的浙西地区，到了清初，勤劳的上农每人也只能耕作十亩地，而田地较多的人则将田租佃，并收取租佃费用。总而言之，当时贫穷的农民，通过租佃来耕作成为了必然趋势。另外，即使贫瘠的稻田，只要耕作十亩地，也能养活一家子。可见，当时保留的土地面积少，民家又很难承担牛的维护费用，因此不实行牛耕。

## （二）江南地区铁搭的使用背景

选择铁搭的理由不在于牛少、江东犁存在缺陷或者铁搭有多优秀，而是因为由人口增加引起的土地保留面积的减少或秋收以后作物栽培等社会经济的变化。其中，也包括养牛反而没得到利益或者有其他方式获得经济补偿，如蚕桑业或蔬菜栽培等副业生产和雇佣市场。

另外，铁搭的效率不可忽视。《天工开物》中所记载的铁搭工作量为牛犁的一半左右，足以说明了铁搭的生产效率之惊人。当然，这是铁搭所持有的固有特性还是在劳动过程中所产生的效率，还需要进一步考证。为了了解铁搭所具备的有效性，下面重新查看一下《王祯农书》。根据《王祯农书》"农器图谱·铁搭"的记载，在无牛犁的南方农家，利用铁搭开垦，并将翻过的土块打碎，从而做到了由一个农具兼备耙和镢（钁）的功能。但是该农具的使用方式非常独特。也就是说，"几户人家相互扶助劳动力，每天可开垦数亩地。江南可开垦的土地少，土质肥沃，大部分此类人力较多，类似于北方山田的钁户劳动"。

这表示，为了进行铁搭劳动，多家邻居相互辅助劳动力，因此每天可耕之数亩地。大体上，铁搭的

生产效率，如《松江府志》"俗业"中所记载，"每人日可一亩、率十人当一牛"。也就是说，一个人用铁搭劳动时，一天可弄完一亩地，而一头牛则可处理十人份。这种生产效率，韩半岛的铁搭也相同。一男人可利用铁搭每天整治 1 000 多坪（1 坪 = 3.3m²）土地，可开垦 200 多坪。但如果相互扶持，就能每天处理数亩田地。虽然不清楚数亩具体为多少，但假设为 3 ~ 4 亩地，那么通过单纯的计算也能得知有 3 ~ 4 人相助，而这些人共同劳动三日，就能完成一头牛所能解决的工作量。假设当时小农家所保留的土地为十亩，那么当三四人共同相助劳动时，只要劳动十日，就能在无牛犁的条件下解决掉 3 ~ 4 户家庭的土地。这样看来，就算一个人在自己的土地劳动十日，也能整治完自家的土地，与相助并无多大差别。这样就不存在相助的意义了。众所周知，大家一起劳动，不仅可以减少疲劳，还能共享经验，因此可倍增工作效率，劳动时间也会减半。这种相助的劳动方式，也作为铁搭故乡——韩半岛农业劳动的特征，在韩国被称为두레（Dure：轮番代工）。

中国也是拥有这种有关互助劳动的轮番代工历史的国家。根据《汉书》"食货志上"的记录，到了冬天村里的妇人们聚集在一起一直到深夜还在赶夜活。她们一起劳动，主要是为了节约照明和取暖费用、相互帮助纺织技术。当劳动累了，就唱歌或安慰彼此间的伤心事。这种传统，在《孟子》"滕文公章句上"也有记录。共同经营井田的人们相互通过"守望相助"、"出入相友"、"疾病相扶持"，维系着相互间的和睦关系。另外，根据《北史》"循吏·公孙景茂"中记载，村里的男人们共同耕地，互助耕耘，而妇人们互助从事纺织工作，可见，农活和纺织的轮番代工成了普遍化。结果，村民们自然彼此如同骨肉至亲，每当村民出现疾病或丧事，左邻右舍都会一起帮助，共同克服贫穷，彼此补充不足。

铁搭的轮番代工劳动方式，可能也出自村民们的这种相扶相助精神。由于这种轮番代工的存在，才使人们通过手工农具也能按时耕作，其效率也不逊于牛犁，因此促使铁搭能够在江南的水田中积极应用。

当然，当时的江东犁多少也有些问题。出现于唐代的江东犁，其结构上配有犁壁和犁评，可见其设计还是比较有利于深耕。实际上，该农具非常适于开垦或一定深度的翻地。在黏性较强的江南水田使用江东犁最大的问题是长床。李伯重曾非常恰当地指出，其由于床较长，而牛耕又浅而不平，因此效果并不理想。虽然在排水设施良好的水田，比较适合在完成收割后进行翻地，但是对于还积有水分的黏性水田，就连牛犁入土都很困难。当时，长床犁在作为多肥深耕中心地的江南水田农业中可以说是致命的缺陷。因此，就算家中备有江东犁，应该也会使用铁搭。当然，在排水设施良好的水田地区，也可以兼用牛犁和铁搭。韩国在这种水田上则使用了无床有镴犁。从这一点看，使用铁搭胜过使用江东犁，主要是由其工作环境条件的变化造成。江东犁也并不适于所有田地条件。

# 四、结　论

明清时代的铁搭，作为仅次于牛犁的重要手工农具，为江南农业生产起到了重要作用。

这种铁搭，与战国时代以后在华北地区出现的多齿镢不同，属于多目的性农具。首次提到铁搭的农书为《王祯农书》。然而通过韩半岛首次引进中国应该是在唐代前后，但早在公元前后开始，汉朝就已与三韩社会进行交易，而韩半岛南部则早在二世纪起就已出现铁搭，因此也有可能早在唐代之前就已传到中国。当时，韩半岛南部地区，从新石器中期开始就实行农耕，在《后汉书》中也可以找到当时载培禾稻的记录。此时起，儋罗就与韩进行交易。儋罗当时作为以畜牧为中心的社会，因此可能利用引进的铁搭来进行对家畜棚内堆肥进行搬动或堆积等工作。

韩半岛南部地区的铁搭，在 4 ~ 5 世纪广泛普及，成为多目的性的使用农具。当时，铁搭的制作技法，通过锻造一个铁铤来制作刃部和銎部，而銎部则将铁板展开并卷曲成圆筒形的木柄口。这种方式，完全不同于元代以后中国的铁搭制作技法，而当时韩半岛쇠스랑制作技法和形态则流传至今。

虽然江南地区的铁搭是水田代表性的深耕农具，但韩半岛铁搭却早就用于旱田和堆肥生产上。另外，明清时代主要以铁搭来代替牛犁，但韩半岛却古往今来一直就是镐头和锄头的替代品或为储存家畜堆肥而使用。

铁搭在江南地区广泛普及的因素非常复杂。首先，由于明清时代社会环境的变化，导致保留土地的面积减少，商业作物栽培和佣工机会较多，从而可使人们补充收入，而且水田的排水设施差，土质为黏土性。另外，值得我们关注的是，通过传统的互助劳动，利用铁搭劳动，也能补充牛犁的劳动生产效率。

目前在整个韩半岛还依然有田地使用着二齿至五齿的各种铁搭。使用最多的应该数三齿铁搭。铁搭由于其刃齿的存在，比镢更适合入土，因此非常便于耕地或打碎和整平牛犁翻过的土块。另外，在山涧地区，还可收割沙参或桔梗等球根类作物。尤其，近来随着养牛较少，铁搭很好地用在了翻潮地或打碎土块、平整等整地工作上，而且还可用于堆肥的搬运和施肥过程。除了农耕以外，使用最多的还有铲除家畜棚内的堆肥以及堆肥的搬运和施肥过程。

可见，韩半岛的铁搭不仅是从公元前开始流传至今的多目的性农具，而且也是在明清时代起到多肥深耕的中心作用的农具。然而，作为东亚小农经营过程必不可少的农具及东亚共同性农具的铁搭，随着近代化以后机械化的引进和化肥使用的普遍化，正逐渐从农村消失，这在立志保存农业文化遗产的角度无疑是一件憾事。

幸运的是，随着目前农业被视为生命产业、对有机农产物的需求扩大、消费者对食品安全的强烈抵抗，铁搭也重新引起了人们的关注。虽然由于利用它的劳动力问题，是否持续使用尚不明确，但还是希望随着有机农业的重生，铁搭能够重新成为农业文化遗产。

【本文经修改刊登于首尔韩国历史民俗协会：《历史民俗学》37 号（2011 年 11 月）】
**作者简介**：崔德卿（1954—），男，韩国国立釜山大学校历史系教授。

# 云南文山地区苗族迁徙农业文化研究

游建西

**摘 要**：调查所见，在云南文山地区发现苗族有可以背着走的织布机，这是苗族迁徙农业①中不可或缺的生产工具。苗族人在很古老的时候就会纺麻，有麻崇拜意识。中国用麻的历史比用丝和棉的历史长。迁徙农业中的粮食要素有小米、马铃薯、荞麦、玉米等，俗语说"桃树开花，苗族搬家"，苗族就主要依靠这些粮食度过迁徙的艰难岁月。迁徙中苗族有效地因地制宜创造了棚架房、土房、草房等，与此同时还创造了治病防病的苗族医药。

**关键词**：苗族；织布机；迁徙农业

2010 年 7 月 28 日至 8 月 28 日，本课题组对云南文山州、文山江花印染厂、河口市；贵州威宁县、龙街大寨村、水城市、茨冲村、猴儿关村、青林村、海发村；贵州黄平县、旧州等地进行了为期一个月的调查。此次调查所得印象，与 2009 年在贵州黔东南雷公山及月亮山的调查不同。云南文山苗族②和贵州西部地区苗族，明清时期的主要状况是迁徙，尤其清代是他们迁徙的主要时期③，原因还是同历史上一样，战争逼迫。因此，在迁徙中创造出艰难的迁徙农业文化。而黔东南雷公山和月亮山的苗族，主要状况是被明清两朝的朝廷官兵封锁，尤其在清代，被困在山里顽强抵抗，创造出适应深山老林的山林农业文化。以下是调查讨论。

# 一、织布机与迁徙农业文明

在文山看到的不是一般的织布机，是可以背着走的织布机。笔者在贵州走了很多苗寨，也看到过不少织布机，曾经有段时间还想收藏一架苗族老织布机，所以对苗族织布机就十分留意。但是在贵州没有看到可以背着走的织布机，而在云南文山江花苗族印染厂见到了"可以背着走的织布机"，这个意义似乎有点非同一般。这架织布机是该厂厂长陶兴胜自己收藏的，据称年代可以上推至清中期。这架织布机给人的印象是古旧、简易，与此同时让人感到它的艰辛与悲壮。很难估计当年背着织机的人是妇女还是男人。苗族女人都劳动，可以同男人一样的种地、耕田。这是苗族妇女的传统，也因为这个传统，猜想这架织布机估计当年是妇女背着走。它代表着千百万苗族人民，在战争的艰难困苦迁徙中的顽强生命力和创造力。尤其代表了苗族的迁徙农业文明，这在中华农业史上亦是不多见的，因为过去只要谈农业，大概只承认所谓的稳固的稻作农业，不太承认或说完全不理解迁徙的移动的动态的其他农业。迁徙农业创造文明吗？答案应该是肯定的。我们先说一下今天的江花印染厂，也就是可以背着走的织布机的后代。

文山县江花民族印染厂，在云南是生产苗族刺绣服装的名厂，该厂是 1989 年 11 月 17 日在江泽民主席参观文山花桥村后办起来的。主要产品是苗族衣裙，自己纺的布，上面刺着苗族特有的花卉，五颜六色，非常好看，它的产品除在当地销售，还销到越南、缅甸、泰国、老挝及欧美。苗族服饰很古朴，翻

---

① 基金项目：本文是 2009 年度国家社科基金项目"苗族地区三百年间物质文明进程与文化认同研究（1664－1949）"（项目编号：09BZS037）的阶段性研究成果

② 云南文山苗族自称蒙，境内有 7 种自称，即蒙豆、蒙施、蒙爪、蒙北、蒙叟、蒙巴、蒙沙。汉族称蒙豆为白苗，蒙沙为偏苗，蒙施、蒙爪、蒙北、蒙叟、蒙巴为花苗，也有些地方称青苗或汉苗。文山苗族一般自己认为主要从贵州西部迁徙到云南文山，在贵州境内，主流社会将上述苗族称作大花苗与小花苗，苗族自己也认同这种称谓。大小的区别主要以衣裙的花色大小为标志。不太好把握，相见时要问，方可认定。参见文山壮族苗族自治州民族宗教事务委员会编：《民族志》，昆明：云南民族出版社 2005 年，第 74 页

③ 参见文山壮族苗族自治州民族宗教事务委员会编：《民族志》，昆明：云南民族出版社 2005 年，第 74 页

开清代的《百苗图》可见苗族数百年以来的服饰图，再看今天的苗族服饰，几乎没有多少改动，这样的服饰是否可以上推数千年，不得而知，因为主流社会不保留不宣传苗族服饰，因此，我们只能猜想苗族服饰今天的样式，估计很古老。现在江花印染厂生产的服饰，也是传统的很古老的苗族服饰，它的年生产能力为 10 000 套。应该说它的产品畅销，主要是产品传统，再加上传统织布机、传统手工和传统工艺，如今是只要传统能留下来的，就是好的。就是说没有被历史淘汰，而是被历史不断的选中，文山县江花印染厂出名，也是因为如此。2000 年的时候，江泽民主席专门参观了这个厂，并在这个厂留影。

这架可以背着走的织布机，除了让我们想到它是目前江花印染厂的"文明之根"外，还会想到的就是它的生产材料。织什么样的布，用什么样的原料，可以在迁徙中完成它的使命。应该说这是一个非常重要的问题，说大一点涉及人类衣服使用，或说纺织史，说简单而又直接一点，涉及苗族对衣用植物的选择和判断。人类历史上使用过的衣用材料，主要是羊毛、棉花、生丝和麻，这种麻主要是指有棉纤维的纺织麻，当然还有现代化纤，不过这里不谈现代化纤，主要谈历史上用过的衣用材料。贵州西部即威宁、赫章等地，苗族家家种麻，主要种的是一种叫大麻的纺织麻，也叫火麻[1]。麻的种类较多，但人的习惯很难改，估计到文山的苗族应该也是种火麻。布罗代尔认为历史上"中国缺少棉花"[2]，中国人最精通的是丝织品，所谓"丝绸之路"，也是讲中国人向欧洲输送丝织品而出名，这不会有什么争议。但是，苗族人例外，苗族人似乎对麻更感兴趣。甚至可以用"麻崇拜"来说明苗族对麻的偏好。流传于文山州苗族群体的一首民间传说古歌《金笛》，内中有用麻织布的美丽传说，"楞奈在楼上织麻布，一只凤凰飞到她身旁，忽左忽右围着转，一边飞舞一边唱，你织麻布织长点，织出麻布有用场，左裁右剪随你意，好做裙子和衣裳"[3]。《金笛》中这样涉及织麻布的描述还较多，寄托了苗族人对麻及麻布做衣裳的美好的文学艺术描写。文山州的苗族还有一本很古老的古歌叫"指路经"。这本书所说指路的含义是，苗族人死了之后，要由苗族的巫师为死者指路，让他能顺利的到祖宗的天堂。而死者身上的饰物主要是麻，这些麻要帮他渡过难关，就是最后见要见到祖宗的时刻有神挡路所献上的东西也是麻。如书所说，人死后在寻找祖宗的路上遇到龙和虎要吃他，怎么办？书曰："你左手拿一团麻，把龙口塞住。你右手拿一团麻，把虎口塞住"[4]，这样你就得救了。在继续走的路上，会遇到"毛虫山，毛虫像流水一样爬动着，你要拿出麻鞋来，把它穿上，踏着毛虫，跨越毛虫山，你才有路去见祖先"[5]。在去天门的途中，遇到琪版昂米这位神，"你要将捆在身上的麻，脱给琪版昂米，她才让路给你去会祖宗"[6]。如此所见，麻对苗族非常重要，生与死都离不开，而且这种风俗很古老了，苗族自己也记不起起源于什么时代。我们可以根据西方学者所说"中国缺少棉花"判断，苗族用麻的历史，至少不会低于新石器时代。苗族人甚少用丝织品，这一点我们可以简单的判断，当主流社会，或说华夏帝王家大量用丝织品的时候，苗族早就隐退至山林，苗族依靠古老的织麻知识和技术在山林中生存下来。

衣、食、住、行四字，衣对人而言是非常非常重要的，遮体避寒，一刻也不能少。苗族人活着时候的衣料，主要是麻，人死后也主要用麻，除古老的风俗外，还有其他原因吗？应该说麻是山林地带易生之物，山沟、土坡都可以生长。苗族人的迁徙活动，主要是在山林，这与他们使用麻有很大关系。亦是说，只要有山林，就有苗族人衣料所用的麻，麻为苗族人的山林迁徙提供了充足的衣料资源。多数资料显示，麻的生长环境较宽泛，海拔 1 500 米以下的山地和平均气温在 10℃ 左右的环境，都可以生长。

苗族人非常熟悉麻，从麻的种植到做成衣裙，陶兴胜厂长给笔者介绍了 15 个最重要的程序。了解这些程序可以进一步了解苗族人喜欢麻的理由。

[1]　参见威宁苗族百年实录编委会编：《威宁苗族百年实录》，贵阳：贵州民族出版社 2006 年，第 194 页

[2]　布罗代尔：《十五至十八世纪的物质文明、经济和资本主义》第一卷，顾良、施康强译，北京：三联书店 1992 年，第 384 页

[3]　文山壮族苗族自治州苗学发展研究会编：《文山苗族民间文学集·金笛》，昆明：云南民族出版社 2006 年，第 38 页

[4]　杨永明演唱，项保昌、金洪、王明富译注：《苗族指路经》，昆明：云南民族出版社 2005 年，第 381 页

[5]　杨永明演唱，项保昌、金洪、王明富译注：《苗族指路经》，昆明：云南民族出版社 2005 年，第 388~389 页

[6]　杨永明演唱，项保昌、金洪、王明富译注：《苗族指路经》，昆明：云南民族出版社 2005 年，第 418~419 页

程序：1. 播种麻，两个月的时间可以收成①；2. 收割，晒干，剥皮；3. 结麻，一种处理方法；4. 纺线，多次纺；5. 洗麻、煮麻，用草木灰洗煮；6. 上十字架，理线、纺线；7. 上织机，织布；8. 将织布再洗，洗不白；9. 滚压；10. 点蜡；12. 染蜡；13. 将点好蜡或煮好蜡的布加温再煮，又叫煮蜡；14. 裁；15. 缝纫。经过这些程序做的衣裙，可以穿十年不坏，但是一年只能做两条衣裙，十分费工。

# 二、原住地与迁徙人口、迁徙路径

1. 资料显示，文山苗族非本地原住民，乃是从外地迁入文山，部分是明代迁入，多数则是清代迁入，主要原因是战争所逼，黔、滇、川三地的苗族都有②，据江花厂的陶厂长讲，他们这一支，是从贵州西部迁入文山，是当时反清起义苗族领袖陶新春和陶三春的后代。所说的贵州西部，主要就是贵州毕节、威宁、赫章等地。究竟有多少人从贵州迁入文山？这是一个立即就让人想到的问题，但是，也是在心里知道很难搞清的问题。按文山州《民族志》记载：苗族是文山州第二大民族，"1995 年有人口 382 664 人，占全州人口 14.4%"③。这个数肯定不是迁徙人数，30 多万不是小数，这是现代人们安居乐业以后的人口数，可以想象已经不知繁衍了多少代人。当时是多少，战乱没有确切统计，我们现在只能推断。不过，要先强调的是迁徙一定是集体的行动，至少百人以上，才构成本文所说的迁徙概念。再有，本文涉及迁徙农业的话题，所以人少的搬迁和这里所说的迁徙活动不是一回事。文山州《民族志》说："明初，有 2 000 余苗族由贵州迁徙入文山州"④。此后，清雍正、乾隆、嘉庆、咸丰、同治等朝均有迁入文山的情况，文山州《民族志》称这几个时期的迁入为"大批流入文山州"⑤。具体多少，这样权威资料也无法统计。苗族的迁徙活动，本身为一个动态活动，亦不是说他们到了文山就停止了迁徙活动，他们还要走，据文山民委的同志讲，现在邻近文山的越南，就有苗族人口 80 多万，这些也都是新中国成立前陆续迁徙到越南的。按明初有 2 000 人迁徙入文山的说法分析，这个人数可以想象的到，他们一定是边走边停，边战斗边生活。这种迁徙当然是有导向性的，为以后的不停的迁徙作了准备，不过苗族的迁徙也不是想迁就迁，有很多的无奈和不得已，有时甚至是被官兵剿杀，想动也动不了。本文直接判断，明初的 2 000 人估计也是贵州西部的苗族，为什么这样说呢，因为在本文的调查中，贵州苗族向外迁徙的，主要是西部一带的人，东南部或偏南部有雷公山和月亮山作为掩护屏障，不必外迁。当然，同时也被清廷用重兵封锁在山区，多为稳定状态。一些书上和民间流传如"乌鸦无树桩，苗家无地方"⑥，"桃树开花，苗族搬家"等语，均指西部苗族。如果从人口居住的情况看是否可以得到苗族迁徙人口数呢？回答也是让人失望的，得不到。为什么？根据葛剑雄等人所编《中国人口史》上所见资料，在贵州西部，乾隆时期尚有对苗族的人口数统计，道光以后基本不统计苗族人口数，当时称"夷户"不统计⑦。这是什么意思呢？可以让人想得到的就是，清廷从雍正年间开始剿苗，剿多少户苗族人家，就可以知道收缴了多少亩田地，这是要记入清廷官兵的功劳簿。从雍正、乾隆、嘉庆至道光一直在剿，也就是说苗族的情况一直在战争中变动，所以官府自己亦无法统计，还有清廷"居心灭苗"，统计苗户已经没有意义，所以干脆"夷户"不计。这样，究竟有清一朝，贵州西部有多少苗族迁入云南，不得而知。从现在在文山的苗族和迁

---

① 贵州威宁的火麻种植，四月播种，九月收成，历时半年。从麻到织成麻布为三十四道工序。估计苗族到云南后，由于气候原因和改变种植等原因，麻的生长期也提前了，而纺织工序也有所改变。或者文山苗族所种的麻不是贵州火麻品种。曾问过陶兴胜厂长，当地麻的名称，陶厂长说就叫麻，而且曾经一度云南防毒品，禁止苗族种植，结合贵州情况考虑，应该就是与火麻（大麻）同品种的麻。除气候原因生长期提前，按《文山苗族》一书中所说，苗族在文山有专门的麻塘，"为了使麻苗生长得好，麻塘在耕作方面特别讲究精耕细作，……两个月左右即可收割"。这个说法同陶兴胜厂长的说法一样。参见文山壮族苗族自治州苗学发展研究会编：《文山苗族》，昆明：云南苗族出版社 2008 年，第 164 页

② 参见文山壮族苗族自治州民族宗教事务委员会编：《民族志》，昆明：云南民族出版社 2005 年，第 74 页

③ 文山壮族苗族自治州民族宗教事务委员会编：《民族志》，昆明：云南民族出版社 2005 年，第 74 页

④ 文山壮族苗族自治州民族宗教事务委员会编：《民族志》，昆明：云南民族出版社 2005 年，第 74 页

⑤ 文山壮族苗族自治州民族宗教事务委员会编：《民族志》，昆明：云南民族出版社 2005 年，第 74 页

⑥ 文山壮族苗族自治州民族宗教事务委员会编：《民族志》，昆明：云南民族出版社 2005 年，第 86 页

⑦ 夷户的概念应该还包括当地的彝族、仡佬族等。参见葛剑雄主编，曹树基：《中国人口史·第五卷上》，上海：复旦大学出版社 2005 年，第 260 页

徙到越南的苗族看，前者 38 万余人，后者 80 万余人，当然到越南的 80 万余人，不一定都是从云南文山州迁出，但是可以估计大部分从云南文山迁出，因为这是苗族通往越南较理想的通道，本来到越南的路径较多，尚有广西边境，但不一定适合苗族，因为云南的河口等边境和广西边境，主要是瑶族和壮族，而这些族群也在迁徙之中，这样的活动均为秘密进行，因此这类通道，估计苗族很自觉让给其他兄弟民族，所以从文山出去的概率很大。这样我们大致可以估计到，有清一朝从贵州西部到文山的苗族或路经文山的苗族，应该不少于四五万人。这之中大部分出境去了越南或东南亚地区，大约万人滞留云南文山州，然后逐步发展到今天 38 万余人这个数。可以想见就是一万人留在文山州的说法，也是非常保守的。但必须有万人以上才可以形成规模，才可以分析一个苗族社会的完整迁徙。这样判断，以下的理由可以说明问题，即苗族的迁徙乃是将其节日和村寨社区活动也迁徙走，即不管走到哪里，都要过苗族自己的传统节日。所以还可以用一句话概括，苗族的迁徙是社会迁徙，即一个完整的苗族社会迁徙的活动。可以说人少了一些村寨式的大型活动就搞不起来，时间一久就会忘记。而文山州的苗族他们所过的节日，尤其是大型活动的节日，依然保持得很好很传统。如"踩花山"，这个节日在正月进行。可以数百人至数万人参加。中心意思旨在祭祀苗族祖先蚩尤的同时，完成军事集结。活动中最核心的部分是有两杆被称作花山的大旗杆。这两杆大旗杆就代表花山，大旗杆有军事号令的含义，花山亦有华表的意思。应该这样理解，苗族的古老使得他们的行为，任何一点小动作，都有深刻的含义。调查中当地有一段原话可以进一帮助我们理解究竟花山是什么样的内涵："花山，也称花山节，春节初三开始，立杆，初五收杆。人多自延。立杆在东，代表日出有生气，收杆在西，日落休息。踩花山有祭祀蚩尤的意思，为淡化战争概念，故用踩花山代替，此为全民族的活动，这一天全文山州的苗族都要积极投入到此项活动中来，对外就只讲一般的意思，即'无子女的夫妇求子或称为求子女节'。实际上是祭祀蚩尤，这一天要祭祀天神、地神、蚩尤及为苗族牺牲的英雄们。花山活动中要赛马、射弩，还有精壮汉子双手倒爬花杆等。踩花山的组织形式很严肃，规矩很严谨按军事要求进行，一点都不能马虎。不过，随时代变迁，花山节的内容也有增加和变化，现代主要内容是商品交易了，大家借这一天做点喜欢的生意"。本文这里注意军事含义的意思是与人口数有关，留在文山的苗族，老人、妇女、儿童加上残余部队，有万人左右是可以估计得到的。因为"竖旗杆"、"全民族"、"比赛"等概念不是少数人可以搞得起来的。再一个理由，当年陶新春、陶三春反清，被称作元帅①，这个称号至少代表了十几万人数的军队或数十万人数的军队②。当然，有人会怀疑苗族的元帅人数上是否夸大，但是，资料显示当时的陶氏兄弟曾与广西败下来的太平军合作，太平军长期与清军作战达 14 年之久，其军事建制是完全规范的。由于这些理由的存在，陶氏起义失败后，残部与部分村寨群众集体迁徙，当有万人以上，不为多。而这里解决了一个问题，即村寨与部队同时迁徙，至少安全上有了较理想的保证。这种迁徙的形式古代和中原也较多，著名的三国时期，刘备入西川也是带着百姓迁徙的。大概这种迁徙形式是为古代惯用的一种范式。

关于含有社会性质的需要集体同时过的大型节日，还有"祭龙"。祭龙活动一般在农历二月底到三月初过，"由山林地界连成一片的几个寨子共同推荐出几个男性户主来担任龙头主持祭龙活动"③。这种活动的集体意识亦是非常强的，代表苗族社会向上天神龙祈求世事平安，风调雨顺，五谷丰登。节日中，要对"龙神进行祭祀并协商制定一些乡规民约"④。所以这样的节日和活动亦不是单家独户可以过的，需是一个社会的整体迁徙才可以过。节日的集体性直接反映迁徙人数的规模。

2. 迁徙路径与民族关系。苗族在迁徙中，尽管走的都是高山密林，但是不可回避的总要遇到人群，不可能真正做到神不知鬼不觉。这样，分析苗族所走路径和处理可能所遇人群的关系就非常有意义。从中我们也可以看到苗族在迁徙过程中的智慧。按照调查所得的信息和参考文山地区学者的看法。苗族的迁徙路线，我们考虑它至少要注意三个基本问题。这三个问题就是，如何最大限度的避开人群；如何避开官家；如何寻找可以暂时安顿又可以解决生产的问题。只有这三个基本问题解决了，才谈得上对苗族

---

① 参见《清实录贵州资料辑要·岩大五（苗）、陶新春（苗）等领导的起义》贵州科学院民族研究所，中国科学院贵州分院民族研究所编，贵阳：贵州人民出版社 1964 年，第 962 页

② 参见文山壮族苗族自治州苗学发展研究会编：《文山苗族》一书，称咸丰十年（1860 年），陶新春、陶三春在贵州赫章韭菜坪起义，初始万众，后到三十万众。云南苗族出版社 2008 年，第 89 页

③ 文山壮族苗族自治州民族宗教事务委员会编：《民族志》，昆明：云南民族出版社 2005 年，第 94 页

④ 文山壮族苗族自治州民族宗教事务委员会编：《民族志》，昆明：云南民族出版社 2005 年，第 94 页

迁徙路径的判断。从贵州西部到云南文山最理想的迁徙路径，应该是贵州威宁（乌撒）、会泽、宣威、曲靖、文山。出乌撒翻越乌蒙山较安全，途中的乌蒙山，就是迁徙途中的天然屏障，乌蒙山平均海拔 2 080 米，贵州境内最高峰约为 4 200 米，至云南会泽南部最高峰为海拔 3 280 米，可以说是真正的人迹罕至，高山的陡峭非人可以攀上，官兵几乎没有办法剿杀。而苗族是一个非常能吃苦，能经受艰苦卓绝环境的民族，苗族迁徙人群进入乌蒙山后，可以在山中隐蔽很长时间，得到暂时的休养生息。由乌蒙山走云南非常方便，只要在高山中行动就可以，隐蔽性亦强，乌蒙山直接曲靖，再说曲靖就是山地和丘陵组成的地方，进入曲靖可以寻找多处高山隐蔽，因为曲靖的高山密林也非常多，有珠江源头之称。曲靖南接文山，到曲靖几乎可以较安全地到文山。而这一路可能碰到的人群。大致有彝族、仡佬族、瑶族、壮族、布依族、汉族等。从史料上得知，满清一朝看苗族，是为"文化苗族"，所谓文化苗族，即只要生活文化习俗与中原文化习俗不同，且在贵州境内及附近的少数民族即称"苗"，这在清早期文献中有明显反映。如，《清实录》记载顺治十六年有贵州巡抚赵廷臣疏言："贵州古称鬼方，自大路城市外，四顾皆苗。其贵阳以东，苗为夥，而铜苗、九股为悍。其次曰革佬，曰佯僙，曰八番子、曰土人、曰峒人、曰蛮人、曰冉家蛮、皆黔东苗属也。自贵阳而西，保保为夥，而黑保保为悍。其次曰仲家，曰宋家，曰蔡家，曰龙家，曰白保保，皆黔西苗属也"①。疏言中所说黔西苗属，即是贵州西部苗族，所谓保保即彝族，仲家即布依族。满清早期不分，均视为苗，均为敌。甚至在改土归流中，对土司安坤也视为苗蛮为敌，要改造。如《清实录》所曰："康熙三年……吴三桂疏报，水西逆苗安坤等梗化，臣亲提师至毕节，由大方、乌西直捣卧这，…… 自二月至五月斩获无算。……安坤、安如鼎仅以身免。是役也，仰赖天威，苗人胆落"②。满清统治和征剿贵州平稳后，至清中期逐步开始区分"苗文化"内部的差异，亦开始收买和笼络与原土司有关的土地所有者，强化或区分，彝、苗差别，制造民族矛盾。如此，在贵州西部就有了不同的名称"苗族"，和不同经济关系的"苗族"。贵州西部苗族起义失败后，大量的中下层苗族沦为奴隶，所以有大批的苗族人群迁徙，而此时，所谓彝族土目（地主）和仡佬族地主会为难苗族，而彝族和仡佬族的受苦群众，也是苗族的朋友，因此不会有任何危险。更何况，苗族在迁徙中也要考虑尽量回避他们，只是说万一遇到，没有危险。而瑶族、布依族、壮族，应该同苗族有身同感受的遭遇，会在苗族有困难的时候，支持和帮助苗族。至于说汉人，这一带汉人非常少，就是碰到汉人，只要不是官家，一般群众也不会将自己所见就告诉官家，穷苦汉人也是苗族的朋友。这样我们可以看到，其实苗族在迁徙中，只要有效的规避官家，他们迁徙基本可以按计划进行。当然，云南的同志也有一些分析，如王万荣同志所分析的路线，即"苗族进入云南的通道主要两条：一条是曲靖经普安达黄平至沅州之旧路。这条路大致沿元代开通的中庆经普安达黄平之旧道，也是云南通往中原首选之道；一条是曲靖经乌撒达泸州的旧道，这条路也是元代从中庆经乌撒达泸州的入蜀旧道，此道是至清代云南赴内地的重要道之一"③。他的这一分析，本文不能一言以蔽之说他就完全错了，只能说，他说的这两条道路，应该只是正常情况下的迁徙道路，王万荣还举了清人顾祖禹的分析，认为是他所说苗族入云南的东、西两路④，这个分析看似尊重古史资料，但十分不可靠，清人写苗族均带有贬义，基本不认真动脑筋分析。顾氏所说东西两路，只是官家和正常商旅所行之路，迁徙苗族哪里可以得走。再说苗族的迁徙，不是一直这样不停的走，要边走边生产，边生活。他们同主流社会没有任何关系，不可能通过物质交换和货币交换取得主流社会的支持。完全要靠自己熟悉的山林农业和山林知识解决迁徙中的各种问题。

---

① 《清实录贵州资料辑要》，贵州科学院民族研究所，中国科学院贵州分院民族研究所编，贵阳：贵州人民出版社 1964 年，第 301 页

② 《清实录贵州资料辑要》，贵州科学院民族研究所，中国科学院贵州分院民族研究所编，贵阳：贵州人民出版社 1964 年，第 314～315 页

③ 文山壮族苗族自治州苗学发展研究会编：《文山苗学研究（二）》，王万荣：《关于文山苗族迁徙的几个问题》，昆明：云南苗族出版社 2008 年，第 66 页

④ 参见文山壮族苗族自治州苗学发展研究会编：《文山苗学研究（二）》，王万荣：《关于文山苗族迁徙的几个问题》，昆明：云南苗族出版社 2008 年，第 66 页

# 三、迁徙农业的其他物质要素

## 1. 迁徙中的食物

食，这是迁徙中的一个非常重要问题。考察苗族的迁徙，同我们想象中的迁徙有些不同，一般意义的理解迁徙，就是不停的走，类似长征。还有一种就是游牧民族的逐水草而居。不过，逐水草而居是循环的，走过的地方一年后或多年后又会走回来。苗族的迁徙既不是一直的走，也不是循环往返。而是走一地，可以歇下来就歇下来，比如现在贵州的苗族就是很古老的时候迁徙过来的。但还有一种，走一处只住上一年或几年，有的甚至半年的。这一种多半是不得已，或被战争所逼，或生态转移，或被其他什么情况所逼。但是不管哪一种，都要遇到吃什么最适合迁徙的问题。在一地长期驻足下来的苗族当然可以依靠长期耕种的土地收获食品。不过可以想得到的，农事活动和日常生活应该带有浓厚的原住地色彩或说原地方痕迹当是一定的。迁徙在路途上是这样，到了文山安定下来也大致如此。所以，文山苗族的食物基本同原住地贵州威宁等地的食物情况相同。文山州的《民族志》说："在文山州，有苗族住山头的民谣"。其实这不是民谣是事实。为什么苗族要住山头？第一，苗族迁徙到文山，属于客籍移民，好田好地的山坡山脚地早就有了原住民民族。第二，苗族的贵州老家，即贵州西部的威宁、毕节等地，属贵州高寒地带，苗族非常熟悉和习惯高山地带。第三，住山头尚有迁徙的可能，山腰和山下的人很难了解到山头的苗族，这是由迁徙的惯性和隐秘性所决定的，民间所传"桃数开花，苗族搬家"，实质上有一定的隐秘性，其他人很难知道行踪。不过这话还有一个意思，威宁苗族种植的粮食类植物，如果遇到酸性土壤就有轮作、轮歇的情况。"头年四月种苦荞，九月收后种燕麦或第二年种兰花子，第三年种洋芋，种了两三季放荒几年。……头年种包谷间种豆类，第二年种洋芋，收后种大麦或小麦，次年接着种包谷和豆类。……同时有砍火地轮作兼种，即在烧过的火地种苦荞，收后种燕麦或兰花子"[1]。轮种和轮歇，加上砍火地，也会出现，"桃树开花，苗族搬家"的情况。第四，食物种植是非常关键的一项。主流社会所不在乎的杂粮，恰好是苗族的重要食物。而这些食物大都适合高山地种植。文山州《民族志》说："苗族的饮食主要是玉米、大米，另外还有荞麦等杂粮"。这段话，可以看到苗族原住地的食物痕迹，如玉米和荞麦就是。不过话中还有"等杂粮"，不知究竟指什么杂粮，一语代过。文山州属亚热带高原季风气候，为立体气候型，热带和高山冷气候的植物都可以生长。但是，毕竟文山不是贵州西部，气候差异亦大。

首先，就苗族原住地而言，粮食中最重要的是洋芋，即马铃薯。这是贵州西部威宁、赫章、纳雍等县苗族重要的粮食，这一食物亦适合高寒山地种植。据资料马铃薯原产地为南美州安底斯山地，年均 5～10℃ 的气温就非常适合它的生长。还有说法，马铃薯有两个发源中心，一为上述南美，一为亚洲，贵州西部苗族如何得到马铃薯种子不得而知，要么就是十九世纪末由欧洲传教士带入贵州，因为威宁当地亦有这样的认识，认为马铃薯在贵州只有两百多年的历史[2]。苗族住高山，马铃薯是主食之一。而迁徙中，苗族亦是隐蔽在高山中行进与驻足，种植马铃薯非常的方便，且收成亦大，是为一年生或一年两季栽培植物。据现代种马铃薯的每亩统计，贵州威宁为 750 千克左右，就算历史上种植技术不如今天，每亩也应该有 400 千克左右。所以这样的食物很适合迁徙中种植。不过如果马铃薯在贵州威宁真只有两百年的历史，明代和清早期的迁徙就没有马铃薯，只有到了清晚期和民国时期的迁徙才有随高山种植马铃薯一说。今天的研究，马铃薯的营养非常丰富，被称作全营养食品。过去，欧洲人在海上航行，患败血症，最初不知如何得治，后得知瑞典人食马铃薯不患血病，学习之，果然治愈败血症。马铃薯在第二次世界大战前后，成为德国人的主食。由此可见苗族人食用马铃薯不应带歧视眼光，并且显得很重要。但是长期以来中原主流社会将这种食物看作杂粮，瞧不起，眼光有些狭隘。不知曾几何时，成了苗族在近代迁徙农业中的宝贝。至于苗族到文山定居后，马铃薯的种植和食用变少，主要因气候原因和地理原因有改变，种植和食用马铃薯的苗族多为居住在"高寒山区的人家才种，且产量都不高，洋芋主要是当菜吃"[3]。

---

① 威宁苗族百年实录编委会编：《威宁苗族百年实录》，贵阳：贵州民族出版社 2006 年，第 193 页
② 参见威宁苗族百年实录编委会编：《威宁苗族百年实录》，贵阳：贵州民族出版社 2006 年，第 194 页
③ 文山壮族苗族自治州苗学发展研究会编：《文山苗族》，昆明：云南苗族出版社 2008 年，第 154 页

其次，红薯，资料显示也是美洲传入，乃是印第安人的食品，什么时候到贵州不得而知，贵州称番薯，一年中分夏薯、秋薯和冬薯，山地均可种植，120～150 天即可成熟。产量大，亩产可达 250～400 千克。贵州威宁苗族过去也吃番薯，既作粮食也作菜，是营养价值很高的食物。应该也是苗族在迁徙中的重要粮食。而现在是云南文山苗族的粮食补充食物。

再次，玉米亦是苗族重要食品。据说这一作物最早从美洲的墨西哥向世界各地传播，苗族什么时候种植不得而知。不过这种作物也是属于可以在高山坡地广泛种植的作物。玉米分春玉米和秋玉米两种，春玉米四月下种八月可收成，秋玉米七至八月下种十月可收成。贵州威宁当地亩产 60 千克，间种豆类可得亩产 30 千克豆。合计为 90 千克杂粮。苗族到文山后气候比贵州热，亩产会提高是可以估计得到。这种食物的营养价值虽然不如马铃薯高，但是不低于大米等所谓的主粮，而且口味也非常之好吃。北美多数国家尤其是美国这样发达的国家，玉米是他们的主食之一。我国由于主流文化的原因，一直在饮食文化方面排斥玉米，将其定位为杂粮，直接的原因就是口味问题，应该说口味问题是习惯养成的，比如说北方人习惯吃面食，不习惯吃大米，有的人认为吃大米吃不饱。而南方人则认为吃面食不行，也是吃不惯，有的认为涨肚子。由于饮食习惯不一样，自然又出现因饮食而起的歧视，南方人认为北方人粗俗、傻大、横蛮。而北方人有认为南方人小气、狡猾、抠门。这两个地方的人又都将以吃玉米、马铃薯等杂粮地方的人看成是不开化的人。不开化本来是一种政治看法，也即不接受王化，但是流传时间一久，这句话的政治含义由官方转移至民间变成了同时尚一样的概念，也即憨笨、不通情理。

荞麦，南北方均可种，收稻稷后播种，三十五日成。此植物产量不高，按现在的种植技术，每公顷产 615 千克，但是好种。收后种燕麦和豆类等杂粮。贵州西部的威宁是产荞麦的重要地方，当地苗族可以将荞麦做出非常精美和好吃的食品，如荞酥、荞面等，口感和味道均超过大麦、小麦面粉，现在此类食品已经是当地送人的礼品。所以迁徙到云南的苗族一定会将此种粮食作物带到路上迁徙。

小米，文山《民族志》没有提到，但是《文山苗族》一书有提到。这一粮食作物应该伴随苗族很长的历史。小米又称粟，古时也有称禾或谷子的。小米原产中国，估计有 8 000 年以上的历史，我国黄河中上游一带广大区域，历史上都种小米，可谓是粟作农业文化区。苗族过去居黄河中上游，故而是为粟作文化的创造者之一。小米适应性强，耐酸碱，耐贫瘠，较容易种植，俗话说"只有青山旱死竹，哪见荒坡不长粟"。贵州威宁及西部的苗族，一直以来都种小米。在贵州西部亩产不高，50 千克左右。不过可与包谷间种。苗族熟悉种小米，尤其砍火山后的新地种小米最好，所以也是苗族迁徙中的重要食物。

### 2. 迁徙中的住房

苗族迁徙到文山后，主要住山上，而且多为崇山峻岭。也可以理解为山高坡大之地。当地有民谣"汉族住街头，壮族住水头，瑶族住箐头，苗族住山头"[①]。当然这与苗族迁徙客居此地有关，再一点也有居住习惯的因素。苗族在他们的贵州西部老家，也都是主要住山上。山居和迁徙两个特点加在一起，可以理解到苗族的房屋一定是与山地自然环境相适应这一特点。调查和资料反映苗族建房历史可以追溯到新石器时代，能用不同材质建各类住房，木房、木楼房、石头房、草房、土房等，有些房屋非常美观实用，尤其是木楼房雕梁画栋，建房的方法为流行于秦汉时期的土台建筑古法，可以依山而建层层叠叠。苗族住房择地而建，非常严格，一般要请鬼师看日子，看地选风水，建材亦要鬼师帮助挑选。主人家还有要选环境，向阳屋基，房前屋后种竹种花或种时令瓜果。反映历史上文山苗族的住房，主要有如下类型：

（1）棚架房

也称三角叉叉房[②]，即选一块适合居住的地方，垫土、填石、夯实，用原木和茅草就地搭建棚架房。这种房简易实用，类似主流社会的帐篷。苗族因为没有主流社会的那些材料，故善于因地制宜采用山地材料，搭建可以避风遮雨的房屋。这种房屋可以说特适合迁徙与战争，文山《民族志》亦称这种房是"苗族游居时代的产物"[③]，应该准确地说是苗族迁徙中的产物。该房机动性非常强，在山里取材也方便。相信苗族在迁徙中主要用这种三角叉叉房，暂时稳定下来，在经济力量不济之时，也可应对需求居住。

① 文山壮族苗族自治州苗学发展研究会编：《文山苗族》，昆明：云南苗族出版社 2008 年，第 226 页
② 参见文山壮族苗族自治州民族宗教事务委员会编：《民族志》，昆明：云南民族出版社 2005 年，第 86 页
③ 文山壮族苗族自治州民族宗教事务委员会编：《民族志》，昆明：云南民族出版社 2005 年，第 86 页

（2）草房

多用竹木结构和土木结构建成。竹木墙裙编制而成，涂上泥巴和牛粪。土木墙裙选用黏泥土冲而成。黏泥好的住房，冬暖夏凉，房屋几十年不坏。两种房屋顶均为盖草，一般修葺，主要换草。这种房屋也适合迁徙。就地取材，修建方便，尤其高坡山地，容易修建。

（3）砖瓦房

这种房基本上是属于长期居住房，实际也可以理解为迁徙间隔期较长的一种苗族住房。这是与主流社会文化相融和的一种住房，也是经济水平相对提高了的一种住房。

这种住房与其他兄弟民族的住房建筑规格及款式上大致相同。

**3. 迁徙中的医疗**

医疗卫生问题无论是定居还是迁徙，都是大问题。一路跋山涉水，而且都是在人迹罕至的深山中活动，如果没有解决医疗卫生的能力，几乎是办不到的，所谓迁徙也就无法完成。从贵州西部出来的苗族，到文山定居后，在一些学者的研究中发现，苗族几乎人人懂医，家家识药。而《文山苗族》一书也说："苗族被誉为，百草皆药，人人会医的民族"[1]。苗族人应该说大多数人懂医，与苗族人信巫分不开，苗族山寨中的巫师或称鬼师，多为苗族医师。我国的中医学是从古代巫医不分，发展过来的，而巫医分开的历史亦不太久，根据明代李时珍《本草纲目》所写的内容看，很多药物解释用词仍可看到神秘色彩，即巫文化色彩，就是说，真正巫医分开的事应该在明代逐步实行开来。而我国的近邻韩国在向我国学习中医后，从明代一直用到今天的医药宝典《东医宝鉴》，仍然还是巫医不分的中医（东医）典籍。这个情况很有意思，从苗族人懂医到究其文化根源是信巫，我们可以看到苗族人坚守的上古文化的深刻内涵。《山海经·大荒西经》所描述的十巫在灵山上下，采药。大致可以看到上古先民健康的生活面貌。中华各民族在上古都有自己的巫，只是在历史的演进中，儒文化为在封建帝王文化上争地位，极力排斥其他文化，而巫文化也在强烈的排斥之例，故中原文化中的主体民族汉族，逐渐忘却或不知不觉中丢掉了宝贵的巫文化，只有在中医中还可以看到它的痕迹。而苗族从上古就处边缘，苗族自己要在迁徙中、山林中生存，故而有效地保留了巫文化。也同时保留了巫医不分的文化。文山苗族的医药活动很有特点：第一，在他们眼里"天上飞的，地上走的，土里长的处处是苗药"[2]。这是很重要的医药知识。具备这样全面医药知识的民族，大概在中华民族大家庭中，屈指可数。这一知识有效地保证了苗族在迁徙中，可以从山林里获取他们所需的医疗资源。第二，调查和资料反映，苗族用药多用鲜药。他们认为鲜药的疗效要比干药和制过的药效好，这是一个特点，与中医用药不同。故文山的同志反映，苗族用鲜药的效果确实不错。而"苗族从医者，大多有药园，病人找上门来，即可到药园采药"[3]，为病人治疗。只有"在当地难以采集的药，都是到外地采集晒干储以备用"[4]。应该肯定地说，这是一条很有意思的信息，尤其对迁徙民族而言，非常重要。迁徙是动态的，行动和暂住，都需要对当地植物有所了解，用鲜药比用干药方便，山林中就有很多鲜药，只要具备这方面的知识，大山是药库。不过，还要理解到，苗族用鲜药是被逼出来的医药知识。再一点，用鲜药的商业机会价值没有用干药的价值大，干药可以储藏，交换方便，鲜药无法储藏。因此，光从商业交换这一条看，苗族用鲜药不是用于主流社会的商业交换，而是符合隐蔽迁徙这一动态特点。第三，在苗族人眼里，"苗药一年四季可以采集"[5]，这在时间上打破了用药的季节限制，这亦是很了不起的发现和应用。经验告诉他们，春夏用药多为花叶，秋冬用茎根。故而他们有用药歌诀："春用花叶夏用枝，秋采根茎冬挖蔸；乔木多取茎皮果，灌木适可全株收；鲜花植物取花朵，草木藤本连根掘；须根植物地上采，块根植物用根头"[6]。这是经验和智慧的结晶。这种智慧能最大限度保证苗族在迁徙或暂住中解决他们最基本的医疗需求。第四，从苗族的古歌中可以看到，苗族的医药知识，有效的

① 文山壮族苗族自治州苗学发展研究会编：《文山苗族》，昆明：云南苗族出版社 2008 年，第 154 页
② 文山壮族苗族自治州苗学发展研究会编：《文山苗族》，昆明：云南苗族出版社 2008 年，第 388 页
③ 文山壮族苗族自治州苗学发展研究会编：《文山苗族》，昆明：云南苗族出版社 2008 年，第 393 页
④ 文山壮族苗族自治州苗学发展研究会编：《文山苗族》，昆明：云南苗族出版社 2008 年，第 393 页
⑤ 文山壮族苗族自治州苗学发展研究会编：《文山苗族》，昆明：云南苗族出版社 2008 年，第 392 页
⑥ 文山壮族苗族自治州苗学发展研究会编：《文山苗族》，昆明：云南苗族出版社 2008 年，第 392 页

保证了苗族人的身体健康，避免了瘟疫的大量伤害。苗族古歌中有《迁徙歌》①，迁徙中的种种困难，歌中都会反映，但从迁徙歌中，看不到苗族人有染上瘟疫大量死亡的记述。文山苗族的古歌还有关于人死以后的《指路经》，经中虽有人病死的记述，但也是看不到苗族因病大量死亡的说法。苗族人的古歌就是他们的史诗，说唱古歌和记述古歌的人会毫无保留地将历史上曾经发生的事，说唱出来并保留下来，至少是大事不会遗漏掉。由此，亦可以理解为，正是因为苗族人对医药知识的了解，才会有从古至今没有因病大量死亡的记述。

# 四、几点建议与结语

关于食物的建议，文山当地政府出于好心，认为现在的苗族吃杂粮缺少现代意识，或者是贫穷的表现，他们将苗族改吃大米加于赞赏。应该说这在现代社会，从全球范围看此问题，文山地方政府显然犯了主观主义，食品本身是没有高低贵贱的，只要食物对人的身体健康有好处，能解决温饱，甚至小康，就应该因地制宜的加于指导和鼓励。吃大米也是习惯，不过，由于我国主流文化一直受江南文化和北方王权文化影响，衣食住行的很多东西都向这两个地方看齐。中国地大物博，人口众多，各地文化习惯差异又大，很难整齐划一，如果均用一种标准看事物，很不实际。而且容易形成文化歧视，现代政府之领导，本来没有这些历史上不好的概念，但是，如不甩掉一些旧文化意识看问题，就会好心看错问题。如此，建议文山当地针对苗族群众喜欢或说习惯吃杂粮的特点，不仅鼓励，同时注意向西方发达国家学习，开发杂粮食品，多花样，多营养，多品种发展。这样不仅可以因地制宜地发展农业，也可以将食物文化现代化、国际化。

关于房屋的建议，与食物一样，文山当地政府，对苗族土房、茅草房有微词，亦认为是贫困落后的事物。这个看法不能说完全错，只能说在衣食住行问题上如何利用当地资源条件没有考虑清楚。还是受过去计划经济时代的住房标准影响，非要是水泥房、砖瓦房才是脱贫的标准。殊不知，现代韩国和日本有很多地方，依然用传统的土房和木房，只不过，他们是在传统土房、木房上下了现代装饰的功夫，使这些土房和木房更加显得现代化。在深圳的韩国高级桑拿，装修上还有故意装修成土房的样式，用黄泥和不上油漆的木条装饰成传统土房结构，非常吸引客人。人们在现代所谓的高级水泥大厦工作了一整天，到桑拿室享受一下传统的土房和闻一下黄泥的香味，可以解掉一天的工作疲劳。深圳著名的主题公园，民俗文化村，还专门有北方屋、陕北窑洞的景点，这些景点不仅能与现代景点和建筑相融，而且还是深圳游客喜欢参观和游玩的地方。传统土房和木房，因为是因地制宜采用当地资源建造，一般具有冬暖夏凉适合本地气候的特点。这种产物是当地群众从生活的实践中得到宝贵的经验和产物，应该充分重视和加以利用，而不是简单否定。如果，我们设想，文山针对苗族人喜欢的土房和茅草房加以现代意识的引导和指导，再利用上太阳能，这些土房和茅草房将是非常美观实际的生态房。房屋的现代内涵，不在于砖房还是水泥房，而在于实用，美观，有良好的排污系统和清洁的能源系统，这点作好了，土房、茅草房均为非常现代的住房。如果真能将这种现代意识的房屋建好了，当地苗族和当地政府均不会因为还住土房和茅草房而感到羞愧和尴尬，反倒是一种充分利用资源的骄傲。

迁徙农业是文山苗族在艰苦的迁徙活动中创造出来的，它让苗族可以生存下来，这就不是一件简单的事。人类的生存问题本身是一个完全的生态系统工程，它涉及生产生活的方方面面。总结和研究迁徙农业的方方面面可以给我们很多启发，也可以让我们认识很多苗族在非正常状态下创造出来的成果和经验。今天我们并不鼓励迁徙，今天的苗族已经当家做主人，不会再出现屈辱的迁徙，但是这些成果和经验，仍然可以用于现代建设，用于抵御现代自然灾害和不测。

**作者简介：**

游建西（1955—）男，历史学博士，深圳大学文学院副教授，四川大学人类学研究所兼职教授。研究方向：苗族文化史、道教史。

---

① 参见燕宝整理译注：《苗族古歌·沿河西迁》，贵阳：贵州民族出版社1993年，第651~786页

# 徽州地区林业习惯法的护林制度

关传友

（皖西学院皖西文化艺术中心）

**摘　要：**徽州社会存在着自觉保护森林的意识，形成了较为系统的保护森林的林业习惯法制度。历史上徽州林业习惯法保护森林的对象主要有经营林、风水林、道路林，其保护森林的组织主要有宗族、乡约、会社、官方、寺院等，主要是以石质（碑刻）、木质、纸质为载体而传承。徽州林业习惯法保护森林制度的主要内容包括禁止性事项的规定、责权关系的明确、保护范围的界划、有效保护时间的确立、奖罚措施的确定等。本研究认为当时森林严重破坏、林业在徽州山区的经济地位、风水意识的盛行、地方官府的支持和基层组织的重视，是徽州林业习惯法形成森林保护制度的主要原因。

**关键词：**徽州社会；林业习惯法；护林制度

林业习惯法是指与林业生产活动相关的地方性规章、告示、乡规民约、族规家法、合约和其他约定俗成的做法。徽州地区是指明清时期的徽州府所属的歙县、休宁、绩溪（今安徽宣州市）、黟县、祁门、婺源（今江西上饶市）六县，是一个"八山一水一分田"的山区。但在历史上，徽州是令人神往的环境优美的风景胜地，这与徽州人很早就存在着自觉保护森林的意识和理念有关。由于林木生产与徽州人的经济生活有极为密切关系，所以徽州人十分注重对森林资源的保护，制定了许多保护森林的制度，成为徽州林业习惯法和村落习惯法的重要组成部分。本文对徽州地区林业习惯法中有关森林资源的制度进行探讨，敬请批评指正。

## 一、徽州林业习惯法的载体

徽州林业习惯法的载体就其形式主要有三种。

### 1. 石质载体

一般镌刻在石碑上，主要是放置于野外的护林碑刻。徽州地区目前发现的护林碑刻至少在40通以上。如有"目连故里"之称的祁门县环砂村程氏宗祠院墙上所嵌的"永禁碑"，婺源县汪口村俞氏宗族所立的"严禁盗伐汪口向山林碑"，黟县枧溪村汪氏等族所立的"奉宪示禁"碑等。

### 2. 木质载体

一般是书写于木板之上，主要是悬挂于宗族祠堂内的族规家法，教育和约束本族人的行为。如徽州区堂樾鲍氏宗祠就将该族所订立的族规书写于木板而悬挂于墙壁。

### 3. 纸质载体

主要是在合约、家谱（族谱）及文书中得到体现，目前徽州发现很多。如安徽省图书馆收藏的祁门县《环溪王履和堂养山会簿》中，有王氏族人于清嘉庆十九年（1814年）所订立的养山护林条规。

## 二、徽州林业习惯法保护森林的对象

徽州社会所制定的林业习惯法就森林保护的对象而言，主要有以下情况。

### 1. 经营林的保护

经营林木是古代徽州人获得经济收益的主要对象，因此对经营林的保护，在徽州是最为常见的。明代祁门六都程姓家族和清代祁门箬溪王姓宗族所保护的森林就是属于此种情况。婺源县牛轩培桥山一号山场，系程姓众输山业，养木搭桥。清康熙二十八年（1689 年）三月十九日由族长、斯文、纠仪和乡约共同议立规条，对桥山作了详细的规定。据载，初立桥山时，各房齐心协力，不时巡视，一般家庭也能恪守规条，使桥木得以掌养成材。后来杉木成材，强徒横砍，农民畏势，箭口不报，桥木将尽，桥梁修搭则无所取资，故此于康熙三十年（1691 年）八月二十八日，由婺源县正堂出给告示，严禁强砍桥木。桥山之木除供给搭桥外，也通过商业贸易获取利润，称为"树银"，以备公用。① 显然桥山的林木具有经营性质。

### 2. 风水林的保护

徽州宗族人由于深受风水观念的影响，认为龙脉是风水之命脉，风水林是保护龙脉的龙之毛发，也是藏风得水的关键。四周林木茂密，则村子中不受凶风恶暴，林茂则水源得养，万物滋生。有山有水而无林木，有如人之失却衣饰与毛发。山清水秀，人文才能健康发达。风水林主要有村落风水林、来龙风水林、墓地风水林、寺庙风水林。村落风水林是在村落及居宅周围的林木，主要是护托村落生气，抵挡煞气（东北风和北风）的侵入，徽州地区最为常见的是水口风水林；来龙林是指村落或村落后山及来龙山的风水林木；墓地林是在坟园墓地种植或保护的风水林木；寺庙风水林是寺庙宫观庵周围的林木。徽州社会对风水林的保护，本文已有专文论述②。

### 3. 道路林的保护

徽州山高坡陡，道路极易遭受水土冲刷而不便行走，所以徽州乡民注重对道路的保护，以确保行走安全。因此，道路两侧的树木就成为受到严格保护的对象。绩溪县《桐坑源禁碑》规定："土名桐坑源，通浙大道，上至大路，下至大溪，里至竭头，外至大湾，四至界内，凶险异常，向来兴养柴薪，以为防护。又有同号土名栈岱头茶亭下乌弓鼻山场近路一带，亦多凶险，合并兴养，方可无虞。"③ 明确提出在道路两侧禁伐林木、严禁开垦，保护自然生态。祁门大坦乡大洪岭头碑亭中有块清道光二年（1822 年）十一月十二日所立的"示禁碑"规约，规定"自示之后，靠岭一带山场凡与大路毗连之区，毋许再种苞芦，俾沿路两傍草木畅茂，使地土坚固，永免泥松砂削，积塞道途，有碍行旅。"④ 禁止在道路两旁垦殖山林、种植苞芦，避免侵害道路，影响行人安全。

# 三、徽州护林习惯法制订与执行的各类组织

保护森林是徽州地区官方和民间共同的行为，其中民间力量主要包括宗族、乡约、会社、寺庙等，都参与对林业习惯法的制订与执行。

### 1. 宗族组织

徽州地区宗族势力最为强盛，宗族组织在地方事务中发挥着举足轻重的作用。保护森林是徽州宗族事务中的主要行为之一。古代徽州人把对宗族山林的保护列为族规，写进族谱，成为族中律令。如歙县棠樾鲍氏宗族，呈坎前、后罗氏宗族，黟县西递明经胡氏宗族，南屏叶氏宗族，绩溪龙川胡氏宗族的族规都规定：不经宗族同意和批准，任何人不准砍伐宗族山林一树一木；无论任何人，乱砍乱伐一棵树木，处以用纸箔祭树，直至将砍伐树墩（有说树木）烧化的惩罚。婺源《翀麓齐氏族谱》规定："保龙脉，来

① 王振忠．清代前期徽州民间的日常生活——以婺源民间日用类书＜目录十六条＞为例［C］．//陈锋．明清以来长江流域社会发展史论．武汉：武汉大学出版社，2006

② 关传友．徽州地区的风水林研究［C］．王思明、李明．农业：文化与遗产保护．北京：中国农业科学技术出版社，2011

③ 葛天顺．绩溪县志［M］．第三十六章，杂记．合肥：黄山书社，1998

④ 陈琪．祁门县明清时期民间民俗碑刻的调查与研究［J］．安徽史学，2005（3）：72～81

龙为一村之命脉，不能伐山木。"是对村落风水林木的保护；歙县《黄氏族谱》规定：坟墓周围的树木"俱系荫庇坟墓，但许长养，毋许砍拚"。是对坟墓风水林木的保护。

### 2. 乡约组织

所谓乡约，就"是那种在乡村中为了一个共同目的（或御敌卫乡、或劝善惩恶广教化厚风俗、或保护山林、或应付差徭等），依地缘关系或血缘关系组织起来的民众组织。"[①] 保护森林是徽州乡约组织的重要职能之一，明嘉靖二十六年（1547年），祁门三四都侯潭、桃墅、灵山口、楚溪、柯岭等地村民成立护林乡约组织，制定了护林议约合同，并联名具状报县批准，张贴于人众较多的地方，使人人知晓，从而达到保护林木的目的。祁门二十都文堂《陈氏乡约》（明隆庆六年（1801年）制定）对保护林木有较为详细的规定，如对山场所经营的林木，规定有"本都远近山场栽植松杉竹木，毋许盗砍盗卖。诸凡樵采人止取杂木。如违，鸣众惩治"的保护措施。

### 3. 会社组织

会社是历史上出于各种不同目的而成立的社会组织，如文人们聚会的"文会"、祭祀神灵的"祭会"、慈善和公益性目的的"慈善会"、宗教性目的的"香火会"等。以林为生的徽州人为保护林木目的而成立的护林会社，一般称为"养山会"、"禁山会"及"兴山会"，会众都订立有护林规约。清嘉庆年间祁门箬溪王姓成立的"王履和堂养山会"组织就有保护森林的职能。文人们聚会的"文会"组织也有保护林木的行为。如清康熙四十六年（1707年）六月婺源龙尾约"斯文会"同保甲为了维持秩序，曾发布禁帖："其境内地方田塍屋畔，所有栽花种果、桂子、棕毛等树，物各有主，不许恃强窃取残害，如有等情，查出公罚，各宜永遵安业，共乐升平，特帖通知。"[②] 徽州还有以建造、维护桥梁为目的而成立的"桥会"组织，一般都置有桥山，蓄养木植，作为建、修桥的材料，十分注重对林木的保护。徽州婺源的村落日用类书《目录十六条》中，收录有具体的《禁桥山帖稿》："立申禁帖人某某等所有桥山壹号，坐落土名某，向来掌养，蓄木成材，屡被内外人等人山窃取侵渔，深为隐恨。自今合众拔选之后，除往者不究，来者必追，是以特延约、族、邻里，起倡严禁，以戒无知等辈。庶山林之木常美，而桥梁之间有济，嗣后各体仁心，毋得怙终侵害。如有恃顽不悛者，本家定行鸣公理论，决不徇情。预帖通知。"还收有一份《加禁帖》称："立加禁桥山帖，××处等原置桥山，盖为津梁永赖，是以向行严禁，近见借采薪之名，而并其树木残毁弗顾，立睹山林濯濯，禁令废弛，若不严饬于先，何以遏止于后？自今特行加禁之条，毋得人山林取柴薪，庶山林之木常美，而梁桥之济不可胜用矣。如有仍前不遵者，通众公议罚银若干，入桥会内公用，决不徇情，特帖通知。"[③]

### 4. 官方组织

徽州地区历代的地方官一般都比较重视林木的保护。如明嘉靖年间，祁门县知县桂天祥就向全县民众发布了护林告示，并镌刻于石碑，俾乡民咸知而永垂久远。碑文中称："本县山多田少，民间日用咸赖山木。小民佃户烧山以便种植，烈焰四溃，举数十年蓄积之利，一旦烈儿女焚之。及鸣于官，只得失火轻罪。山林深阻，虽旦旦伐木于昼，而人不知。日肆偷盗于其间，不觉其木乏疏且尽也。甚至仇家妬害，故烧混砍，多方以戕共生，民之坐穷也。职此故也，本县勤加都率，荒山僻谷尽令栽养木苗，复加禁止。失火者，枷号痛惩；盗木者，计赃重论，或计其家资量其给偿。而民生有赖矣。"[④] 徽州地方官还大力支持民间成立的护林乡约、护林会社，对民间制订的护林规约都给予告示印钤，使其具有法律效力。

### 5. 寺院组织

寺庙道观主要是保护寺院的庙产。如祁门境内榉根岭圆通庵所立4通碑刻，有寺僧与地方共同所订立的蓄养道旁山林、禁止开荒种植苞芦的规约。有碑文称："路旁蓄树留荫，以憩行人，讵意近路居民存心

　① 陈柯云. 略论明清徽州的乡约 [J]. 中国史研究，1990（4）：44~55
　② 王振忠. 清代前期徽州民间的日常生活——以婺源民间日用类书＜目录十六条＞为例 [C]. //陈锋. 明清以来长江流域社会发展史论. 武汉：武汉大学出版社，2006
　③ 王振忠. 清代前期徽州民间的日常生活——以婺源民间日用类书＜目录十六条＞为例 [C]. //陈锋. 明清以来长江流域社会发展史论. 武汉：武汉大学出版社，2006
　④ 明余士奇、谢存仁. 万历祁门县志 [M]. 合肥：合肥旧书店，1961 年复印本

嗜利，既敢执斧图砍本村森林，复见员来荷锄竞种苞芦，砍绝荫木，行客心忺，道途日损 …… 沿途一带山场，嗣后务当恪遵示禁，毋得砍树木擅种苞芦。如敢故违，覆蹈前辙，许业主指名禀究，本县言出渚随，决不姑宽，各宜凛遵毋违。"[1] 说明寺僧道徒也参与地方事务的管理，为保护寺庙所拥有的森林也参与护林习惯法的制订与执行。

# 四、徽州林业习惯法护林制度的分析

徽州社会所制定的林业习惯法对森林的保护主要通过"禁林"制度来实现。所谓"禁林"制度就是实行"封山育林"的制度，根据其封育目的和当地的自然、社会、经济条件，常采取"死封"（全封）、"活封"（半封）、"轮封"三种方式。"死封"是指在封育期间，禁止砍伐、樵采、放牧、割草和一切不利于林木生长繁育的人为活动，即所谓的"人畜不上山，刀斧不入山，青黄不下山"。封育年限根据成林年限确定，一般 3~5 年（有的可达 8~10 年）后，再施以一定的改造措施（如砍灌留树）。"活封"是指在林木主要生长季节实施封禁，其他季节，在不影响森林植被恢复，严格保护幼林幼树的前提下，允许进行砍柴、割草等经营活动。"轮封"就是实行轮流封育，划出一定的区域范围，供群众樵采、放牧、割草等，其余地区实行"死封"或"活封"，轮封间隔期 2~3 年或 3~5 年不等。

徽州山区历史上封山育林根据其启动仪式主要存在有"演戏封山"、"杀猪封山"、"打醮封山"、"鸣锣封山"、"吃饼封山"等形式。

所谓"演戏封山"，就是在开始封山育林的首日前，由封山区域的宗族或民众集资请戏班唱戏，在开戏前由族长或封山主持人宣布封山规约，约束民众的行为，否则受到罚款、罚物及罚戏的处罚。

所谓"杀猪封山"就是实行首次封山之时，先由村落族长征款，买来若干头猪，宰杀后，以猪头祭山，猪血涂写封山碑牌，并放炮、设酒宴，全村男女老少皆到，族长当众宣布禁山和封山乡规，还现场折断一棵树苗，意为"人树同毁"。喝血酒，吃封山肉。此后，有谁违反山规，私自上山砍伐林木或砍竹挖笋，就将其家的猪拖到山场，宰杀祭山，全村分食。除本村人必到之外，还邀请附近村庄中德高望重之人前来，以此来得到周围村庄的认可和共同遵守。

所谓"打醮封山"就是由封山育林组织者或领头人请道士做祭神的宗教科仪，请山神和五猖神保护所封育的山林，并由道士在宗教科仪上宣读封山育林的文约。如有违反封山文约，将受到山神和五猖神的惩罚。

所谓"鸣锣封山"就是在每年冬春农闲时节，数村或联乡定人鸣锣，口中呼唤所实行封山育林山场的地名，串村走户，昭示禁戒规约。此后，家家户户，互相告诫，不得犯禁。鸣锣同时，在各要道路口和山界立木碑、石碑，以标明禁山范围。犯禁者，除罚款外，还须持锣串村敲打，承认错误。检举者可得罚款的半数，另一半用于公益。

所谓"吃饼封山"就是在封山前，由该族的宗祠或各家各户垫钱，每人发半斤或一斤"封山饼"。如果以后发现谁私自上山砍柴挖笋，这笔钱就由谁出。民谣："吃了封山饼，记住护树林。若要乱砍树，要拖家中猪。"正是此形式的描述，因其缺乏制约力，很难得到众人遵守。

徽州林业习惯法保护森林的封山护林制度，一般经所在地宗族、会社及村落主要成员进行议集，形成较为详尽的书面文字材料，并经宗族成员或村落全体成员通过，而后报请县或府衙批准，由知县或知府予以印钤告示（也有不报经官府批准）。通过对封山护林规约有关规条的考查分析，基本上包括有如下内容。

其一，规定了禁止性事项。禁止性规定是封山护林规约的主体内容，这也是订立规约保护森林的主要目的。绩溪县清同治九年（1870 年）立《桐坑源禁碑》则有"为此示仰该处居民人等知悉：尔等须知桐坑源地处通衢大路，前因被水冲损，今既捐修如旧，所有路旁柴木，亟应培养，以固路脚而免坍塌。该处附近居民不得砍伐路旁柴薪。如敢故违，该处绅董、地保人等指名禀县，以凭提究。各宣凛遵毋

---

① 陈琪. 祁门县明清时期民间民俗碑刻的调查与研究 [J]. 安徽史学，2005（3）：72~81

违"① 等禁止性的规定。婺源汪口村俞氏宗族在清乾隆五十年（1786 年）十一月制定保护森林的规约"婺源汪口村奉邑尊示禁碑"其中有关禁止性规条有："一、各房所输山税、地税，各立批据，付众护龙户收执管业，其税仍归各房供课。日后各房子孙不得藉口批输及护坟存税，擅自挖掘厝葬，并不得扳枝摘叶。违者，一体呈官究治；一、所输所买各号山地内，已葬之坟，公议不起界碑，内并不蓄树妨碍。其葬坟之家，亦不得借修坟挖掘，致伤龙脉；一、掌立山场，每年冬底雇工划拨火路，其路旁茅草，得于七月内斩除，毋使滋蔓，致引火烛；一、所输所买山地，原为栽树护荫。后龙倘有隙地，概不赁人耕种，亦不得自行耕种。"② 可见其对禁止性事项规定得如此具体。除了上述规定的禁止伐木、樵采、焚火外，还有严禁开山垦种、挖煤采石等破坏森林的行为。

其二，确定了责权关系。徽州地区的护林习惯法对保护山林者的责任和义务作了明确地规定。黟县枧溪村汪氏等族人于清道光二十一年（1841 年）制定了禁封山林规约，并"奉宪示禁"刻碑告示。规定"黟邑如三都枧溪等处，为县河发源之区，向被无知之徒私行开种，土松崩泄，每遇霉雨，沙石滚下，河身填塞，致该邑屡受水灾。"尝到了因违反自然规律而酿成的苦果，立即采取措施，勒石刻碑，严禁伐林开荒，以护水土。村民须"栽养竹木柴薪，以杜灾害。毋得越行砍伐"。而且对不遵守禁令者，言明严厉的惩罚措施："自加示之后，尔等务各恪遵功令。倘仍有敢行挖种，及该业主栽养柴木任意砍伐，一经告发，定即严拿究办。该捕保若隐匿不报，亦即从严究惩，决不姑宽。"③ 为保护森林、禁止垦种，不仅明确了禁止性事项，还规定了保甲长及捕头的权责关系。

其三，划定了封育森林的四至范围。划定封育森林的四至范围也是护林习惯法的主要内容，徽州人所订立的封山护林规约都对要保护对象的范围作了明确划定。如祁门县彭龙乡环砂村程氏族人所立清嘉庆二年（1797 年）正月祁门《环砂村告示及十一月永禁碑》规定："共立合文，演戏请示，订完界止（址）。……养山界：七堡里至九龙，外至环砂岭；八堡里至□家塥，外连七保界止。东至风浪岭、罗望岭，西至八保上岭、七保罗家岭。"④ 绩溪县《桐坑源禁碑》规定："土名桐坑源，通浙大道，上至大路，下至大溪，里至塥头，外至大湾，四至界内，凶险异常，向来兴养柴薪，以为防护。又有同号土名栈岱头茶亭下乌弓鼻山场近路一带，亦多凶险，合并兴养，方可无虞。"⑤ 明确规定在道路两侧禁伐林木、严禁开垦，保护自然生态。

其四，明确了封山护林的有效时间。护林习惯法对保护森林的有效时间也有具体明确地规定，这也是封山护林规约必须明确的内容之一，在规定的时间内才可以进行林木砍伐、果实采收等活动。祁门县闪里镇文堂大仓原陈氏祠堂所立清道光六年（1826 年）《合约演戏严禁碑》对茶叶、油桐籽、竹笋等林副产品的采取时间有"一、禁茶叶迭年立夏前后公议日期，鸣锣开七，毋许乱摘，各管各业；一、禁苞芦桐子，如过十月初一日，听凭收拾；一、禁通前山春冬二笋，毋许入山盗挖"⑥ 的规定，有效地保护了该宗族山场的山林资源。《目录十六条》中的一份婺源县某村民所立禁约："立议禁约合同人胡××公枝孙人等，切见山场濯濯，四顾皆然，不但木料之难求，而且爨薪之无有，是以通村会议禁规，将后龙山自黄荆坞起踉培□□处并□处已上山场，尽行打标封禁，无得入山采薪。掌养二年，候苗秧已齐，再行开禁。只许取讨山衣，无许戕贼杉松苗秧，如有夹带柴内入村者，公罚若干，首出之人无得徇庇。严行数年之久，苗秧得以成林，则材木不可胜用，而国课之需有所出，而爨薪田草之用俱有所赖矣。倘外人入山侵害者，擎获刀斧，闻公理论。自今立墨之后，务要同心协力，以全其功，庶山林之木常美，而取用之资不竭。今恐无凭，立此禁约为照。"⑦ 这是由全村会议后订立的护林习惯法，将山场打标封禁，禁止砍伐，待掌养两年之后方行开禁。

其五，制订了严格地奖罚措施。护林习惯法中处罚性措施则是为了保证所订立的禁止性规条能够得

① 葛天顺. 绩溪县志 [M]. 第三十六章，杂记. 合肥：黄山书社，1998
② 卞利. 明清时期徽州森林碑刻初探 [J]. 中国农史，2003，22（2）：109 ~ 115
③ 清道光二十一年奉宪示禁碑 [Z]. 碑存黟县枧溪村
④ 卞利. 明清时期徽州森林碑刻初探 [J]. 中国农史，2003，22（2）：109 ~ 115
⑤ 葛天顺. 绩溪县志 [M]. 第三十六章，杂记. 合肥：黄山书社，1998
⑥ 陈琪. 祁门县明清时期民间民俗碑刻的调查与研究 [J]. 安徽史学，2005（3）：72 ~ 81
⑦ 王振忠. 清代前期徽州民间的日常生活——以婺源民间日用类书 < 目录十六条 > 为例 [C]. //陈锋. 明清以来长江流域社会发展史论. 武汉：武汉大学出版社，2006

到很好地执行而制定的，一旦有人违反了这种禁止性规定，即会遭受轻重不同的惩罚。对举报和保护森林有功人员可以得到规定的奖励，这是护林习惯法的主要内容。黟县枧溪村禁止毁林垦种的禁碑云："经各县及刘署任恺切示禁在案。…… 在加示之后，尔等务各恪遵功令。倘仍有敢行挖种及该业主树木仍肆意砍伐，一经告发，定即严拿究办。该捕保若隐匿不报，亦即从严究惩，决不宽恕。"① 徽州护林习惯法对违反保护规条而制订的处罚形式主要有批评教育、罚款与赔偿、杖责、开除、处死、鸣官究治等几种。对违反情节轻微者，主要从教化出发，指出其错误所在，进行批评教育和训斥。对造成财产损失、财产破坏者，一般要给予赔偿，赔偿数额视其财产和违反情节而定。徽州社会对违反者多罚请戏的处罚，祁门县滩下村倪氏等宗族人于清道光十八年（1838 年）合社公立《永禁碑》对违反禁令者也规定了具体的惩罚措施，"一禁公私祖坟，并住宅来龙下庇水口所蓄树木，或遇风雪折倒归众，毋许私搬并梯桠杪割草，以及砍斫柴薪、挖椿等情。违者，罚戏一台；一禁河洲上至九郎坞，下至龙船滩，两岸蓄养林木，毋许砍斫并挖。恐有洪水推□树木，毋得私拆、私搬，概行入众，以为桥木。如违，鸣公理治；一禁公私兴养松、杉、杂、苗竹，以及春笋、五谷、菜蔬，并收桐子、采摘茶子一切等项，家外人等概行禁止，毋许入山，以防弊卖偷窃。如违，罚戏壹台。倘有徇情，查出照样处罚。报信者，给钱壹佰文；一禁茶叶递年准摘两季，以六月初一为率，不得过期。倘故违偷窃，定行罚钱壹仟文演戏，断不徇情。"② 以上采取罚戏这一徽州地方特色的寓教于乐的方式对违规者给予处罚，既获得了娱乐活动，同时又得到了处罚示众和教育族人的目的，更为族人所接受，收到了较好的效果，有效地保护了所在村落的森林不被破坏，客观上起到了护林的目的。歙县《受祉堂大程村支谱》族规"公捐祠归条禁"规定："盗砍来龙水口树木，并挖松明，罚戏一本。如恃强违拗，公呈究治。"说明罚戏在徽州地方规约中是极普遍的现象，更是体现了徽州文化的特色。徽州社会采用处死方式对破坏森林的行为行使一般较少见。但在宗族、乡约等民间组织无力解决时，往往要禀官究治。如清康熙五十年（1711 年）四月，祁门县民盛思贤等数人为保护汪家坦山场的林木免遭盗砍，恳请县令钤印并颁告示，称："嗣后，本业主蓄养树木，一应人等不得妄行强伐盗砍。如敢有违，即鸣邻保赴县呈禀，究治不恕。"③ 前述祁门县环砂村程氏宗族制订的护林族规对私自入山挖柴桩及纵火烧山而态度又恶劣者，除罚戏外还要"鸣官究治"。徽州保护森林习惯法对举报者，还规定了奖励的规条。如徽州祁门环溪王氏宗族的王履和堂制订的"止种兴苗"的养山规条规定，对积极参加扑灭山林火灾的人"每名给钱一百文"、对发现山林火灾而第一个"报信者给钱五百文"的奖励。

# 五、徽州林业习惯法护林制度产生的原因

任何一项社会制度的产生都具有一定的社会背景。同样，徽州地区历史上林业习惯法保护森林制度的产生也是如此，有着一定的历史原因。

## 1. 林业在徽州山区的经济地位

徽州地处皖、浙、赣三省交界，境内群山环绕、峰峦起伏，多山地、丘陵。清康熙《休宁县志》卷一载："徽州介万山中，耕获三不赡一。即丰年亦仰食江楚，十居六七，勿论岁饥也。"因此，山场是徽州人的主要生产资料。徽州由于地处亚热带温暖湿润气候，林木生长十分有利，所以在唐宋时期就是一个山林经济相当发达之区，当地人充分利用本地丰厚的山林资源，进行林木的种植发卖，使得徽州地区的社会经济得到了迅速地发展。南宋罗愿《新安志》载宋时徽州"山出美材，岁联为桴，下浙河，往者多取富。女子始生，则植楢，比嫁斩卖，以供百用"，"祁门之水入于郡，民以茗、漆、纸、木行江西。"南宋范成大在《骖鸾录》中也称"休宁山中宜杉，土人稀作田，多以种杉为业。杉又易生之物，故取之难穷。"由于山多田少，种植粮食作物两三年后，山地就失去肥力，不宜种植，而栽植杉木，虽说需要十几年才能砍伐，但其经济效益却比粮食作物要高得多。明徽州祁门善和里程氏《窦山公家议》中有类似

---

① 清道光二十一年奉宪示禁碑［Z］. 碑存黟县枧溪村
② 卞利. 明清时期徽州森林碑刻初探［J］. 中国农史，2003，22（2）：109～115
③ 卞利. 明清徽州的乡（村）规民约论纲［J］. 中国农史，2004，23（4）：97～104

的记述："田之所出，效近而利微；山之所产，效远而利大。今治山者，递年所需不为无费，然后利其大，有非田租可伦。所谓'日计不足，岁计有余也'。"① 清嘉庆祁门《环溪王履和堂养山会簿》称："我环溪基迁于宋，跡废于明，聚族而居，历年有所。向来田少山多，居人之日用饮食取给于田者，不敌取给于山。当年兴养成材，年年拚取，络绎不绝。所以家有生机，人皆乐利。"② 清光绪《婺源县志》载婺源县"每一岁概田所入不足供通邑十分之四，乃并力作于山，收麻兰粟麦佐所不给，而以其杉桐之入易鱼稻于饶，易诸货于休。"③ 说明两宋以后徽州地区的山林经济之繁荣程度，山林经济历史上一直是徽州山区的支柱性产业，林木生产是徽州山区经济的主要构成。由于徽州人经心的种树养林，使得明清时期林木生产有了很大发展，形成了徽州山区以林为主、林农结合的经济结构。清康熙《徽州府志》卷二收录有当时人描述山区景色是"雨霁浮岚翠欲迷，村村垣屋树高低"，"山有一丘皆种木，野无寸土不成田"。因此徽州人在长期的生产实践中，形成了种植和保护林木的经营管理经验和制度，自觉形成了保护森林的意识和观念。所以，徽州山林经济的特殊地位是徽州林业习惯法保护森林制度产生的主要原因。

**2. 森林资源遭到严重的破坏**

明清时期由于人口增加导致垦殖扩张以及薪柴需求等因素，森林资源遭到严重破坏。徽州地区就是如此，如明万历二十五年（1597 年）祁门六都程氏宗族窦山公后人制订的"众立保业合同文书"道："向因拚木多出管理，以致怀私利己者，一遇当年为首，随即搜寻各处山苗，毋问大小老嫩，一概拚砍无遗。其价大半入私囊，而众家仅存虚名，四山濯濯。"④ 是因为宗族山场管理不善而造成的乱伐林木现象。在徽州山区因砍伐林木引发纠纷的事例，比比皆是。如韩秀桃在统计明代徽州 38 件民间契约中，其中明嘉靖十三年（1534 年）至明万历二十六年（1598 年）因盗伐林木的契约文书就有 8 件⑤。清詹元相《畏斋日记》记载清婺源县浙源乡嘉福里十二都庆源村盗砍林木纠纷，康熙三十九年（1700 年）至四十三年（1704 年）竟达 9 次之多⑥。可见明清时期徽州地区盗伐林木事件发生之普遍。

伐木烧炭也使徽州森林遭受较大破坏。清乾隆《婺源县志》卷首"凡例"称婺源县的部分山区因"刊木烧炭"，以致"山童源涸"。清光绪《婺源县志》也载该县一些人在大鄣山："或以己业为口实，招诱外邑之射利者，伐木烧炭，泉源涸而命脉伤，大为民病。如乾隆三年（1738 年）泾邑张某等，聚三百人，昼夜戕伐，山几至童阗。邑惊骇，鸣之于公，邑侯郭驱之不去，通详列宪，虽檄行驱禁，暂散复聚。"⑦ 说明婺源当时伐木烧炭规模之大、人数之众，以致官府都难以制止，其造成的生态恶果则是不言而喻的。

明末至清代的棚民进入徽州山区种植玉米、茶叶等不合理开发山区的活动也造成严重毁林。据文献记载，徽州"棚民租垦山场，由来已久，大约始于前明，沿于国初，盛于乾隆年间。"⑧ 这些棚民以毗邻的安庆等府为最多，其次为邻省的江西和浙江，远者甚至还有来自福建的棚民。清嘉庆《绩溪县志》记载该县一些山民招引棚民"刊伐山木，广种包芦，山童则砂石不能蓄土，田日废。"⑨ 民国歙县著名文人许承尧《歙事闲谈》引清代文献说歙县"北乡之山，则石多土薄，惟宜柴薪。迩来外郡流民，赁以开垦，凿山刨石，兴种苞芦，土人始惑于利，既则效尤，寝致山皮剥削，石防沙倾，霉月淫淋，乱石随水而下，淤塞溪流，磕撞途径，田庐涨没。"⑩ 可见棚民垦种毁林的严重程度，造成的生态灾难是多么的严重。同时棚民在烧山垦荒造成山林火灾也较为严重，慎思轩自誉《杂稿》中收录了一份契约中说因烧山走火烧死树木达数万根⑪。毁林不仅给生态环境、人们的生产及生活带来严重的影响，而且引发出一些社会纠

① 周绍泉，赵亚光. 窦山公家议校注［M］. 卷 5，山场议. 合肥：黄山书社，1993
② 环溪王履和堂养山会簿（不分卷）［Z］. 安徽省图书馆古籍部收藏
③ 清光绪婺源县志［M］. 卷三，物产
④ 周绍泉，赵亚光. 窦山公家议校注［M］. 合肥：黄山书社，1993
⑤ 韩秀桃. 明清徽州的民间纠纷及其解决［M］. 合肥：安徽大学出版社，2004
⑥ 詹元相. 畏斋日记［M］. //清史资料第四辑. 北京：中华书局，1983
⑦ 清光绪婺源县志［M］. 卷三十五，艺文，纪述，大鄣山说. 南京：江苏古籍出版社，1998
⑧ 清道光徽州府志［M］. 卷四，营建志，水利，杨懋恬. 查禁棚民案稿. 南京：江苏古籍出版社，1998
⑨ 清席存泰纂. 嘉庆绩溪县志［M］. 卷一，舆地志，风俗. 南京：江苏古籍出版社，1998
⑩ 许承尧. 歙事闲谈［M］. 歙风俗礼教考. 合肥：黄山书社，2001
⑪ 王振忠. 徽州社会文化史探微——新发现的 16~20 世纪民间档案文书研究［M］. 上海：上海社会科学院出版社，2002

纷。于是，为了制止毁林、安睦乡里，徽州社会各阶层都积极投入到培护林木、重建和改善生态环境中去，地方官府发布封山告示，一些宗族就制定了族规家法来约束族人的行为，还成立乡约、会社等组织制定规约，大力倡导人们进行封山禁林活动。可见，严重的毁林是徽州社会保护森林制度形成的主要原因。

### 3. 风水意识的盛行

徽州乃程朱阙里，徽州人特别信奉理学家程颐、朱熹所提倡的风水之说，明清时期风水是徽州人的热门话题。清廖腾煃《海阳纪略》卷上"义塚记"称当时徽州是"衣冠一席之宴，谈风水者过半"。培护风水林便是当时徽州人的普遍行为，徽州地区的一些古乡志、乡规以及家谱都有明确的记述和规定。祁门县《善和乡志》卷二，"风水说"记载：明洪武、永乐年间，六都善和乡程氏诸公酷信风水之说，在溪面茅田降，众人出钱买下高地栽莳竹木，开造风水，荫护一乡，并订立券约，以图永久。至明弘治年间时，又重立议约，并要求"各家爱护四周山水，培植竹木，以为庇荫。如有犯约者，必并力讼于官而重罚之。……载瞻载顾，勿剪勿伐，保全风水，以为千百世之悠悠之业"。明清时期号称"祁西右族"的祁门文堂陈氏宗族的《文堂乡约家法》乡约规定："本里宅墓来龙朝山水口，皆祖宗血脉，山川形胜所关，各家宜戒谕长养林木以卫形胜。毋得泥为己业，掘损盗砍。犯者共同重罚理治"。绩溪明经胡氏宗族的宗谱记载的"祠规"不仅要求族人保养好坟茔禁步内草木，还要在坟地四周种树护坟，以"保全生气"。所以风水意识的盛行，是徽州林业习惯法保护森林制度形成的重要原因。但须说明的是，风水意识对徽州地区林业生产所起的作用是负面的。因其不允许砍伐林木，不能够扩大再生产。

### 4. 地方官府的支持和基层组织的重视

徽州林业习惯法保护森林制度的完善与地方官府的大力支持和基层组织的重视分不开的。明清以来，徽州地方官府的官员视森林的种植与保护是造福民众的善政。如明嘉靖年间祁门知县桂天祥发布告示碑，要求民众栽树养苗，并制定了保护山林、防火防偷窃的规条。官府还积极参与和指导民众制订并完善保护森林制度，如对民众和民间组织制定的保护森林的制度及时给予批准、印钤并告示，使其具有合法性和有效力。徽州地方的宗族、乡约、会社和僧道等民间基层组织对保护森林制度的订立完善和执行，都极为重视。

除上所述外，徽州林业习惯法保护森林制度的订立和完善还与徽州山区独特的地理环境、对山林的崇拜有关。

# 六、结　语

1949年以来，中国共产党建立了中华人民共和国政府，取得了国家权力的绝对支配权，实现了对中国社会基础的重构。国家通过土地改革和集体化运动对农村社会进行了有效的改造，国家政权深入到农村社会的内部，国家与农村社会之间建立起一种全新的高度统一的关系结构。但徽州社会林业习惯法的护林制度依然在徽州社会发挥着积极作用，只是随社会变革而进行不断调整，就护林的对象而言，仅存在有经营林（包括用材林、经济林、果木林）和生态林（包括村落防护林即所谓风水林、风景林）之分；就护林制度的制订及执行主体而言，仅有地方政府及派出机构的林业部门、村民自治组织的村委会和村民小组。徽州社会最为常见的封山禁林形式，如"杀猪封山"仍然存在；也有则通过乡镇政府、村委会发布的封山禁林告示，实行"一、三、五"奖惩制度，即若砍伐一株树，赔偿三倍树价，罚栽五株树并包成活。这些都是徽州林业习惯法护林制度在现代社会的文化传承。无疑它也是徽州地域文化和林业文化的重要组成部分，它反映了徽州人爱护森林、培育森林的优良传统，同时也是徽州非物质文化的重要遗产，理应得到保护和大力弘扬。因此，在森林资源遭受严重破坏的今天，积极总结过去林业管理的经验教训，林业习惯法在这方面的功能机制正是国家法所应该加以协调和借鉴的。

# 江苏民俗类农业文化遗产的
# 现状调查与保护对策研究

路　璐　王思明

（南京农业大学人文与社会科学学院，南京　210095）

**摘　要：**江苏民俗类农业遗产资源丰富，主要集中在生产民俗、生活民俗与民间观念。从整体特色上看，江苏民俗类农业遗产具有丰厚的地域历史内涵与地域文化特色，它是非物质文化遗产的富矿，反映了江苏和全国其他地区的文化关联性，是江苏文化多元文化共生的重要见证。从保护对策上，应该在尊重与了解的基础上，重视江苏民俗类农业遗产的全面传承与发展；重视文化重构，强化其文化内生力；文化产业介入与公共文化建设双管齐下，做好保护与开发的双重工作。

**关键词：**民俗；农业遗产；地域文化；非物质文化遗产

"农业文化遗产"这一概念源自联合国粮农组织（FAO）于 2002 年启动的全球重要农业文化遗产（GIAHS）保护和适应性管理项目，按照联合国粮农组织的定义，全球重要农业文化遗产"在概念上等同于世界文化遗产，是农村与其所处环境长期协同进化和动态适应下所形成的独特的土地利用系统和农业景观，这种系统与景观具有丰富的生物多样性，而且可以满足当地社会经济与文化发展的需要，有利于促进区域可持续发展。"[①] 我国自 2005 年开始参与全球重要农业文化遗产项目，目前全球农业遗产名录中已有 15 个保护试点，其中中国有 4 个，分别是贵州从江县"侗乡稻鱼鸭系统"、浙江青田"稻鱼共生系统"、云南红河"哈尼稻作梯田系统"和江西万年"稻作文化系统"。农业文化遗产是继文化遗产、自然遗产、文化与自然双重遗产和文化景观遗产之后的又一种新的世界遗产类型，"这些在本土知识和传统经验基础上所建立起来的农业文化遗产巧夺天工，充分反映了人类及其文化多样性和与自然环境之间深刻关系的演进历程。这些系统不仅产生了独特的农业文化景观，维持并适应了具有全球重要意义的农业生物多样性，形成了丰富的本土知识体系。"[②]

从广义的角度看，"农业文化遗产是各个历史时期与人类农事活动密切相关的重要物质（Tangible）与非物质（Intangible）遗存的综合体系。它大致包括农业遗址、农业物种、农业工程、农业景观、农业聚落、农业技术、农业工具、农业文献、农业特产、农业民俗文化 10 个方面。"[③] 2010 年南京农业大学中国农业历史研究中心组织了"江苏农业文化遗产调查研究"（江苏省高校哲学社会科学基地重大招投标项目）有关调研活动，对江苏省农业文化遗产保护工作情况的专题调研活动，调研聚焦遗址类、工程类、景观类、聚落类、技术类、工具类、文献类、物种类、特产类、民俗类农业文化遗产等 10 种主要类型，作者主要参加了民俗类农业文化遗产的考察。

作为中国农业的发祥地之一，江苏地处黄海之滨、长江下游，是农业文明悠久、文化资源丰富的大省。在 7 000 多年的农业文化史中，产生了多姿多彩的农业民俗，它以不同的文化形式融入到整个地域甚至整个民族的精神世界与遗产宝库。在近一年多的密集性考察中，我们发现江苏民俗类农业文化遗产资源丰富、特色鲜明，对了解江苏文化的多样性与独特性是一条不可多得的路径。

---

① 闵庆文：《全球重要农业文化遗产———一种新的世界遗产类型》，《资源科学》2006 年第 4 期
② 参见联合国粮农组织网站 http：//www.fao.org/nr/giahs/giahs
③ 王思明，卢勇：《中国的农业遗产研究：进展与变化》，《中国农史》2010 年第 1 期

# 一、江苏民俗类农业文化遗产的分类与内容

## 1. 生产民俗

生产民俗是在各种物质生产活动中产生和遵循的民俗。江苏的农业生产民俗主要围绕水稻种植、蚕桑养殖、田歌号子以及渔民风俗等核心方面展开。从稻俗方面看，太湖流域的水稻种植方式、江南米谷收成的农谚预测包含了丰富的生产经验和生产技能，记载了传统耕种的方式，是千余年来江苏先民精耕细作的智慧结晶，具备很高的生态意义和科学价值。从蚕俗方面看，苏州环太湖的"蚕桑区"或"桑稻并重区"是以吴江、震泽为中心，此处气候温和，水质优良，土地肥沃，官方、民间历来重视蚕桑，各种条件皆有利于蚕桑业的发展。蚕区农民在长期生产中逐渐形成如祭蚕神、望山头、谢蚕神等丰富多彩的蚕桑之俗。从田歌号子看，镇江丹徒田歌（南乡田歌）、打嘞嘞、邵伯秧号子、夏集车水号子、金湖秧歌是长江流域广大稻农插秧除草、车水、地时传唱的民歌，口耳相传，吟唱至今，是劳动人民创作的民间音乐的活化石，其中有些地区农民劳动伴歌的习俗甚至可追溯至7 000年前的耕作文化时期。

江苏跨江滨海，河湖众多，水网密布，素有"水乡江苏"之称，因此江苏渔俗资源丰厚，太湖流域旧石器时代晚期的三山文化居民，其生产和生活方式以渔猎生产为主，传承了诸多渔业习俗与风尚。而连云港地区的渔业生产也形成了如结帮、相晒、接潮、照财神路、挂红等等浓厚的渔俗韵味。"洪泽湖渔鼓舞"是洪泽湖流域重要的民间舞蹈形式，以其浓厚的湖区渔家韵味，在苏、皖、豫广大渔民中有着广泛的影响。"吕四渔民号子"属于我国汉民族民歌的原生态渔歌，主要流传于长江中下游的江北一带，以启东吕四流传最盛，故而得名。吕四渔民号子经过上千年的锤炼变迁，已成为内涵丰富、韵味独特的地方民俗百科全书，极具历史价值和研究价值。

## 2. 生活民俗

生活民俗包括服饰民俗、饮食民俗、节庆民俗、娱乐民俗等。江苏生活民俗资源丰富、价值独特，从服饰民俗与饮食民俗看，其稻作文化的色彩浓厚，如甪直水乡妇女稻作服饰历史悠久，世代相传，反映了吴地历代服饰文化的传承和积淀，具有浓郁的江南水乡特色，是实用性和艺术性的巧妙结合，以双色相间的三角包头、独特别致的大襟纽攀拼接衣裤、飘逸洒脱的绣裥裙、五彩斑斓的束腰带、瑰丽多彩的百纳绣花鞋、古朴简洁的胸兜、简便实用的卷膀为其典型特征，十分适宜水乡妇女农耕劳动的需要。从饮食民俗看，苏州地区是水稻种植区，岁时节令的糕团习俗有着浓郁的稻米文化气息，是在稻作文化基础上形成的食俗，有些饮食习俗本身具有通过丰富饮食来强身健体，以适应稻作生产繁重体力劳动的需求，有着重要的稻作文化、饮食文化研究价值。

至于节庆民俗，江苏更是有许多重量级的个案，如"溱潼会船"，它是国内保存最为完整、最具原生态特质的水上庙会之一，始终坚持一套特定的程序，数百年来基本不变。"溱潼会船"是里下河地区特有的稻作文化民俗的活化石，是集中展现苏北里下河水乡历史、道德、宗教、民俗等文化积淀的大型水上庙会，对于研究里下河地区农耕社会的生产发展以及稻作文化民俗风情、意识形态等具有重要的参考价值；又如苏州的"五月端午活动"，传承久远，内容丰富，全民参与，经久不衰，由于端午节是多民族共享的节日，因此"五月端午活动"对研究民族文化往来、国际间文化交流、传统体育竞技、饮食文化等均有重要价值。

从娱乐民俗看，江苏农业民俗类型全面、种类繁多，如吴歌是吴语方言地区广大民众的口头文学创作，发源于江苏省东南部，其类型大致有引歌、劳动歌、情歌、生活风俗仪式歌、儿歌和长篇叙事歌等多种。"吴歌"是带有浓厚民族特色和吴地风物色彩的民间韵文形式，在我国民间歌谣领域中独树一帜，反映了各个时期的政治经济文化状况，是一部在民间广泛传唱的生动史册。再如"南通板鹞风筝"体现了中国风筝制作的高超技艺，融雕、扎、书、画、绣等多种工艺于一体，工艺精湛，是极有观赏与收藏价值的艺术珍品，谈庄秧歌灯、海安花鼓、浒澪花鼓、留左吹打乐、阳湖拳、董王高跷等均是在娱乐中融合了民间审美观，是力学、技巧与美学的结合。

### 3. 民间观念与信仰

民间观念与信仰是指民众自发地对具有超自然力的精神体的信奉与尊重。它包括原始宗教在民间的传承、人为宗教在民间的渗透、民间普遍的俗信等。学者高丙中认为"各种民间信仰是使人与人、群体与群体之间的紧密联系成为可能的一种重要因素。"[①] 寄托驱妖镇魔、祈福禳灾等民间信仰弥散在民俗之中，隐含着一个民族深层的文化心理结构和精神密码。同时民间信仰还具有现实意义，"不仅是一个古代史的范畴，还是一个当代史的范畴，是有时间纵深的现实存在。在当前中国的国家认同进行重新调整的局面中，民间信仰中具有广泛群众基础的文化符号成为连接现实与古代乃至上古的中介。"[②]

江苏的民间观念与信仰集中在农业生产与日常生活紧密相关的主题方面，如水神崇拜，2008 年入选国家级非遗名录的"骆山大龙"是溧水农村传统民俗活动的重要遗存，当地百姓每逢新年来临时便在湖滩上载歌载舞、龙舞盘旋，以降魔驱妖，祈求风调雨顺、人口平安。骆山大龙龙身巨大，体长将近百米，参与者达五百人之多，号称"江南第一大龙"。从本源上看，民间观念中的龙与龙舞在中华民间信仰中由来已久，分布极广，均来源于"雩"这种久旱不雨而举行的求雨的巫术。《说文》中说"雩，夏祭乐于赤帝，以祈甘雨也"[③]。民间信仰中认为龙能致雨，模拟龙的行为，会对龙产生感应，祈雨仪式称为"雩"，舞龙为了祈求风调雨顺、祈福辟邪。

除了水神崇拜，"社土"崇拜也是农耕文化系统中的重要符号，如扬州"跳娘娘"傩舞与"柘塘打社火"皆是相关主题，它们都进入了江苏省非物质遗产名录。七千年前，长江流域已经种植水稻，先民对土地的依赖颇深，对"社"的崇拜深入文化肌理。社也即土地神灵，古时农民每年春天和秋天都要对土地神虔诚祭祀，所谓春祈秋报，"跳娘娘"正是以傩舞的方式表达先民对土地的尊崇，这一点非江苏傩舞独有，例如山西"曲沃扇鼓"[④] 也正是以后土娘娘为祭祀对象，也是舞蹈、锣鼓、词曲的复杂混合体。"柘塘打社火"活动形式主要是祭祀与打锣鼓，在历史传承过程中，由于人口迁徙与南北文化交融，它在艺术形式上既保留了许多北方民族的民俗传统，又受江南文化影响，其中两人抬鼓、双面击打的行街表演模式为江南地区所独有，这种鼓乐形式在国内尚未发现第二例，具有很高的艺术价值。

此外，江苏是文化胜地、诗礼之邦，它的民间观念与信仰还有诸多对历史文化名人的祭奠与追念，如"金坛抬阁"源自古时的"细打锣鼓"，核心是对抗金名将岳飞的追记。再如在我国农村地区广泛流传的"董永传说"，最早载于西汉刘向的《孝子传》，此后三国曹植的《灵芝篇》和东晋干宝的《搜神记》也都有相关记载。宜兴"观蝶节"源于千古绝唱的"梁祝"爱情传说，体现了梁祝传说中崇尚爱情与自由意志、歌颂生命生生不息的鲜明主题。而如东"钟馗戏蝠"是灯彩与傀儡的巧妙结合，如东旧时每年都要举行灯会，"钟馗戏蝠"则是灯会中最受欢迎的节目之一，同时也清晰地记载中国民间信仰的某种历史变迁轨迹。主人公"钟馗"是中国古代传说中的故事人物，他的出现与流行有一个潜在的历史背景即以方相氏为傩仪主角开始发生重要变化：《周礼·夏官》记载的"方相氏掌蒙熊皮，黄金四目，玄衣朱裳，执戈扬盾，帅百隶而时傩，以索室驱疫。"[⑤] 这一古傩仪到汉唐开始发生深刻变化，此时"四时以作"的古制已逐渐没落，钟馗与一年一度举行的送旧迎新的岁末节仪紧密关联。同时，按照民间传说，钟馗作为面丑心善、嫉恶如仇的判官体现着"天理良心、善恶有报"的朴素认知，这些皆成为钟馗作为人格化之神崛起的重要原因。

# 二、江苏民俗类农业文化遗产的特色分析

第一，江苏民俗类农业文化遗产具有丰厚的地域历史内涵与地域文化特色。江苏作为长江下游地区

---

① 高丙中：《作为非物质文化遗产研究课题的民间信仰》，《江西社会科学》2007 年第 3 期
② 高丙中：《作为非物质文化遗产研究课题的民间信仰》，《江西社会科学》2007 年第 3 期
③ 陈梦家：《殷墟卜辞综述》，北京：科学出版社，1956 年，第 600 页
④ 曲沃扇鼓，详见于 1987 年在山西省曲沃县任庄许世旺家中发现的清代宣统年间的手抄本《扇鼓神谱》，是该庄历代祭祀活动和演出节目的底本，是以祭祀后土娘娘为中心的宗教与民俗的混合体
⑤ 郑玄注，贾公彦疏：《周礼注疏》，北京：中华书局，1980 年，第 946 页

的文化中心同时又处于我国南北气候、文化的过渡地带，其地域特色鲜明、历史悠久，历代先民利用自然物产资源，结合自己的生产实践和创造能力，创造了丰富多样的地域性文化，江苏民俗类农业遗产蕴涵了民间信仰、生活习俗、民间传说、说唱、戏曲、音乐、舞蹈、美术等多种文化类型，涉及工艺史、农业史、城市史、文学史、生活方式史、宗教史等。在生产民俗方面，江苏稻作之乡、鱼米之乡的特征较为突出，因此稻俗、蚕俗、茶俗、渔俗等内容丰富，其中的如太湖种稻谚语、吴中养蚕习俗、洞庭碧螺春茶俗以及连云港渔俗等具有突出的研究价值。在生活民俗方面，资源丰富且艺术水准精湛，如端午祭胥王、芦墟摇快船记录着所在地区的文化特色和文化元素；再如角直水乡妇女服饰，它既是苏州水乡农业生产、生活的习俗风貌的体现，更蕴涵了江南吴地稻作文化的艺术元素；还有桃花坞木版年画、昆山水乡婚嫁习俗等承载了城市的历史文化记忆。在民间信仰与观念方面，金坛抬阁、通州童子戏、溧水骆山大龙、高淳东坝大马灯等记录了这片土地的先民的生活习惯、思维方式、世界观、价值观、审美意识等，这些底层文化和民间信仰经过数百年乃至上千年的传承，有着很强的延续性和稳定性。它们所包含的公共文化属性与精神价值体系是中国民间社会重要的精神支柱以及心理根基。

美国著名文化人类学家莱斯特·A·怀特（Leslic A. White）认为"文化是一个连续的统一体，是一系列事件的流程，它穿越历史，从一个时代纵向地传递到另一个时代，并且横向地从一个种族或地域播化到另一个种族或地域。"① 江苏民俗类农业遗产传承着江苏的地域性文化，延续一种地域性的群体记忆，营造着共同体的历史连续性的生活经验，它们是活着的历史，代表着文化生命的永生。地域文化的深层意义正在于此，它是开展公共文化、增强主体性交往的场域之一，可以看做是吉登斯所说的现代社会从传统认同向自我认同转变之后的一种后现代的身份认同②。因此，在文化全球化的浪潮里本地生活面临空洞化的考验中，江苏民俗类农业遗产所携带的地域资源与文化基因可以为我们提供一种吉登斯所说的"本地生活在场的有效性"，提供一种文化身份的认同。

第二，江苏民俗类农业文化遗产是非物质文化遗产的富矿，它标示着非物质文化遗产与农业民俗的密切联系。根据联合国教科文组织 2003 年 10 月 17 日在巴黎通过的《保护非物质文化遗产公约》中的定义，非物质文化遗产（Intangible Cultural Heritage）是指"被各群体、团体、有时为个人视为其文化遗产的各种实践、表演、表现形式、知识和技能及其有关的工具、实物、工艺品和文化场所。"③ 农业民俗是非物质文化遗产的孕育温床，而非物质文化遗产主要是农业文明的重要产物。在全球化的浪潮中，非物质文化遗产反映着该民族的文化身份和文化标识，保存和促进着人类文化的多样性，对非物质文化遗产的开掘与保护是传统文化面向现代化进程时的一次自我探索、自我建构之旅，同时也关系着民族国家在全球化进程中的文化话语权。

在江苏民俗类农业遗产中，苏州的"端午祭胥王"源于古代吴越民族的祭祀仪式，春秋后又融入了纪念大夫伍子胥的内容。随着社会经济文化的发展，以纪念伍子胥为始的端午节逐渐演化成苏州一年一度的盛大狂欢节，以祭祀、驱瘟、除恶、消灾、祛病为核心主题，形成了一整套与当地自然条件、生产生活、经济特征和文化发展状况相对应的苏州端午民俗习俗。2009 年，我国文化部将湖北秭归县的"屈原故里端午习俗"、黄石市的"西塞神舟会"，湖南汨罗市的"汨罗江畔端午习俗"和江苏苏州市的"苏州端午习俗"等三省四地联合打包申报，终于将中国的"端午节"成功申入到联合国教科文组织制定的人类非物质文化遗产名录中。

江苏民俗类农业遗产是非物质文化遗产的富矿，苏州吴歌、苏州角直水乡妇女服饰、溱潼会船、高邮民歌、金坛抬阁、通州童子戏、跳马伕、溧水骆山大龙、高淳东坝大马灯、兴化茅山号子、留左吹打乐、董永传说等 12 项农业民俗先后成功进入国家级非物质文化遗产项目中；进入省级非遗名单中的，则有洪泽湖渔鼓舞、邵伯秧号子、吕四渔民号子、南乡田歌、胥浦农歌、金湖秧歌、高淳跳五猖、柘塘打社火、男欢女喜、阳腔目连戏、钟馗戏蝠、宜兴观蝶节、扬州跳娘娘、柚山放灯节、海门山歌等 15 项，还有相当多的农业民俗进入市级文化非遗名录，碍于篇幅，这里就不一一列举。

第三，江苏民俗类农业文化遗产反映了江苏和全国其他地区的文化关联性，是江苏文化具有多重文

---

① 莱斯利·怀特：《文化的科学》，沈厚等译，济南：山东人民出版社，1988 年，第 34 页

② 路璐：《论文化体制改革中民营剧团的资源与价值》，《光明日报》，2010 年 8 月 13 日

③ 联合国教科文组织《保护非物质文化遗产公约》，联合国教科文组织第三十二届会议，2003 年 10 月 7 日

化交汇、多元共生的重要见证。江苏地域本身经历了多次民族人口的迁移，黄河、长江、淮河诸多文化的交融交汇，江苏不少农业民俗在省内多个城市或山东、安徽、河南等邻省皆有存在，因此江苏的农业民俗既具璀璨的个性，又具圆融的多元性；既有与全国民俗的"呼应"感，又往往是独特的"这一个"。如"阳腔目连戏"就是一个典型的例子，2007 年进入首批江苏省非物质文化遗产名录的"阳腔目连戏"是高淳地区独特的古老剧种，在流转的过程中，"阳腔目连戏"的"高腔"和"高拔子"分别被徽剧、京剧所吸收，其生、旦、净、末、丑诸多角色亦已成为中国传统戏剧的固定角色，因此，"阳腔目连戏"又有"戏娘"的称誉。值得注意的是，高淳的"阳腔目连戏"是地道的农业民俗，它从来没有专业演员和职业戏班，所有演员和乐手都是临时集合的农民。

从历史层面看，"阳腔目连戏"显现出江苏农业民俗对多重文化的兼容性与为我所用的主体性，溯源目连戏本身，它最早源于西晋月氏三藏竺法护译的《佛说盂兰盆记经》以及《经律异相》等经文，经文叙述大目犍连按照佛法解救地狱中的生母。这个印度佛教故事几经中国本土民间思潮的吸纳与转译，已从"敬神说法"重构成"娱神娱人"的本土伦理剧故事，形成宗教、民俗、艺术三种文化活动的复调。从"阳腔目连戏"的元素构成看，儒家对祖先的慎终追远，佛教超度亡灵的盂兰盆会，道教解脱鬼囚的罗天大醮，民间信仰中对"殇"的以恶治恶都奇异地统一于其中。从空间层面看，"阳腔目连戏"的形成是多种地域文化夹杂交融而成，它的曲调形成源头驳杂，是由江西弋阳腔、浙江余姚腔和高淳当地民间音乐、小调相结合而形成的，在唱腔上看，"阳腔目连戏"结合高淳"高腔"，并吸收"道士腔"和宋元杂剧中的戏曲声腔，形成自成体系的"阳腔"，曲牌达 140 多种。高淳民间明时可演目连戏九本，清时则为七本，民国初期能演五本。1986 年高淳县凤山东村发现已故老艺人僧超伦 1939 年的《目连戏》手抄本六卷 108 折[①]。目连戏除了在高淳留下"阳腔目连戏"的痕迹，其足迹遍布东西南北，浙江永康醒感戏、陕西宝鸡凤翔的目连戏、四川的目连戏、湖南省辰溪县的辰河高腔、福建的福州、泉州的目连戏等，它们源头一致，而形态各异，在中华大地上形成一个独特的民俗景观。

应当看到，活态的民俗文化在历史演变过程中本身存在流动现象，流动中有不断文化变异和文化适应，又如溧阳的《跳幡神》与高淳的《跳五猖》，两者都是建立在祠山大帝庙的基础上，所谓幡神、猖神都是为其开道与保驾的。祠山大帝的传播范围甚广，祠山大帝俨然是江南的大禹，对他的祭祀遍及苏、皖、浙。美国耶鲁大学历史系教授汉森（Valerie Hansen）曾对宋代的张大帝信仰状况做过一番考查[②]。日本学者二阶堂善弘也对张大帝有过探讨，值得注意的是，张大帝信仰曾作为佛教信仰的一部分东传至日本，被日本的寺院奉为伽蓝神，至今不少日本的寺院里仍有张大帝的塑像[③]。再如进入国家非遗名录的南通童子戏，它分布甚广，在南通、连云港称为童子戏，盐城、淮阴、扬州、南京等地称为香火会。苏南的太保书、浙江海宁一带的骚子歌都与之相似，其唱词与曲调甚至影响到东北民俗"民香"的形成如果我们采用文化学与人类学的视角，用"文化飞散"来解释则会更为透彻，"飞散（disporas）一词来自希腊文词源，原指种子或花粉随风播散，终得繁衍，引申在文化视域中，文化飞散是与移民、移位（displacement）相关的文化现象，飞散往往是地域文化之间的相互碰撞、交流、融合，在融合与碰撞中开创新的文化格局。"[④] 江苏的地理位置与文化实力使其在整体上与全国农业民俗的密切关联，同时又具有强大的文化创造力与内生力，因此，江苏的农业民俗是江苏文化具有多重文化交汇、多元共生的重要见证。

# 三、江苏民俗类农业文化遗产的保护对策研究

**1. 在尊重与了解的基础上，重视江苏民俗类农业文化遗产的全面传承与发展**

我们在思考农业民俗保护时，首先必须充分知晓农业民俗的现况，了解农业民俗在我国的历史境遇，这样在制定保护与发展的对策时可以避免由于历史的误读而断章取义，从而能选择正确的保护路径。以

---

① 江苏省文化厅编：《江苏文化年鉴》，南京：江苏省文化厅出版，2008 年，第 81 页

② Valerie Hansen. Changing Gods In Medieval China. Princeton University Press，1990：1127

③ ［日］二阶堂善弘《祠山张大帝考———伽蓝神としての张大帝》，《关西大学中国文学会纪要》第 28 号，2007 年出版，第 155 页

④ 赵一凡等：《西方文论关键词》，北京：外语教学与研究出版社，2006 年，第 116 页

整体观之，自近代以来农业民俗的历史境遇是较为坎坷的，从知识话语生产的角度看，在整个现代性话语中，农业民俗是被当作"历史遗留物（survival）"来对待，英国人类学学者泰勒在其《原始文化神话·哲学·宗教·语言·艺术和习俗发展之研究》著作中对原始人类的精神文化现象进行了研究，特别在第三章"文化的遗留"中把野蛮人的信仰和行为与现代社会的农民的民俗联系起来，认为各种类型的民俗都是原始文化留存在现代社会的残余①。西方的民俗学被移植到中国后，中国学者开始在中国社会发现、界定农业民俗，在话语生产中总体遵循传统/现代，先进/落后，城市/乡村，市民/农民等二元划分方式，遵循现代性的文化等级与社会空间排序，把原先起源于农业生活土壤但实际上早已为全民所享、甚至成为民族共同体凝聚剂的农业民俗狭义地归结为传统与落后的代名词。从现实政治的角度看，在"现代中国"的建构中，农业民俗一直处于不断被边缘化的命运中，"从20世纪20年代到40年代，民国政府和知识分子倡导了层出不穷的'民众教育'、'乡村建设'的运动，反复用'民俗'、'旧俗'或'陋俗'来操作改造农民所代表的生活方式的方案。"② 新中国成立后，农业民俗特别是其中民间观念与信仰被历次政治运动排斥、打击，以致一度在公共文化领域彻底消失。当然，从宏观角度看，这不仅仅是农业民俗的个体遭遇，而是传统文化在遭遇现代性激进话语、文化上全盘性反传统主义后所面对的被放逐的命运。

当下，随着政策的宽松与转向，学界对现代性话语的反思以及传统文化元素日益成为民族国家文化软实力的重要组成部分，农业民俗在逐步复兴。但是，应当看到，农业民俗所赖以依托的生存土壤还是很脆弱，需要在尊重了解的基础上，重视江苏民俗类农业遗产的全面传承与发展：做好扎实的基础工作，在认真普查、建档基础上研究、保存、传承与弘扬；做好立法工作，江苏在非物质文化遗产的保护上已走在全国前列，2006年《江苏省非物质文化遗产保护条例》通过并施行，需移植相关成功经验对江苏民俗类农业文化遗产进行专项立法保护；重视代表性传承人保护及传承机制，农业民俗的活态传承是重点，也是难点，经过现代化与工业化的侵蚀，农业民俗生存的环境已发生扭曲，作者在农业民俗项目的具体调查中，发现众多农业民俗项目最大的挑战就在于传承的断档。可以说，民俗的存亡续绝在于培养一代代合格的传承人。环顾东亚近邻，日本、韩国在这方面都有宝贵经验，日本的"人间国宝"认定制度、韩国的"重要文化财保有者"的选择与授予都是通过社会命名与财政资助的方式双管齐下、吸引传承人。对于江苏来说，注重民俗的活态传承，不仅要做好传承人的名录体系建设与长期经费支持，还需要特别注意活态传承的长期监测，一面对年事已高、掌握特殊传统技艺传承人的抢救性保护，另一面更要积极探索有效的传承机制，鼓励和支持其开展带徒授艺活动，确保这些珍贵的农业民俗能薪火相传。

同时考虑到民俗的特殊性，江苏应做好相应的物质配套建设，一方面对农业民俗涉及的建筑物、场所、遗迹及其景观做好必要的保护与开发，这一点江苏已在逐步尝试，如南通板鹞风筝艺术博物馆、扬州百艺村。另一方面，江苏亟须加强的是农业民俗生存环境的整体保护，加强文化生态保护区的建设。鉴于江苏农业遗产工程类、景观类农业文化遗产同样资源丰厚、价值独特，如洪泽湖大堤、里下河兴化垛田等，所以江苏应选择在生产、生活方式和民间观念等方面具有代表性与统一性的群体聚居空间进行相对封闭的博物馆式的保护，维持其整体的文化生态环境。文化生态保护区的建立不仅可以在农业遗产的整体保护上协同作战、一举多得，还可以强化地域文化在全国的辐射力与话语权，如全国已先后建设闽南文化、徽州文化、热贡文化、羌族文化生态保护实验区等6个国家级文化生态保护实验区。江苏是农业文化遗产资源的富矿，这一点放在全国也毫不逊色，因此建立具有全国影响力又有江苏特色、江苏气派的农耕文化生态保护区是个迫在眉睫的任务。

## 2. 重视文化重构，强化江苏民俗类农业文化遗产的内生力

时至今日，农业民俗面对的是现代化与全球化所带来的文化变迁，农业民俗文化如何与现代文化展开对话？如何从现代文化中汲取养料，更好的适应时代的需求？这是个值得思考的重要问题。同时，必须看到的是，农业民俗重回公众视野也往往伴随着当地旅游业、文化产业、创意经济等产业利益的驱动。可以说，农业民俗在被选择、被呈现与被表述时本身就处在"文化重构"的进程中，这是无法回避的。

---

① ［英］爱德华·泰勒：《原始文化神话·哲学·宗教·语言·艺术和习俗发展之研究》，连书声译，南宁：广西师范大学出版社，2005年

② 高丙中：《日常生活的现代与后现代遭遇：中国民俗学发展的机遇与路向》，《民间文化论坛》，2006年第3期

所谓"文化重构"是指民族文化在与外来文化的互动中所做出的有选择性的创新与组合。具体说是将其中有用的内容有机地置入固有文化之中，导致了该种文化的结构重组和运作功能的革新，这种文化适应性更替就是我们说的文化重构。①

应当看到，这种文化重构在民俗演进与流变的历史进程一直存在，在民族国家与国家之间的文化资源竞争中也大量存在，例如韩国的"江陵端午祭"2005 年被联合国教科文组织正式确定为"人类口头和非物质遗产代表作"。韩国"江陵端午祭"申遗事件一度是我国媒介的中心议题，它带给知识界与政府的思考与震动除了捍卫中国文化本源的问题，还有如何在申遗、在发展民俗时进行文化重构的技巧。韩国"江陵端午祭"明显有对外来文化的重新处理与建构，比如将巫俗祭仪中的娱神仪式附加了文化元素，将一整套严肃的儒教仪式串联起来，顺应时代发展而将风物游艺这类活动添加到生态环节，增添了民众自娱的成分。

因此，我们在思考江苏民俗类农业遗产的保护时，不仅要致力于改善农业民俗的外部环境，更需要采取有效措施，激发和增加农业民俗内在的生命力，而不仅仅一味地固守传统，黑格尔说得好，"传统并非仅是一个管家婆，只是把它所接受过来的忠实地保存着，然后毫不改变地保持着并传给后代。"② 其实，农业民俗文化沿袭与流传过程就是不断"文化重构"、主动变通适应的过程。比如在江苏农业民俗中的民间信仰，首先它们在流变的过程就在不断地从娱神走向娱人，在移风易俗中不断从迷信走向俗信③，而如今我们更应该以清明的理性、开通的精神在开发与保护中对其进行"创造性的转化"，比如民间信仰中有些祭祀仪式已经登堂入室成为国家公祭，它成为民族文化符号向公众展演着历史事件，叙述着中国历史的连续性，生产着民族国家文化认同的发生机制。面对有巫傩色彩的傩舞、戏剧，我们所致力应是传统文化在新的文化空间获得新的生命活力，在民间信仰中强化其风物游艺、群体活动的次生态环节，增强群体认同与精神归属感，如连云港现演出傩戏《孟姜女》时在末尾都要强化所谓"过关"仪式，过关时演出场所即为村庄的空场，木棒围成一个壮观的矩形，全村庄的人、牛都要从一边进，另一边出，如此方能无灾无难。因此，我们既需重视农业民俗中传统文化资源传承，同时也注重传统与现代的对接，注重挖掘传统文化自身所蕴涵的自我更新元素，在这种视角下，农业民俗就不仅仅是博物馆的陈列品，而是创新自强，生生不息的生命体。

### 3. 处理好保护与开发之间的关系，文化产业介入与公共文化建设双管齐下

全球化的进程将民族国家的文化环境植入世界文化市场，一场整体性的文化竞争时代也已到来。在文化产业快速发展的今天，民俗正在成为打造地域经济性文化产业的资源，例如云南彝族的"火把节"、"罗罗虎节"，白马藏人的"跳曹盖"、土家族的"茅古斯"傩舞、江西萍乡的傩戏，贵州的地戏与军傩等都被成功打造为当地旅游文化产业中的知名品牌。如前文所说的祠山大帝是苏、浙、皖、赣、闽等省民间信奉的一位重要神祇，目前不少地方竞相开发利用其作为旅游文化资源，如安徽的广德县作为张大帝信仰的发祥地，正在实施建立一批以祠山文化为中心的人文景观，江苏高淳县从农历三月初六到三月初八举办"出菩萨"活动祭拜祠山大帝，浙江湖州市的南浔镇 2003 年重建拜祭之地广惠宫。对于正从"文化大省"积极谋求进入"文化强省"的江苏而言，农业民俗是可以单项开发的核心资源，同时也是可以整合进上下游文化产业链条、进入区域文化产业品牌的核心内容。韩国在发展创意产业中就提出"一项创意，多重使用"（One source，multi - use）的口号，旨在拆除传统文化与新兴文化产业的壁垒，使文化资源最大限度转化为资本。在文化产业的视阈下，江苏的农业民俗完全可以与新兴的文化产业如影视、动漫产业相链接。这一点在世界文化产业领域已有先例，如日本作为动漫强国，代表其最高艺术水平的动漫大师宫崎骏，其经典动漫作品《千与千寻》、《龙猫》、《幽灵公主》等多取材于日本民间传说，龙、狸猫、灵兽等民间信仰充盈其间，使其动漫作品具有东方神秘色彩，历史气息厚重，携带浓郁的地域文化信息。因此近年来国产动漫界的有识之士一直在呼吁让民俗进入中国动漫，而江苏动漫五年来产品累计达 139 286 分钟，在量的积累上需要质的突破，需要更新文化配方，开采江苏民俗文化资源这个富矿，打造属于江苏的动漫大片。

---

① 罗康龙：《族际关系论》，贵阳：贵州民族出版社，1998 年，第 354 页
② 黑格尔：《哲学史讲演录》第 1 卷，贺麟等译，北京：商务印书馆，1997 年，第 8 页
③ 陶思炎：《迷信、俗信与移风易俗》，《民俗研究》，1999 年，第 3 页

　　农业民俗重回公众文化领域与文化产业、创意经济的强势崛起紧密相关，但是文化产业是以产业为驱动力的，重视的是文化资源的利益最大化与最大限度的资源开发，有时它会是一把双刃剑，在过度开发的同时忽略了保护，对民俗文化造成了许多事实上的破坏；它在以新兴媒介为载体、将民俗文化带至公众关注视野的同时又有许多改写与扭曲，甚至有制造"伪民俗"之嫌。因此，怎样掌握合理开发的"度"，是我们思考保护民俗文化资源的核心内容与最终落脚点。应当看到，"在过去三十年里，传统生活方式的遗留物逐步从隐藏文本回到平民百姓的群体生活中，构成文化复的民间版本，或者被概括为民俗复兴"①。民俗的真正复兴是回到公众的文化视野与日常生活，有了这个终极目的，文化产业与公共文化建设就必须双管齐下、不可偏废。公共文化建设以政府作为主导，在公众、传承者、媒介等多个领域展开，作为注重价值观、文化认同等长远公共利益的文化事业，它与更多涉及私人利益的文化产业相辅相成、殊途同归。农业民俗既是民族文化资源的富矿，也是增加民族认同感和增强民族凝聚力的中介，它需要文化产业的介入以提升对现代大众的影响力，也需要文化事业的评价与命名而缔结一种共同体的价值。

　　如果能真正做到文化产业介入与公共文化建设的有效结合，农业民俗不仅可以成为保留祖先的文化创造和文化遗存的珍贵资源，而且可以成为书写民间文化主体性、成为群体交往与群体认同的公共领域。如在江苏南通，如皋九华通剧团的名声很响亮，2008年该剧团全年演出650场，收入达到60多万元，2009年刚刚开始，演出已经预定出去400多场。九华通剧团的拳头产品是"南通僮子戏"，这种可溯源至东周时期的"乡人傩"是一种集祭祀、信仰、娱乐、教化为一体的民间活动，综合表演艺术（说唱、舞蹈、戏弄杂耍等）和造型艺术（剪纸、绘画、民间工艺）。九华通剧团一方面是有26年历史的民营剧团，另一面又有当地政府的支持与主导性介入，多年来一直在当地政府的支持下走镇串乡，足迹遍及南通市80多个乡镇及张家港等地，文化产业的介入与公共文化建设在九华通剧团都发挥着应有的作用，它的管理经验相继在《人民日报》、《中国文化报》等媒介上得到宣扬与推广。九华通剧团一方面通过彰显传统民俗的魅力而在激烈的"红海"演出市场中取得竞争优势，探索了一条提升当地文化经济的"蓝海"路径。另一方面，它也探索了一条保护和传承民族民间传统文化的有效途径。当承载着这块土地先民生命意识、空间意识与美学意识的"童子戏"又重新活跃在这片土地上时，保护与传承不再是无根的点缀，传统的农业民俗成为我们当下现代生活的有机组成甚至是"点睛之笔"。

　　应当看到，随着文化产业与公共文化建设的双管齐下，传统的时令节日、衣食住行、信仰观念逐渐回归到当下中国民众的生活，民间文化也逐渐从"去中国化"的恶性进程返向"再中国化"的良性进程。公众不再狭隘地读解农业民俗，而是把农业民俗当做传统文化的一部分，将其当作文化产业的核心资源，更当作整个社会的日常生活的公共文化，甚至是民族国家的立国之本。

**基金项目：**本文为江苏省高校哲学社会科学基地重大招投标项目"江苏农业文化遗产调查研究"阶段性研究成果。

**作者简介：**

路璐（1980—），女，南京农业大学文化管理系讲师，南京大学文学院博士，研究方向为农业民俗与民俗文化。

王思明（1961—），男，南京农业大学中华农业文明研究院院长，教授，博士生导师，研究方向为农业史、农业科技史等。

---

①　高丙中：《日常生活的现代与后现代遭遇：中国民俗学发展的机遇与路向》，《民间文化论坛》，2006年第3期

# 论婺源县上晓起村水力捻茶机的遗产价值

陈文华　　施由明

（江西省社会科学院《农业考古》编辑部）

**摘　要**：上晓起村位于江西婺源县江湾镇境内，群山环抱，风景秀丽，有着茶树生长的优越条件，从山下到山上，遍布茶树。村内溪水潺潺，一条大溪从远山而来，穿村而过。2004 年，陈文华先生在婺源考察时发现，溪边的一所大房子里有一套水力驱动的捻茶机，其工作原理与元代王祯《农书》所记载的水力机器竟然是一样的！村民介绍，这是大跃进时期留下来的。陈文华先承包了这套机器，在这个村搞起茶文化旅游，还租种了村民们的土地与山地种莲、种茶、种菊花、种菜等。这套机器既用于旅游者参观古代的制茶工艺，也用于制所收获的茶叶。2010 年，这套机器被列为省级非物质文化遗产。这套遗产的价值至少有：一是可以让今人了解中国古人的农业生产智慧，了解中国一千多年来的制茶工艺。二是有保留和传承价值，这是婺源县这个历史上著名的茶区目前所能看到、所在用、所仅存的一套水力制茶机器，有着重要的遗产价值。

**关键词**：上晓起；捻茶机；遗产价值

利用水力带动机器，进行加工、生产，这是中国古代劳动人民的智慧，是中国传统农业文明的一大特色，元代王祯的《农书》、明代徐光启的《农政全书》和宋应星的《天工开物》，都对中国古代农业文明中利用水力的智慧进行了记录和总结，为今天我们了解中国古代文明留下了宝贵的遗产。

随着现当代科学技术的发展，随着工业化文明进程的加快，古代中国传统农业文明中的许多智慧结晶已悄无声息地消失了，如王祯《农书》等记载的一些水力机械与农业机械都已难觅踪影，农业遗产的保护是个必须重视的问题。

本文试通过介绍婺源县上晓起村的水力捻茶机的利用为实例，略论农业遗产保护的价值。

## 一、农业遗产保护与利用的实例：
## 婺源县上晓起村的水力捻茶机

婺源县地处江西东北部，有着 1 200 多年的建县历史（唐开元二十八年即公元 740 年建县），从唐代直到近现代的 1934 年都属于古徽州的一个县，1934 年划入江西行政区内，1947 年划回安徽行政区管辖，1949 年 5 月 1 日又划入江西行政区内至今。

这是一个山林茂密的县，山地面积达 82.88%，森林覆盖率达 95%，境内有著名的大鄣山等。山林间溪流湍急，水力资源丰富。古人在谈到婺源时亦往往突出谈到婺源的这一环境特点。明代人汪思在《嘉靖（婺源）己亥县志序》中说：“婺源之为县也，山砠而弗车，水激而弗舟，故其民终岁勤动而弗获。”[①]康熙甲戌年（1694 年）婺源县通判县署事蒋粲在《康熙甲戌（婺源）县志序》中说：“婺于新安称名邑，千岩孕秀争奇，最擅山川之胜，而又紫阳夫子笃生其间，故其人往往淳朴温粹，蹈义而被诗书。”[②]乾隆三十五年（1800 年）刊本的《婺源县志》卷之一《疆域志·山川》则是这样描述婺源的山川态势的：

---

① 乾隆三十五年彭家桂等纂修《婺源县志》卷首《旧志序》，台北：台湾成文出版有限公司版中国方志丛书·华中地方·第六七八号，第 64 页

② 同上书，第 84 页

"婺在徽为上游，乃钟灵发脉之地，控扼饶浙，山势蜿蜒，而县治宅四乡之中，大要祖鄣山而来脉，去脉左右，拱大鄣之南，发五花尖，又南为石城山……千岩竞秀，万壑争流，婺实有之然。"①

正因为山岭重叠、溪流众多，山林中水气弥漫，加之地处亚热带，阳光充足，雨量充沛，从而有着种植茶叶的天然有利环境，以及利用水力的有利条件，早在唐代，婺源就已产茶甚多；唐代都制置史刘津在《婺源诸县都制置新城记》中说："乃以国之东裔熬天地以为盐，国之南偏撷地和以为茗，岁贡数百膳……太和中以婺源、浮梁、祁门、德兴四县茶货实多。"② 从唐至清，直至现当代，婺源都是中国著名的产茶县。

正是在这样一个著名的产茶县，同时是一个水力资源丰富的的山区县，遗留和保护下来了一套展示古人利用水力制茶的水力捻茶机，这种机器已是全国仅见，具有一定遗产价值。同时，这套机器之所以能保护与传承下来，具有一定的农业遗产保护的经验价值。这就是婺源县上晓起村的水力捻茶机。

上晓起村地处婺源县东北部的江湾镇，这是一个有着 1 200 多年历史（即唐代建村）的村庄。村庄的人家在两山脉夹持的谷地间分布，一条宽约一米、绵延一里多长的青石板路将村庄与外界连接，这是一条有着至少六七百年历史的古驿道，青石板上的手推车车轮印至今清晰可见。两条森林茂密、起伏有致、颇具动感的山脉构成了村庄的背景；一条溪水丰沛的大溪自远处的山谷间而来，灰瓦白墙的徽派建筑分布在溪流的两边，整个村庄充满了灵气，如在画中。正是这样一个地处海拔600米的村庄，随处可见充满灵气的茶树：溪流边、山脚下、高山上等。

正是在这样一个到处都是茶树的村庄，保留与传承下来了一套利用水力驱动炒茶、捻茶、烘茶机械的水力捻茶机。其工作原理是：

从流经村中的大溪边开一小渠，小渠修有用木板制成的简易两道闸门，平时闸门关上，当要制茶时，开启第一道闸门，溪水进入小渠，形成有冲力的水流，流经一段距离后再打开第二道闸门，湍急的渠水落入一个地势更低进水口，具有很大冲力的渠水进入作坊的水道后，驱动涡轮、带动皮带、传动室内炒茶锅中的铁铲翻炒茶叶，完成杀青过程。经过杀青的茶叶再放入同样是用水力驱动的捻茶机中揉捻。捻茶机是四个用木头做成的圆桶，上面用木砧镇压茶叶以形成压力，下面的木板上刻有磨齿，当四个木桶转动时茶叶会和下面的木齿磨擦而将茶叶揉捻成形，比手工捻茶工效提高了几十倍。揉捻完的茶叶再放入炒茶锅中炒干，再放入水力带动的烘茶机中烘焙，毛茶就制作好了。这样的一套设备，目前所知，全国就只有上晓起的这套设备还在运转，全国其他各地相似设备均被现代制茶机械所代替。

这套水力捻茶机在 2010 年已由江西省列入了省级非物质文化遗产名录。

---

① 乾隆三十五年彭家桂等纂修《婺源县志》卷首《旧志序》，台湾成文出版有限公司版中国方志丛书·华中地方·第六七八号，第297~347页

② 乾隆三十五年彭家桂等纂修《婺源县志》卷三十三《纪述·艺文三》，台北：台湾成文出版有限公司版中国方志丛书·华中地方·第六七八号，第1983页

## 二、农业遗产的历史渊源：古文献关于水力利用的相关记载

中国利用水力驱动加工工具的历史很早，从《南史·祖冲之传》、《魏书·崔亮传》、《北齐书·高隆之传》，在魏晋南北朝时期，我国的某些地区已利用水力推动碓、碾、磨等谷物加工工具①。唐代时水力

①　参见梁思勉主编《中国科学技术史稿》北京：农业出版社1989年版，第262页

推动碾麦的碾碏得到更大范围使用①。宋元时期，利用水力驱动加工具的技术水平已相当高，不少工具已应用了轮轴和齿轮，如筒车、翻车、磨、碾、纺车等，元代王祯《农书》卷十八《灌溉门》和卷十九《利用门》，图文并茂地记录了这类利用水力的灌溉工具和加工工具，如筒车、水转翻车、卧轮水磨、立轮连二磨、水排、水碾、水轮、水碓、水转连磨、槽碓、机碓、水转大纺车等。

在元代王祯的记述中，我们已可看到上晓起水力捻机的踪影，这就是对水转连磨的记述：

> 水转连磨其制与陆转连磨不同，此磨须用急流大水以凑水轮，其轮高阔，轮轴围至合抱，长则随宜，中列三轮，各打大磨一槃，磨之周匝俱列木齿，磨在轴上阁以板木，磨傍留一狭空，透出轮辐以打上磨木齿，此磨既转，其齿复傍打带齿，二磨则三轮之力互拨九磨，其轴首一轮，既上打磨齿，复下打碓轴，可兼数碓，或遇天旱旋于大轮一周，列置水筒，昼夜溉田数顷，此一水轮可供数事，其利甚博。尝到江西等处见此制度，俱系茶磨，所兼碓具，用捣茶叶，然后上磨。若他处地分间有溪港大水，倣此轮磨，或作碓碾，日得榖食可给千家，诚济世之奇术也。②

上文中谈到，王祯在江西广丰山区亲眼见利用水力推动木质连磨，碾磨茶叶，制作饼茶。由此可知，利用水力带动机器制茶的历史悠久，这是中国农业文明的智慧成果。

从元明清直至民国年间，这种利用水力带动加工工具的制茶机器在江西的一些山区一直传承着，如在婺源，据上晓起村干部回忆，1952 年婺源县农业领导部门根据现代机械原理，对古代传承而来的水力带动的制茶加工工具进行了改造，并在有水力资源可利用的茶区乡村推广，茶农们加工毛茶的工效大大提高。上晓起村的这套水力捻茶工具正是在 1952 年前后添置，经 1958 年大跃进中整修后一直使用到 2000 年左右，因属于村集体经营的村制茶厂解散，这套机器也就搁置不用了。2004 年，作为省政协常委的农业考古和茶文化专家陈文华先生，发现了这套设备，于是在婺源上晓起村投资成立华韵茶文化发展公司，承包与投资修复了这套机器，既用于制茶，又作为旅游项目向游客开放。

# 三、简短结语：农业遗产的现实价值

在现代科技快速发展的今天，许多传统的农业文明已快速消失，如王祯《农书》所记载的那些水力加工工具，由于现代电力机械的使用，都已难觅踪影，如筒车，在三十年以前，在许多山区都还可以看到，现在已难找到其样本；再如龙骨车（翻车）在三十年前还在乡村广泛使用，现在抽水机早已取代翻

---

① 参见梁思勉主编《中国科学技术史稿》北京：农业出版社 1989 年版，第 322 页
② 《文渊阁四库全书》，上海：上海古籍出版社 1987 年版，第 730 册第 548 页

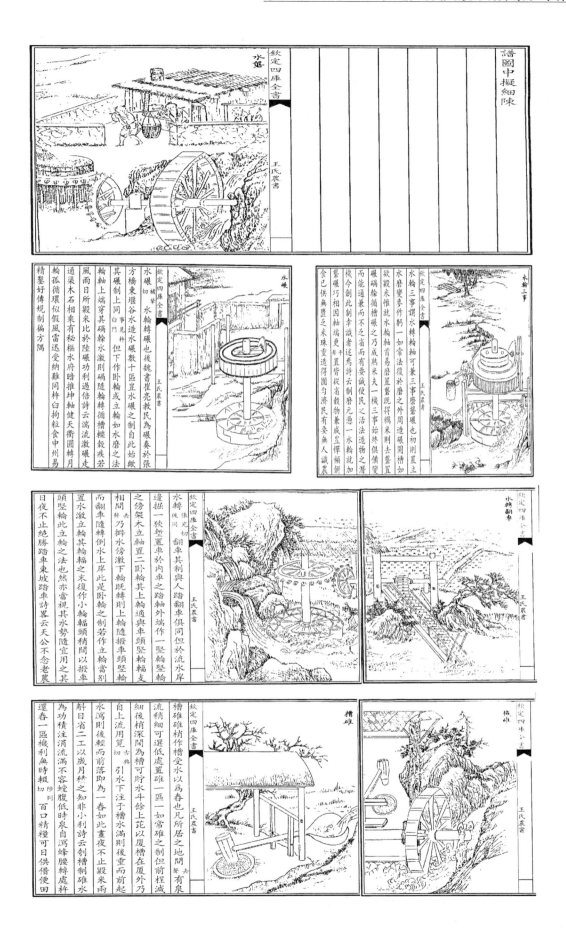

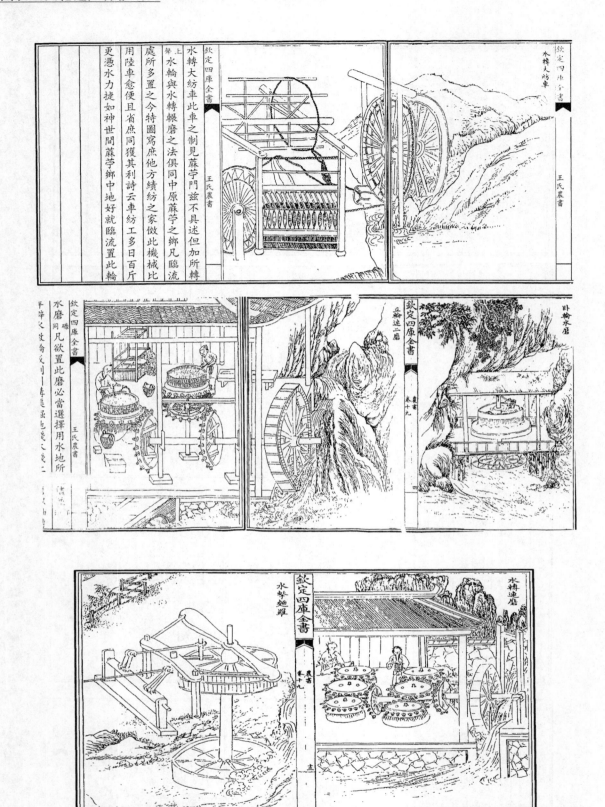

车。不可否认，现代电力机械的使用既时又省力，无数倍地提高了工效。但是，如果这些传统农业文明的活标本都没有了，今人和后人也就难于了解中国传统的农业文明了。因而，保护传统的文明，让活标本存在，让今人和后人能形象直观地了解中国古代的农业文明。

通过在旅游区保存传统的农业文明，可以让传统的农业文明成果在当代文明的发展中发挥其作用，如上晓起的水力捻茶机，尽管有时也用于制茶，但其主要功能已成为了旅游项目，在婺源这样一个一年四季都游人颇多的县区，上晓起作为一个旅游点，水力捻茶机作为一个观赏项目，经常性地向游人展示古人对水力资源的利用，既发展了旅游业，又让人们了解了中国古代农业文明的智慧，因而，传统农业文明如何在当代文明发挥其作用，这是一个值得研究的问题。陈文华先生在婺源上晓起村开发传统的农业文明成果，成功地发展了茶文化旅游，带动了农民致富，可以说是开发与保护传统农业遗产的成功案例。

传统的农业文明工具，在某些乡村仍然可以开发利用，如上晓起的水力捻茶机，仍然可以小批量制茶，对节约能源，利用自然生态资源，有一定的意义。

# 东乡野生稻："国宝级"的农业文化遗产[①]

黄国勤

（江西农业大学生态科学研究中心，南昌　330045）

　　摘　要："东乡野生稻"既是分布在江西省东乡县的一种自然科技资源，更是江西特有的农业文化遗产，是"国宝级"的农业文化遗产。本研究从发现、价值、影响、研究、开发利用、存在问题、保护、发展前景八个方面，对东乡野生稻进行了全方位的阐述和探讨，对于从事农业文化遗产以及与东乡野生稻有关方面研究的科技人员具有一定的参考价值。

　　关键词：东乡野生稻；农业文化遗产

　　"东乡野生稻"既是分布在江西省东乡县的一种自然科技资源，更是江西特有的农业文化遗产。据研究，东乡野生稻是迄今为止发现的世界上分布最北的野生稻，被国内外专家称为"野生植物大熊猫"，是"比大熊猫更应得到保护的物种"。因此，可以认为"东乡野生稻"是一种"国宝级"的农业文化遗产。本研究拟对这一农业文化遗产的有关问题进行探讨。

## 一、偶然的发现

　　东乡野生稻是 1976 年在江西省东乡县岗上积乡（镇）被发现的，发现者是当年刚从农校毕业的当地乡农技员饶开喜。

　　饶开喜是该镇樟塘村人，小时候经常能见到野生稻。这种野生稻一般生长在水塘、垄沟、洼地等水源充足的地域，长势旺盛，绿油油的有一米多高；虽然也抽穗、扬花，但结实不多，而且谷尖上还长着 10～15 厘米长的芒。当地老百姓都把这种野生稻称为"公禾"，历来视作无用之物，任其自生自灭。

　　这年，由于恰逢开展野生资源普查工作，饶开喜便将家乡的野生稻报了上去——这一报，竟使这十分珍贵的野生稻资源、难得的农业文化遗产得以发现，并由此引起国内外专家的广泛兴趣和关注。

## 二、珍贵的价值

　　在东乡野生稻被发现之前，国内外学者均一致认为，野生稻只能生长在北纬 26°以南的区域，也就是说，由于冬季气候寒冷，在北纬 26°以北不可能存在野生稻。然而，东乡县岗上积镇位于北纬 28°14′，极端低温为 -8℃，此地发现野生稻，将改变"北纬 26°以南"说，东乡野生稻无疑是迄今为止发现的世界上最北端的野生稻，而且极有可能是如今栽培水稻的祖先，其抗寒基因利用堪称"国际领先"。足见，东乡野生稻的价值是何等之珍贵。

　　低温寒冷为害是我国长江中下游地区水稻生产的主要限制性因素之一。长期以来，我国水稻育种工作者尽管一直在致力于耐寒育种研究，但由于强耐寒资源的缺乏，难以选育出耐寒水稻新品种。据有关研究，到目前为止，我国已有 8 个省发现了野生稻，东起我国台湾桃园，西到云南盈江，南自海南三亚，北至江西东乡；以东乡野生稻的耐寒性为最强。地处北纬 30°37′的湖北省农业科学院，曾历经 10 年时间对上述野生稻进行耐寒性试验，在极端低温 -12.8℃ 的条件下，唯有东乡野生稻能够安全越冬，并在翌年

---

　　① 江西省科技厅专项"江西自然科技资源普查"（赣财教［2005］69 号）

比栽培稻正常露地播种提早 25～30 天萌发。

普通野生稻被公认为是栽培水稻的祖先种源。作为迄今发现的世界上分布最北端的普通野生稻，东乡野生稻对研究水稻起源、演化以及今后众多优良性状基因的利用，无疑具有十分重大的意义。无怪乎，国内外专家称东乡野生稻为"植物大熊猫"、"国宝"、"国宝级"农业文化遗产。

# 三、广泛的影响

东乡野生稻的发现一公布，立即引起国内外的广泛关注。2001 年 7 月 24 日，《法制日报》报道：江西东乡的"世界之最"野生稻濒临灭绝。

2001 年 10 月 29 日，《科技日报》（第 4 版）以"比大熊猫更珍贵——来自江西东乡野生稻的报告"为题作了报道；2001 年第 47 期，《瞭望》撰文"保护东乡野生稻"。

2001 年 11 月 23 日，江西新闻频道（www.jxnews.com.cn）以"独家抢点：关注东乡野生稻"为题，对东乡野生稻的发现、价值、面临的问题及保护措施等作了深度报道，指出："一篇《江西东乡野生稻濒危》的报道，如一声惊雷，迅速传遍四方，人民日报、中央电视台、工人日报、法制日报、信息日报、江南都市报等 40 多家媒体纷纷加入报道行列，一时间路人尽说东乡野生稻。""由于媒体的集中宣传，东乡野生稻进入历史最好的保护和利用时期；威胁东乡野生稻安危的，已不再是生存问题，而是基因保护问题；珍贵的野生品种资源，可能改变国家和民族命运，东乡野生稻保护应得到国家援助。"

2003 年 07 月 29 日，央视国际（CCTV.com—科技频道）《走近科学》栏目专题报道"东乡野生稻"，指出："野生稻资源，是人类的一笔宝贵财富；而东乡野生稻的存在，则改变了人们对野生稻生存极限的认识。江西省东乡县位于鄱阳湖南侧，处于北纬 28°14′，常年平均气温为 17.8℃，极端最低温度为 -8.2℃，冬季强寒潮侵入时，常常造成冻雨积雪天气。在此之前，国内外学者均一致认为，野生稻只能生长在北纬 25°以南的区域；也就是说，由于冬季气候寒冷，在北纬 25°以北不可能存在野生稻。江西东乡野生稻的发现，一下将世界野生稻分布线向北推动了 3°，而它也成为迄今为止发现的世界上纬度最高、分布最北端的野生稻。可别小看了这 3°，纬度相差 3°，意味着气候的显著差异，随之而来的，就是物种的生物学特性具有较大的区别。"

2003 年 9 月 17 日，《江西日报》发文——百余专家共探"植物大熊猫"，来自全国各地的 100 多名专家、学者齐聚一堂，共同对东乡野生稻的价值、研究、保护及开发利用等进行深入探讨。

除以上已列出的之外，还有诸多媒体对东乡野生稻作了报道，由于篇幅所限，不便一一列举。

据了解，东乡野生稻的发现不仅引起国内的高度重视和关注，而且国外也有很多专家"闻讯"后纷纷前来中国"考察"、"采样"（其实，我国有关部门对接待外国专家前来"考察"和采集东乡野生稻植株样本也是有一定规定要求和程序的）。

# 四、深入的研究

自 1976 年发现以来，在 30 多年的时间里，尤其是最近 10 多年，国内外专家从形态学、解剖学、生理学、生物化学、遗传学、细胞生物学、分子生物学、生态学以及生物多样性保护、抗逆性利用等多学科对东乡野生稻进行全方位、多层次、多角度的深入、系统研究，并取得了多方面的初步成果，如：

1. 东乡野生稻完全靠休眠芽进行无性繁殖，生活史性状上表现为多年生普通野生稻特征，但已出现向一年生的初始分化；植株的生长性、芒的颜色向一年生的初始分化，均与其生境中水分的变化有关。

2. 东乡野生稻的性状有些为显性，有些为不完全显性，如柱头和茎节的外露对不外露，黏对糯为显性，黏糯性受一对显性基因控制，而糯米垩白大小、茎集散度、直立型对其他型、耐寒性、分蘖力等均为不完全显性；有的农艺性状则呈连续性数量性状遗传；几个性状的遗传力也有差别。

3. 在"东乡野生稻"身上则集中了所有栽培稻不具备的特质，由于处在各种灾害的环境下，东乡野生稻蕴涵丰富的抗病虫害基因和极强的耐寒基因。江西省农业科学院水稻研究所从 1992 年开始，重点对东乡野生稻的强耐寒性进行研究，至今已初步确定了其强耐寒性遗传为显性，受两对重叠基因控制。他们采用"双重低温加压选择法"，通过将栽培稻与东乡野生稻杂交，把东乡野生稻的强耐寒基因转移到栽培稻中，已经成功地选育出了一批耐寒性强度与东乡野生稻相似的多年生水稻新品种（系），不仅在南昌地区（北纬28°41′）能够自然安全越冬，可实现水稻生产的一次播种，多次、多年收获，而且产量高，米质优。此项成果已于2000年底通过了江西省科技厅组织的鉴定，达到国际领先水平。

4. 东乡野生稻由于长期处于野生状态，经受了各种自然灾害和不良环境的自然选择，抗逆性较强，是天然的基因库，保持有栽培稻不具有或已经消失了的遗传基因，东乡野生稻蕴涵大量优异性状和有利基因。据统计，在现有野生稻中已研究和鉴定出多种优良性状多达20余种，主要有：胞质雄性不育性，节间伸长能力强，早熟，优质大粒，大花药，长柱头，柱头外露率高，高蛋白含量，抗褐飞虱、白背飞虱、黑尾叶蝉、电光叶蝉、稻蓟马、螟虫、稻水蝇，抗草丛矮缩病、白叶枯病、稻瘟病、黄矮病、纹枯病、细菌性条斑病，耐旱、耐淹、耐寒、耐荫蔽、耐酸性土壤等。而抗寒性、抗病虫性、耐酸性、耐瘠薄性等"抗逆性"在东乡野生稻身上表现得尤为突出。充分挖掘控制东乡野生稻的各种抗逆性状的有利基因，对于现代水稻育种事业的发展、发展我国粮食生产、确保国家粮食安全具有极为重要的战略意义。

# 五、有效的利用

对东乡野生稻有利基因的发掘并加以开发利用，是研究的最终目的，其意义重大、成效明显。

东乡野生稻是我国现存的纬度最高的野生稻。这个野生稻蕴涵着十分宝贵的水稻种质资源。它抗寒冷、抗干旱、抗病虫害，高产、稳产、米质优。在漫长的遗传进化过程中，它能保存和巩固这些遗传基因。

1975年，江西东乡县农科所和南丰县农科所就已经开始将东乡野生稻用于杂交育种，并获得一些杂交后代和品系。1979年安义县农科所利用"南洋密谷"杂交后代与东乡野生稻杂交，育成了早籼优质品种"密野1号"，该品种因米质优、熟期早的特点而获南昌市科技进步一等奖（1988年）。

1981年，江西省农业科学院水稻所利用东乡野生稻与IR24－1－5－4杂交，F1与国际油黏回交，1985年转育成国际油黏A，其回复谱不同于"野败型"、"红莲型"、"印尼型"、"岗型"、"D型"、"BT型"雄性不育系。李予先等从东野转移具有育种价值的遗传基因到栽培品种中，并从中育成优质早籼稻。

从1986年开始，宜春市农业科学研究所以东乡野生稻为母本与栽培稻品种杂交、复交，在其后代中分离出雄性不育株，再与栽培稻品种连续回交，经多代核置换，转育成无花粉型（或花粉稀少型）和有花粉型两种不同类型不育系。其中无花粉型表现花药瘦小、白色、部分畸形呈钩状，仅含稀少典败花粉，与野败型恢复系测交F1代完全不育，与其近缘恢复材料测交，虽提高了恢复度，但无杂种优势，如东B51A、东培A、东R4005A、东3037A；有花粉型表现花药较肥大、淡黄色、水渍状，染色镜检典败花粉多，圆败很少，恢复谱较广，如东B11A。东B11A已通过技术鉴定和江西省品种审定，并通过广泛测交筛选出东B11A/752、东B11A/C218、东B11A/Txz13等新组合，其中东B11A/Txz13已于2005年通过江西省品种审定，定名为先农40号（赣审稻2005026）。

2003年，江西省赣州市农科所承担了江西省科技厅重大项目招标课题"东乡野生稻有利基因的挖掘与利用"，利用栽培稻与东乡野生稻杂交，经历了长达7年的选育，到2009年11月培育成功了杂交水稻新品种（组合）"两用核不育系DyS"。两用核不育系DyS的可贵之处，在于配合力较强。在同步进行杂交水稻新组合测交配组过程中，共测配早稻组合12个、晚稻组合27个。这些组合表现分蘖力强，成穗率高，早稻的苗期耐寒性强，晚稻后期的耐低温能力较好；产量优势明显，穗大粒多，米质优，抗性好的特点。采用两用核不育系DyS培育超高产、高抗性水稻新品种，已是指日可待，其科学价值极高。

近30多年来，江西省农业科学院水稻研究所利用东乡野生稻作为耐冷基因供体，通过常规育种技术，已育成农艺性状稳定、产量水平较高、品质优良的多年生越冬稻品种，如多年生常规水稻4913－1的苗期经耐冷鉴定，在1~2℃下不会萎蔫，禾蔸在0℃下仍能越冬，产量水平已达到500千克/亩（7 500千克/公顷）左右。此外，还利用东乡野生稻的"有利基因"培育出了994758、2033－12、994788、4913－2等水稻新品系，这些水稻新品种（品系）均能在南昌"安全"越冬，耐冷性强，米质优良，开发利用潜力大，发展前景广阔。

# 六、面临的问题

2001 年 8 月 26 日新华社一则《东乡野生稻濒临灭绝》的内参发往中央，东乡野生稻的保护与研究立即得到了中央领导同志的高度关注。就研究而言，"东乡野生稻"的研究先后被列入国家 863 计划、国家自然科学基金项目、江西省科技项目等；从保护来说，有关部门对东乡野生稻的保护也给予了大力支持。但由于多种原因，东乡野生稻仍然面临诸多问题，亟待进一步加强保护。

作者先后于 2001 年 10 月、2010 年 9 月实地考察的东乡野生稻及其周边生态环境目睹东乡野生稻面临着种群数量减少、分布面积缩小，生存空间不断萎缩，物种正处于"濒危"状态。如东乡野生稻原生地已由最初的 9 个减少为 3 个，其中一个群落仅剩下 20 多株野生稻，分布面积由 3~4 公顷，缩至 0.1 公顷。

根据作者调查，造成东乡野生稻濒临灭绝的原因是多方面的，一是人类的经济活动导致东乡野生稻的生境不断丧失，生境质量日益恶化，其栖息地越来越少、生存空间越来越小；二是人为破坏，如"考察"、"参观"、"采样"等均可导致外来种的入侵和野生稻株的减少，使得野生稻在其群落中的优势度下降而逐渐衰弱；三是过度收割与放牧也严重影响了野生稻的有性生殖，不利于居群种子库的延续，而且茎叶的持续破坏不利于野生稻与杂草种类竞争而导致衰落。如当地的耕牛、小羊多在无人看管的情况下随意"放养"，一不留意，由往往会将东乡野生稻啃食，这对东乡野生稻保护造成极大威胁。

# 七、保护的措施

针对上述存在的问题，必须进一步加强对东乡野生稻的保护，并采取切实有效的措施。作者认为应采取以下具体措施：

**1. 提高认识，高度重视**

野生稻是栽培稻的祖先，蕴藏着丰富而有益的基因资源。野生稻资源是现代水稻良种中新基因的一种重要来源。东乡野生稻含有大量亟待开发利用的"抗逆基因"，价值珍贵，被誉为"野生植物大熊猫"、野生植物资源的"国宝"。对此，我们必须有高度认识，要通过各种上媒体，进一步加强宣传，让各级有关领导、部门、科技人员和广大百姓真正了解东乡野生稻的"价值"和"重要性"。还要通过加强有关东乡野生稻的科普教育，让广大学生和普通群众认识东乡野生稻的"作用"和"价值"。真正使这一"国宝级"的农业文化遗产家喻户晓、人人知道、个个了解，可以说这是保护东乡野生稻的基础和前提。

**2. 原位保护，措施得力**

要采取切实措施，加强东乡野生稻的原位保护，如建立保护小区；设立专职管理人员，对保护小区进行监督、管理。目前，中国水稻研究所和江西省农业科学院水稻研究所已经在东乡野生稻的原生地建立了一个小范围的保护区，但由于缺乏经费，保护力度远远不够，且难以为继。

**3. 易地保护，改善条件**

为确保东乡野生稻的保护"万无一失"，必须在原位保护的基础上，进行易地、易位保护，要选择设备条件好、人员素质高、管理水平配套的单位或场所进行保护，以取得预期成效。如条件允许，还可将最新的现代化方法和技术应用于东乡野生稻的易地、易位保护，必将取得更为理想的保护效果。

**4. 筹集资金，增加投入**

从长远来讲，要解决抢救、保护东乡野生稻的资金问题，一是要积极争取国家的支持，建议国家设立保护东乡野生稻的专项资金，并在东乡野生稻的原生地建立国家级的保护区；二是要地方有关部门的大力支持，要调动地方保护东乡野生稻的积极性，在地方财政预算中切出"一小块"用于东乡野生稻的保护；三是要多渠道、多途径筹集民间资金，可设立"东乡野生稻保护基金会"，以吸引更多人士、吸纳更多资金进入基金会，这对保护东乡野生稻必将起着重要的推动作用。

# 八、广阔的前景

我国杂交水稻之父袁隆平就是利用野生稻资源，培育出了产量高、生命力顽强的杂交水稻。据不完全统计，全世界已取得的300多项水稻生物技术专利中，60%是来自野生稻的研究，东乡野生稻作为水稻基因的"富集矿"，可能是进一步推进我国水稻生产又好又快发展、确保国家粮食安全、维护世界粮食安全的"金钥匙"和"保险柜"。从这一意义来说，东乡野生稻的前景十分广阔。

首先是保护。东乡野生稻保护的重要性不言而喻。现在从中央领导，到江西省领导和部门，再到东乡县、乡（镇）、村基层的广大干部、群众，已逐步认识到要保护这"国宝级"的农业文化遗产的重要性，并正在不断采取各种有效措施。因此，保护东乡野生稻的前景广阔。

其次是研究和开发利用。尽管目前我国水稻育种事业取得十分骄人的成就，但从今后维护国家粮食安全、世界粮食安全角度来看，更进一步加强水稻品种选育，挖掘更有利的"特有基因"、"稀缺基因"、"抗逆基因"、"高效高效基因"是必然趋势。而充分、有效的深度挖掘东乡野生稻的"有利基因"将势在必行，且潜力巨大、前景广阔。

第三是绿色、环保和低碳。东乡野生稻富含各种"抗逆"（抗病、虫、杂草等）基因，一旦利用成功（利用转基因技术分子育种），将极大地减少农药、化肥等化学制品使用，为生产绿色大米、有机大米产生巨大的推动作用，从而为发展"环保、低碳"作出积极贡献，而这正是世界可持续发展的重要方向。

可以深信，东乡野生稻保护、研究和开发利用，将走向全国，走向世界，造福子孙后代，造福全人类！

我们一起来共同保护好"国宝级"的农业文化遗产——东乡野生稻！

## 参考文献

[1] 陈活龙.东乡野生稻情况初报 [J].农业考古，1990，(2)：274~275.

[2] 叶居新，李振基.江西东乡野生稻群落概况及保护 [J].江西大学学报（自然科学版，1987，(4)：57~63.

[3] 邬柏梁，何国成，白国章，等.我省东乡一带发现野生稻 [J].江西农业科技，1979，(2)：6~7.

[4] 郭远明，岳瑞芳.保护东乡野生稻 [J].瞭望新闻周刊，2001，(47)：46~47.

[5] 徐旺生，闵庆文.农业文化遗产与"三农" [M].北京：中国环境科学出版社，2008.

[6] 姜文正，涂英文，丁忠华，等.东乡野生稻研究 [J].中国种业，1988，(3)：1~4.

[7] 李子先，刘国平，陈忠发.亚洲野生稻中的一个重要亲缘——中国东乡野生稻的遗传及育种价值研究 [J].农业现代化研究，1988，(5)：37~41.

[8] 陈大洲，肖月青.江西东乡野生稻的濒危现状调查 [J].江西农业大学学报，2000，22（5）：29~31.

[9] 黄国勤.东乡野生稻资源的生态保护及有利基因的发掘与可持续利用研究，江西生态安全研究，北京：中国环境科学出版社，2006.

[10] 陶燕琴，民进信息救了"国宝"——世界分布最北的东乡野生稻得到保护与开发 [J].民主，2003，(7)：25~27.

[11] 黄国勤，黄雪梅，宋高堂，等.江西省自然科技资源的现状、问题及战略研究，循环·整合·和谐——第二届全国复合生态与循环经济学术讨论会论文集，北京：中国科学技术出版社，2005.

作者简介：

黄国勤，男，1962年10月出生，江西省余江县人。中共党员，南京农业大学农学博士，中国科学院南京土壤研究所农学博士后。现任江西农业大学生态科学研究中心主任（所长）、首席教授、博士生导师，兼任中国农业历史学会理事、中国生态学会理事等，主要从事作物学、生态学、农业发展与区域农业、资源环境与可持续发展等方面的教学和科学研究工作。

# 地理标志产品与县域经济发展

孙庆忠

（中国农业大学 人文与发展学院，北京　100083）

　　**摘　要**：地理标志是指产品的"籍贯"或"原籍"，用于指示一项产品的原产地，其特定质量也完全或者主要取决于该地的自然因素与人文因素。本文以福建平和琯溪蜜柚产业的地方实践为个案，意在说明地理标志产品对县域经济发展所产生的深度影响，其潜存的价值不仅是在农业之内寻求农业可持续发展的重要路径，对于我们理解农业文化遗产的保护与传承机制同样具有重要的现实价值。从这个意义上说，保护地理标志的实质就是在现代集约农业背景下保护区域生态系统，保护一种以历史传统和文化心理为精神纽带的地方资源。

　　**关键词**：地理标志；琯溪蜜柚；农业现代化；文化产业

## 一、作为乡土资源的地理标志产品

　　1992 年 7 月 14 日，欧盟理事会通过了一项关于保护地理标志和原产地名称的条例（Council Regulation No2081/92）。"受保护原产地名称"（Protected Designations Origin）和"受保护地理标志"（Protected Geographical Indication）都明确规定，适用于一个地区、一个特殊地点或者一个国家，其名称被用于为某种原产此处的农产品或食品命名。二者的不同在于，前者产品的"质量或特性基本上或完全归因于某种地理环境，这种地理环境伴随着固有的人文与自然因素；生产、加工和制作在某一有着明确边界的地理区域内进行"；后者产品的"特质、声誉或其他特征能够归因于这种地理来源，生产和/或加工以及/或者制作，在某一有着明确边界的地理区域内进行。"也就是说，"受保护地理标志"并不强制规定所有生产作业只能在某个区域内完成，尤其是原材料可以来自别的地方。事实上，在具体的保护实践中，二者都可以归入"地理标志"（GI）这一包罗更广的术语。[①] 作为一种对乡土资源的保护策略，地理标志不仅使文化多样性和生物多样性的结合成为可能，也为农业政策的制定以及乡村问题的解决提供了重要的依据。遗憾的是，与国外有关地理标志的研究相比，国内的文献更多的止于法律保护的层面，缺少对与之相关的社会与经济议题的深入探讨。[②] 那么，地理标志产品对地方经济的影响究竟怎样？它又能否成为农村发展的有力支撑？生产者和消费者是否能在地理标志产品中获得对乡土文化的归属与认同？福建平和琯溪蜜柚产业的地方实践，为我们在农业之内寻求农业的可持续发展提供了一条重要的路径。

　　平和琯溪蜜柚产自福建省漳州市平和县境内，因原产地平和县小溪镇琯溪河畔而得名。2000 年 4 月 21 日国家工商行政管理总局商标局批准注册"平和琯溪蜜柚"证明商标，成为我国最早获得注册的少数几件地理标志证明商标之一。2006—2008 年，琯溪蜜柚先后被认定为"福建省著名商标"、"中国驰名商标"、"欧盟 10 个地理标志保护产品之一"、"中国名牌农产品"，分别在美、英、法等 17 个国家和地区进行商标国际注册。近年来，平和县琯溪蜜柚的种植已形成了以原产地小溪镇为中心，向南北、东西扩展的轴向发展格局，全县 17 个乡镇（场、区），其中小溪镇、坂仔镇、霞寨镇、文峰镇、国强乡已成为琯溪蜜柚种植的主要基地。2010 年全县琯溪蜜柚种植面积已达 65 万亩，产量 83.6 万吨，经济产值 24.8 亿

---

　　① 洛朗斯·贝拉尔，菲利普·马尔舍奈. 地方特产与地理标志：关于地方性知识和生物多样性的思考［J］. 国际社会科学杂志. 2007（1）：116～117

　　② Sarah Bowen. Embedding Local Places in Global Spaces：Geographical Indications as a Territorial Development Strategy［J］. Rural Sociology，2010，75（2）：209～243

元，农民净收入可达16亿元。这之中年出口蜜柚12万吨，创汇9 000多万美元。在全国县级柚类的比较中，其种植面积、年产量、年产值、市场份额、出口量和品牌价值等六项指标均位居榜首。平和琯溪蜜柚种植已成为县域经济发展的主导产业，也是全县农民生计的主要经济来源。

# 二、平和琯溪蜜柚的自然属性与历史渊源

平和县位于福建省南部，地处漳州市西南，毗邻厦门、汕头两个经济特区，与闽粤八县毗邻，素有"八县通衢"之称。全境面积2 328.6平方千米，山地260万亩，耕地35.5万亩，林地面积268万亩；海拔1 544.8米的闽南第一高峰大芹山与双尖山纵贯南北，把全县分割为东南和西北两大半，东南多丘陵、河谷、平原，西北多峰峦山地。境内山脉纵横交错，河流众多，是三江（九龙江、漳江、韩江）之源。这里气候温润，四季如春，年均日照达1 891～2 665小时，平均气温为24.3℃，境内年降水量近2 000毫米，土壤肥沃，有机物含量高，这些独特的自然生态因子孕育了琯溪蜜柚的独特品质。

琯溪蜜柚属芸香科亚热带常绿小乔木，树冠圆头形，树势强，枝条开张下垂，枝叶茂密，叶片大，长卵圆形，叶经揉后无刺激性味道。幼树在肥水充足条件下，一年可抽梢4～5次，春梢为结果母枝。琯溪蜜柚花芽在9～12月份，3月中下旬初为始花，盛花期为4月中旬前后，9月下旬至10月上旬果实成熟。琯溪蜜柚的生长发育需良好的生态条件：年均温21.2℃左右，土壤pH值在4.8～5.5，忌荫蔽，适于东南方向、地势平缓的低海拔丘陵山地种植。蜜柚果大，重约1 500～2 000克，长卵形或梨形；果面淡黄色，皮薄；果肉质地柔软，汁多化渣，酸甜适中，种子少或无。近年来，琯溪蜜柚又开发出新品种——红肉蜜柚。它由福建省农业科学院果树研究所从平和琯溪蜜柚园中的芽变株系选育而成，其特点比普通琯溪蜜柚早半个月成熟，果肉为淡紫红色，丰产且优质。2007年3月1日获农业部授予品种权保护。

平和琯溪蜜柚不仅是美食果品，而且营养价值很高。每100克柚子含有0.7克蛋白质，0.6克脂肪、57千卡热量。每100克的果汁含糖9.17～9.86克，可滴定酸0.73～1.011克，维生素C 48.93～51.98毫克（最高61.78毫克），可溶性固形物10.7～11.6克。可食部分占68%左右。据中国原子能科学研究院化验，平和琯溪蜜柚富含人体所需的微量元素和矿物质，果肉含有10多种元素，镁、钙、铜、铁、钛、锰、钒、磷、氯等，尤其是镁、钙、铜优于其他水果含量，自然钙含量高达2 060单位，比其他柚类高出近4倍。此外，柚子还具有较高的药用价值和保健功能。其味甘酸、性寒，具有帮助消化、理气散结、理气化痰、调节人体新陈代谢之功效，能治疗食少、口淡、消化不良等症状。每年从中秋到春节，蜜柚占领了秋冬季节的大部分水果市场，因具有储存时间长的特点而素有"绿色罐头"的美誉。

20世纪80年代初，当地政府注重发挥山地资源丰富的优势，把开发荒山、种果绿化作为脱贫致富的突破口，把抢救发展琯溪蜜柚作为主攻项目。1983—1985年，蜜柚种植面积由最初的16亩扩大到1300亩，产量由1982年的6.15吨上升到20吨。然而，此时的平和人却并不知晓这使他们脱掉贫困帽子的蜜柚从何时开始栽培，又有着怎样的历史际遇。更无法想象这"摇钱树"在400多年前就已经为当代平和经济的发展埋下了伏笔。

80年代末期的一天，在小溪镇的一个山坡上，出土了明清时称为侯山社（今西林村）的望族李姓八世祖李如化的墓志碑。据《侯山李氏家谱》载：西圃（如化）公，字可平，生于嘉靖七年（公元1528年），卒于万历十五年（公元1587年）。在这块由明贡生张凤苞撰写的《西圃李公墓铭》中有这样的记载："……公事农桑，平生喜园艺，尤善种抛（柚子），枝软垂地，果大如斗，甜蜜可口，闻名遐迩。"墓志铭文的发现，提供了琯溪蜜柚的原产地就在闽南金三角平和县的琯溪河畔的证据，西圃公也因此成为有记载的历史上最早种植蜜柚的人，被尊奉为平和琯溪蜜柚的鼻祖，与侯山宫殿内的财神爷玄坛元帅（赵公明）一起被供奉，受当地百姓祭祀敬仰。

至清代，琯溪蜜柚成为了进贡朝廷的贡品。据当地传说，乾隆年间的一个秋天，漳浦蔡太师（蔡新）告假还乡，途经侯山社并品尝了蜜柚，因味道尚佳，遂将柚子带回面圣，乾隆非常喜爱，将其定为贡品，此后历年进贡。同治年间，皇帝为嘉奖琯溪蜜柚的不凡品质，又赐"西圃信印"印章一枚及青龙旗一面，作为蜜柚进贡朝廷的印信和标识，故民间又称之为"皇帝柚"。据西林村的村民描述，在"文化大革命"前还有人见过皇帝御赐的印章。清人施鸿葆的《闽杂记》中，专门有对"平和抛"的记载，将其誉为

"果中侠客",名列闽中三大名果之一。由此可见,无论是历史记载还是民间传说,都展现了琯溪蜜柚与平和人生活的关系,都可视为改革开放后当地政府积极倡导种植蜜柚的文化前缘。

从1986年开始,当地政府提出"县办示范场,乡办千亩果场、村办百亩果园、户种百株果树"的目标,并对达标乡镇、村和农户,优先提供苗木和扶植资金。至1992年,全县蜜柚的种植面积已达4.22万亩,产量7 607吨。承此东风,县委、县政府制定"关于鼓励机关、企事业单位和基层干部职工开发山地,造林、种果、栽竹的规定",鼓励县、乡镇干部、职工,城镇居民和工商个体户上山下乡,采取合股联办、承包和租赁荒山等形式开发平和琯溪蜜柚。这一时期,全县机关、企事业单位和基层干部职工利用休息时间开发荒山、种植琯溪蜜柚的同时,也掀起了农户在自家水田中种植蜜柚的热潮。截至1995年末,全县的种植面积已达11.2万亩,产量3.3万吨。

1996年至2000年,平和县依托"福建省平和县琯溪蜜柚发展中心"开展科研工作,提升蜜柚品质,扶植起一批蜜柚生产、加工的龙头企业,实现了琯溪蜜柚的产业化发展。2000年,全县的种植面积达到32万亩,总产量22.86万吨,成为全国最大的柚类生产基地。此后,蜜柚产业进入了可持续发展阶段,逐步形成了良种选育、丰产示范,科研推广和生产出口基地相配套,产供销、农工贸一条龙的产业体系。至2007年,全县蜜柚种植面积已达60万亩,产量70万吨,占全国总产量的近三分之一,产值超过14亿元。其中出口蜜柚8万多吨,创汇5 000多万美元。平和县也因此获得了"世界柚乡、中国柚都"的美誉。

平和30年来蜜柚产业的迅猛发展,记录了县域经济和家庭经济变迁的历程。从近三年的蜜柚产值来看,2008年为140 369.6万元,2009年为171 179.9万元,2010年为248 357.34万元,在农业总产值中的比重逐年递增,分别为27.66%、31.53%和38.71%。从农户来看,2010年蜜柚年收入超过百万的有20户,超过50万元的有上百户,涉及果农20万人以上。可以说,这被称作"太阳果、幸福果、致富果"的蜜柚已成为平和80%农户的主要收入来源。在这一脱贫致富的进程中,除了政府的大力推进,普通民众在琯溪蜜柚的种植和发展过程中也同样展现出了他们非凡的创造生活的能力。

# 三、地理标志产品的产业链及其功能定位

平和琯溪蜜柚拥有今天的生产规模和销量,与其自身的品质和所占的市场份额息息相关,从蜜柚生产到加工,再到销售的全过程,构成了一个各环节连接紧密的产业链。其价值在于,不仅为县域经济带来了财富,还发挥了"社会稳定器"的作用。平和山老边区的区位劣势,使其缺乏工业经济的支撑。随着农业产业结构的调整,当地农民不再种植甘蔗,其结果三个糖厂因缺乏原料供应而全部倒闭,上千工人失业。在全县不下万人的下岗队伍中,有98%的下岗工人依靠种植蜜柚,经营蜜柚果园而重新上岗,从而形成了平和独有的农民种地,"工人"耕山的景观。蜜柚在地方经济中所发挥的特殊功能由是可观。

作为平和县的支柱性产业,琯溪蜜柚的推广种植也带动了农用机械制造、果品储藏、运输、营销等服务行业的迅速发展。截止到2010年年底,蜜柚清洗机和中耕机等蜜柚机械工厂已落户平和;与蜜柚相关的农贸市场已建成30多个、水果加工厂300多家、保鲜小仓库800多个;设立收购网点1250个,拥有营运汽车2万多辆,营销专业户有数万个。这种环环相扣的产业链接,已形成了水果种植—生产—加工—储存—营销—农残检测—交易平台—信息网络等顺畅服务的链条。据统计,全县除了种植业外,有10多万人从事与蜜柚相关的产业。新近建成的"中国琯溪蜜柚交易中心"占地面积80亩,总建筑面积53 288平方米,总投资1.3亿元。它具有蜜柚交易、加工、物流仓储、恒温气调保鲜、农残检测等多种服务功能,对蜜柚产业的发展将会起到积极的推动作用。

## 1. 生产种植:"基地 + 农户 + 标准化"模式

2003年,琯溪蜜柚首次攻破"绿色壁垒"进入欧盟市场,成为平和县以建设出口基地为核心的标准化蜜柚种植基地的契机。2011年全县已拥有蜜柚出口基地85个,总面积19万亩(含7万亩的"中心示范片"),其中针对欧盟质量标准建设的蜜柚基地13万亩,每个种植基地1 000~3 000亩不等。为了保证出口蜜柚质量,全县对基地柚农实施统一培训、统一用肥用药监控,实行标准化栽培、无公害生产和规

范化管理。具体措施为：推广使用低残农药、水果套袋、生物防虫、健身栽培、测土配方、平衡施肥等标准化栽培技术和无公害生产技术；为了拓展国外市场，建立信用等级，引进英国"英国诺安农残检验检疫中心"落户平和，使检疫性病虫害、农药残留等质量安全水平全部达到进口国标准。

除了建立出口基地之外，全县已建设标准化基地6万亩、无公害示范基地10万亩、沃尔玛公司直接采购基地3 200亩，标准化示范基地已占全县蜜柚种植面积的50%以上。在生产种植的环节，有260个蜜柚专业合作社连接着农户和企业，保护着柚农的利益和企业的质量信誉。以南胜镇的糠厝村是沃尔玛超市的农超对接无公害水果生产基地为例，这是"平和原水水果专业合作社"与"漳州平和东湖农产品有限公司"合作的结果。合作社最初由几家示范户带头，他们首先尝试新技术、新品种，在确保产品质量和收益后向其他农户推广种植。在示范户的带动下，新的种植技术和管理技术得到实行，糠厝琯溪蜜柚的生产实现了全过程无公害管理，果实品质和产量都得到充分的保障。经过沃尔玛超市派来的农产品专家的严格检测，糠厝村生产基地通过了各种检测，最终被确定为沃尔玛超市琯溪蜜柚生产基地。每年六七月份，柚子成熟前东湖公司就与合作社订好合同，柚子成熟时，以合同规定的价格收购采摘下来的琯溪蜜柚。这就意味着，担任超市供应商的柚农每年的经济收益都可以得到保障并持续上升。

### 2. 销售市场：内贸与外贸并举

目前，平和已在全国各地设立200多个蜜柚直销点，与10多家国内外大型水果营销公司建立了长期的合作关系。在内贸方面，2009年国内市场销售总量63.5万吨，其中通过公路输入广东约3.5万吨，销往北京、天津、济南、上海、南京、西安等城市45万吨；通过铁路运往全国15万吨左右。在外贸方面，2009年通过厦门港出口法国、德国、意大利、荷兰、比利时、卢森堡、俄罗斯，以及中亚和东南亚等43个国家和地区，年出口量达到12吨以上，占全年蜜柚产量的15%。

平和蜜柚产业的快速发展同样得益于党政机关极具特色的普及推广与营销策略。从20世纪90年代初期全县机关、企事业单位和基层干部职工利用休息时间开发荒山、种植琯溪蜜柚，到近年来打造蜜柚品牌、多角度多层次宣传推广琯溪蜜柚，无不显示出当地政府在农业产业化发展道路上的开拓意识。他们除了在中央电视台、凤凰卫视和全国各大媒体进行广泛宣传，设立6个专业性的网站全方位地提供种植、生产、加工、储藏、销售、市场等信息之外，最具地方特色的是，每年蜜柚成熟的时节就会开展"琯溪蜜柚神州行"活动，这是地方政府和行政监管部门积极倡导使用符合质量标准的"平和琯溪蜜柚"证明商标的宣传活动，也是党政机关宣传地理标志产品的营销智慧。活动期间，所有与蜜柚产业相关的机关团体、企事业单位都要根据市场需求制定营销计划，各单位、部门形成一个营销团队，到全国各地推销琯溪蜜柚。各单位的一把手就是琯溪蜜柚的"一号推销员"，他们要到北京、上海、南京等各大城市扩大品牌营销，提高品牌知名度。具体到联系各地大型连锁超市，召开新闻发布会、展销会和品尝会，努力使参会者全方位了解琯溪蜜柚的品质和特点。

### 3. 深加工技艺：综合开发与产业链的延展

蜜柚与时令水果相比具有储存时间长、保鲜效果好等特征。蜜柚从表皮到内果皮，从果肉到果渣均有综合开发的价值。就目前状况而言，琯溪蜜柚的总产量中，仅有约5%作为深加工的原料，开发利用的空间广阔。柚子中的裂果、次果、幼果等约占总产量的7%，蜜柚果皮约占蜜柚总量的20%，果皮中果胶提取率约占17%，柚皮还可以提取香精，果肉可以制造出功能化产品，皮渣和果渣也可以综合利用。如果产品的深加工得以落实，蜜柚的附加值与初级产品的原值之比在6∶1左右，也就是说，经过深加工，蜜柚附加值将提升5倍。因此，发展蜜柚的深加工产业，不仅具有广阔的市场前景，也是整个产业健康发展的有力保证。

近年来，平和县活跃着一批产供销、贸工农一体化的蜜柚生产加工企业，南海、东湖、国农、中顺、友阳、中润等龙头企业是其中杰出的代表。他们重视深加工产品的研发，攻克了果实裂瓣粒化等难题，掌握了柚皮香精油提取工艺、果皮海绵层果胶提取工艺、果肉气调保鲜工艺、果肉鲜榨柚汁脱苦除涩技术，以及皮渣、果渣综合利用技术。这些宝贵的经验已经转化成为拓展蜜柚产业的动能。目前，蜜柚深加工产品已有七大类，40多个品种，销售网络已覆盖欧盟、美国、日本、东南亚等国家和地区。蜜柚果脯、蜜柚软糖、蜜柚果茶、果酱、果冻、蜜柚饮料、果胶、香精、蜜柚酒、蜜柚醋、柚皮蜜饯、柚香奇兰茶等系列产品的成功研发，不仅使次果和果皮变废为宝，提高了企业的经济效益，还从根本上解决了柚子消费后产生的环境污染问题，使蜜柚生产走上了循环经济之路。

# 四、琯溪蜜柚节：从农业产业向文化产业的拓展

琯溪蜜柚产业的发展历程，让我们目睹了传统农业的现代转型，看到了农业产业化给乡土社会带来的深刻变革。平和的经验也从一个侧面展现了农业文化在当下的特殊价值。为了展现中国柚都的魅力，从 2005 年到 2010 年，平和县已经成功举办了六届"福建平和琯溪蜜柚节"，搭建了一个融商贸洽谈和技术合作为一体的文化交流的平台。蜜柚节期间，以"生态平和、柚香四海"为主题的蜜柚艺术造型展、"柚王赛"、"蜜柚农家乐"、"龙艺踩街"等系列民俗文化活动，使以地理标志产品为载体的平和地域文化得到了充分的展演，让蜜柚之乡所深蕴的文化内涵与果香一道香飘四溢。

## 1. 两岸柚业与闽台文化优势互补的现实基础

我国台湾麻豆文旦柚与平和琯溪蜜柚有着深厚的历史渊源，据文献记载，清雍正初年，台南郑杨庄庄民黄权从漳州府引进"平和抛"，俗称"文旦柚"。数十年后，闽广总督曾以麻豆生产的文旦献贡于皇帝，遂成为"御用文旦"。曾任福建巡抚的王凯泰在《台湾杂咏·麻豆文旦柚》中说："西风已起洞庭波，麻豆庄上柚子多，往岁文宗若东渡，内园应不数平和。"此类文献不仅确证了"平和抛"曾为咸丰皇帝贡品的证据，也揭示了两岸蜜柚根系一条的事实。

福建所处的地形、土壤、水文、气候等自然条件均与台湾相近，因此，这里是台湾农业向外拓展的首选之地。与大陆相比，台湾的柚业属于精致农业，集约化水平较高，已基本实现了现代化，但地价昂贵、劳动力短缺、生产成本高，这恰恰给两岸的农业合作互补提供了广阔的空间。目前，平和引进台资企业 54 家，涉及包括种植业、食品加工业在内的 10 多个行业，总投资 5 256.75 万美元。2008 年其工业产值达 2.1 亿元，已成为平和经济发展的重要组成部分。

与两岸蜜柚产业得以合作的自然资源、技术资源、商贸资源并行的，还有台湾与闽南共享的文化资源。平和是著名的侨乡和许多台胞的祖籍地，两岸民众拥有共同的民间信仰和文化心理。这里是台湾"阿里山忠王"吴凤和"平和过台湾三代公卿"林文察、林朝栋、林祖密——"台湾雾峰林氏"的祖居地；始建于明代的侯山宫是台湾二十多座庙宇的祖庭，台中玉阙的朝仁宫、斗六市的南仁寺、彰化的通天宫都是从这里分香立庙的；国强乡一年一度的侯卿庵走水尪民俗活动、南胜镇的义路保宁庵，均与台湾有着密切的亲缘、神缘关系，民间互有往来。此外，两岸都流传吃"柚子宴"的习俗。每逢秋冬时节，游子回归故里寻根谒祖、旅游观光之时，柚乡的亲友会便会以"柚子宴"（谐音"游子宴"）庆贺游子归来，传递团圆的心意。这种地缘近、血缘亲的特点，也注定了两地文化交流的巨大潜力。

## 2. 现代农业与传统文化相得益彰的发展空间

原产于琯溪河畔西圃洲地的平和蜜柚，是特殊土壤、特定海拔、特别机缘与种植技术融合的产物，也因此形成了这里底蕴深厚的柚乡文化。每逢阳春三月，闽西南的这座边陲小城就会被柚香花海所淹没；待至秋实时节，硕大的蜜柚就会一次次地撩拨起人们对幸福的追逐与畅想。然而，蜜柚带给人们的远非如此，它还让三江之源的平和名声鹊起，让许多尘封的历史变成了人们耳熟能详的文化记忆。展卷细数，早在王阳明置县之前，闽南佛教圣地、千年古刹三平寺就见证了这里的沧桑岁月；坐镇九峰的城隍，记录了闽南文化与潮汕文化、客家文化的融合；秀峰乡的"太极村"依稀可见的是明清时期的画卷；散建于乡间的一座座土楼承载了民众的过往生活。正是基于这些得天独厚的文化资源，平和将发展琯溪蜜柚产业与打造自然观光、宗教朝圣、人文体验、历史文化、生态观光等五大特色的系列旅游产品融为了一体。

在发展蜜柚种植的 5 个重点乡镇中，小溪镇位于平和县东北部，九龙江西溪上游的花山溪、锦溪河畔，这里是琯溪蜜柚的发源地，现有种植面积 7.2 万亩，是蜜柚出口的示范基地。正在西浦洲地规划建设中的蜜柚园林广场、蜜柚博物馆，将是蜜柚旅游的特色景点。位于县城中部的坂仔镇，花山溪贯穿全境。这里农业经济高度发达，蜜柚种植面积 5.5 万亩，是出口欧盟的主要基地。此外，该镇种植香蕉 3.5 万亩，年产量 10 万吨，占全县总产量的 70%，被誉为"中国香蕉之乡"。在这个国家级环境优美乡镇，除

了拥有七星土楼群、原生态榕树群、日出千吨的天然温泉等自然景观，这里还是世界文学大师林语堂的故里。他曾在《林语堂自传》中写道："如果我有一些健全的观念和简朴的思想，那完全得之于闽南坂仔之秀美的山陵，因为我相信我仍然是用一个朴素的农家子的眼睛来观看人生。"在《四十自叙》中，他又用这样的诗句——"我本龙溪村家子，环山接天号东湖，十尖石起时入梦，为学养性全在兹"——表达了对故土梦牵魂绕的乡愁。素有"韩江之首、龙江之源"美誉的霞寨镇，蜜柚种植面积7.5万亩，是发展蜜柚观光休闲产业的风水宝地。国强乡位于闽南第一高峰大芹山山麓的东北，种植蜜柚4万亩，这里是平和重要的生态旅游度假区。文峰镇地处平和县城的东北角，其水果人均产值居漳州各乡镇之首，蜜柚种植面积5万亩。这里的国家4A级风景区，以三平寺为主体，方圆20平方千米，是蜚声海内外的宗教朝圣和旅游休闲胜地。三平寺是唐代高僧义中禅师于会昌五年（845年）创建，也是他的圆寂地。20世纪90年代以来，随着三平祖师信仰的传播，慕名而至的游客、香客日益增多，每年接待总量有50多万人次。每逢春节和"三个六"（农历正月初六义中诞辰日、六月初六义中出家日、十一月初六义中圆寂日），三平寺就会不断重现佛灯长明、人声鼎沸、炉火熊熊、爆竹连天的盛况。从1980—2007年的28年间，三平寺接受海内外单位和个人捐赠金额达6 200多万元。景区旅游总收入也逐年上升，2006年已突破2 000万元。可以说，这些宝贵的自然与文化资源是平和县打造蜜柚产业名镇、名村的先决条件，也是其以生态农业为主线拓展文化产业的现实基础。

# 五、结语：地理标志产品与农业现代化

琯溪蜜柚在平和的种植与推广，为现代化农业的发展前景提供了一个可资参考的范本。地方政府在充分发挥柚业原料供给、解决就业等传统功能的基础上，拓展了生态保护、休闲农业、乡村旅游等多种新型功能，延伸了蜜柚产业链，为产业增效和柚农增收开辟了道路。目前，在围绕发展高产、优质、高效、生态、安全柚业的总体要求下，平和已将蜜柚种植生态化、基地规模化、生产标准化、价值高端化、经营品牌化、贸易国际化作为产业发展战略目标。这是现代农业产业对传统农耕文明的继承与创新，也是对多功能农业发展的最佳阐释。

回首蜜柚产业的历程，我们看到地理标志产品的认定和保护在原产地产品的成功推广上，扮演了不可或缺的角色。它为巩固本地特定的生态资源和文化资源，为传统的农业系统与农村的可持续发展，作出了重要的贡献。当然，地理标志产品所潜存的更大价值在于，它在客观上支持了农村的动态发展和当地人对家乡文化的强烈认同，让那些徘徊在现代化边缘的"传统生活方式"和农业文化遗产获得了新生。就此而言，保护地理标志的实质就是在现代集约农业背景下保护区域生态系统，保护一种以历史传统和文化心理为精神纽带的地方资源。

作者简介：

孙庆忠，中国农业大学人文与发展学院教授，博士生导师。研究方向：乡村人类学。

# 从阳城广禅侯保护谈谈
# 发展中兽医非物质文化遗产

王　成[1,2]　李　群[1]　原崇德[3]　常永成[4]　唐素君[1]　将定友[1]　骆　义[1]

（1. 四川省筠连县畜牧兽医局，四川省筠连县　645250；

2. 南京农业大学畜牧兽医史研究中心，江苏省南京市　210095；

3. 山西省阳城县畜牧兽医局，山西省阳城县　048100；

4. 山西省晋城市畜牧兽医局，山西省晋城市　048000）

　　**摘　要：**阳城广禅侯 30 年保护历史回顾，归纳了阳城广禅侯的保护是本土人士积极推介、依靠权威专家支持、政府资金投入的结果；当今发展中兽医非物质文化遗产，建议"农业部"作为申报单位，申报借鉴中医非物质文化遗产名录，结合具体情况从基层做起。当前最急迫的工作就是中兽医非物申报。

　　**关键词：**阳城广禅侯；中兽医；非物质文化遗产

　　"传统技艺、医药和历法"在 2003 年 10 月联合国教科文组织表决通过的《保护非物质文化遗产公约》和 2011 年 2 月通过实施的《中华人民共和国非物质文化遗产法》均明确属非物质文化遗产。中兽医与中医同源，中兽医也是非物质文化遗产。江西省中兽医研究所张泉鑫、严明两位先生 2006 年 9 月 26～28 日在上海市召开的华东区第十七次中兽医科研协作与学术研讨会上，向来自华东地区六省一市的农林院校、科研机构、管理部门和基层畜牧兽医站的 80 多名代表疾呼，希望中华传统兽医药（中兽医）列入国家级非物质文化遗产名录①。然至今日，中兽医尚未列入，如何加快这一工作进程，我们以阳城广禅侯为例进行探索，希望得到各位道友认同，更希望农业部、中国兽医协会中兽医分会、中国畜牧兽医学会中兽医学分会、中国农业历史学会畜牧兽医史专业委员会引起重视，我们认为阳城广禅侯保护就是发展中兽医非物质文化遗产的典范。

## 一、阳城广禅侯保护简史

　　阳城广禅侯，即指山西省晋城市阳城县凤城镇山头村兽医广禅侯，2009 年 4 月 24 日以"广禅侯故事"为名列入了山西省第二批省级非物质文化遗产名录（晋政发〔2009〕12 号），由阳城县文化馆申报，列入民间文学系列。碑载：北宋徽宗政和四年（1114 年），宋金平阳（今山西侯马）交战，阳城县常半村（今山头村）兽医常顺，治好万余战马的"族蠹"病，获立军功。宣和二年（1120 年），颁旨钦封常顺为"广禅侯"。元太宗七年（1235 年）敕令在常半村为"广禅侯"建"水草庙"以资纪念。据阳城县凤城镇山头村支书卫双银介绍，在山头村至今也有这样的传说：宋朝发生战马瘟疫后，村里的兽医常顺就从山后采回了中草药，熬制好后在河的上游洒药，在河下游饮马，饮过几次的战马全部恢复了健康。

　　兽医广禅侯被今日兽医界所熟悉，源于晋东南地区（长治市）兽医院医生郭来保先生（1933—1986）和高平县兽医院院长李玉振先生（1933.3—2008.12）1981 年 11 月 17～21 日在北京市门头沟区召开的华北地区第五次中西兽医结合学术讨论会发言，说宋朝曾封山西阳城县的一个兽医为广禅侯，元朝又为他敕建了水草庙，得到了时任中国畜牧兽医学会常务理事、中西兽医结合学术研究会副会长、华北分会会

---

① 张泉鑫、严明，中华传统兽医药应当列入国家级非物质文化遗产名录，《中兽医学杂志》2006 年第 5 期，第 40～41 页；《农业考古》2007 年第 1 期，第 242～243 页

长、北京农业大学于船教授（1924.11—2005.11）和与会 99 名中西兽医专家、教授和科技工作者的重视①。

1985 年 5 月 4 日，于船教授应李玉振先生、阳城县兽医院助理兽医师原进德先生（1921—2001）再次邀请，带上研究生祝建新、易华，在山西长治农校马修良老师、阳城县政府副县长阎景和陪同下，亲临阳城县山头村对"广禅侯"和"水草庙"进行了具体考证②，认定被封者是一名医术高明的兽医，并指出"广禅侯"、"水草庙"对考证、挖掘中国中兽医史具有重要的价值。5 月 8 日，于船教授应邀在县城作学术报告，具体介绍了当今国内外畜牧兽医发展状况和中国畜牧业发展前景，同时提出了在全国范围内开展广禅侯学术研究的建议。5 月 27 日，阳城县人大副主任、县志办公室副主任潘小蒲同志，对"广禅侯"及"水草庙"写出了初考，由《山西地方志通讯》和《山西日报》先后发表。随后，潘小蒲同志关于"广禅侯"、"水草庙"的"再考"、"三考"和"终考"陆续问世③。8 月 15 日，阳城县政府以阳政发〔1985〕第 85 号文件，向山西省政府并山西省农牧厅呈送了阳城县政府关于修复"水草庙"的呈请。呈请的主要内容有三个方面：一是"水草庙"的来历；二是"水草庙"的遭遇；三是"水草庙"的修复意见。呈请上报后，得到上级的大力支持，拨款 5 000 元，搜集回部分残缺碑石。

1986 年 10 月 24 ~ 25 日，中国畜牧兽医学会中兽医学研究会和山西省农牧厅、山西省畜牧兽医学会在阳城县成立了全国"广禅侯"学术讨论会筹备组，并召开了第一次会议，由山西省畜牧兽医学会副理事长、山西农业大学王英民教授与晋城市畜牧兽医学会理事长、晋城市畜牧工作站站长刘延主持，省、市畜牧兽医界专家、学者，市、县畜牧部门领导和县委、政府的有关领导共 30 余人参加了会议，初步定于 1987 年第 3 季度召开全国"广禅侯"学术讨论会。12 月 1 日，中共阳城县委办公室、阳城县政府办公室，以阳办发〔1986〕第 48 号文件，发出了关于成立"广禅侯"水草庙修复筹备领导组的通知，县委副书记王安国任组长，县委副书记岳绍钧，副县长阎景和，县委宣传部长李锁江，县人大常委会副主任潘小蒲，农委主任卢祥伟任副组长。

1987 年 3 月 12 日，中共阳城县委、阳城县人大常委会、阳城县政府、阳城县政协四大领导班子成员、县直有关单位的干部，以及正在县城开会的各乡镇畜牧兽医站的领导共百余人，在"水草庙"周围栽植白毛杨树 1 200 株、柏树 2 200 株。县人大副主任潘小蒲向参加"水草庙"绿化的全体人员介绍了"水草庙"的来历及"广禅侯"的业绩，鼓励大家搞好畜牧兽医工作。

1987 年 5 月 4 日，山西农业大学王英民教授，在长治召集长治、晋城两市的全国广禅侯学术讨论会筹备组成员，传达了于船教授关于对全国广禅侯学术讨论会的有关事宜的信，并根据于船教授的意见，安排了各项筹备工作。同日，中国畜牧兽医学会中兽医研究会、山西省畜牧兽医学会联合发出了关于召开"广禅侯"学术讨论会的预备通知。5 月 16 日，中共晋城市委书记崔光祖同志亲临山头村视察了"水草庙"，鼓励大家要做好筹备工作，迎接全国"广禅侯"学术讨论会的召开。6 月 5 日，阳城县政府发出了关于"水草庙"为历史文物保护单位的通知，并挂了重点文物保护牌。6 月 12 日，晋城市畜牧兽医学会领导受山西省畜牧兽医学会与山西省农牧厅领导的委托，到阳城传达 9 月上旬召开"广禅侯"学术讨论会的通知和要求。6 月 15 日，阳城县"广禅侯"学术讨论会筹备领导组召开会议，对进一步做好筹备工作，做了具体部署。6 月 29 日，全国"广禅侯"学术讨论会筹备组向"广禅侯"学术讨论会筹备组全体成员发出便函，函告大家：全国"广禅侯"学术讨论会已开始全面筹备。7 月 31 日，县委副书记王安国，副县长阎景和，人大副主任潘小蒲，宣传部部长李锁江，市畜牧兽医学会副理事长陆宝印，以及阳城县广禅侯学术讨论会筹备领导组部分领导成员，在山头村水草庙对现场准备工作进行了检查研究。8 月 13 ~ 14 日，全国广禅侯学术讨论会筹备组在阳城召开了第二次会议，对筹备工作进行了全面的检查验收，确定了全国首届广禅侯学术讨论会的具体召开时间、参会人员等，审查通过了《广禅侯全国首届学术讨论会资料汇编》。

1987 年 9 月 16 ~ 19 日，由中国畜牧兽医学会中兽医研究会、山西省畜牧兽医学会共同举办的全国广

---

① 祝建新. 古代曾为兽医封侯建庙，《农业考古》1989 年第 1 期，第 362 页、王明儒. "水草庙"、"广禅侯"学术考究. 《郑州牧业工程高等专科学校学报》1988 年 1 期，第 23 页

② 于船. 关于广禅侯和水草庙的问题，《中国兽医杂志》1987 年第 8 期，第 49 页

③ 1987 年 9 月《广禅侯全国首届学术讨论会资料汇编》第 15 ~ 45 页

禅侯学术讨论会如期在阳城县召开，来自全国 14 个省市自治区的中兽医、兽医、史学、文史研究和自然辩证法等方面的专家、教授、学者以及基层畜牧兽医工作者共 63 名代表参加了会议。这次会议共收到论文 51 篇，其中涉及兽医广禅侯考证及中兽医史料研究 11 篇。大会初步证实，广禅侯是我国仅知的兽医侯，水草庙是我国现存的唯一的兽医庙①，常顺是我国目前发现的在封建社会里做官最高的荣禄最厚的民间兽医②，广禅侯的学术成就及贡献，就是注重"治未病"、创兽医药浴之举③；以中国畜牧兽医学会的名义授予山西民间文艺家协会副主席、阳城县政协主席潘小蒲（1945.8—2008.2）中国"广禅侯学术研究成绩显著"奖，建议在庙内成立"全国中兽医科技馆"并配给工作人员编制④。同年，由阳城县上党梆子剧团排演的新编八场古装戏《广禅侯》被确定为当年"山西省振兴上党梆子戏曲调演剧目"。该剧先后在省城太原，以及长治、晋城、阳城等地巡回演出 80 余场，其中畜牧兽医专场演出 20 余场。在《广禅侯》中饰演常顺的阳城县剧协副主席上官小军 1988 年 7 月被晋城市文化局授予"最佳演员奖"，1988 年 8 月被山西省文化厅授予"主角金牌奖"。此后，由潘小蒲、丁宇、张金瑞 1987 年 8 月开始创作《兽医侯传奇》（电视剧剧本），1991 年由山西电视台拍摄并在晋台、央视播映；1988 年 6 月开始创作的以北京政和年间宋金平阳交战的史实为线索，塑造"广禅侯"常顺这位医德高尚、医术高明民间兽医形象的历史小说《兽医广禅侯》由山西科学技术出版社（1993 年 10 月）公开发行，均引起了业界的反响。

　　1992 年 9 月 4~9 日，海峡两岸中兽医学术研讨会在西安召开，与会的我国台湾大学教授林仁寿博士、日本国带广畜产大学教授龟谷勉博士等学者向中国畜牧兽医学会副理事长、中兽医学分会会长、中国农业大学动物医学院于船教授打听兽医广禅侯情况，特别是受到了龟谷勉博士的关注。1994 年 8 月 27~29 日，中国畜牧兽医学会中兽医研究会、山西省畜牧兽医学会、山西省晋城市人民政府联合在晋城召开了全国第二次广禅侯学术讨论会，会议仍然建议依托水草庙建立中国中兽医科技馆或中兽医博物馆。会后印发的《全国第二次广禅侯学术讨论会论文选编》收录了 6 篇有关广禅侯论文。

　　为弘扬中兽医遗产，丰富中兽医传统文化，加快发展阳城县畜牧业。根据第一届、第二届全国广禅侯学术讨论会关于修复水草庙建立中国中兽医科技（博物）馆的建议以及于船教授等老一辈专家学者的倡议，阳城县畜牧局在局长毕家闹、副局长原崇德等人的积极倡导下，一是配合阳城县文化馆以"广禅侯故事"为名申报市级、省级非物质文化遗产名录，2008 年 9 月 23 日被晋城市人民政府公布为晋城市第二批市级非物质文化遗产名录（晋市政发〔2008〕24 号）、2009 年 4 月 24 日被山西省人民政府公布为第二批省级非物质文化遗产名录（晋政发〔2009〕12 号），2009 年 6 月山西省文化厅给阳城县颁发了"省级非物质文化遗产·广禅侯故事"牌匾。二是配合县文物局，积极申报市级文物保护单位。申报的元、明、清时期的"水草庙"，1997 年 4 月 7 日正式被列为晋城市第一批市级重点文物保护单位（晋市政发〔1997〕61 号）。三是 2002 年 8 月 28 日启动了以收集整理兽医广禅侯文献等为主的《阳城畜牧兽医志》编修（2006 年 9 月 28 日召开了审稿会，2008 年 1 月 3 日通过阳城县方志办审定并正式铅印发行，全书大 16 开 724 页 130.8 万字，另有彩图 56 页）。四是 2005 年 8 月 16 日以阳城县畜牧局名义向晋城市畜牧局、晋城市畜牧兽医学会递交了关于"修复水草庙，建立中国中兽医博物馆"的申请以及实施方案，并逐级上报到山西省农业厅、山西省畜牧兽医学会，农业部兽医局、全国畜牧兽医总站和中国畜牧兽医学会中兽医学分会。

　　2010 年 8 月 25 日，阳城县凤城镇人民政府（山头村）向阳城县文物局呈报了《关于山头村修复广禅侯水草庙的立项呈请》；2010 年 12 月 28 日，阳城县文物局向晋城市旅游文物局提出《关于报审〈山头水草庙保护修缮工程设计方案〉的请示》；2011 年 1 月 7 日，晋城市旅游文物局回函出具了《关于山头水草庙保护修缮工程设计方案的评审意见》（晋市旅文函字〔2011〕5 号）。2011 年 3 月 10 日，在阳城县城建局完成了广禅侯水草庙修复建设工程招标。同日，新华社播发了一条题为《阳城县要建中国中兽医博物馆》的新闻：阳城县凤城镇山头村村支两委决定，投资 100 万元（后增资到 300 万元）在原址原样修复水草庙，并建立中国中兽医博物馆。同时计划投资 50 万元，对水草庙周围山坡进行绿化。整个工程计划

①　牛家藩. 全国首届广禅侯学术讨论会在山西召开.《中兽医学杂志》1987 年第 4 期
②　何同昌. 山西水草庙（中兽医庙）考察体会.《上海畜牧兽医通讯》1988 年第 3 期，第 36 页
③　祝建新. 古代曾为兽医封侯建庙.《农业考古》1989 年第 1 期，第 364 页
④　肖尽善. 全国首届兽医广禅侯学术讨论会在山西阳城召开.《中国兽医杂志》1988 年第 1 期

两年内完工。

中国中兽医博物馆的建设，旨在搜集和展示我国兽医事业的辉煌成就，尤其是要抢救中兽医学术精华，发掘中兽医学术遗产，传承中兽医传统文化，展示中兽医辉煌成就，促进中西兽医的交流、合作与发展。同时还要依赖这一交流发展的平台建设，激励广大兽医队伍挖掘、精研、传承、发展祖国的兽医理论，展精髓于当世，传国粹于后人，促进中兽医事业的快速发展。

2010 年 10 月 28～29 日，中国兽医协会会长贾幼陵先生（曾任农业部畜牧兽医司司长、兽医局局长）、中国兽医协会秘书长张仲秋博士（原中国动物疫病预防控制中心主任）利用中国兽医协会第一届中国兽医大会会议间隙，专门听取了阳城县畜牧兽医局修复广禅侯水草庙新建中兽医博物馆汇报。

2011 年 3 月 18～19 日，中国兽医协会副秘书长王庆波高级兽医师（曾任农业部畜牧兽医司防治处处长）、中国兽医协会中兽医分会会长兼中国畜牧兽医学会中兽医学分会会长、中国农业大学博士生导师许剑琴教授、中国兽医协会中兽医分会副会长兼秘书长、中国畜牧兽医学会中兽医学分会副会长、河北农业大学中兽医学院院长钟秀会博士，中国兽医协会李明先生一行 4 人，莅临阳城县就中兽医博物馆修建进行指导；7 月 23～24 日，中国农业历史学会畜牧兽医史专业委员会副主任委员兼秘书长、南京农业大学畜牧兽医史研究中心办公室副主任王成先生，受中国目前唯一的畜牧兽医史方向科学技术史专业博士生导师、南京农业大学教授李群博士委托，在晋城市畜牧兽医局常永成先生陪同下前往阳城调研了"广禅侯水草庙"工作，就新建中兽医博物馆提出了建议。

2011 年 10 月 22～26 日，中国农业历史学会畜牧兽医史专业委员会将在南京第二届中国农业文化遗产论坛上继续推介兽医广禅侯；10 月 28～29 日，中国兽医协会中兽医分会、中国畜牧兽医学会中兽医学分会将在合肥中国兽医协会第二届中国兽医大会期间举办中国兽医博物馆建设座谈会……

# 二、阳城广禅侯保护启示

"广禅侯"、"水草庙"是我国兽医史上的一朵奇葩，不仅为山西阳城县赢得了"兽医故乡"的美誉，而且也在无形中促进了阳城县畜牧兽医事业的发展。阳城广禅侯，虽然没有列入国家级非物质文化遗产名录，但有几点可以借鉴：

一是依靠权威专家支持。从 1985 年 5 月起，中国现代中兽医学奠基人、中国畜牧兽医学会中兽医学分会创始人之一、中国农业大学于船教授做了大量工作，并联合山西省畜牧兽医学会举办了两次全国性广禅侯学术研讨会，选编了《论文集》两本，从知网、万方、维普搜索来看，中国（北京）农业大学、山西农业大学、南京农业大学、中国农业科学院中兽医研究所、郑州牧业工程高等专科学校、山西牧校、长治农校、上海农校等均有专家撰文支持；即使是 21 世纪，农业部畜牧兽医司、兽医局、中国兽医协会、中国农业历史学会等也是积极支持。

二是本土人士积极推介。文章提到的李玉振、郭来保、原进得、毕家闹、原崇德等本土人士，如不是他们积极推崇，可能也不会有如此成果。如果没有 1981 年李玉振、郭来保的大会发言，大家也不会知道广禅侯；如果没有李玉振、原进得的邀请，于船教授也不会亲临阳城考察；如果没有毕家闹、原崇德和晋城市陆宝印、常永成等进京找机会汇报，也不会得到中国兽医协会、中国动物疫病预防控制中心领导的重视。加之，如果没有晋城市、阳城县、阳城县内各部门在市政府、县政府的领导下的密切配合、积极争取，市级文保单位、省级非物名录也不可能得到批准。

三是挤出资金用于保护。作为县城所在地的一部分，山头村村支两委十分重视文物保护，想方设法挤出资金并向有关部门争取资金，用于水草庙修复，在自身集体积累资金十分困难的前提下，投资 300 万元修建中国中兽医博物馆。就是两次全国广禅侯学术研讨会，阳城县政府也是大力资助；平时邀请专家学者的考察费用，均及时给予了解决。

# 三、发展中兽医非物质文化遗产

中国农业博物馆《古今农业》杂志副主编徐旺生研究员与中国科学院地理科学与资源研究所研究员闵庆文博士合著的《农业文化遗产与"三农"》[①] 认为，中兽医技术是农业遗产的重要组成部分，传统兽医技术属于重要的非物质文化遗产，千百年来担负着保障动物安全的作用，它在今天仍然继续为畜牧业的发展服务。近代以来，西方兽医学技术引进以后，但是传统兽医技术并没有失去其价值，在保障动物健康方面仍然做着较大的贡献，在针对今天日益严格的对畜产品贸易保护壁垒方面，将会承担起重要的作用。一可在动物检疫上应用，二可防治畜禽传染病，三可治疗奶牛心肌炎、临床型乳房炎，中兽医应对 WTO 绿色贸易壁垒具备特色和优势。他认为，中兽医学是祖国传统医学的重要组成部分，像中医一样，它不能完全推入市场而让其自生自灭，而是要在政府的保护与扶持下发展壮大。唯有如此，才能将这份珍贵的农业遗产发扬光大，为未来畜牧业的发展提供更加有利的保障。

江西省中兽医研究所张泉鑫（于船教授指导的第一个中兽医专业硕士）、严明两位先生在《中华传统兽医药应当列入国家级非物质文化遗产名录》认为，中兽医具有悠久的历史，完整的对动物生命与疾病认知方法，丰富多彩的诊治手段和技术。中兽医不仅对中国畜牧业的发展起了保障作用，在 1 000 多年以前便传出国外，还对世界兽医学的发展也作出了贡献。直至今天，中兽医及中西结合兽医仍具有其独特长处和优势，并在动物疫病防治及提高动物生产性能诸多方面发挥着它应有的作用。1956 年 1 月 5 日颁布的《国务院关于加强民间兽医工作的指示》（〔56〕国议字第 3 号），在当时对中兽医的保护和发展起了促进作用。而今，中兽医在很大程度上已让位于现代兽医（西兽医），这本来也是社会发展、科技进步的正常现象，问题是在发展现代兽医的同时，不少地方却忽视了中兽医的存在，对它的作用认识不足，因而导致中兽医面临着自生自灭的境地，在局部地区有失传的危险。因此，中兽医作为非物质文化遗产极有加强保护、传承发展的必要。

一是借鉴中医非物质文化遗产名录申报。2010 年 11 月 16 日联合国教科文组织将"中医针灸"列入了"人类非物质文化遗产代表作名录"。在国务院公布的三批"国家级非物质文化遗产名录"（2006 年 5 月 20 日、2008 年 6 月 7 日、2011 年 5 月 23 日）中，中医生命与疾病认知方法、中医诊法、中药炮制技术、中医传统制剂方法、针灸、中医正骨疗法、中医养生、藏医药、蒙医药、畲族医药、瑶族医药、苗医药、侗医药、回族医药、壮医药、彝医药、傣医药、维吾尔医药、传统中医药文化、同仁堂中医药文化、胡庆余堂中药文化 21 种已被列入，但中兽医没有列入。中兽医与中医同源，两者虽有其相关性，但也有其自身的特点，中医并不能完全包括中兽医。因此需要将中兽医单独列为国家级非物质文化遗产名录而加以保护和发展，我们赞同以"中华传统兽医药"一个总名称申报。它包括了中兽医（汉族兽医）及各民族兽医如蒙兽医、藏兽医、苗兽医等；也包括了传统兽医药的各个方面，如中兽医对动物体与疾病的认知、民间动物倒卧术、民间动物良劣相鉴术、传统动物疾病诊疗法、兽用中草药、兽医针灸术、民间畜禽阉割术等。或者是在目前"传统医药"下申报若干个项目。在已公布的省（自治区）级非物质文化遗产名录中，内蒙古自治区人民政府 2009 年 6 月 3 日公布的第二批自治区级非物质文化遗产名录（内政发〔2009〕47 号）中的"中兽医"、锡林郭勒盟行政公署 2008 年 12 月 20 日公布的首批盟级非物质文化遗产代表作名录（锡署发〔2008〕176 号）中"民间中兽医"，就是作为"传统医药"类公布，由内蒙古多伦县文化馆申报；"中兽医（民间中兽医）"传承人则由多伦县民间文化遗产保护协会申报，内蒙古自治区文化厅 2010 年 5 月 19 日公布（内文社字〔2010〕35 号）的是 1964 年 12 月出生的薛儒（汉族）。

二是建议"农业部"作为申报单位。已公布的中医类下的几个项目分别是以中国中医科学院、中国中药协会、中国针灸学会、北京同仁堂集团、浙江省杭州市、西藏自治区等地区或单位申报的。根据要求有关全民族的非物质文化遗产应由国家主管部委申报，如民俗类的春节、端午节、中秋节等都是由"文化部"作为申报单位。考虑到"中华传统兽医药"是属于全中华民族的，故建议由主管全国畜牧兽医

---

工作的"农业部"作为申报单位，并组织申报工作，或由农业部委托中国畜牧兽医学会中兽医学分会、中国兽医协会中兽医分会、中国农业历史学会畜牧兽医史专业委员会等组织具体承办申报工作。我们应该认真重视和积极开展中兽医非物质文化遗产申报工作，期望在不久的将来看到国务院公布的第四、第五批国家级非物质文化遗产名录中有"中兽医"或与此有关的项目名称。

三是结合具体情况从基层做起。非物质文化遗产既然有国家级、省级、市级、县级，自然我们发展中兽医非物质文化遗产自然也可以分为县级、市级、省级、国家级，我们每个从事中兽医的工作者，可以结合自己的工作单位所处级别，利用人脉关系向同级文化部门申报，比如《元亨疗马集》的安徽六安、《活兽慈舟》的四川威远、甘肃通渭、伏羲畜牧起源的河南淮阳、伯乐（孙阳）文化的山东成武等地，均可做自己力所能及的保护工作，通过聚沙成塔、集腋成裘发展中兽医非物质文化遗产。

# 四、结　语

河北农业大学刘占民教授（海洋学院党委书记、原中兽医学院副院长）2007年4月13日在其新浪博客（刘寄奴·振兴中兽医医药事业）说，"中医申遗，我们着急"，如今"中医针灸"（世遗）申报成功，我们（中兽医）更加着急，既要积极努力，把我们自己的事情做好；又要积极呼吁，争取广泛支持和认同；更要继续用我们对社会、对人类、对公共卫生事业、对畜牧业、对食品安全等方面的贡献，努力改变我们的现状。

中兽医属于非物质文化遗产，从2005年3月26日下发《国务院办公厅关于加强我国非物质文化遗产保护工作的意见》（国办发〔2005〕18号）到2011年2月25日通过《中华人民共和国非物质文化遗产法》，中兽医列入非物质文化遗产名录的太少，实际上符合申报的较多，为此当前最急迫的工作就是继续做好中兽医非物质文化遗产申报工作，对已批的中兽医非物质文化遗产切实做好建档、保存、传承、传播、保护，争取农业部、农业部兽医局和各省市自治区畜牧兽医局的重视和扶持，从而才能推动中兽医非物质文化遗产工作进一步向前发展。

2011年7月24日初稿
2011年10月1日修改

# 中华家猪和太湖猪文明的起源与现状

李　妍

（南京农业大学人文社会科学学院）

　　**摘　要**：中国是世界上最早有养猪记录的国家，太湖猪作为我国最优秀的地方猪种之一，自明清以来就因其繁殖性能高、产仔多、杂种优势明显而享有盛誉，备受业界人士的关注，但太湖猪也存在着一些基因方面的不利原因，本文从中华家猪和太湖猪文明起源出发，探究太湖猪的种族渊源、发展现状以及发展保护方面存在的问题，在此基础上寻找太湖猪保护的长远发展模式，一部太湖猪的驯化史，就是一部人类改造自然的奋斗史。太湖猪不愧是环太湖地区的有人类物质文化遗产价值的国之瑰宝。

　　**关键词**：太湖猪；利用现状；文化遗产与保护

　　引言：在人类精神产品和物质资源日趋富足的二十一世纪，却无论如何也不能忘记那些一直令我们爱不释怀的美味和支撑过我们健康和营养结构的肉食——中华家猪类群中的佼佼者、江南的太湖猪。为了繁育和改良这个兼有高贵血统和土著基因的史前遗珍，繁育者们进行了大量的富有建设和传承意义的科研工作，令我们在今天回首时，不由得心情复杂、感慨万千，因为结果的重要和神圣，决非餐桌可以尽言。

## 一、中华家猪和太湖猪文明的起源

### （一）家猪是华夏文明和中华农业的先声

　　猪是人类最早驯养的动物之一，也是私有制出现后私有财产的主要标志。大约距今六七千年乃至一万年前就已有猪的驯养，当时农业生产水平低下，养猪成为防止饥荒，调节粮食余缺的一种手段。随着农业生产的发展，宰杀幼猪逐渐减少，猪的数量与类别增多起来。中国是世界上最早有养猪记录的国家。新石器时期中国家猪的起源、驯养及其分布情况，证明以养猪为代表的中国原始畜牧业是和原始农业同时起步的。

　　中国的史前农业和养猪业距今已有一万年以上的历史，在各地考古发掘出土的许多实物足以说明我国新石器时代家猪的驯养及在全国的分布非常均匀。在《周礼》中，记载了有关各种猪的不同叫法，通称为彘或猪，分别来说：牝猪叫豝，牡猪叫豭。若以年龄老幼分，小猪叫豚，生后六个月叫豵，一岁叫豝，二岁叫豝，三岁叫特，四岁叫豣，阉猪叫豮，老猪叫羭。以毛色而区分：体黑白头的叫豲，四蹄皆白的叫豥。说明随着生产的发展，当时对不同的猪已有区分的要求。

### （二）自然界和考古学中最早的中华家猪和太湖猪

　　目前，中国最早的养猪业被发现于河北省武安县磁山遗址，距今八千年左右。磁山遗址中超过60%的猪在0.5~1岁时就被宰杀，这种死亡年龄结构不象是狩猎的结果，而是人为控制下的产物。猪舍中堆积着大量的炭化小米，说明了是当时人类的刻意所为。此外，中国科学院古脊椎动物与古人类研究所对广西甑皮岩遗址出土的家猪遗骨进行了专门研究，证明那是中国境内年代最早的。

　　在距今大约7 000年的浙江余姚河姆渡遗址中，也出土了73个猪体的骨骼，同时出土了陶制的猪模型。在浙江余姚河姆渡遗址中出土的陶猪的前后躯的比例为5∶5，介于野猪的比例7∶3和家猪的比例

3：7之间，属于人类驯化和自然野生之间的中间型，这也从侧面间接地反映出从河姆渡遗址发现的家猪，还远远不是最初开始驯化时的早期家猪，而是比较进步的中期家猪了。遗骸经专家鉴定，为人工饲养猪。

通过对苏州的良渚文化时期的龙南遗址出土的各类动物骨骼进行可鉴定性标本数量的统计分析，家猪等家养动物占全部动物遗骸总数的 70%。其中猪有 178 只，牛 10 头，狗 22 只，由此可以看出，养猪业仍然是良渚时期太湖地区畜牧业的主要内容。而以家猪为首的畜牧产品足以代表当时人们的食物构成。很明显家猪已成为当时太湖地区畜牧业的主体。由于江苏苏州和浙江余姚同属太湖猪传统养殖区城，我们不难得出这里就是太湖猪的主流基因库的结论。

## （三）猪文化和猪文明涵义

关于猪，华夏各地的称呼不尽相同，《方言》曰："猪，关东谓之彘，或谓之豕，南楚谓之豨，其子之谓之豚，或谓之貕。吴扬之间谓之猪子。"汉字中的"豭"字为公猪之意，"豝"为母猪之意。据《山海经·海内经》记载：黄帝曾孙颛顼的父亲乾荒就是"豕喙"一族的族长；《淮南子·地形篇》记录的"豕喙民"就是我国最早的家猪饲养专业群体（相当于今天的专业村专业户），是我国早期的氏族河伯冯夷（封豕）的族氏。

尽管人类饲养家畜的历史远远早于乾荒在世时的四千五百年前，但是乾荒"豕喙民"族的图腾，却是在上古史中举世独存的文化和物质的双证。此时，我们要重点强调的是："豕喙"（封豕）的封地是在"吴"或"东夷"，即盛产太湖猪的苏、浙、鲁、皖交界的环太湖地区。

据《山海经》记载，黄帝妻嫘祖，生昌意，昌意降处若水，生韩流，又名乾荒。韩流擢首、谨耳、人面、豕喙、麟身、渠股、豚趾（猪蹄）。这个从头到脚都与"豕"即"猪"有关的韩流暨乾荒也叫韩荒暨寒荒，他的封地在"寒"即"韩"、"干"即"乾"、也就是今从扬州到射阳一带的"寒国"、"邗国"。《大荒西经》有寒荒之国，讲的就是这个地方。"豕喙"又即"室韦"，亦即今朝韩二国的族源。

各地的猪还有不少可爱的别名，如"刚鬣"、"亥氏"、"糟糠氏"、"黑面郎"、"乌将军"、"长喙将军"、"天蓬元帅"、"乌羊"，"猪八戒"、"乌金"…等，不一而足。其中"乌金"的出处就有的杜甫诗曰："家家养乌金，顿顿食黄鱼"。有人解释"乌金"喻养猪生财之意。有趣的是，我国西南山区的乌蒙山与金沙江一带，有一种猪就叫乌金，地域与形象、民俗和民粹竟如此有机地在猪的身上融合了，说明我国农耕文明中的猪文化的内涵，早已蕴有豕喙或封豨文明的基因。

## （四）猪文化和猪文明的交流与传播

在西方，猪在民俗文化的象征意义与东方民族大同小异，甚至非常趋同于东方，如古代德国就有吹风笛的猪雕是代表色欲的，认为梦见猪与性有关，而我国战国时《河伯娶亲》的传说，则是将豕喙一族的法定代表人河伯冯夷，每年都要娶一个美若天仙的娇娥，《西游记》中的猪八戒也很贪恋高老庄的美女，可以说明这些东西方的色欲都有来自豕喙一族的。

达尔文在《物种起源》中写到："中国人在猪的饲养和管理上颇费苦心，这些猪明显呈现出高度培育族所具备的性状，它们在改进我们的欧洲猪的品种中，具有高度价值"。据《大不列颠百科全书·中国猪种》记载："现在欧洲的猪种，是当地的猪种和中国猪种杂交而成"，其中中国猪种的条目写道："早在二千年前，罗马帝国就引进了中国猪种，改良他们原有的猪种而育成了罗马猪"。

康熙三十八年（1699 年）英国商人也从广州带走中国猪，回去与英国本土猪杂交，并在 18 世纪中叶，形成了巴克夏、大约克夏及美国波中猪、切斯特白等优良品系。1986 年 7 月，日本家畜试验站从江苏省引进梅山猪 10 头（其中 3 头公猪，7 头母猪），1987 年英国从我国引进 21 头梅山母猪、11 头梅山公猪，美国在其农业部农业研究院、伊利诺斯大学和衣阿华州立大学的一项合作协议之下，于 1989 年从我国进口 123 头太湖猪（其中 66 头梅山母猪，33 头梅山公猪，24 头枫泾公猪）。

直至现在，西班牙、荷兰、阿尔巴尼亚、泰国、匈牙利、罗马尼亚、朝鲜、海地等国家为提高本国猪种的综合专项指标，也相继直接或间接地引入太湖猪，开展繁殖性能、生长性能、胴体品质、肉质性状、内分泌机制、高繁殖力机制、抗逆性、消化性能、分子遗传方面的性能研究，试图从太湖猪的扩散地培育出各项指标优于种源地的太湖猪类群。

# 二、太湖猪的种群渊源与优良特性

## （一）太湖猪的类群及产地

太湖猪是我国最优良的家猪品种之一，属江海型。主要产于长江太湖流域的沿江沿海地带。其中主要有下列几个品系，据 1989 年统计，太湖猪的产区分布达两省一市共有 43 个县（市），其中江苏 26 个，浙江 9 个，上海 8 个，纯种太湖母猪达 61.24 万头。目前太湖猪主要分为七个类群，以二花脸猪为主要类群，其次为枫泾猪、嘉兴黑猪、梅山猪、横泾猪、米猪、沙乌头等。太湖猪的类群主要有以下几点：

### 1. 二花脸猪

太湖猪中分布最广、数量最多的一个类群。主要分布在江苏省江阴市的申港、利港、夏港、西石桥、南闸等乡，武进的焦溪、郑陆、三河口、新安等乡以及无锡、常熟、张家港、丹阳、丹徒、宜兴、靖江等县（市）以及泰兴、南通等县的部分乡村。

### 2. 梅山猪

太湖猪主要类群之一，主要分布在上海市的嘉定县、青浦县东部、宝山县西部，江苏省的太仓、昆山、海门、如东、江浦等县（市）和南京市雨花区。按体型大小分中型和小型两种。

### 3. 枫泾猪

太湖猪主要类群之一，主要分布在上海市的金山、松江、奉贤、川沙、青浦县的西南部和江苏省的吴江县，因以上海市金山县枫泾镇（该镇历史上曾属浙江省）为苗猪集散地而得名。

### 4. 嘉兴黑猪

嘉兴黑猪是太湖猪种中较为优质的类群，以浙江省嘉善县的杨庙、天壬、西塘，平湖县的共建、新仓、新庙等乡镇为繁殖中心，主要分布在嘉兴、嘉善、平湖、桐乡、海盐、海宁、吴兴、长兴等县市。

### 5. 横泾猪

横泾猪系小型猪种之一，以江苏省吴县的横泾镇为母猪繁殖中心和苗猪集散地，并因此而得名，主要分布在吴县全境及苏州市郊区。

### 6. 米　猪

米猪是太湖猪品种的原始猪种，主要产地在江苏省金坛县的水北、五叶、儒水、城东等乡和扬中县的永胜、八桥、油坊等乡，在 20 世纪 70 年代末已遍布到到金坛县和扬中县的全境及与之毗邻的溧阳、丹徒、丹阳、武进县的部分乡镇。

### 7. 沙乌头猪

沙乌头猪又名沙河头猪，主要分布于江苏省的启东县和上海市的崇明县。

## （二）太湖猪的优良特性

1. 太湖猪体型较大，体质疏松，黑或青灰色，四肢、鼻均为白色，腹部紫红，头大额宽，面部微凹，额部有皱纹。耳大皮厚，耳根软而下垂，形如烤烟叶。背腰宽而微凹，胸较深，腹大下垂，臀宽而倾斜，大腿欠丰满，后躯皮肤有皱褶，全身被毛稀松，毛色全黑或表灰色或六白不全。奶头一般为 8～9 对。

2. 太湖猪耐热、抗寒、发情早。一般四个月就能发情配种，比其他猪种要提前五个月以上配种，可比其他猪种提前多产一窝仔猪而且节省饲料在 300 千克以上，是目前肉猪生产发情最早的猪种。

3. 太湖猪的母性好。配种准时，性情温顺，猪栏高度在 50 厘米时母猪不跳栏，蹿圈，仔猪断奶母猪就已经发情配种，很少出现不发情、空怀、压死、咬死仔猪的现象。克服目前农村养猪久配不上，甚至空怀、产仔少、死胎多的通病，一般产仔数在 15～18 头，乳头一般在 9 对以上，抗病抗逆性强，无应激，在极端不良的条件下也能表现良好。杂交配合力好，经过杂交的二元、三元商品猪生长极快。

4. 太湖猪的繁殖性能高。是我国乃至全世界猪种中繁殖力最强，产仔数量最多的优良品种之一，其中尤以二花脸、梅山猪最高，初产平均12头，经产母猪平均16头以上，三胎以上，每胎可产20头，优秀母猪窝产仔数达26头，最大产仔量曾有一胎43头之多。如1982年2月17日，在江苏省江阴市，一头太湖猪竟然产下了42只小猪仔，并且存活了40头。

5. 太湖猪的杂交优势强。太湖猪的遗传性能比较稳定，尤以在与瘦肉型猪种的结合时杂交优势更强。因此说太湖猪最适宜作杂交母体。通过对太湖猪用作长太母本（长白公猪与太湖母猪杂交的第一代母猪）开展三元杂交过程的观察与论证表明，在杂交过程中，杜长太或约长太等三元杂交组合类型保持了亲本产仔数多、瘦肉率高、生长速度快等特点。

6. 太湖猪耐粗饲料，易喂养。饲料中青粗料占到30%时能正常繁殖和哺乳，可充分利用糠麸（粮食加工厂的下脚料），糟渣（酿酒粮食的下脚料），红薯藤（土豆的藤蔓）花生秧（旱花生和水花生的藤蔓）各种秸秆（玉米秸和玉米棒的弃芯等）等农副产品，母猪日粮中粗纤维饲料可高达20%左右，是一个耐受粗饲料且较为节粮的猪种①。

7. 太湖猪肉质鲜美独特。太湖猪早熟易肥，胴体瘦肉率38.8%~45%，肌肉pH值为6.55，肉色评分接近3分。肌蛋白含量23%左右，氨基酸含量中天门冬氨酸、谷氨酸、丝氨酸、蛋氨酸及苏氨酸比其他品种高，肌间脂肪含量为1.37%左右，肌肉大理石纹评分3分。太湖猪不愧是料肉比高、美食性强的生猪产品。

这在全球变暖，各国都在争取早日找到低碳减排的生产和生活方式的过程中，势必成为各国高度重视的生产品种。太湖猪耐粗饲料，易喂养的这一生物学特性，则更应是各国农牧专家在选择低耗高产食品时的首选品系。2006年6月2日，太湖猪被列入国家级畜禽遗传资源保护名录。

# 三、太湖猪保护利用的现状

## （一）太湖猪保护与利用

清末民初，战争纷乱，社会动荡不堪，猪种的选育技术无实质性的开展。直至解放后，太湖猪种资源的保护受到政府的重视，在太湖猪产区相继建起保种基地和县、乡级种猪场。一些种猪场因地制宜，开始尝试新的选育方式。最先采用的是系祖建系法，就是从品种群群体中挑选出优秀个体（一般是公猪）作系祖，通过中亲交配的近交形式，使后代与系祖保持一定亲缘关系，并积累和纯合其系祖的优秀品质，不断提高群体中继承系祖优秀品质的个体比例的方法。

新中国成立后，太湖猪种被列为国家重点保存优良猪种，为提高太湖猪的质量和杂交效果，又不威胁太湖猪原有的高产性能，遂需建立科学的繁育体系，即根据本地区选定的杂交组合，建立配套的各种不同性质的养猪场。20世纪60年代，江苏省、浙江省和上海市三地的畜牧部门对太湖地区猪种资源进行了普查，全面掌握了太湖猪的分布及猪种特点。从20世纪70年代起，先后建立太湖猪种农村保种基地和县、乡级种猪场共228个，通过对核心场、扩繁场和保护区三级体系的建设，开展公司加农户的经营管理模式，把品种保护、选育和资源开发利用有机结合起来，切实做好太湖猪种资源的保存和提高工作。

### 1. 建立太湖猪基因库，扩大太湖猪良种繁育体系

太湖猪作为我国宝贵的地方猪种资源之一，是培育新品种的重要基因来源，有着巨大的利用潜力和广阔的发展前景。1979年7月，根据农业部有关文件精神的指导，在太湖猪育种协作组基础上，成立太湖猪育种委员会，1981年太湖猪育种委员会制定并通过《太湖猪良种登记试行草案》，2000年8月23日，农业部公告了78个国家级品种资源保护名录，有19个猪品种资源，其中太湖猪种的梅山猪和二花脸就属于该批保护对象。

---

① 参见熊文中等：《国内外对太湖猪繁殖性能的研究》，《畜牧与兽医》1997年第6期

据统计，1996 年江苏省太湖母猪已达到 32 万头，占全省母猪总数的 26%，太湖猪中三个类群，目前已达到 200 头母猪群体规模，各有 5 个以上家系，现仍在进一步扩群中。种猪场的建立，基本上发挥了良好的辐射作用，促进了太湖猪饲养数量的逐步上升。建立区域性活体基因库，实行保种与开发相结合。从保护遗传多样性的角度考虑，优先将太湖猪类群中最具高产特性的二花脸猪和最具代表性的梅山猪、枫泾猪三个类型保存下来，为我国地方猪种保护工作提供新的经验。

在太湖猪繁育基地中建立符合保种要求数量的保护群，防止与其他品种、类群猪进行群体混杂，并保持每头种猪血缘清楚。采用各家系等量留种、制定合理的交配制度等措施，防止各类群种猪近交系数上升及性能退化。加强种猪生产性能测定、选育工作。主要进行体型外貌选择和生产性能测定，使体型外貌符合品种要求，生产性能达到稳定，并逐步有所提高，以有利于体型外貌一致性的选择；生产性能测定主要测定繁殖性能、生长速度、活体膘厚、饲料报酬、胴体瘦肉率等，以有利于各种经济性状的提高。

**2. 引进并培育了一批新品种**

20 世纪 70 年代末开始，广大科技人员在对地方品种和引进品种的遗传特性、生产性能开展观察测定的基础上，根据不同品种的遗传特性和不同地区、不同饲养条件、不同市场需求，通过不同杂交组合试验，筛选出了多个高效杂交组合，广泛用于各地的商品猪生产。并利用地方品种和引进品种培育了一批新品种、配套系。先后从丹麦、美国、英国、瑞典、法国、加拿大等国家引进了大白猪、长白猪、杜洛克猪、皮特兰猪等世界著名瘦肉型猪品种以及 PIC、斯格等猪配套系。这些品种、配套系已基本适应我国不同地区的生态条件，为开展我国生猪遗传改良工作奠定了良好的基础。

在探讨太湖猪高繁殖力的生理机制方面，1979 年进行了枫泾猪繁殖生理的研究。8 月龄和成年母猪分别于发情后 36 ~ 41 小时和 27 小时开始排卵，平均排卵数分别为 16.7 个和 31 个；卵子受精率分别为 95.3% 和 68.6%。1980—1983 年进行了梅山猪繁殖生理研究。梅山猪小母猪初次发情日龄平均为 85.2 天，初次发情排卵数为 10.33 个。2 胎母猪排卵数为 22 个，3 胎以上母猪平均为 28.09 枚。

1984—1985 年进行梅山猪染色体研究。每头猪大部分细胞具有 38 条染色体，而性染色体（X 和 Y 染色体）位于中部着丝点，最长一对染色体属 sm，定为 1 号染色体，而 3 号和 10 号染色体特征为远着丝点染色体 aaJ〔a4〕。这对探讨梅山猪种群的遗传机制、进化和品种间的亲缘关系有重要意义[①]。

**3. 优化太湖猪新类群的繁育特性**

我国一直以来都是根据猪的体质外形来选择猪种，虽然也符合形态与机能相一致的原理，但是精确度低。从明清太湖猪的繁育起始，太湖猪的饲养一直都是围绕积肥和食肉为主延续着。但是到了近现代，科技学技术日新月异，太湖猪缓慢的生长速度逐渐凸显出来，日增重不到 400 克，这已远远跟不上经济发展的速度，满足不了市场的需求。为提高太湖猪的增重速度，节约饲养成本，最重要的就是选择优化生长时间的选育方法。

20 世纪 70 年代中期，浙江省嘉兴市双桥农场、嘉善县桑苗良种场、平湖县农牧场、江苏省无锡市第二种猪场开始尝试群代继代选育方法，改进了以往不注重以遗传力理论区分不同选育效果的方法。在保证太湖猪原有优良生殖性状的基础上，改进了太湖猪生长慢的缺点，从整体上提高了群体的遗传素质。

## （二）太湖猪保护利用的最新进程

由于社会的进步和市场的需要，太湖猪利用和保种日益成为太湖猪繁育工作的重中之重，除江苏省建成了占地 180 余亩的太湖猪育种中心外，仅上海市就又建有三个太湖猪的保种场：其中上海嘉定种畜场，作为梅山猪保种场；上海崇明种畜场，作为沙乌头猪保种场。

为提高选择的精确度，太湖猪育种中心以太湖猪为基础母本，以群体继代选育为基础，结合个体生产性能测定和同胞性能测定的选择方法，采取导入外血、横交固定、继代选育、性能测定、综合指数评定等育种技术措施，经过八个世代的选育，培育出一个国家级瘦肉型新猪种——苏太猪，并在全国各地推广，成为我国地方猪种育种工作的典范。

---

① 详见《浙江大学》2006 年硕士学位论文《上海市地方畜禽品种保种现状分析及对策研究》作者：郁金观

20 世纪 80 年代中期，国家科委把"中国瘦肉型猪新品系选育"作为新时期课题，太湖猪产区两省一市的相关畜牧研究单位和专家开始太湖猪肉质品质优化选育方法的探讨。2002 年，国家农业部相关领导到育种中心视察，希望苏太猪育种中心能承担起太湖猪的保种及开发利用的课题科研工作。

江苏省农林厅已将首批"江苏省猪种质资源基因库"授牌给"苏太猪育种中心"，中心将常年保持具有研究员及高级职称的人才 4 名以上，中初级职称人才 10 名以上，以使基因库建设可持续发展。下面就是他们制定的太湖猪纯种保护方案。

1. 太湖猪原有的 7 个类群，历史上以二花脸猪、梅山猪、枫泾猪在太湖猪群体中最具代表性，这三个类群占整个太湖猪的 75% 以上，而且生产性能也较为突出。其中二花脸猪是太湖猪中产仔数最多的类群，几乎是太湖猪的代名词。所谓"国宝"之称，主要是指的这个类群，至今国家尚未对外出口。

2. 由苏州市苏太猪育种中心建立太湖猪活体基因库，实施活体保存，并进行保护选育、产品开发利用，使太湖猪原种不但得到保存，而且还不断有所提高，同时在生产中发挥作用。

3. 保种目标

（1）二花脸猪、梅山猪、枫泾猪 3 个太湖猪类群母猪规模均达到 80 头以上，公猪 10 头以上，并具有 5 个以上家系。（2）保持每个类群血缘纯合，防止与其他品种、类群猪进行群体混杂，并保持每头种猪血缘清楚。（3）加强种猪生产性能测定、选育工作。采用各家系等量留种、制定合理的交配制度等措施，防止各类群种猪近交系数上升及性能退化。

4. 资源开发和创新利用

加强种猪推广，使太湖猪基因库成为全国的引繁中心，基因库建设在猪种资源保护的同时，也不断地选育，使品种质量保持稳定并逐步提高，计划年推广太湖种猪 1 500 ~ 2 000 头。目前，由于养猪生产者为了追求更大的经济效益，片面追求生长速度快、瘦肉率高，从而导致了猪肉质差，味道不鲜美，现在很多消费者反映很难吃到以前那样肉质鲜美的猪肉了[①]。

## （三）太湖猪最重要的保护利用版——苏太猪

### 1. 以杜洛克为父本的苏太猪

苏太猪是以太湖猪类群中的小梅山、中梅山、二花脸和枫泾猪为母本，以杜洛克为父本，通过杂交育成的以太湖猪为基础培育成的中国瘦肉型猪新品种，1995 年通过科技成果鉴定。苏太猪作为科技成果先后获得国家科技进步二等奖，原国家计委、科委、财政部联合颁发的重大科技成果奖，农业部科技进步一等奖，江苏省农业技术推广一等奖，苏州市科技进步一等奖等多项奖励。

### 2. 以大白或长白为父本的苏太猪

此外，苏太猪的繁育者还以苏太猪为母本，与大白公猪或长白公猪杂交生产"苏太"杂种猪是一个很好的模式。苏太杂种猪的胴体瘦肉率 59% ~ 60%，达 90 千克体重日龄 160 ~ 165 天，25 ~ 90 千克阶段日增重 700 ~ 750 克，饲料转化率 1：2.98。在杂交生产"苏太"杂种猪类群的专业参数和技术指标方面，取得了不俗的成果。

### 3. 关于苏太猪的推广

时至今日，江苏省已有 80% 以上的县市饲养了苏太猪，而在全国，苏太猪已推广到 30 个以上的省、市、自治区。苏太猪的培育成功，为世界增添了一个独具特色的瘦肉型猪新品种，也为我国利用地方猪种的宝贵遗传资源，进行现代育种工作树立了典范。

### 4. 苏太猪繁育的前瞻性战略

为进一步保存今后 20 年太湖猪中部分类群已越来越少的珍贵种源，苏太猪的繁育者计划建立一个太湖猪活体基因库。目前，高产的二花脸猪和最具代表性的梅山猪已先期进入基因库隔离饲养。在今后的十年内，基因库将在对太湖猪保种育种的同时，加以有效开发利用，争取再培育一个新猪种。根据保种工作较为规范的梅山猪保种场近二十年来保种数据资料，用群体遗传学、保护生物学的原理，用畜禽遗

---

① 详见苏州市苏太猪育种中心《太湖猪保种申报书》等

传资源受威胁的程度、群体的有效大小、群体近交系数增量、繁殖力、生长发育等指标的统计分析，得出如下结论：

（1）梅山猪的实际群体有效大小由于受市场需求的影响，明显偏小：Ne < 160。

（2）梅山猪的群体近交系数增量明显过大：△F > 0.006；说明梅山猪的品种遗传资源保护受到了威胁。

（3）梅山猪生长发育虽然没有出现下降趋势，但初产和经产母猪的繁殖力呈现出明显的逐年大幅度下降的趋势，其中：初产母猪的产仔数已经从保种开始时的每胎 14 头，下降到现在的 9 头左右；经产母猪的产仔数已经从保种开始时的每胎 16 头，下降到现在的 13 头左右。

**5. 苏太猪的类群特性**

（1）苏太猪是以世界上产仔数最多的太湖猪为基础培育成的中国瘦肉型猪新猪种，保持了太湖猪的高繁殖性能及肉质鲜美、适应性强等优点，与外种公猪杂交，具有生长速度快、瘦肉率高、杂种优势显著等特点，是生产瘦肉型商品猪的理想母本。

（2）苏太猪全身被毛黑色，耳中等大耳垂向前下方，头面有清晰皱纹，嘴中等长而直，四肢结实，背腰平直，腹小，后躯丰满，具有明显的瘦肉型猪特征。

（3）苏太猪具有产仔多、生长速度快、瘦肉率高、耐粗饲、肉质鲜美等优良特点，可作为生产三元瘦肉型猪的母本。

（4）生长发育。断奶至 50 千克阶段，日增重 570 ± 25.6 克（仔猪），50 ~ 90 千克阶段日增重（710 ± 28.8）克（架子猪）。肥育性能达 90 千克，日龄为（178 ± 3.45）天，育肥期饲料转化率为 3.11（商品猪）。

（5）繁殖性能。经产母猪平均产仔（14.5 ± 1.06）头，产活仔数（13.78 ± 0.98）头，35 日龄断奶体重为（7.85 ± 0.56）千克。

（6）胴体品质。胴体瘦肉率为 56.10% ± 1.32%，肌内脂肪高达 3%，肉色鲜红，肉质鲜美，细嫩多汁，肥瘦适度，适合中国人的烹调习惯和口味。

# 四、太湖猪及苏太猪保护利用中存在的问题

## （一）全球关心对太湖猪利用现状的提升

太湖猪作为我国最优秀的地方猪种之一，自明清以来就因其繁殖性能高、产仔多、杂种优势明显而享有盛誉，备受业界人士的关注，甚至扬名海外，赢得世界的称赞。

近现代以来，原由于特殊的生产条件、地理环境和政治地域上的隔离，使得太湖猪种存在着许多其他猪种没有或很少的基因或基因组，表现出太湖猪种在对各国家猪的遗传育种等项研究及实践中具有独特的作用。

美国、英国、泰国、日本、朝鲜、法国、匈牙利、阿尔巴尼亚、罗马尼亚等国家都已对太湖猪进行了规模引进，同时也开展了高繁殖性能及杂交利用等多项研究，这样就使对太湖猪基因的改良和利用，进入一个全球化和国际性的背景。

作为太湖猪的原产地，我们不能只守住太湖猪这个古老的品种止步不前，当下已然形成的万马奔腾的局面，不能不说是对太湖猪种源地的一种挑战、鞭策和机会。为加快太湖猪育种步伐，培育出既保持太湖猪繁殖力高、肉质鲜美而又有较高瘦肉率和较快生长速度的瘦肉型猪种，已成为太湖猪育种和开发利用工作日程中的重要任务。

## （二）太湖猪保护利用存在的问题

**1. 历史原因造成的不足**

（1）太湖猪种源地养殖状态

鸦片战争爆发后，由于国内的农业生产受到严重摧残，从而使我国畜牧业遭受严重损失，养猪业也

受到冲击不断后退，产量急剧下降。新中国成立以后，经过对私有制的改造、大跃进和文化大革命的冲击，太湖猪曾两次濒临灭种之灾，太湖猪作为地域性农户散养的家猪品种，其种群的利用和繁育基本处于自生自灭望天收的低端保护状态，根本谈不上任何有科学意义的系统的繁育和保护。

进入 20 世纪 90 年代以后，生猪生产者为了满足市场对瘦肉型猪的需求，又分别从国内外引进大约克夏、杜洛克、长白山等瘦肉型公猪与纯种太湖猪杂交，大量生产二元及三元杂交商品猪，以达到大量生产纯种瘦肉型商品猪的目的，从而提高经济效益。

由于农户引种时的混乱和无序等原因，太湖种猪的纯粹性遭到了极大的破坏，这就直接导致了纯种太湖猪急剧下降，甚至到了要丧失纯种太湖猪亲体配种优势的后果。在太湖猪类群之一的横泾猪的故乡横泾镇，科研人员甚至很难找到一头原生态的横泾猪公猪，同时，横泾猪母猪的存栏量也只剩下极少数，几乎可以说是横泾的横泾猪资源已经面临缺失的危险。

（2）太湖猪食物和肉质的原始状态

由于长期处于农户散养状态的太湖猪种源的单一，造成了太湖猪种源原生性的弱势，其瘦肉率与饲料中蛋白质的含量都很低，根据生猪的生长发育规律，通过限喂能量饲料可以提高胴体瘦肉率。这就要求太湖猪的繁育者改善饲喂方法，提高猪饲料的氨基酸含量，开发新型高蛋白的饲料资源，才能真正达到大量生产纯种瘦肉型商品猪的目的。

因此，早期太湖猪的肉香率不够高、肉料的大理石纹不够优美、瘦肉率也不够理想等低参数率，只有 42% 左右，而国外猪种可达到 64% 以上。与养猪业的发展及人民生活水平的提高很不相适应。因此，培育肉质鲜美而又瘦肉率高的瘦肉型猪种，也促使着太湖猪的繁育者对太湖猪的发展与变革充满了崭新的计划。繁育品猪的目的，从而长期稳定地提高经济效益。且太湖猪的繁育者对其的管理和改良方式也亟待加强。

（3）其他

改良前的太湖猪还有生长速度较慢等不足之处，日增重不到 400 克，瘦肉率只有 42%，即使与瘦肉型公猪杂交，其二元杂交一代瘦肉率也只有 50%，日增重 500 克，与当今养猪业的发展及市场对繁育者要求的提高很不相适应。

由于太湖猪的保护成本较高，虽然太湖猪产仔数高，但其弱点是生长慢，6 月龄体重仅为 50 千克左右，而国外猪种可达到 100 千克；这也是为什么一段时间内很少有人大量饲养太湖猪的原因。

传统的农户往往因为积肥的需要，会故意延长生猪的饲养时间，但实际上把猪养到 100 多千克时，生猪就会达到生产瘦肉的最佳时期，此时再大量摄入精饲料就会导致脂肪的增加，就会造成生猪瘦肉率的下降和料肉效率的降低，因而增加了饲养成本。因此，为提高猪只的瘦肉率，导入新型的饲喂配方并及时调整饲养管理方案，才是调整此前太湖猪存在的不足及应对措施的关键①。

**2. 繁育工作中存在的问题**

（1）太湖猪保护利用的工作过程资金投入严重不足

2005 年以前，国家财政每年用于畜禽资源保护的资金仅有几百万元，2006—2008 年增加到 1 500 万 ~ 2 000 万元，2009 年增加到 3 280 万元。这些资金不要说满足约 500 个地方品种的保种需要，就连 138 个国家级保护品种的保种经费也难以保障。这就导致了保种场、保护区和基因库体系建设滞后，多数资源场的设施设备陈旧、人员老化、技术力量不足、人才流失严重，开展保种选育工作的难度较大，部分品种的优良性状严重退化或丢失。

（2）太湖猪资源数量下降仍在继续，甚至在加剧

据统计，1992 年在太湖猪原生地苏州市生猪栏存为 147 万头，到 1998 年全市生猪栏存降到 100 万头，目前全市栏存生猪仅为 81 万头。此外，太湖猪猪种资源的减少也是不利于我国乃至世界猪育种事业发展的，并将影响整个生猪产业的持续健康发展。因此，加强猪种资源的保护与利用十分紧迫。有些太湖猪品种的优良特性尚未被认识就已消失了，业界曾对太湖猪特征特性的发掘和评估滞后，对太湖猪的优良特征特性发掘和评估不全面，局限于形态学、生理学上的描述和分析，缺乏对太湖猪资源保护与利用的

---

① 《我国猪遗传资源保护利用现状与对策》详见 2010 年 8 月 30 日《山东养猪通讯》作者：于福清 王志刚

分子生物学基础研究等。

（3）太湖猪繁育者对地方猪种选育和利用不够

由于普遍缺乏对地方猪种的持续系统选育，选育方向不能适应市场消费需求，产业化生产格局尚未形成，导致地方猪种在种猪和商品猪市场缺乏竞争力。保护与开发利用脱节，尚未建立以保种促开发、开发促保种的良性循环机制。以地方品种为素材，通过本品种选育和杂交育种，培育专门化品系、配套系和新品种的工作没有受到足够关注，地方猪种资源的肉质、繁殖性能与适应性等优良特性没有得到充分利用。

（4）太湖猪肉质的不足

在 20 世纪 70~80 年代，人民群众的生活水平还较低，在畜产品的消费上人们只满足数量，对产品口味、品质的要求不高。为满足市场肉食品供应，生猪繁育者先后引进多个国外生长速度快，饲料报酬高的生猪产品，对提高生猪生产水平起到了较大的推动作用，导致纯种太湖猪的数量也随之减少，再加上地方畜禽品种资源缺乏长期规划，资金投入和技术保障跟不上，生产性状上没有多大改变。生长速度慢，饲料报酬低，脂肪沉积快困扰着地方畜禽品种的选育工作，广大养殖户纷纷转向饲养外种畜禽，几乎使地方良种失去了生存基础。

（5）大量土地用于工业开发，太湖猪生产受到到严重挤压

20 世纪 90 年代以来，各地的经济开发区快速发展，大量土地用于工业开发。据统计，八五期初苏州市农村耕地面积为 358.99 千公顷，九五期初已下降到 332.7 千公顷，到 2002 年底为 288.17 千公顷，目前为 231 千公顷。开发区建设不但使养殖区域逐渐萎缩，而且大量农村居民放弃养殖而选择进工厂上班，导致畜牧生产数量大幅下降。加上苏州市近几年正大力推进农村城镇化，农民生活水平大大改善，但畜禽养殖受到很大制约。

（6）开发不力，后劲不足

20 世纪 80 年代，苏州市先后建立起 12 个畜禽原种场（其中农业系统 9 个场，商业系统 3 个场），7 个家畜改良站，均属事业单位性质，主管部门按生产量和选种进度，每年补贴一定的育种经费。1983 年起实行财政包干，育种经费补贴开始时有时无。2000 年以后，种畜禽场按农业小三场自收自支事业单位性质处置，实现转制、转企。现畜禽原种场降为 9 家，家畜改良站仅 1 家，这些企业因长期承担对地方品种的保种选育工作，生产成本较高，在当前畜产品价格持续走低的情况下，已出现难以维继的状况。

# 五、太湖猪保种与改良建议

在市场经济条件下，养猪生产的经济效益可以由六个方面的因素决定。这六方面因素就是猪种、饲料（营养）、防疫、管理、设备和市场等。猪种是养猪生产的基础，猪种的选择是决定养猪生产的最大潜力。规模猪场、养猪专业户都应非常重视猪种问题，重视猪种的选择，这是养猪生产取得效益的第一步，能否让太湖猪的各项数值更上层楼，是关系到我们的工作能否取得更大的胜利和成功的生命和关键。为此，我们建议：

## （一）要加强政策和制度的保证

畜牧法明确规定，国家建立畜禽遗传资源保护制度。各级人民政府及其畜牧部门、财政部门等相关部门，应当切实采取有效措施，加强资源保护，切实做到保护费列入财政预算。贯彻《畜牧法》，确保太湖猪良种繁育体系的完善和活力，就要争取政府的重视和投入，实行"政府比例投入，业主责任目标管理"的机制来运作。

## （二）保种工作不能唯经济为重

有些地方一度对太湖猪的保种工作重视不够，在进行保种工作的过程中认识上存在许多误区，有些地方因为保种直接经济效益不高或暂时没有效益，就在具体工作中消退了热情和积极性。对于太湖猪品种资源在生物多样性、调整养殖结构创建优势产业、提高产品竞争力、增加农民收入等的重要作用和战

略意义普遍认识不足。

### （三）依靠科学，进行保种

对各地太湖猪名优品种综合利用的研究不够深入，过去虽然对各地太湖猪名优品种进行了生理生化、肉质、遗传标记的测定，但仍有一些品种（例如横泾猪）几乎没有进行过跟踪调查研究，当地的繁育者听信了纯种横泾猪在横泾已经失传的传言，放弃了在横泾周边地区寻找纯种横泾猪的努力，不能不说是一个遗憾。依靠科技创新推进保种工作，继续深入系统的研究，利用常规技术，结合分子评价技术，加强对地方品种特征、特性的发掘和评估，做出客观全面的评价。

### （四）深入研究，开发新品种

以开发促保护太湖猪的良性机制，保种的目的是为了更有效地利用，苏太猪的科研成功后，对太湖猪二元、三元或三元以上的杂交科研工作，要成为太湖猪保种和利用工作的核心建设，同时，繁育者也尤其不能放弃对各品种综合利用的评价的全面性、系统性，如果对太湖猪特征特性了解不多，品种资源的遗传特性未被充分认识和利用，就会对进一步研究和深度开发工作带来困难。

### （五）丰富种源，维护纯种类群

制定品种标准，完善保种技术方案，积极开展种质鉴定和品种登记。加强科技创新，在开展活体保种基础上，尽快完善并推广公猪精液超低温冷冻保存技术。要把保持品种内的遗传多样性作为当前保种的首要任务。维持一定的公猪血统数是实践中保持品种内遗传多样性的最有效措施。

### （六）瞄准市场，不进行无目的的开发

保种应坚持积极、开放、发展、利用的原则。对于具有独特性能的优良地方品种，要提高其生产性能，开发其独特的产品市场，实现资源的直接利用。如金华猪、乌金猪向优质火腿方向选育等。

### （七）实行标准化，建立行业标准

充分利用杂种优势，以地方猪种或含有地方猪种血缘的品种（系）作为母本，引进品种作为父本进行商品猪生产。采用杂交选育与本品种选育相结合的方法，逐步培育遗传性能相对稳定的专门化品系。据此，建议设立"地方猪种质资源的发掘、保存和创新与开发利用"重大专项。开展地方猪种资源保护和利用的分子生物学基础研究；开展选育和杂交育种，利用常规育种技术，结合分子育种技术，培育特色专门化品系、猪配套系和新品种。

在科学的规划、周到的管理和前瞻的经营思路的铺垫下，从太湖猪到苏太猪的历程就是一个对历史负责，以保护地球的原生态为主旨，更多地考虑和适应人类的需要的系统工程。尤其令人感动和兴奋的是：与世隔离的太湖猪活体基因库的建立和存在，使我们不再有在出现了苏太猪这种阶段性强势品种的形势下，原生态的太湖猪不再会有被混血被遗失的后顾之忧，我们因此不会再迷失那些与太湖猪共存的史前岁月①。

---

① 详见农业部《全国生猪遗传改良计划（2009—2020）》等

# 中国东北与俄国的茶叶贸易[*]

杨　慧　黄敬浩

（吉林师范大学）

**摘　要：** 茶叶贸易在中俄300余年的经济关系史上占有重要地位，中国东北虽然不是茶叶生产区，但它却是俄国出口和转口中国茶叶的主要地区，曾对中俄农产品贸易产生巨大影响。中国茶叶最早传入俄国，据传是在公元六世纪时，由回族人运销至中亚细亚。到元代，蒙古人远征俄国，中国文明随之传入。到了明朝，中国茶叶开始大量进入俄国。俄国人酷爱中国各种茶叶，茶叶贸易逐渐成为中俄贸易重要的农产品之一。

**关键词：** 中国东北；俄国；茶叶；贸易

## 一、中国东北与俄国茶叶贸易的开始

中俄两国本不相邻，只是因为沙俄的入侵，才使两国成为邻国，于是彼此有了直接接触的可能。中国东北与俄国的早期贸易的主要表现形式为边疆互市农产品贸易。根据中俄《恰克图条约》1728年（雍正六年）库克多博—祖鲁海图互市贸易开始，贸易中所交换的农产品中中国茶叶是俄国人最受欢迎的农产品之一。

库克多博贸易分每年春秋两季，中国商人与巡防官兵各自携带零星货物来到库克多博地方与俄商贸易，后来由于贸易额有限，改为每年春季一次，一般持续6个星期。两国贸易之货物都属于次等，中国商人的货物为次等的茶叶、烟草、粗糙棉布等农产品和生活用品；俄方货物主要以牛、马匹、普通羊皮、松鼠皮等畜产品为大宗。双方以物易物，贸易额不大，每年交易额没有超过1万卢布，而卡税所收入也不超过500卢布[①]。

祖鲁海图贸易也带有交换性质，它于7月初开始，持续到8月末。祖鲁海图市场上货物品种有限：古萨伊人运来的是茶叶、烟草、南京布，俄国人运来的是毛皮、原料、熟羊皮。帕拉斯指出，最畅销的货物是俄国商人的熟羊皮和羊皮袄、古萨伊人的是茶叶和烟草。经祖鲁海图出口到中国的俄国农畜产品主要有：羊羔皮、旧鹿皮、牲畜、残破黑貂皮、次等狐皮、灰鼠皮等；输入的中国农产品主要是烟草、茶叶、糖粉、绿茶、冰糖、茶砖等[②]。

在早期中俄边区居民小额农产品贸易中也曾提到关于茶叶的交换，据马克的《黑龙江旅行记》记载："每年三月、十二月库马拉（呼玛）河口集市惯例举行两次。满洲官员为了征收实物税同鄂温克和达斡尔商人同时来到这里。达斡尔商人运来中国盐、茶叶、米、黍、烟叶、酒等货物向俄罗斯马涅戈尔人交换毛皮及鹿皮衣物"[③]。

在18世纪上半叶，茶叶作为东北地区对俄农贸商品输出数量并不多，主要是茶砖、红、绿粗茶供当地居民日常饮用。18世纪下半叶，黑龙江上游及额尔古纳河沿岸的哥萨克及当地俄籍蒙古人已离不开中国茶砖，因此茶叶贸易比例很大。可是与俄国经由恰克图运输的中国茶叶相比其数额相距甚远，东北边

---

[*] 本文为教育部人文社会科学重点研究基地重大项目"东北亚地区跨境合作开发与东北边疆安全战略研究"（09jjdgjw99）的研究成果之一

[①] 孟宪章：《中苏贸易史资料》第123页；刘选民《中俄早期贸易考》，载《燕京学报》，第25期，185页

[②] 孟宪章：《中苏贸易史资料》第125~126页

[③] 李济棠：《试论黑龙江地区早期的中俄贸易》，东北三省中国经济史学会：《东北经济史论文集》，第13页1984年；马克：《黑龙江旅行记》中译本，北京：商务印书馆，1977年，第118页；1859年沙俄出版

境地区的茶叶贸易还是属于以货易货的小额贸易范畴，主要是为了满足双边居民日常生活需要，在整个历史长河中所起的作用微不足道，但它却是双方茶叶贸易的开端。

# 二、中国东北与俄国茶叶贸易的初步发展

鸦片战争以后，一系列不平等条约的签订使双方贸易的地理位置发生了变迁，沙俄侵占了中国黑龙江以北、乌苏里江以东大片领土后，双方贸易地点随之推进到黑龙江以北边区和乌苏里江以东边区。同时沙俄的远东扩张政策严重威胁着东北边疆安全，清政府为了保卫边疆所实行的土地开放政策，使双方包括茶叶在内的农产品贸易得到初步发展。

1857 年，俄国成立了"阿穆尔公司"开展对华贸易，1858 年，从事阿穆尔地区贸易的已经有库兹内佐夫、季明和谢列布连尼科夫公司、阿穆尔公司、库尔巴托夫和拉宁公司、康定斯基和纳列科夫公司、尤金等 14 个人和公司，这些商人和公司把中国廉价的茶叶售价定为每磅高达 5 卢布，从而在中国茶叶贸易中获取了高额利润[①]。茶叶输出量的不断增加表明俄国人对中国茶叶的需求量急剧增加，1873 年，东西伯利亚及远东随着人口的增加每年茶叶的消费量在 8 万箱左右[②]。1874—1880 年经远东地区输往俄国的华茶统计见表 1。

**表 1　1874—1880 年经远东地区输往俄国的华茶统计[③]**

| 年　份 | 1874 | 1875 | 1876 | 1877 | 1878 | 1879 | 1880 |
|---|---|---|---|---|---|---|---|
| 数量（担） | 3 659 担 | 6 053 担 | 7 193 担 | 4 385 担 | 5 440 担 | 10 964 担 | 18 238 担 |

资料来源：《中苏贸易史资料》第 300 页

1872 年，阿穆尔河开始成为向俄国欧洲部分输入茶叶的常用运输路线。每普特茶叶运费要比经由天津—张家口—恰克图传统商路便宜 1.5 卢布，为阿穆尔河沿岸商业发展提供了很好的机会。但是因为这条新路离伊尔库茨克太远，不能保证迅速交货而失去了它的重要地位。[④]

1873 年，又成立了一家俄国公司《黑龙江航运公司》，该公司拥有 2 艘海轮和 20 艘行驶于黑龙江内河轮船，以便于从海路和水路运输茶叶，成为最直接最便宜的航道（从汉口到距离黑龙江江口 1 750 英里的斯特列钦斯克每吨 15 篓的运费定为 3 两 5 钱），该公司《尼古拉号》海船满载茶叶由汉口经长江直达尼古拉耶夫斯克（表 1）。可是该公司由于经营不善只营业一年就倒闭了又重新使用了经由蒙古的旧道[⑤]。

1882 年，沙皇关于开放俄国欧洲边境茶叶输入通道的旨意更加速了阿穆尔河茶叶商路的衰落。俄国政府曾用关税差来挽回阿穆尔河茶路，规定通过亚洲边境输入的茶叶每斤收关税 15 戈比，通过俄国欧洲边境每斤收关税 30~35 戈比，但是这种办法也未能凑效，这条茶路迅速衰落。[⑥] 到 1882 年 11 月 13 日，运往阿穆尔的红砖茶 2 146 箱（64 块），绿砖茶 416 箱，普通茶砖 2 146 箱[⑦]。

后来，俄国沿阿穆尔河运送进口货物不收关税的特惠条件使阿穆尔轮船公司转运中国货物时得到实惠，尤其是使运茶业处于有利地位。从 1880 年开始沿阿穆尔河运送茶叶，1886 年有 70 艘俄国汽船从汉

① 卡巴耶夫：《黑龙江问题》，哈尔滨，1927 年，第 283、285、287 页（Кабаев：　《Вопрос о Хероцзяне》Харбин，1927г，c283. 285. 287）；郭蕴深：《中国黑龙江地区的茶叶贸易》，《黑龙江社会科学》1994 年，第 6 期

② 加·尼·罗曼诺娃：《远东俄中经济关系（19 世纪—20 世纪初）》中译本，第 71 页

③ 姚贤镐：《中国近代对外贸易史资料（1840—1895）》，第 2 册，第 1285~1286 页

④ 安·马洛泽莫夫：《俄国的远东政策（1881—1904 年）》，1958 年，加利福尼亚，第 6~7 页；《中苏贸易史资料》第 300 页

⑤ 《商务报告》1878 年，汉口，第 79 页，转引自姚贤镐：《中国近代对外贸易史资料（1840—1895）》，第 1286 页

⑥ 安·马洛泽莫夫：《俄国的远东政策（1881—1904 年）》，1958 年，加利福尼亚，第 6~7 页（АН. Морозмов：《Дально—восточная политика в России（1881—1904г.）》Дяривния. 1958. c6~7.）；《中苏贸易史资料》300 页

⑦ 斯卡利科夫斯基：《俄国在太平洋的贸易》彼得堡，1883 年，第 292 页。（Скаликовский：《Русская торговля на Тихем Окиане》Петербург，1883г，c292.）

口运茶至黑龙江[①]，1887 年经由此路运送的茶叶达 20 万普特以上[②]。在汉口经营茶叶的俄商托克玛托夫等也向阿穆尔河畔及其附近居民运送茶叶。

# 三、中国东北与俄国茶叶贸易的迅猛发展

俄国远东西伯利亚大铁路的建成使国内远东移民迅速增加，导致对茶叶的需求也随之扩大。1897—1899 年中东铁路通车以前，俄国在中国东北地区的茶叶贸易继续利用黑龙江水路向远东地区输出大量茶叶。

义和团运动开始之后，即 1900—1917 年十月革命以前，中国东北地区与俄国的茶叶贸易较之 19 世纪下半叶发生了新变化。1900—1901 年义和团起义时期，俄国远东与中国东北的贸易往来大大缩减，而经海路运到俄国远东滨海省阿穆尔河畔尼古拉耶夫斯克的茶叶数量却增加了，这是因为义和团运动影响了恰克图贸易：恰克图交易额从 1899 年的 2 330 万卢布下跌至 1901 年 330 万卢布，减少了 6/7。由于义和团起义，大部分茶叶主要经符拉迪沃斯托克和尼古拉耶夫斯克运往黑龙江内地再沿海路运往俄国的欧洲地区以及沿阿穆尔河和石勒喀河运到斯列坚斯科车站[③]。

1903 年，中东铁路正式开通运营改变了俄中贸易往来的地理运输方向。因为铁路与陆路相比具有速度快运费低的优势，因此铁路很快成为运送茶叶的主要手段。1904—1905 年，受日俄战争的影响，中东铁路忙于运送战略物资没能发挥其应有的作用。自 1907 年中东铁路恢复全面营运，中俄茶叶贸易数量迅速增长。远东进口中国的主要商品茶叶开始主要经铁路向俄国欧洲部分转运，其路线是从大连经满洲里站继续西运或从上海经海路运抵符拉迪沃斯托克，再从那里发运至绥芬河站，然后转入中东铁路，导致中俄东部边界贸易额增长远远超过中西部边界，兴盛了大约半个世纪的恰克图商路彻底失去作用。俄国商人开始把他们在中国采购的茶叶经海路运往符拉迪沃斯托克，然后运往中东铁路及西伯利亚大铁路进入俄国境内。据《远东报》报道，1910 年，由大连运往哈尔滨的茶叶为 54 000 普特；[④] 1912—1914 年，每年经中东铁路出口的茶叶数量为 300 万～400 万普特，占俄国进口中国茶叶总量的 65%[⑤]。1913 年茶叶在运达符拉迪沃斯托克的中国出口货中也占大半（6 410 万吨），1915 年经符拉迪沃斯托克运出的茶叶为 5 848 263 普特[⑥]，茶叶在该港口再分别转运西伯利亚和西欧[⑦]。

此外，还有汽车队运送茶叶的现象。西伯利亚居民，尤其是这里的布里亚特蒙古人一天都离不开茶叶，内蒙古地区的满洲里汽车队经常向西伯利亚运送内地的砖茶和次等红茶，而且数量较多每辆车大约在 100 千克以上，[⑧] 在 1906 年（光绪三十二年）满洲里汽车队每月平均运输 9 次，每次有茶叶运输车 10～40 辆[⑨]。

第一次世界大战期间，无论是俄国东部边区和欧俄都扩大了对中国商品的需求。1914 年到 1917 年进口中国商品额增长 70%，即从 8 960 万卢布增加到 15 400 万卢布，从中国进口的主要商品是茶叶。1900—1915 年俄国进口中国茶叶比重从 48.1% 增加到 65.2%[⑩]。

19 世纪末 20 世纪初中国东北虽然不是中国的茶叶产区，却是中俄茶叶贸易太平洋口岸重要的运输通道之一。中俄茶叶贸易汉口运输线有四条：一条陆路线，一条水陆联运线，两条海路线。它们分别是：

---

① 王加生：中国茶叶销苏史略，《中国茶叶》，1983 年，第 1 期，第 31－32 页
② 斯拉德科夫斯基《俄国各族人民同中国经济贸易关系史（1917 年前）》，1974 年，莫斯科，第 285 页。（Сладковский М. И. 《История торгово－экономических отношений народов России с Китаем（до 1917г.）》 М. 1974г.）
③ 罗曼诺娃：《远东俄中经济关系》，第 82 页
④ 《远东报》1911 年 9 月 26 日
⑤ 罗曼诺娃：《远东俄中经济关系》第 71、第 97、第 98 页
⑥ 《远东报》1916 年 5 月 2 日
⑦ 《符拉迪沃斯托克商港》，载《俄国经济评论》1923 年，第 2 卷，第 5 期，第 24 页。《The Commercial Port of Vladivostok》，《Russian Economic Review》，1923，vol. 2，№ 5.）；《远东俄中经济关系》98 页
⑧ 黑龙江省档案馆：《黑龙江将军衙门档案》
⑨ 《1912 年的甘珠尔蒙古集市—中东铁路商务代表斯英里尼科夫的报告》（1913 哈尔滨俄文版）
⑩ 罗曼诺娃：《远东俄中经济关系》，第 108 页

汉口—太原—恰克图陆路运输线；汉口—天津—恰克图水陆联运线；汉口—上海—巴统海路运输线和汉口—上海—俄属太平洋各口岸（主要是指符拉迪沃斯托克和尼古拉耶夫斯克两个港口）海路线。

汉口茶运往俄属太平洋各口岸要略早于运往欧俄的黑海口岸，大约20世纪60年代初即已开始。1903年中东铁路通车后，特别是日俄战争结束后，开辟了汉口经上海，再经海路到大连的线路。大量茶叶经过大连装上中东铁路的火车运往俄国。

1896—1903年汉口输往俄属太平洋各港口，主要是符拉迪沃斯托克和尼古拉耶夫斯克的茶叶数量及价值如表2：[①]

表2　1896—1903年符拉迪沃斯托克和尼古拉耶夫斯克的茶叶数量及价值情况

| 年　份 | 数量（担） | 价值（海关两） |
| --- | --- | --- |
| 1896 | 17 776 担 | 359 645 |
| 1900 | 39 839 担 | 485 750 |
| 1902 | 42 568 担 | 590 809 |
| 1904 | 68 434 担 | 1 095 702 |

据海关统计，1896—1904年由上海港输往俄属太平洋各口岸的中国茶叶品种及数量如表3：[②]

表3　1896—1904年由上海港输往俄属太平洋各口岸的中国茶叶品种及数量（单位：担）

| 年　份 | 红　茶 | 绿　茶 | 红砖茶 | 绿砖茶 |
| --- | --- | --- | --- | --- |
| 1896 | 1 484.13 | 27.21 | 8 841.54 | — |
| 1897 | 25 027.88 | 8.44 | 63 862 | 23 915.83 |
| 1898 | 35 494.15 | — | 26 | |
| 1899 | 27 241.58 | 3 743.36 | 64 094.36 | — |
| 1900 | 14 316.26 | 4 473.88 | 67 141.69 | 26 681.57 |
| 1901 | 42 549.79 | — | 203 101.96 | 23 502.16 |
| 1902 | 15 844.86 | — | 134 365.94 | 8 480.12 |
| 1903 | 92 088.14 | | 57 544.41 | 18 952.2 |
| 1904 | — | | 152 514.24 | |
| | | | 2 520 | |

资料来源：根据海关总税务司编《通商各关华洋贸易总册》整理

与此同时，"黑龙江航运公司"定期来往于汉口、上海、天津等地运输中国茶叶，这些茶叶运往符拉迪沃斯托克、大连港后在经中东铁路转运回国或直接经黑龙江运往俄国。

1916年汉口全年出口茶叶55 971 897磅，其中输往俄国的数量为40 750 033磅，占汉口出口茶叶总额的73%，而这里经上海转口运往俄属太平洋各口岸的（包括大连）为8 977 596磅，占汉口输俄茶叶数的22%以上[③]。

第一次世界大战期间，俄国需要大量的红茶供应军队，汉口茶叶纷纷运往上海，中俄上海茶市出现了异常繁荣的景象，多数茶叶是输往俄国在远东的军港符拉迪沃斯托克的。这种繁荣是纯军事性质的，因此是虚假的、临时的。1915—1917年间上海关输往俄国的茶叶数量统计如表4[④]。

①　根据海关总税务司编：《通商各关华洋贸易总册》整理；郭蕴深：《中俄茶叶贸易史》，第193页
②　根据海关总税务司编：《通商各关华洋贸易总册》整理；郭蕴深《中俄茶叶贸易史》，第196页
③　根据《农商公报》第33期（1917）整理。郭蕴深：《中俄茶叶贸易史》，第193页
④　根据海关总税务司编：《通商各关华洋贸易总册》，民国4~6年整理

表4  1915—1917年间上海关输往俄国的茶叶数量

| 年　份 | 输往港口 | 红　茶 | 绿　茶 | 红砖茶 | 绿砖茶 | 香　茶 | 小京砖茶 |
|---|---|---|---|---|---|---|---|
| 1915 | 欧洲各口 | 123 | 2 391 | — | — | 495 | — |
|  | 太平洋各口 | 135 617 | 37 156 | 314 667 | 118 028 | 10 466 | 27 085 |
| 1916 | 欧洲各口 | 4 373 | 5 007 | — | — | 6 | — |
|  | 太平洋各口 | 112 005 | 67 493 | 323 483 | 79 686 | 5 530 | 24 800 |
| 1917 | 欧洲各口 | 84 | 306 | — | — | — | — |
|  | 太平洋各口 | 63 892 | 17 369 | 87 422 | 121 736 | 2 428 | 5 554 |

资料来源：罗曼诺娃：《远东俄中经贸关系（19世纪—20世纪初）》，第82页

因此，东北与远东俄属太平洋各口岸成为向西伯利亚和欧洲转运茶叶的重要港口，所运茶叶不单单只供给远东地区军队及居民消费，而是通过黑龙江地区进行出口或转口茶叶贸易，因此这里的茶叶贸易无论是在中国东北地区对俄农业交流史上还是在中俄贸易史上都占有重要地位。

这一时期俄国商人倒灌中国商品的现象特别严重，在中东铁路未开通之前，俄国商人把来自中国中部和南部各省的货物先经海路运抵符拉迪沃斯托克，再经滨海省过境运输到满洲出售，更方便的获得利润。因此经滨海省过境运输的中国商品占有很大比重，据波兹涅耶夫记载：1897—1900年经滨海省的波尔塔瓦、珲春、上蒙古街关卡输入满洲的商品总额为500万卢布，其中中国货为350万卢布，约占输入总额的75%；俄国货为60万卢布，仅占输入总额的12%[①]。茶叶也不例外，中东铁路通车后，俄国商人开始把大量中国内地茶叶通过铁路运到东北地区销售。如1914年俄国通过中东铁路运到中国东北地区出售的茶叶数量高达54 638普特，同时也向新疆倒灌中国内地茶叶，只不过数量比东北地区少得多，仅为10 242普特，不及东北倒灌茶叶的1/5[②]。当时清政府及北洋政府并没有给予应有的重视，没有及时加以制止，这也是中国东北与俄国茶叶贸易的新特点。

# 四、中国东北与俄国茶叶贸易的衰落

因为来自印度、日本的茶叶冲击，俄国十月革命后中俄茶叶贸易与兴盛时期相比已是相当衰退，这期间大豆对苏出口超过茶叶成为出口的主要农产品。沙皇时期中国茶叶对俄出口的最高年份为1915年703千公担，十月革命后中国茶叶对苏出口的最高年份是1929年226千公担[③]，减少三分之二。

十月革命后禁运期间，茶叶销路几乎断绝，茶叶对苏出口出现困境。俄商由于俄国战乱停运中国茶叶，以致上海之茶叶存储过剩，经中国总工会与俄国公使交涉，由华商经哈尔滨运往俄国[④]。一直到1933年前，华茶出口苏联主要是通过海运或中东铁路运输到海参崴再经西伯利亚转运到莫斯科。苏联在海参崴设有茶叶托拉斯支部，向莫斯科本部报告茶叶进口详细情况。

从茶叶的输出品种看，对数茶叶出口的种类以茶砖居首位，中国的茶砖几乎只对苏联一家出口，红茶次之，绿茶只占很少的一部分。

为了更好的看出1918—1931年中国茶叶对苏贸易的衰退，请看表5 1922—1931年对苏茶叶出口额及出口总额中的比例：

---

[①] 罗曼诺娃：《远东俄中经贸关系（19世纪至20世纪初）》，第82页

[②] 郭蕴深：《中俄黑龙江地区的茶叶贸易》，《黑龙江社会科学》，1994年，第6期，第56~60页

[③] 王宣生：《国茶对苏贸易》，载自《贸易月刊》，1941年2月；孟宪章：《中苏贸易史》，哈尔滨：黑龙江人民出版社1992年，第288页

[④] 《远东报》1918年9月8日

表5　1922—1931 年对苏茶叶出口额及出口总额中的比例（单位：海关两）①

| 年　份 | 茶叶对苏出口额 | 对苏出口总额 | 茶叶所占比例 |
|---|---|---|---|
| 1922 | 460 899 | 39 244 148 | 1.17% |
| 1923 | 392 700 | 34 092 022 | 1.15% |
| 1924 | 1 328 436 | 46 358 882 | 2.87% |
| 1925 | 3 091 597 | 47 961 714 | 6.44% |
| 1926 | 5 609 664 | 64 120 290 | 8.75% |
| 1927 | 10 253 434 | 77 174 267 | 13.29% |
| 1928 | 7 944 900 | 89 730 608 | 8.85% |
| 1929 | 15 095 451 | 55 986 381 | 26.96% |
| 1930 | 4 958 882 | 55 413 027 | 8.95% |
| 1931 | 8 747 045 | 54 657 405 | 16.00% |

资料来源：《苏中经济关系概要》，第 248 页海关统计数字表

上表显示，这段时期华茶最高年份 1929 年出口占对苏出口总额的 26.96%，与大豆三品对苏出口额占出口总额的比例相距甚远。由此可见茶叶对苏出口贸易的衰落。

# 结　语

一直以来，中国东北对俄罗斯的农产品贸易以初级农产品原材料为主，科技含量低，缺乏农产品加工技术，因此始终处于受国际市场支配的附属地位，没有自主性可言，茶叶贸易就是明显的实例。现代东北地区与俄罗斯的农产品贸易也是如此，由于出口的都是初级农产品，科技含量低，与日本、韩国和美国等国科技含量高的农产加工品相比在竞争中处于不利地位，因此发展农业科技、开展绿色农业，创造品牌特色农业是我们发展农业"走出去"的关键。

作者简介：

杨慧，女（1971—）吉林师范大学外语学院教授，研究方向：中俄文化交流。

黄敬皓，男（1983—）吉林师范大学外国语学院研究生。

---

① 孟宪章：《中苏贸易是资料》第 458 页

# 历史时期温州柑种植兴衰考述

殷小霞

（南京农业大学人文社会科学学院）

**摘　要：**温州柑在历史时期一直是优良的柑橘品种。宋代是温州柑栽培的兴盛时期，温州柑品种众多，以乳柑为代表的优良品种受到了众多文人的题咏及官员的喜爱。元明时，温州柑的种植是持续发展的，自明末到清代，温州柑的栽植却进入了一个低谷期，其中品质最为优异的乳柑销声匿迹。温州柑种植衰落的人为因素主要是封建政府对温柑过度征求，使果农不堪重负、无利可图，战乱对柑橘种植的破坏。其衰落的自然因素为冬季严寒对柑橘的冻害。人为因素对温州柑种植业的破坏大大强于自然因素的影响。

**关键词：**历史时期；温州柑；种植；兴衰

我国柑橘的栽培历史相当久远，柑橘是一种重要的水果，不仅供应期长，滋味鲜美，而且营养丰富，深受人们的喜爱。早在西汉就有"蜀汉江陵千树橘"[①] 的记载，唐宋时期柑橘的种植渐盛，主要分布在长江中游地区、江浙地区以及四川地区。浙江温州是我国著名的柑橘产地，自宋时已闻名于世。柑橘类果树包括的种类很多，本文仅此对温州柑作出相关论述。

温州地处我国东南沿海，丘陵广布，土壤肥沃，河川纵横，气候温暖湿润，自然条件优越，为柑橘的生长提供了有利的条件。温州古时属扬州，《禹贡》："淮海维扬州……厥包橘柚锡贡"[②]，这可能是对这个地区柑橘的较早记载，然扬州范围太大，这个还不能反映温州柑栽培的历史。在汉代，温州地区就有大量柑橘的栽培，陈传《温州种植柑橘的历史考证》[③] 一文对此作出相关的论证，由于唐以前无确切记载，但推测起来，唐朝温州贡柑，这时应有种植，只不过由于地理阻隔，外间知者寥寥。自唐代起，温州柑就被列为皇家的贡品。据《新唐书·地理志》记载，"温州，土贡柑橘"[④]，又有史书记载，"唐开元天子元夕会宰执侍从响黄柑，既拜赐怀其余以归，转相馈遗，号曰传柑，不数橘柚矣，然此特温柑，非台柑也。"[⑤] 说明在唐代，温州柑已经初露崭角，跻身于地方特产之列。并且相当珍贵，是当时馈赠的佳品。

然而在历史时期，温州柑的栽培种植却经历了由兴盛到衰落的过程。宋明时期是温柑种植的兴盛时期，大概自明末清初温柑的栽培就呈下滑趋势。

关于历史时期温州柑的相关研究，由于资料不多，研究相对不足，但也取得了一些成果。叶静渊《柑橘》[⑥] 一书，辑录了除方志外，我国各种古书中所有关于柑橘类果树生产及其他有关资料，其中包括了对温州地区的柑橘生产情况的记载。贺宝昆《温州蜜柑源流初探》[⑦]，对温州柑的种植历史进行了一定的考证，其主要集中在从宋代这一时期来论述了当时温州柑橘栽培的兴盛的历史。陈桥驿《浙江古代柑橘栽培业的发展》[⑧]，对浙江地区柑橘的栽培历史进行了考证性论述，其中从人文地理和地理区位的角度论述了北宋以后，特别是南宋迁都临安，温州柑橘的兴盛情况，且列出了这一时期温州柑橘栽培的特点，

① （汉）司马迁：《史记·货殖列传》，北京：中华书局，1959 年
② 十三经注疏整理委员会：《十三经注疏·尚书正义》，北京：北京大学出版社，2000 年
③ 陈传：《温州种植柑橘的历史考证》，《浙江柑橘》，1990，7 期
④ （宋）欧阳修：《新唐书·地理志》，北京：中华书局，1975 年
⑤ （元）林昉：《柑子记》，资料转引于《方志分类资料·柑橘》，南京农业大学中国农业遗产研究资料室存
⑥ 叶静渊：《柑橘》，北京：中华书局，1958 年
⑦ 贺宝昆：《温州蜜柑源流初探》，《杭州大学学报》，1980，1 期
⑧ 陈桥驿：《浙江古代柑橘栽培业的发展》，《农业考古》，1985，2 期

并指出了明末以后温州柑橘的种植有衰落的变化。陈传《温州种植柑橘的历史考证》[1] 从相关的史料中，提出了温州柑的栽培历史可溯源至西汉的观点，也提及了在南宋时期温州柑橘已闻名一时。林显荣《浙南名果－瓯柑史考》[2]，对温州柑橘众多品种之一瓯柑的历史进行考证，并进一步证明瓯柑就是史料所载的"海红柑"。王玲《唐宋时期柑橘经济的几个问题》[3] 一文中，对唐宋时期柑橘的种植情况，商品化，栽培技术及柑橘的加工利用和储藏进行了相关的论述。其中就有对温州地区的柑橘的种植情况及商品化进行了相关的考述，可以看出，唐宋时期温州柑橘的培植是相当繁盛的。

综上，前人对温州柑的研究，对宋元以前的情况掌握得较多，也就是对温州柑之闻名于世及种植的兴盛叙述较多，而对于明清以后的情况则关注不多或对其在明清时种植的衰落语焉不详。因此，本文在前人已有成果基础上，试图勾勒出历史时期温州柑种植兴衰的脉络，探究并解释清代以后温州种植衰微的原因。

# 一、宋元明——温州柑种植的兴盛期

## （一）宋时兴盛

宋代温州柑种植业很兴盛，有关温州柑的记载更加的普遍，如苏东坡诗"燕南异事真堪记，三寸黄柑擘永嘉"[4]，又有苏辙《毛君惠温柑》，"楚山黄橘弹丸小，未识洞庭三寸柑。不有风流吴越客，谁令千里送江南。"[5] 从当时文献记载来看，温州柑种植业的特点主要有，品类繁多、品质优良、栽培面积广大。

品类繁多，主要表现在韩彦直所著《橘录》里对温州柑品种的记载。南宋淳熙年间，当时的温州知事韩彦直就写了一部著名的《橘录》一书，是我国也是世界上第一部完整的柑橘学专著。这本书中就有详细记载温州柑的各个品种，据《橘录》所载，"橘出温郡，最多种，柑乃其别种。柑自别为八种"。[6] 主要有真柑、生枝柑、海红柑、洞庭柑、朱柑、金柑、木柑、甜柑。其各种柑的品性不同，真柑"木多婆娑，叶则纤长茂密，浓阴满地。花时韵特清远。逮结实。颗皆圆正。肤理如泽蜡"；海红柑"颗极大，皮厚而色红"；洞庭柑"皮细而味美"；金柑"在他柑特小，其大者如钱，小者如龙目，色似金，肌理细莹"。

在温州柑的众多品种里，其品质最优者推乳柑，韩彦直载"橘出温郡，最多种，柑乃其别种。柑自别为八种，橘为自别为十四种。橙子之属类橘者，又自别为五种。合二十有七种，而乳柑推第一，故温人谓乳柑为真柑，意谓他种皆若假设者，而独真柑为柑耳"。"乳柑"之名，最早见于唐代陈藏器《本草拾遗》，"橘柚…其类有朱柑、乳柑、黄柑、石柑、沙柑……就中以乳柑为上"。[7] 韩彦直对乳柑的品性作了详细的描述，"真柑在品中最贵可珍"，"其大不七寸围，皮薄而味珍，脉不粘瓣，食不留渣，一颗之核才一、二，间有全无者"，其列为柑中珍品乃名副其实也。据韩彦直载，乳柑主要产于平阳的泥山，"温四邑之柑，推泥山为最"，"泥山盖平阳一孤屿"。宋时温州府领四个县，永嘉、平阳、瑞安、乐清。泥山属平阳县。温州柑在唐时已成为贡品，且成为皇帝馈赠给群臣的佳品。推测起来，作为温州柑品性最为优良的乳柑自然被首推为贡奉的果品。

宋代文人对温州柑的记载颇为详尽，留下了众多的有关温州柑诗篇。由于乳柑是温州柑品质最为优良的，故文人所称道的温州柑，大抵都是平阳泥山的乳柑。晁补之有词云："温江异果，惟有泥山贵，驿送江南数千里，半含霜毕升喂雾，曾忆吴姬新赠我，绿橘黄柑怎比。"[8] 这里所称赞的就是平阳泥山的乳

---

① 陈传：《温州种植柑桔的历史考证》，《浙江柑桔》，1990，7 期
② 林显荣：《浙南名果－瓯柑史考》，《中国南方果树》，2005 年，1 期
③ 王玲：《唐宋时期柑橘经济的几个问题》，陕西师范大学硕士学位论文，2007 年
④ 《四库全书·集部·东坡诗集注》，上海：上海古籍出版社，1987 年
⑤ 《四库全书·集部·欒城集》，上海：上海古籍出版社，1987 年
⑥ 《说郛·桔录》，清顺治四年李际期刻本
⑦ 《四部丛刊·子部·重修政和证类本草》，上海：上海书店，1935 年
⑧ 唐圭璋：《全宋词·晁补之·洞仙歌》，北京：中华书局，1965 年

柑。南宋时期著名的诗人王十朋曾写到，"洞庭夸浙右，温郡冠江南"①。温柑更有"永嘉之柑，为天下冠"②的美称。以品性最为优良的乳柑为代表的温州柑受到了众多文人的题咏，一方面可以看出温州柑品性优良，在当时受到普遍的认可，另一方面，文人的旨趣反过来进一步增加了温州柑的知名度，一定程度上促进了温州柑在市场上消费。

宋时温州柑在当地的栽培面积相当广大。据韩彦直《橘录》载，"温四邑俱种柑"，南宋时期，永嘉学派的著名代表人物叶适也写了不少与温州柑相关的诗篇。叶适生于瑞安县，少年时期又迁居至永嘉，所以对温柑有着特别的情感。叶适有《西山》诗云："有林皆橘树，无水不荷花"③，从这可以看出，温州地区柑橘的栽培已经达到有树林就有柑橘的地步，这可能是带有夸张的成分，然而却也反映了柑橘栽培面积的广大。这也和当地多丘陵的地理环境有关。

这一时期温州柑橘业的兴盛，与种植柑橘的收益大有着密切的联系。叶梦得《避暑录话》中指出"凡桔一亩，比田一亩利数倍。而培治之功亦数倍于田。"④从中这可看出，其收益之大，这是农民种植柑橘的一个主要因素。

综上可以看出，宋代温州柑的品种繁多，其中以品性口味最为优异的乳柑为代表的优异品种，受到了众多文人的题咏及上层统治者的青睐。由于市场需求大，故温州柑栽植面积广大。这一时期温州柑的栽培是相当兴盛的。

## （二）元明持续发展

元代对于温州柑的记载虽不多，然而可以根据之后的史料来推断元代温州柑的栽培与种植一直在发展着。元代这一时期，主要记载有《王祯农书》，"柑…生江汉、唐、邓间…而泥山者名乳柑…然又有生枝柑，有乳柑，有海红柑，有衢柑。虽品不同，而温台之柑最良，岁充上贡焉。江浙之间种之甚广，利亦殊溥。"⑤我们可以看出，以平阳泥山的乳柑为代表的温柑，受到的评价还是相当高的。且这一时候，温州柑种植面积也是相当广大的。

关于明代温州柑的栽培情况，我们亦从温州柑的品类、品质及栽培分布地域来看这一时期温州柑栽培的情况。

有关温州柑品种的记载，从当时的地方志中，我们可以看到的是，其栽培还是很兴盛的。弘治《温州府志》中记载土产中的柑橘，品类有"海红柑、枝柑、洞庭柑、木柑、金柑、花柑、山金柑、乳柑"。⑥嘉靖《瑞安县志》，柑有，"洞庭柑，海红柑，朱柑，狮子柑，自然柑，乳柑"。⑦隆庆《乐清县志》，"柑，有乳柑，花柑，朱柑，金柑"。⑧万历《温州府志》载"有乳柑，品中为最，皮薄多液，致远则腐"，品种有"洞庭柑、海红柑、枝柑、朱柑、花柑、狮子柑、金柑、木柑、山金柑。"⑨地方志中关于柑橘品种的记载，可以看出当时温州柑的品种很多，且温州柑的栽培一直在持续的发展。

当时关于品性最为优良的乳柑的记载也是很多的。据李时珍载"柑有朱柑、黄柑、乳柑、石柑、沙柑……就中以乳柑为上……柑南方果也，而闽广温台苏抚荆州为盛……乳柑，为柑中绝品。"⑩王世懋《学圃杂疏》有提到，"柑橘产于洞庭，然终不如浙温之乳柑，闽漳之朱橘"。⑪李诩《戒庵漫笔》记载了"柑与橘类，而皮壳略异，温衢最多佳品。"⑫冯时可著有《雨航杂录》，"温州有乳柑，其味甚珍。"⑬王

①　《四库全书·集部·梅溪后集》，上海：上海古籍出版社，1987 年

②　《说郛·游宦纪闻》，清顺治四年李际期刻本

③　（清）管庭芬、蒋光煦编：《宋诗钞补·水心集·西山》，北京：中华书局，1986 年

④　《丛书集成初编·文学类·避暑录话》，北京：商务印书馆，1935 年

⑤　王毓瑚校：《王祯农书》，北京：农业出版社，1981 年

⑥　《方志物产》，南京农业大学中国农业遗产研究资料室存

⑦　《方志物产》，南京农业大学中国农业遗产研究资料室存

⑧　《方志物产》，南京农业大学中国农业遗产研究资料室存

⑨　《方志物产》，南京农业大学中国农业遗产研究资料室存

⑩　（明）李时珍：《本草纲目》，北京：人民卫生出版社，1982 年

⑪　《续修四库全书·子部·学圃杂疏》，上海：上海古籍出版社，1995 年

⑫　《续修四库全书·子部·戒庵漫笔》，上海：上海古籍出版社，1995 年

⑬　《丛书集成初编·文学类·雨航杂录》，北京：商务印书馆，1935 年

象晋《群芳谱》也有提及，"柑，生江南及岭南闽广，温台苏抚荆为盛"及"乳柑出温州泥山为最"。[①]在相关史料提及柑橘的种类时，温州柑，特别是平阳泥山的乳柑始终是耳熟能闻的。我们可以从中得知，在明代，以乳柑为代表的温州柑在众多地方柑橘种类里始终是优异的品种，受到了文人墨客的赞赏与喜爱。

其中，《雨航杂录》载："温州有乳柑，其味甚珍。陈将军曾以馈予。自温至锡穴数千里不变，问何以然？曰：采时不去其枝叶，则气不泄。盛时以绿豆为末剂其温性，则气不蒸。故久而不变。"[②]材料中所指的锡穴，在今陕西省白河县东南。从这条史实，我们可以看出，第一，温州乳柑在明代依然是果中珍品，为世人所重；第二，温州乳柑的保存技术，可以保证乳柑长途运输到数千里之外而不腐坏；第三，可以推测明代温州乳柑有广阔的市场腹地。又据欧阳修《归田录》，欧阳修的家乡江西吉州出产金桔，当时金桔由于温成皇后的个人喜好而价重京师，为能长时间保存，当地人把金桔"著于绿豆中藏之，可经久不变。盖桔性热而豆性凉，故能久也。"[③]可见对于柑橘的保存技术从宋代到明代有稳定的传承，这也是柑橘种植比较兴盛的表现。

关于明时温州柑栽培的规模，弘治《温州府志》有"右柑橘之类，五县俱出，独永嘉仙洋平阳陶为最盛，考之禹贡扬州厥包橘柚锡贡，今二浙自唐以前，惟贡柑不贡橘也。"[④]明时温州府领五县，有永嘉、平阳、乐清、瑞安及泰顺。五县俱出，其栽培面积应当也是相当广大的。

总之，从历史文献记载来看，元明时期对于温柑的记载虽不如宋朝时多，然而却仍然可以看出温州柑的品性和声誉还是很高，品性优良的乳柑驰誉大江南北。自宋至明，温柑的种植都在持续的发展着，一直都受到官府，文人墨客的青睐。

# 二、清代——温州柑种植的衰落期

直到清朝时，文献中关于温州柑的记载开始逐渐减少，其内容也与之前相异。我们从康熙朝修的府县志，就可以看出。

在康熙《温州府志》中记载，"物产由其地之精英所结，故橘踰淮则枳，迁乎其地则弗能良也。然韩彦直守温时所著之谱，今园丁皆莫之识，而王文定所著紫梅重叶鸳鸯等种几疑为怪谈，岂古今地气亦有消长，不特人才之递为盛衰耶。若夫侍从传柑似为珍品，今市上所货亦几几，金玉外而败絮其中矣。姑因旧简所载存之，非茂先识博物也。"[⑤]温州柑种植数量明显减少，且品质不如以前。作为传柑的珍品——乳柑，其栽培情况急剧衰退。

道光年间及光绪年间，有关温州柑栽培情况，可以据道光年间黄汉所撰的《瓯乘补》载，"郑星舟《双槐轩暇笔》：北人之珍瓯柑者，以其能辟煤毒。京御岁除，登荐乃成年例，遇柑稀少，虽颗值二三百钱，必皆求之……"[⑥]，及光绪《永嘉县志》："柑，永嘉县岁贡瓯柑五桶。咸丰十年因军务，奏请停贡，至今尚未奉文采办，…自停贡之后仍办礼柑，至光绪五年，并将礼柑停止"。[⑦]从以上两则文献可以看出，自道光、咸丰及光绪年间，市面上的温柑减少，上贡的温柑也逐渐减少直至停贡，温州柑的种植在这一时期也呈现出衰退的趋势。关于温州柑的代表品种及地方贡品，由宋明时期的"乳柑"转之为"瓯柑"。

作为温州柑品性最为优良的乳柑，在这一时期其生产情况发生了显著的变化。在约十七世纪中期成书的《瓯江逸志》，在谈及乳柑时，"今罕其种矣。乡民间或有此种者，亦秘不与人，恐闻之上官，来取

① （明）王象晋：《二如亭群芳谱·果部》
② 《丛书集成初编·文学类·雨航杂录》，北京：商务印书馆，1935 年
③ 《四部丛刊·集部·欧阳文忠公集·归田录》，上海：上海书店，1935 年
④ 《方志物产》，南京农业大学中国农业遗产研究资料室存
⑤ 《方志物产》，南京农业大学中国农业遗产研究资料室存
⑥ 《中国地方志集成·浙江府县志·瓯乘补》，上海：上海书店，1993 年
⑦ 《中国地方志集成·光绪永嘉县志》，上海：上海书店，1993：148

索也"。① 乳柑的种植急剧减少，从当时的地方志也可看出，康熙《平阳县志》："乳柑，今无"。② 平阳的乳柑在宋明时期的种植是相当繁盛的，然而这一时期却遭到几乎近于灭顶之灾。虽然康熙、乾隆的地方府县志中仍有乳柑的记载，但其种植的面积肯定是很小的。梁章钜《浪迹续谈》卷二《瓯柑》："永嘉之柑，俗谓之瓯柑，其贩至京师者则谓之春桔，自唐宋即著名。……按今永嘉县志泯山作泥山，见物产门，而山川门无此山名，所云七寸围之柑，今实未见。"③ 从上可以看出，清代乳柑种植减少，之后关于乳柑的记载不见踪迹。据《橘录》所记载的乳柑的品性，与清代的瓯柑是不同的，林显荣《浙南名果 - 瓯柑史考》一文中就有很好的总结，清代的瓯柑是"海红柑"。此后的文献中关于温州柑多次提及的是"瓯柑"，乳柑作为宋明时期为人称颂的果中佳品，在清代其种植却逐渐衰落，严重影响了整个温州地区柑橘在全国的声誉。

民国《平阳县志》所载《真柑别墅记》，"今吾乡柑种失传，泥山之泥又转为仪，盖久不知为平阳产矣。虽劳广文编之于《瓯江逸志》，齐大史补之于《浙江通志》，杭太史增之于《温州府志》，而《平阳县志》顾略未之及，岂非数与者之过疏乎。且夫地以人传，物以人著，吾乡在宋时有小邹鲁之称，文物之隆以吾瓯最，而泥山真柑之名亦遍于寰宇，今则三阅沧桑，风气榛塞，南雁之四季杜鹃，瓜坛之蒴竹，蔡家山之茶，县志且失不编，何怪乎泥山之真柑遂泯灭而无闻也哉？"④ 这段材料也反映了平阳泥山乳柑的销声匿迹，逐渐被世人遗忘。

综上，我们可以看到自康熙以来温州著名的真柑彻底退出了市场，几乎绝迹，皇家和政府征索贡品，也只能退而求其次，以品质较逊色的瓯柑代替。尽管在有些地方志中仍列有真柑，但比较其前后史料，仍然不难判断，曾经被文人骚客广为咏叹的真柑基本绝迹，这不能不说是温州柑橘生产严重衰微的重要表现。

这一时期温州柑相关品种也没有宋明时繁多，从当时的地方府志就可以看出。康熙《永嘉县志》："乳柑、朱柑、女柑、香柑。"⑤ 乾隆《瑞安县志》："洞庭柑、海红柑、狮子柑、朱柑、自然柑、乳柑。"⑥ 乾隆《平阳县志》："乳柑、朱柑、香柑、金柑、海红柑。"⑦ 民国《平阳县志》："海红柑、朱柑。"⑧ 渐至到民国时期，温州柑的品种变的尤其稀少，明显反映出清代温州柑栽培的衰退。

乾隆时期所修《温州府志》、《永嘉县志》里记载的内容都引用前代的文献，而没有记录当时温柑的栽培情况，主要是引用了《橘录》、《全芳备祖》、《群芳谱》、《云麓漫抄》等对温柑历史时期情况的描述。康熙时期关于温柑的记载，已经逐渐减少，且其种植情况呈衰退的趋势。乾隆时期却没有新的有关当时温柑的记载，而其后的道光，光绪年间的记载也没有新的突破。可以从此看出，温柑的种植在乾隆时期并没有从衰退的趋势逆转过来。可能是一直保持着康熙时期的状况。温州柑的种植在清代总体上是呈下滑趋势的。温州柑的品种不如以前繁多，且作为温州地区柑橘品性最为优良的乳柑渐渐销声匿迹，使温州柑在全国失去原有的竞争力与影响力，渐渐趋于平淡。

# 三、温州柑种植兴衰原因的探讨

宋明时期温州柑种植兴盛的原因，在陈桥驿先生《浙江古代柑橘栽培业的发展》⑨ 一文中已作出了一定的陈述。温州柑的种植情况大概受到几个方面的影响，一是柑贡及相关政府行为，温州柑由于品质优良、品种繁多，成为地方的贡品；二是受市场供求的影响，而文人的旨趣和宫廷的风尚，却能引导柑橘

---

① 《丛书集成初编·文学类·瓯江逸志》，北京：商务印书馆，1935 年

② 《稀见中国地方志汇刊·康熙平阳县志》，北京：中国书店，1992 年

③ 《续修四库全书·子部·浪迹续谈》，上海：上海古籍出版社，1995 年

④ 《中国地方志集成·民国平阳县志》，上海：上海书店，1993 年

⑤ 《方志物产》，南京农业大学中国农业遗产研究资料室存

⑥ 《方志物产》，南京农业大学中国农业遗产研究资料室存

⑦ 《方志物产》，南京农业大学中国农业遗产研究资料室存

⑧ 《方志物产》，南京农业大学中国农业遗产研究资料室存

⑨ 陈桥驿：《浙江古代柑橘栽培业的发展》，《农业考古》，1985，2 期

的消费，且南宋迁都，地理区位更加优越，市场广大，政府的岁贡及馈赠群臣，得到了众多官员及文人的首肯，进一步推进了温州柑的市场消费；三是种植柑橘获利大，促动了果农栽培柑橘的积极性。

本文主要通过历史文献整理，对清代温州柑衰落的原因提出以下几点看法。

## （一）封建政府对温州柑无节制的索取

封建政府的索取，主要表现为地方上贡柑橘和政府指定相关部门和人员自民间采办柑橘。有关政府的索取，这在南宋王栐所撰《燕翼诒谋录》中就有记载："其后州郡苞苴权要，负担者络绎，又以易腐。多其数以备拣择，重为人害。"① 清朝时亦有，"今罕其种矣。乡民间或有此种者，亦秘不与人，恐闻之上官，来取索也。"② 柑橘种植量的减少与当时的封建制度压抑下有着密切关系，说明这时柑橘的栽培遭到明显的摧残，柑橘生产发展显得非常缓慢。康熙《永嘉县志》："永邑物产曩时颇繁，然每以征物贡献，而资费动至千百，官民受害，少师张孚敬当国，尽奏除之，自是瓯鲜岁进，民省其累。"③ 从这段方志的记载中我们就可以看出了在封建社会，政府收取地方贡物，对当地百姓的生活带来巨大的灾难。

"永嘉之产果品惟柑为最，以底平而圆者为上，岁例进贡以备十月十五日传柑之用，九十月之间即摘送县中装桶封送至省，以为贡品，官价不过一二文一斤，民间买食大概八九文至十余文不等。"④ 封建政府采办柑橘，然而却压低价格，官价不到市场价的四分之一，使当地种植柑橘的农民无利可图。地方上贡之后，余则奉献给当地的官吏，然而官价收购的价格是十分的低，柑橘种植户见收益不高，可能渐渐会减少对柑橘的栽培。据光绪《永嘉县志》记载，"柑，永嘉县岁贡瓯柑五桶。咸丰十年因军务，奏请停贡，至今尚未奉文采办……向例承办：贡柑有官柑礼柑名目，每年九月间，查案派充月首四五名向各园户采办，自十一都以至十六等都及八六两都，拣选魁大凤尾，瓯柑大桶二百担，中桶一百担，小桶五十担，由县给价，而月首因缘为利者有之。自停贡之后仍办礼柑，至光绪五年，并将礼柑停止，各园户乃如释重负矣"。⑤ 说明了当时柑橘的种植更是一种当时封建政府压制果农的一种途径。

统治者无节制的征索对于温州柑的种植摧残极大，除了《瓯江逸志》中的直接描述，该书中的其他记载亦可佐证，"浙东多茶品，雁山者称第一。……一种紫茶，其味尤佳，香气尤清，难种薄收。土人厌人求索，园圃中少种。间有之，亦为识者取去。"又"按茶非瓯产也，而瓯亦产茶，故旧制以之充贡，及今不废。……乃后世因采办之际，不无恣取。上为一，下为十，而艺茶之圃遂为怨丛。唯愿为官于此地者，不取于数外，庶不致大为民病耳。"⑥《永嘉县志》卷六《物产》中有编纂者的小序，称"永嘉为浙东奥区，利擅山海，而水陆所产自唐以来辄取充贡，民滋病焉。前明张文忠一切奏罢，惟茶芽独存，旧志略而不书，何邪？"在温州，官府对地方名优产品的无节制的征求，极大地遏制了该地方名品的种植业的发展。⑦

这一时期，温州柑作为岁贡的佳品及当时政府的采办，对当地的柑橘业产生了重大影响。柑橘的栽培是需精耕细作的，这点从韩彦直《橘录》中关于柑橘的种植与培育就可得知，柑橘的栽植要选择适宜的土壤，"柑橘宜斥卤之地，四邑皆距江海不十里"这就指出了土壤酸度对柑橘品质的影响。柑橘的种植也要集约用地，提高土地的利用率，"每株相去七、八尺"。果园的管理要比一般农作物细致，"岁四锄之，薙尽草"。施肥是柑橘园的一项重要工作。由于柑橘是常绿果树，终年生长不断，对肥料的需要比一般果树更为迫切，一般采用的都是冬、夏两次施肥，如"冬月以河泥壅其根。夏时更溉以粪壤"。柑橘的种植需要良好的排水措施，"方种时，高者畦垄，沟而泄水"中"高者畦垄"就是保证其排水的有效方法。然而，封建政府对柑橘的大规模低价的索取，使当地种植柑橘的农户得不到相当的收益，这必然对柑橘的种植的减少起了至关重要的作用，打击了当地农户生产的积极性。

---

① 《说郛·燕翼贻谋录》，清顺治四年李际期刻本
② 《丛书集成初编·文学类·瓯江逸志》，北京：商务印书馆，1935 年
③ 《中国地方志集成·康熙永嘉县志》，上海：上海书店，1993：672
④ 《道光永嘉闻见录》资料转引于《方志分类资料·柑橘》，南京农业大学中国农业遗产研究资料室存
⑤ 《中国地方志集成·光绪永嘉县志》，上海：上海书店，1993 年
⑥ 《丛书集成初编·文学类·瓯江逸志》，北京：商务印书馆，1935 年
⑦ 《中国地方志集成·光绪永嘉县志》，上海：上海书店，1993 年

## （二）冬季严寒低温对柑橘的冻害

气候的变化对柑橘生产亦有着不可忽视的影响。根据历史地理学和历史气象学工作者的研究表明，在历史时期气候变迁过程中，明清时期恰值"明清小冰期"，为低温多灾的时期。柑橘性喜温暖，畏霜冻。王世懋《学圃杂疏》"第橘性畏寒，值冬霜雪稍盛辄死。"① 柑比橘更畏严寒，李时珍在《本草纲目》里记载区分柑、橘的方法时，其中就有提到"柑树畏冰雪，橘树略可耐"②。

康熙《永嘉县志》有冬季严寒的直接记载，"顺治十八年（1661 年），河冰可步。"③ 清初人叶梦珠记载到，"江西橘柚向为土产，不独山间广以规利，即村落园圃家户种之以供宾客。自顺治十一年（1654 年）甲午冬，严寒大冻，至春，橘、柚、橙、柑之类尽槁。自是人家罕种，间有复种者，每逢冬寒，辄见枯萎，至康熙十五年（1676 年）丙辰十二月朔，奇寒凛冽，境内秋果无有存者。而种植之家遂以为戒矣。"④ 我们可以看出，顺治十一年（1654 年）与康熙十五年（1676 年）两次严寒，使江西柑橘遭受冻害，清代江西省大部分地区都有柑橘的种植，然而大部分生产区，如抚州、安吉、南丰，其纬度都比温州要低，我们可以推测当时气候寒冷，对温州柑的种植也有一定的影响。王士禛著有《居易录谈》，"庚午冬，官师不甚寒，而江南自京口达杭州裏河皆冻，扬州骡纲皆移苏杭，甚至扬子钱塘江，鄱阳洞庭河亦冻，江南柑橘树皆枯死。其明年，京师柑橘不至，惟福橘间有至者，价数倍。齐鲁间竹多冻死。按宋时江南大寒，积雪尺余，河尽冰，凡橘皆冻死，伐为薪，叶石林作橘薪以志其异。元天历中亦然。"⑤ 冬季严寒对柑橘的冻害，使柑橘种植业遭到严重的摧残。

满志敏《历史时期柑橘种植北界与气候变化的关系》⑥ 指出了冬季气温与柑橘种植北界的关系，其中就有记载较详细的清朝初期例子表明，以连续出现寒冷事件为特征的气候变冷趋势对柑橘种植北界有重要影响。"从统计资料来看，1450—1979 年共出现了 79 个柑橘冻害年份，平均每十年有 1.5 个"，"在寒冷阶段每十年冻害的年份达 2.3～2.6 个（平均值）"，"气候变迁所造成的寒冷事件频率发生了改变，连续出现的冻害最后使柑橘种植的努力和希望最终破灭。"

## （三）战乱对温州柑种植的破坏

此外，战乱也是温州柑包括乳柑种植遭受打击的重要原因。据康熙《永嘉县志》载"至于今，海禁既久，不得采捕，而江洋之产有壮岁不识其物者。兼以兵燹频仍，山林园圃所植，悉戕斧斤，以供爨樵，其为物产，宁有几哉！"⑦ 当时由于兵燹频繁，山林园圃所栽植的树木或是被砍伐或是被战火焚烧，当地的物产很少有幸免于战乱的。

综上可知，在清代，温州柑的栽培呈现出逐渐衰落的趋势。其主要原因是当时政府的政策，封建政府强征贡果及政府相关人员来民间采办柑橘，却压低价格，使橘农无利可图。加上当时气候变冷，战乱兵燹等因素，遂使柑橘的种植逐渐消退，进入历史时期温州柑栽培的一个低谷期。

# 四、结　语

唐宋时期，温州柑的种植有了显著的发展，南宋时期温州柑的栽培相当繁盛，其中以乳柑为代表的优异品种备受官员的推崇，得到文人的题咏。元明时期，温州柑种植在品种、品质、栽培面积上，一直持续发展。而进入清代，温州柑的种植逐渐衰落，市面上温州柑减少，温州柑品种明显少于前代，品质最为优良的乳柑消失无迹。

---

① 《续修四库全书·子部·学圃杂疏》，上海：上海古籍出版社，1995 年
② （明）李时珍：《本草纲目》，北京：人民卫生出版社，1982 年
③ 《中国地方志集成·康熙永嘉县志》，上海：上海书店，1993：829
④ 《上海掌故丛书·阅世编》，民国二十四年铅印本，成文出版社有限公司印行
⑤ 《丛书集成初编·文学类·居易录谈》，北京：商务印书馆，1935 年
⑥ 满志敏：《历史时期柑橘种植北界与气候变化的关系》，《复旦学报》，1999，5 期
⑦ 《中国地方志集成·康熙永嘉县志》，上海：上海书店，1993：672

　　温州柑种植业的发展在客观上受到气候地理条件的制约。明清时期冬季严寒，周期性的毁灭性冻害使温州柑种植业的发展受到挑战。但是，相对于自然因素，在温州柑种植衰落的诸因素中，历代政府和皇室的无节制的征索，对这一著名地方果品种植业的打击更为猛烈。温州乳柑作为温州的地方名优果品，历代政府不对其加以培育，反而大加征索。自唐代起，温州柑就作为地方贡品上贡朝廷，在沿途所经各地，又有地方官僚的层层抽剥。除此之外，封建政府派地方官员对温州柑大规模采办、低价索取，使园户无获利空间，这极大地挫伤了果农的积极性，直接导致温柑特别是乳柑种植空间的萎缩。而清初发生的数次严寒气候，则彻底摧残了本已摇摇欲坠的乳柑种植，脍炙人口的温州乳柑最终殒落枝头，难觅芳泽。

# 基于 GIS 的农业史研究探析

唐惠燕 包 平

（南京农业大学图书馆，南京 210095）

**摘 要：** 地理信息系统（GIS）能够按照空间位置和时间序列管理历史地理资料，并通过制作专题地图和空间分析技术进行历史学研究。本文通过系统总结 GIS 在国内外农业史研究中的应用现状，探讨 GIS 技术作为一种新的历史研究手段在农业史研究中的应用前景。

**关键词：** GIS；农业史；研究方法

## 一、农业史及其主要研究方法

农业史作为一门独立的学科始于二十世纪初期，它是一门介于自然科学与社会科学之间的交叉学科，它运用自然科学与社会科学相互交叉、农业科学与历史学相互结合的方法，探讨农业产生和发展的动因、动力、影响及规律[1]。

农业史研究包括内史和外史研究，长期以来我国的农业史研究以内史研究为多，内容包括古代农业生产和技术的分析，研究方法主要是历史学和文献学方法的应用，如古籍整理、文献学、版本目录学和古文字学等技术，农业经济史的研究应用了一些经济学的理论和方法。

二十世纪后期以后在农业内外史结合研究方面有了一些进展，如南京农业大学中华农业文明研究院出版的《二十世纪中国农业与农村变迁研究》。历史学家李根蟠先生认为，未来的农业史研究，即便是农学史的研究，在研究技术发展内部的逻辑关系和发展规律外，还应探讨农学发展与社会变迁的关系、农学发展与经济变迁的关系、农学发展与自然环境变迁的关系及农学发展与文化发展的关系。因此农业史研究应当充分注意农业与经济、社会、自然和文化诸因素的相互关系及其长期发展趋势[2]。在研究方法上，有必要从其他学科中学习和借鉴，如经济学、社会学、人类学、民族学、系统学、统计学等。目前与欧美及日本等国的农业史研究方法相比仍有不少差距，如比较研究方法（如时间比较、空间比较和时空综合比较等）和计量与统计方法等的运用。

## 二、地理信息系统（GIS）的特点及在历史研究中的应用

地理信息系统（Geographic Information System，以下简称 GIS），又称为"地学信息系统"或"资源与环境信息系统"，萌芽于 20 世纪 60 年代初，是一种兼容、存储、管理、分析、显示与应用地理信息的计算机系统，是分析和处理海量空间数据的通用技术，是计算机科学、地理学、测量学、地图学等多门学科综合的技术。它区别于其他信息系统的关键在于 GIS 强调空间实体及其关系，注重空间分析与模拟[3]。由于世界上 75% ~80% 的信息都与地理空间位置有关，地理信息系统在近 30 年取得了惊人的进展。地理信息系统被广泛应用于资源调查、环境评估、区域发展规划、交通、城市建设、能源、农业等领域。

由于 GIS 能把时间与空间动态地整合在一起，GIS 在管理和整合历史文化研究资源、研究结果的可视

---

① 王思明，农史研究：回顾与展望［J］. 农业考古，2003（1），6～13
② 王思明，农史研究：回顾与展望［J］. 农业考古，2003（1），6～13
③ 楚叶峰. GIS 的发展过程和发展趋势综述，长春大学学报，2008，18（6），40～41

化以及历史文化数据的空间分析等方面具有独特的优势。目前，GIS 应用于历史学研究主要可以实现：（1）完整展现历代行政区划沿革和疆域变迁；（2）再现古地理环境；（3）分析处理历史地理数据。

21 世纪以来，国际上 GIS 应用于历史研究有了很快的发展，该领域被称为历史 GIS（Historical GIS），有多部相关的著作出版。其中 Anne Kelly Knowles 出版了两本比较有代表性的专著。2002 年出版的《往日往地：GIS 在历史学中应用》，是反映 GIS 在历史研究中应用的先驱之作[1]。该书囊括了历史学研究的诸多范围，以丰富的插图引导读者理解如何应用 GIS 进行绘图和空间分析。2008 年出版的《定位历史 – 地图，空间数据和 GIS 改变历史学研究》中[2]，作者认为在过去十多年里，GIS 已成为历史学研究的有效新方法。本书通过提供的历史 GIS 的个案研究报告和关键问题，展现历史学家如何利用 GIS 进行数据管理、空间分析和可视化功能，把历史资料可视化到地理背景中，通过定量化研究和可视化展示相结合的新手段进行历史学领域的研究工作。

# 三、GIS 技术在农业史研究中的现状

## 1. 基于期刊论文反映的研究现状

选取国内外历史学和农业史代表性学术期刊 10 种。对这些期刊论文用 "GIS" 或 "地理信息系统" 进行全文检索，了解 GIS 在历史学和农业史研究中的应用情况。国外期刊通过南京农业大字一站式期刊整合系统进行检索，国内期刊通过中国期刊网检索，检索时间为 2011 年 5 ~ 6 月。

由于历史学和农史学论文涉及的期刊较多，表 1 并不能完全反映 GIS 的应用状况。但可以看出，国外 GIS 在历史学中的应用已经为学者关注，有一定量的论文中采用了 GIS 工具，特别是《History and computing》和《Historical Methods》二种期刊。《Social Science History》中 GIS 的应用也比较多，达到 24 篇，相比较而言，国外农业史研究中应用 GIS 的论文还不是很多。

同时表 1 也反映出 GIS 在历史学和农业史中的应用整体上国内少于国外。国内虽然在数量上还不是很多，但近十年来已经有一定量的研究中采用了 GIS 工具，特别是与地理和考古相关的期刊论文，GIS 应用要多一些，农业史类期刊中 GIS 应用还不多。

表 1　历史学和农史学重要期刊中 "GIS" 论文情况表

| 重要期刊 | 起止时间（年） | "GIS" 篇数 | 论文总量 | 比例（%） |
| --- | --- | --- | --- | --- |
| Historical Methods | 1990—2011 | 30 | 355 | 8.45 |
| Social Science History | 2002—2011 | 24 | 332 | 7.23 |
| History and computing | 1998—2002 | 14 | 100 | 14.00 |
| Journal of Historical Geography | 2001—2011 | 41 | 1 099 | 3.73 |
| Agricultural History | 2002—2011 | 10 | 852 | 1.17 |
| 中国历史地理论丛 | 2001—2011 | 28 | 864 | 3.24 |
| 考古 | 2001—2011 | 40 | 1 753 | 2.28 |
| 华夏考古 | 2001—2011 | 15 | 627 | 2.39 |
| 历史研究 | 2001—2011 | 7 | 898 | 0.78 |
| 中国农史 | 2001—2011 | 6 | 779 | 0.77 |

---

① Knowles A K. Past time, past place: GIS for history [M]. Redlands, CA: ESRI Press, 2002: 250

② Anne Kelly Knowles, Amy Hillier. Placing history: How maps, spatiall data, and GIS are changing historical scholarship [M]. ESRI Press, 2008: 313

**2. 基于 GIS 技术的农业史研究进展**

目前，GIS 在历史学或农业史研究中重要的进展是历史地图资料的数字化。长期以来任何地理信息系统项目最耗时和昂贵的阶段是数据库建设，历史 GIS 研究也是如此。数据库建设包括数据源选择的规范化、资料编辑预处理、数据输入、数据管理、数据分析应用和数据输出、制图等部分。GIS 数据库建设是 GIS 的基础性工作，只有建设规范、标准、准确的 GIS 数据库才能在其基础上进行数据分析和数据展示。

美国、英国等先后建立了国家历史地理信息系统，在 GIS 的架构下整合这些国家大量的人口统计数据、历史电子边界，这些基础些的工作为 GIS 在农业史研究奠定了很好的基础[1]。2001 年我国复旦大学历史地理研究中心跟美国哈佛大学东亚系等机构合作建设中国历史地理信息系统（CHGIS）。该系统以谭其骧的《中国历史地图集》为基本历史空间数据，以国家测绘局发布的数字化地图 ArcChina（1：100 万）为底图，建立一套中国历史时期逐年连续变化的、开放的基础地理信息数据库，这些数字地图为我国 GIS 在农业史研究中的应用打下了基础[2]。

以通用数字历史地图为基础结合与农业相关的历史信息研制数字化农业史数据库及农业数字地图是 GIS 在农业史研究中的重要课题。我国初建朋等以《山西省历史地图集》作为基础图形数据，从《中国历代户口、田地、田赋统计》、光绪《山西通志》等文献中获取属性数据，并以 MapInfo 为平台建立了明清时期山西省人口耕地数据库[3]。王均等基于 GIS 数据处理技术，探讨了两汉时期人口数据库的建设，对清代陕西省内县级政区境界做了数字建库，并进行人口密度、耕地分布与垦殖密度等方面的数据分析和制图[4]。

目前也有一些基于 GIS 的空间分析方法进行的农业史研究。Cunfer G 利用 GIS 进行的研究修正了一个地理环境演变的错误观点。他调查的大平原沙尘暴在 20 世纪 30 年代中期，传统上被认为是不合适的土壤过度利用造成的，这个观点是基于两个县的相关数据得出的，作者利用 GIS 整合了大平原地区 280 个县域 30 年代中期以前更长一段时期内每年的农业与环境的数据，最后认后沙尘暴与农业的过度耕作无直接的关联，但与 1930 年干旱关系密切[5]。香港中文大学学者进行的明清时期松江府棉花工业区研究，成功地运用了 GIS 的空间分析方法，不仅首次明确了该地区明清时期重要的行政区划"保"的界限，而且结合当时的教育、名门望族、寺庙等社会经济情况分析了棉花工业的发展和分布情况[6]。乔玉在研究伊洛地区裴李岗至二里头文化时期复杂社会的演变时基于 GIS 对人口和农业可耕地进行分析[7]。

另外，GIS 空间历史数据的管理和可视化方面也有相关研究进展，例如，Siebert 选择东京作为研究区域，设计开发了一个综合的东京空间历史 GIS，用于论证、可视化和诠释东京历史空间模式和相互关系[8]。但利用 GIS 的可视化功能再现农业历史的发展与变迁还未见到相关研究。

# 四、基于 GIS 的农业史研究前景分析

农业史研究的主要领域，如综合农业史、农业科技史、农业经济史、农村社会史都拥有重要的时空

① Fitch C A, Ruggles S. Building the National Historical Geographic Information System [J]. Historical Methods, 2003, 36 (1): 41～51

Minnesota Population Center. NHGIS [EB/OL]. http://www.nhgis.org, 2010-08-20

University of Portsmouth. GBHGIS [EB/OL]. http://www.port.ac.uk/research/gbhgis, 2010-08-20

② 葛剑雄，周筱赟. 创建世界一流应该有明确的目标——为什么要研制"中国历史地理信息系统". 东南学术, 2002 (4)

③ 初建朋，侯甬坚. 基于 GIS 技术建立明清时期山西省人口耕地资料数据库 [J]. 唐山师范学院学报, 2004, 26 (2): 73～75

④ 王均，陈向东，宇文仲，历史地理数据的 GIS 应用处理——以清时期的陕西为例，地球信息科学, 2003 (1)

王均，陕西省资源环境本底数据库建设及 GIS 在历史地理研究中的应用设想，中国历史地理论丛, 2002, 17 (3)

王均，王红，何凡能，历史时期县级政区数据库的设计与应用——以清代陕西为例，测绘科学, 2007 (4)

⑤ Cunfer, G. 2005: On the Great Plains: agriculture and environment. College Station: Texas A&M University Press Luo, W., J. Hartmann, J. Li and V. Sysamouth. 2000. GIS Mapping and Analysis of Tai Linguistic and Settlement Patterns in Southern China. Geographic Information Sciences 6, 129～136

⑥ 林晖，张捷，杨萍，等. 空间综合人文学与社会科学研究进展 [J]. 地球信息科学, 2006, 8 (2): 30～36

⑦ 乔玉，伊洛地区裴李岗至二里头文化时期复杂社会的演变——地理信息系统基础上的人口和农业可耕地分析 [J]. 考古学报, 2010 (4), 423～454

⑧ Siebert L. Using GIS to Document, Visualize, and Interpret Tokyo's Spatial History [J]. Social Science History, 2000, 24 (3): 537～574

信息，这些时空信息结合自然、社会、经济等相关信息，如果借助于 GIS 的数据管理功能、统计功能、展示功能和分析功能，一定会使农业史研究更上一个台阶。

目前基于 GIS 的农业史研究还处在刚刚开始的阶段，其应用深度与广度还有待进一步拓宽。

### 1. 丰富的历史资料是利用 GIS 进行农业史研究的基础

我国自古以来是以农业为主的社会，农业历史文献资料记载时间长、内容比较翔实。我国古代和近代史中既有国家层次的，又有各郡县府志、乡志、家谱等，还有各种游记、诗赋、笔记等历史资料以及各种历史学和考古学的研究成果；现代农业史中保留着大量的实验数据或统计数据。这些资源中包含有大量具有空间属性的农业及社会发展历史文化信息，这是我国开展农业历史 GIS 研究的先天优势。在 GIS 应用于农业史研究的初期，如果能把大量有价值的农业信息建成 GIS 数据库，为我国更多的农史研究工作者提供资源共享，无疑为 GIS 在农业史的研究打下坚实的基础。

### 2. 专题地图、空间分析技术和可视化技术是 GIS 在农业史研究中的主要方向

（1）专题地图

我国历史悠久，有关于农业记载的相关信息的时间跨度和空间跨度都很大，采用 GIS 可以把各种带有时间和空间特性的原始资料和信息整合起来，如对各个阶段的农业思想、农业文化、农业科技这些时空数据进行整合管理，通过研制相关主题的数字地图可以更加直观地展示我国农业史发展的脉络。一方面，通俗易懂的数字地图能在普通公众间唤起对于丰富农业历史遗产的兴趣，另一方面，它能够动态地显示出具有地理属性的历史知识，能够更精确地分析经济、自然和社会的时空系统变化，促进农业史与其他学科的学术研究合作。

（2）空间分析技术

近年来，社会科学研究的一项重要进展，就是定量或计算方法在研究复杂的人类社会系统中的应用[1]。当然，我国古代农业由于计量的信息有限，采用 GIS 技术进行定量化分析可能性不大，但在近代农业史中随着实验农业的不断发展，已经产生了大量的可以定量化研究的数据。如在许多历史问题研究中，都需要探讨地理和社会人文如何随着时间的变化而变化，研究其演变过程、规律和特点，GIS 在整合、管理、分析各种数据尤其是空间数据方面有独特优势，因此在整合农业过程数据及其相关社会背景数据的基础上，可以定量化研究其演变过程和规律。

GIS 空间分析中常用的方法包括空间平滑、空间插值、叠加分析、聚类分析等，它们可以用于显示空间分布态势及空间分布趋势，这些空间分析方法和一些计量科学的运用对农业史研究带来了新的方法和手段。如杜明义等以 RS 和 GIS 作为信息获取与分析工具，通过对 1978 年、1989 年和 1999 年研究区土地荒漠化遥感影象解译分析，对阜新地区 21 年来土地荒漠化的时空演变规律进行了系统的研究[2]。

（3）可视化技术

GIS 的自动绘图和空间可视化功能对于历史空间的展现及诠释是学者较早普遍关注的内容。Kenneth E 较早提出了可以应用 GIS 绘制过去[3]。使用虚拟现实（VR）、网络 3D – GIS 在内的可视化技术，基于各种有效的历史资料和信息，增加时间维，构建重要时间段的"虚拟时空"4D – GIS，重现当时的历史环境，让人更直观地感受到穿越时空的现场感觉。日本京都立命馆大学地理系的矢野桂司、河原大和矶田弦等学者研究的"虚拟京都"很有代表性[4]。对于农业史研究来说也可以对农民劳动或生活场景、农村风光、农业科技等根据历史史料进行虚拟可视化研究，直观地再现当时的景象。

### 3. 利用 GIS 进行农业史研究的主要障碍

GIS 最重要的功能是对时间和空间数据的管理、分析和可视化，但需要的是比较完整的数据，目前农业史研究中利用 GIS 存在一些欠缺，如已有的资料不完整、数据不连续、片断，使研究不能深入进行。

另外，GIS 人才的缺乏也是近年内利用 GIS 进行农业史研究的主要障碍。一方面研究历史的专家学者

① 王法辉著，基于 GIS 的数量方法与应用，北京：商务印书馆
② 杜明义；郭达志；武文波，基于 RS 与 GIS 的阜新地区土地荒漠化时空演变规律研究. 干旱区研究，2001（4）
③ Kenneth E. F Mapping the Past［J］. Historical Methods，1992，25（3）：121～132
④ 李凡，朱竑. GIS 在历史及文化地理学研究中的应用——国外研究进展综述［J］. 人文地理，2009（1），41～45

对 GIS 不太了解，另一方面精通 GIS 的人员把更多的目光投向资源调查、环境评估、区域发展等相对比较热门的领域。因此，如何更好地推进 GIS 与农业史研究的结合是当前必须解决的课题。首先应该是农业史工作者必须转变观念，不断补充新的知识，加强与其他领域专业人员的交流，吸取有益的东西，只有这样才能在农业史研究中注入新的活力，更好地推动农业史的研究。

# 五、结　语

GIS 与其他计量研究方法相比，是一种更具有系统性和空间分析潜力的研究方法。对于农业史研究者来说，GIS 应用仍处于它的起步阶段，存在一个进行学科合作和学习发现如何更好地使用 GIS 数据的曲折过程，当然 GIS 只是一个工具，它不应该也不会取代传统的历史学术研究方法。

# 中国古代农家的农时观

熊帝兵

（淮北师范大学历史与社会学院）

**摘　要：**中国很早就形成了对农时的系统认识，古代农家学者在沿用常规指时方式的基础上，还以作物生长过程、土壤特征、气象条件指时，并把多种指时方式综合运用，以更准确把握生产时机。古代农家所谓的农时既包括农忙之时，也包括农闲之时，在总体上分为春耕、播种、中耕、秋收、冬藏"五时"，"五时"之下又各细分上、中、下三时，形成了系统的农时内涵。农家还揭示出农时与农业收成、产品质量、灾害以及生产效率之间的关系。古代农家的农时观既是传统农学思想的重要组成部分，也是中国农业文化遗产的重要内容。

**关键词：**农家；农时；农业文化遗产；思想遗产；农业史

不违农时是农业生产的基本原则之一，先秦农家著作《吕氏春秋》"上农"四篇就充分肯定了农时的重要性，提出"凡农之道，厚（候）之为宝"的思想①，四篇中有一篇专论农时，其他三篇对农时也多有论及。秦以后，农家学者对农时的认识具有较高的一致性。汉氾胜之的耕作原理以"趣时"为首，南宋陈旉引《传》曰："不先时而起，不后时而缩。"② 明代马一龙在其"三才"思想中提出"知时为上"。

学界对古代农时的研究已经取得不少成果，王缨认为"农时不可违"是《吕氏春秋》"上农"等四篇的中心思想③；陶毓汾专门讨论过中国古代农时的意义、作用、确定方法、授时机构以及农书对农时的运用等内容④；叶世昌从管理学的角度论述了按照时令进行农业生产，爱惜农业劳动时间和保护生物资源三个方面内容⑤；刘东海讨论了遵守农时的意义、原则以及农时的具体确定方法⑥；赵敏从物候指时、星躔指时、农时的理性认识、农时系统观的形成、时与道等五点系统研究了古代的农时思想⑦；此外，农业史专著也常设专门章节讨论古代农时。这些研究颇具启示意义。但是，古代农家学者在农业实践中形成了别具特色的指时方式，并赋予农时新的内涵，还揭示出农时与农业收成、产品质量、灾害以及生产效率之间的关系，这些内容在以往的研究成果中尚未被系统分析，故此，笔者试对之作简要阐释。

# 一、农家特殊的指时方式

农业生产的耕作、栽培、管理、收获等环节无不受到农时的影响和制约。但是传统的多种指时方式都存在一定利弊，节气能反映气候的多年平均状况，但"有闰之岁，节气近后。"⑧ 物候虽然可以反映具体年代的气候变化，但是其是对农时较低级的认识方式，较为粗疏，往往年无定时，月无定日。为使农时能够更科学、准确地指导生产，中国古代农家在沿用传统指时系统的同时，还形成了独具特色的指时方式：以作物的生长特征指时、以土壤状况指时和以气象条件指时等，并把多种传统指时方式综合运用，

---

① 夏纬瑛. 吕氏春秋上农等四篇校释［M］. 北京：中华书局，1956：93

② 万国鼎. 陈旉农书校注［M］. 北京：农业出版社，1965：28

③ 王缨. 农时不可违—论《吕氏春秋》中《上农》等四篇的中心思想［J］. 湖北农业科学，1981（2）

④ 陶毓汾. 中国古代的农业气象科学技术之一：农时和授时［J］. 中国农业气象，1984（1）

⑤ 叶世倡. 中国古代的农时管理思想［J］. 江淮论坛，1990（5）

⑥ 刘东海. 不违农时是我国农业生产的传统经验［J］. 西藏农业科技，1987（1）

⑦ 赵敏. 中国古代农时观初探［J］. 中国农史，1993（2）

⑧ 缪启愉. 齐民要术校释［M］. 北京：农业出版社，1982：44

充分发挥各自优点，弥补彼此不足，以便更准确把握转瞬即逝的农业生产时机。

萌芽是作物生长的第一步，而在这一时期，往往需要更多的田间管理，因此农家利用这一性状作为田间管理的参考时机。《氾胜之书》载："须麦生复锄之。"[①] "麦生根成，锄区间秋草。"[②] 指出了"麦生"即是除草的时机。《齐民要术》中载有"苗生垄平，即宜杷劳。锄三遍乃止。"[③] 陈旉《农书》载有"三月种早麻，才甲拆，即耘锄。"[④] 采用的都是类似的指时方式。农作物成长的不同阶段也表现出不同的特征，作物初生时叶片往往为两片，随着作物的生长而逐渐增多至三片、四片……。因此，作物生长过程中的叶片数量和形状往往也被农家学者用来指代农时。王祯《农书》茄子："俟着四五叶，高可五寸许，带土移栽之。"[⑤]《农桑衣食撮要》正月种芋秧："候发出三四叶，约四五寸高，于三月间移栽之。"[⑥] 作物的除草时机也可以通过观察叶片来确定，《氾胜之书》中有：大豆："豆生五六叶，锄之。"[⑦] 小豆，"豆生布叶，锄之，生五六叶，又锄之。"[⑧]《齐民要术》种谷："苗生如马耳则镞锄。谚曰：'欲得谷，马耳镞。'"[⑨] 培肥壅根时机的把握也看叶片，《农桑辑要》引《务本新书》载种地桑，"五月之后，芽叶微高，旋添粪土。"[⑩] 芋："秋生子叶，以土壅其根。"[⑪] 农家学者还以叶子特征定收获时间，《齐民要术》小豆和小豆"叶落尽，然后刈。"《农桑衣食撮要》"刈□，夏至前后，看叶上有皱纹，方可收刈。"[⑫]

农作物生长过程中的其他性状也被农家学者用来指代农时，如根据作物生长的高度也可以确定农事的时机，《齐民要术》中即有多处采用此方法，种谷："苗高一尺，锋之。"[⑬] "稻苗长七八寸，陈草复起，以镰侵水芟之，草悉脓死。"水稻移栽的时机时："既生七八寸，拔而栽之"[⑭]；旱稻，"苗长三寸，杷、劳而锄之。"[⑮] "蓼作菹者，长二寸则剪。"[⑯]《农桑辑要》和《农政全书》都载有棉花摘心的时机："苗长高二尺之上，打去冲天心，旁条长尺半，亦打去心，叶叶不空开花结实。"[⑰] 不同作物的成熟性状也不相同，所以作物的成熟性状也成为农家指时的重要方式之一，"获豆之法，荚黑而茎苍，辄收无疑。"[⑱] "获麻之法，穗勃如灰，拔之。"[⑲] 禾，"芒张叶黄，捷获之无疑"[⑳]；大豆，"候近地叶有黄落者，速刈之"[㉑]；小豆，"豆角三青两黄，拔而倒竖笼丛之"[㉒]；麻，"勃如灰便收。"[㉓]

在古代，没有土壤检测工具，耕地和中耕时机的把握往往靠观察土壤的外部特征而定，因此，土壤的表面性状也成为古代农家的特色指时方式，特别是"白背"一词，是古代农家的专门指时术语，《氾胜之书》最早提出"白背"一词，锄麦指出："到榆荚时，注雨止，候土白背复锄"[㉔]，其中"白背"不光是土壤的外观，也是锄地的最佳时机。《齐民要术》中也用"白背"指代耕田的时机："湿耕者，白背速

① 万国鼎. 氾胜之书辑释［M］. 北京：中华书局，1957：110
② 万国鼎. 氾胜之书辑释［M］. 北京：中华书局，1957：114
③ 缪启愉. 齐民要术校释［M］. 北京：农业出版社，1982：74
④ 万国鼎. 陈旉农书校注［M］. 北京：农业出版社，1965：31
⑤ 缪启愉，缪桂龙. 东鲁王氏农书译注［M］. 上海：上海古籍出版社，2008：191
⑥ ［元］鲁明善. 农桑衣食撮要［M］. 王毓瑚，校注. 北京：农业出版社，1962：29
⑦ 万国鼎. 氾胜之书辑释［M］. 北京：中华书局，1957：132
⑧ 万国鼎. 氾胜之书辑释［M］. 北京：中华书局，1957：138
⑨ 缪启愉. 齐民要术校释［M］. 北京：农业出版社，1982：44
⑩ 缪启愉. 元刻农桑辑要校释［M］. 北京：农业出版社，1988：163
⑪ 缪启愉. 元刻农桑辑要校释［M］. 北京：农业出版社，1988：307
⑫ ［元］鲁明善. 农桑衣食撮要［M］. 王毓瑚，校注. 北京：农业出版社，1962：85
⑬ 缪启愉. 齐民要术校释［M］. 北京：农业出版社，1982：45
⑭ 缪启愉. 齐民要术校释［M］. 北京：农业出版社，1982：100
⑮ 缪启愉. 齐民要术校释［M］. 北京：农业出版社，1982：107
⑯ 缪启愉. 齐民要术校释［M］. 北京：农业出版社，1982：154
⑰ 缪启愉. 元刻农桑辑要校释［M］. 北京：农业出版社，1988：135
⑱ 万国鼎. 氾胜之书辑释［M］. 北京：中华书局，1957：130
⑲ 万国鼎. 氾胜之书辑释［M］. 北京：中华书局，1957：147
⑳ 万国鼎. 氾胜之书辑释［M］. 北京：中华书局，1957：102
㉑ 缪启愉. 齐民要术校释［M］. 北京：农业出版社，1982：80
㉒ 缪启愉. 齐民要术校释［M］. 北京：农业出版社，1982：84
㉓ 缪启愉. 齐民要术校释［M］. 北京：农业出版社，1982：87
㉔ 万国鼎. 氾胜之书辑释［M］. 北京：中华书局，1957：110

镂耱之，亦无伤；否则大恶也。……秋耕待白背劳"①；种谷整地："其春泽多者，或亦不须挞；必欲挞者，宜须待白背，湿挞令地坚硬故也。"而且谷"苗既出垄，每一经雨，白背时，辄以铁齿镂耱纵横杷而劳之。"② 小豆的劳耕时间："未生白背，劳之极佳。"③ 旱稻："凡种下田，不问秋夏，候水尽，地白背时，速耕。"④《农桑辑要》引《韩氏直说》论秋耕，"……随耕随捞，至地大白背时，更摆两遍。"⑤

陶毓汾指出：农时"除有农事季节的含意外，还有所处的农业气象条件的概念。"⑥ 农业生产是在自然环境中进行的，耕作、栽培、中耕等农业生产环节都会受到气象、气候条件的影响和制约。所以，农家也结合气象环境，形成较具特色指农时方式。下雨往往是耕地和多种作物播种的最佳时机，特别是在黄河流域，趁雨抢墒播种更为重要。《氾胜之书》多次提出接雨耕地："天有小雨复耕和之"⑦，"春气未通，……慎无旱耕。须草生，至可耕时，有雨即耕，"都提出下雨之时是耕作的最佳时机，还指出："草生，有雨泽，耕重蔺之。"⑧ 接雨播种更为农家学者重视，《氾胜之书》记载了多种作物需接雨播种："三月榆荚时雨，高地强土可种禾。"⑨ "三月榆荚时有雨，高田可种大豆。"⑩ "种麻，豫调和田。二月下旬，三月上旬，傍雨种之。"⑪ "二月注雨，可种芋"⑫；《齐民要术》中也总结许多接雨播种技术，"凡种谷，雨后为佳。遇小雨，宜接湿种；遇大雨，待岁生。小雨不接湿，尤以生禾苗；大雨不待白背，湿辗则令苗瘦。岁若盛者，先锄一徧，然后纳种为佳。"⑬ 胡麻："欲种截雨脚。若不缘湿，融而不生。"⑭ 他们都明确指出下雨时是播种的最佳时机。

古代农家还把物候、二十四节气、月令等传统指时方式和自己的特色指时方式紧密结合起来指时，综合运用，择各种指时方式的优点而从之，以便更准确地把握农时。《氾胜之书》种禾："三月榆荚时雨，高地强土可种禾。"即把月令、物候和气象三者结合起来确定农时；《四民月令》中播种时间的确定：四月"蚕入簇，时雨降，可种黍、禾――谓之上时――及大、小豆，胡麻。"⑮ 其中综合运用了月令、物候、气象等三种指时方式。《齐民要术》关于种谷的时间把握也是如此："二月上旬及麻、菩杨生种者为上时，三月上旬及清明节、桃始花为中时，四月上旬及枣叶生、桑花落为下时。"⑯ 也综合运用了月令、节气、物候等指时方法。而在综合运用各种指时系统方面，元代王祯的贡献最大，其发明了"授时指掌活法之图"，图由同心的八层圆环组成，圆环中心画有北斗星，由内向外，第二层和第三层圆环上分别有十天干和十二地支；第四层是春夏秋冬四季；第五层标十二个月，第六层标二十四节气，第七层标七十二候应；第八层是每个月份和节气以及时令所应做的农事（如图一所示）。王祯指出此图功能："盖二十八宿周天之度，十二辰日月之会，二十四气之推移，七十二候之变迁，如环之循，如轮之转，农桑之节，以此占之。"⑰

王祯"授时指掌活法之图"的特征是不以历书定月，而是以二十四节气定月，"以交立春节为正月，交立夏节为四月，交立秋节为七月，交立冬节为十月，农事早晚，各疏于每月之下"⑱，具有较强的实用性和灵活性，这样的定月方式，郭文韬先生指出其优点在于"可以避开阴历月份与二十四个气的对应关系年年变动的麻烦，只用一张图即可说明每年的农事月程。（图1）"且"王祯的授时历具有万年历的性

① 缪启愉. 齐民要术校释［M］. 北京：农业出版社，1982：24
② 缪启愉. 齐民要术校释［M］. 北京：农业出版社，1982：44～45
③ 缪启愉. 齐民要术校释［M］. 北京：农业出版社，1982：84
④ 缪启愉. 齐民要术校释［M］. 北京：农业出版社，1982：106
⑤ 缪启愉. 元刻农桑辑要校释［M］. 北京：农业出版社，1988：38
⑥ 陶毓汾. 中国古代的农业气象科学技术之一：农时和授时［J］. 中国农业气象，1984（1）
⑦ 万国鼎. 氾胜之书辑释［M］. 北京：中华书局，1957：23
⑧ 万国鼎. 氾胜之书辑释［M］. 北京：中华书局，1957：25
⑨ 万国鼎. 氾胜之书辑释［M］. 北京：中华书局，1957：100
⑩ 万国鼎. 氾胜之书辑释［M］. 北京：中华书局，1957：129
⑪ 万国鼎. 氾胜之书辑释［M］. 北京：中华书局，1957：149
⑫ 万国鼎. 氾胜之书辑释［M］. 北京：中华书局，1957：164
⑬ 缪启愉. 齐民要术校释［M］. 北京：农业出版社，1982：44
⑭ 缪启愉. 齐民要术校释［M］. 北京：农业出版社，1982：108
⑮ 石声汉. 四民月令校注［M］. 北京：中华书局，1965：32
⑯ 缪启愉. 齐民要术校释［M］. 北京：农业出版社，1982：43
⑰ 缪启愉，缪桂龙. 东鲁王氏农书译注［M］. 上海：上海古籍出版社，2008：9
⑱ 缪启愉，缪桂龙. 东鲁王氏农书译注［M］. 上海：上海古籍出版社，2008：10

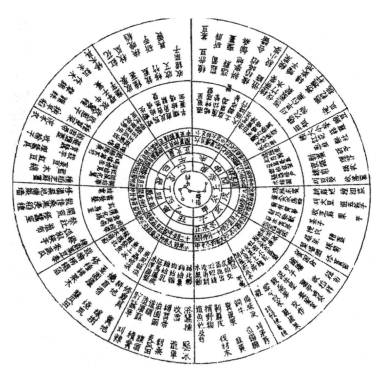

图1　王祯"授时指掌活法之图"

质，它可算是一项重要发明"①；"《王祯农书》中所载'授时指掌活法之图'是对中国古代农事月历最完整，最科学的总结和概括。"②"授时指掌活法之图"共八个层次，郭文韬先生根据其中的五、六、七、八四个层次内容制成框式表，现以其中的春季为例，截取部分内容如表1所示。

表1　王祯"授时指掌活法之图"春季主要内容表

| 季　节 | 月　份 | 节　气 | 物　候 | 农事操作 |
|---|---|---|---|---|
| 春 | 正月孟春 | 立春节雨水中 | 东风解冻、蛰虫始振、鱼上冰、獭祭鱼、雁候北、草木萌动 | 修农具、粪田、耕地、嫁树、烧苜蓿、烧荒、葺园庐、垄瓜田、修种诸果木、栽榆柳、织箔 |
|  | 二月仲春 | 惊蛰节春分中 | 桃始华、仓庚鸣、鹰化为鸠、玄鸟至、雷乃发声、始电 | 种麻、粟、豆、黍、稷、茶、蔬、瓜、瓠、椒、秧、芋、祭社、造布、开荒、修蚕室、栽接桑果、浸稻种、修沟渠池塘 |
|  | 三月季春 | 清明节谷雨中 | 桐始华、田鼠为、虹始见、萍始生、鸣鸠拂羽、戴胜降桑 | 种稻、芝麻、姜、蓝、木棉、菜豆、红豆、栽芋、理蚕具、育蚕、收榆子、藏盐庯、栽苕帚、浣冬衣 |

来源：郭文韬. 中国传统农业思想研究［M］. 北京：中国农业科学技术出版社，2001：203~204

# 二、农家的农时内涵

古代农家不仅发展了较系统的特色指时体系，而且形成了丰富的农时内涵。农家所指的农时与其他学派所指农时存在较大区别，其他学派所说"勿夺农时"或"不违农时"主要特指春耕播种之时，也即农忙之时，而农闲之时则可以兴徭役。例如：二月，"无作大事（指王战徭役），以妨农工"③。而古代农家农时内涵既包括农忙之时，也包括农闲之时。

农家所言农时首先是指农忙之时，要求在农业生产的关键时候，不以其他事务挤占农业生产用时。

---

①　郭文韬. 中国传统农业思想研究［M］. 北京：中国农业科技出版社，2001：200~201

②　郭文韬. 中国传统农业思想研究［M］. 北京：中国农业科技出版社，2001：205

③　张双棣，张万彬，陈涛，等. 吕氏春秋译注（上册）［M］. 长春：吉林文史出版社，1986：32

《吕氏春秋》"上农"篇中指出："当时之务，农不见于国"①，即指出正当农忙之时，即使官家也要"不兴土功"、"不作师徒"；百姓更是如此，不准"冠弁"、"娶妻"、"嫁女"、"享祀"，更不许"酒醴聚众"，农忙时节，"农不敢行贾；不敢为异事；为害于时也"②。《齐民要术》"自序"开篇就引用了"尧命四子，敬授民时"的典故，以强调农时的重要性，又引《仲长子》曰："天为之时，而我不农，谷亦不可得而取之。"③此处讨论的即是农忙之时。贾思勰引《月令》曰："孟夏之月，……劳农劝民，无或失时。'重力劳来之。'……命农勉作，无休于都。"④此中的"无或失时"和《吕氏春秋》"上农"篇所言农时乃同一语意。贾思勰所引的《孟子》的"不违农时，谷不可胜食。"和《淮南子》："安民之本，在于足用；足用之本，在于勿夺时；"⑤都强调的是农忙之时。韩鄂《四时纂要》也引用了"帝尧恭受四时"⑥的典故。陈旉在《农书》"自序"说："上自神农之世，斲木为耜，揉木为耒，耒耜之利，以教天下，而民始知有农之事。尧命羲和，以钦授民时，东作、西成，使民知耕之勿失其时。"⑦王祯《农书》引《月令》曰："仲秋，'乃劝种麦，无或失时；其有失时，行罚无疑'。季冬，命田官'告民出五种，命农计耦耕'。古人之于农，盖未尝一日忘也。"⑧其所谓农时都是特指播种的农忙之时。

由于农业生产活动贯穿于一年的始终，春耕、播种、夏耘、秋收四个环节的农时都极为重要，都需要抓紧时间进行，而与之相应的农时主要包括耕地时间、播种时间（包括移栽时间）、田间管理时间以及收获时间四个方面，其中每一种农时都是农业生产顺利进行的保证，因此古代农家所强调的"厚时"其实包括了耕、耙、播种、中耕、施肥、灌溉、收获、收藏等各个环节的农时，每个环节都应在最佳时期内迅速完成。《吕氏春秋》"任地"篇提出："五时，见生而树生，见死而获死。"⑨其中"五时"包括了春夏秋冬农业生产诸环节的农时。《齐民要术》引"谚曰：'虽有智惠，不如乘势；虽有镃錤，不如待时。'赵岐曰：'乘势，居富贵之势。镃錤，田器，耒耜之属。待时，谓农之三时'"⑩，此处"三时"是指春、夏、秋三季；贾思勰还引《淮南子》注文提出春夏秋冬四时的农时观："春生、夏长、秋收、冬藏，四时不可易也。"⑪王祯在《农书》中也明确提出："四时各有其务，十二月各有其宜"⑫。综上可见，无论是"五时"、"三时"、还是"四时"，都充分说明古代农家所谓的农时远远超出"农忙"之时的范畴，而是泛指农业生产各个环节之时。

耕地是农业生产的开始，其时机的掌握较为关键。《吕氏春秋》"任地"篇就指出"冬至后五旬七日菖始生；菖者，百草之先生者也，于是始耕。"⑬《氾胜之书》以地气为标准，确定耕地时间，指出了春耕最佳时间的把握。后世农家学者在著作中多以耕地冠于全书前部，并详细论述耕作时机的把握。及时播种是古代农家农时观的最重要的组成部分，就播种或移栽的农时来说，主要集中在仲春、秋季和初冬时期。《吕氏春秋》"审时"篇即指出："斩木不时，不折（时）必（而）穗（种），稼就而不获，必遇天灾"⑭，强调及时播种和收获。对于农业生产来说，及时管理也是不可或缺的，《补农书》即提出及时除草，"早则'工三亩'，迟则'亩三工'。又如捏蟥，捏头蟥一，省捏二蟥百"⑮。关于收获农时，农家也极为关注，主张及时采收。《吕氏春秋》"审时"篇即强调了收获的农时。氾胜之把"早获"作为农业生产的基本原则之一，并指出："获不可不速，常以急疾为务。"⑯贾思勰引《汉书·食货志》指出"收获

① 夏纬瑛. 吕氏春秋上农等四篇校释 [M]. 北京：中华书局，1956：7
② 夏纬瑛. 吕氏春秋上农等四篇校释 [M]. 北京：中华书局，1956：18
③ 缪启愉. 齐民要术校释 [M]. 北京：农业出版社，1982：1
④ 缪启愉. 齐民要术校释 [M]. 北京：农业出版社，1982：25
⑤ 缪启愉. 齐民要术校释 [M]. 北京：农业出版社，1982：47
⑥ 缪启愉. 四时纂要校释 [M]. 北京：农业出版社，1981. 序
⑦ 万国鼎. 陈旉农书校注 [M]. 北京：农业出版社，1965：21
⑧ 缪启愉，缪桂龙. 东鲁王氏农书译注 [M]. 上海：上海古籍出版社，2008：76
⑨ 缪启愉. 齐民要术校释 [M]. 北京：农业出版社，1982：56
⑩ 缪启愉. 齐民要术校释 [M]. 北京：农业出版社，1982：46
⑪ 缪启愉. 齐民要术校释 [M]. 北京：农业出版社，1982：47
⑫ 缪启愉，缪桂龙. 东鲁王氏农书译注 [M]. 上海：上海古籍出版社，2008：9
⑬ 夏纬瑛. 吕氏春秋上农等四篇校释 [M]. 北京：中华书局，1956：49
⑭ 夏纬瑛. 吕氏春秋上农等四篇校释 [M]. 北京：中华书局，1956：93
⑮ 陈恒力，王达. 补农书校释（增订本）[M]. 北京：农业出版社，1983：66
⑯ 万国鼎. 氾胜之书辑释 [M]. 北京：中华书局，1957：102

如寇盗之至"①。并提出谷和大豆成熟之后，须速刈。王祯提出："是知收获者，农事之终，为农者可不趋时致力，以成其终，而自废其前功？"② 水稻："农家收获，尤当及时。……盖刈早者米青而不坚，刈晚则零落而损收，又恐为风雨损坏。"③

古代农家不仅对农业生产四个环节的农时都有强调，而且每一个生产环节上的农时又细分为若干农时，提出先时、得时、后时；或上时、中时、下时的概念，立足寻求农业生产每一个环节上的最佳时机。时机未到先做，时机到了不做，或者过了时机赶做，都叫违误农时。《吕氏春秋》"审时"论述了六种主要农作物在播种时的"得时"、"先时"、"后时"的利弊得失；且在"任地"篇指出："不知事者，时未至而逆之，时既住而慕之，当时而薄之。"④ 这些情形都叫违农时。"辩土"又指出耕地的最佳时期的重要性："所谓今之耕，营而无获昔，其菑（早）者先时，晚者不及时"，结果是"寒暑不节，稼乃多灾实⑤"。《氾胜之书》以早晚定农业生产的最佳时机，并提出"得时"的重要性，种枲："种枲太早，则刚坚、厚皮，多节；晚则皮不坚。宁失于早，不失于晚。"⑥《齐民要术》开列了多种作物播种的上时、中时和下时，如种小麦："八月上戊社前为上时，中戊前为中时，下戊前为下时"，⑦ 不独小麦为然，其他作物的播种时机，贾思勰均区分为"上时"、"中时"、"下时"，在整个适播期内，早为"上时"，晚为"下时"，居于早晚之间为"中时"。王祯也说"先时而种，则失之太早而不生，后时而艺，而失之太晚而不成。"⑧ 清代杨屾也继承并发挥了这种思想，"布种必先识时：得时则禾益，失时则禾损"，郑氏注曰"种有定时，不可不识，及时而布，过时而止，是为得时，若未至而先之，既往而追之，当其时而缓之，皆谓失时。"⑨

除了对农业生产的农忙之时有系统认识以外，所谓"农闲"之时也是古代农家农时范畴的重要内容之一。虽然相对春耕、夏耘和秋收的农忙来说，冬季可谓"农闲"之时。"农闲"在劳动生产上所表现的远不及农忙之时那样紧迫，但其对农业生产的准备却至关重要。《氾胜之书》指出"冬雨雪止，辄以蔺之，掩地雪，勿使从风飞去；后雪复蔺之；则立春保泽，冻虫死，来年宜稼。"⑩ 即是在农闲的冬天所从事准备活动。《四民月令》则安排了每个月的主要农事活动，其中相对农闲时为一月、十月、十一月和十二月，崔寔也安排了诸多农事活动，如正月祭祀和织布；十月培筑垣墙，塞向、墐户；十一月伐竹木等，并明确提出十二月，"休农息役，惠必下浃。"⑪ "遂合耦田器，养耕牛，选任田者，以俟农事之起。"⑫ 王祯引《月令》曰："仲秋之月'命有司趋民收敛'季冬之月，'农事备收'孟冬之月，'循行积聚，无有不敛。'至于仲冬，'农有不收藏积聚者，''取之不诘'。皆所以督民收敛，使无失时也。"⑬ 都肯定了农闲之时的重要性。

总体上，中国古代农家所谓农时是一个丰富的农时系统（图2）。乃至学者张云飞指出："中国农家的时间意识具有丰富而深刻的内容。时间意识是中国农家思想的极其重要的组成部分，在人类的时间学说史上占有相当重要的地位。"⑭ "从农家的时间意识可以看出，农家绝不是一个科学技术共同体（农学家组成的因子），而确实是一个思想流派，这个流派具有自己的内在的质的规定性，他们通过对'时'的具体问题的揭示在探讨着'时'的形而上学特征，与《周易》和《墨经》中的时间观比起来，农家的时间意识只能在其上，而不可能在其下，至少是平起平座的。"⑮

---

①　缪启愉. 齐民要术校释［M］. 北京：农业出版社，1982：52
②　缪启愉，缪桂龙. 东鲁王氏农书译注［M］. 上海：上海古籍出版社，2008：82
③　缪启愉，缪桂龙. 东鲁王氏农书译注［M］. 上海：上海古籍出版社，2008：144
④　夏纬瑛. 吕氏春秋上农等四篇校释［M］. 北京：中华书局，1956：60
⑤　夏纬瑛. 吕氏春秋上农等四篇校释［M］. 北京：中华书局，1956：71
⑥　万国鼎. 氾胜之书辑释［M］. 北京：中华书局，1957：146
⑦　缪启愉. 齐民要术校释［M］. 北京：农业出版社，1982：93
⑧　缪启愉，缪桂龙. 东鲁王氏农书译注［M］. 上海：上海古籍出版社，2008：9
⑨　王毓瑚. 秦晋农言［M］. 北京：中华书局，1957：18
⑩　万国鼎. 氾胜之书辑释［M］. 北京：中华书局，1957：27
⑪　石声汉. 四民月令校注［M］. 北京：中华书局，1965：74
⑫　石声汉. 四民月令校注［M］. 北京：中华书局，1965：77
⑬　缪启愉，缪桂龙. 东鲁王氏农书译注［M］. 上海：上海古籍出版社，2008：82
⑭　张云飞. 中国农家［M］. 北京：宗教文化出版社，1996：113
⑮　张云飞. 中国农家［M］. 北京：宗教文化出版社，1996：116～117

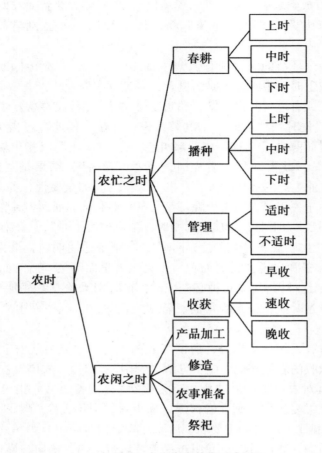

图2　古代农家的农时内涵图

# 三、农时与农业生产的关系

农业生产受自然气候的影响较大，其表现为明显的季节性和紧迫的时间性。因此古代农家对农时重要性的认识极为深刻，他们把农时因素放在农业生产的重要地位，并对农时重要性作了较详细的论述。早在《吕氏春秋》"上农"等篇中就提出"农之道，厚（候）之为宝"，并提出"敬时爱日"的要求；氾胜之也强调"趣时"；《齐民要术》多次引用《礼记·月令》、《孟子》和《淮南子》中关于"不失农时"的言论表达自己的观点。王祯在"田漏"中也言及农时之重要："大凡农家须待时气，时气既至，耕种耘耔，事在晷刻，苟或违之，时不再来，所谓寸阴可竞，分阴当惜，此田漏之所以作也。"① 可见古代农家对农时重要性有着一致认识。古代农家不仅从理论上论述农时的重要性，还结合农业实践，通过早晚对比揭示农时对农业生产的重要影响。

古代农家认为农时的早晚直接影响到农业收成。《吕氏春秋》"审时"篇就对比六种作物的"先时"、"得时"和"后时"播种，而得出结论："得时之稼兴，失时之稼约。茎相若〔而〕称之，得时者重，粟之多。量粟相若而舂之，得时者多米。"② 明确指出得时与否与收成的关系。《氾胜之书》也指出："得时之和，适地之宜，田虽薄恶，收可亩十石"③。小麦："晚种则穗小而少实。"④ 至贾思勰，其在继承《氾胜之书》内容的同时，还总结出一些新的认识，种谷方面，贾思勰提出"早田倍多于晚。……早谷皮薄，

① 缪启愉，缪桂龙. 东鲁王氏农书译注 [M]. 上海：上海古籍出版社，2008：623
② 夏纬瑛. 吕氏春秋上农等四篇校释 [M]. 北京：中华书局，1956：122～124
③ 万国鼎. 氾胜之书辑释 [M]. 北京：中华书局，1957：27
④ 万国鼎. 氾胜之书辑释 [M]. 北京：中华书局，1957：110

米实而多；晚谷皮厚，米少而虚也。"① 贾思勰把农时早晚对收成的影响运用各种作物，种粱、秫"与穄谷同时。晚者全不收也。"② 种瓜，"种早子，熟速而瓜小；种晚子，熟迟而瓜大。"③ 兰香："早种者，徒费子耳，天寒不生。"④ 六月和七月种胡荽，收成可能相差十倍，"六月中无不霖，遇连雨生，则根强科大。七月种者，雨多亦得，雨少则生不尽，但根细科小，不同六月种者，便十倍失矣。"⑤

不同作物收获的时机也不一样，因此，收获的及时与早晚也严重影响作物的收成。《氾胜之书》较早提出收豆早晚与收成的关系，"获豆之法，荚黑而茎苍，辄收无疑；其实将落，反失之。"⑥ 贾思勰对之作了较大发展，总结了更多作物的收获时机，大豆："收刈欲晚。此不零落，刈早损实。"⑦ 收黍、稷，"刈穄欲早，刈黍欲晚。穄晚多零落，黍早米不成。"⑧ 水稻收获须在霜降，"早刈米青而不坚，晚刈零落而损收。"⑨ 蔓菁，"九月末收叶，晚收则黄落。"⑩ 种蓼，"取子者，候实成，速收之。性易凋零，晚则落尽。"⑪ 贾思勰之后，《四时纂要》、《农桑辑要》、王祯《农书》、《农政全书》等大都继承了贾思勰的认识，少数学者偶有添加和发展，如陈旉《农书》具体总结了水稻得时与否与收成之间的关系，指出"得其时宜，即一月可胜两月，长茂且无疏失。"⑫ 马一龙也指出"力不失时，则食不困。"⑬

农时除了影响产量之外，对农产品的质量有较大影响。早在先秦时，农家对此就有初步认识。早种之优于晚种，其表现在早种作物有充足的生长时间，质量较好，如系谷物，则米实饱满，皮薄；如系麻类，则秆长皮厚。《吕氏春秋》"审时"篇对六种主要粮食作物"得时"、"先时"和"后时"的不同生产效果作了细致的对比，从中得出的结论："得时之稼"除籽实多以外，在质量上表现出出米率高、品质好、味甘气章、服之耐饥、有益健康等特征，远胜于"失时之稼"。《氾胜之书》指出早种的枲品质较晚种的好："种枲太早，则刚坚、厚皮，多节；晚则皮不坚。"⑭ 贾思勰在《齐民要术》中指出种谷早晚对品质的影响，总结了"早谷皮薄，……晚谷皮厚"的特征。蒜，"早出者，皮赤科坚，可以远行；晚则皮皴而喜碎。"⑮ 芜菁大多于七月初种，"六月种者，根虽粗大，叶复虫食；七月末种者，叶虽膏润，根复细小；七月初种，根叶俱得。"⑯ 麻枲种植是最佳时节为夏至前十日，或依"麦黄种麻，麻黄种麦"的谚语。并指出"'五月及泽，父子不相借'。言及泽急，说非辞也。夏至后者，非唯浅短，皮亦轻薄。此亦趋时不可失也。"⑰ 指出夏至后种麻的害处。麻的收获时机也会影响麻的质量，"勃如灰便收。刈，拔，各随乡法。未勃者收，皮不成；放勃不收而即骊。"⑱ 准确把握小豆的收获时机可使其"生者均熟，不畏严霜，从本至末，全无秕减。"⑲ 软枣的收获，"足霜，色殷，然后乃收之。早收者涩，不任食之也。"⑳

农家学者还认识到农时的把握与农业生产效率也具有密切关系。《吕氏春秋》"上农"等篇就有知时、顺时对农业生产效率的影响的论述："知贫富利器；皆时至而作，渴（竭）时而止。是以老弱之力可尽起，其用日（曰）半，其功可使倍。"㉑ 指出遵守农时可以达到事半功倍的效果；相反，如果不守农时则

① 缪启愉.齐民要术校释［M］.北京：农业出版社，1982：44
② 缪启愉.齐民要术校释［M］.北京：农业出版社，1982：97
③ 缪启愉.齐民要术校释［M］.北京：农业出版社，1982：110
④ 缪启愉.齐民要术校释［M］.北京：农业出版社，1982：152
⑤ 缪启愉.齐民要术校释［M］.北京：农业出版社，1982：149
⑥ 万国鼎.氾胜之书辑释［M］.北京：中华书局，1957：130
⑦ 缪启愉.齐民要术校释［M］.北京：农业出版社，1982：80
⑧ 缪启愉.齐民要术校释［M］.北京：农业出版社，1982：74
⑨ 缪启愉.齐民要术校释［M］.北京：农业出版社，1982：100
⑩ 缪启愉.齐民要术校释［M］.北京：农业出版社，1982：132
⑪ 缪启愉.齐民要术校释［M］.北京：农业出版社，1982：154
⑫ 万国鼎.陈旉农书校注［M］.北京：农业出版社，1965：46
⑬ 宋湛庆.《农说》的整理和研究［M］.南京：东南大学出版社，1990：7
⑭ 万国鼎.氾胜之书辑释［M］.北京：中华书局，1957：146
⑮ 缪启愉.齐民要术校释［M］.北京：农业出版社，1982：137
⑯ 缪启愉.齐民要术校释［M］.北京：农业出版社，1982：132
⑰ 缪启愉.齐民要术校释［M］.北京：农业出版社，1982：87
⑱ 缪启愉.齐民要术校释［M］.北京：农业出版社，1982：87
⑲ 缪启愉.齐民要术校释［M］.北京：农业出版社，1982：84
⑳ 缪启愉.齐民要术校释［M］.北京：农业出版社，1982：184
㉑ 夏纬瑛.吕氏春秋上农等四篇校释［M］.北京：中华书局，1956：59

会严重影响效率，"不知事者，时未至而逆之，时既往而慕之，当时而薄之，使其民而郄 [却] 之。民既郄 [却]，乃以良时慕，此从事之下也。此从事之下也。操事则苦，不知高下，民乃逾处。种稑禾不为稑，种重禾不为重，是以粟少而失功。"① "粟少而失功"即明确指出了农业生产效率。耕地的适时与否与效率和效果都有重要联系，《氾胜之书》以数作比较，清晰地显示出耕作适时与否在效果上的巨大差别（表2），如："夏至后九十日，……以此时耕田，一而当五，名曰膏泽，皆得时功。"② "春候地气始通，……以时耕，一而当四。和气去耕，四不当一。"③

表2　趣时和土耕地的劳动与效果对比表

| 耕作时间及土气状况 | 田　种 | 劳动与效果比 | 结　果 |
|---|---|---|---|
| 春冻解，地气始通 | | 1：5 | 膏泽 |
| 夏至后九十日，天地气和 | | | |
| 春地气通，以此时耕 | 黑垆土 | 1：4 | |
| 和气去耕 | | 不及4：1 | 土刚 |
| 春气通＋雨 | | 1：5 | 良田 |
| 秋无雨而耕，绝土气 | | 二岁不起稼：0 | 腊田 |
| 盛冬耕 | | | 脯田 |
| 五月耕 | 麦田 | 1：3 | |
| 六月耕 | | 1：2 | |
| 七月耕 | | 不及5：1 | |

来源：万国鼎. 氾胜之书辑释 [M]. 北京：中华书局，1957

《氾胜之书》中还指出"顺时种之，则收常倍。"④ 言顺时可以以较少的劳动投入取得更大的收益。贾思勰在《齐民要术》中也总结了农时对农业生产效率的影响，他说："顺天时，量地利，则用力少而成功多，任情返道，劳而无获"。⑤ 指出适时与否的截然差别在于"用力少而成功多"和"劳而无获"。贾思勰还指出早田草少而可以省力和省功，"早田倍多于晚。早田净而易治，晚者芜薉难治。"⑥ 把握开荒的时机也可以省功和提高效率，"凡开荒山泽田，皆七月芟艾之，草干即放火，至春而开根朽省功。"⑦ 《沈氏农书》也强调农时与农功的对比效率："因地生活，上前有功"，以除草和除虫为例，《补农书》提出"早则'工三亩'，迟则'亩三工'。又如捏螟，捏头螟一，省捏二螟百"⑧。

农家学者还揭示了农时与灾害之间的关系。《吕氏春秋》"辩土"篇中就明确指出"早者先时，晚者不及时，寒暑不节，稼乃多灾实"⑨。《氾胜之书》特别指出小麦"早种则虫而有节"⑩。收获农时的把握对于谷子、小麦等作物来说也尤为重要，不及时收获，遇风雨的机会更大，严重影响收成。贾思勰就总结了多种作物不及时收获所可能导致的灾害。谷子须速收，"刈晚则穗折，遇风则收减。湿积则藁烂，积晚则损耗，连雨则生耳"⑪。荏豆："刈不速，逢风则叶落尽，遇雨则烂不成。"⑫ 陈旉《农书》从理论上阐述农时与作物生长的关系，"农事必知天地时宜，则生之、蓄之、长之、育之、成之、熟之，无不遂矣。"⑬ 水稻育秧过早会遇寒冻等灾害，"多见人才暖便下种，不测其节候尚寒，忽力暴寒所折，芽蘖冻烂

① 夏纬瑛. 吕氏春秋上农等四篇校释 [M]. 北京：中华书局，1956：60
② 万国鼎. 氾胜之书辑释 [M]. 北京：中华书局，1957：21
③ 万国鼎. 氾胜之书辑释 [M]. 北京：中华书局，1957：24
④ 万国鼎. 氾胜之书辑释 [M]. 北京：中华书局，1957：40
⑤ 缪启愉. 齐民要术校释 [M]. 北京：农业出版社，1982：43
⑥ 缪启愉. 齐民要术校释 [M]. 北京：农业出版社，1982：44
⑦ 缪启愉. 齐民要术校释 [M]. 北京：农业出版社，1982：24
⑧ 陈恒力，王达. 补农书校释（增订本）[M]. 北京：农业出版社，1983：66
⑨ 夏纬瑛. 吕氏春秋上农等四篇校释 [M]. 北京：中华书局，1956：71
⑩ 万国鼎. 氾胜之书辑释 [M]. 北京：中华书局，1957：110
⑪ 缪启愉. 齐民要术校释 [M]. 北京：农业出版社，1982：45
⑫ 缪启愉. 齐民要术校释 [M]. 北京：农业出版社，1982：80
⑬ 万国鼎. 陈旉农书校注 [M]. 北京：农业出版社，1965：26

瓮臭，其苗田已不复可下种，乃始别择白田以为秧地，未免忽略。如此失者十常三四。"① 这正是先时而起所带来的恶果。王祯《农书》指出，作物成熟时，如果误了收获时机，更容易遭受灾害的侵袭，"大抵农家忙并，无似蚕麦。古语云：'收麦如救火'，若稍迟慢，一值阴雨，即为灾伤。"② 稻子，"农家收获，尤当及时，江南上雨下水，收稻必用乔扦，笐架，乃不遗失。盖刈早则米青而不坚，刈晚则零落而损收，又恐为风雨损坏"③。明代宋应星指出："凡稻成熟之时，遇狂风吹粒陨落，或阴雨竟旬，谷粒沾湿自烂。"④

# 结　语

鉴于农时对农业生产的重要作用，古代农家在研究农业技术的同时，不但沿用着传统的农业生产指时方式的精华部分，还创造了自己独特的指时方式，并赋予农时新的内涵，系统揭示了农时与农业生产的重要关系，为我们留下了丰富的农业文化遗产。

关于农业文化遗产，学者早有关注，石声汉在《中国农业遗产要略》一书中，将农业遗产分为具体实物（物质遗产）和技术方法与农业民俗两大类。佟玉权认为农业文化遗产主要包括农业遗址、农业工程、农业文献、传统耕作技术与农具、农业生物品种、传统农业品牌、特色农业景观、农业农村民俗等项目⑤。徐旺生和闵庆文在《农业文化遗产与"三农"》一书中将农业文化遗产分为：遗址类、工程类、景观类、文献类、技术类、物种类、民俗类、工具类和品牌类等九大类⑥。也有学者在此基础上增加了"农业村落类"遗产，共十大类。各种分类方式虽然角度不同，但都有一定的理论依据，从总体上展现了农业文化遗产的范畴。中国以农业文明著称，在中国几千年的农业实践中，农业技术居于世界前列，而指导技术发展的农学理论和农学思想更是举世瞩目，其中农时观就是古代丰富的农业思想遗产中之一点。在农业文化遗产的诸多分类体系中，缺少"农业思想"这一遗产分类，似乎所失颇多。

## 参考文献

[1] 陈恒力，王达. 补农书校释（增订本）[M]. 北京：农业出版社，1983
[2] 郭文韬. 中国传统农业思想研究 [M]. 北京：中国农业科技出版社，2001
[3] [元] 鲁明善. 农桑衣食撮要 [M]. 王毓瑚，校注. 北京：农业出版社，1962
[4] 缪启愉. 四时纂要校释 [M]. 北京：农业出版社，1981
[5] 缪启愉. 齐民要术校释 [M]. 北京：农业出版社，1982
[6] 缪启愉，缪桂龙. 东鲁王氏农书译注 [M]. 上海：上海古籍出版社，2008
[7] 宋湛庆. 《农说》的整理和研究 [M]. 南京：东南大学出版社，1990
[8] 石声汉. 四民月令校注 [M]. 北京：中华书局，1965
[9] 万国鼎. 氾胜之书辑释 [M]. 北京：中华书局，1957
[10] 万国鼎. 陈旉农书校注 [M]. 北京：农业出版社，1965
[11] 王毓瑚. 秦晋农言 [M]. 北京：中华书局，1957
[12] 夏纬瑛. 吕氏春秋上农等四篇校释 [M]. 北京：中华书局，1956

**作者简介：**

熊帝兵（1976—），男，理学博士，淮北师范大学历史与社会学院讲师，研究方向为农业史、生态环境史。

---

① 万国鼎. 陈旉农书校注 [M]. 北京：农业出版社，1965：46
② 缪启愉，缪桂龙. 东鲁王氏农书译注 [M]. 上海：上海古籍出版社，2008：83
③ 缪启愉，缪桂龙. 东鲁王氏农书译注 [M]. 上海：上海古籍出版社，2008：144
④ [明] 宋应星. 天工开物 [M]. 钟广言，注释. 广州：广东人民出版社，1976：26
⑤ 佟玉权：农村文化遗产的整体属性及其保护策略 [J]. 江西财经大学学报，2010（3）
⑥ 徐旺生，闵庆文. 农业文化遗产与"三农"[M]. 北京：中国环境科学出版社，2008：37

# 第四部分

# 其他相关研究

# 基于历史与社会学视野的防旱抗旱研究

樊志民

（西北农林科技大学农史研究所）

## 一、旱灾影响的新趋势

关于干旱问题，我们过去习惯于把它看做是对农牧产业和中国北方地区影响较大的灾种之一。现在看来，这样的观念与认识要做一些调整了。在现代背景下旱灾由影响生产进而影响生活（频繁出现的人畜饮水困难。2010年初，位于中国西南部的云南、贵州、广西、四川及重庆五省市相继出现了百年一遇的特大旱灾，造成至少1.16亿亩的耕地受灾、2 425万人以及1 584万头大牲畜因旱出现饮水困难）；由影响农村进而影响城市；由影响农业进而影响工业（在城市化进程中和工业生产的GDP贡献率占主导地位的情况下，城市因干旱而限水、限电供应，对市民生活与工业生产造成的影响远远超过了农业与农村）；由影响产业进而影响生态（森林火警系数提高、湖塘库容降低，对植被的破坏以及对水陆生物的影响，往往是难以估量的但是并没有引起我们足够的重视）；由影响北方进而影响南方（这几年连续出现在云贵、两广、湘黔、蜀渝地区的特大旱灾，在北方人看来几乎是不可能的事情。长期以来，人们总以为中国南方的水资源总量是丰富的，似乎是取之不尽、用之不竭的。面对突如其来的特大旱情，从上到下都显得有些束手无策）。旱灾影响的新趋势涉及面之广，影响范围之大，远远超出了学术界既往对干旱问题的研究。基于战略层面，审视与研究防旱抗旱问题尤显必要。

## 二、水旱研究的个人见解

"气候变化是人类历史上基本不因人类活动而发生（至少在工业社会以前是如此）、并给人类带来深刻影响的最重要的自然变化。气候资源的变化必然引起土地资源的变化以及土地利用方式的改变，进而影响到作为一个种群的人口，人口因农业产出的区域变异而被动或主动地改变自己的分布。正是这种分布的变化才引出社会经济的诸多变化"[①]。干旱作为一种自然现象，就目前的科技水平而言，尚无能力阻止它的发生，只能在力所能及的情况下减少危害而已。所谓的防旱抗旱，就是借鉴历史经验、运用现代科技、采取综合措施，防患于未然，把损失与破坏因素降到最低程度。

中国农业尤其是北方农业，在历史时期由北向南形成的不同农业地域与生产类型，首先是由不同的农业环境与背景条件所决定的，然后才是人的主观能动性因素。中国农业最基本的指导原则之一是"因地制宜"，非常讲究对农业生态环境的适应与选择。在人类尚不能完全征服和改造自然的情况下，"山处者林，陆处者农，谷处者牧，水处者渔"[②]是最经济、最有效的资源利用和配置方式。如果违背这一原则，只能是"任情返道"、劳而无获。现在的设施农业是人工改造或创造的农业环境，虽然可以满足农作物的生长需求，但成本、代价太高，除了个别园艺产业外基本上是赔本的，因此上它可能在某程度上并不符合经济学上的投入产出原则。我们也曾经把兴修水利工程作为防旱抗旱的重要手段与措施，但是筑坝拦水，使下游河道流量锐减，沿岸农地缺失浸润、涵养水源，土壤干旱加剧。前些年的黄河断流，固

---

① 鲁西奇《人地关系理论与历史地理研究》，《史学理论研究》2001，2

② 《淮南子·齐俗训》

然与气候干旱有关，但主要的是不同地区与部门逐级拦截的结果。流量降低冲沙能力减弱，加剧了河床淤积，甚至导致了黄河入海口的海蚀与盐碱化。远离河湖的地方，逢旱则凿井汲灌，随着凿井深度与密度的加大，地面下沉与地下水位的迅速下降带来的次生灾害需要我们投入更大的财力、物力与人力去应对。

2011年的"中央一号"文件，把水利问题提高到事关国家安全的高度去认识，这让长期以来把水利当作工程、技术与经济问题的专家感到汗颜。既然事关国家安全，那就意味着怎么投入、怎么重视都不过分。它启示我们在研究"防旱抗旱确保粮食及农村供水安全研究"时，也要从战略的高度去定位、去认识。当代中国的农业与农村发展面临各种传统和非传统挑战。所谓的传统挑战就是我们以前经常讲的一些老问题，而非传统挑战更多指的是新出现的一些问题。社会发展到今天，我们应该清醒地认识到，不能把农业当作一个单纯追求经济效益与利润的产业（即使亏本也要生产），这是认识论上的科学回归。单靠农业生产不能完全解决农业的发展与农民的增收问题，而且在农、工、商产业比较效益存在巨大反差的情况下，正如司马迁所说的"用贫求富，农不如工，工不如商，刺绣文不如倚市门"。我们虽然信誓旦旦地保证能解决21世纪中国人的吃饭问题，但是农业毕竟具有很强的自然再生产特征，老天爷的问题任何个人、任何政府也不敢打百分之百的保票。水旱不时，强调粮食安全问题无异于警钟常鸣。粮食安全问题已经不再是简单的农业发展、农村建设、农民增收问题，而是一个政治问题、是一个社会问题。食为政首是祖宗给我们留下的古训，农业出了问题就会闹乱子。随着现代化进程的加快，今日之忧，或在农产品需求日增而知农事农者日寡。粮食安全问题成为党和国家、甚至是民族与时代所面临的、亟须解决的问题。

水乃山野自然之物，在古代社会主要用于农业生产与农民生活。随着城市与工业用水量的增加，在水资源总量有限的情况下，市民与农民、工业与农业用水的矛盾也越来越突出了。中国传统社会的水利工程基本上以农田水利工程为主，而近现代水利工程则以城市供水工程居多。现在正在修建和运营的南水北调工程，给农业生产和农民生活用水留了多大份额，我们不太知晓。形成巨大反差的是，在集体化与人民公社时代，国家在农田水利工程和农村基础设施建设方面给予了较多的关注和投入。而改革开放以来，尤其是农村实行联产承包责任制以后，中国农业由国家（或集体）经营向农户个体经营转变，这一变化对农村基础设施建设带来了严重影响。其中表现之一就是国家政权对改善农业生产条件的热情明显降低，很少进行大规模的农村基础设施和农田水利建设。由于投资主体不明确，农村基础设施和农田水利建设长期处于超负荷和欠账运行状态，成为影响中国农业可持续发展的严重制约因素。现在的问题是城市抢用了好水而排出了污水、废水，农业生产用水、农民生活用水成了大问题。

# 三、旱灾历史研究的新进展与新问题

西北农村科技大学这些年在农业灾害史研究方面做了一些工作，推出了一些学术成果。在通览整体学术进展的同时，试结合我们的工作体会谈一谈当前的旱灾历史研究的新进展与新问题，以期对人们的认识有所帮助。

邓云特（邓拓）的《中国救荒史》（商务印书馆1937年）是近现代以来灾害史研究的开山之作，他对公元前1766至公元1937年间发生的各种灾害按年次计算，其中旱灾1 074次，应了我们通常"三年两头旱"的说法。如果加上水、蝗、雹、风、疫、地震、霜雪诸灾，总计5 258次，确实是一个多灾的国度。

灾害史料的整理编纂与出版，是学术研究的基础。这几年推出的成果有：1981年，中央气象局气象科学研究院主编的《中国近五百年旱涝分布图集》（地图出版社）；1988年，中国社科院历史研究所编成的《中国历代自然灾害及历代盛世农业政策》（农业出版社）；1990年，李文海主编的《中国近代灾荒纪年》（湖南教育出版社）；1992年，宋正海主编的《中国古代重大自然灾害和异常年表总集》（广东教育出版社）；1992年，张兰生主持编绘的《中国自然灾害地图集》（科学出版社）；1993年，李文海主编的《中国近代灾荒纪年续编》（湖南教育出版社）；1994年，张波主编的《中国农业自然灾害史料集》（陕西科学技术出版社）。其中由张波教授第一次提出了"农业灾害学"这一概念，并于2000年出版了全国农业院校统编教材《农业灾害学》（中国农业出版社）。

涉及农业灾害史学术研究的有中国人民大学（李文海）、中国科学院自然科学史研究所（宋正海）、武汉大学（张建民）、西北农林科技大学（张波、卜风贤）等几家研究机构。我们学校的古农学研究室（现为中国农业历史文化研究所）1982 年就推出《黄土高原古代农业抗旱经验初探》的长文，并且代表学校参加了当时在延安召开的北方旱地农业工作会议。会议期间胡耀邦同志在讲话中提出，种草种树发展畜牧业，改变我国干旱、半干旱地区落后面貌，并阐述了我国北方干旱地区农业的发展前景。1988 年，樊志民、冯风在《中国农史》杂志发表《关中历史上的旱灾与农业问题研究》，摆脱了简单的史料解读模式，试图从人类农业生产活动的角度，分析陕西关中地区历代农业开发规模、生产环境、作物品类及其与旱灾发生的关系；从地理环境、天文气象、土壤燥湿等方面，叙述历史时期人们对关中农区干旱现象的认识及其探索；进而说明关中农业历久不衰，得力于对干旱现象的深刻认识。在关中兴建的农田水利工程、形成的旱农耕作体系成为我国传统农业科技的重要组成部分。卜风贤教授循此推进，成为国内新生代农业灾害史研究的领军人物，先后发表《中国农业灾害史料灾度等级量化方法研究》（《中国农史》1996·4）、《农业减灾与农业可持续发展》（《光明日报》1998/2/20）；《简谈中国古代的抗灾救荒》（《光明日报》1999/4/22）；《中国农业灾害史研综述》（《中国史研究动态》2001·2）；《周秦两汉时期农业灾害时空分布研究》（《地理科学》2002·4）；《中国古代灾荒理念》（《史学理论研究》2006·3）；《前农业时代的季节性饥荒》（《中国农史》2005·4）等学术论文。并且出版《农业灾荒论》（中国农业出版社，2006 年）、《周秦汉晋期农业灾害与农业减灾方略研究》（中国社会科学出版社，2006 年）等学术著作。在中国古代灾荒理念分析、农业灾害史料灾度等级量化研究、古代农业灾害时空分布等方面多有创获。

但是在农业灾害史研究中，也经常遇到困惑甚至出现悖论的情形。首先，是灾害史料在时间分布上的不均衡性，存在着愈古愈少，愈近愈多的特征。我们对此的解释是，历史早期一方面是文化蒙昧，记载阙如；另一方面是人类之生产地域、范围有限，旱灾虽时有发生，但还没有达到足以威胁生存之程度。当时农业尚未成为全社会的决定性生产部门，原始的氏族部落大多依山傍水、择地而居。采集渔猎、追逐丰饶。良好的地理环境，复杂的经济成分，足以抵消干旱对他们的影响。先民们选择环境，适应自然，弥补了才智、能力之不足。减轻了自然灾害对他们的威胁。后来随着人口增加、社会发展、农业地域不断扩大，既然择地而居的空间缩小，自然界的制约因素也就明显增加，有关旱灾之记载也多起来了。其次，是盛世灾多的怪现象。我们的博士、硕士研究生的学位论文常有以断代农业灾害为选题者，但所作的灾情统计往往是王朝初始与王朝灭亡阶段的灾害记录少而王朝鼎盛时灾害记录多。学生的史学识读能力有限，常为如何理解这一怪象而颇费心思。事实上王朝兴废之时，往往也正是灾异最为频发的时期，甚至成为社会动荡的重要诱因。但是这时往往也是人心不定、机构草创、政府不能正常行使有效职能的时候，统治者与史家最为关心的是兴废存亡大计，而事关民生的灾异情形反倒阙如不计了。在常态社会情况下，某相关机构与人士如果漏记或瞒报相关灾情，是要承担责任和受到处罚的。如此情形，如果尽信书，往往会误导我们做出与实际情况完全相反的错误结论。最后，是地区性灾害的匿报与谎报情形。中国地域辽阔，客观上存在着灾异的地域不平衡性。但是研读地区性灾害史料，我们也能发现匿报与谎报情形，这可能和中国传统的官吏考察制度、灾害救助制度有关。为了彰显政通人和、风调雨顺、保障升迁，可以大灾小报，小灾不报；而为了获得灾荒救助、减免赋税，则可无灾报有灾、小灾报大灾。

# 四、防旱抗旱战略研究中值得关注的几个问题

笔者长期从事农业历史研究，所关注的主要是中国北方的旱作农业类型，对西北农牧业与周秦汉唐历史涉猎较多，历史上的农牧旱灾是笔者的相关研究领域中无法绕开或者可以回避的问题。借鉴历史的经验与教训，认为防旱抗旱战略研究中，有以下几个问题值得关注。

**1. 农牧业交错地带的开发要谨慎**

就生态环境而言，农牧分界线大致处于中国北方由温湿区向干冷区的过渡地带，具有较强的环境敏

感性。"每当全球或一定地区出现环境波动时，气温、降水等要素的改变首先发生在自然带的边缘，这些要素又会引起植被、土壤等发生相应变化，进而推动整个地区从一种自然带属性向另一种自然带属性转变。"①。大凡在生态环境没有发生太大变化的情况下，农牧民族大多能各得其所，相安无事。但是生态环境尤其是气候和植被的剧烈变化，往往会导致农牧民族之间激烈的矛盾与冲突。每当历史上的温暖期和湿润期来临之际，随着周边地区生态环境的改善便会出现明显的农区北拓趋势。以中原王朝"国家行为"为特征的屯戍活动，严重挤压、占用了北方少数民族的适牧生存空间，这是引发历史时期农牧民族矛盾和冲突的主要原因。而每当寒冷期和干燥期来临之际，"往往会出现大规模的游牧民族向南方温润区的迁徙，寻求更能适合游牧经济发展的生存空间。因此，中原地区的农业王朝便不可避免地面临着来自北方游牧民族的巨大挑战"②，它是以中原地区既有社会、经济、科技、文化的停滞和逆转为代价的。

秦汉隋唐国力强盛，经营重心始终在农牧分界线的南北一带。然细绎端绪，我们发现秦筑长城、汉行屯戍、隋唐开发，虽不计地域之广狭、不惜费用之多寡，但其本意并不完全着眼于经济开发。由当时科技水平与人口负载看，内地农区或能满足基本供给而不假外求。秦汉隋唐王朝或希冀由西北之经营而能解决比较尖锐的民族矛盾与农牧冲突问题，达到一劳而永逸、暂费而久宁之目的。这种基于屯戍的开发活动，往往是以服从于军事目的为前提的。居延、楼兰等地虽曾一度辉煌，终成不毛之地。秦汉隋唐在生态脆弱地区的大规模筑城、集中驻军与粗放屯垦的惨重代价，或是西北生态环境逆向变迁之动因。

明清以来，中国人口的激增逐渐超过了生产力的供给水平与自然的承载力。农业除了追求内涵、纵深式发展外，外延性的农业地域拓展进入了一个高潮时期，山原丘陵、戈壁沙滩、草原牧场、水泽湖泊渐次进入开发范畴。这一时期中国农业的地域性拓展固然有充分利用土地、缓解需求压力之利，但带来的生态环境问题也是非常严重的。随着人类农业活动的日趋活跃，黄土高原总侵蚀量中的加速侵蚀比例逐渐上升，生态环境的自我调节、恢复能力日益减弱，黄土高原逐渐成为中国生态环境问题最为严重的地区之一。

### 2. 绿洲农区的负载不能太重

河套、河西及新疆地区存在着不少的绿洲农业类型。对水的依赖和被沙漠的包围，决定了以上农业类型在其发展过程中存在很大的局限性。作为一个相对封闭的"孤岛"农区，本身就存在着绿洲内既有人口的增殖以及随之而来的日益增长的物质需求问题。同时河套、河西及新疆绿洲农区作为边防军事重地及丝绸之路的相关联结点，大量的驻军及往来商旅亦构成绿洲生态容载量的沉重负担。历史时期的河套、河西及新疆绿洲农区，一般面临以下问题：（1）随着农业开发力度的加大，绿洲面积呈外延扩大化趋势。水资源利用压力增大，有限的水资源的农田灌溉功能强化而生态涵养功能减弱。周边环境的恶化和绿洲内部的过度开发，是导致某些绿洲萎缩、废弃或荒漠化的根本原因之一。（2）以上农区的政治、军事及其交通地位，使它们长期处于北方游牧政权与中原王朝矛盾冲突的前沿地带，是双方争夺经营的重点所在。频繁的军事冲突和农牧类型转换，使原本脆弱的生态环境极易遭到破坏。（3）因漫灌而出现的土壤盐渍化。但总体而言，传统农业社会的生产规模及开发总量不足以影响绿洲的存毁问题。近代以来工业及城市因素在绿洲生态环境中的比重明显上升，这一时期出现的生态恶化、水源枯竭等问题，主要是由人口压力增大、城镇及工业用水增多等原因造成的。

### 3. 作物产量与抗逆性选择

这一问题首先是我在《关中历史上的旱灾与农业问题研究》一文中首先提出来的，颇受学术界关注。也就是说，在历史时期为了追求产量，人们逐渐放弃耐旱稳产、适应性强的本地或传统作物，而引种或培育出需水量大、抗逆性弱的作物，农作物种植品种的这种变化也是旱灾增多的原因之一。先秦时期关中地区之骨干作物仍以黍稷为主。黍稷耐风旱，适应性强，除却特大灾异，一般可以保持稳产，不易成灾。时至秦汉，关中之泽卤、高仰之田都被开发利用。农业地域之拓展，潜力殆尽。以黍稷为主的生产结构，一年一熟，产量较低。势难满足京师耗费。时人已感到"土地小狭、民人众多。"扩大作物品类，小麦作为夏收作物，不但可以供应青黄不接时之粮食需要，而且配以秋作以成复种制度，增加粮食产量。

---

① 韩茂莉.《中国北方农牧交错带的形成与气候变迁》,《考古》2006，10：57
② 张敏.《自然环境变迁与十六国政权割据局面的出现》,《史学月刊》2003，5

汉武帝时，董仲舒上书，使关中益种宿麦。宿麦秋播，有效地利用了八九月降雨。又使农田在冬春有作物覆盖，减少土壤水分散失。但是关中的夏季，由于海拔较低，地形闭塞，太阳射照，升温迅速，极端高温约达42℃，黍稷遇此，常呈假死以减少水分消耗，且有壮根蹲苗之功。而小麦正值灌浆成熟期间，往往因植株体内水分运送速度小于蒸发量而供需失调，严重时甚至死亡。随着麦种面积扩大，夏旱问题逐渐引人注目，有关记载明显增多，其频率高达38%以上。若旁及春夏、夏秋之交的旱灾统计，约及全部旱灾的2/3，后世玉米引进，这一矛盾更加突出（表1）。

表1　关中历代（公元前2世纪至1947年）四季旱灾统计表

| 春　旱 | 夏　旱 | 秋　旱 | 冬　旱 |
|---|---|---|---|
| 23% | 38% | 26% | 13% |

玉米元代传入中国，《本草纲目》始入谷部。这种作物以其单位面积、时间内生产速率较高，对土壤条件亦选择不严，故能不胫而走，"川陕两湖，凡山田皆种之"。在关中地区逐渐成为仅次于小麦的粮食作物。其始种南部浅山，且多春播，由于降水丰沛，避过伏旱，产量比较稳定。时至今日，关中地区基本形成小麦、玉米两熟种植。玉米夏播，拔节抽穗正值伏期，需水量约占生育期总需水量之55%以上。其需水约235毫米，而历年平均降水量只有117毫米，若无灌溉补充，常遇伏旱成灾。尤其是渭北旱原，水源不足，伏旱严重，故有关专家以为小麦收后复种黍稷反较玉米稳产。高产作物增加了产量也增加了旱灾频次，由于不断追求干物质生产量，关中农作物之抗旱性选择呈渐减趋势（表2）。

表2　农作物蒸腾系数

| 作物名称 | 蒸腾系数 | |
|---|---|---|
| | 范围（毫米） | 平均（毫米） |
| 黍 | 268～341 | 293 |
| 粟 | 261～444 | 310 |
| 高粱 | 285～467 | 322 |
| 玉米 | 315～413 | 368 |
| 小麦 | 473～559 | 513 |
| 大麦 | 502～556 | 534 |
| 水稻 | 695～730 | 710 |

### 4. 关注水旱周期率问题

《史记·货殖列传》在分析计然、白圭的经济思想时引文曰，"岁在金，穰；水，毁；木，饥（康）；火，旱……六岁穰，六岁旱，十二岁一大饥"。"太阴在卯，穰；明岁衰恶。至午，旱，明岁美；至酉、穰，明岁衰恶；至子，大旱；明岁美，有水；至卯，积著率岁倍"。太阴即木星，其在天空之位置逐年移动，约需十二年周而复始、先民们以为农业丰歉与此有关。产生了著名的农业循环论。根据现代科学研究，太阳活动平均以11.04年为周期。当其活动强盛时，紫外线辐射、X射线辐射和粒子辐射增强，往往引起地球上极光、磁暴和电离层扰动等现象，影响天气和气候变化。在1870—1978年的108年间，有10个太阳黑子低值期，其中有七个在陕西有全省性干旱发生。农业循环论素被视为荒诞，其实它来自生产实践，虽属经验性科学，倒与现代天文观察相耦合。旱涝周期，1998年的洪灾与2010大水，相距刚好十二年。一些我们没有认识或现代科学无法解释的现象，不能轻易用迷信或伪科学予以否定。

### 5. 热、风干旱的防御问题

中国北方尤其是西北地区，基本上旱农业经营为主。这一带年降水量少而蒸发量大、风速高，热风期往往与无雨期同步，热、风有助旱为虐之嫌。现代科学测定，当干燥度接近或超过1.5、风速为3～4米/秒时，植物之物理干旱就会非常强烈。而土壤水分蒸发，盐分缩聚地表形成盐碱，不宜作物生长。栽植田间防护林降低风速，增加地表覆盖减少蒸腾是行之有效的措施之一。

### 6. 继承优良旱作农业传统

农田水利工程防旱，著名的有都江堰、灵渠、郑国渠、新疆的坎儿井等。耕作措施防旱，《吕氏春秋》主张使土壤力者欲柔，柔者欲力；息者欲劳，劳者欲息；棘者欲肥，肥者欲棘；急者欲缓；缓者欲急；湿者欲燥，燥者欲湿。《氾胜之书》把"和土"作为耕作的基本原理之一。使土壤之水、肥、气、热，宣泄以时，处于协调状态，这是阴阳"和"的最高境界。阴阳失调，谷乃不殖。兴平的杨双山说，锄头有水火，涝时锄地放墒，旱时锄地保墒。氾胜之总结三辅地区农业生产经验，指出："凡耕之本，在于趣时、和土、务粪泽，早锄、早获"。从整体角度认识作物栽培之全过程，标志着我国北方旱农耕作体系的形成。其中核心问题是务必保持土壤水分，耕作抗旱。其区田法则是一种局部精耕细作、集约使用水肥的耕作技术，在黄土高原农林生产中具有高额丰产效果。代田法把耕地分成畎（田间小沟）和垄，畎垄相间，旱时种畎，涝时种垄。在北方旱区畎种。种子播在畎底可以保墒；幼苗长在畎中可以抗风。中耕锄草时，将垄上的土同草一起锄入畎中，具有培壅苗根作用。来年畎垄互换可以恢复地力。

### 7. 恢复旧有的池塘景观

笔者在《中国传统农民的生存安全追求》（《延安大学学报》2011.1）中曾满怀深情地讲到洛川老家池塘（中国北方称之为"涝池"），但是目前涝池在中国北方农村几乎消亡殆尽。笔者家乡的村有人户近百，自笔者记事以来没有发生过较大的环境与自然灾害，这在黄土高原灾害频发区是很少见到的。该村地处海拔千余米的黄土塬面上，虽地势高亢但是并不显得太旱，这或与当初的村址选择有关。雨后四方径流齐汇村中二塘，既资生产、生活之用又可弥补风水不足，池中戏水成为笔者儿时最快乐的事情。即使以现代水工科技考量，笔者所在村的涝池设计亦独具匠心。当四方来水相汇村中后，于戏楼广场南侧设四"V"形水门以迎。"V"形设计口阔尾狭，可拦大型漂浮物不入池，水少则兼收并蓄，水多溢洪旁流。水出石门沿石砌阶梯而下，浪翻白，流有声，然后经数米跌水落入塘中。池塘有二，一曰"滗泥池"，二曰"清水池"。二池以渠相联，来水经"滗泥池"稍事沉淀后再入"清水池"。"滗泥池"设置有精巧的溢洪设施，池水超过一定水位即由溢洪道排出。池塘周围是窑场的世界，砖瓦陶器皆烧治于此，入夜之后窑火映红天际；池塘边是妇女和儿童的天堂，秋山响砧杵，牧童骑牛泅，顿增几分祥和气氛。在黄土高原水资源相对比较匮乏的情况下，有容量数万方的池水以调剂余缺，基本上可以做到水旱从人。

### 8. 南方农作抗旱体系缺陷不容忽视

这是一个我不太懂的问题，但是从旁观者的角度，我想这几年南方大旱不能完全归之自然因素。在水热资源比较丰沛的南方，既有的农作体系可能从来就没有干旱问题的应对设计，当干旱一旦发生则束手无策，造成的损失与破坏也就更大一些。

2011－8－8

# 试论唐朝盛世下的农业经济政策

刘养卉

（甘肃农业大学人文学院，兰州　730070）

**摘　要：** 唐太宗李世民、女皇武则天、唐玄宗李隆基三位杰出的封建帝王，在当政时，均能革新政治、励精图治，使唐朝在他们统治时期国家政权巩固、社会安定、经济发展、文化昌盛，开创了备受后人称赞的"大唐盛世"。三位帝王的重农思想以及实行的一系列合乎当时国情的农业政策，诸如完善均田制，确立劝农制度，实施土地资源开垦政策，推广先进生产技术，组织兴修水利，增加农业人口等政策措施，成功地推动了农业经济的快速发展，为维持和巩固唐王朝的统治和大唐盛世的形成奠定了重要的物质基础。

**关键词：** 唐朝盛世；均田制；劝农制度；生产技术；水利；人口

"唐朝盛世"从唐太宗登基（公元627年）到安史之乱爆发（公元755年），持续了128年，包括唐太宗统治时期的"贞观之治"，武则天统治时期的"武周治世"以及唐玄宗时期的"开元盛世"。"唐朝盛世"是唐朝农业生产高度发展，社会经济空前繁荣的鼎盛时期，唐朝成为当时世界上最强大的国家。"唐朝盛世"局面的形成，有诸多因素，但与"唐朝盛世"统治集团重视农业生产并采取系列发展农业的措施，促使当时经济迅速恢复，为唐王朝的巩固发展，提供了一个宏厚的物质基础是分不开的。文章拟就"唐朝盛世"统治集团的农业经济政策作一论述。

# 一、提供财政支持，鼓励开垦荒地

## （一）推行和完善均田制，实施土地资源开发政策

均田制是隋唐政府的赋税保证和一项基本国策，由于隋朝的暴政，农业生产受到严重的破坏，"黄河之北，则千里无烟；江淮之间，则鞠为茂草"[①]。为了恢复和发展农业生产，唐初统治者继续推行均田制，满足了农民的要求，除承认隋末农民战争中农民夺取部分土地的事实，又将大部分荒废土地分配给农民。624年（武德七年四月），由唐高祖颁布在全国实行均田令，规定：民户中18岁以上、60岁以下的男子每人授田百亩，其中二十亩为永业田，可传子孙；八十亩口分田，死后还官。但由于唐初政局不稳，因此均田制的效果并不很明显。唐太宗时期，为了加速经济恢复，积极促进均田制的施行，主要是如何落实土地还授政策问题，即鼓励农民从地少人多的狭乡迁至空荒地较多的宽乡，其目的是通过授田的方式，鼓励广大农民去宽乡开垦荒地，并对迁往宽乡的农民给予各种政策上的优惠，比如免除徭役等。《唐律》规定："人居狭乡，乐迁宽乡，去本居千里外，复三年；五百里外，复二年；三百里外，复一年之类，应给复除而所司不给，不应受而所司妄给者，徒二年。"且唐律规定：在狭乡不准占田过制，"诸占田过限者，一亩笞十，十亩加一等，过杖六十，二十亩加一等，罪止徒一年"；而在荒芜地区，"所占虽多，律不与罪"[②]。武则天当政时，继续推行均田制。鉴于"隆平日久，户口滋多"，有些州县，"土狭人稠，营种辛苦"，甚至百姓没有田业的情况，放宽了对百姓迁徙的禁令，移京兆30余万户于田地较宽的都畿附近，缓和了雍州人多地少的矛盾，又准逃户于所在地附籍，使人口布局逐渐趋于合理，有利于土地的开

① （唐）魏徵.隋书（卷70杨玄感传）[M].北京：中华书局出版社，1978：1617

② 黄中业.唐太宗李世民传[M].长春：吉林人民出版社，2006：165

发和农民生活的改善。均田制的推行，使无地少地的农民可以获得一些土地，并有鼓励垦荒的作用；它使农民在战乱中所获土地以及原有土地作为授田进行合法登记，保障了农民的土地所有权，调动了农民的生产积极性。

### （二）提供财政支持，鼓励开垦荒地

唐代统治政权的重心在西北，最大的军事威胁来自北方和西北的突厥、吐蕃、吐谷浑等少数民族军事集团。为了加强边防，因此唐王朝在北方和西北各地驻有重兵，为解决戍边军队的军粮问题，唐初统治者下令屯田，唐代屯田分为军事屯田和非军事屯田两大类。武德至贞观年间，屯田主要设置在北方地区，其目的在于防止突厥南下。武则天当政时，曾下令边防驻军垦荒屯田以自给，这对于减轻农民负担，客观上是有益的。唐玄宗继续执行鼓励农民垦荒政策，开元 12 年（公元 724 年），玄宗下了所在闲田，劝其开辟的诏令。耕者多占宽乡的闲田，律不与罪，体现了鼓励垦荒的精神。除均田外，唐玄宗还积极推行屯田开荒的政策。开元 22 年（公元 734 年），"遣中书令张九龄充河南开稻田使"，"后又遣张九龄于许、豫、陈、亳等州置水屯。"[1] 在唐玄宗鼓励政策的推动下，调动了广大民众的积极性，海内垦田大为增多。

隋唐非军事屯田有征丁屯田、营田户屯田和囚徒屯田等，利用囚徒屯田自屯田制诞生以来即不断实行，但唐代囚徒屯田制度已日趋完善。唐代谪戍罪犯屯田，不但"给以耒耜、耕牛，假种粮，使尝所负粟"[2]，在荒远地区屯田，而且"流人满十年放回"[3] 和"如有已效军职及有生业不愿去者，亦任便往"的规定。对于一般屯田民，国家提供的支持政策是：耕牛按田亩面积供给，耕具亦由国家拨与。当时配牛数目：土软处每一顷五十亩配牛一头；土硬处每一顷二十亩配牛一头；稻田每八十亩配牛一头。检查考核的方法是：隶司农寺者岁三月，少卿循行，治不法者，凡屯田收多者，褒进之[4]。

# 二、大力推行轻徭薄赋，劝课农桑政策

### （一）实行轻徭薄赋，减轻均田民负担

唐代赋税制度实行与均田制相适应的租庸调制。唐代的租庸调初定于武德二年（公元 619 年）二月，修定于武德七年四月。其内容为：丁男每年向国家交粟二石，叫做租，随乡土所出；纳绢二丈，绵三两或布二丈五尺、麻三斤，叫做调；每丁岁役二十天，不应役者每天输绢三尺或布三尺七寸五分，叫做庸，也称"输庸代役"；服役超期，十五天免调，三十天租调全免；每年的额外加役，最多不得超过三十天。唐朝的租庸调制实行"输庸代役"制，剥削量减轻，对丁户课役在水旱虫霜为灾害时的减免和边远地区租调折半征收的规定，都有利于调动劳动力从事农业生产的积极性，促进了农业生产的发展。

唐太宗对租庸调赋役制度虽没有进行重大的改革，但在即位后，实行了"轻徭薄赋"的农业政策。他曾反复说明徭赋轻重对农业生产的重大影响："今省徭赋，不夺其时，使比屋之人，咨其耕稼。"[5] 据史书记载，武德九年八月即在他即皇帝位时，诏令"关内及蒲、芮、虞、泰、陕、鼎六州免两年租调，自余给复一年"。贞观元年，"山东大旱，诏所在赈恤，无出今年租赋。"贞观四年，"冬十月壬辰，幸陇州，曲赦陇、歧两州，给复一年。"贞观七年八月，"山东、河南三十州大水，遣使赈恤。"为了彻底贯彻轻徭薄赋政策，他还针对官吏的聚敛邀功特别规定："税纳逾数，皆系枉法。"同时节约国家的财政开支。

武则天在执政的 45 年中，对发展农业生产相当重视。早在唐高宗上元元年（674 年），武则天就上表唐高宗，提出治国的十二条建议。第一条便是"劝农桑，轻徭赋"，武则天把这一条作为治国之本，放在

① 许道勋，赵克尧. 唐玄宗传 [M]. 北京：人民出版社，1993：291～292
② 吴存浩. 中国农业史 [M]. 北京：警官教育出版社，1996：630
③ 吴存浩. 中国农业史 [M]. 北京：警官教育出版社，1996：630
④ 唐启宇. 中国农史稿 [M]. 北京：农业出版社，1985：527
⑤ 胡如雷. 李世民传 [M]. 北京：中华书局版，1984：175

十二条之首，这表明她对农业生产的高度重视。光宅元年（684 年），武则天下令奖励农桑，同时还注意安抚百姓，数次下令减免租税徭役。天授元年（690 年），她颁诏"天下成蠲课役"。这些减免赋役的措施在不同程度上减轻了劳动人民的负担，调动了人民的生产积极性，使生产得到了快速发展。

唐玄宗针对武周以来均田制日趋破坏，土地兼并和农户逃亡日益严重的情况，开元九年（721 年），玄宗任命宇文融为劝农使，在各地大力括检逃户和籍外占田，经过几年的努力，共"括得客户凡八十余万，田亦称是"[①]。唐政府括得的客户每丁税钱 1 500 文，只交户税，免其租调徭役 6 年，使之重新回到均田土地上去。这一措施既增加了政府收入，也对改变占田不均的情况，缓和阶级矛盾，发挥了一定的积极作用。

## （二）抑制食封贵族，减轻了封户的负担

唐初规定，凡食封的贵族，国家按照食封的户数把课户拨给封家，租调由封家征收。唐初食实封者不过两三家，封户多的仅千余户；到中宗时，食实封的增加到一百四十家以上，封户多的达万户。这样就使国家的一大部分租调被私家侵吞。不仅如此，封家派官吏或奴仆到地方上征收租调，还对封户进行百般勒索，多取财物。有的还用租调做买卖，放高利贷。因此，当时封户所受的剥削更重，多破产逃亡。唐玄宗即位后，在 715 年规定：封家的租庸调由政府统一征收，送于京师，封家在京城或州治领取。在征收租调时，封家不准到封地勒索，并禁止放高利贷。以后又规定，凡子孙承袭实封的，户数减十分之二。这些措施减轻了封户的负担，对于封国内农业生产的发展是有利的。

# 三、引进推广新品种，改进农具，编纂和发行农书，推行先进农业技术

在唐朝政府的高度重视下，农作物品种、尤其是小麦、水稻和茶叶、蔬菜等品种较前代更加丰富，通过引进、推广农作物品种，逐步形成了适应北方地区的谷、麦、豆轮作复种二年三熟制，圩田种植高产水稻，江南地区大面积种植水稻，两年三熟制在南方推广，江南地区成为粮食重要产地；外来作物莴苣、菠菜等得到种植，茶叶成为生活必需品。对农业生产和农业技术的发展产生了巨大的影响。

## （一）作物品种引进与先进的栽培技术

盛唐时期，作物品种引进虽表现为自秦汉以来开始的陆路引种期，但由于人类交往的日趋频繁和丝绸之路的兴盛，农作物品种的引种呈现着缓步发展的趋势。当时引进的蔬菜瓜果花卉品种有菠菜、白茄子、刀豆、莴苣、西瓜、郁金香等。

隋唐五代时期，是我国茶叶空前大发展时期。在此黄金时期内，饮茶之风开始遍布全国，税茶之制确立，谈茶之书始见问世，茗茶始有高下，市茶始得繁荣。唐代茶叶生产已完成了从采摘野生茶叶到科学种植茶叶的转化，生产方式有了质的飞跃，在茶树栽培、茶园管理及茶叶制作方面均取得了长足的发展。

唐朝甘蔗种植和蔗糖生产已有进一步的发展，唐太宗、唐高宗时曾两次派人去印度学习制糖法，并取得了成功。剑南、岭南和江南是唐代蔗糖的主要产区。

## （二）推行先进农业技术

### 1. 施肥技术大大提高

施肥以补偿土地能源的损失，在北魏时期，绿肥施用仍在整个施肥中占较大的比例。从唐朝开始，农家肥开始逐步占据传统农业用肥的主要地位，不仅人畜粪和绿肥被纳入了肥料范畴之中，而且油麻也被用作肥料。《四时纂要》认为，种植葫芦宜用"油麻、绿豆秸及烂草"；种木棉乃"牛粪"为佳；薯则

---

① 朱绍侯. 中国古代史［M］. 福州：福建人民出版社，1982：180

应避免使用"人粪"而要用"牛粪"等。

### 2. 谷、麦、豆轮作复种制趋于成熟

汉代已有谷、麦、豆三种旱地农作物的轮作复种，魏晋南北朝时期并没有得到普遍推广。到唐朝谷、麦、豆三种农作物的轮作复种已经很普遍。贞观十四年（公元640年）秋，唐太宗欲往同州狩猎，栎阳县丞刘仁轨上表谏曰："今年甘雨应时，庄稼极盛，玄黄亘野，十分才收一二，尽力刈获，月半犹未讫功，家贫无力，禾下始拟种麦。"①

### 3. 水稻栽种技术大大提高，稻麦复种制形成

唐代水稻秧移栽技术普遍于长江流域，不仅使水稻生产周期大大缩短，而且妥善解决了稻麦生长期上的问题，使稻后种麦，麦后插秧变为可能。水稻品种增多，并形成早、中、晚稻系列性品种。据游修龄先生考证，唐代水稻品种名称有白稻、香稻、红莲、红稻、黄稻、獐牙稻、长枪、珠稻、霜稻、罢亚等10个②。水稻一年二熟制也比较突出，某些地区甚至可以一年三熟。开元十九年，扬州"稻生稻二百一十五顷，再熟稻一千八百顷，其粒与常稻无异"。

## （三）农具的改进技术大大提高

唐代传统农业在技术方面相对于前代而言有重大的发展，农业技术的发展，无疑促进了当时生产力的发展，成为技术推动社会进步的一个典范。隋唐以前，排灌工具广泛使用辘轳、桔槔类型的盛水式排灌工具，但随着水利的发展，唐代的灌溉工具也有了相应的进步，唐前期出现了筒车等许多的新式灌溉工具。筒车在南部各省小溪流安设，筒车的最大优点是不用人工，一昼夜能灌田一顷，大大提高了灌溉效率。杜甫《春水》诗描绘的情形是"接缕垂芳饵，连筒灌小园"。同时，耕作技术也有了极大的发展，如曲辕犁技术的出现。曲辕犁的出现是我国耕作农具成熟的标志，它与北魏时贾思勰的《齐民要术》所述的辽东"辕犁"和齐人的"蔚犁"又有进步，主要体现在三处重大的改进上，一是把长直辕改成短曲辕，犁架变小，便于回转，节省畜力；二是增加了犁评，使犁箭可上可下，可以适应深耕和浅耕的不同需要；三是改进了犁壁，将翻起的土推到一旁，并能翻覆土块，断绝草根生长。这一技术可以根据农民的需要调节耕地的深度和耕地的宽度，不仅适用于江南的水田，而且在黄河流域也比较流行。短曲辕犁的出现是我国农耕史上的重要成就，对于西欧近代耕犁的改良曾产生过重大影响。

## （四）编纂农书，指导农业生产

唐代，随着农业生产的发展，农业技术的进步，作物栽培种类和品种增加以及文化的发达，农书比过去任何时代都多。在唐朝出现了中国最早的一部官修农书。武则天在垂拱二年（公元686年）四月，命有司编成《兆人本业记》一书，颁发给各道"朝集使"。当时"朝集使"是各道管理财政的官吏，每年他们要代表各道到京城报告地方的政治与"岁计"，到京时可以谒见皇帝和宰相，所以叫"朝集使"。武则天所颁农书《兆人本业记》，是我国有史以来官方所颁第一部影响较大的农书，是国家职能在农业经济中发挥作用的又一种表现形式和手段。武则天把《兆人本业记》赐给他们，就是要把政策贯彻到地方去。唐代的农书在体裁和内容上不仅继承了前代农书的若干特点，并且在专业农书方面有所发展。有综合性的一般农书，也有畜牧兽医、园艺、经济作物、农具等专业性农书。共计有20多种。其中现存比较重要的有《四时纂要》、《茶经》、《耒耜经》和《司牧安骥集》。《耒耜经》是中国第一部农具专著，《茶经》为最早的茶叶专著。

# 四、增加农业人口，促进农业生产的发展

唐初恢复农业生产的最大困难之一，便是劳动力的严重不足。隋代极盛时全国户数近九百万，而到

---

① 吴存浩. 中国农业史［M］. 北京：警官教育出版社，1996：670
② 游修龄. 我国水稻品种资源的历史考证［J］. 农业考古，1981，（02）：6

贞观时期，降至"户不满三百万。"唐初统治者以"凡事皆须务本，国以人为本"为指导思想，采取了许多增加人口的措施。

## （一）提倡男女及时婚配、奖励生育

武德九年八月，唐太宗继位后不几天，即颁诏释放宫人，"一时减省，各从罢散，归其戚属，任从婚嫁"①。贞观二年九月，又释放一批宫女，"今将放出，任求伉俪，非独以惜费，亦人得各遂其性"②。前后放归宫女约 3 000 人。贞观元年二月，唐太宗颁布婚令诏："男年二十，女年十五以上；及妻达制之后，孀居服纪已除，并须申以婚媾，令其好合。"③ 法定男女婚龄，鼓励鳏寡复婚，意在增殖人口。而且规定"刺史、县令以下官人，若能使婚姻及时，鳏寡数少，量准户口增多，以进考第。如劝导乖方，失于配偶，准户减少，以附殿失"④。把婚姻和户口状况作为考察地方官吏的标准，鼓励人口繁衍以利农。武则天统治时期亦曾颁布过类似的诏令，力图做到"内无旷妇，外无旷夫"。唐玄宗开元二十二年（734 年）二月，又对以前的结婚年龄进行了修改，规定："男年十五，女十三以上，听婚嫁。"⑤。唐代实行的早婚制度，对于恢复经济，解决劳动力短缺等问题起到了重要作用。

## （二）招抚流亡

针对唐初劳动力短缺问题，唐初统治者采取了招抚流亡措施。贞观三年，即招附塞外民族 120 万口。贞观五年，复以金帛自突厥赎还华人 8 万余口。同年，"党项羌前后内附者 30 万口。"直到贞观二十一年（公元 647 年），唐太宗还两次遣使以财物赎还没落铁勒的汉人，"远给程粮，送还桑梓"⑥。这样唐政府前后赎回外流人口约 200 万，极大地缓解了中原劳动力严重缺乏的问题。开元二年，唐玄宗下令命淘汰天下僧尼，强使还俗的有 12 000 余人；开元五年，姜师度为营州"营田支度使，与庆礼等筑之……庆礼法勤严肃，开屯八十余所，招安流散，数年之间，食廪充实，市里侵繁"⑦。开元九年《禁诸州逃亡制》规定："诸州背军逃亡人，限制百日内各容归首。准令式适所在编户，情愿往者，即附入薄籍……情愿即还者听。"⑧ 招抚流亡，捉溺逃户，除为了保障赋税收入外，自然还有安定社会秩序的目的。

## （三）以农业政绩作为考核地方州县官员的标准

以农业生产的发展与否作为官吏的升迁标准是唐太宗、武则天和唐玄宗的一贯主张。在武则天当政期间，曾规定州县境内，"田畴垦辟，家有余粮"的官吏则予以升奖；如"为政苛滥，户口流移"者，则必加惩罚⑨。甚至，她还下令让农民和樵夫都可以到京师直接见皇帝申诉冤屈，而沿途五品官要给予照顾，不得阻拦。开元四年（公元 716 年），唐玄宗规定："其县令在任，户口增益，界内丰稔，清勤著称，赋役均平者，先予上考，不在当州考额之限。"⑩ 这些措施，对于督促地方官吏关心和发展农业生产，起到了极大的促进作用。

由于唐朝前期统治者执行了正确的人口政策，唐前期的户口数逐渐上升。武德年间，全国有户 200 余万，贞观初年增加到 300 万。神龙元年（公元 705 年）全国有户 615 万多，人口 3 714 万。开元、天宝时期，人口上升的速度更快。天宝十四年（公元 755 年），全国户增至 891 万多，人口 5 291 万多。这一数字是唐代最高的人口统计数。由于当时"簿籍不挂"的逃户很多，所以政府的户口统计数往往比实有的户口数要低。据杜佑估计，在唐天宝年间全国的实际户数至少有一千三四百万。如一户平均以五口计，那时全国的人口为六七千万。

① 吴存浩. 中国农业史 [M]. 北京：警官教育出版社，1996：601
② 吴存浩. 中国农业史 [M]. 北京：警官教育出版社，1996：601
③ [宋] 王溥.《唐会要》卷 83 [M]. 北京：中华书局，1955：1527
④ 胡如雷. 李世民传 [M]. 北京：中华书局，1984：172
⑤ 胡如雷. 李世民传 [M]. 北京：中华书局，1984：172
⑥ 胡如雷. 李世民传 [M]. 北京：中华书局，1984：172
⑦ 沈志华，张宏儒. 白话资治通鉴·14 [M]. 北京：中华书局出版，1997：5232
⑧ 沈志华，张宏儒. 白话资治通鉴·14 [M]. 北京：中华书局出版，1997：5247
⑨ 许道勋，赵克尧. 唐玄宗传 [M]. 北京：人民出版社，1993：291～292
⑩ [宋] 王溥《唐会要》卷 69《县令》[M]. 北京：中华书局，1955：1216

人口的大量增加，解决了唐朝劳动力短缺的问题，使农业生产得到迅速的恢复和发展，改变了唐初的"自伊、洛以东，暨乎海岱，灌莽巨泽，苍茫千里，人烟断绝，鸡犬不闻"的荒地景象，到开元、天宝年间，"耕者益力，四海之内，高山绝壑，未耜亦满"[1]。估计天宝时实有耕地面积约在800万顷至850万顷之间，略高于西汉时的最高垦田面积。

# 五、兴修水利，加强农业基础设施建设

水利是农业的命脉，"唐朝盛世"统治者非常重视水利建设，促进了农业生产的发展。唐朝初年，特别是贞观年间，水旱连年不断，据《旧唐书·五行志》记载，贞观十一年（公元637年）七月，洛水暴涨，淹没600余家，唐太宗下诏自责说："暴雨成灾，大水泛滥，静思厥咎，朕甚惧焉。"同年九月，黄河泛滥，洪水冲毁村庄、田地很多，唐太宗亲自到白司马坂巡视，足见他对水利设施的重视。

## （一）大兴农田水利

在唐初统治者的指导下，各地官吏都把农田水利建设当作为政之要而尽力抓好，各地兴修水利成效显著。从唐朝建立到唐玄宗开元天宝年间，是唐代农田水利发展的黄金时代，在北方河曲地带凿河开渠，首次引黄灌溉成功，修复和扩展关中平原的灌溉渠系。在南方，农田水利灌溉工程大幅度增长，主要为陂、塘、沟、渠、堰、浦、堤、湖等，它们大多分布在太湖流域、鄱阳湖附近和浙东一带。据史载，唐朝兴修水利工程数目，据《元和郡县志》和《新唐书·地理志》的统计，约有一百七八十处之多。而在唐前期修建的水利工程就达一百六十多项，分布于全国广大地区。仅在唐太宗贞观年间，农田水利兴修就计26处，其中有灌溉田1 200顷者。武则天执政时期，有15处。玄宗执政期间，建38个农田水利工程，相当于唐朝所修工程总数的20%以上。玄宗还在各地大兴屯田，全国共有军屯992屯，垦田面积达500万亩左右。农业生产的发展使各地官府仓库里的粮食堆积如山。

## （二）设置管水机构，加强对水利的管理

为了有效治水，唐太宗对治水的专门机构进行了整顿，加强了各部门的领导力量，中央设立了两个管理水利的部门，即水部和都水监，分别为水行政和技术机构。水部郎中和员外郎的职责是"掌天下川渎陂池之政令，以导达沟洫，堰决河渠，凡舟楫灌溉之利，咸总而举之"[2]。都水监的职责是"川泽津梁之政令，总舟楫河渠二署之官署，凡虞衡之采捕，渠堰陂池之坏决，水口斗门灌溉，皆行其政令"。对关中著名的泾、渭、白渠，还明确规定"以京兆少尹一人督视"，"兴成、五门、六门、泾堰、滋堤，凡六堰，皆有丞一人"[3]，负责渠系的维修和管理。在特殊情况下，还特设渠堰使、副渠堰使等职务，以加强重点渠道的管理。

## （三）制定水利法律

为了加强对水利部门的监管，唐朝政府还制定了水利和水运的专门法律，这就是《水部式》，是我国第一部完整的权威性的水利法典，它以刑律来保护河水与堤防的合理使用。《水部式》对水渠的管理行政机构，灌溉用水管理，灌溉同航运、水利机械和宫廷供水矛盾的处理，水渠设施管理及维护，水工材料和夫役调配及管理等，都制定了较详细可行的条款，反映出唐朝政府在统筹各项水利活动中，能根据轻重缓急的不同，适当保证重点，以求取得较高的水利效益的特点，标志着我国水利统筹管理科学达到了新的水平。唐太宗对水利执法较严，凡是违反《水部式》规定的失职官员，必依法惩处。

综上所述，唐王朝建立后，面对土地荒芜、经济凋敝、民不聊生的残破局面，为了安定民生，稳定和巩固其统治地位，唐初统治者在重农思想的指导下，采取了上述一系列有利于恢复和发展农业生产的

---

① 许道勋 赵克尧. 唐玄宗传 [M]. 北京：人民出版社，1993：284
② 黄中业. 唐太宗李世民传 [M]. 长春：吉林人民出版社，2006：172
③ 黄中业. 唐太宗李世民传 [M]. 长春：吉林人民出版社，2006：172

措施，因此到玄宗开元年间（公元713—741年），农业发展达到高峰。杜甫的《忆昔》诗就反映了当时农业生产发展的水平。"忆昔开元全盛日，小邑犹藏万家室。稻米流脂粟米白，公私仓廪俱丰实。九州道路无豺虎，远行不劳吉日出。齐纨鲁缟车班班，男耕女桑不相失"。生产发展的结果，使物价越来越便宜。开元二十八年（公元740年），"两京斗米不至二十文，面三十二文，绢一匹二百一十文"。唐朝农业的巨大成功，与继承历代统治者所采取的农业政策是息息相关的。也为后代农业生产的发展提供了宝贵的经验。

## 参考文献

[1] （唐）魏徵. 隋书（卷70 杨玄感传 [M]. 北京：中华书局出版社，1978

[2] 黄中业. 唐太宗李世民传 [M]. 长春：吉林人民出版社，2006

[3] 吴存浩. 中国农业史 [M]. 北京：警官教育出版社，1996

[4] 唐启宇. 中国农史稿 [M]. 北京：农业出版社，1985

[5] 胡如雷. 李世民传 [M]. 北京：中华书局版，1984

[6] 朱绍侯. 中国古代史 [M]. 福州：福建人民出版社，1982

[7] 游修龄. 我国水稻品种资源的历史考证 [J]. 农业考古. 1981（2）

[8] [宋] 王溥. 《唐会要》卷83 [M]. 中华书局，1955

[9] 沈志华，张宏儒. 白话资治通鉴14 [M]. 北京：中华书局出版，1997

[10] 许道勋，赵克尧. 唐玄宗传 [M]. 北京：人民出版社. 1993

**作者简介：**

刘养卉（1963—），女，甘肃农业大学人文学院农史研究所，教授，主要研究方向为农业史。

# 从《全唐诗》看唐代蚕业

刘　芳

（华南师范大学公共管理学院）

摘　要：我国是世界蚕业的发源地，关于养蚕，有很多史料仅见于诗歌而不见于各种农书。由于诗歌是一定的社会现实在诗人头脑中反映的产物，故透过它们可以窥见某一时代蚕业生产发展状况的一斑。今试从农业科技的角度对《全唐诗》中的养蚕器具、蚕术、蚕生长过程的不同名称及养蚕的地域特征等方面进行探讨。

关键词：《全唐诗》；唐代；蚕业

## 一、《全唐诗》中的养蚕器具

### （一）蚕　纸

蚕纸即蚕连、蚕种纸，是承接蚕蛾产卵以留蚕种的纸。蚕连，蚕种纸也。旧用连二大纸。蛾生卵后，又用线长缀，通作一连，故因曰连①。关于蚕纸（蚕连或蚕种纸）这一名称究竟起源于何时？中国现存最早最完整的农书《齐民要术》也未载，然而在唐代诗人的诗句中出现了，李商隐（约公元812—858年）《杂曲歌辞·无愁果有愁曲》"白杨别屋鬼迷人，空留暗记如蚕纸。"② 这是目前发现的"蚕纸"名称的最早记载。这个名称至今仍在沿用，追根溯源，至迟晚唐已经使用了。

### （二）蚕　室

蚕室即蚕房、蚕屋，是养蚕的屋子。蚕房要保持洁净，以防蚕病，王建（约767—约830年）《田家留客》"不嫌田家破门户，蚕房新泥无风土。"说明唐代养蚕已考虑到这一点。对于蚕的病虫害问题，古人亦予以高度重视，王建（约767—约830年）诗曰："但得青天不下雨，上无苍蝇下无鼠"（《簇蚕词》），说明唐代养蚕已考虑到防蝇防鼠问题并采取蚕房换土的方法防止蚕病传染。直至今天，为了防止蚕病传染，每造蚕结束后蚕房都要严格消毒或者换去旧的表土层③。蚕房还要保持安静卫生，以预防蚕病，骆宾王（约627—684）《幽絷书情通简知己》"地幽蚕室闭，门静雀罗开。"④ 可以说明唐人已经认识到安静并且卫生的环境对养蚕有利。除此之外，蚕屋还要保持适当的温度，耿湋《赠田家翁》"老人迎客处，篱落稻畦间。蚕屋朝寒闭，田家昼雨闲。门间新薤草，蹊径旧谙山。自道谁相及，邀予试往还。"⑤ 可以看出适宜的温度对蚕非常重要。

### （三）蚕　箔

蚕箔即蚕薄，是养蚕用的平底竹编器具，一种以竹篾或苇子等编成的养蚕器具。作为养蚕器具，蚕箔既可以让蚕上簇作茧，如王建《簇蚕辞》"蚕欲老，箔头作茧丝皓皓。场宽地高风日多，不向中庭燃蒿草。神蚕急作莫悠扬，年来为尔祭神桑。但得青天不下雨，上无苍蝇下无鼠。新妇拜簇愿茧稠，女洒桃

---

① 徐光启撰，石声汉校注.《农政全书校注》[M]. 上海：上海古籍出版社，1979
② 《全唐诗》卷26～66
③ 黄世瑞.《古代诗词与农史研究》[J].《农业考古》，1984（1）：126～149
④ 《全唐诗》卷79：37
⑤ 《全唐诗》卷268：51

浆男打鼓。三日开箔雪团团，先将新茧送县官。已闻乡里催织作，去与谁人身上著"①，也可以作为盛蚕器具，如杜荀鹤（846—904 年）《戏赠渔家》"养一箔蚕供钓线，种千茎竹作渔竿。"②，又如韩愈（768—824 年）《晚秋郾城夜会联句》"暮鸟已安巢，春蚕看满箔"③。《氾胜之书》、《齐民要术》仅记载有"箔"均未记载"蚕箔"，据目前发现，蚕箔这一名称的最早使用在唐代，陆龟蒙（？—881 年）《奉和袭美太湖诗二十首·崦里》"处处倚蚕箔，家家下鱼筌"④，据此可以推测唐时已经有了专门养蚕的蚕箔。

# 二、蚕　术

蚕术是指养蚕缫丝的技术。梁启超《蚕务条陈叙》："（英康发达）又派学生，学蚕术於法。"在温度控制方面，徐彦伯《闺怨》"褪暖蚕初卧，巢昏燕欲归"⑤，是通过控制温度促使蚕眠。在缫丝方面，孟郊《出东门》"道路如抽蚕，宛转羁肠繁"⑥，从诗句中形象生动的比喻看出当时抽蚕的技术。

# 三、蚕生长过程的不同名称

## （一）蚕　子

蚕子是指蚕蛾产的卵。"蚕子"这一名称究其起源，《氾胜之书》、《齐民要术》均未载，然在唐代人杨发（约公元844 年在世）的诗句中出现了，杨发《南野逢田客》"高机犹织卧蚕子，下坂未饥逢饲妻"⑦，这是目前发现的有关"蚕子"这一名称的最早记载。

## （二）蚕蚁（蚁蚕）

蚕蚁是指刚孵化的蚕，体小而黑，形如蚁。蚕蚁（或蚁蚕）这个名称在《齐民要术》中未载，但在唐代著名诗人白居易的诗句中可以查到，白居易（772—846 年）《和微之春日投简阳明洞天五十韵》"产业论蚕蚁，孳生计鸭雏"⑧，这就是目前发现的"蚕蚁"名称的最早记载。除此之外，与白居易同时代的唐彦谦（？－893 年）《采桑女》这首诗中"春风吹蚕细如蚁，桑芽才努青鸦嘴"⑨，也把刚孵化的蚕比喻为蚁。这个名称至今仍在沿用，追根朔源，这一名称至迟在唐时已经开始使用。

# 四、春　蚕

春蚕是指春季饲养的蚕。从唐朝诗人的诗句，宋之问《相和歌辞·江南曲》"采花惊曙鸟，摘叶喂春蚕"⑩，李白《古风》"昔视秋蛾飞，今见春蚕生"⑪，李白《赠从弟冽》"及此桑叶绿，春蚕起中闺"⑫，李商隐《无题》"春蚕到死丝方尽，蜡炬成灰泪始干"⑬，刘驾《桑妇》"墙下桑叶尽，春蚕半未老"⑭，邵

---

① 《全唐诗》卷 298：25
② 《全唐诗》卷 692：98
③ 《全唐诗》卷 791：11
④ 《全唐诗》卷 618：44
⑤ 《全唐诗》卷 76：18
⑥ 《全唐诗》卷 374：19
⑦ 《全唐诗》卷 517：11
⑧ 《全唐诗》卷 449：38
⑨ 《全唐诗》卷 671：75
⑩ 《全唐诗》卷 19：6
⑪ 《全唐诗》卷 161：1
⑫ 《全唐诗》卷 171：12
⑬ 《全唐诗》卷 539：130
⑭ 《全唐诗》卷 585：12

谒《自叹》"春蚕未成茧，已贺箱笼实"①，李建勋《送王郎中之官吉水》"移户多无土，春蚕不满筐"②，韩愈《晚秋郾城夜会联句》"暮鸟已安巢，春蚕看满箔"③，晁采《子夜歌十八首》"姜蘖畏春蚕，要绵须辛苦"④，岑参《汉上题韦氏庄》"调笑提筐妇，春来蚕几眠"⑤，可以看出春蚕是唐代养蚕的主要蚕种。

薛能《吴姬十首》"年来寄与乡中伴，杀尽春蚕税亦无"⑥，养蚕要交税。说明春蚕关系国家财政，在唐时养春蚕已具一定规模，或者作为副业，或者已经出现专门养春蚕的蚕农。温庭筠（和周繇（一作和周繇广阳公宴嘲段成式诗））"专城有佳对，宁肯顾春蚕"⑦，苏拯《蜘蛛谕》"春蚕吐出丝，济世功不绝"⑧，孟郊《贫女词寄从叔先辈简》"蚕女非不勤，今年独无春"⑨，苏涣《变律（本十九首，今存三首）》"一女不得织，万夫受其寒"⑩，说明春蚕关系民生，唐时人们对其亦尤其重视。

# 五、浴蚕与夏秋蚕

浴蚕是指浸洗蚕子，古代育蚕选种的方法。据《周礼》"禁原蚕"注引《蚕书》："蚕为龙精，月值大火（二月）则浴其种。"陈润《东都所居寒食下作》"浴蚕当社日，改火待清明。"⑪ 及王周《道中未开木杏花》"村女浴蚕桑柘绿，枉将颜色忍春寒"⑫，可以反映唐代浴蚕的时间与更古时候浴蚕的时间大致吻合。然王建《雨过山村》"妇姑相唤浴蚕去，闲看中庭栀子花"⑬，浴蚕时间在栀子花开时，我们知道栀子花花期较长，从5~6月连续开花至8月。据此推测，唐代已经出现夏秋蚕的饲养。

据汉典解释，晚蚕即夏蚕⑭。唐杜牧（公元803—约852年）《秋晚怀茅山石涵村舍》诗："十亩山田近石涵，村居风俗旧曾谙。帘前白艾惊春燕，篱上青桑待晚蚕。云暖采茶来岭北，月明沽酒过溪南。陵阳秋尽多归思，红树萧萧覆碧潭。"唐皮日休（791—864年）《吴中苦雨因书一百韵寄鲁望》诗："破碎旧鹤笼，狼藉晚蚕蔟。"可见唐时已经有夏秋蚕的饲养。

# 六、养蚕的地域特征

## （一）吴 蚕

吴蚕是指吴地之蚕。如李白《寄东鲁二稚子（在金陵作）》"吴地桑叶绿，吴蚕已三眠"⑮，李贺《感讽五首》"越妇未织作，吴蚕始蠕蠕"⑯，李贺《春昼》"越妇支机，吴蚕作茧"⑰。由于吴地盛养蚕，故称良蚕为吴蚕。如司空曙《长林令卫象饧丝结歌》"吴蚕络茧抽尚绝，细缕纤毫看欲灭"⑱，李群玉《洞庭

---

① 《全唐诗》卷605：4
② 《全唐诗》卷739：33
③ 《全唐诗》卷791：11
④ 《全唐诗》卷800：8
⑤ 《全唐诗》卷200：49
⑥ 《全唐诗》卷561：70
⑦ 《全唐诗》卷583：56
⑧ 《全唐诗》卷718：13
⑨ 《全唐诗》卷372：21
⑩ 《全唐诗》卷255：10
⑪ 《全唐诗》卷272：19
⑫ 《全唐诗》卷765：30
⑬ 《全唐诗》卷301：77
⑭ 汉典网：http：//www.zdic.net/
⑮ 《全唐诗》卷172：23
⑯ 《全唐诗》卷391：24
⑰ 《全唐诗》卷392：51
⑱ 《全唐诗》卷293：23

入澧江寄巴丘故人》"四月桑半枝，吴蚕初弄丝"①，说明吴地养蚕有一定名气。

## （二）洛阳蚕

崔颢《赠轻车》"幽冀桑始青，洛阳蚕欲老"②，说明唐时养蚕有明显的地域特征，幽冀这个地方的桑叶才刚刚变绿，洛阳的蚕却开始变老。

## （三）露　蚕

露蚕是指户外饲育的蚕。窦常《北固晚眺》"露蚕开晚簇，江燕绕危樯"③，原注："蚕露於外，淮西皆然。"说明淮西适合在户外养蚕，也可以看出唐时养蚕具有明显的地域性。

## （四）东鲁蚕

东鲁：原指春秋鲁国，后以指鲁地（相当今山东省）。李白《五月东鲁行，答汶上君（一作翁）》"五月梅始黄，蚕凋桑柘空"④，可以窥见五月东鲁的蚕桑状况。

# 七、养蚕时令

农业的发展与时节是分不开的，高适《自淇涉黄河途中作十三首》"蚕农有时节，田野无闲人"⑤，说明对于蚕农掌握时令无疑是非常重要的。因此，唐时人们对养蚕的时令很是熟悉，如：三月垂杨时蚕还未眠：高适《相和歌辞·秋胡行》"三月垂杨蚕未眠，携笼结侣南陌边"⑥；蚕二眠时桑林椹黑：张籍《江村行》"桑林椹黑蚕再眠，妇姑采桑不向田"⑦；麦收时蚕开始上簇：王建《荆南赠别李肇著作转韵诗》"麦收蚕上簇，衣食应丰足"⑧；五月梅黄时蚕凋桑空：李白《五月东鲁行，答汶上君（一作翁）》"五月梅始黄，蚕凋桑柘空"⑨；节气白露时，蚕已缫成丝，钱起《卧疾，答刘道士》"白露蚕已丝，空林日凄清"⑩。

# 八、种桑养蚕密切相关

养蚕必须密切注意桑树的发育情况，两者必须协调进行，养蚕过早，孵化出的蚁蚕无桑可饲就会饿死；养蚕过迟，桑太老又会损伤蚁蚕的器官，造成减产。种桑养蚕的关系处理不好，会产生"叶尽蚕不老"的后果，刘驾《桑妇》"墙下桑叶尽，春蚕半未老"⑪，苏涣《变律（本十九首，今存三首）》"养蚕为素丝，叶尽蚕不老。倾筐对空林，此意向谁道。一女不得织，万夫受其寒"⑫，因此必须重视养蚕和种桑的关系，"叶尽蚕不老"还会导致严重的社会后果"一女不得织，万夫受其寒"，体现了养蚕对当时社会的重要性。

唐时人们已经意识到：蚕的生长发育必须与桑树的生长相协调，如李白《赠从弟冽》"及此桑叶绿，

---

① 《全唐诗》卷 568：30
② 《全唐诗》卷 130：2
③ 《全唐诗》卷 271：19
④ 《全唐诗》卷 178：3
⑤ 《全唐诗》卷 212：32
⑥ 《全唐诗》卷 20：18
⑦ 《全唐诗》卷 382：62
⑧ 《全唐诗》卷 297：15
⑨ 《全唐诗》卷 178：3
⑩ 《全唐诗》卷 236：33
⑪ 《全唐诗》卷 585：12
⑫ 《全唐诗》卷 255：10

春蚕起中闺"①；刘希夷《孤松篇》"蚕月桑叶青，莺时柳花白"②；王维《渭川田家》"雉雊麦苗秀，蚕眠桑叶稀"③；李白《五月东鲁行，答汶上君（一作翁）》"五月梅始黄，蚕凋桑柘空"④。

# 九、蚕农、蚕市和蚕乡

蚕农指以养蚕为业的人。唐时已出现专门养蚕的人：如高适《过卢明府有赠》"皆贺蚕农至，而无徭役牵。"⑤，又如高适《自淇涉黄河途中作十三首》"蚕农有时节，田野无闲人"⑥，再如薛能《边城寓题》蚕市归农醉，渔舟钓客醒⑦。

蚕市：蜀地旧俗，每年春时，州城及属县循环一十五处有蚕市，买卖蚕具兼及花木、果品、药材杂物，并供人游乐。如薛能《边城寓题》"蚕市归农醉，渔舟钓客醒"⑧，司空图《漫题三首》"蜗庐经岁客，蚕市异乡人"⑨。唐时的蚕市已呈现出繁华的景象：如花蕊夫人《宫词（梨园子弟以下四十一首一作王珪诗）》"明朝驾幸游蚕市，暗使毡车就苑门"⑩，又如眉娘《和卓英英锦城春望》"蚕市初开处处春，九衢明艳起香尘"⑪，再如韦庄《怨王孙（与河传、月照梨花二词同调）》"锦里，蚕市，满街珠翠"⑫。

蚕乡：养蚕之乡。《新唐书·食货志一》："丁随乡所出，岁输绢二匹，绫、绝二丈，布加五之一，绵三两，麻三斤，非蚕乡则输银十四两，谓之调"⑬，又有杜牧《题池州弄水亭》"纤馀带竹村，蚕乡足砧杵"⑭，说明唐时养蚕之乡已不在少数。蚕农、蚕市、蚕乡的出现，再一次证实了在唐时养蚕已具一定规模，或者作为副业，或者已经出现专门养蚕的蚕农。

注：本文所引用的《全唐诗》均采用扬州诗局版本的《全唐诗》。

**作者简介：**
刘芳（1984—），女，华南师范大学公共管理学院博士研究生，研究方向：科学技术史。

---

① 《全唐诗》卷171：12
② 《全唐诗》卷82：4
③ 《全唐诗》卷125：56
④ 《全唐诗》卷178：3
⑤ 《全唐诗》卷211：8
⑥ 《全唐诗》卷212：32
⑦ 《全唐诗》卷560：23
⑧ 《全唐诗》卷560：23
⑨ 《全唐诗》卷632：49
⑩ 《全唐诗》卷798：1
⑪ 《全唐诗》卷863：8
⑫ 《全唐诗》卷892：19
⑬ （宋）欧阳修，（宋）宋祁撰：《新唐书》［M］．北京：中华书局，1975
⑭ 《全唐诗》卷520：44

# 论明清松江府官布征解之变迁[①]

陈蕴鸢　曹幸穗

（南京农业大学人文学院，南京　210095；中国农业博物馆，北京　100730）

**摘　要：**明代松江府官布的征解从全部征收实物到本、折兼收，在清代前期，经过两次改折之后，折色比例进一步扩大，而本色官布的征收比例则不断缩小，折色的征收成为常态。本、折官布价银等费用的编征，在清代前期呈现大幅上升趋势，征银总额远超明代。而官布的征解方式则由明代的民办民解转变为清代的官办官解，革除了明代在令民办运过程中的各种积弊，并从制度上逐步加以完善，加强对各环节的监管，明确官吏的职责，缩短官布从价银的编征到办解上纳的整个流程，有效地降低了官府员役从中侵渔的可能性。

**关键词：**明清；松江府；官布征解；变迁

松江府的官布征解始于明代重赋之下的税粮逋欠，由于赋税过重，常致逋欠。对于拖欠的税粮，明政府采取了一些临时性的措施，如减租、蠲免、折征等。而松江府作为当时中国棉纺织业最为发达的地区，出产的棉布行销全国各地，享有"衣被天下"的美誉，棉布也就顺理成章地变为税粮折征的对象。但最初以棉布折收税粮的规定均为临时性的，并没有形成定制。直至宣德八年，为了解决松江府长期以来的税粮逋欠问题，确保明政府的财政收入，巡抚周忱奏定加耗折征之例，将部分税粮（重额官田、贫民下户）折征棉布，并贴以解运所需的车脚船钱米。两年之后，逋欠悉完，周忱的折征之法也成为定制，这些用以折征税粮的布匹则被称之为"官布"，是为松江府官布征解之始，并一直延续至清代。本文拟对明代至清前期松江府官布征解在本、折数额、官布的编银及官布征解的制度与监管等方面的变化作一探讨，不当之处，敬祈方家指正。

# 一、官布征解变迁之一：本色减少与折色的增多

明代，松江府官布的征解，最初是全部征收实物（即本色），而征解的布匹数并无固定之额。自明代宣德年间许以粗、细布准粮，征解之数是以应完纳的逋欠税粮为基准，待往年积欠悉数完纳之后，每年折征的棉布数就有了规定的额度。正统年间"松江府华亭、上海二县的折粮三梭布为 59 732 匹"，阔白棉布的匹数并无提及。明中叶以后，随着商品货币经济的发展，白银已成为市场流通中的主币。在白银货币化的驱动下，明朝皇室、官员对白银的需求也日益增加，出现了赋税折银的趋向。在这种趋势之下，官布由折粮逐渐向折银转变，弘治十七年（1504 年），就令苏松两府阔白绵布以十分为率，六分征本色，四分征折色，即将一部分棉布折银征收（即折色），不再征收实物，是为折色征收之始。之后在嘉靖年间，又将三梭布改折[②]。但这些仅是暂时的举措，并没形成定例。直至万历二年，松江府的棉布征收并无本、折之分，仍全为实物，分派于三县：华亭县三梭布 17 830 匹，阔白棉布 76 720 匹，上海县三梭布 10 825 匹，阔白棉布 46 577 匹，青浦县三梭布 4 345 匹，阔白棉布 18 703 匹，三县的三梭布共计为 33 000 匹，阔白棉布为 142 000 匹。万历六年，征解棉布的本色、折色之例才真正确定下来，将阔白棉布中的 42 226 匹折银，余 99 774 匹仍征本色。松江府三县除去折色棉布，所征解的本色为华亭县细布（即阔白三

---

①　基金项目：中央高校基本科研业务费专项资金资助项目（项目编号 KYZ201136）

②　光绪《重修华亭县志》卷 8《田赋下》："万历四十八年，三梭布每匹折银六钱一分，棉布每匹折银三钱，应解本色者以价银发解户承办，其制当即嘉靖时所定"

梭布）16 185匹，粗布（即阔白棉布）48 935匹，上海县细布10 620匹，粗布32 109匹，青浦县细布6 195匹，粗布18 730匹。万历四十五年（1617年），将阔白三梭布33 000匹内改织黄丝三线布5 000匹，黄丝二线布28 000。以上本、折布匹数共为175 000匹，与弘治年间①的数目相同，可能从明中叶开始，松江府征收的布匹数额基本上是以这一数字为准。自此，松江府官布的征解从全部征收实物变为有了本色与折色之分，本色即为折粮布，折色则为布折银，改折棉布占阔白棉布数额约30%，占总数约24%，本、折比例约为3.14：1。

顺治二年（1645年）平定江南，松江府官布的征解遵循明万历年间的则例②，更确切地说是依据万历四十五年（1617年）所定细则为准。顺治十年以前，官布征收的本、折数额与明旧制同。顺治十年（1653年）则在原有明代改折的基础之上，扩大官布折银比例。与明代不同的是，这次改折不仅有阔白棉布（即粗布），且包含了细布中的黄丝二线布，其中改折二线布23 000匹，阔白棉布88 362匹。改折之后，依据顺治十四年（1657年）所编赋役全书的记载，松江府四县③征解本色官布中，所分派的黄丝三线布和黄丝二线布数额为：华亭县各1 307匹，娄县各1 145匹，上海县各1 609匹，青浦县各939匹；阔白棉布为华亭县2 984匹，娄县2 613匹，上海县3 673匹，青浦县2 142匹。可以看出，改折之后，本色征收大幅降低。黄丝二线布的改折数约占其总数的82%，仍解本色者约占18%；而就细布总额而言，二线布改折数占细布总额近70%，本色约占15%。阔白棉布的折银率约为89%，仍解本色者约为11%。上述两者改折数占本色总额约84%，即近九成的本色棉布改征折色，如以本折棉布总数175 000匹为基数，改折棉布占总额约64%，本、折比例约为1：7.17。松江府在清初实际征解的本色官布数额为21 412匹，其中黄丝三线、二线布各5 000匹，阔白棉布为11 412匹。而在光绪《重修华亭县志》卷8《田赋下》中称"国朝顺治十年（1653年），以黄丝二线布七分之六分半有奇"，"以本色布十分之八分半有奇"改折，似乎有点夸大其词，偏高于实际折率。此外，从顺治十年（1653年）改折的布匹数额，我们可以推断出明中后期三县分派本色官布中黄丝二线、三线布、阔白棉布的具体数额（表1至表3）。

**表1　顺治十四年松江府四县所征的本色棉布数额（单位：匹）**

| 县份　数额 | 黄丝三线布 | 黄丝二线布 | 阔白棉布 |
|---|---|---|---|
| 华亭县 | 1 307 | 1 307 | 2 984 |
| 娄县 | 1 145 | 1 145 | 2 613 |
| 上海县 | 1 609 | 1 609 | 3 673 |
| 青浦县 | 939 | 939 | 2 142 |
| 总计 | 5 000 | 5 000 | 11 412 |

**表2　顺治十四年松江府四县棉布改折数（单位：匹）**

| 县份　数额 | 黄丝二线布 | 阔白棉布 |
|---|---|---|
| 华亭县 | 6 013 | 23 100 |
| 娄县 | 5 268 | 20 238 |
| 上海县 | 7 402 | 28 436 |
| 青浦县 | 4 317 | 16 588 |
| 总计 | 23 000 | 88 362 |

---

① 《大明会典》卷26《户部十三·会计二·起运》中弘治十五年的起运数目，松江府秋粮内共征收棉布为175 000匹

② 《大清会典》（康熙朝）卷二十四《户部·赋役一·征收》：凡征收钱粮，顺治元年题准，内监地亩钱粮统归户部管辖。又定，各直省钱粮，照明万历间则例，其天启、崇祯时加增者，悉予豁除

③ 乾隆《娄县志》沿革"顺治十三年分华亭县立娄县，十六年复并入华亭，雍正二年又复分娄县，其南境立金山县"

表3　明中后期松江府三县所征的本色棉布数额（单位：匹）

| 县份　　数额 | 品种　黄丝三线布 | 黄丝二线布 | 阔白棉布 |
|---|---|---|---|
| 华亭县 | 2 452 | 13 733 | 48 935 |
| 上海县 | 1 609 | 9 011 | 32 109 |
| 青浦县 | 939 | 5 256 | 18 730 |
| 总　计 | 5 000 | 28 000 | 99 774 |

在顺治十年（1653年）的改折之后，松江府所解本色官布额比明代大为减轻，至康熙年间，因"直省钱粮、应征解本色物料，款目繁多"，"地方办买起运，供应维艰，续议酌减"，康熙三年（1664年），对直省所解本色官布又进一步改折，额定江苏布政使司应解本色为"五色三梭布五千匹，棉布二万七千三百六十七匹。"此项布匹被称为额解布匹，之后所解本色均是以康熙三年所定数额为基础。续折后，松江府的征解布匹数额，在相关文献并没有找到具体的记载。在江苏布政使司中，苏州（含太仓州）、常州、松江三府都有额解布匹，三梭布则只出自松江府。而本色棉布的数额只能从其他两府续折后的棉布数进行推断，这其中苏州府的额解布匹为昆山县"本色棉布2 418匹2丈7尺9寸"，嘉定县"本色棉布9 750匹2丈6尺4寸"，太仓州"本色棉布2 199匹3丈8寸"，共计为14 369匹2丈1尺1寸[1]。常州府本色原额为4 576匹，续"折2 078匹2丈7尺3寸8分2厘2毫"，则本色约为2 497匹4尺6寸1分7厘8毫。通过以上数据可得出，松江府的棉布额约为10 500匹6尺2寸8分2厘2毫，在续折后松江府所解本色官布数约为15 500匹有奇，占总额约为8.9%。同年，又定添解布匹，即将棉布派于苏州织造办解，定有三梭布、三线布、油墩布等品种，视每年"库中应需某项，酌量均派，於豫年八月内"，具稿呈堂，移付布政司，转行织造办解，"定限於次年八月内解部，如派后再有缺少不敷者，随即加派，酌量限期办解，其价值均由各该司覈销"。苏州织造於布政司藩库领银办布，再将用过办解布匹的费用造册，报户部核销。

从上述内容可以看出，松江府官布的征收，其本色数额呈一个逐步下降的趋势，征收的总额是以明中叶之后的数额为基础。清代，松江府办解本色布匹数额比明代大幅减少，特别是在康熙三年续折之后，每年额解的布匹只有两三万匹之额。而大部分布匹的办解则归于添解项中，由户部视库中所需，派于苏州织造，此项布匹并无定额，也非每年都办。清前期，以康熙三十四年（1695年）至四十五年（1706年）为例，除三十四五两年办解三十万匹，其余各年都为五十万匹[2]。

## 二、官布征解变迁之二：官布编银的增加

松江府官布的编银是自明中叶以后，随着赋役制度的改革，将所征官布折银交纳，其中本色官布由解户领银买办上纳，折色则收贮于太仓库，用以官员折俸、赏赐军士冬衣、解支边用等。松江府所征本色官布中，阔白三梭布33 000匹，每匹连价扛折银0.61两，该银20 130两。万历四十五年（1617年）改织黄丝三线布5 000匹，每匹加垫贴银0.25两，黄丝二线布28 000匹，每匹加垫贴银0.15两，共垫贴银5 450两。阔白棉布99 774匹，初每匹编价银0.25两，扛银0.03两，后奉文每匹增银0.02两，以为铺垫，共银0.3两。万历初又复议增加铺垫银0.024两，是铺垫银之外又增一铺垫。万历十五年（1587

---

① 康熙《嘉定县志》卷7《赋役》中"官布始末"的记载，嘉定县的本色布顺治间将本色95 050匹内改折84 178匹，则余10 872匹，康熙年间续折1 121匹5尺6寸。与之对应的是康熙《苏州府志》卷25《田赋三》中所记的续折后嘉定县的本色棉布额9750匹2丈6尺4寸，两者结合加以推断，清前期所解官布的规格与明制相同，为3丈2尺为一匹

② 《赵恭毅公剩稿八卷》卷三《奏疏三》之《奏明请追苏州织造亏欠办买青蓝官布银两折》中记有苏州织造领价办买江南青蓝布匹，"三十五年办解布三十万匹，三十六年至四十五年俱每年办解五十万匹"，《苏州织造李煦奏折》之《请预先采办青蓝布匹折》中载："查今年（康熙三十四年）四月内奉户部行文，着令织造衙门采办青蓝布三十万匹，遵照定价，已经如数办足解交户部"

年），松江府为清查粮额，以甦民困，将后增铺垫银 0.024 两裁减，则定每匹价扛银 0.3 两，该银 29 932.2 两，万历四十五年（1617 年）每匹加垫贴银 0.074 两，该银 7 383.276 两，共计银 62 895.476 两。折色官布 42 226 匹，每匹折银 0.3 两，该银 12 667.8 两，每正银 1 两编解扛银 0.014，该银 177.3492 两。明中后期，松江府本、折官布共计编银 75 740.6252 两。如表 4 所示。

表 4　明中后期松江府本、折官布编银数（单位：两）

| 类别　　品种　　银两 | 本色官布 | 折色官布 |
|---|---|---|
| 黄丝三线布 | 4 300 | — |
| 黄丝二线布 | 21 280 | — |
| 阔白棉布 | 37 315.476 | 12 845.1492 |
| 总　计 | 62 895.476 | 12 845.1492 |
| 合　计 | 75 740.6252 | |

入清以后，延袭明万历旧有的官布本、折编银方法，本色官布所编银两包含价银、扛银、铺垫银三个部分，折色官布编银包含价银、扛银、解费三个部分，其编银数额以顺治十年（1653 年）为分界点，顺治十年（1653 年）以前本折编银数与明代相近，之后则大幅加增。

**1. 本色官布的编银**

顺治十年（1653 年）以前，本色官布中的黄丝三线布每匹编价扛银 0.61 两，铺垫、扛费银各 0.125 两；黄丝二线布每匹编价扛银 0.61 两，铺垫、扛费银各 0.075 两；阔白棉布每匹编价扛银 0.3 两，铺垫银 0.024 两，扛费银 0.05 两。即本色官布的编银与明中后期相同，为银 62 895.476 两。顺治十年的改折，定本色官布价银为每年随时值估编，而折色官布的价银亦是以改折当年棉布的时价为依据而定的，只不过此项价银作为定制，不再每年估编。虽然顺治十年（1653 年）所定的本色官布价银相关文献中并无记载，但从折色官布所编价银可知其定价，本色官布中棉布的价银为每匹 0.6 两，黄丝二线布与三线布每匹价银 1 两，而铺垫、扛费银似应不变，那么据此推测本色官布中棉布（即阔白棉布）编银为 7 691.688 两，二线布为 5 750 两，三线布为 6 250 两，共计 19 691.688 两。康熙三年续折之后，本色官布中棉布的编价每匹大约在 0.4～0.5 两之间波动，并没有超过 0.5 两的上限。值得注意的是，乾隆年间本色官布中，棉布的垫扛等费比之前有所增加，为每匹 0.81 两，并且每年办解棉布的价银，只能动用原编的部价，即每匹 0.3 两，其余不敷价脚等银则从耗羡银中协贴。三梭布的价银，从乾隆四十六年《钦定户部则例》①卷 120《杂支》中可知"每匹定价银三钱三分"，且"三梭布按正价银一两给水脚银二分八厘"。如表 5 所示。

表 5　顺治十年（1653 年）松江府本色官布编银数（单位：两）

| 类别　　细目　　编银数 | 棉　布 | 黄丝二线布 | 黄丝三线布 |
|---|---|---|---|
| 正　银 | 6 847.2 | 5 000 | 5 000 |
| 扛　银 | 273.888 | 375 | 625 |
| 铺垫银 | 570.6 | 375 | 625 |
| 总　计 | 7 691.688 | 5 750 | 6 250 |
| 合　计 | 19 691.688 | | |

---

①　《钦定户部则例》始编于乾隆四十一年，此后每五年编定一次，共 14 次

**2. 折色官布的编银**

折色官布分为旧有改折官布与新增改折官布两个部分，明代旧有改折官布的相关费用，除价银、扛费仍依明旧额外，又增加解费①，每正银② 1 两编解费 0.02 两，共银 13 098.5052 两。顺治十年，新增改折官布中的黄丝二线布每匹编价银 1 两，每正银 1 两扛费银 0.075 两，解费银 0.02 两，共银 25 212 两；阔白棉布每匹折价银 0.6 两，每正银 1 两扛银 0.05 两，解费 0.02 两，共银 58 495.644 两。顺治十年改折之后，松江府改折官布总计编银为 96 806.1492 两。如表 6 所示。

**表 6　顺治十年松江府改折官布编银数（单位：两）**

| 细目 ＼ 类别 编银数 | 旧有改折阔白棉布 | 新增改折黄丝二线布 | 新增改折阔白棉布 |
|---|---|---|---|
| 正　银 | 12 667.8 | 23 000 | 53 017.2 |
| 扛　银 | 177.3492 | 1 725 | 4 418.1 |
| 解费银 | 253.356 | 460 | 1 060.344 |
| 总　计 | 13 098.5052 | 25 212 | 58 495.644 |
| 合　计 | 96 806.1492 | | |

可以看出，就本、折官布价银的编制上而言，清代本色官布所编价银是根据市场价格每年估编，改变了明代不随时值而定的状况，具有一定的合理性；而折色官布价银的编制，亦是以改折当年的时价而定，既是如此，那么折色官布价银也理应随时价增减而每年编定，但实际上是一价成定制。再者，清代本、折官布的编银远高于明代。从单价上看，新增改折官布中的阔白棉布每匹所折价银比明代增加一倍，每正银 1 两所编的解扛银为 0.07 两，比之前代的 0.014 两，竟增加了四倍之多。新增改折官布的铺垫银原则上是不应再编征，但仍照旧③，这种做法无疑是变相的加税，增加百姓负担。本色官布中，以顺治十年的定价为例，黄丝二线布、三线布每匹定价银均为 1 两，棉布为 0.6 两，所编价银也都高于明代。单价的提高直接导致松江府本、折官布编银总数的增长，明代的编银为 75 740.6252 两，而清代以顺治十年为例，共银 116 497.8372 两，比明代增长近 60%。康熙三年续折后，本、折官布价银虽有所下降，但已不可能回落明代的价位。而官布的编银即所征银，这就意味着此项税银征收总额的增长，百姓税负的加重。

# 三、官布征解变迁之三：制度的完善与监管的加强

明清松江府官布征解的变迁不仅是本、折官布比例的变化、及官布编银的增加，更多的是体现在其征解制度上的不断完善与监管的加强。

明代，松江府官布的征解始终是民办民解，编作"布解"一役，其包含了从棉布采办至解运到京交纳的整个过程。明代中后期，赋役制度的变革使官布由最初的直接征收实物，变为折银征收，再发与解户办买布匹。原则上布匹价银由官府在解户办布之前给予，解扛等银则是解户起运棉布时发放，作为解运过程中雇人夫、船只等的花费。明政府对解户运送官布的期限、违限责任，布匹到京后的交纳、及入库交纳中遇胥吏勒掯刁难如何处理等定立了相应的规定与细则，但这些似乎更多地是强调解户的责任，对于相关官府员役的职责，及如何加强监管来杜绝官布征解中的弊端等并没有相应的条例加以明确。实

---

① 折色官布加增解费银始于顺治三年，康熙《松江府志》卷七《田赋二》中载："顺治三年编征官解折色经费，每正银一两别征银二分为领解员役沿途盘用。一切金花京边地亩牲口药材绿笋，岁造盔甲刀箭胖袄四司折色布绢颜料裁省充饷苏济等银俱本府起批解布政司转解，除原编扛银随批解省外，另此项给与领解员役。"

② 正银是指棉布所折价银，不包含扛银、解费

③ 康熙《松江府志》卷 7《田赋二》：改折布匹，除解部外，余存铺垫银 3 845 两 6 钱 8 分 8 厘，留抵采办本色

际上，从"布解"一役的金派至办解布匹上纳，由于制度上的缺失与监管的不利，使得弊病丛生：（1）官府的派役不公，放富差贫现象严重。（2）买布价银等相关费用的迟发重扣。（3）布匹运输上纳中的层层盘剥需索。民户一充此役，身家立破，经年累月不得完役，更有至死者，是为该府的极重之役。

清顺治二年平定江南后，即罢官布的民运，改为官办官解，从而彻底革除了明代"布解"苦役。清代，对官布的征解，从价银的编征，解官的选委，至最终布匹入库交纳等环节，皆从制度上逐步加以完善，明确各阶段相关员役的职责，加强对解官及库吏的监管，减少了弊病的滋生。

### 1. 官布价银的编征与审核

顺治九年，因"本色绢布颜料等项，料价不一"，不再延用明代的定价，改为"照估定时价征银"，为了保证州县定价属实，并无虚开浮报，由"布政司每年於一月之前确查，时值据实估定，申报督抚咨部查核，一面径行所属州县照估定时价征银，解交藩司，选委职官领银采买物料，装运解部。"即布政司照该年时价估编，报部查核，同时令所属州县照估价征银，解交布政司库，由选委职官领银采办，即坐支。若棉布价银"不照时价榷估，妄行多开者，承估之布政使司罚俸一年，巡抚罚俸六月。"棉布估价上报的时间："该抚限本年二月内估价题报，如该抚估逾期，布政使司督催不力，完欠罔稽，皆罚俸六月。"相关银两运交府库的时限，"各州县三月内解银"，"如州县征银不足，解府迟误，及知府采办稽延，起运违限者，皆降一级，完日开复。"

### 2. 解官的委选及相关职责的明确

解官最初由"布政使司当堂从公轮流掣签"选定，并"登记文簿，以均劳逸。"康熙二年改为以解部本折钱粮数额来委任解官，"十万以上，委府佐贰官，五万两以上，委州县佐贰官，五万两以下，委杂职官，查其俸深年壮者，司府亲为注选。"松江府额解棉布在银五万两以下，则委杂职官员解运。如解官所委非人，"未委官批内填注委官，及委不系职官者，皆罚俸一年。"选定的解官有"称病推诿规避者，革职。"并明确管解官员的责任，如解运"中途失误者，罚俸六月。若领解之后，侵欺潜逃者，原委之官降一级调用"，如"解官中途乾没，交纳短少者，照监守自盗律治罪，久追不完者，令该管上司赔足，不得派累小民。"解官在解运途中如遇事故，则由"经过省分督抚一面委员接收代解，一面飞咨原省，令续派委员，兼程前进接解。如代解官先期到解，将饷鞘寄库，俟原省续派解官到日，一同交纳，所需平头水脚等银由代解官开具清册，同所掣批回统交续派接解之员申缴报销。"

解官运送布匹到京的时间"由起解省分批限，亦令先行咨报"，江苏限期为五十日。解官事竣回任后，自填给限照后，并"咨部查销，如有中途患病情事，准其报明扣展。"解官如违该抚批限到京日期，"一月以内免议，一月以外议处解役惩治。"具体的"一月以外，及逾崇文门税课避开挂号日期，解到钱粮不即交纳，延阁者同，将领解官役题参治罪。"若本年办解官布岁底不能完全者，"督催之巡抚、布政使皆降俸一级，戴罪督催，完日开复。"后又改为可由督抚"题请展限，经部覆准之后"，如"仍不依限完解者，将原题请之督抚罚俸六月。"若采买棉布不堪用者，则"罚俸一年"。

### 3. 布匹的入库交纳程序与相应监管的强化

布匹解运到京后，其交纳程序：解官先"将文批径赴户部司务厅投递，该厅即日签到，一面付知大使厅，一面令承发科挂号，填注时刻，转发承办司。"至道光年间，要求解官到京后，"批文随即赴厅投递，该大使不得逾三日之限，呈堂签到。"解批转交缎匹库，咨文则投承办司，该司照咨出具印付二纸给该库。缎匹库在布匹核对收足后，"将批付俱填照数收讫字样，盖用库印，一付存库，一付发司，该司（承办司）凭付出给原解官役实收"，原批由该库转交三库总档房①，由其"填注批回字样，钤用堂印"，并于验发批回的"前一日移付承办司分转解员，如期付领。若有事故不到者，所司移知总档房存案稽蠹。"解官赴总档房领批回，要凭借领单（表7），这是由起解衙门随文批一同发放，并用印钤。解官"於事竣之后，持领掣批"，即在布匹交纳完毕后，凭此领单赴三库总档房换给批回。三库总档房於验发批回时，要"将管库吏役有无需索，令解官出具甘结附批。"

---

① 三库总档房是雍正二年所设，负责"掌守档案，管三库之吏役，凡解官之批回，覈而给焉"

表7　借领单

领　式

省
衙门差　管解　所有批回
纸理合出具领批印领交该解官役持赴三
库总档房查照换给批回
年
月
日

在官布收验入库的环节上，为了杜绝类似明代民解交纳中的备受留难勒索，经年难以完役的现象，顺治十六年（1659年）就明令，布匹"已经委员选验堪用者，该库不许覆验，耽延抑勒多收，违者治罪。"康熙十四年（1675年）议准，解官在交纳布匹过程中，"若有奸徒吓诈包揽交纳，并崇文门人抑勒等弊，皆送刑部究拟。"康熙二十八年（1689年）对布匹收纳入库的相关问题进行明确，布匹"解送到部，限一月察覈明白，挈给批回，倘於限内不行察收，及不给发批回者，该堂官即行察参，将该司官照逾限例议处"，如有"书役人等指称估验挈批挂号等项费用名色，借端包揽索诈者，许解官解役即於该衙门首告，将包揽索诈之人交与刑部治罪。系官革职，仍交与刑部治罪。如该管官失察者，照失察衙役犯赃例议处。如明知不举者，照徇庇例，降三级调用。如解官豫先嘱托和同行贿听其包揽者，与受一例治罪。"[42]虽收到了一定的成效，但是难以禁绝，以致"屡传解官解役，竟无下落"，康熙末年（五十四年）（1715年）就有松江府官员解运棉布到京，因胥吏包揽骗索，迟迟不能赴库交纳，使其滞留京城。[43]对此，康熙六十一年（1722年）题准，布匹"限二十日覈收给批，如不可收者，该管官禀明堂官，即行交回，如迟延违限，将该管官议处。"[44]嘉庆年间，由于胥吏"从中吓诈勒索"，使"解员日久守候，赔累滋多"的情形日渐增多，则于十年谕"嗣后崇文门监督于各省年例解京物件，无论何项，验明后即速移会户部及管理三库衙门，各该堂官接准移会，即傅令解员投文验收，限五日内交收全竣，即行面给批回，饬令毋许稍有延搁，傥仍任听胥吏私向解员索诈使费，故违定限，即将该管之员分别惩办。"[45]缩短布匹交收的时间，对胥吏勒索解员致使违限，则追究分管官员的责任。至道光年间，则在此前的基础上加以细化，于七年（1827年）议准，崇文门监督在查验解到布匹后，"即令解员赴部投递文批"，一面将进城日期知照缎匹库，并"填明发文日期，以凭稽覈。"十七年（1837年）又议准，解员将布匹解抵通州后，不得逗留，"令该州并该营员弁一体饬催委员赴崇文门查验"，"所解布匹须于三日内运至缎匹库，如有稽迟，则要查明参处。"[46]对缎匹库收验布匹的时间进一步明确，"缎匹库於布匹到库五日内验收，不得延误。"各省如解交"数目少者，限五日收完，即行面给批回，数目多者，亦不准过十日"，对于"数目斤两丈尺不足，俟交收全完，再行给批"，并再次重申"傥库丁吏役有勒索刁难等弊，查出严惩。"以此来减少库丁吏役从中勒索的可能性。

可以看出，至清前期，官布征解在制度上基本完善，做到规范化、明晰化，监管也得到了加强。与明代相比，清前期官布征解的时间大为缩短，在布匹价银编征与办解中，明确相关人员，上至巡抚、布政使，下至解官，所应承担的职责；在布匹交纳入库过程中，通过规定该库收纳的限期，及违限责任的承担，减少库中胥吏上下其手，从中勒索的可能性与可行性。

# 结语与反思

明清两代，松江府官布的征解从金民办运变为委官办解，这与当时赋役制度变革的趋势——役归于地、赋役货币化是相一致的，从而减轻了百姓的负担。官办官解免除了在民办过程中买布价银及相关费用被剋扣侵渔；布匹送县、府验印中，解户又被胥吏盘剥；布匹起运至京，沿途过洪闸、关津的留难勒索等现象，使整个流程缩短、简化。清代，官布征解在制度上的完善与监管的加强，有效地制止了弊病的滋生，降低了官府员役从中贪污侵剋的可能性。而清前期官布征解的两次改折，使松江府本色官布的征解数额大为减轻，对松江府棉纺织业商品生产的进一步发展起到了一定的推动作用。可以肯定的是，清代官布的征解在各方面比明代完善许多，但也存在着如下问题：本、折官布所编价银远高于前代，使征银总额大幅提高；布匹收验入库过程中的积弊难以尽革，库中胥吏的骗吓勒索，使解官累月守候，不得完纳的情况是屡有发生；本色官布的价银是每年照时值估编并征收的，理应用于棉布的采办中。事实确非如此，布政司委官采办，只能动用原编部价，其余不敷费用则动用耗羡银两协贴，即没有做到专款专用，而是挪作他用。至清末，政府财政状况日益恶化，官布征解的各种弊端也是层出不穷，借官布征解之名进行摊派加征，鱼肉百姓。在各种名目的苛捐杂税的盘剥之下，使得本已萎缩的松江府手工棉纺织业，加速衰亡。

## 参考文献

[1] 《明英宗实录》卷67，正统五年五月庚申，江苏国学图书馆影印明传抄本

[2] 申时行等：《大明会典》卷28《户部十五·会计四·京粮》，续修四库全书，第789册，上海：上海古籍出版社，1995：504

[3] 陈继儒：《松江府志》卷8《田赋一》，《日本藏中国罕见地方志丛刊》，第14册，北京：书目文献出版社，1991：202~204

[4] 陈继儒：《松江府志》卷9《田赋二》，《日本藏中国罕见地方志丛刊》，第14册，北京：书目文献出版社，1991：220

[5] 陈继儒：《松江府志》卷11《赋役·役法一》，《日本藏中国罕见地方志丛刊》，第14册，北京：书目文献出版社，1991：286

[6] 陈继儒：《松江府志》卷9《田赋二》，《日本藏中国罕见地方志丛刊》，第14册，北京：书目文献出版社，1991：220

[7] 周建鼎等：《松江府志》卷7《田赋二》，康熙二年刻本

[8] 伊桑阿等：康熙《大清会典》卷31《户部十五·库藏二·本色钱粮》，近代中国史料丛刊三编，第72辑，台北：文海出版社：1457

[9] 托津等：嘉庆《大清会典·事例》卷153《户部·库藏》，近代中国史料丛刊三编，第72辑，台北：文海出版社：6875

[10] 沈世奕等：《苏州府志》卷26《田赋四》，康熙三十一年刻本

[11] 陈玉璂等：《常州府志》卷8《田赋》，中国地方志集成，江苏府县志辑36，南京：江苏古籍出版社，1991：180

[12] 托津等：嘉庆《大清会典·事例》卷153《户部·库藏》，近代中国史料丛刊三编，第66辑，台北：文海出版社，1966：6874

[13] 佚名辑：《苏州织造李煦奏折》，《奏请采办青蓝布匹借补历年亏欠折》，近代中国史料丛刊续编第45辑，台北：文海出版社，1999：179

[14] 陈继儒：《松江府志》卷9《田赋二》，《日本藏中国罕见地方志丛刊》，第14册，北京：书目文献出版社，1991：220

[15] 陈继儒：《松江府志》卷8《田赋一》，《日本藏中国罕见地方志丛刊》，第14册，北京：书目文献出版社，1991：206

[16] 陈继儒：《松江府志》卷9《田赋二》，《日本藏中国罕见地方志丛刊》，第14册，北京：书目文献出版社，1991：220

[17] 陈继儒：《松江府志》卷9《田赋二》，《日本藏中国罕见地方志丛刊》，第14册，北京：书目文献出版社，1991：220

[18] 周建鼎等：《松江府志》卷7《田赋二》，康熙二年刻本

[19] 苏渊：《嘉定县志》卷7《赋役》，中国地方志集成，上海府县志辑，第7册，上海：上海书店，2010：558

[20] 《宫中档乾隆朝奏折》第18辑，乾隆二十八年六月初十《江苏巡抚庄有恭奏报动用耗羡银办解棉布价脚银折》，台北：国立故宫博物院，1983：121

[21] 周建鼎等：《松江府志》卷7《田赋二》，康熙二年刻本

[22] 谈起行等：《上海县志》卷3《田赋二》，《稀见中国地方志汇刊》，第1册，北京：中国书店，1992：348

[23] 《江南通志》卷68《食货志·田赋二》，北京：京华书局，1967：1153

［24］爱新觉罗·崑冈等：《钦定大清会典·事例》卷169《户部·田赋》，台北：新文丰出版公司，1976：7309

［25］爱新觉罗·崑冈等：《钦定大清会典·事例》卷169《户部·田赋》，台北：新文丰出版公司，1976：7312

［26］爱新觉罗·崑冈等：《钦定大清会典·事例》卷169《户部·田赋》，台北：新文丰出版公司，1976：7312

［27］爱新觉罗·崑冈等：《钦定大清会典·事例》卷169《户部·田赋》，台北：新文丰出版公司，1976：7312

［28］爱新觉罗·崑冈等：《钦定大清会典·事例》卷169《户部·田赋》，台北：新文丰出版公司，1976：7309

［29］爱新觉罗·崑冈等：《钦定大清会典·事例》卷169《户部·田赋》，台北：新文丰出版公司，1976：7312

［30］爱新觉罗·崑冈等：《钦定大清会典·则例》卷24《户部三库》，台北：新文丰出版公司，1976：247

［31］爱新觉罗·崑冈等：《钦定大清会典·事例》卷169《户部·田赋》，台北：新文丰出版公司，1976：7310

［32］爱新觉罗·崑冈等：《钦定大清会典·事例》卷169《户部·田赋》，台北：新文丰出版公司，1976：7309

［33］爱新觉罗·允裪等：《大清会典·则例》，卷16《吏部·考功清吏司·解支》，文渊阁四库全书第620册：352

［34］爱新觉罗·崑冈等：《钦定大清会典·事例》卷169《户部·田赋》，台北：新文丰出版公司，1976：7309

［35］爱新觉罗·崑冈等：《钦定大清会典·则例》卷24《户部三库》，台北：新文丰出版公司，1976：247

［36］爱新觉罗·崑冈等：《钦定大清会典·事例》卷182《户部·库藏》，台北：新文丰出版公司，1976：7484

［37］爱新觉罗·崑冈等：《钦定大清会典·则例》卷24《户部三库》，台北：新文丰出版公司，1976：247

［38］《钦定户部则例》卷21《库藏》，故宫珍本丛刊，第286册，海口：海南出版社，2000年版：185～186

［39］爱新觉罗·崑冈等：《钦定大清会典·则例》卷24《户部三库》，台北：新文丰出版公司，1976：247

［40］托津等：嘉庆《大清会典·事例》卷153《户部·库藏》，近代中国史料丛刊三编，第72辑，台北：文海出版社，1966：6873

［41］爱新觉罗·崑冈等：《钦定大清会典·事例》卷169《户部·田赋》，台北：新文丰出版公司，1976：7309

［42］爱新觉罗·允裪等：《大清会典·则例》，卷16《吏部·考功清吏司·解支》，文渊阁四库全书第620册：351

［43］《赵恭毅公剩稿》卷3《奏疏三·司农任奏疏折十四章》，四库全书存目丛书，集244，济南：齐鲁书社，1997：487

［44］爱新觉罗·崑冈等：《钦定大清会典·事例》卷169《户部·田赋》，台北：新文丰出版公司，1976：7309

［45］托津等：嘉庆《大清会典·事例》卷153《户部·库藏》，近代中国史料丛刊三编，第72辑，台北：文海出版社，1966：6887～6888

［46］爱新觉罗·崑冈等：《钦定大清会典·事例》卷182《户部·库藏》，台北：新文丰出版公司，1976：7483

［47］爱新觉罗·崑冈等：《钦定大清会典·事例》卷182《户部·库藏》，台北：新文丰出版公司，1976：7484

**作者简介：**

陈蕴鸢（1977—），女，江苏南通人，南京农业大学人文学院科学技术史博士研究生，研究方向为农业经济史。

曹幸穗（1952—），男，广西人，中国农业博物馆研究所研究员，博士生导师。

# 清代广西农业开发与生态环境变化

韦丹辉

（南京农业大学人文社会科学学院，南京　210095）

**摘　要：** 清代社会生产力的迅速发展和经济活动领域的扩大对生态环境产生了巨大影响。山区土地开垦，作物商品化，玉米、甘薯的推广都不同程度地导致了清代广西生态环境的恶化。清代社会经济活动与生态环境之间互相影响而产生的后果足以给后世警戒。

**关键词：** 清代；广西；农业；生态环境

有关环境变迁的研究是近年来学术界的热点，但从地域分布上看，呈现出北方研究多、南方研究少，生态脆弱地带研究多、生态稳定地带研究少的特点。广西作为南部边疆省份，在清代之前，社会经济发展较缓慢，土地开发、农业发展程度都不高，因此，尚能保持较为原始、良好的生态面貌。自清代以来，随着农业经济开发，人口向广西等边疆省份移民加快，移民的足迹从广西东部逐渐深入到西部，从平地、丘陵的耕作发展到对山地的垦殖，在极大地促进了广西经济开发的同时，也导致了清代以来广西生态环境的显著变化。为此，笔者试从农业开发的角度，初步探讨清以来广西生态环境的变迁，力图为我们认识今天广西的生态问题提供历史的借鉴。

# 一、问题的提出

自然资源都具备一定的承载力，过度的消耗自然资源必然会导致生态环境之恶化。这突出表现在历史时期人与土地的关系之中，人为了生存而不断发展农业生产，农作物与天然植被相互竞争土地，过度的土地开发就会导致生态恶化。历史时期中国人口最明显的增长趋势出现在清代，清乾隆中叶中国人口破 2 亿大关，乾隆末达到 3 亿；道光中破 4 亿大关；至民国 38 年（1949 年）人口已超过 5 亿。[1]清初百余年是人口爆炸期，人口激增，不但需要更多的粮食，也增加了更多日常消耗的薪柴和建材，这些都对当时生态环境造成巨大压力。

对生态环境造成更大压力的另一个来源是中国传统农业中最古老，至今在一些边远地区仍存续的一种农垦方式——"刀耕火种"。自上古以来，中国就存在游耕的生活方式，这种刀耕火种游耕方式在古代人地压力不明显之时对生态环境的影响不大，但随着人口不断的增长，土地的开垦从平原向山地过渡，特别是唐朝以来出现了刀耕火种的畲田，采用刀耕火种在山坡等地开垦的畲田，严重破坏山林，导致水土流失。刀耕火种自远古以来即为南方诸民族的传统耕作方式，陈伟民和戴云对生态环境与华南少数民族的农业生产活动的研究显示，受华南地区的生态环境决定，生活于华南的少数民族长久以来仍保持着刀耕火种、粗放式农业及采集渔猎式的生活方式，而这种还较原始的农业生产方式也显示了自然生态对民族生产力的重要影响。[2]清代因为玉米等适应高山气候的高产作物的引种，加之人口剧增，入山开垦活动遍布全国，在深山老林中开辟农田，种植玉米甚为流行，尤其以清中叶为突出，全国森林遭受史无前例的大破坏。

广西古为百粤故地，居民以壮族先民（西欧、骆越、俚、僚等）为主，自秦朝之后，汉、瑶、苗、回等民族持续不断迁入，与当地居民融合，尤其是汉族人口不断增多，至清代乾隆年间之后，汉族人口开始超过了当地的壮族。历史时期广西共有过三个阶段的汉人移民，即秦汉时期、魏晋南北朝至唐代和明清时期，前二次移民在广西的分布范围还是较小的，主要集中的广西东部，当时广西的人口构成状况，"大率狼人半之，猺獞三之，居民二之"[3]。"元明以来，腹地数郡，四方寓居者多，风气无异中土。然犹民四蛮六，习俗各殊。他郡则民居什一而已。"[4]移民主要分布在广西东部农业开发较早地区。明清时期，广西移民由于东部区域开发殆尽，逐渐向西部进发，清代广西人口激增。自雍正二年（1724年）到咸丰元年（1815年）91年间，广西人口由172万陡然增至815万，增长了3.7倍。其中以雍正二年（1724年）至乾隆十四年（1749年）25年里增长最快，平均每年递增32.69‰[5]。人口剧增，土地开垦也遍及西部大部分山区。土地过度开垦，使原本地处亚热带，兼具有优良水气条件的广西，原生植被覆盖面积越来越少，自然生态环境的自我修复能力跟不上人为破坏的速度，清代广西生态环境较之前已有巨大的变化。

# 二、清代广西农业开发的主要成就

明代，广西大多地区尚属人少地广地区，耕地面积基本都保持在10万顷左右[6]。明代广西粮食作物主要是水稻，其次是豆类、薯类和麦类，经济作物是棉花和苎麻等。双季稻已有出现，但范围不大，明代有双季稻的州县有归顺州（今靖西县）、钦州和岑溪县。嘉靖《钦州志》风俗载："赁人田者，两熟之田，与田主平分，后熟私为己有"[7]。清代岑溪："天启始种早稻，岁耕二造，其早造则惊蛰播种，小暑、大暑收获；晚造则芒种播种，冬孟仲间收藏。"[8]农业发展还很不发达，很多地方尚属粗放生产，如钦州一些地区种植水稻，"皆不粪不耘，撒种于地，仰成于天。"横州一些地方插秧之后，"更不复顾，遇无水，方往决灌，略不施耘荡锄之功，惟薅草一度而已"[9]。清代入广西的移民增多，汉族人口的足迹从广西东部逐渐深入到西部，从平地、丘陵的耕作发展到对山地的垦殖，在极大地促进了广西农业经济开发。

## （一）土地开垦加速

明末清初，由于地主阶级的残酷剥削，以及连年战乱，广西人口锐减，土地荒芜，到处一片荒凉。当时广西共有耕地539万亩，比明万历时减少了400万亩。每丁平均有46亩之多，比全国平均每丁占有耕地多18亩[10]。清朝以来，广西进入人口与土地开垦的高增长阶段，从清朝赋税数字上看，顺治十八年（1661年）广西人口115 722人，田地5 393 865亩，人均46.61亩，至嘉庆十七年（1812年）广西人口7 313 895人，田地9 002 579亩，人均1.23亩，150年间，人口年平均增长47 670人，田地年均增长23 898亩，人口增长速度几乎是耕地面积的2倍[11]。广西人口增长如此迅速，加快了清代广西土地开垦进度，广西主要农业区从东部逐步向西部山区演进，东部绝大部分开发殆尽。如乾隆时，梧州府苍梧、岑溪等地，"田野日辟，无复旷土"[12]，土地开垦只能向西部进发，因此，乾隆时，左江流域的养利州、镇安府一带，山岭多得到垦殖，史称"昔荒芜不治者，今无旷土。昔之草莱夹道，树木荫翁，遍地蔽天，今则剪伐殆尽。况生齿繁盛，村落错居。"[13]广西西南地区土地开垦就已经很普遍了，而其中特别重要的一点是，在山区开垦畲地与梯田越来越多，这些山区土地成为清代广西以玉米为代表的杂粮生产主要基地。

## （二）双季稻面积持续扩大

清代大量移民的进入和土地的开垦，在很大程度上提高了广西农业发展的水平。最重要的体现就是清代广西双作稻面积的扩大。早在宋代，周去非《岭外代答》卷八就记载有钦州水稻一年三熟，但在当时生产力条件下，广西大多地区地广人稀，人地关系较为宽松，不需要一年三熟即可满足基本生活需要，故多以一年两熟、一熟为主，其中一年两熟主要分布于东南部平原丘陵区。清中叶之后，在人口持续增加的压力下，水稻的一年二熟制逐渐由南向北扩大，乾隆时梧州一带"早禾收，再犁田种晚禾。……苍梧、岑溪又有雪种，十月种，二月获，即一岁三田，冬种春熟也。"[14]柳州府"有六月禾、七月禾、八月禾及晚禾等名，……至于晚禾，各州县俱有之。"[15]嘉庆《广西通志》载"梧、浔以南皆一岁再熟，惟桂林、平乐、庆远及柳州之怀远近北之地，则一熟耳。"[16]水稻一年二熟制在水热条件优越的地区都得到了扩展，到民末清初，水稻一年二熟已经遍布广西东部，西部也自三江、龙江平原至红水河中游腹地的都安，从百色至靖西南部为界，全都可实现水稻一年二熟制。

### （三）杂粮作物的生产扩大

清代以甘薯、玉米为代表的美洲作物在广西的广泛传播，也是农业进步的一个重要表现。广西最早记载玉米的文献是明嘉靖《南宁府志》（1564）"黍，俗呼粟米……茎如蔗高……"[17]，至嘉庆《广西通志》卷九二载浔洲府已有"玉米，各州县出。"十八世纪中期以后，桂西左右江流域已普遍种植，乾隆二十一《镇安府志》记"玉米……向唯天保山野遍种以其实磨粉，可充一、二月粮。"到光绪年间，"镇属种者渐广，可充半年之粮。"[18]红薯至迟于明末清初传入广西，清嘉庆《广西通志》卷九十载西林、博白省有出红薯，光绪《郁林州志》说："薯不一种，均名番薯，四时可种，味甜，贫者常用充资，可当粳米谷三分之一"[19]，《新宁州志》说："明间朝夕充饥，不离薯芋。"[20]到1946年，广西全省玉米种植面积达到3 617 050亩，红薯种植面积3 119 170亩，是仅次于水稻的两种最重要的杂粮作物[21]。玉米、番薯等高产旱地作物都属于适应性强，耐瘠高产的作物，极适于山地旱地种植，它们的传播极大地改变了广西山区的作物景观面貌，引发了几千年来广西山地从未有过的生态变迁。

### （四）商品农业有所发展

清代以来广西农业进步还体现在商品农业的逐渐发展。明清时期，广西就有大批谷米调运广东，《清实录》记乾隆年间"广西所产谷，除本地食用尚有余，东省即有收，亦不敷岁食，向来资商贩运"[22]，当时的梧州已成为广西谷米东销的大转运站。除谷米外，清代广西还有不少农产品输出，如家畜牲口、柴碳等产品，新修《苍梧县志》记载，清末民初，夏郢有牛圩等。苍梧县自清朝康熙、乾隆年间到民国初年是柴炭出口基地，薪炭林资源丰富。清代以来，梧州就成为广西最重要的出口集散地，除稻作继续为农业主导产业外，近代商品经济也促进了一些农村副业发展起来，使农业生产的领域有所扩大。

# 三、清代农业开发对生态环境的影响分析

可以说，清代广西在人口激增的现实情况下，通过开垦土地发展生产，使当地农业生产程度有所提高，但是，这种农业快速发展是以牺牲当地自然生态环境作为代价的。

### （一）清以前广西生态环境概况

清代之前广西农业开发程度不高，因此，尚能很好地保持原始生态环境。古代外人对广西的印象多认为其为"炎海"、"炎方"、"瘴乡"等，炎热是广西地处南疆的气候特点，而"瘴乡"之称可以说是岭南留给内地最具代表特征的区域形象。自汉以来，岭南地区有关瘴气的记载不绝于书，文人骚客也写下了大量描述瘴气、瘴疾的诗文，至宋元时期相关记载仍然不少。如《宋史》中有记载广南东西两路，"山林豁密，多瘴毒"，称"广南瘴病之乡"[23]。对于瘴气的记述以范成大和周去非二人为最详，范成大所记称"二广惟桂林无之，自是而南，皆瘴乡矣。"[24]所谓瘴气，是历史上边疆民族地区特定生态环境下的生态现象，是指于自然环境原始、地理环境相对封闭、气候或炎热潮湿或极度寒冷的人烟稀少地区中，各种生物，包括含毒生物以及无毒生物产生的液体或气体发生物理、生物或化学反应对人体生理机能造成诸多危害，这些气、液体及周边环境构成的自然生态现象就是瘴。古籍方志中记载广西满是"瘴乡"或有夸张，但也确实体现了当时广西自然生态方面的景象。清代之前，广西有瘴区域包括邕州、左右江地区、容州、昭州、化州、高州、雷州、钦州、廉州、宜州等地，瘴重者为昭州、容州、邕州、廉州。从农业发展的角度来看，这些地方当时大多数地区还只是零星农业开发，人口密度小，大多属"峒深箐密布，草木蓊翳"之地。因此，瘴地也证实了当时广西的森林植被覆盖率相当高，自然生态比较原始。

同样，这种被开发程度低，尚存很多原始生态环境的状况也体现在清代之前广西各种大型动物的活动空间和数量上，其中，以象、虎为例。象喜热怕冷，基本上是生活在赤道附近或比较热的地方。历史时期广西境内野生亚洲象的分布一直都很多，据《岭南表异》记载，在秦汉时，"蛮王宴汉使于百花楼前，设舞象。"[25]这就反映了广西在汉代还是存在大象的，并且很多。但是到了宋代，大象的分布就逐渐向南迁移，明代初期的史料记载看，象分布的地区以十万山为主。明洪武十八年（1385年）太平府"十

万山象出害稼"；"世宗嘉靖二十年（1541年）八月，合浦大廉山群象践禾稼。"[26]说明，在明代广西在南部很多地域象还是常见的。从老虎在广西历史时期的分布看，华南虎不仅广泛分布于广西的森林、山地，而且栖息于丘陵、平地，甚至出没于城镇，漫游于乡村。宋人周去非曾记载："市有虎，钦州之常也。城外水壕，往往虎穴其间，时出为人害。村落则昼夜群行，不以为异。"[27]形象地描述了南宋时钦州境内老虎猖獗纵横的情景，大型动物生存繁衍大多生活在茂密的森林、浓密的灌木草丛之中，这也表明了当时广西原生态的面貌还是很适合这些大型动物生存的。在这样的情形下，广西的森林植被覆盖率相当高。

由此，我们可以初步断定，清代之前，广西尚有很高的森林覆盖率，土地开发利用和农业发展程度都不高，自然生态还维持在相当原始、未被破坏的状态中。

## （二）清代广西生态环境的变化情况

清代由于人口激增和山区农业的开发，对广西原本保持着原始自然生态面貌的未开发地区产生了很大的影响，特别是森林植被及石山地区生态。农业开发对生态环境的主要影响表现为：

其一，森林面积急剧减少。清康熙后，广西社会进入了一个快速稳定的恢复发展期，随着政府鼓励外省移民大量迁入，广西迈出了历史上最大的开发步伐。移民增多，土地开垦过多，不仅在广西东部，广西西部原荒蛮之地森林植被减少数目也是惊人的。广西西部为广西少数民族传统聚居地所在，农业生产多粗放简单，特别是对山地的开发，最常采用"刀耕火种"的原始做法，如广西向武瑶"冬日焚山，昼夜不息，谓之火耕，稻田无几，耕种水芋山薯以助食。"又有山子"斫山种畲，或冶陶瓠为活，田而不粪不晓，火耕，耕一二年视地利尽辄迁徙去。"[28]采用原始的"刀耕火种"方法开辟了数量众多的畲田，畲田不改变山地之坡度，雨水冲刷力仍强，天然植被焚除后，地面或是裸，或是稀疏种植旱地作物，无法保持水土，故对生态破坏力很强，这种山区农业方式开始对当地森林资源造成灭绝性的伤害。由于生产的发展和人口的增长，社会对木材的需求量加大，森林资源被广泛用作原料、燃料、建材，及民间的烧柴、家具、葬具等，如近代的百色居民集中之地，周围三四十里林木采伐殆尽[29]。这些都加速了森林植物的消减。据现代学者的估计，广西森林覆盖率从5000年前约为91%，到1700年降为39.1%，到1937年时仅为5%[30]。清代广西森林消失速度之快足可见。

其二，瘴气消减。清代农业开发对生态环境影响最直观的表现是广西瘴区开始减少，清《广西通志》记"粤西自桂林外昔称瘴乡大率土广民稀故也，今则休恬安养生齿蕃盛寒暑应候近郡皆同中土，惟泗城西隆西林东兰归顺崀深密处岚雾所蒸尚有瘴。"[31]嘉庆时上林县的环境因开发产生了很大的变化，据嘉庆《上林志稿》记载："上林素称瘴地，惟昔多深林密箐而然，今村居稠密，樵牧斧斤日疏通其郁积之气，已无复昔之瘴矣。"镇安府城外曾经满山皆树，浓烟阴雾凝聚不散，但在乾隆中叶"人烟日多，伐薪已至三十里外，是以瘴气尽散云"[32]。农业开发直接导致森林面积的减少，昔日莽林或已开垦或成为居民定居地，使桂西的瘴气危害大为减轻。

其三，大型动物数量锐减。伴随山区自然环境的变迁，动物种群分布也随之发生变化，先是野象在桂南山地绝迹，之后是虎、豹等大型兽类的减少。清代有关虎伤人的记载很多，虎频繁入城或伤人是其生存的自然环境尤其是植被受到某种程度的破坏，可供虎活动的空间萎缩，栖息地退化，觅食不易，才导致虎冒险去接近居民区，盗食家畜乃至袭击人类。并呈现出人进虎退，即由于人类开发的深入，导致老虎生存的空间缩小、老虎数量逐渐减少、虎患渐趋减弱的趋势。清代山地垦殖运动，使广西的天然森林被大片砍伐，广西的森林覆盖率大幅度下降，到清代中叶后，虎患开始减少，至民国年间，虎迹要到没有开发的边远地区森林地带，才能见到。曾经是老虎栖息的地方变成了人类活动的舞台，印证了广西农业经济开发及对自然生态环境的影响。

其四，水土流失严重。清代以来，玉米和甘薯等美洲作物使广西山区农业开发成为可能，玉米因根系发达，耐瘴能力强，抗逆性也强，故适宜山地；而番薯是根块作物，要求土壤厚且疏松，故在丘陵、低山地区更能得到高产。这两种作物使清代农业向山区开发速度加快，畲地成为山区耕地主要形式，畲地对山林的破坏，可以说是毁灭性的。如清代富川"山主招人刀耕火种，烈泽焚林，雨下荡然流去，雨止即干，无渗润入土，以致土燥石枯，水源短促。"[33]玉米、马铃薯的大面积种植，并向中高山推进后，高于25°的陡坡上垦殖，造成农业生态的破坏，水土流失加大，土坡肥力递减，使种植业的产出越来越少。特别是广西西部石山区，境内石灰岩地形广布，山地多平地少，俗称"八山一水一分田"，随着农区水土流失的加重，土壤及肥力流失，或无土只存石头，或只存瘠壤。过度垦殖、过度放牧等不良人为活动，对广西土地石漠化恶化起加速作用。

其五，自然灾害频发。由于清代土地开发加快，致使山林过度砍伐，进而又导致水旱灾害频发。气候变化无定引发的灾害、瘟疫在清代广西实属频繁，特别是道光年间，天灾涉及的县份多且严重，蝗灾、旱灾、水灾、风灾、雹灾等几乎无年不有。据统计，从同治七年（1868 年）至光绪九年（1883 年）的 15 年间，广西报灾求赈的州县即达 384 个，足见灾害之猛烈[34]。可见，清代广西农业开发，除垦种有限的盆地外，人们靠山吃山，以山养人，山林成为重要的生存资源。开发山林，给人们带来较好的经济效益，但也导致严重的水土流失，产生一系列生态灾难和社会危害。

# 四、结 语

清代以来，移民的增多使广西农业开发速度加快，农业生产的进步和商品农业的初步发展，对生态环境亦相应带来变化。一方面，清代是广西古代土地开发最快、范围最广的时期，这对于自古以来广西西部地广人稀的石山地区的开发具有重要意义。特别是玉米、红薯等美洲作物的传播，使广西粮食结构产生重要变化，也深刻影响清代以来广西社会经济生活。另一方面，清代农业开发对当时广西生态环境的影响是巨大的。它触发了人们扩大耕地的积极性，成为土地山林资源和天然植被遭受破坏的重要原因之一。刀耕火种的落后生产方式，使得森林植被和生物物种的衰减势头无法扼止，这一切势必激化人与自然环境的尖锐矛盾，造成无休止的恶性循环。

**参考文献**

[1] 赵冈. 中国历史上生态环境之变迁 [M]. 北京：中国环境科学出版社，1996：3

[2] 陈伟明，戴云. 生态环境与华南少数民族的农业生产活动 [J]. 农业考古，2006（4）

[3] 黄彰健，明世宗实录 [M] 卷321. 台北：中央研究院历史语言研究所

[4] （清）谢启昆纂. 广西通志 [M] 卷87. 南宁：广西人民出版社，1988

[5] 若谷. 论清代中期广西人口的剧增 [J]. 广西地方志，1996（2）

[6] 钟文典. 广西通史（第一卷）[M]. 南宁：广西人民出版社，1999：377

[7] （明）林希元纂修，钦州志 [M] 卷一. 北京：华夏出版社，1999

[8] （清）吴九龄修，史鸣皋纂，《梧州府志》舆地志三，清同治十二年刊本

[9] （清）谢启昆编. 广西通志 [M] 卷88. 南宁：广西人民出版社，1988

[10] 李炳东. 清代前期广西农业经济的发展与变化 [J]. 广西大学学报（哲学社会科学版），1980（2）

[11] 梁方仲. 中国历代户口、田地、田赋统计 [M]. 上海：上海人民出版社，1985：391，400

[12] （清）何梦瑶纂修，刘廷栋续纂，《岑溪县志》卷二，清乾隆九年刻本

[13] （清）何福祥纂修，《归顺直隶州志》卷二，清道光二十八年抄本

[14] （清）吴九龄修，史鸣皋纂，《梧州府志》卷三《物产》，清同治十二年刊本

[15] （清）王锦修，吴光昇纂，《柳州府志》卷十二，《物产》，民国二十一年铅字重印本

[16] （清）谢启昆纂修，《广西通志》卷八十九，南宁：广西人民出版社，1988 年

[17] （清）方瑜纂修，《南宁府志》山赋志第三，明嘉靖四十三年刻本

[18] （清）羊复礼纂，《镇安府志》卷八，《风俗》、卷十二《物产》，清光绪十八年刊本

[19] （清）冯德材修，文德馨纂，《郁林州志》卷四，清光绪二十年刊本

[20] （清）戴焕南修，张灿奎纂，《新宁州志》卷二，清光绪五年刊本

[21] 广西省政府统计处. 广西统计年报 [J]. 北京：全国图书馆文献缩微中心，1947：47

[22] 傅荣寿. 广西粮食生产史 [M]. 南宁：广西民族出版社，2002：68

[23] 《宋史》卷九十、《地理志六》卷一九六

[24] （宋）范成大，《桂海虞衡志·杂志》

[25] （唐）刘恂撰，《岭表录异》，卷上

[26] （明）张国经纂修：《廉州府志》卷十四，明崇祯十年刻本

［27］（宋）周去非，《岭外代答》卷九《禽兽门》

［28］（明）唐交修，黄佐纂，《广西通志》卷二百七十九，明嘉靖十年刻本

［29］千家驹．广西省经济概况［M］．北京：商务印书馆，1936：40

［30］凌大燮．我国森林资源的变迁［J］．中国农史，1983（2）

［31］（清）谢启昆编．广西通志［M］卷84．南宁：广西人民出版社，1988

［32］（清）羊复礼纂，《镇安府志》卷二五《杂记》，清光绪十八年刊本

［33］（清）顾国诰修，刘树贤纂，《富川县志》卷1，清乾隆二十二年刻本

［34］候宣杰．自然生态环境对城市发展影响的历史解读——以清代广西边疆为例［J］．考试周刊，2010（04）

**作者简介：**

韦丹辉（1981—），女，南京农业大学人文社会科学学院博士生，研究方向：农业史。

# 中国近代水利人才危机应对与专门教育的起步[①]

尹北直　王思明

**摘　要：**中国接受并引进西方近代型科学技术，离不开科学技术人才。中国水利科技理论人才与工程技术人才之间长期缺乏对接，由于近代政治、经济等各方面原因，这一主要矛盾在近代形成了总爆发，具体表现在三个方面：工程理论和标准缺失，工程质量严重受限；本土专业人才严重匮乏；民众知识普及度极端低下。在这样的状况下，近代水利先驱们进行了引智工作，兴办近代水利专门教育，为中国本土水利事业的发展打下了基础。河海工程专门学校、陕西水利道路专门学校、西北农专水利组等水利专门教育就是在这样的背景下兴起的。

**关键词：**水利；近代；人才危机；专门教育

## 一、中国近代水利人才危机的表现

中国接受并引进西方近代型农业科学技术，除种质资源的引进外，大致是从农具织具的选购、仿制开始的。其后，洋务派大臣开始倡议兴农学，到19世纪末农学会和农业学堂的兴办，成为中国近代农业科技成长的关键点。与此同时，以北洋大学为代表的高等工程教育也逐步兴起，水利从属于土木学科。但是，水利工程和地理环境、农业建设的高度相关性决定了水利人才培养周期长、谱系需求广的特点，刚刚兴起的新兴教育远远不能满足需要。中国传统科技发展到明清时出现了滞怠期，水利事业沿革过程中一系列积累的弊病也在清代充分暴露出来，表现出智力支持严重不足的特点，即人才危机。

### （一）工程理论和标准缺失，工程质量严重受限

中国近代水利人才危机的表现首先是工程理论和工程标准的缺失。中国传统水利曾一度辉煌，到明清时期进入技术总结期，在边疆和山区农田水利继续发展的同时，中原传统农业区的水利建设却难于突破。

清乾隆年间，翰林侍读学士奏折中，提到泾河不能再作为灌渠水量来源的内容："广惠渠地既迫狭，不能受洪流，土石填淤，洞口充塞，渠益不利，……不如修龙洞渠"。该折奏请获准后，于乾隆二年（1737）十一月开工，修坝于龙洞北口，避开泾水淤渠，整修渠道2 268丈，以收诸泉之水入渠，至乾隆四年（1739）完工，用银5 363两，命名"龙洞渠"。从此中断了郑国渠引泾灌溉的历史，开始了拒泾引泉的阶段。此渠初期灌溉礼泉、泾阳、三原、高陵4县农田74 032亩，到清末仅有2万余亩[②]。由于这一情况广为政界与群众所知，所以"泾不可引"论、"泾水不能溉田"论从清代以来也广泛存在，人们普遍认为泾河已经彻底失去了引灌的可能性。然而20世纪30年代，陕西近代水利学家李仪祉却根据实际勘测，证实了民谚"打开钓儿嘴，遍地都是水"的合理性，选取了恰当的突破点，采用"凿洞筑堰"的总方针，建成泾惠渠灌溉工程。该工程所倚赖的技术内容，其占主导地位的，仍是精确的测量计算，与全程统一规划的近代水利工程理论。可见，工程理论是清代以来水利建设徘徊不前的一个瓶颈。

在防洪工程方面，民埝的大量修筑，使本来就严峻的防洪态势出现了更多不稳定因素。"滨河之堤谓之民埝，系民所修官所守，为现时束水最要之堤也。民埝距水远近不等，有即在水滨者，有离水至三四

① 基金项目：中国农业大学中央高校基本科研业务费专项资金项目"近代中国北方地区传统水利事业衰落因素研究"，项目编号2010JS094

② 《泾惠渠志》编写组编．泾惠渠志 [M]．西安：三秦出版社，1991：96

里者，当时修造任意为之，并无定理，甚至其弯曲有令人不可解者，其高低厚薄，亦各处互异，有高于现时水面九尺者，有高至一丈五尺者，高逾沙滩五尺至八尺不等，其堤顶有宽二丈四尺者，有宽三丈六尺者……"[1] 这些民筑的堤防，不仅格局各不统一，形制五花八门，最主要的是缺乏恰当的技术标准和明确的防洪目标。"险工……其工程磨盘埽居多，以秸料覆土层叠为之，形如磨盘，或紧贴于岸，或接连于堤，其形势纷歧不一，即高低厚薄，亦每埽不同。每埽错落参差，绝不相连，中仍走水，以使三面受敌，不知何意。"[2]

民埝的问题，实际是很难凭少数人的力量一时解决的。1855 年黄河在铜瓦厢决口后，清政府忙于镇压农民起义，无暇治河，听任黄河漫流。于是，饱受黄河水患的沿黄广大百姓，自发地联合起来，修筑民埝，民间力量在晚清黄河下游的水灾救治中发挥了重要作用。这一方面是积极的，另一方面，也造成了河流治理的"割据"现象，地方各自为政，不仅省与省之间因为军政力量冲突以邻为壑，甚至乡县之间，村镇之间，也因各有自己的防洪力量而难于联合。再加上废堤守埝与废埝守堤的争论长期存在，所谓"守民埝即所以守大堤"的观念仍然深入人心。这种工程标准严重缺失的情况，必然大大限制着工程的质量。

## （二）本土专业人才严重匮乏

民国以后，水利土木工程师皆以聘用外国人为主要途径。1889 年，荷兰工程师单百克、魏舍，受聘对黄河下游进行考察，分别在铜瓦厢、洛口等处测量黄河泥沙含量，并写有考察报告，提出过整治河槽方案。1899 年，比利时水利专家卢法尔，也对黄河下游进行了全面考察，提出要重视黄河水沙的观测研究工作，形成了不少建设性的意见。其中有些建议，如广泛设立水文站，观测流量、沙量，并随时观测其变化，就当时情况来说，的确是治河上的一大革新，和传统的治河方法走的是两条路。卢法尔等人认为，如果没有这些基本资料，则"无以知河水之性，无以（定）应办之工，无以导河之流，无以容水之涨，无以防患之生。"然而如若采取卢法尔的建议，就完全违背了传统的治河方向。所以李鸿章在"西学为用"的原则下，只采用了机器浚船等设备，而对于其他治河建议则漠然视之。

在这种思想文化碰撞极大的状况下，外国专家所能起到的作用毕竟是有限的，所作的工作也往往局限在一定时间段之内，缺乏系统性和完整性，更不用说，由于对中国国情了解不足，而在工程策划中出现偏失或脱离实际的状况了。这种态势下，培养国内水利人才更为至关重要。近代实业家、教育家张謇认为，"文明各国，治河之役，皆其国之名大匠，学术堪深，经验宏富者主之，夫然后可以胜任而愉快。我国乃举之委之不学无术之坏者，而以素不习工事之文士督率之。末流积弊，滑吏作奸，甚至窳其工程，希冀再决，以为牟利得官之余地。"[3]

后来，张謇所设通州师范土木测绘班的学生成为中国第一批本土毕业的水利测绘人才，在毕业后第一时间投入了淮河流域测量工作。但即使这样，仍如杯水车薪，对于正在开展的测绘工作来说，远远不够："毕业土木建筑、地方测量者四十人，其时习河海工程学者不过九人。辛亥年开测淮河，即赖此毕业各生为之服务。"通州师范学院测绘班显然不能满足全国水利建设的需要，甚至连正在进行中的淮河流域测量工作都"胼手胝足，勉以集事"，可见当时，别说水利土木工程的专门人才，就是普通测绘人才的数量都是相当稀缺的。

## （三）民众知识普及度极端低下

除了专业人才奇缺，当时广大人民群众对尊重客观自然规律、治水兴邦等基本水利问题的认识，也处在一个相当令人堪忧的局面。由于水利长久失修，人们普遍对江河治理失去信心，转而采用民间信仰的方式，在自然灾害的面前寻得慰藉，或是取得一时安宁，得以苟安逃避。

清代以来，黄河堵口成为治河的主要措施，几乎是逢决必堵，在黄河下游地区甚至形成了普遍存在的堵口风俗。早在汉代瓠子堵口时，汉武帝亲临施工现场举行祭礼，沉白马、玉璧以求得河神的佑助。

---

①　李鸿章. 勘筹山东黄河会议大治办法折［Z］. 光绪二十五年二月初十日
②　同上
③　张謇. 河海工程专门学校旨趣书（民国四年一月二十八日）［Z］. 见张謇研究中心编印.《张謇全集》补遗、校勘活页选（四）

到了明、清时期，堵口的成功寄希望于看不见摸不着的"大王"、"将军"身上。堵口胜利之后，则建祠立碑，歌功颂德。1933 年宋希尚受李仪祉所托，在冯楼堵口现场协助堵口工作，就曾亲眼见识"龙王"一幕："……接踵围观者数以千计，某跪地，高举其帽，大声高呼曰'龙王爷到，刚从运石船上雪堆中发现，请总工程师接驾。'"① 在场的孙庆泽怕留美回来的宋希尚不适应这种民俗，引起冲突，当机立断，代他高叫道"欢迎！有赏！"并向他解释，"龙王爷"大有心理上的鼓励作用，不可以迷信视之，总工程师一定要率领全体员工前往致敬。由此可见，孔祥榕的行为虽然在今天看来是荒唐的，但当时的黄灾会和孔祥榕所作的，无出一切旧时代治河措施之左右。反倒是黄委会被排挤出抢险工程之外，不参与堵口。"不得已，黄委会只得根据近代科学技术从事全面治理与开发的前期基本工作，如建立水文站、测量队、水土保持实验站、下游河道模型试验所……而河上的旧人员对于上述工作，则讽刺地说：黄委会没事干，看镜子，说空话，量水玩，消磨岁月罢了。"② 可见民众对水利工作的理解仍局限在很狭窄的范围，而这必然也会限制潜在的本土水利人才的成长。

# 二、中国近代水利专门教育的起步

近代实业家张謇可以称作中国近代水利当之无愧的一位导师。对于中国传统"官僚治水"的状况，张謇有清醒的认识，欲主动地改变这一状况。"文明各国，治河之役，皆其国之名大匠，学术堪深，经验宏富者主之，夫然后可以胜任而愉快。我国乃举以委之不学无术之圬者，而以素不习工事之文士督率之。末流积弊，滑吏作奸，甚至窃其工程，希冀再决，以为牟利得官之余地。"③ 张謇所处的时代，正是 19 世纪、20 世纪交替之际，传统士人知识分子群体逐渐消亡，近代新型知识分子产生的时代，张謇本人，也是一个身兼传统士人与新式知识分子特征的人。由于他曾受"滑吏作奸，窃其工程"之苦，所以培植真正水利专门人才之心更加殷切。不过，张謇培育水利人才，直接而现实的原因，是导淮的迫切需要。他自己也说，"自有导淮之计划，即欲养成工程学之人才，以期应用，遂于通校特设土木工科。"④ 而实际上，张謇所设通州师范土木测绘班的学生也确实在毕业后第一时间投入了淮河流域测量工作："毕业土木建筑、地方测量者四十人，其时习河海工程学者不过九人。辛亥年开测淮河，即赖此毕业各生为之服务。"⑤ 因其测绘成绩瞩目，还险些被美国人詹美生盗用⑥。而仅通师测绘班显然不能满足全国水利建设的需要，甚至连正在进行中的淮河流域测量工作都"胼手胝足，勉以集事"，所以"宜急设河海工程专门学校"，扩大中国自己的水利人才队伍。这便是中国近代水利高等教育的发端。

河海工程专门学校建设初期，人才"求过于供，南通尤甚"。民国时期河海师生参与、主持了国家主要的水利工程，如 1917 年海河流域水灾发生后，逐渐组成顺直水利委员会，有顾世楫等参加测绘；1921—1922 年陕西大旱时李仪祉率须恺、胡步川等赴陕兴建"关中八惠"渠灌工程；1931 年长江、淮河大水后李仪祉、宋希尚、汪胡桢等主持长江、淮河复堤救灾工程；1933—1937 年戈福海等担任导淮入海工程等⑦。从此，中国进入了专业水利人才成为治水主体的时代。

学校初办，课本缺乏。河海校友沈泽民曾说："课本是美国来的居多，自预科起以至卒业都是英文本，这是因为本国的书籍，关于高深科学的完全缺乏，不得不然"。只有伦理、国文、本国地理、写生画、大地及水流测量、土工及隧道、土石工计划、钢筋混凝土计划、簿记学、管理学等 10 门课程使用中文教材和讲义。李仪祉教授鉴于外国课本不联系中国的实际，影响学习效果，竭力主张理论结合实际，

① 宋希尚. 值得回忆的事 [M]. 台北：三民书局. 1979：57
② 张含英. 中国水利史的重大转变阶段. 中国水利学会水利史研究会选编. 中国近代水利史论文集 [C]. 南京：河海大学出版社，1992：2
③ 张謇. 河海工程专门学校旨趣书（民国四年一月二十八日）[A]. 见张謇研究中心编印.《张謇全集》补遗、校勘活页选（四）
④ 张謇. 为河海工程学校致熊秉三函 [A]. 见张謇研究中心编. 张謇全集（第四册）[M]. 南京：江苏古籍出版社，1994：125
⑤ 张謇. 条议全国水利呈 [A]. 见张謇研究中心编. 张謇全集（第二册）[M]. 南京：江苏古籍出版社，1994：159
⑥ 见张謇. 江北水利测量局对于詹美生报告之声明书 [Z]. 张謇研究中心编. 张謇全集（第二册）[M]. 南京：江苏古籍出版社，1994：142
⑦ 查一民. 中国第一所水利高等学府——河海工程专门学校的创立和演变 [A]. 见中国水利学会水利史研究会. 中国近代水利史论文集 [C]. 南京：河海大学出版社，1992：229

改革教学方法，并率先发奋写书，用中文编写教材讲义，使用汉语联系中国实际讲课，深受师生欢迎和赞扬，李仪祉便编写《水工学》、《潮汐论》、《水工试验》、《土积计算截法》、《最小二乘方》、《实用微积数》等水利和数学教材，填补了中文教材的空白。其中，《水工学》一书，更是从"河专"开始，到武功农校时期，一直作为经典教材被使用，不少教师相继效法，编译教材讲义，出版的有汪胡桢著《给水工学》、译《水力学》，许心武著《水文学》，郑肇经著《河工学》等。1926 年 6 月，李仪祉以学校名义呈送了"拟合全国工程教育界提倡本国文工程述意见书"，倡导在教育、工程中广泛采用中文。

许肇南校长为河海制定的教育方针有三：

（1）注重学生道德思想，以养成高尚之人格。

（2）注重学生身体之健康，以养成勤勉耐劳之习惯。

（3）教授河海工程必须之学理技术，注重实地练习，以养成切实应用之知识。

除此之外，还确定了"对于来学之士更有必申之二义"：

（1）必自问志愿实有从事河海工程事业之决心，然后来学。

（2）必自审体格足胜从事河海工程事业之劳苦，然后来学。

河海工程专门学校对学生要求很严。一门主要功课不及格的，即须留级；学习成绩差的和体育课不及格的，都要退学。表 1 是著名水利学家汪胡桢先生在"河专"学习情况，由此可见当时"河专"课程设置之系统综合程度。

**表 1　汪胡桢在河海所学课程、成绩及任课导师一览**

| 科　目 | 伦　理 | 国　文 | 英　文 | 地　理 | 地　质 |
| --- | --- | --- | --- | --- | --- |
| 得分 | 89.5 | * | 80.1 | 90.0 | 96.0 |
| 导师 | 许肇南 | 李以炳 | 沈祖伟 | 李以炳 | 李协 |
| 科目 | 高等代数 | 三角 | 解析几何 | 微积分 | 物理 |
| 得分 | * | * | 91.0 | 93.0 | 90.0 |
| 导师 | 李协 | 李协 | 陆元昌<br>计大雄 | 计大雄 | 李协 |
| 科目 | 化学 | 自在画 | 几何画 | 投影几何 | 机械学 |
| 得分 | 96.0 | 70.0 | * | * | 84.0 |
| 导师 | 刘梦锡 | 伏金门 | 沈祖伟 | 沈祖伟 | 沈祖伟 |
| 科目 | 平面测量 | 高等测量 | 力学 | 坚性学 | 水力学 |
| 得分 | 90.4 | 93.0 | 91.0 | 86.2 | 89.1 |
| 导师 | 沈祖伟 | 沈祖伟 | 计大雄 | 计大雄 | 计大雄 |
| 科目 | 质料学 | 土工学 | 结构工学 | 钢筋混凝土学 | 水工学 |
| 得分 | 90.0 | 85.0 | 77.0 | 71.5 | 86.6 |
| 导师 | 李协 | 李协 | 沈祖伟 | 范永增 | 李协 |
| 科目 | 机械工学 | 电气工学 | 簿记 | 实业经营 | 体操 |
| 得分 | 90.0 | 89.5 | 89.5 | 89.5 | 89.5 |
| 导师 | 杨孝述 | 杨孝述 | 许肇南 | 许肇南 | 董明铭<br>马栋华 |

注：*，表示因插班未学

资料来源：嘉兴市政协文史资料委员会编《一代水工汪胡桢》，当代中国出版社，1997，第 5～6 页

当年我国尚无现代水利设施可供学生参观，学校不得不安排学生去浏览仅有的现代工业企业。据汪胡桢回忆，他曾参加由李仪祉率领的一次参观。李仪祉带领仆 1 人、同学 16 人，于民国 6 年 1 月 12 日束装行，参观了汉口兵工厂、汉阳铁厂、扬子机器公司、既济水电公司、德华高等工业学校、武昌电灯厂、德和砖厂等单位。

# 三、其他几所水利专科学校的兴办

## （一）陕西水利道路专门学校

1922年李仪祉由南京回到西安，在筹划引泾灌溉工程的同时，深感陕西水利人才匮乏，于是他四处奔走，呼吁社会各界人士多方集资，创办了陕西水利道路专门学校，设在了西安高级中学之内。

水利道路工程专门学校最早由水利道路工程技术传习所改组而成。水利道路工程技术传习所初定三年学制，"意取专成，不愿草就。所授功课，切实简要"①。

全国水利局总裁张謇对水利道路工程技术传习所的章程十分赞赏，谓"合乎国内情势，得当务之急，为他校所不及。"② 然而，由于社会上对水利知之不多，报考人数很少。李仪祉不得不重新分析判断，总结出传习所这种教育体制未能吸引人才的缺憾之处：

第一，是工程学校的建立在陕西属于首创，"事未前，闻议者自寡既不知工程之为何物，即不免徘徊而裹足"；

第二，"社会无律，幸食者多。"当时的潮流是无才登庸，仅从立身考虑，人们对专门学识的需求量极低，"故中学毕业之士汲汲先谋利禄。学之可贵视为謷言"；

第三，可以说是比较关键的一点，是潜在的求学者"未明本局设学真意，以传习所三字见轻，果有志于远达，乃不屑乎卑就"；

还有一些其他的原因，李仪祉总结为：数年兵乱，教育事业本身多有废弛。在入学资格并不甚高的条件下，仍然缺乏合格的备选者；同时，在"旱荒成象，薪桂未珠，生计萧条"的状况下，年轻人不愿意再多花费精力求学。基于以上这些原因。李仪祉在其他一些进步人士的鼓舞下，下定决心将"传习所"改为学校："传习所既有滞碍，即不妨改为专门学校，尽力扩充，以图永久。"（表2）③

水利道路专门学校（正科）学生初定修习科目如下：

表2　李仪祉为水利道路专门学校（正科）学生制定的修习科目一览

| 学　年 | 课程名称 | 学　时 | 修习内容及目的 |
|---|---|---|---|
| 第一年第一学期 | 国文 | 2 | 多读关于水利工业文字，练习能实写工程事业 |
| | 数学 | 12 | 代数、平面立体几何、三角，熟悉数学工具 |
| | 理化 | 6 | 物理从工程学术切用的物理原则，注重力、水、热实验种类 |
| | 几何画 | 2 | 练习各种几何形体画法 |
| | 体育 | 2 | 以活泼运动、习耐劳苦为目的 |
| | 英文 | 12 | 以熟悉普通工业文字，明了文法结构为准 |
| 第一年下学期 | 国文 | 2 | 同前 |
| | 英文 | 12 | 读诵工业文字，探深文法 |
| | 数学 | 10 | 授解析几何、高等代数，以多作有关工业例题为准 |
| | 理化 | 4 | 授化学原质，化合物之有切同于工业者 |
| | 体育 | 6 | 同前 |
| | 投影几何 | 4 | 授各种形体在空间之各等位置及其画法，以能实用于工程建筑为目的 |
| | 气象学 | 2 | 授大地上空气潮流、温度、压力、燥湿、风雨之关系 |

---

① 李仪祉．水利道路工程技术传习所改组水利道路工程专门学校宣言书．见陕西省水利局．李仪祉先生遗著（第十三册）（油印版）1940：80

② 同上

③ 同上

（续表）

| 学　年 | 课程名称 | 学　时 | 修习内容及目的 |
|---|---|---|---|
| 第二年上学期 | 英文 | 6 | 练阅工业杂志、学作工业报告 |
| | 数学 | 2 | 授微积分 |
| | 理化 | 4 | 物理实验 |
| | 体育 | 2 | 同前 |
| | 地质学 | 2 | 授矿物岩石之种类性质 |
| | 工用力学 | 6 | 授动静力学之普通应用于工业者 |
| | 建筑绘图 | 4 | 练习实习绘画各项建筑物，以娴明图例 |
| | 材料学 | 2 | 授木石砖瓦钢铁石灰水泥石膏油漆等，及凡与工程有关的材料性质种类与用途 |
| | 测量学 | 4 | 授普通测量学理法数，兼事实习并制图 |
| | 结构学 | | 授砖石结构，各种壁功，穹功，涵洞、桥塊、桥矶等 |
| 第二学年下学期 | 体育 | 2 | 同前 |
| | 地质学 | 2 | 授地层之结构，及其变动 |
| | 工用力学 | 6 | 授材料强弱，与其计算，及工程静力学诸法理 |
| | 结构学 | 4 | 授木铁结构 |
| | 测量学 | 4 | 授水事测量、及实习并制图 |
| | 土功学 | 2 | 授土质开抉、搬运，填筑之方法，及其应用之器具，并及开采石料的方法 |

资料来源：李仪祉. 水利道路专门学校学科说明. 见《李仪祉先生遗著》第十三册

　　1924 年，水利道路专门学校被并入西北大学，改设工科。西北大学工科由李仪祉亲自教授他自己编写的《水功学》，蔡亮教授《水力学》，陆丹右教授《水文学》，须恺教授《测量学》、《灌溉工程设计》，胡步川教授《道路工程》，已经形成一套较为全面的水工学科体系。

## （二）西北农林专科学校水利组

　　在渭惠渠、洛惠渠先后兴办之时，李仪祉深感人才之缺乏，于 1932 年呈准陕西省政府，设立水利专修班，由陕西省立西安高级中学校代办。1933 年春，开始招预科一班，招收旧制中学毕业及有同等学力者，一年后入本科，三年制毕业。1934 年春季续招预科一班，按照新制初中毕业及有同等学力招生，二年后入本科，三年制毕业。

　　1932 年，正值杨虎城督陕，为李仪祉的水利和教育事业创造了较为宽松的环境。而此时恰逢辛树帜来陕，游历了西安、武功等地，欲在中国农业鼻祖后稷的故乡——武功县创办一所农业大学。该计划得到于右任、焦易堂等人的支持。1934 年 3 月，西北农林专科学校在武功杨凌镇正式设立。在讨论学校系科设置时，大部分教师认为，农校应全面设置农、林、水、园艺等专业，但设置水利专业尚有困难。李仪祉则认为西北农校既有水利组并入西北农林专科学校会比较方便，"吾华以农立国，而水利实为利农要图，故农功水利，自古并重，况西北地势高亢，旱灾时现，不有水利，农于何赖？本校特设农业水利学系，培育专才，良有已也。"[①] 于是与于右任商量，请将水利专科两班学生，移归西北农林专科学校，蒙其许可。于是李仪祉复函陕西教育厅，申请提出政务会议，后来经由省政府第一百次政务会议议决准可。1934 年 6 月 19 日，省政府函请西北农林专科学校查照"移归之事定"。李仪祉担任水利组主任，而西北农专的水利组得以提前成立。

　　1936 年，南京国民政府教育部正式任命辛树帜为西北农林专科学校校长，辛树帜一呼百应，吸引了大批专家任教。他在国立西北农林专科学校校刊创刊号题词中说："管子曰：'积于不涸之仓，藏于不竭之府，积于不涸之仓者，务五谷也；藏于不竭之府者，养桑麻育六畜也。务五谷则食足，养桑麻育六畜则民富'。开发西北，道在其中矣。"李仪祉也在他繁忙的水利建设工作中抽身出来，亲自主持西北农专

---

　　① 沙玉清. 农业水利学系概况［A］. 见西北农学院农业水利系编. 李仪祉先生纪念刊［Z］. 第 81～82 页

水利组。当时西北农专尚在建筑中，张家岗校舍缺乏，仍借西安高级中学校舍，暂行上课，至1935年秋季迁回，学生依照旧例招收，第一班同学二十四人，于1937年春假毕业，1936年夏季起正式招考农专学生，1938年夏，国立西北农林专科学校与国立西北联合大学农学院合并改组为国立西北农学院，教育部特将水利组改为农业水利学系。

西北农专水利组的学程总则是"以造就农业上应用之高级水利人才为主旨，课程先授以基本科学，及农林需要学识，次及工程原理，渐注重水利专门问题。教授方法平时注重校课，多作习题，假期中必事工程练习，或分散农村服务，以获得实地之经验。"其分年课程见表3。

**表3　西北农专水利组分年课程表**

一年级

| 第一学期 | | | | 第二学期 | | | |
|---|---|---|---|---|---|---|---|
| 课　目 | 讲演时数 | 实验时数 | 学　分 | 课　目 | 讲演时数 | 实验时数 | 学　分 |
| 党　义 | 1 | | | 党　义 | 1 | | |
| 国　文 | 2 | | 2 | 国　文 | 2 | | 2 |
| 英　文 | 3 | | 3 | 英　文 | 3 | | 3 |
| 微积分 | 4 | | 4 | 微积分 | 4 | | 4 |
| 物理学 | 4 | 3 | 4 | 物理学 | 4 | 3 | 4 |
| 化　学 | 3 | 3 | 3 | 化　学 | 3 | 3 | 3 |
| 图形几何 | | 6 | 2 | 工程作图 | | 6 | 2 |
| 农学概论 | 2 | | 2 | 林学概论 | 2 | | 2 |
| 总计 | 20 | | | 总计 | 20 | | |

二年级

| 第一学期 | | | | 第二学期 | | | |
|---|---|---|---|---|---|---|---|
| 课　目 | 讲演时数 | 实验时数 | 学　分 | 课　目 | 讲演时数 | 实验时数 | 学　分 |
| 德　文 | 3 | | 3 | 德　文 | 3 | | 3 |
| 工程力学 | 4 | | 4 | 材料力学 | 5 | | 4 |
| 平面测量学 | 4 | 6 | 4 | 高等测量学 | 3 | 3 | 4 |
| 工程材料 | 3 | | 3 | 水力学 | 3 | | 3 |
| 热工学 | 3 | | 3 | 电工学 | 3 | | 3 |
| 地质学 | 3 | | 3 | 土壤学 | 3 | | 3 |
| 普通作物 | 2 | | 2 | 材料试验 | | 3 | 1 |
| 农场实习 | | 3 | 1 | 农场实习 | | 3 | 1 |
| 总计 | 23 | | | 总计 | 22 | | |

三年级

| 第一学期 | | | | 第二学期 | | | |
|---|---|---|---|---|---|---|---|
| 课　目 | 讲演时数 | 实验时数 | 学　分 | 课　目 | 讲演时数 | 实验时数 | 学　分 |
| 德　文 | 3 | | 3 | 德　文 | 3 | | 3 |
| 结构学 | 3 | | 3 | 结构学 | 3 | | 3 |
| 钢筋混凝土 | 3 | | 3 | 灌溉原理 | 3 | | 3 |
| 河工学 | 3 | | 3 | 给水工学 | 3 | | 3 |
| 水文学 | 2 | | 2 | 坊工及基础 | 3 | | 3 |
| 曲线及土工 | 2 | 3 | 3 | 铁道工学 | 2 | | 2 |
| 道路工学 | 2 | | 2 | 结构设计 | | 6 | 2 |
| 水工设计（甲） | | 3 | 1 | 钢筋混凝土设计（甲） | | 6 | 2 |
| 水力试验 | | 3 | 1 | 棉作学 | 2 | | 2 |
| 农业经济 | 2 | | 2 | | | | |
| 麦作学 | 2 | | 2 | | | | |
| 总计 | 25 | | | 总计 | 23 | | |

（续表）

| 四年级 | | | | | | | |
|---|---|---|---|---|---|---|---|
| 第一学期 | | | | 第二学期 | | | |
| 课　目 | 讲演时数 | 实验时数 | 学　分 | 课　目 | 讲演时数 | 实验时数 | 学　分 |
| 灌溉工学 | 3 | | 3 | 灌溉管理 | 2 | | 2 |
| 渠工学 | 3 | | 3 | 水力工学 | 3 | | 3 |
| 污水工学 | 2 | | 2 | 排水工学 | 2 | | 2 |
| 农村卫生学 | 2 | | 2 | 防洪工学 | 2 | | 2 |
| 结构设计（乙） | | 6 | 2 | 农村建筑 | 2 | 3 | 3 |
| 钢筋混凝土设计（乙） | | 6 | 2 | 水工设计（丙） | | 6 | 2 |
| 水工设计（乙） | | 3 | 1 | 灌溉试验 | | 3 | 1 |
| 选课 | | | | 契约及规范 | 1 | | 1 |
| 土力学 | 2 | | 2 | 选课 | | | |
| 防空工学 | 2 | | 2 | 水工试验 | 1 | 3 | 2 |
| 造林学 | 2 | | 2 | 防砂工学 | 2 | | 2 |
| 港工学 | 2 | | 2 | 农垦学 | 2 | | 2 |
| 水力机械 | 2 | | 2 | 论文 | | | 2 |
| 总计 | 19 | | | 总计 | 20 | | |

资料来源：沙玉清. 农业水利学系概况. 见国立西北农学院农业水利学系编，李仪祉先生逝世周年纪念刊

由于李仪祉兼任水利组组长，在他的声望之下，许多留学国外的水利专家（表4）也纷纷慕名而来，投奔李仪祉门下，壮大了西北农专水利系的人才队伍。

**表4　西北农专水利组教员录**

| 职　别 | 姓　名 | 别　号 | 年　龄 | 籍　贯 | 学　历 | 经　历 |
|---|---|---|---|---|---|---|
| 主任兼教授 | 沙玉清 | 叔明 | 33 | 江苏江阴 | 国立河海工科大学工学士，曾在德国哈诺佛工科大学研究专攻水利 | 曾任国立清华大学水利教员 |
| 教授 | 余立基 | | 45 | 安徽来安 | 美国斯坦福大学土木工程硕士 | 曾任国立中央大学教授，山东大学土木科教授兼主任，焦作工学院教授兼主任，安徽建设厅技正兼省会工务局局长等职 |
| 教授 | 何正森 | 乃平 | 33 | 浙江义乌 | 国立河海工科大学水利工程学士、法国巴黎土木工程专门学校工程师、巴黎大学工程博士 | 曾任东北大学教授、焦作工学院教授 |
| 教授 | 徐百川 | 海容 | 30 | 江苏奉县 | 国立河海工科大学水利工程学士、美国密西根大学水利工程硕士 | 曾任军政部荐任技正、射击场建设组主任、南京市工务局工程师、焦作工学院教授 |
| 教授 | 张德新 | | 30 | 江西新建 | 国立中央大学工学学士、美国密歇根大学工程硕士 | 广西大学教授、□□委员会工程师等职 |
| 数学教授 | 程楚润 | 宇启 | 36 | 湖北崇阳 | 国立武昌大学理学士、法国巴黎大学理学院研究生、法国加恩大学理学博士 | 曾任湖北省立各中学主任及教师、湖北省政府建设厅主任及股长、国立编译馆编译国立重庆大学教授等职 |
| 物理教授 | 祁开智 | | 35 | 湖北潜江 | 美国哈佛大学物理硕士 | 曾任安徽大学、中央大学、南开大学物理教授，曾任安徽公路局湘江建设厅安徽水力工程处工程师及测量队长等职 |
| 讲师 | 叶彧 | 影柱 | 31 | 浙江永嘉 | 国立中央大学工学士 | 导淮委员会助理工程师、国立中央大学助教等职 |
| 助教 | 黄震东 | | 24 | 宁夏 | 国立清华大学工学士 | |
| 助教 | 陈椿庭 | | 24 | 江苏武进 | 国立中央大学工学士 | |

（续表）

| 职　别 | 姓　名 | 别　号 | 年　龄 | 籍　贯 | 学　历 | 经　历 |
|---|---|---|---|---|---|---|
| 助教 | 俞世煜 | 晔明 | 27 | 江苏江阴 | 国立中央大学工学士 | |
| 助教 | 赵国琪 | | 27 | 陕西蓝田 | 国立中央大学工学士 | 甘肃平凉桥工处技士 |
| 助教 | 穆嘉琛 | | 24 | 河北天津 | 国立西北农林专科学校水利组毕业 | |
| 助教 | 鸿儒 | | 25 | 陕西华县 | 国立西北农林专科学校水利组毕业 | |
| 助教 | 相里毅 | | 27 | 陕西韩城 | 国立西北农林专科学校水利组毕业 | |

资料来源：沙玉清. 农业水利学系概况. 见国立西北农学院农业水利学系编，李仪祉先生逝世周年纪念刊

　　西北农专水利组自 1936 年八月经费固定后，设备力谋充实，购置了大批测量仪器、图书，以及欧美整套水工杂志等，并设有图书室，专供师生阅览。同时也筹划兴筑水土经济馆，以便开展土工试验与水工试验；开辟灌溉试验场，作试验农田水利之用。

　　1937 年以后，抗日战争全面爆发，西北农专水利组因人力财力有限，各项建设暂时顿搁下来。截至1938 年，水利组有水利专门图书凡六百余册，其中包括中文二百余册，英文三百余册，日文五十余册，德文五十余册，足供师生教学研究之用。外文农功水利专门论文书籍也已尽量收集。自 1920 年国内外出版的农田水工期刊也都设法收买其装订成本，包括《水利月刊》、《工程杂志》、《交通杂志》、《扬子江水道季刊》、《Civil Engineering》、《Experimental Station Record》、《Experimental Station Record》、《Popular Science》、《Proceeding：American Society of Civil Engineer》、《Science》、《Scientific Agriculture》、《Scientific American》、《Scientific Monthly》、《Soil Science》、《Concrete and Constructional Engineering》、《Water and Water Engineering》等。

　　在西北农专，测量学是水利工程学生的基本课程，测量实习分初等测量及高等测量两个部分，前者主要着重于训练学生对于各种仪器之使用，及基本测量原理之应用，后者则着重于水文、天文、地形等测量。为了理论联系实际，西北农专水利组为学生准备的课题也与正在进行中的关中水利事业息息相关。譬如，水利组设置了测定渭惠渠水位与面积流速及流量曲线的实验、流速计测流法实验、浮子测流法实验、渭惠渠携沙量分析实验，等等。

　　1937 年春，沙玉清奉李仪祉之命主持水利组，李仪祉嘱其要让西北农专于短时期内"成为全国水利最高学府"。当即拟具了西北农专水土经济研究所发展计划。该研究所附设于国立西北农林专科学校水利组，其宗旨定为"用科学方法研究黄土之性质与灌溉治河蓄水等水工问题之关系，使成为有系统之学科，以促进西北各水利事业，均达最高效率。"[①] 1939 年 4 月，西北农学院正式组建，水利组改为农业水利系。沙玉清秉承李仪祉的遗志，在中央水利实验处的支持下，最终将"仪祉水土经济研究所"协定改为"武功水功实验室"。这一实验室的建成与运转，标志着中国黄河泥沙方面的研究工作开始步入正轨。截至1945 年抗战胜利，仅西北农学院水利系，就完成泥沙方面的研究论文十余篇，为开创中国黄河泥沙科研工作作出了贡献。

**作者简介：**
尹北直，女（1982—），中国农业大学思想政治教育学院，讲师。
王思明，男（1961—），南京农业大学中华农业文明研究院，教授，院长。

---

① 沙玉清. 水利事业与水利教育 ［A］. 见西北农学院农业水利系编. 李仪祉先生纪念刊 ［Z］：138～139

# 浅析丁颖对我国水稻种质资源的搜集与利用

李占华　盛邦跃

（南京农业大学）

　　**摘　要**：水稻种质资源是我国宝贵的农业遗产，丁颖是最早对我国的水稻种质资源进行搜集，研究和利用的学者之一。本文对丁颖在不同时代对野生稻，栽培稻的搜集和利用情况进行梳理和系统总结，并对他所作的贡献进行研究。本文认为丁颖对我国水稻种质资源搜集和利用方面作出了非常重要的贡献，不愧为我国水稻种质资源研究利用的先驱，中国野生稻种质资源之父。

　　**关键词**：丁颖；野生稻；栽培稻种；搜集；利用

　　丁颖（1888—1964），字竹铭，别号君颖，我国现代稻作科学的奠基人之一、我国高等农业教育的先驱之一。1924 年毕业于日本东京帝国大学农学部，历任中山大学农学院、华南农学院（华南农业大学前身）教授，院长，1957 年任中国农业科学院首任院长。是中国科学院院士，全国科学技术协会副主席，全国人民代表大会第一、第二、第三届代表。曾被授予德国农业科学院通讯院士，全苏列宁农业科学院通讯院士和捷克斯洛伐克农业科学院荣誉院士。周恩来总理誉其为"中国人民优秀的农业科学家"。

　　丁颖是我国最早开始发现并研究野生稻的学者，他看出野生稻是一种值得发掘利用的可贵的杂交种质资源，对野生稻进行了搜集保存，并进行了一系列的研究，取得了突出的成绩。丁颖很早就注重农家品种的搜集、研究和利用，并建立起独特的稻作理论体系，取得了丰硕的成果。自 20 世纪 20 年代至 60 年代间，个人亲自收集并保留下一批珍贵的栽培稻种资源，来源于全国的 20 个省，以及朝鲜、日本、菲律宾、巴西、西里伯岛、爪哇、澳洲、越南 8 个国家和地区，是我国特别是广东省收集最早、极具研究和利用价值的珍贵稻种资源，被学界命名为"丁氏收集（Ting's Collection）"稻种资源（现存 7120 份）[①]。因此，丁颖被称为我国水稻种质资源研究利用的先驱，中国野生稻种质资源之父[②]。

　　目前，有关丁颖对我国水稻科学贡献的文章不在少数，但对其对我国水稻种质资源的搜集、研究与利用，尚没有全面、专门的论述，本文旨在对丁颖在这一方面所作的贡献作系统的梳理和总结，以对我国水稻种植资源的整理、研究与利用提供借鉴。

## 一、"野生稻种质资源之父"的历史贡献

### 1. 最早对野生稻进行搜集

　　20 世纪初，国外一些学者认为中国的栽培稻种来源于印度，或指称在中国栽培了数千年的粳稻为日本型等。丁颖自 1924 年从日本东京帝国大学农学部学成回国后，就致力于研究发现野生稻，他认为作物品种一般起源于野生种，水稻也不会例外，并叹息"我国稻作作为世界中之最古者，而稻种来源迄今尤未为世人所知，诚憾事也。"[③] 他以一个科学家特有的敏锐性和超前性认为，中国南方地处亚热带，应该长有野生稻，中国的栽培稻应该是中国古代劳动人民驯化野生稻逐渐杂交繁育出来的。

　　我国野生稻的植物学记载，始于墨里尔（Merrill E. D.）1917 年在广东省罗浮山麓至石龙平原一带考

---

①　李晓玲等：《水稻核心种质的构建策略研究》，《沈阳农业大学学报》，2007 年第 5 期

②　李金泉等：《水稻中山 1 号及其衍生品种选育和推广的回顾与启示》，《植物遗传资源学报》，2009 年第 2 期

③　丁颖：《广东野生稻及由野生稻育成之新种》，1933 年，见《丁颖稻作论文选集》，第 421 页

察发现并搜集普通野生稻。1925 年，丁颖去福州、厦门等地进行水稻考察，并且专程到了我国台湾。接着，他又到广东、海南等地考察，寻找野生稻。[①] 1926 年夏，丁颖在广州市东郊犀牛尾的沼泽地考察发现并搜集到野生稻，随后又在惠阳、增城、清远、三水、开平、阳江、吴川、合浦、钦州、雷州半岛、海南岛和广西的西江流域发现野生稻[②]。

丁颖发现野生稻的事实极大地鼓舞了当时水稻研究者和工作者的热情，在丁颖的直接推动或间接影响下，1935 年在台湾省桃园、新竹两县也发现这种普通野生稻；中山大学植物研究所 1932—1933 年在海南岛淋岭、豆岭等地发现疣粒野生稻。以后，王启远 1935 年在海南岛崖县南山岭下、1936 年在云南车里县橄榄坝、1942 年在台湾省新竹县陆续发现了疣粒野生稻；1950 年云南思茅县农业站在云南省思茅县普洱大河沿岸橄榄沟边也发现疣粒野生稻；1954 年在广东郁南县、罗定县与广西岑溪县交界处发现药用野生稻；1950 年广西玉林县农业推广站、玉林县师范学校在玉林境内的六万大山山谷中发现药用野生稻，1960 年在广东英德县的西牛乡高坡大岭背山谷中也发现药用野生稻。

1963 年，在丁颖的积极倡导下，成立了"中国农业科学院、华南农学院、广东省农业科学院水稻生态研究室"，由中国农业科学院的首任院长丁颖院士兼任室主任。水稻生态室下设课题研究组。1963 年和 1964 年秋冬期间，丁颖"中国野生稻种"课题组的主要成员戚经文等对海南岛 17 个县及湛江地区 18 个县和广西玉林、北流等县进行野生稻考察，搜集到普通、药用、疣粒野生稻。

1963—1965 年中国农业科学院水稻生态室对云南的澜沧江流域、怒江流域、红河流域、思茅、临沧、西双版纳、德宏等地进行野生稻资源考察，搜集到三种野生稻资源。[③] 并编印了《野生稻的特征特性》小册子，指导野生稻调查，在此基础上，结合 1963—1965 年的调查结果，1975 年以广东农林厅的名义，撰写了"我国野生稻的种类及其地理分布"一文在《遗传学报》发表，这是第一篇全面阐述我国野生稻的种类和地理分布的学术论文。[④] 彼时，离丁颖逝世已经十一年了，但是丁颖的重要贡献是无法取代的。

丁颖对野生稻的研究和搜集为后来我国野生稻研究工作打下了坚实的基础，1978—1982 年中国农业科学院作物品种资源研究所组织南方的广东（包括今海南省）、广西、云南、江西、福建、湖南、湖北、贵州、安徽等省（区）农业局、农业科学院以及有关地区：县（市）的科技人员参加野生稻资源普查、考察与搜集，广泛收集野生稻资源，全面摸清了我国野生稻的种类，地理分布，使我国野生稻资源研究工作上了一个新的台阶。

### 2. 最早对野生稻进行历史考证

丁颖从本世纪 20 年代已经重视到我国古籍有关野生稻的记载[⑤]和栽培稻种的起源传播及其与野生稻的亲缘关系。他认为弄清楚了这个问题，不仅是关系到生物系统发育特性、杂交育补、选育良种的问题，而且对于稻种细胞遗传的研究和栽培技术的改进都具有深远的意义。

丁颖凭借自己深厚的国学功底，从历代的农书和古文献中考证有关野生稻的记载。经考证认为，我国关于野生稻的文字记载最早出现在甲骨文中，后在战国时期的《山海经·海内经》、东汉许慎的《说文解字》、北魏的《齐民要术》、南北朝的《后汉书》等都有关于野生稻的记载。他先后发表了《谷类名实考》（1928 年），《作物名实考》（1929 年），《广东野生稻及由野生稻育成之新种》（1933 年）等一系列文章，对野生稻进行考证和研究。

在对野生稻及栽培稻考察的基础上，引出了丁颖教授稻作起源与演变理论，并历经三十余年，先后发表了《中国稻作之起源》（1949 年），《中国栽培稻种的起源及其演变》（1957 年），《江汉平原新石器时代红烧土中的稻谷壳考查》（1959 年），《中国栽培稻种的起源问题》（1961 年），广泛运用了历史学、语言学、古物学、人种学、植物学等多种手段，论证了中国稻作起源于华南，开创了稻作起源研究的先河，推翻了国外学者认为中国栽培稻种起源于印度和日本的断言，具有巨大的学术价值和历史意义。

---

① 霍青：《记我国卓越的农学家丁颖同志》，《中国科技史杂志》，1982 年第 2 期

② 丁颖：《广东野生稻及由野生稻育成之新种》，1933 年，见《丁颖稻作论文选集》，第 421 页

③ 庞汉华，陈成斌主编：《中国野生稻资源》，广西科技出版社，2002 年，第 14 页

④ 李金泉等：《水稻中山 1 号及其衍生品种选育和推广的回顾与启示》，《植物遗传资源学报》，2009 年第 2 期

⑤ 丁颖：《谷类名实考》，中山大学《农声》，1928，第 99—112 期

### 3. 最早对野生稻进行生态学研究

野生稻遗传资源是开展水稻遗传育种和生物研究的物质基础，亦是粮食生产发展的宝贵财富。野生稻资源含有栽培稻在进化过程中丢失的许多优异基因，是栽培稻突破性育种与稻作理论研究的宝贵材料，对解决粮食安全、维护人类生存发展具有重大意义。丁颖是国内最早对野生稻生态学作系统研究的学者，他对野生稻不实现象，分布区域，植物性状以及雨育种进行了一系列的试验研究，并取得了卓越的贡献。

丁颖对野生稻的分布区域、植物性状、生理生态特性进行了的细致的观察，摸清了广东野生稻分布区域自罗浮山麓以致鉴江流域，凡亘 1 600 余里。并发现野生稻与栽培稻最大不同：野生稻均为宿根繁殖，植株蔓生，多属紫茎，红芒，红米品种，且纤维根粗大，丛生于水中及土中。花药多不裂开，花粉发育不完全，少发芽，受精有困难。一般野生稻种子的萌发能力弱，且缓慢，发芽率不到 20%。由于结实少，且多属种子未熟已先掉落，故必须于成熟前进行收种。一般野生稻与栽培稻从植株形态相比区别甚微，但由于野生稻各部几全呈紫红色，且株型、穗形散，不实粒多，脱落特早，是与栽培稻各殊，而别具一种野生特性。[①] 由此可见，广东省栽培稻种（籼稻）跟野生稻之亲缘关系颇为密切。这进一步说明了我国栽培稻种是来源于华南野生稻，也就是说我国栽培稻通过普通野生稻自然杂交过程，首先形成的是籼稻（基本型），随地理分布的气候生态环境变化结果逐渐演变成为粳稻（变异型），即由南向北推进这一事实得以证实，这一研究对我国水稻分类学，以及栽培稻种的起源及演变的研究作出了基础性贡献。

早在 1931—1933 年间，丁颖就与林亮东合作考察研究野稻花，对广东野生稻不实现象进行观察。栽培稻不实现象很常见，也是影响产量的最直接的原因。野生稻不实的程度比栽培稻更加常见，对野生稻不实的原因进行研究，有助于栽培稻不实原因的研究。当时对野生稻不实现象的研究几乎没有人进行，只有 Roy 和 Bhalerao 就印度野稻稍加观察。丁颖对各地野稻花先后做初步之考察，并观察"高度结实之栽培稻花以比较之，冀得从野稻不实现象以追求其不实性乃至嬗变为结实性之原因，且亦借以窥知广东野稻与栽培稻之系统关系"[②]。丁颖的研究为人工培育水稻新种提供了良好的思路，对后来学者在这方面的研究及水稻育种均有重要启发意义。

### 4. 开野生稻杂交育种的先河

丁颖在 1926—1933 年间，利用其在东郊发现的野生稻和栽培稻进行自然杂交，经过近 7 年的培育、鉴定和选择，育成长势旺盛，对于寒害、热害及不良土壤等抵抗力特强，产量亦高，因此定为一新品种，以他所在国立中三大学农学院命名为中山 1 号[③]，这是世界上第一个人工选育的具有野生稻血缘的新品种，开创了水稻育种中利用野生稻种质资源的先河[④]。在世界上破天荒第一次把野生稻在恶劣环境中能旺盛生长的种质（基因）转移于农家栽培的稻种，并且长期保持稳定。

中山 1 号经过水稻育种工作者和农民的选育共衍生出了 90 多个品种，在广东、广西等华南地区持续推广了 60 多年，累计推广面积达到 1 亿多亩，这在水稻育种史上是比较罕见的，为华南稻区创造了巨大的经济效益和社会效益，从而极大造福了人民，赢得了农民的尊敬和爱戴。时任中山大学校长邹鲁就曾经题诗一首"稻作精研十数年，居然成绩著南天。农人争种'中山白'，我自乡间听互传。"可以说，中山 1 号及其衍生品种的选育是我国利用野生稻种资源在水稻育种中最突出的一项成果[⑤]。

1936 年，丁颖利用华南栽培品种早占银和印度野生稻进行人工杂交，陆续育出了印竹 14 号、印竹 11 号、印竹 13 号、银印 2 号、银印 20 号、东印 1 号和东印 11 号等品种，一度在华南推广[⑥]。其中，早占银与印度野生稻杂交获得了 1 400 粒的千粒穗，该结果引起了东亚稻作科学界的极大关注。

---

① 丁颖：《广东野生稻及由野生稻育成之新种》，1933 年，见《丁颖稻作论文选集》，第 421 页
② 丁颖：《广东野生稻不实现象之观察》，1934 年，见《丁颖稻作论文选集》，第 158 页
③ 丁颖：《广东野生稻及由野生稻育成之新种》，1933 年，见《丁颖稻作论文选集》，第 421 页
④ 李金泉等：《水稻中山 1 号及其衍生品种选育和推广的回顾与启示》，《植物遗传资源学报》，2009 年第 2 期
⑤ 李金泉等：《水稻中山 1 号及其衍生品种选育和推广的回顾与启示》，《植物遗传资源学报》，2009 年第 2 期
⑥ 水稻生态研究室：《野生稻的特征特性参考资料》，1964 年

## 二、丁颖对栽培稻种资源的搜集与利用

### 1. 对我国栽培稻种历史考证

当时国内对栽培稻种的研究仅限于对其生理生态的横向对比研究，没有人对其起源、演变等理论进行深入系统的研究。丁颖认为对水稻的研究不仅仅限于对水稻进行各地区品种的搜集，然后进行比较观察及实践证明，而忽略其栽培演变的时间过程，这样仅仅重视水稻的生态研究则容易为“纷然杂陈之满目琳琅所眩惑”。他认为我国稻作历史至古，品种蕴藏甚丰，应该对我国古籍中关于稻种的丰富记载及迄今稻种分布情形加以探讨①。通过对古籍中关于稻的名实、品种栽培过程以及古代稻种类别的考证，丁颖总结出，就周秦两汉一千三百余年（公元前1122年至219）的典籍探讨之，稻为当时黄河流域一带普遍栽培之常食作物，其代表品种为黏性较强而有芒之粳稻，直到十六世纪中期，粳稻之无芒者仍绝少。最黏之糯稻初与粳稻混同，至公元前始有假稷秫以名之之记载，三世纪中期以后，始有糯之专名。不黏之籼虽见于二世纪初期之《说文》，而栽培之盛见于记载者，则自三世纪中期之江南地带始，其时或粳籼混言不别，或以籼概粳；至十一世纪初，占城稻入于苏浙江淮以后，五芒小粒及早熟之籼稻品类愈多，种性鉴别之标准亦渐详；递十五六世纪后，籼之栽培愈多，形成江淮以南之代表品种，且总括粳籼而有黏之名，以与糯别。丁颖从科学严谨的态度出发，还进一步指出，凡此典籍的记载探究，他日必得从考古学或古生物学以实验证明之②。对稻作起源的历史考证，对其演变脉络的把握，为丁颖后面研究工作的顺利开展奠定了良好的基础。

### 2. 丁颖对广东省栽培稻种资源的检定与搜集

早在20世纪30年代，丁颖就开始搜集广东地方稻种，开展稻种资源的理论研究，并首次进行了科学系统的稻种检定，有目的地搜集整理水稻种质资源，尽快有效地利用部分可以推广的良种。1936年在丁颖的倡导下，中山大学农学院稻作试验场与中央农业实验所合作，举办番禺、茂名及惠阳等10个县的稻种检定③，1937年，中山大学农学院稻作试验场与全国稻麦改进所签定协议合作进行广东省的稻种检定④，这次稻种检定虽然受战事影响没能在广东省其他县份铺开，但该项工作使广东省的稻作环境逐渐明朗化，品种简单化，稻种检定的结果成为广东省稻种改良的指针⑤，使广东稻作改进工作得以有的放矢进行，提高了改进效率。

1939年，在丁颖等人的推动下，在曲江成立了广东省稻作改进所，稻作改进所与中山大学农学院稻作试验场密切合作，丁颖除了为稻作改进所提供育成良种进行试验与推广外，他还指导该所从事全省的水稻品种检定。稻作改进所将搜集来的优良土种再交中山大学农学院稻作试验场进行试验。丁颖总结指出广东省农作增产计划要以“稻作改进”为中心，先做好稻种检定工作，再进行良种繁育及推广⑥。在丁颖的悉心指导和全力协助下，1939年稻作改进所成立不久即率先举办了曲江等20个县的稻种检定。据调查结果，20个县共计为11种，单造140种，晚造277种，早造371种，总计799种不同稻种⑦。1941年，稻作改进所又增办合浦、灵山、防城、钦县和英德等5个县的稻种检定⑧。

广东省推广繁殖站在丁颖的直接领导下也进行了较大规模的稻种检定及搜集工作。1942年该站成立伊始，便与稻作改进所合作举办高要、德庆、高明、新兴、四会、恩平、开平、台山、鹤山、丰顺、龙川、博罗、化县、阳春和阳江等15个县的稻种检定（其中有一部分为复检），1944年再举办开建、封川、

---

① 丁颖：《中国古来粳籼稻种栽培及分布之探讨与现在栽培稻种分类法预报》，1949年，见《丁颖稻作论文选集》，第49页

② 丁颖：《中国古来粳籼稻种栽培及分布之探讨与现在栽培稻种分类法预报》，1949年，见《丁颖稻作论文选集》，第49页

③ 梁光商：《广东优质稻种推广事业之回顾与前瞻》、《农业通讯》，1947，9期

④ 《本校农学院与全国稻麦改进所合作促进粤米改进》，《农声》，1936，200—201期

⑤ 梁光商：《丁颖教授之稻作研究工作》，《中国稻作》，1948，7卷4期

⑥ 丁颖：《广东农作增产计划及实施之检讨》，《广东稻作》，1941年第4期

⑦ 吴恒舜：《本所成立来工作概况摘要》，《广东稻作》，1941年第4期

⑧ 梁光商：《广东优良稻种推广事业之回顾与前瞻》，《农业通讯》，1949年第9期

新兴、高明、广宁、龙川、连平与河源等 8 个县的稻种检定[①]。这次广东各农业研究推广机构通力合作展开的稻种检定工作，为水稻育种明确了方针，使育种工作得以有效开。同时，这次稻种的搜集与整理为全省丰富及保存了重要的水稻种质资源，当时搜集保存总计有 5 018 种系[②]。

新中国成立前，由于战乱，生活颠沛流离，稻种搜集工作经常会被中断，并几经丢失，困难重重，有时为了搜集保存稻种，丁颖甚至要历尽千辛万苦，冒着牺牲自己的性命的危险。但是稻种检定与搜集对保存广东省乃至全国的的优良稻种资源具有重要意义，这些宝贵的种质资源成为了水稻育种的重要物质基础。

1949 年新中国成立初期，为满足对水稻良种的迫切需要，农业部曾组织大批农业科技人员参加大规模群众性水稻良种评选活动，评选出各地优良农家品种，就地繁殖，就地推广。在此基础上，进一步征集全国范围的水稻农家品种。特别是在农业合作化高潮时期（1955—1956 年），为防止推广水稻良种而引起地方品种的丢失，农业部曾于 1955 年和 1956 年两次通知各省、市、自治区政府和农业科学研究单位，进行以县为单位的农作物地方品种征集，经过 1952—1958 年的广泛征集，搜集了大量地方品种资源。广东省在前期工作的基础上，积极响应国家政策，开始了大范围的搜集，20 世纪 50 年代，广东收集地方稻种 6 719 份（占当时全国收集稻种 4 万份的六分之一），并逐步进行品种性状调查、整理，评审出一批性状优良的品种，丁颖所在的广东省农科院，华南农学院承担了大部分工作，对推动当时的粮食生产和育种工作起着重要的作用。

### 3. 丁颖对其他地区栽培稻种资源的搜集与利用

早在 20 世纪二三十年代，丁颖就对我国海南、台湾、广西等地水稻进行考察并搜集地方品种，在调查、鉴定的基础上，还编印了稻种检定调查报告。40 年代，丁颖对云南的稻种进行了搜集和考察。特别是 1957 年，丁颖任中国农科院院长之后，其不再限于东南一隅，其考察搜集的范围更加广阔了。到 60 年代初，丁颖主持的水稻生态研究室已收集保存国内外的各种类型代表品种 8 000 多份，为稻种资源研究打下坚实的物质基础。

1960 年丁颖曾亲自考察云南省新平、元江、富民、澄江等县搜集考察地方栽培稻种。1963 年丁颖在广州市成立了中国农业科学院水稻生态研究室，其最重要的研究项目是"中国稻种起源演变"，他并为此选定云南省为考察重点。1963—1965 年中国农业科学院水稻生态研究室连续三年对云南省稻种资源进行了考察。根据考察结果，认为云南省是我国稻种起源或分化中心之一。

对海南栽培稻种大规模的收集是在 1954—1956 年，当时华南农业科学研究所协同农业行政部门、通过培训大批骨干在海南各县收集、整理农家品种，收集到的品种共 574 份，其中早稻 36 份，晚糯 538 份。收集到品种最多的县份是北部的琼山、文昌、澄迈等。1963 年，华南农学院水稻生态研究室考察海南陆稻，收集到陆稻品种 192 份。

1963 年 8~10 月间，丁颖、林世成、俞履所、卢永根等五人到西北各稻区进行考察，考察从河北张家口起，经山西大同到内蒙古河套、宁夏、甘肃、新疆，最后到接近本区的陕西西部和北部。此次考察主要是调查了解各地主要的水稻农家品种，除了张家口、大同、五元三地的品种因当时尚未抽穗或在始穗时期，只搜集到少数种子外，其他各地都采集到种子或单穗。根据调查情况，丁颖先后发表了《关于西北干燥地区的水稻品种和栽培技术问题》（1964 年），《宁夏水稻研究的现阶段问题》（1964 年），对当地水稻品种，育种、水稻栽培技术等问题做了深入的阐述。

当时，宁夏的一些水稻工作者，对宁夏水稻地方品种来源有两种推论。一是来自陕西。二是可能来自中亚、欧洲，经新疆、甘肃河西走廊传入。丁颖来西北宁夏五省区考察水稻始作定论。丁颖在《关于西北干燥地区的水稻品种和栽培技术问题》中指出："陕西宝鸡、秦岭和陕北存在着中间型的粳稻品种，它们兼有籼稻、典型粳稻和西北粳稻的特性。特别是宝鸡的红稻子（红米），除粒形长大和秤毛长密外，其栽培法也与西北稻区的深水撒播法同。"他又指出："陕北黄陵的一些水稻品种与榆林、宁夏、内蒙古、大同一带的无芒稻极为相似。以此，我们有理由认定，西北稻区的栽培稻种没有来源于中亚的可能，只

---

① 梁光商：《广东优良稻种推广事业之回顾与前瞻》，《农业通讯》，1949 年第 9 期
② 闵丽华：《抗战期间丁颖与广东的水稻育种事业》，《农业考古》，2010 年第 4 期

能是来源于古代的陕西地区"。另外，丁颖还引用了越南杜世俊的研究结果（《乌兹别克生物学杂志》1958 年第 6 期）。杜在研究结果中说："中亚的粳稻是公元前 1 世纪由中国传入的，在这以前还没有粳稻类型，印度也没有粳稻品种"。

### 4. 丁颖对国外稻种资源的引进与搜集

广泛征集和引进外国稻种资源，不仅能丰富和补充我国稻属遗传资源，而且对我国的稻作生产、品种改良及稻作科学研究都有积极的作用。广东邻近东南亚，自古以来就与国外进行水稻品种交换。丁颖很早就重视国外稻种资源的引进与利用。

1936 年丁颖就用印度野稻与广东品种早银占杂交育成银印 20 号。该组合杂种优势强，他曾因从中选出每穗粒数多达 1400 粒的稻株（俗称千穗粒）而轰动国内外。丁颖又利用引入的印度品种（印度 2 号）与广东的东莞白 18 号杂交，育成印 2 东 7、印 2 东 17 等。还与竹占杂交育成竹印 2 号。又利用引入的泰国品种暹罗稻与中山大学农学院于 1929—1933 年从番禺附近采穗系选育成的黑督 4 号杂交育成暹黑 7 号。这些育成的优良品种均在生产上较长时期大面积种植。

1957 年，中国农业科学院成立后，非常重视我国国外农作物引种，在作物育种栽培研究所的品种资源研究室设引种组，对我国通过一些简单途径引入的水稻品种，如外国政府、农业科学研究机构、外国水稻专家等赠送，我国出国使团、侨胞等从国外带回等途径引入的水稻品种，进行登记，组织试种、鉴定，将有保留价值的品种保存下来，进行编目，向我国有关研究单位提供种子供研究利用。如 1958 年至 1966 年期间，从日本、意大利、苏联、越南、朝鲜、罗马尼亚，保加利亚、匈牙利，印度和美国等国，引入了多批水稻品种，经过组织试种，选择了一批优良品种在生产上利用，并将有保存价值的品种进行了农艺性状鉴定，编印了目录。编入目录的品种中，包括水稻品种 680 个，陆稻品种 43 个，共 723 个[①]。

20 世纪 50—60 年代，中国农业科学院作物育种栽培研究所从日本等引入了近千个水陆稻品种，经过试验、筛选出有保存价值、编入目录的水稻品种有 680 个，陆稻品种有 43 个。这些日本品种中，推广面积最大的是 1958 年引入的日本品种"农垦 58"和"农垦 57"。"农垦 58"的最大年推广面积达到 373 万多公顷，"农垦 57"达到 62 万公顷。主要分布地区是长江流域，如江苏、浙江、上海、安徽、江西，湖南、湖北、福建、广西、山东、河南以及陕西等省市。[②]

60 年代中后期，由中国农业科学院从日本等国引进的 184 个品种，不仅能直接推广种植，还成为重要的育种亲本材料。另外引进低纬度的热带、亚热带国家的品种及日本的晚熟品种，在北京条件下，不能正常抽穗成熟的共 110 个品种，转交广东省农业科学院繁殖保存。1958 年引入的日本新育成的品种 26 个，由原华中农业科学研究所（今湖北省农业科学院）保存。其他 44 个品种由广东、上海、江苏、湖北、四川和山东等省繁殖保存。[③]

### 5. 丁颖对我国中国栽培稻种的利用和贡献

丁颖对我国栽培稻种的演变与分类有精湛的研究和独创性的见解。1928 年，日本加藤茂范根据稻种的形态、杂种结实率及血清反应，将栽培稻种分为两大群，分别定名为印度型亚种（*O. Sativa L. subsp. indica Kato*）和日本型亚种（*O. Sativa L. subsp. japonica Kato*），即粳稻为日型亚种，籼稻为印型亚种。这种分类法既忽视了中国 2000 多年前已有的分类和定名，也没有反映两者的系统发育关系及其在地理气候环境条件下的演变形式或过程。为了正确反映籼粳的亲缘关系，地理分布和起源演化过程，丁颖特把籼稻定名为籼亚种（*O. Sativa L. subsp. hsien Ting*），粳稻定名为粳亚种（*O. Sativa L. subsp. keng Ting*）。表面看来只是一字之差，但其科学内涵则有很大不同，因而引起了国内外学者的极大注意。

栽培稻种的分类，当时很多学者都进行过研究，但多是单纯从植物学上的形态特征和个别的生理特性，或从作物栽培特性和经济特性定出各种标准，而对品种的地域空间分布和栽培时间演变过程，考虑较少，对栽培稻种的起源、演变和栽培发展过程没有正确反映，也不能为引种，调种和栽培技术提供理论依据。对于水稻分类方法，丁颖强调必须符合生产实际，有利于育种与栽培的应用。1949 年丁颖发表

① 应存山：《中国稻种资源》，北京：中国农业科技出版社，1993 年，第 134 页
② 应存山：《中国稻种资源》，北京：中国农业科技出版社，1993 年，第 134 页
③ 应存山：《中国稻种资源》，北京：中国农业科技出版社，1993 年，第 134 页

了《中国古来粳籼稻种栽培及分布之探讨与现在栽培稻种分类法预报》，他对自己 1934—1938 年搜集中国稻种两千余品种，1946 年复集得栽培稻种四千余种，从事特性观察，并参考前人关于稻种分类之著述，对以前分类法作出检讨，做出中国栽培稻种分类法之拟议。1959 年，在前述研究的基础上，他对收集到的 7 000 多份栽培品种进行了分类研究，并把它们保存下来，为以后良种选育工作提供了丰富的原始材料。他根据对中国古籍记载，起源演变，栽培习惯以及品种形态与生态等研究结果，提出中国栽培稻的五级系统分类法：籼、粳亚种—晚季稻、早（中）季稻群—水、陆稻型—黏、糯稻型—栽培品种。根据这一分类系统，全国的栽培稻品种共划分为籼粳两个亚种和 16 个变种[①]。已取得的栽培稻分类研究结果表明，中国栽培稻的分类具有明显的共性与个性、全国性与地区性的特点。丁颖的稻种分类研究是有创见与深远意义的。对我国水稻遗传育种，栽培利用、稻种起源演变等研究均有重要的学术价值。

通过对我国各个地区和各地带稻种资源的搜集、整理与研究，丁颖晚年进一步研究了中国水稻品种的生态类型及其与生产发展的关系，组织了全国八个省区十个试点开展一项规模空前的研究课题《中国水稻品种对光、温条件反应特性的研究》，对我国水稻品种的气候生态型、品种熟期性分类、地区间引种调种、选种、育种、遗传变异和栽培生态学等方面提出有益的理论依据[②]。

丁颖是我国最早从事水稻育种的先驱者之一。他十分重视地方品种的利用，认为我国农民在长期生产实践中培育出来的地方品种是祖国的宝贵财富，对它们的某些性状加以改造利用，是改良现有品种或选育新品种最现实有效的途径。他在《水稻纯系育种之理论与实施》（1936），《水稻纯系育种法之研讨》（1944）等文章中提出水稻品种多型性理论，即凡是在一个地区长期栽培的地方品种，其群体必然存在占半数以上、能代表该品种的产量、品质和其他特性水平的个体——基本型，以保证品种群体的种性。基于这种观点，他在从事地方品种的系统选育时，创造性地提出自己的"区制选种"法，即在选育过程中采取农家惯用的栽培管理方法，以该地方品种的原种为对照，采用小区种植法进行产量鉴定，选育出来的良种，最后送回原产地或类似地区进行试种示范。他与他的同事们运用此法先后育出许多优良品种在原产地区推广。其中种植范围较广的有"白谷糯 16"、"黑督 4 号"、"东莞白 18"、"南特 16"、"齐眉 6 号"、"竹占 1 号"等 68 个。

# 三、结　语

野生稻是非常宝贵的水稻资源，野生稻有些类型具有米质优、分蘖多、根系发达、适应性广、抗逆性强等优良特性，利用它为水稻杂交提供新的宝贵的基因，是水稻育种工作可望取得一系列重大突破的重要途径。野生稻又是研究水稻起源、演变和分类等稻作学基础理论的宝贵资料。世界各国非常重视搜集和研究利用野生稻资源。我国是野生稻资源最丰富的国家，是我国的一批宝贵的财富。如此丰富且分布广泛的野生稻资源，在国内外稻作生产中曾几度发挥过重大作用，推动了我国和世界稻作生产的进步，确立了我国是亚洲栽培稻起源地和多样性中心的地位，并为世界所瞩目。目前许多地区由于开荒、造林、修水库、筑公路等活动，野生稻栖生地陆续被破坏，野生稻资源逐渐减少，野生稻正濒临绝灭的危险。如何更好地保护和利用是摆在我们面前的重大历史使命。

丁颖于一个世纪以前就开拓性地认识野生稻的重要性，他最早发现、搜集，并开创了利用野生稻资源进行水稻育种的新途径，继而对水稻起源、演变，分类等做出了开创性研究，对我国的水稻科学事业产生了深远的影响，并带来了良好的社会经济效益。

同时，我国种稻历史悠久，稻作分布区域辽阔，在长期的自然选择和人工选择的作用下，形成了类型复杂、数量繁多的稻种资源。这些稻种资源是劳动人民长期同自然界作斗争的产物，是我们祖先留下的非常宝贵的财富，它在一定程度上能反映出我国农业发展和作物品种演变的过程，因而成为整理我国农业遗产的不可缺少的带有直接证据意义的资料。

丁颖终其一生对栽培稻进行搜集、考察、研究、利用，个人搜集了 7000 多份宝贵的稻种资源，对中

---

① 丁颖：《中国栽培稻种的分类》，1959 年，《丁颖稻作论文集》，第 74 页
② 水稻生态研究室：《丁颖教授的学术观点和在水稻研究上的成就》，《作物学报》，1964 年第 3 卷 4 期

国栽培稻种质资源的主要形态、农艺性状鉴定与整理编目，在此基础上，对我国丰富的稻种资源进行分类并按一定的形态特性标准划分类型，并对其性状进行改造利用，育出大量的优良品种，这对于我国水稻遗传育种，栽培利用、稻种起源演变等研究均有重要的学术价值。丁颖还重视对国外的水稻进行引种、利用，丰富和补充了我国的稻作遗传资源，丁颖不愧为中国人民优秀的农业科学家，中国稻作学之父。

# 中国农民养老与"米保障"

乔　柏

（广西师范大学产业经济与人才发展战略研究所，桂林　541004）

**摘　要：**中国农村社会养老保障，是国家发展的重要组成部分。总体上说，中国农村社会养老滞后于整体的国家社会经济发展。农村社会很大程度上没有构成由家庭养老转向社会化养老态势。历年以城镇为重点的社会养老保障不断得到加强，但占总人口绝大多数的农村人口的养老保障一直未能从整体上纳入国家现行的社会养老保障体系中。2009 年 5 月国务院印发了《关于开展新型农村社会养老保险试点的指导意见》（以下简称《新农保》），标志着全国新型农村养老保险正式开始。新农保计划到 2020 年将覆盖到全国所有的农村。届时中国农民老有所养的"米保障"问题，可望得到相应的解决。

**关键词：**新农保养；保险；米保障

作为国家发展的重要组成部分，中国养老保障制度的非均衡性，国家对农民养老政策资源性保障不足，面临中国农村一亿老龄人急需老有所养的问题，更是凸显中国农村养老保障制度需求的迫切。中国农村的发展是中国社会发展均衡的标的，近几年以城镇为重点的社会养老保障力度不断得到加强，但是占总人口绝大多数的农村人口的养老保障一直未纳入国家现行的社会保障体系中。没有国家的强力注入，中国农村养老保障根本无从谈起。

# 一、新农保的政策动力

就我国城镇社会养老保险方面，自 1951 年中国政务院颁布《劳动保险暂行条例》，至 1992 年 1 月 3 日中华人民共和国民政部颁布《县级农村社会养老保险基本方案（试行）》外，就再没有过出台过中国农村整体社会养老保险国家级别的法律条文。2009 年 5 月国务院颁发《关于开展新型农村社会养老保险试点的指导意见》（以下简称《新农保》），中国全国性农村社会养老保险制度才开始起步建立。新农保结束了中国农村没有养老保障的历史。

## （一）初步解决中国农民养老的保障

2011 年，新农保试点扩大到全国 40% 的县。这项庞大的惠民政策，是政府政策与农民对接，金融机构与农民"米保障"衔接，是新中国成立以来首次连续性农村社会养老保障，是成为今后国家很大的财政支出项目之一。这将对我国经济社会及农村居民生活产生深刻的影响。这表明国家将对农民老有所养承担重要责任，并把新农保作为逐步缩小城乡差距，改变城乡二元结构，实现基本公共服务均等化的一个重要步骤。在此基础上，无论是发达地区还是欠发达地区的农民，都将被吸引并参加到这个新的养老保障体系之中，从而建立起覆盖全国农村居民的社会养老保险制度，初步解决中国农民养老保障的吃饭问题。

## （二）基本可以量化的生存保险

从新农保基本内容来看，新农保主要分两块：一块是基础养老金，是政府财政出钱的，农村老年人到了 60 岁时可以领取 55 元；一块是个人账户的养老金。个人账户的养老金目前设为每年 100 元、200 元、300 元、400 元、500 元 5 个档次，那么连续交 15 年，交到 60 岁就可以领取。所交的本金和利息，折算到每个月，加上物价变动适时的调整，估计每月能够领到 60 块钱。实际上这是部分解决农民的养老问题，是给农民一个定心丸，一个"米保障"的保底。

## （三）目前中国农民养老的主要软肋

要彻底解决中国农民的养老问题，有很多事情要做。政府对农村的投入问题、水土保障的问题、增加补助的问题、农村环保问题、农村劳动力问题、农村建设的问题、农村可持续发展问题、农村借贷问题等，把这些全部叠加一起，均衡地加以解决，农村的经济实力就会大大增强，农民的收入就会大大的增加，农村的社会就会大大的发展，才有可能说农村的未来是美好的，农村老年人晚年生活是有保障的。目前的新农保基本上只能说是给中国农民养老的最低保障。

## （四）体现普惠的公共财政特点

新农保由政府对参保农民缴费给予补贴，并全额支付基础养老金，这是新农保与老农保的最大不同。新农保坚持"保基本、广覆盖、有弹性、可持续"的基本原则，实行社会统筹与个人账户相结合的基本制度模式。

新农保补"入口"，又补"出口"方面，就是在农民参保缴费环节上给予财政补助，在养老金待遇支付环节上也给予财政补助。所谓"补出口"，即对国务院统一确定的基础养老金部分，中西部地区给予全额补助，东部地区给予 50% 的补助。地方财政补助政策分"补入口"和"补出口"两部分——"补入口"包括对农村居民个人缴费每人每年至少补 30 元，计入其个人账户；地方财政按照"多缴多补"的原则，鼓励选择较高档次标准缴费；对重度残疾人等缴费困难的群体，地方财政代其缴纳部分或全部最低标准的养老保险费。（政策解读：新农保每人每年 660 元，国家出！白天亮。人民日报 2009 年 09 月 09 日）。"补出口"具体有三种情况：一是对国务院统一确定的基础养老金部分，东部地区需要安排 50% 的补助资金，中西部地区因中央财政全额补助则毋须再安排补助资金；二是鉴于各地经济发展水平、消费水平等存在差异，地方政府可以根据实际情况提高基础养老金标准；三是为鼓励参保农村居民长期缴费，增加个人账户积累，对缴费超过一定年限的，地方政府可适当加发基础养老金。财政部要求地方各级财政部门抓紧制定本地的财政补助资金管理办法，规范补助资金预算安排、申请拨付程序和使用管理工作，防止虚报冒领，提高资金使用效率，为工作顺利开展提供有力保障。

## （五）细化制度设计多方投入

政府补贴之外，新农保筹资结构还包括个人缴费和集体补助。三方投入的筹资结构是新农保的一大特点。新农保的个人缴费、集体补助和地方政府缴费补贴，全部记入个人账户。

个人缴费目前设 100 元至 500 元 5 个档次，地方政府还可以根据实际需要增设档次，由农民根据自身情况自主选择缴费。这样设置，农民群众容易看清楚、算明白，有弹性，也便于管理。有条件的村集体要对村民参保缴费给予适当补助。农村土地集体所有，村集体在农民生产生活中具有重要地位和作用，一些村集体有经营性收入。因此，有条件的村集体适当支持农民参保缴费，既体现了集体的责任，也有利于调动农民的参保积极性"，人社部负责人分析说（刘声. 人社部有关负责人解读《关于开展新型农村社会养老保险试点的指导意见》—— 开启农村社会保障新篇章 中国青年报 2009 年 09 月 11 日）。

# 二、在中国农村建立"米保障"条件分析

考察整个新农保制度的内容，分析整个制度的成因，我们发现，目前中国早已达到而且超过了发达国家建立农民养老金制度时的经济发展水平，已经有了足够的条件在中国农村建立"米保障"。

## （一）世界城乡"米保障"制度的建立

考察世界上城乡社会养老保险制度建立时间，一般都是先城后镇再农村，如果国家基本稳定后，一般 30 ~ 50 年之间就可以完成。

**1. 欧盟最早建立了农村社会养老保险制度**

丹麦在1891年就建立了最早的农村社会养老保险制度，对较早建立农村社会养老保险制度的德国、法国等13个欧盟国家进行了专题比较研究的研究表明，类似目前中国或更低的经济发展时段，这批国家都已成功地建立了农村社会养老保险制度。这些国家的农村社会养老保险制度建立当时，农业GDP的比重在3.1%～41%，平均16.2%；农业劳动力的比例一般在5.1%～55.3%，平均为29.5%；以国际美元计价，人均GDP在1 445～9 580美元，平均5 226国际美元[①]。

日本"第二次世界大战"后也构筑了庞大、较为完善的社会保障体系，主要由年金保险、医疗保险、劳灾保险、雇佣保险、护理保险几个部分组成。日本进入老龄化后，政府对其社会保障制度进行了改革。日本年金保险体系的第一层为全民皆加入的"国民年金"，第二层为按收入比率交纳的"厚生年金"和"共济年金"，第三层为"企业年金"。国家直接运营的公立年金有国民年金、厚生年金、共济年金。据统计，截至2007年4月，全日本加入公立年金总人数达到7,044万人。日本早在20世纪50年代也曾以类似"米保障"的方式建立农村社会养老保险制度[②]。印度与中国经济发展水平相当，金融体系在农村已建有庞大的网络，商业银行在农村地区建立了3.26万多家分支机构，基层农业信贷达到9万多家，政府每年还对每个65岁以上农村老年人发放5美元的养老金[③]。越南的社会保障制度从1947年实行至今已有60余年历史，实行"米保障"的越南，也以特殊的方式建立了农村社会养老保险制度。在20世纪50年代，日本也曾以类似"米保障"的方式建立农村社会养老保险制度[④]。

**2. 美国"米保障"制度的建立情况**

美国和瑞典分别为投保资助型和全民福利型社会保障制度的代表性国家。两个国家的共同点是构建多层次、全方位的养老保险体系；健全的社会保障法规，严格基金管理制度，实现养老保障筹资方式从现收现付制向部分积累制的根本转变；整治现存体制中的拖欠、拒缴、逃避缴费现象，确保基金能够得到积累并进入良性循环[⑤]。美国的社会保障制度在20世纪30年代就开始建立，主要目的是使就业者退休后能够"老有所养"。其资金来源主要是在职人员把工资所得的一部分作为"社会保障税"（社保税）上交给政府。政府统筹再回发放给已退休者、残疾人以及他们的家属，在职人员退休可以享有相应的保障制度中的社会福利。联邦政府最大的支出项目之一，就是美国目前的社会保障体系。2007年有1.63亿在职人员参加了社会保障体系，占全国在职人员的96%；有近5 000万人领取社保福利，总额约达6 020亿美元。而2006年美国65岁以上的美国老人中有90%的人领取社保福利，社保福利占他们全部收入的41%。美国的社会保障体系经过70多年的发展已经比较完善，覆盖了美国社会的各个阶层并为其提供最基本的生活保障[⑥]。

# （二）我国农村"米保障"的建立

2001年，以国际美元计价，我国人均国内生产总值（10 185元）已经超过欧洲国家建立农村社会养老保险制度的最高水平（爱尔兰，1988年，9 580元）。即使按照购买力平价计算，2001年我国人均国内生产总值也已经达到5 447美元，也超过了发达国家建立农村社会养老保险制度的平均水平（5 226美元）。我国1986年开始农村社会养老保险制度试点探索时，即已达到发达国家建立该制度的低起点，在我国建立农村社会养老保险制度的物质条件早已具备。2009年推出的新农保是有迟来之嫌。中国建立农村社会养老保险制度的条件，是国家的战略需要，早就应该将农村社会养老保险制度提上议事日程。这样既可以加快由量变到质变的实际进程，更需要从发展的、长远的、全局的战略眼光，更需要用新视野、新思路来实现新突破。如果农村社会养老保险制度建设依然严重滞后，将会影响到整个国家的发展。正在执行的新农保制度要加快完善与创新，及时地全面地铺开农村社会"米保障"是国家的战略迫切需要。

---

① 卢海元. 中国农村社会养老保险制度建立条件分析. 经济学家，2006－07－06

② 日本的社会保障制度及所得税累进比例·驻日本经商参处子站，2008年03月05日

③ 张文镝. 简论印度农村的社会保障制度. 亚洲社保研究，2009－01－09

④ 张玉杰. 越南健康保险计划的昨天和今天.《中国医疗保险》，2011年02期

⑤ 王兰芳，周蕊·美国、瑞典养老保险制度的比较及对我国的启示·《南京理工大学学报（社会科学版）》，2005年03期

⑥ 美国的社会保障制度与养老机制. http://news.QQ.com 新华网，2007年07月02日

建立农村社会"米保障"的条件。中国国情十分复杂，发展极不平衡，农村尤特别。虽然城乡差别还在不断拉大，农村经济收入要提高，农民维权益意识有待强化，农民参保意识也要不断增强，但建立中国农村保障制度化制度的条件已经具备，中央的政策已开始执行。从我国整体经济处于快速发展时期看，2002 年 GDP 已经突破 10 万亿元，财政收入也突破 1.7 万亿元，2009 年全年国内生产总值 33.5353 万亿元，财政收入 68 477 亿元；2010 年中国的 GDP 为 400 179.4亿元，财政总收入为 83 080 亿元，2010 年我国人均国内生产总值 29 748元。从 1999 年中国农业 GDP 的比重为 17.7% 来看，农业劳动力的当年比例为 47.5%，以国际美元计价的人均 GDP 1987 年达到 1 495美元，超过葡萄牙建立农村社会养老保险制度的最低点 1 445美元；1994 年达到 5 316美元，超过 13 个欧盟国家建立农村社会养老保险制度的平均经济发展水平；2000 年 9 621美元，超过其最高水平（9 580美元）①。有此可见中国的农村养老保障已到了要解决的时候了。

## （三）"米保障"要求政府更多的介入

国家有为公民提供某种利益的义务，从一个"人"的角度和社会公平的角度看，让每一个人都能够过上合乎人类尊严的生活，这是社会发展终极目标。尊严的生活包括物质生活也包括精神文化。在中国农村社会，特别是农村老年人的社会养老保障方面，基于维护一种"最低限度的生活标准"救济，在维护人类尊严目标的基础上维护公民的给付请求权②。给付请求权对应的是国家给付义务，是社会权追求的目的，是集中维护人类尊严的目标。给付请求权是在国家并未提供某种给付时，人民可直接根据社会权的规定向国家请求给付。国家给付义务由行政机关、司法机关和立法机关具体承担。给付请求权是有限的，如我国宪法第 42 条、第 43 条规定的劳动权、休息权，第 45 条规定的获得物质帮助的权利，46 条规定的受教育权等，人民为了维护尊严可以直接请求国家给付。政府为中国农村农民社会养老保障立法，以体现中国农村老年人在司法保障下的社会权③。社会权意指通过国家对经济生活的积极介入而保障的某种权利，主要包括劳动保障权、休息权、生存权、受教育权等。此一术语等同于国际人权公约中的社会经济权利（social and economic rights）。因此，以下几个方面更是必不可少：

1. 以完善社会保险体系为核心的制度建设已经成为政府的重要职责。毫无疑问，制度建设，尤其是社会保险这样的核心制度的建设，是超出农民自身能力的。建设农村社会养老保险制度，既是弥补市场失灵的重要措施，也是政府必须承担的重要责任。只有政府承担起应有的责任，农村才会逐步进入健康发展的轨道，落后的农村经济才会由经济发展的阻力变成动力。

2. 既然经济建设一直是政府的主要职责，那么，在市场经济体深化过程中，政府应加快淡出直接的经济建设领域，转而承担起社会保障等市场经济不可或缺的制度建设职能；社会保障作为一项有利于长远稳定的制度建设，实现稳定功能的同时创造新时期最需要的市场。因此，社会保障制度的完善与发展更应当优先。

3. 国家在履行承担建立社会保障制度义务的同时，要有配套政策与法规：一是调整支出结构，二是免税，三是让利，四是投资回报，五是部分国有资产变现收入，六是国有企业利润回报，七是国民收入再分配向农民、农业和农村倾斜，八是国家财政或地方财政承担最终责任。

# 三、中央财政对"米保障"承受能力问题分析

根据新农保所表述的内容，农村老年人到了 60 岁时就可以领取基础养老金 55 元。文件说这是根据目前中央财政承受能力和保基本的原则确定的。个人账户养老金为个人账户累计储存额除以 139，这系数是根据目前我国 60 岁以上人口平均存活期计算出的经验系数。目前为止，我们没有中央财政承受能力和保基本的原则这方面的具体计算公式。撇开其他许许多多的关键原因与理由，有三方面的问题要在下面一

① 卢海元. 中国农村社会养老保险制度建立条件分析. 法律教育网，2006 – 8 – 17
② 袁立. 论社会权可诉性的宪政之路. 河南科技大学学报（社会科学版），2010 年第 5 期
③ 蔡琳. 论社会权裁判的方式及其理由.《内蒙古社会科学：汉文版》，2010 年第 31 卷第 4 期

起讨论，以解决农村 60 岁老人的（米）保障问题。

## （一）55 元不能满足最低保障

纵观新农保这个制度设计，对农村老年人关键的养老费问题，从保基本的原则出发，60 岁的老年人可领取的生活费这个概念来看，一个月 55 元是不能保基本的，也就是说没有达到"米保障"的最低要求。

农民没有工资，农村老年人如果没有劳动力，55 元这点钱只是勉强可以买到大约 20 斤大米，也不能成为"米保障"。

## （二）中央财政有足够的承受能力

所谓中央财政承受能力实际就是财政统筹分配的问题

财政部公布 2010 年全国公共财政支出 89 874.16 亿元，比 2009 年增加 13 574.23 亿元，增长 17.8%。其中，中央本级支（包括地方用本级收入以及中央对地方税收返还和转移支付安排的财政支出）73 884.43 亿元，增长 21.0%，占全国财政支出的 82.2%，占比较上一年上升了 2.2 个百分点。（图1）

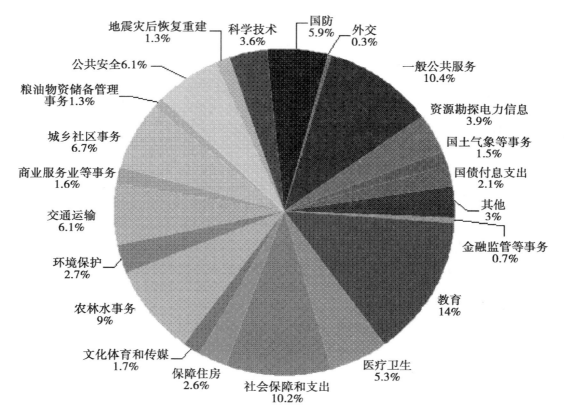

图1　全国财政支出示意图

目前我国公共财政支出科目共分为 23 类。2010 年民生支出合计达到 59 601.82 亿元，占全国财政支出的 2/3。此外，还有 1/3 的全国财政支出（30 272.34 亿元），具体如下：2010 年全国财政支出 89 874.16 亿元，比 2009 年增加 13 574.23 亿元，增长 17.8%。其中，中央本级支出 15 989.73 亿元，增长 4.8%，占全国财政支出的 17.8%，占比较上年下降了 2.2 个百分点；地方财政支出（包括地方用本级收入以及中央对地方税收返还和转移支付安排的财政支出）73 884.43 亿元，增长 21.0%，占全国财政支出的 82.2%，占比较上年上升了 2.2 个百分点①。

①　俞岚. 去年财政收入 8.31 万亿超额完成预算，地产中国网，2011－8－4

表1　2010年全国财政支出情况（单位：万元）

| 收　　入 | | 支　　出 | |
|---|---|---|---|
| 项　　目 | 预算数 | 项　　目 | 预算数 |
| 一、财政拨款 | 165 491.15 | 一、一般公共服务 | 149 714.25 |
| 二、行政单位预算外资金 | | 二、外交 | 77 814.71 |
| 三、事业收入 | 20 290.59 | 三、文化体育与传媒 | 6 055.00 |
| 四、事业单位经营收入 | 3 880.78 | 四、社会保障和就业 | 3 699.84 |
| 五、其他收入 | 11 773.20 | 五、农林水事务 | 1 623.73 |
| | | 六、地震灾后恢复重建支出 | 120.00 |
| | | 七、住房保障支出 | 6 096.53 |
| 本年收入合计 | 201 435.72 | 本年支出合计 | 245 124.06 |
| 用事业基金弥补收支差额 | 1 556.28 | 结转下年 | 244.54 |
| 上年结转 | 42 376.60 | | |
| 收入总计 | 245 368.60 | 支出总计 | 245 368.60 |

资料来源：财政部公布2010年部门预算，2010年03月31日

从上面两个图表看到，2010年社会保障与就业支出为3 699.84亿，占2010年全国公共财政支出的10.26%。而中国行政费用占中央财政支出的26%，远超国家社会保障与就业方面的支出[①]。美国政府财政开支的73%用于社会保障、医疗卫生、教育文化等公共产品，行政开支只占10%；中国行政管理费用竟然占到中央财政的1/4，远远超过世界各国包括美国、日本这样的发达资本主义国家行政费用。2006年，中国行政管理费支出年均增长19.3%，明显高于同期财政支出13.7%和GDP（现价）15.6%的年均增速。

我们再看看政府在新农保每月55元方面的支出费用：

660元（一年一人）×1亿（现有全国60岁农民的数量）＝660（亿）

660亿元是一年付给一亿农村60岁老年人每月55元的总费用。

660亿元占2010年财政收入的0.79%（2010年中国财政总收入83 080亿元）。

660亿元占2010年财政支出的0.73%（2010年中国财政总支出89 874.16亿元）。

上述事情反映了一个问题，行政费用占财政的比例越来越高，财政可用于民众的福利就会减少。这既不符合增加国民收入、拉动内需要求，也不符合降低税收、改善民生发展战略要求。目前行政费用不断攀升的势头还在继续，可能还会不断创新高。中央完全可以在统筹分配中充实新农保财政承受能力，减行政开支以重民生[②]。

## （三）农村老人合适的养老费用

我国不能一面是经济收入高速增长，一面是广大民众的收入缓慢增长，政府在行政方面有庞大的开支，在广大民众社会福利方面有很小的开支，国家对部分人群有充足的社会福利保障，对广大民众只有很少或者没有的社会福利保障，这是社会发展不和谐的表现。国家在进步，社会趋向均富，基尼系数趋向减低，老有所养是我们这个社会均衡发展的目标。

所以，中国农村的老年人，无论是否有交所谓的保险，60岁以后都可以按照国家关于对老年人负起对其养老义务的责任，都可以获得来自政府的"米保障"。因此，从上面的物价上涨情况来分析，一个农村老人一个月的"米保障"以300元左右较为合适。

## （四）农村基本养老费用的来源

中央政府每年拿出3 600亿元给农村60岁以上的1亿老年人养老，这对收入8万亿元的中国政府财政

---

① 张春贤. 中国党政干部论坛，2010年02期7

② 赵光瑞. 中国行政费用之高为何前所未有.《联合早报网》，2010－11－16

来说是没有问题。综合多方面的要素分析可见，农村基本养老费用可以从几方面来规定。

**中国政府为"米保障"财政统筹**

政府在蛋糕分配上要切一大块，用于充实社会保障、医疗卫生、教育文化等公共产品，特别是农村的社会养老保障。

"米保障"要求削减政府行政成本。削减包括公费出国出境、公车购买与运行、公务接待三项"三公"消费在内的中国政府行政开支。"三公"消费占了行政事业公用经费的很大的部分。而行政开支又占了财政收入三分之一。这是畸形的不合情理的行为。

保监会网站2007年公布显示：从1986年到2005年，中国人均负担的年度行政管理费用由20.5元增长到498元，增长23倍，同期人均GDP增长为14.6倍。中国行政管理支出从1986年的220亿元增长到2005年的6 512亿元，20年间增长30倍，年均增长率19.5%；同期，财政支出增长15倍，年均增长率15.4%。1986年，中国行政管理支出占财政支出的比重为10%，2005年上升到20%，提高了10个百分点。保监会网站指出，"如果按照国际货币基金组织15.6%的标准，我国是世界上行政成本最昂贵的国家之一。①"。

中国财政支出多少分配多少，是制度设计问题。有的制度可能在开始的时候是可行的，但是时间过去了，环境变迁了，有的就需要改变。

## （五）减政府行政开支，首先从"三公"支出开始

试看公式如下：

1. 83 080亿元——2010年财政总收入；

2. 19 000亿元——2010年"三公"经费；

3. 建议从19 000亿元中拿出30%，用于补足农村一亿60岁的老年人月收入300元的社会养老金，那么就是：19 000亿×30% = 5 700（亿）

5 700 -（1亿×300×12）= 2 100（亿）元，还余下2 100亿元

从去年一年的"三公"行政开支19 000亿元中拿出30%，用于支付一年农村一亿60岁以上的老年人每人每月300元，还余2 100亿元。这批资金足可以同时用于促进农村教育、卫生等社会事业发展支出，和部分城镇边缘人群的养老保险，进一步保障和改善民生②。

### 1. "政府为"米保障"调控国企债务

中国地方政府债务7万亿。在政府行政费用这么高的情况下，中国地方政府还负债7万亿，这是不可理喻的。美国西北大学政治学教授Victor Shih在近期一份报告中称，他对多家地方政府投资实体进行研究，发现其2004年至2009年年底负债额为1.6万亿元。中国地方政府负债余额超过8万亿元，其中包括7万亿银行贷款。关于这个数额有出入，也有说是总额达10万亿元③。

### 2. GDP可为"米保障"提供物质基础

2011年上半年城镇居民人均可支配收入11 041元，同比增长13.2%，扣除价格因素，实际增长7.6%。上半年CPI同比上涨5.4%。上半年国内生产总值204 459亿元，按可比价格计算，同比增长9.6%；其中，一季度增长9.7%，二季度增长9.5%。分产业看，第一产业增加值15 700亿元，增长3.2%；第二产业增加值102 178亿元，增长11.0%；第三产业增加值86 581亿元，增长9.2%。从环比看，二季度国内生产总值增长2.2%。农业生产总体稳定，工业生产平稳增长，固定资产投资保持较快增长，市场销售稳定增长，城乡居民上半年家庭人均总收入12 076元。其中，城镇居民收入11 041元，财产性收入增长20.4%；农民现金收入3 706元，财产性收入增长7.5%④。

适当调整一次社会分配、改善二次分配在中央和地方国民经济总量中所占的比例，过程中加大社会

---

① 世界上行政成本昂贵的国家. http：//internal. dbw. cn/，2010 - 03 - 12 - 13

② 谢旭人. 2009年中央财政收入35 915.71亿，支出43 819.58亿. 新华社，2010年10月27日

③ 中国证券报. 2010 - 03 - 17

④ 盛来运. 上半年GDP总值204 459亿元，同比增长9.6%. 国家统计局网站，2011年07月13日

保障项目的投入，是在 CPI 过快增长趋势之下，持续提高人们实际生活水平是势所必然。GDP 是物质建设与积累的过程，任何社会的发展离不开物质基础，物质积累达到一定量时，则反映为社会富裕和国家富强。国家追求社会财富的增长与积累是好事，但不是社会发展的终极目的。社会发展最终目的是要改变贫穷面貌和改变民生现实状况，进一步追求民生福祉。因此，当社会物质增长与积累到一定的程度，政绩的意识就在于落实民生幸福的实际转向，体现对人的尊重，也就是社会保障体系完善问题。GDP 的增长与国民的幸福成正比例，就是和谐社会的到来[1]。所以 GDP 的增长是负有对人民社会福祉的趋好的责任与义务的。

# 结　语

国家统计局 2011 年 3 月 1 日公布的"十一五"经济社会发展成就系列报告显示，"十一五"时期，初步预计，2011 年我国人均国内生产总值达到 29 748 元，扣除价格因素，年均实际增长 10.6%[2]。我国社会保障体系建设"三步曲"看第一步（2008—2012 年）是构建普惠全民的"两免除一解除"（免除生存危机、免除疾病忧虑和解除老年后顾之忧）的基本保障制度。第二步（2013—2020 年），是实现中国特色社会保障制度全面定型、稳定发展。第三步（2021 年至本世纪中叶），实现由基本保障型向生活质量型、由普惠型向公平型发展的目标，并成为促使和维系财富合理分配格局的支柱性制度保障，最终向中国特色的福利社会迈进[3]。目前的普惠全民性质的社会养老保险农村老年人月生活保障金太少、起点太低。如果按照"三步曲"的时间途径推进，时间上拉得过长才达到社会保障制度全面定型社会保障制度，可能会对社会发展不利。目前的情况是在一个人均国内生产总值达到 29 748 元的国家，农民 60 岁后，最低的生活的"米保障"无法维持，是有生存危机之感，无法解除老年后顾之忧。

中国经济体已居世界第二位，综合国家力量已经有目共睹，然而，超过已逾 60 岁的一亿多农民，这些名副其实的老龄化国家的公民们，不能没有保障。如何让一代老去的中国人在幸福中生存，他们为之奋斗一生的国家负有第一位责任。全民所有制之下的庞大国家财富十分必要用在老龄化人口身上。

新农保实施以来，不少地方都比较受欢迎。如广东省开平市三围村委会，99.7% 农民自主自愿选择不同档次缴费，保上了 200 元至 500 元不等的级别，差不多都参加完了。现在 60 以上的农村老人，已参加新农保年满 60 岁的许齐爱，已可直接享受基础养老金[4]。但是这是远远不够的。作为中国国家发展的重要组成部分，中国农村经济与社会总体上是严重滞后于整体的国家社会经济发展，占总人口绝大多数的农村人口的养老保障一直未能从整体上纳入国家现行的社会养老保障体系中。新农保的推进标志着全国新型农村养老保险正式开始。新农保计划到 2020 年将覆盖到全国所有的农村。届时中国农民老有所养的"米保障"问题，可望是得到相应的解决。

## 参考文献

[1] （美国）F. D. 沃林斯基. 健康社会学. 孙牧虹译. 社会科学出版，1999 年 4 月
[2] 国情备忘录. 中央电视台《国情备忘录》项目组，北方联合出版传媒（集团）股份有限公司，2011 年 6 月
[3] （德国）马克斯·韦伯·支配社会学Ⅲ·康乐、简惠美 译. 南宁：广西师范大学出版社，2004 年 5 月
[4] （苏格兰）亚当·斯密·国富论·张晓琳，王帆. 长春：吉林出版社集团时代文艺出版社，2011 年 3 月第一版

作者简介：

乔柏，浙江天台人，男，广西师范大学产业经济与人才发展战略研究所副所长，博士，研究员。

王琳，广西全州人，男，（1980—），广西师范大学产业经济与人才发展战略研究所项目负责人。

---

① 江启疆. 追求国富民强的统一协调. 南方日报，2011 – 04 – 10
② 国家统计局：初步预计 2010 年我国人均 GDP 总值 29 748 元. 中国新闻网，2011 年 03 月 01 日
③ 蔡庆悦. 迈向中国特色社会主义福利社会三步曲（访中国人民大学郑功成教授）.《前线》，2011 年 05 月 19 日
④ 2011 中国经济新动力之一：新农保 新起点. CCTV2《今日观察》，2011 年 03 月 08 日

# 论英国对中国茶业经济间谍
# 活动的主要内容及影响

陶德臣

（解放军理工大学理学院人文教研室）

**摘　要：** 19 世纪 80 年代中后期，曾经长期垄断世界茶市的中国茶业却无可挽回地突然走向衰落。探究其中的原因，发现与英国对中国茶业的经济间谍活动密不可分。研究表明，英国对华茶业经济间谍活动由来已久，目的明确。为了垄断茶利、培植茶业、控制世界，英国开展了以窃取茶业知识技术、茶籽茶苗茶树、茶业技术工人等为主要内容的茶业经济间谍活动。英国以窃取的茶业机密，转而大力发展殖民地茶业，很快打垮了中国茶业，导致了中国茶业的加速衰败，留下了极其深刻的历史教训，值得当今好好汲取。

**关键词：** 英国；茶业间谍；主要内容；影响

"间谍"的含义非常丰富，"今指由异国情报机关派遣或指使，窃取、刺探、传送机密情报，或进行颠覆、破坏等活动的人员。包括外国人，也包括本国人"①。经济间谍指由异国情报机关派遣或指使，窃取、刺探、传送经济机密情报的人员。通常认为，经济间谍是落后国家对先进国家的一种经济技术盗窃活动，其实，先进国家同样对落后国家进行经济间谍活动。法国《历史》月刊 2002 年 3 月号发表了题为《福钧窃取中国茶叶机密》的文章，该文披露英国茶道爱好者、记录影片制作人、法学家威利·佩雷尔泰，因于 1996 年阅读了英国植物学家 Robert Fortune（罗伯特·福钧，也有译作"复庆"、"福顿"）的手记《茶叶和鲜花之路》后，与同为电影工作者的姐姐黛安娜·佩雷尔施泰因及另一位合作者，对 19 世纪中叶福钧潜入中国之事进行了长达 4 年的潜心研究，得到的惊人结论是：福钧"在中国人鼻子底下窃取中国的茶叶机密""福钧当年的冒险活动乃是一种经济间谍活动"②。这项研究成果向世界揭示了一个长期被世人忽视的重大秘密：英国的茶业经济间谍活动是英国殖民地茶业兴盛、中国茶业迅速衰败的重要原因。

# 一、英国对华茶业经济间谍活动的主要内容

中国是茶叶原产地，所有茶业技术都是中国人创造的。"英国之人，嗜茶者众。向者茶利为中国所擅，虽英人据有印度鸦片之利，流毒中国，犹不足以敌其茶也。嗣而有人建议创设种茶于印度，以弥利源。既有成效，因复种之锡兰，不意蒸蒸日上，转使中国之茶，黯然无色"③。但"中国人一直不明白自己的茶叶机密是怎样泄露出去的"，现在人们清楚了，这一恶果其实与英国人长期"在中国人鼻子底下窃取中国的茶机密"④ 有直接的关系。

### 1. 窃取茶业种制知识和技术

茶业种制知识和技术是两个既有区别，又相互联系、不可分割的方面。茶业知识的掌握是茶叶种制

---

① 本书编写组：《辞海》（缩印本），上海：上海辞书出版社 2000 年版，第 1047 页
② 参见《谁偷走了中国的茶叶》，《茶报》2002 年第 3 期，第 43~44 页。又见《谁偷走了我们的茶叶〉》，《参考消息》2002 年 3 月 25 日（周一副刊），第 9 版
③ 彭泽益：《中国近代手工业史资料》卷 2，北京：中华书局 1962 年版，第 180 页
④ 《谁偷走了中国的茶叶》，《茶报》2002 年第 3 期，第 43 页

技术的基础，茶叶种制技术是茶业知识的体现。英国的茶业经济间谍活动首先着眼于掌握茶业知识，同时也对茶业技术进行窃取。

（1）茶业种制知识

印度植茶业的起步与发展首先要输入种茶知识，对茶树特性及生长环境、规律知识的把握则是关键一环。1792 年，马戛尔尼受英国政府派遣使华，使命之一就是悉心考察与茶有关的一切知识，为在印度试种茶树收集情报①。当时"英国方面已经设法在印度一些气候和土壤比较适宜的地方种茶叶。在科西嘉岛上的少量种植生长得很好，但是投资却大于产品价值"，说明种茶知识仍不够。为了"自己也可生产价格便宜的茶叶"②，英国训示使者，"茶之数量及价值均极大。此物如能在印度本公司领土内种植，至惬下怀，此事吾人极力祈君注意"③。马戛尔尼果然不辱使命，利用一切机会收集种茶知识，对茶叶产地、特征、培栽、采摘、管理、制造、装箱、价格、饮用诸方面加以全面考察，详加记录。《英使谒见乾隆纪实》详细记载了马戛尔尼自北京南下沿运河趋杭州，再经浙江、江西水路，过南岭从广州回国的情景。而途经广大茶区，为特使窥视种茶提供了极大便利，得到了第一手资料，为印度植茶提供了技术支撑。中国种茶知识的持续传入，主要是 1834 年印度成立茶叶委员会之后的事。此年，该会秘书戈登来中国，非法调查栽茶制茶方法，特别是 1848 年，福钧经精心乔装打扮，潜入中国茶区，足迹遍及安徽黄山、浙江宁波、福建武夷山等著名茶区，详细"了解到何种气候和土壤适于种植优质茶"，并用 3 年时间"完全掌握了种茶和制茶的知识和技术"。1853—1856 年，福钧再次来到中国，掌握了更多种茶知识，并将这些知识传入印度，"大大促进了印度茶叶种植业的发展"④。没有中国种茶知识的传入，也就没有印度茶业的产生与发展。

（2）茶叶种制技术

印度所有茶业技术都是直接从中国传入的，专门经济间谍对中国茶叶种制技术的窃取是一种重要的技术传入途径。1792 年，英国派出以马戛尔尼为首的 100 多人的庞大访华团，是一次窃取中国茶业技术的"茶业间谍之旅"。英国朝野一致希望通过使团访华，将茶叶栽培与加工制造技术移植到英国和印度。新任国务大臣、促成使团访华的丹达斯致函马戛尔尼，郑重指出："政府近年所度关于茶业，比以前此物正式输入大英者已过三倍，尤须特别与中国亲善，俾交通频繁，供给不断，其制造法或传入本国及印度领土，则每年可塞 140 万镑之漏卮"⑤。马戛尔尼心领神会，念念不忘"公等在训令中亦曾言及，如茶能在印度之公司领土内种植，是极佳事，且助促吾注意及之"，表示"吾与公等同作此想，此种植物如生长于吾人领土之若干处而不仰给于中国境内，繁茂而完备，实合吾人之愿"⑥。为使这一战略得以实现，英国提出要在浙江沿海获得一块地方或岛屿，这一地点"必须近于产茶之地域，最好在北纬度 27°及 30°之间"⑦，这样可以方便地窃取到中国茶业技术，为移植茶业经济创造有利条件。正因为怀着如此不可告人之目的，使团中就混杂有"植物学家"，伺机收集情报。果然马戛尔尼及同伙悉心考察、专心收集与茶有关的一切情报，包括饮茶风俗、茶叶产地、茶叶特征、茶叶培栽、茶叶采摘、茶叶管理、茶叶制造、茶叶装箱、茶叶价格等，事无巨细，用心体察，认真记录⑧，对收集到的茶类、茶籽、茶苗、甚至"与茶相伴而增加茶之香气之花片若干"也如获至宝，精心加以保存，茶苗则交科学家丁维提博士专门保管，后送往孟加拉种植⑨。应该说马戛尔尼使团人员或多或少地进行了一次茶业技术的实地窥探，这对于茶业技术传入印度大有裨益。1834 年，印度茶叶委员会秘书戈登潜入调查栽茶制茶方法，是一种赤裸裸非法窃取中国茶业技术的活动。1848 年"潜入中国，在中国人鼻子底下窃取中国的茶叶机密"，被称为"在中国充当英国间谍"的福钧，更是全面系统地盗取了中国的"茶叶机密"。他曾于 1842—1845 年、1848—

① 陶德臣：《英使马戛尔尼与茶》，《镇江师专学报》1999 年第 2 期
② （英）斯当东，叶笃义译：《英使谒见乾隆纪实》，北京：商务印书馆 1963 年版，第 27 页
③ 朱杰勤译：《中外关系史译丛》，北京：海洋出版社 1984 年版，第 201 页
④ 《谁偷走了中国的茶叶》，《茶报》2002 年第 3 期。2002 年 3 月 25 日《参考消息》的《谁偷走了我们的茶叶》，内容相同
⑤ 朱杰勤：《中外关系史论文集》附录（一），开封：河南人民出版社 1981 年版，第 528 页
⑥ 朱杰勤译：《中外关系史译丛》，北京：海洋出版社 1984 年版，第 216~217 页
⑦ 朱杰勤：《中外关系史论文集》附录（一），开封：河南人民出版社 1981 年版，第 532 页
⑧ 陶德臣：《英使马戛尔尼与茶》，《镇江师专学报》1999 年第 2 期
⑨ 朱杰勤译：《中外关系史译丛》，北京：海洋出版社 1984 年版，第 216~217 页

1851 年、1853—1856 年 3 次来到中国，通过化装潜入、大量盗取、秘密偷运、招募技工等多种手段将中国茶叶采植技术、红绿茶及花茶制作方法通通学到手，用长达 9 年的时间，最终"完全掌握了种茶和制茶的知识和技术"，窃取了中国"有近 5 000 年历史的诀窍的价值"后带回印度，从而"大大促进了印度茶叶种植业的发展"①。

**2. 窃取茶籽茶苗茶树**

印度茶业的建立和发展与长期盗取中国茶籽、茶苗、茶树密不可分。1793 年，英国几位科学家随马戛尔尼使华时获陪同的两广总督长麟之准，"寻得茶之植物若干，即吾今所有之数种嫩树及适宜生长之种子数物是也"，后种于孟加拉一公家花园②。1834 年，东印度公司贸易垄断权被取消，印度总督本廷克组成 13 人的茶叶委员会，研究中国茶树在印度繁殖的可行性，从而掀起了大规模盗取中国茶籽、茶苗、茶树的高潮。该年，茶叶委员会秘书戈登潜入中国茶区，购得大量武夷茶籽（1 万多千克），于次年分 3 批运往加尔各答。戈登首次从中国运回的茶籽种于加尔各答，育成幼苗 4.3 万株，1835—1836 年分别移栽于上阿萨姆省 2 万株，喜马拉雅山的古门和台拉屯 2 万株，南印度的尼尔吉利山 0.2 万株。此外，还有 0.9 万余株分配给 170 个私人植茶者。这些茶苗"以播于喜马拉雅山一带者，成绩甚佳，播于尼尔盖利山者几尽枯死，播于阿萨姆者，亦多数失败"③。1836 年戈登再次来中国购买大量茶籽入印，黄遵宪《日本国志》卷三十八载"又遣员往中国福建厦门购种种之，渐及东北诸州"，影响较大。至此，派人"至中国考察此种茶植，可否带至印度试种"④ 已获成功。

1848 年，福钧又潜入中国，大肆偷购中国优良茶籽、茶苗输入印度。英印"政府决议以移植中国种为便，又往安徽、杭州、宁波、福建武夷山购觅良种，植于西北诸州"⑤。担当此重要使命的就是福钧。英国驻印总督达尔豪西侯爵命令福钧："你必须从中国盛产茶叶的地区挑选出最好的茶树和茶树种子，然后由你负责将茶树和茶树种子从中国运送到加尔各答，再从加尔各答运到喜马拉雅山"。福钧不遗余力，这位"杰出的植物学家，同时也是一个冒险家"，在宁波地区以高价"采集到许多茶种"。1848 年 12 月 15 日，福钧得意扬扬地致信达尔豪西侯爵："我高兴地向你报告：我已弄到了大量茶种和茶树苗，我希望能将其完好地送到您手中。在最近两个月里，我已将我收集的很大一部分茶种播种于院子里，目的是不久以后将茶树苗送到印度去"。为尽量减少损失，福钧发往加尔各答的每批茶种和茶苗都是分 3 只船装运的。1851 年 3 月 16 日，福钧"和他招聘的工人们乘坐一只满栽茶种和茶树苗的船抵达加尔各答。他们的到来将使喜马拉雅山的一个支脉的山坡上增加两万株茶树"。福钧窃取的中国优良茶种"大大促进了印度茶叶种植业的发展"⑥。

**3. 窃取茶叶种制技工**

在茶业经济的起步阶段走过不少弯路。1839 年印度兰顿所产茶"其茶小种有三种，白毫有五种。后经茶师考察，此茶有伤原性，致有烟气苦味，皆由工人制造不善，须得尽用中国工人栽种，即与武夷无异"⑦。中国是世界茶业技术中心和各国发展茶业经济的技术来源，印度要发展茶业经济，不招聘具有种制技术的中国茶工同样是不可想象的。1834 年起，印度就把非法输入中国茶业技工置于重要位置，"雇中国善于采取与烧炼者，教土人以采烧之法"⑧。为达到目的，不惜"重金雇我国人之前往，教导种植制造诸法"⑨。1834 年，戈登来中国访求栽茶和制茶专家，结果聘到雅州茶业技师传习栽茶制茶方法。1836 年戈登再次来中国聘去茶工 50 多名⑩。同年初，应聘赴印的中国茶业技师在阿萨姆勃鲁士的茶厂，根据中

---

① 《谁偷走了中国的茶叶》，《茶报》2002 年第 3 期
② 朱杰勤译：《中外关系史译丛》，北京：海洋出版社 1984 年版，第 216 页
③ 陈椽：《茶业通史》，北京：农业出版社 1984 年版，第 90 页。程天绶：《印度锡兰茶业概况与华茶之竞争》，《国际贸易导报》第 1 卷第 6 期
④ 《论印度植茶缘起并中国宜整顿茶务》，《时务报》第 59 册，光绪 24 年闰 3 月 11 日
⑤ （清）黄遵宪：《日本国志》卷 38 《茶》
⑥ 《谁偷走了中国的茶叶》，《茶报》2002 年第 3 期
⑦ （清）魏源：《海国图志》卷 81
⑧ （清）丁韪良：《印度种植茶业》，《中西闻见录选编》，1873 年 5 月 25 日
⑨ （清）陆溁：《乙巳考察印锡茶土日记》，南洋印刷官厂代印（1909 年版），第 56 页
⑩ 赵和涛：《我国茶叶生产技术向外传播及与世界茶业发展》，《农业考古》1993 年第 2 期

国制茶法，试制红茶样茶成功。同年又试制样茶5箱，于11月8日运到加尔各答，得到各方面好评。至1837年，印度已"暂通制造焙炼诸法"①，这是中国技工教导的结果。1837年，印度茶"始有贩运之事，是年印度有茶叶不过四百斤之数，出口抵英国，从此则产运年多一年"②。中国茶工的出色表现，得到了印度人的称赞。1838年，勃鲁士就著文介绍红茶制造过程，描述中国茶工在阿萨姆的卓越工作。为更好地发展印度茶业，1848年东印度公司又派福钧潜往中国执行"一种经济间谍活动"。英印总督命令福钧，"必须尽一切努力招聘一些有经验的种茶人和茶叶加工者"，这对发展印度茶业不可或缺，"没有他们，我们将无法发展在喜马拉雅山的茶叶生产"，因为"只有中国的种茶者才能把他们的种茶和制茶知识传播给印度的茶叶种植者"。1851年，福钧招聘到8名中国工人，其中6名种茶制茶工人，2名制作茶叶罐的工人，于3月16日乘船抵达加尔各答。3年后，福钧"完全掌握了种茶和制茶的知识和技术。这甚至对印度的茶叶种植者来说也是必不可少的：要想同中国茶竞争，他们就必须掌握这些知识和技术"。1853—1856年，福钧又到中国活动了3年，"目的是进一步了解花茶的制作技术，招聘更多的中国茶叶工人到印度去帮助东印度公司扩大其茶叶种植规模"③。中国茶叶种制技工进入印度传播茶业技术后，印度茶业经济也从摸索、试验阶段开始转向迅速发展阶段。1852年起，印度茶叶开始成为对英国出口的重要货品，该年出口英国23.2万磅，1859年首次超过百万磅，1869年又突破千万磅，1886年竟达7 685.5万磅④。这当然与中国茶工的辛勤劳动与无私传播密不可分。

# 二、英国对华茶业经济间谍活动的恶劣影响

英国的非法茶业经济间谍活动，促成了殖民地茶业的迅速崛起，但对中国而言却完全是一场灾难。中国"错过了赚钱的机会，再加上19世纪末的经济灾难，中国茶叶生产因此受到了严重打击"⑤。

## 1. 中国积累的茶业技术完全失密

茶业机密就是数千年来中国古代劳动人民认识、驯化、栽培、采制、管理茶叶的一系列知识技术的总和，是勤劳勇敢的中国人民智慧和心血的结晶。为了保护茶业机密，明清统治者制定了严格的产业政策，禁止茶籽茶苗出境，更不准外国人尤其是西方人任意进入茶区。这种保护本国产业安全的政策无可厚非，是一个主权国家生存和发展权利的必然要求。英国要发展茶业，"为此首先必须找到能刺探到中国茶叶生产机密的专家"⑥。虽然英国对茶叶生产一窍不通，但还是通过一系列经济间谍活动，非法获得了发展茶业所需的物质、人才、技术条件。英国深知，"从中国窃取来的这些有近5 000年历史的（茶业——引者）诀窍的价值"，表明"冒险行动收获巨大"⑦，但这种"成功"却是以中国茶业技术完全泄密和英国对中国的经济侵略为代价的。从此，中国茶业技术完全无密可保。正是通过对中国茶业技术的无偿占有、使用和发展，19世纪30年代后，英国才有了大力发展殖民地印度茶业的基本条件。19世纪70年代后，在印度茶业发展的基础上，英国再向殖民地锡兰甚至非洲的马拉维、南非、肯尼亚、乌干达等地扩展。英国这个原本对茶毫无所知的国家，正是依靠中国茶业技术作基础，其殖民地茶业迅速发展，并很快压倒中国，成为世界著名产茶地区。

## 2. 加速了中国茶业的衰败进程

英国对中国茶业的赤裸裸经济间谍活动，是近代中国茶业迅速走向衰败的重要因素。正是这种经济间谍活动，打破了中国垄断世界茶市的局面，加剧了世界茶业的激烈竞争，极大地冲击了中国茶业，削

---

① （清）黄遵宪：《日本国志》卷38《茶》
② 姚贤镐：《中国近代对外贸易史资料》第2册，北京：中华书局1962年版，第1202页
③ 《谁偷走了中国的茶叶》，《茶报》2002年第3期
④ 姚贤镐：《中国近代对外贸易史资料》第2册，北京：中华书局1962年版，第1193页
⑤ 《谁偷走了中国的茶叶》，《茶报》2002年第3期，第43～44页。又见《谁偷走了我们的茶叶》，《参考消息》2002年3月25日（周一副刊），第9版
⑥ 《谁偷走了中国的茶叶》，《茶报》2002年第3期，第43～44页
⑦ 《谁偷走了中国的茶叶》，《茶报》2002年第3期，第43～44页

弱了中国茶业的核心竞争力，使中国茶叶外销量锐减，国际市场急剧萎缩和丧失。

1834 年后，东印度公司加紧对中国的茶业经济间谍活动，"自己生产茶叶就成了这个贸易巨头（18 世纪末，该公司在鼎盛时期控制着世界上 1/3 的贸易）的主要目标"[①]。1838 年前，印度茶业尚处于试验阶段，产量十分有限。1838 年仅产茶 12 小箱，计 480 磅。翌年为 95 箱，1861 年达到 150 万磅[②]。1868 年突破 1 000 万磅，为 1 148 万磅，1874 年达 2 113.7 万磅，1875 年估计为 3 000 万磅[③]，分别占中国茶叶出口量的 5.59%、9.14%、12.37%[④]。虽然印度茶业发展很快，但世界茶市的约 90% 仍为中国占据。1876 年起，英国殖民地印度、锡兰茶业发展加快，中国茶业受到严重冲击（表1）。

表1　印度、锡兰、中国茶叶出口数量及占世界茶市比重表（单位：千磅）[⑤]

| 年　代 | 1876 | 1886 | 1896 | 1906 | 1916 | 1926 |
|---|---|---|---|---|---|---|
| 印度销量 | 22 500 | 67 250 | 138 921 | 236 090 | 292 594 | 359 140 |
| 印度比重% | 7.9 | 15.8 | 25.2 | 34.5 | 33.0 | 40.1 |
| 锡兰销量 | 0.2 | 3 561 | 110 096 | 170 521 | 203 256 | 217 184 |
| 锡兰比重% | 约为0 | 1.3 | 20.0 | 24.9 | 22.9 | 24.2 |
| 印度锡兰销量 | 22 500.2 | 72 611 | 249 016 | 406 611 | 495 850 | 576 324 |
| 印度锡兰比重% | 7.9 | 17.1 | 45.2 | 59.4 | 55.9 | 64.3 |
| 中国销量 | 235 025 | 295 640 | 228 379 | 187 217 | 205 684 | 111 909 |
| 中国比重% | 82.6 | 69.4 | 41.5 | 27.4 | 23.2 | 12.5 |
| 世界总销量 | 284 521.2 | 425 809 | 550 400 | 683 807 | 885 937 | 896 068 |

市场丧失是外销不振的必然结果和重要体现。世界茶叶消费市场以英国、美国、俄国、澳洲、加拿大等国为最重要，其中英国是世界最大的茶叶消费市场，也是中国茶叶主销市场，最多一年销往英国的茶叶超过百万担，占中国茶叶出口总量的 70% 以上，1874 年仍超过 60%[⑥]。由于印度、斯里兰卡等英国殖民地的竞争，中国茶销往英国数量及占英国茶市比重迅速下降。1881 年，中国茶销往英国达到 16 450 万磅，1897 年仅为 3 500 万磅，相反，印度、斯里兰卡茶叶输英量则由 4 452.8 万磅增至 23 300 磅。受其影响，印度、斯里兰卡茶在英国茶市中的比重不断上升，中国茶比重不断下降。1865 年印度、斯里兰卡茶占英国茶市比重 3%，中国茶占 97%。1897 年印度、斯里兰卡茶完全垄断了英国市场，中国茶地位已无足轻重。20 世纪后，中国茶基本丧失英国市场。1911 年，印度茶占英国茶市 57.5%，锡兰占 30.25%，二合为 87.75%，中国茶仅为 5%[⑦]。其他如美国市场、俄国市场、澳洲市场等茶叶市场，均受到英国殖民地茶的猛烈竞争，中国茶在这些市场同样节节败退，全面萎缩[⑧]。

### 3. 增加了中国社会民生改善的困难程度

英国窃取中国茶业机密后，大力发展殖民地茶业，与中国茶业展开激烈竞争，中国茶业发展趋势很快产生逆转，茶利减少，茶农生活困苦，茶商处境艰难，中国社会民生问题突显。

（1）茶叶出口价值较高不久即持续走低

茶叶出口价值折成美元，能够比较准确反映茶叶出口价值的发展情况。高峰出现在 19 世纪 60 至 70 年代，1883 年前，年出口价值在 4 300 万美元以上，翌年开始呈螺旋式下降，至 1899 年尚有 2 200 余万

①　姚贤镐：《中国近代对外贸易史资料》第2册，北京：中华书局1962年版，第1187页
②　姚贤镐：《中国近代对外贸易史资料》第2册，北京：中华书局1962年版，第1187页
③　姚贤镐：《中国近代对外贸易史资料》第2册，北京：中华书局1962年版，第1191页
④　吴觉农、范和钧：《中国茶业问题》，北京：商务印书馆民国26年版，第169页
⑤　据彭泽益：《中国近代手工业史资料》卷2，北京：中华书局1962年版，第181页及吴觉农、范和钧：《中国茶业问题》，上海：商务印书馆民国26年版，第169~171页资料计算整理
⑥　陶德臣：《清代民国时期茶叶国别市场分析》，《安徽史学》2009年第6期
⑦　佚名：《英国之茶输出入及其市况》，《工商半月刊》第4卷第12期，第8页
⑧　详细内容请参陶德臣：《清至民国时期茶叶国别市场分析》，《安徽史学》2009年第6期

元，但仅及 1872 年的 35.64%。20 世纪以来有所上扬，1900—1905 年徘徊在 1 300 余万元~1 900 余万元，1906—1917 年，除 1915 年、1916 年为 3 400 余万元外，均在 2 000 余万元。1918 年茶叶价值不足 1872 年的 1/3，翌年骤增至 31 133 826 美元，约为 1872 年的一半。1922—1929 年，出口价值尚有 1 400 万至 2 600 万余美元，相当于 1872 年的 20%~40%，嗣后剧烈下滑，指数由 20% 下降到不足 1%，个别年代甚至不足 0.05%。第二次世界大战后，虽有一定回升，但已是日薄西山，回天无力了。综观 70 余年间，茶叶年出口价值由 6 000 余万美元退至数十万美元，不能不说茶叶利源已经枯竭。这当然与英国窃取中国茶业技术，大力发展殖民地茶业造成的强力竞争关系极大。

（2）茶叶生产的衰落使茶农生活严重受困

19 世纪 70 年代至 80 年代中期，茶农种茶利益大减，个别年份、个别地区出现亏本现象，生产积极性有所降低，但盈亏情况互见。19 世纪 80 年代后期始，各产区茶农经营环境普遍恶化，亏本加剧，收支状况每况愈下。1887 年，福建茶"较昔贱至数倍"①。北岭茶价"比前低有大半"，每百斤茶挑进城只能得到七八银元，不够采工的伙食费。曾经有人替厦门茶农算了一笔帐，1887 年，每百斤茶价值银 11.385 两，扣去各种费用，归种茶人所得的仅 3.529 两，占货价的 31%②。1890 年，海关关册记载，福州"近来茶市不佳，种茶者无不亏本，……茶市衰颓，小民困苦惟望"③。据汉口茶业公所报告，1887 年，茶农茶价"除开销摘工之外实已无余"④。皖南茶商连年亏本，不仅造成商贩受累，而且"皖南山户园户亦因之交困"⑤。皖北六安茶产区霍山县，茶价自光绪后"愈趋愈下"，茶百斤贵不过钱余，贱至七八分，"以是民用益绌"⑥。总之，茶价跌落造成茶农生活困苦现象，广泛存在于各产区，"业茶者亦衰耗矣"⑦。不仅如此，茶农还要受到茶商、茶贩的种种盘剥，这样"向之茶农茶工因之辍业，饥寒逼切"⑧，备受煎熬。

（3）茶叶贸易的衰落使茶商经营亏损加剧

19 世纪 80 年代中后期起，茶商经营环境日渐恶化，亏损现象愈演愈烈，"因此倾家陨员者不胜计"⑨，所谓"开茶行破家败产者不知有几"⑩，"凡茶务中人，不惟尽失从前应得大利，且不得不改图别业"⑪ 就是当时经营状况的真实写照。清廷官吏几乎众口一辞，道出了茶商亏损破产的普遍情况。1888 年，两江总督曾国荃说："华商连年折阅，遐迩周知……营运俱穷，空乏莫补"⑫。19 世纪 90 年代，安徽歙县县令何润生在《茶务条陈》中也谈到，皖南茶商"百无一人可沾余润，甚有坐本全亏者"⑬。湖南巡抚卞宝第云："华商……连年亏折"⑭，1894 年，卞宝第的接替者吴大澄说到，在洋商压抑下，茶商"倾家荡产者有之，投河自尽者有之"⑮。同年，湖广总督张之洞也说："近年湖北、湖南两省茶商颇多亏累"⑯。江西巡抚松寿云："茶商年年亏折，裹足不前"⑰。整个形势正如史料所云，茶商"光绪以后多至倾颓，自庚辰（1886 年）以来，竟一年不如一年"⑱。

总之，正是英国的茶业经济间谍"冒险行动收获巨大"，不但使英国"完全掌握了种茶和制茶的知识和技术"，而且使"中国的茶叶生产因此受到了严重打击"⑲，最终不可挽回地走向了衰落。牢记这

---

① 《闽茶减厘示》，《农学报》第 35 卷，光绪二十四年五月中
② 海关文件：光绪十三年《访察茶叶情形文件》，第 116 页
③ 《光绪十六年福州口华洋贸易情形论略》，《通商各关华洋贸易总册》下卷，第 79 页
④ 海关文件：光绪十三年《访察茶叶情形文件》，第 24 页
⑤ （清）曾国荃：《曾忠襄公奏议》卷 29，第 8 页
⑥ 光绪《霍山县志》卷 2
⑦ 姚贤镐：《中国近代对外贸易史资料》第 3 册，北京：中华书局 1962 年版，第 1473 页
⑧ 《论中国挽回茶业之难》，译《热地农务报》，载《农学报》卷 17
⑨ 《申报》，1889 年 11 月 21 日
⑩ 李文治：《中国近代农业史资料》第 1 辑，北京：生活·读书·新知三联书店 1957 年版，第 448 页
⑪ 《光绪十九年拱北口华洋贸易情形论略》，《通商各关华洋贸易总册》下卷，第 101 页
⑫ （清）曾国荃：《曾忠襄公奏议》卷 29，第 8 页
⑬ 《申报》，1897 年 2 月 22 日
⑭ （清）卞宝第：《卞制军奏议》卷 5，第 45~46 页
⑮ 姚贤镐：《中国近代对外贸易史资料》第 1 册，北京：中华书局 1962 年版，第 976 页
⑯ （清）张之洞：《张文襄公奏稿》卷 22，第 9 页
⑰ 彭泽益：《中国近代手工业史资料》卷 2，北京：中华书局 1962 年版，第 186 页
⑱ 《申报》，1898 年 3 月 17 日
⑲ 《谁偷走了中国的茶叶》，《茶报》2002 年第 3 期，第 43~44 页

一深刻历史教训，对今天改革开放过程中，自觉维护国家利益、确保经济安全、促进产业发展，非常有必要。

**作者简介：**

陶德臣，男，1965 年生，史学硕士，解放军理工大学军队政工教研室副教授，中华茶人联谊会、中国国际茶文化研究会会员，安徽农业大学中华茶文化研究所客座研究员，江苏省农业历史学会理事。主要从事茶业经济史和中国近现代史研究，著有《中国茶叶商品经济研究》等书 4 部，参编《中华茶史》等书 9 部，发表论文 300 余篇。